本书的出版得到福建师范大学和福州外语外贸学院学术著作出版基金的联合资助。

[日] 斎藤正二 著

胡稹 于姗姗 译

日本自然观研究

下册

中国社会科学出版社

目　　录

下　　卷

下　　卷

第三章　日本自然观的形成与巩固

对"转换期"的展望——以花道前史为视角

花道始于佛堂装饰的人造花，这是过去学界的定论。确实如此吗？从史前开始日本人就已经将花用于祭祀。在《万叶集》中人们也可以看到"折柳结环再插梅，以此供养与君会"①（卷十，1904）的歌句。带着这种疑问，我着手探索"花道前史"至今已逾6年。当时我之所以要这么做，是因为自己和大多数日本人一样，对此问题抱有淡漠的意识，且缺乏宏大视野的穿透力。总之，我也身陷一种先入为主的观念，认为花道一定是日本人的独创。

然而，探索的结果告诉我过去的定论无法信任，同时"日本人独创说"也难以令人信服。我还强烈地意识到重新展开研究有多困难。

越是深入调查我越感到"日本人独创说"的形势不妙。事实不应该如此。我回想过去自己时常坐在烟雾散去的深山险道旁边，有时也会名副其实地感到力不从心。但我想除了继续向上攀登别无他法。

虽然现在仅处在"中期报告"这一阶段，但似乎可以事先断言，花道有百分之九十以上可能"起源于中国"。

研究的第一步是从《万叶集》开始到《文华秀丽集》《性灵集》《类聚国史》《菅家文草》《西宫记》等，逐一爬梳检索10世纪之前的日本汉文学古典，将有关事例全部挑拣出来。比如：空海所咏"春华秋菊笑向我。晓月朝风洗情尘。一身三密过尘滴。奉献十方法界身。一片香烟经一口。菩提妙果以为因。时华一掬赞一句。头面一礼

---

① 原歌是"梅の花しだり柳に折り雑へ花に供養らば君に逢はむかも"。——译注

报丹宸"① 中的"时花一掬",从前后文看,只能解释为剪下"春华秋菊"等四季之花供奉佛前;菅原道真所唱"相逢六短断荤腥。狱讼虽多废不听。山柏香焚新燧火。野葵花插小陶瓶"② 中的"野葵花插小陶瓶",也一定是为佛前供花,它说的是将野生的花葵剪下插在陶制的花瓶中;源高明"五日早旦,书司供菖蒲二瓶 居机二脚,立孙厢南四间生,近代不见 系所献药玉二流 又差内竖送诸寺 藏人取之,结付昼御座母屋南北柱 撤朱茱萸囊,改着彼所请料系"③ 的记述可以证明,在全盘模仿中国宫廷礼仪的平安王朝宫廷仪式体系当中"供菖蒲二瓶"不可或缺。

第二步是逐一收集《古今和歌集》及之后的和歌文学和《枕草子》《源氏物语》及之后的假名文学中的事例。虽说是逐一收集,但必须坦白地说我浪费了大量时间,因为与我的研究意向可以匹配的"插花"事例很少。然而在此探索过程当中,与其说是我遇上好运即找到各种事例,倒不如说是我有了更大的收获。此即,我再次发现了一个重大事实:不论是和歌文学还是假名文学(女流文学),那些令人动容的美丽描述和对生命对象的准确描写方式,多半都只是对汉文学的改头换面。产生于这个基本文脉之上的结晶作用,在这种场合它成为和歌和假名文学,在另一种场合又成为"插花"和倭画。我痛苦地注意到:如果只是把"插花"的事例从诗文中一一挑选出来进行论述根本没有意义。上古时代日本人的艺术感觉是以中国文学为基础,再加以"挥锄""开垦"而形成的。这里只要作一般推论即可。比如,说起《白氏文集》对平安王朝文学的影响实可谓不同凡响。仅检索《源氏物语》就可以看出,对某种植物的特定"看法"几乎全都忠实于《白氏文集》实物教诲,或是从中得到启发自我学习的成果。《源氏物语》第一卷"桐壶"的梧桐意象,也受到《白氏文集》卷二收录的《答桐花》诗影响:"山木多蓊郁。兹桐独亭亭。叶重碧云片。花簇紫霞英。是时三月天。春暖山雨晴。夜色向月浅。暗香随风轻。行者多商贾。居者悉黎甿。无人解赏爱。……况此好颜色。花紫叶青青。宜遂天地性。忍加刀斧刑。我思五丁力。拔入九重城。当君正殿栽。花叶生光晶。上对月中桂。下

---

① 见《性灵集》卷一,《山中有何乐》。——原夹注
② 见《菅家文草》卷四,《斋日之作》。——原夹注
③ 见《西宫记》卷三,《供菖蒲》。——原夹注

覆阶前蒉。泛拂香炉烟。隐映斧藻屏。为君布绿荫。当暑荫轩楹。沉沉绿满地。桃李不敢争。为君发清韵。泠泠如叩琼。风来声满耳。郑卫不足听。"正是通过学习白居易的梧桐观，日本知识分子才第一次知道这种植物的可观之处。可以说在此之前，日本人根本不懂梧桐之美及其象征所在。外山英策①《源氏物语的自然描写与庭院》谈及此事并做出以下推论："平安王朝初期国人尚不知梧桐之妙趣，但不知何时宫廷开始种植梧桐。缘何有人自称'桐壶'？盖受白居易此诗影响。至少白居易之理想在日本的宫廷得到实现。'桐壶'乃《源氏物语》篇首的卷名。无微不至、笔致严谨的《源氏物语》作者在学习白居易的《长恨歌》后模仿唐玄宗与杨贵妃的爱情，描写了桐壶帝和桐壶更衣的深切恋情，故以'桐壶'为卷名。其中必有深刻的因缘。"②此话可谓不失正鹄。而且这不过是其中的一例。事实上，平安王朝知识阶层将中国诗文作为"美的典范"的事例不胜枚举。

第三步是用结构主义即总体性的方法把握汉文和日文的事例之间的关系。这是最困难的工作。但这个工作总需要有人在合适的时候去做。因此我分别检索了梅、柳、莲、菊这些花木的例子，并根据时代的变迁记述这些"花的象征意义"变化。我运用结构主义方法追寻是什么花，在何种场合，出自何种目的被人作为插花使用的。

我意外得到一个观察结果：过去认为属于"日本之美"的所有"搭配"（客观的相关物，Objective correlative）都不过是对中国诗文类题的反复模仿。我还知道，平安王朝知识分子之所以对四季之花极其敏感，也是他们努力学习中国"《岁时记》思维"的结果。日本人以生来禀赋优越的自然感觉编出《岁时记》这个"天然历法"等说法可谓近乎荒唐。我们必须看清，《岁时记》的目的是再生产政治体制和社会经济结构。

此外，最新的中国考古学报告也证明了在唐朝（7—9世纪）贵族阶级间曾掀起过一股"插花风潮"或"人造花风潮"。请阅读宫

---

① 外山英策（1888—1953），日本园林史大家，生平不详，著有《室町时代庭园史》《室町时代的庭园》等。——译注

② 外山英策：《〈源氏物语〉的自然描写与庭院》总论《白氏文集》与《源氏物语》。——原夹注

川寅雄①在本杂志前一期（《四季池》1976 年春季号）刊出的《阿斯塔纳的绢花》这篇随笔。宫川以中国文物出版社 1974 年刊行的《唐章怀太子李贤墓壁画》为线索，认为："陕西省乾陵陪冢之一的唐章怀太子李贤墓中的壁画，其中一幅有一个年轻官员双手捧着盆花的图案（前甬道东壁侍男侍女像）。花有两个花瓣，根部有组石，可以明确地说是插花。从画面看有三四块石头支撑着花茎。一朵是白花，另一朵是蓝花。"另外，宫川还以文物出版社 1975 年出版的《新疆出土文物》为线索写道："我要介绍 1972 年在新疆吐鲁番市阿斯塔纳古墓群出土的一支绢花。它以绢为材料，高 32 厘米，着彩，在考古史上属于罕见的出土文物。另外在数种花草中有类似百合和地榆②的人造花，颜色极其多彩艳丽，有现代感，即使放在银座的橱窗内也无异样的感觉。人造花能在唐代远达西域，实在是意味深长。"③ 除此之外，敦煌唐代佛画中还有手持切花的侍女像，也有带干花图案的玻璃容器和唐代观世音像。综合上述种种，我们不难得出在唐代"没有插花就没有干花"④ 这个推论。宫川的这种说法是否仅是推测只能等待今后中国考古学家的验证，但我有这些资料，接下来可否得出研究结论只是时间的问题。而插花行为本身在律令国家建设期的日本知识分子当中，则一定是引进的熠熠生辉的"先进文明"的项目之一。

根据国内外的资料，我们可以在相当程度上知道"插花日本起源说"最终将归于谎言。这是一个重大发现，所谓的"日式事物"的结局也同样如此。

不过我们也不必沮丧。所谓的美与其说是日本的，倒不如说是国际性的更具有普遍性。而且在从中世到近世的"大转换期"时代，又是那些努力奋斗的日本正派知识分子发现并确立了更具国际感觉的"插花"之美。当然，这个时代的生产力发展也在很大程度上改变了人们的"思维方式"。对这一点我们也必须考察。如此一来"唐物"之美才能

---

① 宫川寅雄（1908—1984），美术史专家、文艺评论家，早稻田大学肄业。早年师事会津八一，专门研究东洋美术史。任和光大学教授，兼任日中文化交流协会理事长。著有《近代美术及其思想》等。——译注

② 地榆，蔷薇科地榆属多年生草本植物，别名"黄瓜香""玉札""玉豉"或"酸赭"等。——译注

③ 宫川寅雄：《阿斯塔纳的绢花》。——原夹注

④ 同上。——原夹注

摆脱借用的领域，真正实现人的主体性和创造性。

花道从中世产生主体性的最初开始就指向国际性和普遍性的美。因为艺术超越民族等狭隘的藩篱意识，反而能够成功地实现其发展的可能性。

日本自然观在中世的发展

1

日本人对大自然的精神态度，用一句话归纳就是"日本人的自然观"。此前规定这种精神态度一般采用的方法是列举出日本列岛风土特性，然后据此描绘出受此巨大限制的人们的行为模式。人们普遍会先验地认为，只要日本列岛的地理环境不发生变化，日本人的思维方式和感觉方式就不会变化。日本人自太古以来就沿袭着这种自然观，故今后也须尊重并传给子子孙孙。我们不能断言这种想法完全是错误的。的确，日本列岛位于北纬 45 度到北纬 27 度，东经 146 度到东经 128 度之间，持续受到季风气候的影响。然而更重要的是，地理环境绝不会对人类产生决定性的影响。地理环境只有介入社会环境才会对人类产生影响。每当人类社会各生产力发展阶段发生变化，人类对地理环境的关系就会改变。不言自明，同样是泛滥的河流，同样是酷寒的冬天，近代以前没有机械技术和电力设备的日本人，和今天大量使用现代技术的日本人，受这些地理条件影响的方式完全不同。因此在评说日本人的自然观时，说过去是这样的故今后也应如此的论辩方法完全没有道理。事实上自然观也是随社会的变化而变化的。

然而我们在此无法讨论如此重大的问题。以下仅将话题局限在生产力极度低下、一度形成的自然观永不废绝并被一代代继承下去的古代到中世初期，粗线条地描述在这种"停滞阶段"也会徐徐显示出变化轨迹的状况。

另外，我们还要展示受风土特殊性强烈制约且身处生产力低下阶段的日本人的行为模式，包括他们对大自然的鉴赏态度在那条悠久的历史长河中是如何变化的。

对此我很难用一句话来概括，但首先要说明一个事实：日本人一直以来都受到大自然的威胁，并持续采取顺从大自然的态度，所以自然而然地会将大自然（不过是某种特定的自然）当作神灵膜拜。当然在世界任一区域，处于未开蒙阶段的文化都采取自然宗教的信仰形态，但日本人的自然崇拜和那种民族宗教的自然崇拜有相当的差异。

　　日本神话里所描述的自然，早已超越了所谓的自然神话阶段，到达了人文神话的阶段。换言之，它不反映狩猎生活和渔捞生活，而反映水稻栽种农民的农耕生活。正如松村武雄①和其他民族学家指出的那样，在"记纪"作品中虽然可以在某种程度上窥见一些自然神话的痕迹，但却不能确切地说日本古代农耕民众对太阳神和月神的崇拜是强烈的（因为对于日月的关注态度只能是在引进中国历法后才培养起来的）。对日本古代农耕民众来说，比起日月等，身边的事物更连续不断地威胁着他们，比如风雨雷电等更直接地引起他们的恐惧。对动物的看法也是如此，"记纪"不记述熊和野猪这些成为狩猎对象的动物，而特别神化蛇，这也是古代日本人将与农耕生活有密切联系的物种作为神灵加以祭祀的证据。《风土记》"常陆国风土记②行方郡"条记载"古老曰，石村玉穗宫大八洲所驭天皇之世，有人。箭括氏麻多智，截自郡西谷之苇原，垦辟新治田。此时，夜刀神相群引率悉尽到来，左右防障，勿令耕佃〔俗云谓蛇为夜刀神。其形蛇身头角。率引免难时，有见人者，破灭家门，子孙不继。凡此郡侧郊原甚多所住之。〕于是，麻多智大起怒情，着被背甲铠之，自身执仗，打杀驱逐。乃至山口，标榥置堺堀，告夜刀神云，自此以上听为神地，自此以下须作人田，自今以后，吾为神祝，永代敬祭。冀勿崇勿恨，设社初祭者"以及其他记叙也都是良好的例证。对植物的看法也是如此，古代日本人崇拜的对象多为大树，并不特意崇拜某种树。例如，杉树、樟树和榉树等并非因其具有的神秘特性，而是因其茂密高耸的样态才成为崇拜的对象。还有对岩石的看法。古代日本人并不因为它是火山岩、水成岩等具有神秘感而产生崇拜，而是因为它的巨大体积或稀奇古怪的外形而产生崇拜。对巨大而奇异的石头产生崇拜的心理也会移用于对山的崇拜之上。这时他们会从高山上空缭绕的云朵想象

---

　　① 松村武雄（1883—1969），神话学家，毕业于东京帝国大学英文科，历任浦和高等学校教授、东京大学文学部和国学院大学讲师。专攻欧洲等神话和日本神话的比较研究，用历史学和民俗学的视角建立起神话学研究的理论方法。以《神话学原论》（2卷）获得帝国学士院恩赐奖；以《日本神话的研究》（4卷）获得朝日新闻奖。另著有《神话学论考》《日本神话的真相》等。——译注

　　② 《常陆国风土记》，编撰于713年（奈良初期），成书于721年。其内容即常陆国（今茨城县主要地区）的地志。口传部分为变体汉文，和歌部分为万叶假名标记。——译注

到那是雨神和水神的所在。他们还会从火山喷出带来的温泉及其引起的地鸣声和地震想象到生产之神。总之，日本古代农耕民众是在与自己的实际生活密切相关的关系中崇拜自然的。

因此，即使说古代日本人对自然的崇拜是一种常态，但他们也并非随意地崇拜每一个自然现象。这一点往往容易被众人误解，所以必须特别关注。

古代日本人的自然崇拜一如上述，他们不将整体的大自然视为神圣，他们的宗教态度也不同时对准所有的自然现象。原田敏明①《日本古代宗教》告诫我们："在相同的自然现象当中，根据场合古代日本人会选择一些特殊的事物，这些事物自然有它们的意义，因此他们会赋予这些事物以人格性。从这个意义上说，万物有灵论的观念常常被一般化，被称为'泛万物有灵论'（Pan-animatism）或'泛生机说'（Pan-vitalismus）。它相信所有的物质都有灵魂和生命，提倡把所有物质都看作是生物。与此相互造势，自然主义哲学认为，许多人相信古代人将整体的大自然都视为神灵，对所有的自然物都采取一种宗教态度，这是对自然主义哲学的一种误解，它不外乎是各种自然主义哲学的综合。"②

我们现在不得不承认，古代日本人的自然崇拜是以他们的水稻耕作为主，作为年年反复出现的部族共同体的集体表象（représentation collective）而形成的。在变幻无常的季风气候下人类和自然不得不短兵相接，这时古代先民将身边的巨树、奇石和蛇等都视为作为集体表象的自然崇拜的要素，这的确不无道理。平野仁启③就作为集体表象的自然观形成的各种契机列举出以下几点，它们分别是"自然力和人类力量之间的显著差别、所居住的土地和人之间的互渗关系、作用于大自然的咒术意志、所认知的肉体的性质、对现实敏锐而具体的感觉、作为人类集团显在能力的激情性格、对生成的强烈愿望、作为实现生成愿望的咒术仪

---

① 原田敏明（1893—1983），民俗学家和宗教学家，毕业于东京帝国大学，历任神宫皇学馆大学、熊本大学、东海大学教授，一生致力于日本农耕礼仪、宗教祭祀等的研究。著有《日本古代宗教》《古代日本的信仰与社会》《日本古代思想》《宗教与生活》等。——译注

② 原田敏明：《日本古代宗教》古代人的自然观信仰。——原夹注

③ 平野仁启（1914—1996），文艺批评家、宗教学家，毕业于明治大学文学部，历任明治大学教授、名誉教授。著有《古代日本人的精神结构》《日本的诸神 古代人的精神世界》《朝向日本古代精神史的视野》等。——译注

式条件的神圣领域及其清净的必要自觉"①。这种分类法值得倾听。从某种意义上应该认为，古代日本人的精神生活集中在地面生活（意思是通过农业收获带来部落共同体的繁荣），这种地面生活的集体愿望随时随地展现了"以宇宙为中心的自然观"②。《古事记》《日本书纪》中的大自然就体现了这种自然观。

　　然而，以《万叶集》前半期即藤原京③时代为界上述自然观急速消失。作为部落共同体"集团表象"的自然崇拜，后来因以中国诗文为范本，被官僚律令国家"教养主义"④的自然观所取代。关于此间的变化，山本健吉⑤《柿本人麻吕》、西乡信纲《万叶私记》、北山茂夫《万叶时代》等都进行了详细的解说。从挽歌、恋歌来看，其咏唱的大自然也不再是"集体表象"，而都是"个人表象"。该时代的人（虽说如此，但不用说仅指获得汉式教养的律令官员）将自己的关注从大自然转向了人，文学家的自觉也从现实生活中解放出来，并开辟了他们的想象世界。古代日本人的自然观终于发展到"叙景歌的产生"阶段。折口信夫在《古代研究》"叙景歌的产生"一节中写道："从日本人固有的表现方法来说，这时逐渐出现了描写外部世界的态度，有人通过宴歌特别是在旅途中新建房屋举办的宴席上所咏的即兴歌咏，开始创作正式的叙景歌。但在此时多少都带有一些中国宫廷文学的气息。因此，叙景歌在藤原京时代已经进入人们的意识。而在抒情歌还无法摆脱带有对口说唱、机锋敏锐、感情夸张、戏剧张力这些因素时，即使柿本人麻吕才高八斗也无法真正创作出纯恋爱歌和抒情歌，但在此时还是产生了高市黑人⑥具有观照意识的叙

---

① 平野仁启：《古代日本人的精神结构》古代日本人的自然观结构。——原夹注
② 大西克礼：《万叶集的自然感情》第三章。——原夹注
③ 藤原京，指从持统天皇的694年开始经文武天皇到元明天皇的710年，日本将首都迁往平城京（奈良）的这3代天皇所在的16年的都城。"藤原京时代"即指694年到710年这段时间。——译注
④ "教养主义"，主要指通过读书获取知识，用这种知识陶冶人格、改善社会的人生观。——译注
⑤ 山本健吉（1907—1988），文艺评论家，曾师从折口信夫。精通日本的古典和诗歌，一生致力于探明古典作品与现代文学之间的关系。代表作有《芭蕉》《古典与现代文学》《柿本人麻吕》《诗歌觉醒的历史》等。——译注
⑥ 高市黑人，生卒年不详，飞鸟时代歌人，《万叶集》收录其18首短歌。那些作品多为旅途咏唱之歌，涉及大和、山城、尾张、三河、越中等地景物。——译注

景歌。接下来又出现了山部赤人①此人，标志着叙景歌的正式诞生。"②
"在奈良时代中期，大伴旅人、山上忆良等歌人将中国的诗趣移植过来，
让短歌带有特殊的韵味。但他们都是抒情歌人，并未能写出好的叙景
歌。旅人的儿子大伴家持，是最后一个具有可观之处的歌人。他憧憬古
代歌谣，怀念往昔的家族，虽想力挽狂澜，但最后还是被时代潮流裹挟
而败北。但即使如此，他的歌作还能做到情景交融，感兴时代。"③ 可
以说折口信夫从某个角度准确把握了《万叶集》的自然观转变。

　　此后由《万叶集》"长看两不厌"④ 所代表的"用自己的眼睛凝视、
确认眼前风物"的构思起点，到《古今和歌集》时就成为由"思念"
"心有所思"为代表的将"理性和思维认定为人类的根本动力"⑤的思
想，日本由此进入了一个新的时代。而且，大自然益发成为个人憧憬的
对象。平安时代贵族平日赏玩的屏风、拉门和扇面都画有"倭绘"，这
些"倭绘"的主题多为"山村"。在都市生活的人们可以通过这种方式
欣赏大自然的景色和意趣。《古今和歌集》分为"四季部"六卷和"恋
歌部"五卷，与人有关的和歌还有很多，但是越往"敕选二十一代集"
之后叙景歌的分量越重。然而它们描绘的大自然也只是作者个人（虽说
是个人，但他也无法摆脱律令贵族的阶级意识）在自己的想象中创造出
来的大自然。

　　以上涉及"山村"，故要回头顺便阐述一下山岳信仰。说山岳崇拜
始于山峰的高大神圣并不正确。例如，《日本书纪》"推古天皇十五年
春二月庚辰"条记述"周祀山川，幽通乾坤"；"持统天皇六年五月乙
丑"条记述"遣大夫谒者，祠名山岳渎请雨"；"六月甲子朔"条记述
"敕郡国长吏，各祷名山岳渎"。从以上记述可以看出，日本曾模仿中
国的山岳崇拜，山岳在日本国家祭祀中占有重要位置只能是中国"五
岳"思想的影响。而日本固有民族信仰中的山岳则与当时人们的社会生

---

　　① 山部赤人，生卒年不详，奈良时代的"万叶歌人"，三十六歌仙之一，也是一位咏唱
优美、澄澈大自然景观的有代表性的诗人，自古以来就被人称为与柿本人麻吕齐名的歌圣。其
真实的身份似乎是一名服务于宫廷的下级官吏，作品中多有行幸供奉的和歌。《万叶集》收录
其长歌 13 首，短歌 37 首。——译注
　　② 折口信夫：《古代研究》叙景歌的产生。——原夹注
　　③ 同上。
　　④ 原歌是"見れど飽かぬ"。——译注
　　⑤ 唐木顺三：《日本人的心路历程》（上）关于《古今集》的"思念"。——原夹注

活保持紧密的联系，仅作为这种社会生活的"集体表象"才成为崇拜的对象。如此解释更为合适。山岳作为古代人的生活资源很容易被认为是狩猎的场所，那么山神是否就是那时日本人祭祀的"狩猎之神"？然而我查阅古代文献后发现根本没有这种事例。这或许是因为在现有资料记载的年代，古代先民已放弃将狩猎作为主要谋生手段，而专门以农耕为主业。不过祭祀作为树神的山神的事例见于《延喜式》（成书于905—927年）及之后的文献，但比《延喜式》早的山神信仰记载则不可见。由此我们可以认为，日本原有的山岳崇拜信仰是不以"狩猎神"或"树神"为对象的。是否我们还可以认为，从弥生时代到古坟时代，水稻耕作民是将各地的山峰作为自身社会集团的"表象"来崇拜的。原田敏明《日本宗教交流史论》说："古代先民祭祀山神的神山几乎都不是崇山峻岭，而一般都是小山和孤立且树木繁茂的山丘。并且所祭的山神也不是'狩猎神'或'树神'，而是'守护神'或'守护神'镇守的场所。""它们都是专供人们崇敬的小山丘，因此多半都孤独地矗立在平原的一角。祭祀场所一般也设置在山脚。"① 这样的山有三轮山、二上山、弥彦山、筑波山和富士山等。"古代的山不是用来攀登的，而是被人用来仰望并依赖它的神力的。先民与其说是崇拜掌管猎物或木材的神灵，倒不如说是崇拜以自身部落生活为基础的某种世界的至高神。之所以要选择这种山，不因为它单纯是山，也不因为它是崇山峻岭，而主要是因为它的位置形状所产生的神秘性。它在古代先民的社会生活中就是在平原一角矗立的树木繁茂的山和守护古代农业耕作生活的神。山神直接就是农耕神，故在同时也经常被当作水神。其祭祀的场所并非山顶而是山脚，故在同时也经常被当作是登山道口之神。"② 这种说法完全正确。在山岳深处的神社只不过是平安时代及之后的分祀神社，它们都是山岳佛教盛行之后附会的产物。众所周知，奈良时代的佛教是都市佛教和官府佛教，与此相对，平安时代佛教的繁荣靠的是山岳佛教和社会即民众佛教。然而在佛教渗透到山林间之前，是否就被当作山神或土地神祭祀存在极大的疑问。对"神佛融和"过去有许多说法，但一般认为它的第一个契机是宫廷佛教和神祇祭祀的融合，第二个契机是山林佛

---

① 原田敏明：《日本宗教交流史论》七、山岳崇拜与山神。——原夹注
② 同上。

教和当地神祇的融合。但这第二个契机①的说法有欠明确。即使我们认可这第二个契机，但也只能推测那是很晚以后的事情。

针对这种研究方法或许会有许多反对意见。可以预见特别是日本民俗学的学者（或信奉者）会提出激烈的反驳意见。日本民俗学的"公理"之一就是，山神在春天下山变为田神，秋天收成结束后又回到山上。这可谓是山神和田神的轮变信仰。确实，视山为他界的宗教观念在《万叶集》等中也能够见到，故可以推测这是山神信仰和农耕神信仰相结合的古老信仰。另外还可以推测水源在山的水神信仰也是一种古老信仰。然而我们今后应该慎重行事，不能仅凭近世、近代和现代采集的史料就立即断定古代也是如此。以修验道②为媒介进行思考时更应该慎重。

2

话虽如此，但同时我们也要看到，日本人很早就培育出在与"污浊人生"相对的"清净自然"中间寻求救济的精神。毋庸置疑，将大自然视为排忧解烦场所的精神态度显著出现是在王朝时代之后。平安时代贵族在自身掌控的统治体制崩塌时心情忧郁，一方面被裹挟在末法来临的绝望思潮中，另一方面又对不被现实污浊的大自然抱有憧憬。试图在大自然中获得救济的意向在部分万叶歌人身上已然可见，同时代的《风土记》"常陆国风土记"也有以下记述："夏月暑日远方山村近邻避暑追凉，促膝携手唱筑波雅曲，饮久慈之味酒。此虽人间之游，顿忘尘中之烦恼。"（"常陆国久慈郡"）我们即使无法不怀疑他们借用了汉籍古典，也无法不怀疑他们逃避社会压抑的动机里存在着道教教育的因子，但无论如何还都可以在奈良时代知识分子阶层看出其借大自然逃避现实的意图。奈良时代的社会面貌是一边乐观地讴歌现实，一边强迫知识分子对人生黑暗面进行反省。这种"在大自然中寻求救济"的精神态度不久在日本思想史上形成一个谱系，成为"日本独特的宗教精神"。

家永三郎《日本思想史的宗教自然观的发展》③是一本好书，它阐

---

① 见迁善之助《日本佛教史研究》。在此书出版之后许多学者采取这种学说。——原夹注

② 修验道，日本固有的山岳信仰与佛教的密教和道教等结合，在平安时代末期形成的宗教。——译注

③ 家永三郎：《日本思想史的宗教自然观的发展》，创元社 1944 年版。收录于丛书《名著的复兴 日本思想史的否定逻辑的发展》，新泉社 1973 年版。——原夹注

述了上述精神态度是如何产生和发展，又带来何种文化面貌的历史过程。此书篇首还收录了同名的论文。在此论文的序言部分（第一节到第三节）概括了上述精神态度从古代到中世、现代的变化。下面进行转述。

家永三郎指出："开始意识到大自然对人类精神带来深远影响，并成为构筑国民精神生活的重要因子是在大陆文化显著影响日本的上古以后。换言之，是在进入飞鸟、宁乐时代之后。"（第一节）不过"他们是通过直面大自然之美立即掌握了这种精神，而不是像后人那样，选择清净的大自然以对抗污浊的人生。因此那种清净美最终只停留在大自然的属性上，它对日本人的生活并不承担特别的任务。从中我们可以窥见这种精神的原始性质"。（第一节）最终"万叶歌人对大自然的依依不舍，开启了日后日本人长久热爱大自然的决定性先河。但中古之后的日本人对大自然的魅力怀有的强烈向往绝不逊色于上古初期的日本人"。（第二节）可是，"中古末期贵族统治体制的没落，与被该社会现实清晰证实并澎湃高涨的末法来临的绝望思潮相互呼应，在人们的脑海里更加深刻地烙上对现实的厌倦情绪，同时也让人们进一步加深对大自然清净的憧憬，以逃避不断颓废的五浊之世"。（第三节）以大自然歌人西行①为代表的"视大自然为排遣忧愁场所的人生观，在此后的整个中世（虽然有时仅仅是口头禅）长久流传于王朝古典文化传承者之间"。（第三节）（家永还提到西行述怀歌里有"他在其半生中仅依靠大自然的治愈力才能忍受浮世至今"的告白，并举出两首和歌为例："总用春花慰我心，如今已过五十余"②"厌我身陷忧愁世，咏月慰情又经年"③，说"大自然至此已然超越美的鉴赏对象的范畴"）上述"视大自然为排遣忧愁场所的人生观"在《新古今和歌集》及之后的中世和歌中有无数的歌例。《徒然草》说"世上所有烦恼尤可用赏月消除。……在远离尘嚣的山村，徜徉于水草清新场，没有比那种时候更能

---

① 西行（1118—1190），俗名佐藤义清，歌人，生于官宦之家，很早就进入官场，但在1140年他22岁时辞去鸟羽天皇"守卫长"职务后出家修行，致力于咏歌，在当时和藤原定家一道并称为两大歌人，对后人产生了深远的影响，比如日本俳句大师松尾芭蕉等。——译注

② 原歌是"はるごとのはなに心をなぐさめてむそぢあまりのとしをへにける"。——译注

③ 原歌是"うきみこそいとひながらも哀れなれ月を詠めて年を経にける"。——译注

慰藉人心"① 等，也可以说是继承了相同的立场。"这种立场带有中国山水思想的色彩，甚至还连绵不绝地影响到近代的文豪夏目漱石。"（第三节）夏目漱石在《草枕》开篇所说的"总之人世难处"等等，都是基于"人世难处"这个大前提，思考艺术的使命就是要将"难处"的"人世""哪怕在瞬间也好"变为"心情舒畅的居所"。而且还断定艺术要完成这个使命，就只能从世事中抽离出来，投入到大自然的世界里。结论是大自然终究是解脱人生之苦的唯一场所。（第三节）这个大自然，归根结底就是"艺术化的大自然"。在这点上它"继承了出自《新古今和歌集》风格乃至禅宗趣味的中世念想的大自然的谱系，但无论如何"它都证明了"以大自然的力量治愈人生痛苦的那种古老的传统依然活泼生动地影响着大正时代"。（第三节）

以上是家永三郎《日本思想史的宗教自然观的发展》的"总论"。接下来有必要探讨从古代发轫的宗教自然观在"中世的发展"中画出何种轨迹。家永从该文的第四节开始做了论述。

一如上述，日本人通过与大自然接触而消除了痛苦，但大自然为何拥有这种力量？家永在第四节说明了理由：

> 大自然之所以拥有消除人生痛苦的巨大力量，不外乎是因为和人生的痛苦相比，大自然之美拥有的巨大魅力保持着压倒性的优势。就像弥陀的弘誓能够战胜所有罪障，将庶人从浊世引向光明之海一样。换言之，大自然的绝对魅力能够决定一切。因此，这种绝对魅力可以无条件地将人吸引过来，有时人们想从中逃脱也无法达成。特别是有些希望通过信仰佛教而达致出离解脱宿愿的道心者，却因为魅惑于大自然美而深陷妄执之境地。这难道不会产生一种奇妙的矛盾感觉吗？

家永以西行为例，说他"自俗时入心于佛道，家富年若"（《台记》"康治元年三月十五日"条），却因道心舍弃一切，但无论如何都无法忘怀憧憬风月之心。

---

① 原文是"よろづのことは月みるにこそなぐさむ物なれ。……人とをく水草きよき所にさまよひありきたるばかり心なぐさむ事はあらじ"。——译注

心醉樱花忘我身，消去执着现世心。① （《山家集》，春）

霎时惜命全因月，今夜中秋复圆轮。② （《山家集》，秋）

厌世又遇秋月明，何人不想延寿长？③ （《山家集》，秋）

回想弃世忧愁日，月光照我心动时。④ （《山家集》，秋）

叶落无处可藏我，月照身心皆敞开。⑤ （《山家集》，冬）

确实，对一意寻求解脱的佛教徒来说，"心醉樱花"妨碍了厌离的念头，不能不说是一件严重的大事。然而西行法师真正的道心与其说是依靠修行佛道，倒不如说是依靠彻底地"心醉樱花"。家永指出："虽然西行是从佛道的立场否认现世，但至少可以说他对大自然的向往也未丧失无上命令的权威。可以说真正救赎西行的并非如来佛祖而是大自然。从这个意义上说，与其说他是佛教徒，倒不如说他是'大自然'的信徒。""大自然至此已然成为一个绝对者，具有和神佛相同的力量。因此可以说对大自然的憧憬也是一种宗教。它可以治愈人生的痛苦也是因此真正的宗教属性带来的必然结果。"（第四节）

由此可见，大自然美的魅力具有超越佛教道心的绝对性，并且被人认为具有消除人生烦恼的至高无上的救济性。当意识到这些之后，希望掌握这种绝对性和救济性并永远安住其中的社会精英就开始寻找"山

---

① 原歌是"はなにそむこころのいかでのこりけむすてはててきと思ふ我身に"。——译注

② 原歌是"うちつけにまたこむ秋のこよひまで月ゆゑをしくなるいのちかな"。——译注

③ 原歌是"いとふよも月すむ秋になりぬればながらへずばとおもふなるかな"。——译注

④ 原歌是"すてていにしうきよに月のすまであれなさらば心のよまらざらまし"。——译注

⑤ 原歌是"このはちれば月に心ぞあらはるるみやまがくれにすまむとおもふに"。——译注

野"了。

据家永说，"在上古初期即万叶时代，将大自然排忧解烦的力量和人生的痛苦直接结合的主张还很微弱。但进入平安时代后有人开始强调大自然是浮世的对立面，也是能够去除烦恼的地方。这时产生了趋附山林的志向，以乡野作为逃避浮世的场所"。（第五节）彻底践行"趋附山野的志向"，躲避平安时代后半期的社会混乱，在吉野山深处结庐而居的就是西行。毋庸置疑，古代汉籍中很早就有这种入山避世的思想，日本的知识分子也确实将此记在心中。但不论是陶渊明，还是李白，抑或是白居易，中国人在脱离俗世归隐大自然时，他们的自然观却从另一个侧面证明了中国人是多么地重视俗世，而绝不意味着他们对大自然的无条件回归。即使他们强调大自然对俗世的优越，但所谓的俗世绝不意味着人间生活的全部，而多半只是指官员的俸禄生活。中国人故作姿态，说自己轻视名利，不重荣辱，但却总是难以从中解脱，这也证明了中国人难以摆脱人类本位的现实主义功利处世观。另一方面，中国人归隐山林的思想也深受佛教山林修行思想的强烈影响。作为求道手段的闲居山林和净化修行者心灵的山林自然之美，在佛教的推动下积极地结合在一起。我国也是如此，《万叶集》卷二十收录的"大伴家持欲修道而作歌"的"人世虚幻不足数，山川排闼送青来。我欲看山看水去，寻得正道把门开"（第4468首）[1]就表明了这种关系。在对大自然美有格外纤细感受的平安时代，这二者在内心更深入地结合在一起。从而"作为合并第一个条件的隔断俗界和第二个条件的大自然之美的场所，无论如何就只有静寂而未被尘世污染的保有大自然之美的山林了。于是'山林'除了拥有大自然美的魅力之外，还增加了求道手段这个佛教的吸引力"。（第七节）一如上述，从古代末期到中世初期流行的隐遁者心境，正是"建立在求道之心和热爱大自然这两种动机的融合之上"。西行的解脱也是这两种精神动机融合的产物。

概括说来，"憧憬山野生活是以飞鸟时代以来传统的大自然爱和中世以后逆向强化的厌世思潮为内部契机，以及以中国思想和佛教思想这两种外来思想为外部契机发展起来的。然而毋庸置疑，山林的魅力最多的还是山林的自然美"。（第八节）不仅嘴上说着厌世，我要逃离，而

---

[1]　原歌是"うつせみは数なき身なり山河のさやけき見つつ道を尋ねな"。——译注

且更不醉心于加官进爵和男女私情，毅然与王公贵族社会诀别，投入吉野山林中的正是西行。除他之外，还有鸭长明①。因现世欲望不能满足而出家的鸭长明作为歌人来到镰仓，亲身体验了镰仓时代初期天翻地覆的社会变革和贵族社会的没落，之后在日野郊外的山林结庐而居，第一次获得了心灵的平静。

家永三郎的主要观点集中在对西行和鸭长明的自然观的本质阐述："我们必须明确，即使西行削发为僧，但真正救赎他的并不是佛道。同样，救赎鸭长明的是日野山的'山野风光'，而不是宗教信仰乃至哲学教义。平安时代末期到镰仓时代初期社会的没落，给人们以难以平复的巨大绝望感，并让人们切身感受到生存的危机。可谓这种大范围的全民体验深化了日本人的精神，它在日本思想史上也具有划时代的重大历史意义。法然②、亲鸾③、日莲④等杰出宗教大家辈出，正是为克服这个危机做拼死努力的体现。与这些人的探索道路不同，西行和鸭长明则致力于开创，为我们展示了当时'救赎'的两种途径。这个事实思想史学家不应忽视。"（第八节）

于是，"山林"所代表的我国独特的（自然救赎）思想产生了该思想的实现者西行和鸭长明，但在他们之后就再未见到有特别的发展。然而我们也必须认识到以藤原定家为代表的《新古今和歌集》的歌人，

---

① 鸭长明（1155—1216），平安时代末期歌人，生于神官之家，以歌人闻名，50 岁时因失意出家。他的一生正值"源平动乱"的时代，经历了平氏一族的灭亡和古代天皇制的衰落。其随笔集《方丈记》流露出对时代变幻无常的感慨。——译注

② 法然（1133—1212），平安时代末期到镰仓时代前期的僧人，净土宗开山祖师。幼年父亲死后出家比叡山，先后师从皇圆和叡空，得到"法然"之号，为发扬末世的佛法创立净土宗，主张"专修念佛"，直接向武士、庶民甚至女子传播教义。著有《撰择本愿念佛集》。后来受到旧佛教教团迫害，被流放到土佐（今高知县），赦免返京后死于大谷。——译注

③ 亲鸾（1173—1263），日本佛教净土真宗初祖，谥号见真大师。4 岁丧父，8 岁丧母，幼时就有"人世无常"的想法。9 岁出家成为比叡山天台宗的僧侣，29 岁下山投靠净土宗，在法然上人门下学"他力念佛"教义，主张"一向专念无量寿佛"，为开显阿弥陀佛广度一切众生的真义而食肉娶妻。后因与当权者神权统治思想产生矛盾而被流放越后国（今新潟县），遇赦后在各地传播"真实"（根本、究竟）佛法，并著书立说，自称"非僧非俗"。——译注

④ 日莲（1222—1282），日本佛教日莲宗创始人。幼年于本县清澄山寺跟从道善而落发，名莲长，后改名日莲。初学真言宗，后游镰仓，偶逢延历寺尊海而结伴登比叡山，跟从诸学匠习天台教义 10 余年。又巡游大和（今奈良）、纪伊（今和歌山）等地寺院，结识了禅宗名僧辩圆、道元等，认为"末法"时代唯有《南无妙法莲华经》是诸经中的"最胜之经"，也是与时机相应之法。——译注

按照他们自己的方式，采用了"完全不同的打开独特天地的做法"。
"他们作为没落贵族的一员，不可能不深刻感到已经迫近身边的浮世浪
潮。于是他们通过在和歌世界里创造一个幽玄的天地才稍微忘记世间的
痛楚。而且那所谓的幽玄天地，仍然还是那个隔断一切现实苦乐的大自
然。""其中描写的大自然和眼前所见的大自然不同，是作者通过自己
的念想创造出的超现实的大自然。"（第十一节）诚然，这种"观念性
的大自然"对于《新古今和歌集》的歌人来说是一种救赎，但围绕他
们这些贵族知识分子身边的大自然不过是"密室中的幻影"，故无法说
是真正的大自然。至少只能说它是一种远离"山林"的某个地方（或
维度）的大自然。

　　然而，进入室町时代之后，日本受到以禅宗为主的中国文化的影
响，"山林"精神再生出一种新的形式，最终演变为"茶室"这种独特
的样式。中纳言①鹫尾隆康的日记《二水记》"享禄五年九月六日"条
曾评价宗珠的茶室"尤有山居之体之感"；《荫凉轩日录》"宽正五年三
月九日"条记载：足利义政登览禅佛寺无双亭后，激赏"此亭者，四
面竹树深而（有）山中之趣"，但室町时代一般都将以"山居之体"为
理想的茶室与禅宗的山居妙趣结合起来。然而茶室的直接原型未必就是
禅僧的庵居，可以视其为上古、中古时代以来的"山林"传统的复苏。
而且中世形成的这个传统在近世初期得到进一步的洗练。进入近世以
来，山林精神在芭蕉的俳谐和歌里再度复活。芭蕉既不是人们所说的
"圣人"，也不是"完人"，而是充满俗臭的有诸多烦恼的凡夫俗子。他
最终在大自然中得到"救赎"，从中获得心灵的慰藉。《笈之小文》中
那个著名的风雅论，即"西行之和歌、宗祇之连歌、雪舟之绘画、利体
之茶道，其根本之道乃一。且风雅之物，随造化以四时为友。所见之处
无一非花；所思之处无一非月"，实可谓大自然乃宗教的救赎这一人类
的告白。

　　以上我们参照家永三郎的学说，探索了以西行法师和鸭长明为代表

――――――――――

　　①　"中纳言"，前面已有注释，这里再做一些补充："中纳言"是日本古代官职名，属于
"太政官"系统中的令外官，在"太政官"系统中相当于四等官，唐名为"黄门侍郎"，俗称
"黄门"。天武天皇治世下就有"纳言"的官职存在，《飞鸟净御原令》亦规定设置"中纳言"
职位，但这跟后世的"中纳言"有所不同。此"中纳言"于大宝元年（701）三月《大宝令》
施行时废止。――译注

的日本人"宗教自然观"的思想史进程。该进程确如前述，而且只能
这么认为。然而作为现实存在的人，亦即活生生的人，是极其任性、极
其麻烦的存在物，明明在大自然中发现了"至高无上的救赎者"，但对
它却时常忘恩负义，或反复出现忘本的丑态。在鸭长明看来，"不入恐
怖之深山，即令听闻哀恸之枭声，亦无法凭依该处穷尽山中之情趣"。
之后他又补充："更何况欲深思、深知之人士更不能仅限于此。"他说
的是，必须让人品尝有不如无的各种"滋味"。就此堀田善卫①《方丈
记私记》解释："这不能不说是爱说什么就说什么。总之是一种可怕的
俗世言论。不论是出家还是隐居山林，活生生的人就不会恪守清规戒
律。"② 所谓的人就是这样的生物。

　　总之，大自然对中世的日本人来说不仅是单纯的鉴赏对象，而且与
人类的生存方式有着密切关系。然而其中还伴有一个危机。家永以自己
的方式提出这样一个问题："大自然确实解脱了日本人的精神苦恼。但
这种解脱是否就是绝对的解脱？山林的境域是否具有可去除所有人性欲
念的能力？在这里我们需要思考日本独特的宗教境地是否存在一个不可
逾越的界限。"（第十九节）这个问题的确切答案只有问我们自己了。

中世美学中的"自然美学"

1　古代国家的终结——"新人"的登场

　　我们知道，《今昔物语集》里出场的两个地方庶民兄弟强烈主张与
萱草的本意（出典于中国诗文的象征意义）完全无关的自我本位意见。
而且我们从中还可以看出一种"日本化的过程"。

　　该物语集出现的那种人在律令文化还在发挥统治作用的7—10世纪
不可能存在，在"摄关"文化持续兴旺发达的10—11世纪里也几乎不
可能存在。但在迎来"院政"期，武士、庶民阶层显著抬头的12世纪

---

　　①　堀田善卫（1918—1998），记者、小说家。毕业于庆应大学法文科，曾在日本国际文
化振兴会工作，1945年被派到上海。著有《波浪之下》《丧失祖国》《齿轮》《广场的孤独》
等。这些作品揭示了社会矛盾，描写了人类面临的问题，不少作品取材于日本投降前后中国社
会的生活和美国占领下的日本社会，反映知识分子的孤独和苦闷。有些作品则暴露了日本帝国
主义侵略中国的罪行。——译注

　　②　堀田善卫：《方丈记私记》十、口念两三遍阿弥陀佛。——原夹注

他们在日本各地广泛出现了。这种变化的背景是，以在律令国家变质及崩溃的过程中形成的、以庄园和"国衙领"①为基础的国家机构赋予了每个在乡领主（在乡武士）的独立统治组织（主从关系）以官厅的形式。至此，日本名副其实地走向"古代国家的终结"。

"古代国家的终结"意味着一种新情况出现：在从律令政治体制到律令文化理念的广阔领域里，原本占据统治地位的古代儒家意识形态已无法再保持过去的活力。而在此之前，贵族阶级在中国诗文里寻章摘句，以此决定或正当化自己的想法和行为，并将自己的标准强加给被统治阶级，但后来这种标准不再通用，一个新时代最终来临。统治的主导权不仅转移到武士手中，而且农民、手工业者和商人也逐渐获得自主性。这种趋势的出现标志着中世社会的开始。

根据政权所在地的不同，历史学家一般将中世社会分为镰仓、南北朝、室町和战国四个时期。然而要想动态地理解迄今为止的历史发展动向，"就必须逆转历史的时代区分法，以变革期为主来划分时代。将政权建立、体制稳定的时期视为过渡期"②。我觉得这种看法更加合理。实际上在12世纪末以后，"新人"相继登场并不断地改变历史。我们必须认为，中世史上的常态正是变革和流动。这个时代人们对"花的欣赏方式"也陆续突破古代的框架，最终开始了独立发展。

但为方便起见，以下叙述还是按照过去的时代区分方法。

拉开中世大幕的镰仓时代文化有以下特征：贵族和僧侣们认识到并反省实际上驱动历史向前的力量掌握在武士手中，并据此展开"新的生存方式"的探索。在武士即在地领主发动的全国性内乱"治承、寿永之乱"（1180—1185）前后，文学界出现了鸭长明和西行，佛教界出现了开创新宗派的法然和荣西。继而在以后鸟羽天皇为核心的"公家"势力试图卷土重来但遭惨败的"承久之乱"（1221）前后，则诞生了《新古今和歌集》《愚管抄》《平家物语》等文学作品，出现了成功纯化了新佛教思想的亲鸾和道元，还产生了此后成为武家基本法典的《贞永式目》。进一步在蒙古侵略日本的前夕，佛教界中日莲宗的活动十分引

---

① "国衙领"，指相对于庄园而言，在国衙管辖下的私有地。——译注
② 林屋辰三郎：《近世传统文化论》天文时代和宽永时代，讲谈社1969年版。——原夹注

人注目。然而此后思想界突然进入混沌期。总之,镰仓时代贵族文化衰退的现象非常明显。另一方面,武家层面的以临济宗①为媒介的"宋朝文化"的影响显著增加。农民和工商业者等庶民的生活在发展的同时,其意识层面也出现了变化,文化样态开始显示"转换期"的征兆。当然,在此"转换期"的发展动力未见停息的时期内中世这个时代还将持续下去。

2 芒草的美学和"不见繁花"的花的美学

从我们追溯"花的欣赏方式"这个思想史的视角来说,必须要提及的是鸭长明所代表的中世"花的美学"本质究竟为何。鸭长明(1153—1216)是下贺茂神社的神官之子,因族内纷争,没能成为梦寐以求的神官而出家,并以歌人和琵琶演奏名家的身份接近以后鸟羽院为核心的宫廷社会,但后来因卷入社会动乱,于万念俱灰之际在日野郊外的山上结庐而居,写下了《方丈记》(1212 年成书)、《发心抄》和《无名抄》。一言以蔽之,他作为一个憧憬贵族社会但根本不被接受的"个体"艺术家,在发出巨响崩溃的"旧体制"之外"又发现了一个世界"。从这点上说,鸭长明在日本思想史上的地位灿烂辉煌。

著名的《方丈记》用和汉混合文体写出,文字优美,是一部中世隐遁文学的代表作。作者在剧烈变化的时代凝视自我,希望在佛道中得到对无常的救济。这种说法是正确的,但日本汉文学的学者认为,《方丈记》的许多文章模仿了庆滋保胤的作品《池亭记》(982)。而保胤是平安时代汉诗文的大师和净土信仰的先驱(《日本往生极乐记》的著者)。加藤周一在《日本文学史序说》上卷阐明了二者之间的关系和鸭长明自身的内部问题,并得出以下结论:"《池亭记》模仿大陆(中国)的古典文学,而《方丈记》则模仿了《池亭记》。《方丈记》的作者鸭长明代表了 12 世纪末到 13 世纪初的'日本化'现象。所谓的'日本化',不外乎就是对镰仓佛教的超越性抵抗。抵抗就是渗入该人皮骨因而不被该人意识但毫无疑问在《无名抄》的字里行间逸出的土著思想的此岸

---

① 临济宗,禅宗南宗五个主要流派之一,始于临济义玄(?—867)大师。他跟从黄檗希运禅师学法 33 年,之后往镇州(今河北正定)滹沱河畔建临济院,弘扬希运禅师所倡启的"般若为本,以空摄有,空有相融"的禅宗新法。这种禅宗新法因义玄在临济院举一家宗风而大张天下,后世遂称之为"临济宗",而正定临济院也因之成为临济宗祖庭。——译注

性。因此《无名抄》的作者鸭长明在这种转换期并不单纯依据该歌论的内容而有效代表了传统的精神。"① 正如加藤所说，所谓的鸭长明的"新的生活方式"，就是在中国文化的"日本化"这个意义上回归土著思想这一传统性，并且以这种方式超越了古代国家（律令体制）。因此"花的欣赏方式"也自然会发生变化。说得更浅显一点，那就是至此首次脱离了七八世纪以来的古代律令政教思想。换言之，"花的欣赏方式"不必像奈良时代和平安时代那样完全迎合律令统治阶级政治意识形态的时代已经来临。花就是花，单纯作为欣赏对象的时代终于到来。

打开《无名抄》可以看到"芒草痴"登莲法师的故事。正如西行法师一生沉迷于樱花而无法自拔那样，登莲法师也因深陷芒草的魅力之中而做出怪异的举动。问题是打破常规的人为何在这个时代出现。

　　某日雨，一群心灵相通人士聚于某屋谈古论今。有人问："红色芒草乃何芒草？"此时有老人以恍惚不清之神情答曰："我听说渡边②彼地有圣人知道此事。"坐于身旁之登莲法师③听闻后默默不语思考，不久后突然站起，对屋主说："暂借用蓑衣斗笠。"屋主想为何如此，但还是拿出蓑衣斗笠。登莲法师离座穿上蓑衣草鞋，一副出门模样。众人见此惊讶问道："汝欲何为？"法师回复："拟去渡边。既然听闻有人可澄清此疑问，则无论如何亦须去会渠。"一座人惊呆后皆挽留法师："何必心急，待雨歇再去不迟。"法师回复："此言大谬！人命岂待雨歇？晴雨之间贫僧可死，圣僧亦可死。届时向谁请教？请大家静候。"说完即走向雨中。真乃风雅之士。嗣后如其本意寻获红色芒草之秘密后秘藏之。④

这里所说的"风雅人士"，一定是指登莲法师乃歌道爱好者。过去在古代律令国家体制中被视为不懂规矩或麻烦的人物在当时的社会已有

---

① 加藤周一：《日本文学史序说》上卷，Ⅳ 再转换期。——原夹注
② "渡边"也写作"渡部"，指摄津国西成郡某地名，也是难波江某渡口的地点。——译注
③ 登莲法师，出身和生卒年均不详，约生存于 1178 年。是一个出入于俊惠白河僧房"歌林苑"的隐遁歌人。《词花集》及之后的敕撰集收录其 19 首和歌。有《登莲法师集》传世。——译注
④ 据《日本古典文学大系》本。——原夹注

人承认他的价值。同样在《无名抄》里鸭长明还探讨了幽玄的本质：
"乃词义之外之余情，情趣之外之意境。因理深于心，词极艳丽，故自
备彼德也。譬如，秋夕暮空之景致无色无声，但不知何故有人见之竟潸
然泪下。而无雅心者则不以此为意，仅欣赏眼中可见之花与红叶。"樱
花和红叶背后的非逻辑且具神秘情调的世界，正是中世美学主张的着
眼点。

说不要赞美"肉眼可见之花"，并彻底践行这种观点的吉田兼好在
《徒然草》中如是说：

> 岂有独看盛花与圆月之理。向雨恋月，蛰居家中不知春归何
> 处，又别有风情。含苞欲放之枝条，花谢满地之庭院，其风情胜于
> 满开时分。歌书曰："出外观花，然花期已过"与"因事未能出外
> 观花"未必劣于"赏花"。……大体说来，可观赏者岂只限于眼前
> 所见之月与花？花繁时节不离家，月圆之夜居寝室，于心中描绘花
> 月之貌，更能获得生趣。有修养者不显喜好态，观赏时等闲视之。
> 与之相反，村夫俗子不解风雅，力求尽兴，凡事皆夸张喧哗。（赏
> 花时）紧靠树木，指手画脚，目不斜视。旋又饮酒，口唱连歌[1]。
> 最终竟将大枝条粗暴折下。更有甚者，有人回去时竟将手足浸入溪
> 泉，或将足印踏于雪上。观物时从不留有距离。[2]

这是《徒然草》第137段落中的话语。兼好法师说：赏花不必特意
站在花旁边，在家中不是同样可以看花吗？

这的确是与性情乖张的隐遁者十分符合的"花的欣赏方法"。过去
许多有教养的人和"人生达人"都力倡这种"花的欣赏方法"凝缩了
日本的传统美学，并灌输说若不理解和践行这种观赏态度，就只能停留
在粗鄙的精神境地。

若有人对兼好法师的"花的欣赏方法"抱有疑问，说这有可笑之处
等，那么就会有人反驳说那是因为你对人生的看法还不够透彻。甚至有

---

[1] 连歌为和歌之一种，甲吟唱5、7、5句后乙接着吟唱7、7句，最多可达100句。室町
时代定型，最早时为有一定教养的武士、百姓的娱乐节目。——译注
[2] 据《日本古典文学大系》本。——原夹注

人会嘲笑说，你的品味有问题。因为这会引起不快，所以像我们这样谨小慎微的人就会故意避开那些"人生达人"、宗教家和文学家提出的话题。的确，兼好法师是一位了不起的思想家，既倡导无常观，又发散出世俗的气息，当我们接触到这种刺头时就不得不佩服他真是一位大艺术家。然而兼好法师又是"时代之子"，当我们用历时的观点考察《徒然草》的全部命题时就会发现，它们的观点与兼好的看法刚好相反。法师自己就说过："飞鸟川之深渊与浅滩亦移易不定，世之无常亦若是也。时移事易，乐尽悲来。华馆春风化作荒郊野外，或屋庐依旧而主人已非畴昔。桃李无言，孰可与语曩昔者。况远古高贵之遗迹，又实若浮云朝露耶。"（第25段落）至少就"花的欣赏方法"来说，持"大体说来，可观赏者岂只限于眼前所见之月与花"的观赏态度，只不过是在中世这个时代法师自己"一次性"采用的最好方法。不用眼睛看的月亮能称为月亮吗？不用眼睛看的花能称为花吗？中世的自然观难道不是过于主观和观念化吗？难道不可以说法师从一开始就不想看花吗？

我希望一浇自身心中的块垒，是因为迄今为止我从未看过和听过对《徒然草》的现代性批判文字和话语。当然，我应该对《徒然草》这部代表日本中世文学的最好遗产致以至高无上的敬意，并且要以自己最大的努力去解读和欣赏之。但因为经常遇到一些极其冷漠的产业领导人和"有教养"的人士，根本不尊重和同情在现代社会打拼的自然科学家和社会科学家以某种方式提出的各种命题，相反却为了正当化自己的观点，还部分引用《徒然草》的文字以作为工具，所以我不得不在此说些话。我们是否可以从《徒然草》中发掘出现代价值最终将由我们如何看待现代社会、如何选择生活方式的态度决定。

我们若认可这种铺垫，那就可以赞同筑土铃宽①《复古与叙事诗》做出的议论："《徒然草》除有'岂有独看盛花与圆月之理。向雨恋月，蛰居家中不知春归何处，又别有风情'的欣赏方法和常识性、经验性的欣赏方法之外，还有另一种用成长、发展的观点静观花月的欣赏方法，

---

① 筑土铃宽（1901—1947），僧侣、民俗学家。在国学院大学预科学习期间成为东渐院住持。从前述大学文学部国文科毕业后历任东京帝国大学文学部助教、大正大学预科讲师和特殊学部教授、大正大学教授。在学问上受折口信夫的影响，专门从事中世宗教文艺的研究，1947年创立宗教文艺学会，但不久即英年早逝。著有《慈圆 国家与历史文学》《宗教文艺的研究》《中世文艺的研究》等。——译注

比如'世间万物，唯始与终方有意趣'。有人根据这个立场批判了常识性、经验性的人生态度即'村夫俗子不解风雅，力求尽兴'。他们不是静观花貌，而是用手折下花枝，将手脚伸入泉水内，在雪上踩踏出足印，'观物时从不留有距离'。"①　"从否定的立场来考虑美是何意思？……本来美从根源上说是和生联系在一起的，是肯定的。平安时代的美有丰富而充足的完整性。不完整的东西则被视为丑。在充满生机、丰富多彩的时代，美也一定是完整的东西。对生的肯定，是基于人类至上的立场而决定的。美特指人这种生物。特别是美的本质具有流动性。而且美存在于流动的时间里。……《徒然草》作者说：'世上万物原本是变动不居、生死相续的，也唯有如此才妙不可言。'②　这是站在美的立场所说的话。那么美是完整的还是有所缺憾的？美的无常性告诉我们美并不是完整无缺的。中世的所有艺术都不是完整的，而是一种暗示，一种象征，以被迫追求完整的形式而出现，就来自它的无常性和空虚性。"③　视变化不定为美，写虚无缥缈即艺术。这种中世美学的思维方式通用于现代艺术（和现代科学）。不过现代人需要考虑的是为更加合理而不可或缺的"想象力"问题、为从整体上正确认识和理解事物而不可或缺的"两义性"问题，以及为创造更为美好的未来社会而不可或缺的"辩证法"问题。

如果我们抛开所有的主体性问题加以清晰的说明，那就是只要采取不看一切现实（只要在脑海里描摹一下花月泉雪即感心满意足）的生活方式，则《徒然草》第137段落的这个说法就十分危险。因为它说过即使眼不看花也能看到那花，此乃真正之花。我们不能忽视自然观本身与社会观是紧密相连的。

在包含南北朝内乱（1331—1364）在内的第二个和第三个"转换期"间，兼好作为探索人生真实生活方式的伟大哲学家，之所以只能过度坚持观念式的"花的欣赏方式"，是因为他一直固守几近丧失生机的贵族文化，也因为他说过"村夫俗子"，蔑视历史真正的中坚力量，更因为他总认为已从历史舞台坠落的贵族的思维方式是正确的。

---

① 筑土铃宽：《复古与叙事诗》十四 文艺中死亡的问题。——原夹注
② 原文是"世はさだめなきこそ、いみじけれ"。——译注
③ 筑土铃宽：《复古与叙事诗》十四 文艺中死亡的问题。——原夹注

　　要打破贵族文化的范式，从根本上创造新的大众文化，就只能等到室町时代中期，即所谓"上克下"大动乱常态化的15—16世纪。在这个大动乱到来的时候，奋力生存于历史社会中的人们再无一人相信《徒然草》是自己的"人生原则"。

3　《花传书》的簇生——向近代展望

　　南北朝内乱具有决定日本历史方向发生重大转变的性质。内乱的结果表明，谁都无法阻止历史的潮流。

　　大体结束动乱的室町幕府一方面采取"守护大名"联合政权的方式，另一方面又合并了"公武"的权利，在足利义满时期甚至建立了"将军专制"的统治机构。从14世纪后半期到15世纪东亚地区全部进入历史"转换期"。明朝建立了，李氏朝鲜立国了，琉球统一了，新的国际环境就此诞生。义满与明之间开始了朝贡贸易，自称"日本国王源道义"。其目的一是借明帝国的绝对权威来确保自身的地位，二是进口铜钱等以获得贸易的巨大收益。此乃效果、效力通吃的手段。义满将日本置于明朝附属国地位的外交政策经常被后世的史学家批评，但在义满看来，这是当时最符合国家利益和出于现实判断后采用的手段。在足利义教时期日本各地爆发了农民起义，之后又恢复到小康状态。义教以"符节贸易"①的形式再次开启日明贸易，使日本经济在以明朝为核心的东亚贸易圈中取得了长足发展。伴随国内条件和国际关系的改变日本打开了"新时代"的大门。

　　室町时代的文化主要由以下两个部分组成，一个是以义满时代为中心的"北山文化"，另一个是以"应仁之乱"（1467—1477）前后的义政时代为中心的"东山文化"。前者是公家和武家折中融合的文化，后者是融合了公家、武家、宋朝和庶民文化的复合文化，它们都给后世日本人的生活带来巨大影响，其历史价值就在于此。

------

　　① "符节贸易"，指室町时代使用"符节"进行合法的日明间贸易。该贸易在"应仁之乱"后由大内氏垄断，出口铜、硫黄、刀剑等，进口铜钱、生丝、绢织物等。"符节"指明朝与他国交往时作为正式的用船证而发行的可供核对的标志物。在处理与日本的关系时，明朝政府为防止倭寇和走私贸易，将"日本"此二字分开，给室町幕府"本"字"符节"100张，让遣明船分别带上进入明国，在宁波和北京与底簿（台账）比对核查。明船则应带去"日"字的"符节"。——译注

之后的历史潮流将日本带入全国性的"战国乱世"时代。地方武士、农民和城市商人等积蓄的能量借农民起义的形式爆发出来。另一方面，在乡武士（在乡地主）和"守护大名"中有人吸收或抑制了上述能量，使其朝有利于自身领国形成的方向发展，至此出现了"战国大名"。经过残酷的战争，只有实力强大者才能存活下来，总是凭借传统权威的人无一例外地被消灭了。另外，西班牙和葡萄牙等西欧国家在这时开始了对亚洲的渗透，一个全新的国际局面展现在人们面前。伴随着与西欧贸易的展开，日本第一次引进了步枪，结束了过去以骑兵为主的战术，基督教的传入也给日本人的思想文化带来了新的刺激。再者，"战国大名"在各地普及了京都文化，自治城市的商人则创造出开明的学问和文化。一个在物质和精神两个方面都有"新人"活跃的时代到来了。

当然，自然观乃至"花的欣赏方式"也发生了一百八十度的转变。不认同传统权威的"新人"不可能固守过去的自然观和上个时代的"花的美学"。更何况金发碧眼的洋人还跨海而来，所以说日本人不发生世界观和宇宙观的变化，反倒是一件不可思议的事情。

生活在战国乱世这个"大转换期"的人们的新自然观和"花的欣赏方式"，在天文年间（1532—1555）簇生的"花传书"中有着最直截了当的表现。将开在山野水边的花木和青草剪下带回，装饰在人居住的房间内（主要是客厅），这个行为可以说是人类中心主义思维的形象化。而这种插花的行为本身是从室町时代开始盛行的。如《君台观左右帐记》（约成书于 15 世纪末）所证明的那样，插花是作为用"唐物"（中国传来的艺术品）装饰客厅的艺术造型体系构成要素之一发展出的一种技艺。因此插花就是当时带有国际感觉的凝结体，而绝不是闲寂、澹淡的传统感觉的产出物。不久后插花走上独立发展的道路，在剧烈变革频出的乱世这种精神风土里开花结果。天文年间是所谓的"上克下"社会形态即将达到顶点的时期，幕府的所有政令均已无人执行，贵族化的武家和仰赖贵族化武家的公家、神社寺庙等也日趋衰败，取而代之活跃在社会第一线的是在各地拥有根据地的"战国大名"和富商们。然而在文化创造方面依然以城市（畿内都市）为主，故新生文化只能以城市为中心。一言以蔽之，这种文化是具有讴歌现世、以实力决出胜负、发现人性、理性思维觉醒，扩大国际视野、对民众普及知识及知识简单化等要素的现实主义文化。在这种社会文化状况中产生的"花传书"究竟带有何种性质不言自明。

天文时期的"花传书"绝不像许多人所误解的那样，是为进一步神秘化插花艺术而写的。相反我们从中却可以看到极具近代感的"花的美学"的提示：在战国乱世拼死存活下去的"日本文艺复兴人士"已不再墨守成规和传统，他们毫不掩饰自己的人性，并将澄澈的视线投向大自然、世界和宇宙。可以说这是日本有史以来最科学、最客观的"花的欣赏方式"。面对"日本文艺复兴运动"的到来，不论是冷酷无情的贵族为固守专制逻辑而恣意采用的"古代自然美学"，还是性格乖张的贤者将自己赶进观念论的死胡同后产生的"中世自然美学"，当然都只能鸣金收兵。因为新的"花的欣赏方式"和新的"人性观"在民众阶层都显示出空前的一致。

然而，这好容易出现的新的"花的欣赏方式"在江户幕府体制强加给人的伪太平气氛中转眼间就失去生机，好容易刚开始出现的"人性观"和"世界认识"也都因受到朱子学意识形态的影响处于受管理和统辖的时代终于来临。

"下克上"时代的到来——"合理的"大自然的发现

1　"下克上"——历史发展的基本原理

所谓的"下克上"是指下层阶级制服上层阶级。该词汇出现在平安时代后期。南北朝的公卿阶级经常用它表示对时势的愤慨。但一般认为，它指思想风潮和社会风貌是在应仁之乱（1467）之后。当时的人们（不过必须清晰地识别它指的是谁）将实力雄厚的家臣褫夺主家的地位和农民、工商业者反抗领主的风潮称作"下克上"。事实上，在"应仁之乱"之前第六代将军义教在"嘉吉之乱"（1441）中就被赤松满祐①杀害，政治实权转移到"管领"细川氏族手中。然而细川氏族的实权又被该家臣三好氏族篡夺。接下来三好氏族的实权又转移到该部下

---

①　赤松满祐（1381—1441），曾任播磨、备前、美作三"国""守护"，在赤松一族中势力最强。幕府将军足利义教继其父义满之后，继续对势力强大的"守护大名"实行压制。满祐之弟的领地被没收及其他"守护"遭到幕府打击使满祐深感危机出现，于是发动"嘉吉之乱"，后在幕军的征讨下自杀身亡。——译注

松永氏族的手中。这种下级凭借实力取代上级的"下克上"社会现象，不仅发生在幕府，也发生在其他地方。"守护"①的权力转移到"守护代"②，"守护代"的权力进一步又转向另一个"守护代"。另一方面，民众爆发武装起义，逼迫幕府颁布《德政令》，并在地方展开暴动驱逐"守护"等，此类现象随处可见。这种社会整体的动向，在经济基础方面得到乡村制的发展、工商业的成长和城市兴起的支撑，印证了拥有实力的在乡武士取代了旧统治者的历史过程。简言之，旧社会的上下关系因各自的实力被重新调整的时代已然来临，任何人都无法阻挡时势的发展。

以下事例经常被人引用，它出自《尘塚物语》（有永禄十二年[1569]的序文，但作者不详）卷二十六"与山名宗全③某大臣问答事"。文中如实描写了室町时代的"守护大名"山名宗全（持丰），在战争最激烈期间访问某公家大臣，讨论当时的社会风潮，他的言论真实展示了"新时代"中坚力量武士的思维方式：否定古代权威和古老传统，仅肯定现实的力量。而大臣则十分重视和保护中世以来反倒盛行的基于惯例、典章制度研究的公家传统。在谈及当时的乱世时，大臣说："引古例有种种可敬畏之事。"对此宗全明确否定，断言"君言之事大体听闻，然不可乘机牵强附会引用古例。大凡'例'此字今后当改为'时'字"。接着宗全还断言："大凡所谓之'例'，其'时''例'也。大法不易政道不可引例。此外之事亦丝毫不可应允引例。一概拘泥于'例'而不知'时'，则或官运衰微，门庭冷落，或仅翘望官位，不问其智节。如此终为武家所耻，天下被夺，谄媚乞怜。若今强断古来'例'字，则如宗全一介匹夫，可做如此同辈之谈哉？此乃古来何代之例哉？

---

　　①　"守护"，镰仓、室町时代的职务名称之一。在各"国"履行军事和警察等的工作。也叫"守护职"。始于1185年源赖朝以追捕源义经和防止叛乱为由而设。镰仓时代末期拥有行政上的权力，室町时代后还拥有"国"内政治、军事上的实权，逐渐发展成"守护大名"。——译注

　　②　"守护代"，"守护"的代理官职。被"守护"任命后主要在"国"内代行"守护"的职务。——译注

　　③　山名宗全（1404—1473），室町时代中期的武将，在"嘉吉之乱"中因讨伐暗杀将军足利义教的赤松满祐成为"总大将"，取胜后获得赤松满祐的旧封地，其一族任八"国""守护职"，势力进一步扩大。后与细川胜元勾结对抗畠山氏，但因将军义政之妻富子任命其子义尚为将军，故宗全又与拥戴足利义视的胜元对抗，发动"应仁之乱"，后死于战斗。——译注

此即'时'也。"① 他想说的就是，若仅靠旧有事"例"决定是非，那么像我这样的"匹夫"就不能和"大臣""您"一道讨论问题。不管您如何想，"时"势这东西才具有决定性的力量。

令人意外的是，至今还有许多人不认真思考"下克上"风潮的本质，而是仅抓住感情、情绪的问题，用自我本位的思维方式来认定是非，说这太不像话了。然而，只要我们冷静思考就能明白，公家常年固守的"惯例、典章制度"思维方式，只能是自我本位的思维方式。这些贵族阶级根本不需要亲自劳动养家糊口，也几乎不曾对那些为捍卫贵族权益而赌上性命的人有过报答，自始至终都不过是喝着他人的血来悠长度日。他们始终采用这种自我本位且不像话的生存方式，但却动辄强调"传统的逻辑"，说"因为过去如此，所以现在也必须遵从惯例"，抑制对过去的不合理事物和制度性欺骗抱有怀疑的新的思维方式。"因为过去是这样的"，但如果那个旧"例"是基于四海通行的真理，那他可以坚持自己的主张。可是如果该"旧例"只对公家有利，而对公家以外占压倒性多数的人们来说是坏事，完全不合情理，那它还是早一天消失为好。为打破这种完全不合情理的古代权威和古老传统，有"实力"的人就有必要站出来，从基础上去动摇并粉碎它们。

的确，"守护"和"地头"② 们从内部侵蚀了律令政治末期以来的庄园制，最终将中央的庄园领主势力驱逐出去，建立了"守护大名"的"大名领国制"，实可谓不法抢夺。然而原先的庄园制本身也起源于有权有势的贵族阶级和神社寺庙对土地"公有制"的蚕食（在政治上也是抢夺）。如此想来就不能简单地得出结论，说公家是正义的，而武士是邪恶的。

总之，长期盘腿坐在庄园制宝座上并致力于维护权势的公家、神社寺庙等旧势力，在"应仁之乱"之后因经济出现问题，在政治上也失去话语权，只能依靠"守护大名"的善意过着寄生生活。至此公武地位关系发生了一百八十度的逆转。曾在庄园内部作为公家仆人成长起来的武士阶级，把过去的主人公家拉下"历史舞台"，开始扮演起舞台的

---

① 据《史籍集览》本。——原夹注

② "地头"，镰仓时代设在庄园负责管理该事务的职务。幕府任命"御（自）家人"到庄园征收年赋，维持治安。室町时代则将封地交于"守护大名"的家臣，江户时代交于将军、诸藩的家臣，使他们成为封地的领主。——译注

主角。历史学家一般将武家掌权、以"大名领国制"为基础的新的封建体制称为"后封建体制",以区别于"应仁之乱"之前的封建体制(镰仓幕府的封建体制承认过去的庄园制和"国司"制,还将中央政府补任的"守护"和"地头"嵌入原有的旧体制中,一方面希望和旧势力妥协,另一方面建立其武家政治)。

如果用"发展"的眼光看待历史,则所有的事物都向应然的方向发展,都在合理(即合乎道理)地发生变化。相反,如果用"静止"的眼光看待历史,则古代权威的没落和中世政权的崩溃等事态走的却是一条完全不合理(不符合道理)的道路。对所谓的"下克上"的看法取决于两种完全不同的立场,或是肯定现有体制的存在,回避变革,或是将眼前的体制看作是过渡性的安排,将重点放在改革上。立场不同,评价则大为不同。

2　"下克上"的原动力——下层农民的成长

产生"下克上"社会现象的基本原因是灌溉技术等给农业生产力带来的飞跃发展和在这种发展下农民形成的自立性。古代律令制下的农村从一开始就不存在自然形成的村落等,而且在庄园制发展之后,领主所辖的庄园区域和农民的村落生活区域也未必一致。但在镰仓时代以后,村落逐渐形成一定的规模。该形态就是以在乡领主及其家族为核心的村落,或是以上层农民即"名主"① 为核心的村落。但在镰仓时代后期左右,随着农业生产力的发展,佃农(下层农民)的力量不断强大,这些农民和领主、"名主"出现对抗,产生了以全体农民为主体的、以地域结合为形式的自治性村落("惣"②)。这种被称为"惣"或"惣村"(以"惣"为横向单位紧密联系在一起的村落)的地域性结合,以村落内全体农民的参与和团结为原则,但无法说它是完全平等的组织,因为其中存在身份、家世和年龄的差别,其领导层是具有村落武士气质及有能力的农民。"惣"有自己的集会,还有共用的入会土地、公共水利灌

---

① "名主",保有"名田"(冠以缴纳年赋、承担课役等责任人名字,表明该权利的田地)、负有缴纳年赋、充当夫役等责任的标准农民。在拥有以"名主"的名义耕作一部分"名田"的佃农等场合,"名主"则带有下级庄官的性质。——译注

② "惣",在室町时代,百姓因自治和地缘关系而结合产生的共同组织,即村落形态。——译注

溉设施、对领主和邻村侵害的共同防御组织、实施村规的场所和镇守村落等的祭祀组织等。这些组织在江户时代初期之前已大体形成，构成了近代之前日本农村的原始形态。需要讨论的问题是，在畿内及其周边公家、神社寺庙势力强大而武士势力相对较弱的地区，领主很难在村落内进行直接统治，故农民会团结起来抵抗领主的沉重税赋和非法行为。农民的地域性结合，作为对抗统治者即领主和保卫自身生活的组织也发挥了充分的作用。它出现在申诉、结对上访、逃亡等直接行动的现场，不久还超越各村落的框架，实现了"惣"的联合。这时出现了农民起义爆发的事态。这全拜古代如同蝼蚁的农民（特别是下层农民）在镰仓时代之后随着农业生产力的发展，终于能够作为一个"独立"的农民开始自立之赐。

　　但在此前一直视农民为蝼蚁的旧体制统治者看来，这些蝼蚁现在像一个"独立的人"一样说话、一样行动等，实在是一件不像话的事情。如北畠亲房①这种公卿就说过"下克上极为残忍"②，对武士挑落公卿感到十分厌恶。除此之外，亲房对蝼蚁般的农民掀起的叛旗也极其憎恶。而著名的建武二年（1335）"二条河滩书信"③则说："近来都城多见夜间侵入家庭者、强盗、假圣旨、紧急召见、驿使快马、令人败兴之吵架、刚斩之人头、随意还俗、自由出家、暴发户、落魄迷路者、要求确认领地所有权者、求恩赏者、虚报战功者、欲要回土地之诉讼乡下人、放入权利证书之细葛条小箱、谄媚者、馋人、有关系之禅僧律僧、下克上之暴发户、不明是否有才但皆可判决之诉讼机关、穿戴尚不习惯之官帽朝服手持未持过之朝笏跻身皇宫不合时宜之人。"末尾还说自己"生于天下一统之圣代，见闻种种怪事不可思议。然京童歌谣所唱仅为其中

---

　　①　北畠亲房（1293—1354），南北朝时期的公卿。镰仓幕府灭亡后奉义良亲王赴陆奥。1339 年（延元四年）著《神皇正统记》，在吉野辅佐后村上天皇成为南朝的支柱。《神皇正统记》是一部以朱子学为指导思想，以朱熹《通鉴纲目》为模本的史书，记录了从所谓的"神代"到南朝后村上天皇继位这千余年间的历史，系统阐明并发展了日本的朱子学，可以说是推动日本程朱理学发展成形的重要的代表性著作。亲房还著有《元元集》《职原抄》《关城书》等。——译注

　　②　见《神皇正统记》卷之五。——原夹注

　　③　"二条河滩书信"，1334 年（建武一年）八月（也有人说是翌年八月）有人故意扔在京都二条河滩上的一封书信，其中带有讽刺、嘲笑、批判权力和社会的意味。它借"京童"之口，预告了建武中兴政府的崩溃。作者的手段极其高明，据推定他是批判新政权的知识分子集团成员。——译注

十分之一"。应该说剩下的"十分之九"还是贵族凭依旧尺度、称颂旧体制的内容。显而易见，在公家看来，这泄愤的一条条意见都不令人称心如意，至少它们对新兴势力的抬头很不待见。"下克上"的想法本身是以下面的人绝对服从上面的人才符合道理这个思维为前提的。简单来说，它以"古代专制统治"逻辑（日本律令国家从中国引进的儒家意识形态）为唯一尺度，将违反此逻辑的社会现象一律称之为"下克上"。一小撮不劳而获、享尽荣华富贵的特权贵族阶级，对通过劳动逐步提高自身社会地位的大多数新兴农民和工商业阶层的不合道理的行为，当然会痛心疾首，怒骂不已。

毫无疑问，一小撮特权阶级对大多数无权无势平民百姓的蔑视是根深蒂固的。王朝文学作品中出现的民众（贱民）不仅没有资格观赏春花雪月等大自然景观，甚至连背诵诗歌的资格也被剥夺。《枕草子》评论："不相称的事物白雪降在庶民陋屋之上；明亮月光照进陋屋亦令人遗憾。"（第 45 段）"将有趣之和歌写在练字册上，却被不值一提之使女们拿去吟唱，非常让人生气。"（第 310 段）这种对身份低下者的蔑视，在迎来时代大"转换期"的镰仓时代社会还存留在旧统治阶级知识分子当中，并未被清除。《宇治拾遗物语》是一部编者不详（据认为作者属于贵族阶级的某人）的故事集，和《古事谈》《今昔物语集》《古本故事集》等的故事有相当程度的重复，但也有自身特色，收录了《摘瘤爷爷》《剪舌雀》《稻秸富翁》等民间传说。不过它也有不足之处，我们从中完全看不到相同时代成书的《平家物语》所描绘的艰难变革的时代风貌。然而即使如此我们也可以认为，它能收录民间传说和口诵文学，仍然是对"新人"出现的一种最大让步和宽容。《宇治拾遗物语》的可取之处就在于它具有一种"达观"，构筑了一个健康、嬉笑融融的世界，似乎在说"人就是这个样子的"。并且这种静态理解人类的态度只存在于理解力较好（或脑筋转换较快）的贵族知识分子当中。

从《宇治拾遗物语》我们可以推断，它应该是编者以在比叡山僧侣之间流传的事件为素材，并以故事的叙事风格加以改写的话本。其中有一篇故事，题目是《乡村稚童见樱花飘落而哭》。所谓的"稚童"原来是在天台、真言等寺庙里寄居的贵族、武士孩子的总称，他们和俗世孩子一样，一边学习知识一边受命干些杂活。但到那个时代，寺庙也开始使唤农民的孩子（亦即，在一定限度内寺院不得不承认农民的人权）。

这一点我们必须关注。因为故事不长，我们一起来看全文：

> 从今日看乃往昔之事，一个来自乡下的孩子到比叡山修行。樱花开得正艳时一阵大风吹过，他看到飘落的樱花流泪了。一位僧人看到这一幕和善地安慰他："为何如此流泪？是因为看到这飘散的樱花感到可惜？樱花本无常物，原来就变幻无常，何须大惊小怪？"可孩子却说："樱花飘落，我不放在心上，也不感到忧愁。但父亲种的小麦正在开花，被大风吹走恐怕就无法结穗了，所以我才感到难受。"孩子抽抽搭搭哭泣的样子，真令人沮丧。①

一部文学作品，如何解释、欣赏全凭读者自己。故事开篇说"从今日看乃往昔之事"。接着说一个农村出身、奉公前往比叡山打工的少年，看到随风飘落的樱花潸然泪下。看到这一幕的僧人安慰他："没必要这么哭呀。樱花本无常，总是开后又飘落。"但少年的回答却令人意外："不，樱花凋零没什么大不了的，它该怎样都可以。我感到难过的是，家乡的父亲所种的麦子正处于花期，如果被大风一吹，那就无法结穗了！我是因为担心这件事才忍不住哭起来的。"说完这话他又哇哇大哭起来。这种回答真令人失望。农民的孩子才不管什么优雅不优雅。故事的大意大致如此。从结尾"真令人沮丧"这个评论来看，只能说是拥有很高文化水平的贵族阶级和寺院知识分子对新兴农民阶级的蔑视。王朝传统文人一提到随风飘零的落花，就说它是一种无常美的象征，但现在却有人横亘在这种象征面前，提出一种与过去的范式完全不同的"花的接受方式"。这是一种"独立宣言"，编者对发出这种宣言的"乡下孩子"根本无法掩饰自己的惊愕声音。前面所说的对"新人"的出现做出和报以最大的让步和宽容，指的就是这件事情。

以上种种现实表明，截至古代受到非人待遇的下层农民随着农业生产力的发展，终于成为一个"独立"的个体站立起来。这是历史发展的必然，或许也可以说是现实主义的胜利。而在此之前，农民只能忍受统治阶级的横征暴敛，机械而无活力地工作。但这时随着农业技术的进步和生活意识的提高，农民可以通过自身的力量实现大米、小麦的增

---

① 据《日本古典文学大系》本。——原夹注

产，多少获得一些粮食。

3　"下克上"的艺术——花道、茶道、连歌

将花道、茶道、连歌视为"下克上"的艺术最为合适。为了更好地把握花道、茶道、连歌各自的艺术本质，就一定不能忽视对同一时代精神产生的"异母兄弟姐妹"（或"异父兄弟姐妹"）即相同事物的内在关联紧密性的理解。必须明确指出，花道、茶道、连歌是"御伽草子"①　"猿乐"②　"狂言"③　和"小歌"④　等的"亲戚"，它们之间具有一种内在的关系。因为它们都在日本中世社会的发展阶段中扮演着新的艺术角色。

连歌之滥觞即所谓的短连歌，它可以追溯到"记纪"歌谣和《万叶集》。实际上后世将"连歌道"称为"筑波之道"，乃因其起源于日本武尊和甲斐（今山梨县）酒折宫烧火老翁的问答歌。但仅就长连歌来说，一般认为其发源于"院政"时代。在镰仓时代初期左右长连歌十分流行，藤原定家、藤原家隆和后鸟羽上皇等《新古今和歌集》的佼佼歌人都酷爱连歌。"不过连歌本来是与优雅相连的'有心'⑤连歌，

---

①　"御伽草子"，室町时代大众文学的一种形式。"草子"相当于"物语"，又名"草纸"。"草纸文学"的含义有两种，一是指用平假名写成的物语、日记、随笔等散文，以区别于用汉字写的文学作品。另一种是指日本中世和近世文学中的一种群众读物，即带插图的小说，多为短篇。前一种的物语、日记和随笔与民间口语写法结合，发展成为一种新鲜的更具有日本民族特点和文学意味的散文。最早的作品有纪贯之的《土佐日记》（935），后有清少纳言的《枕草子》（约成书于996年或1004年）、紫式部的《源氏物语》（约成书于1004—1009年）等。而室町时代（14世纪中叶到16世纪末）出现的大众小说则统称"御伽草子"。它的出现标志着平民阶级的物语体裁登上文坛和长期占领文坛的贵族文学进一步衰落。"草子"的作者已不再是那些宫廷贵族，而是市井人物，题材也多为民间故事和鬼怪传奇等。——译注
②　"猿乐"，又称"申乐"，是日本古代、中世的表演艺术之一，也是"能乐"和"狂言"的源流。平安时代"猿乐"和"散乐"的内容几乎相同，镰仓时代增加了模仿和歌舞的要素，成为寺院、神社祭典的表演艺术，并由此诞生了专业的艺术组织，具有一定的垄断权（"猿乐座"）。室町时代则成为"能"的同义词。——译注
③　"狂言"，这里指"能狂言"，不指"歌舞伎狂言"，即含有并洗练了"猿乐"中笑的要素的台词剧。是镰仓、室町时代主要的艺术形式。——译注
④　"小歌"，室町时代庶民的短诗型歌谣。先出自民间，后来也流行于上流社会，它们收录于《闲吟集》《隆达小歌集》等中。——译注
⑤　"有心"，和歌的理念之一，在《新古今集》时代有人开始大加提倡。但其意思和内容从一开始时就各有不同。藤原定家认为它是对对象的一种透彻的创作态度，而后鸟羽上皇院则认为它是来自实际情感的意思。后来它与政教一致观相结合。过去还有人认为它就是"妖艳美"。连歌也沿用这个理念。——译注

拥戴此连歌的一派称为'柿本众'。'有心'连歌和'栗本众'①的'无心②'连歌相对立。所谓的'无心'连歌并不是放任无愧的连歌，而且过去也未见其在一般庶民中流行。……连歌流行于庶民间在吉野时代③（1336—1392）之后。《建武年间记》所载'二条河滩书信'一节说：'其调和京都、镰仓之吟法，然皆为不可调和之假连歌。在在所所之连歌会概无标准，无一人非评判员'，从中可以推想京城和镰仓之间有不同风格的连歌会杂然相处。但到应安五年（1372），由于新制定了连歌的创作规则，故不久后恣意放纵的歌风开始流行起来。最早的连歌集是文和五年（1356）成书的《菟玖波集》（共二十卷），此集由'关白、太政大臣'二条良基④编撰，虽说相当于敕撰集，但知道此事的洞院公贤⑤在其日记《园太历》中感叹：'未曾有事也。希有事也。'对良基用日文作序、'右大臣'近卫道嗣⑥用汉文作序一事又说：'此事太不稳便也。'由此可见当时的公卿对连歌的地位评价是多么低下。"⑦ 这种连歌先是被嘲讽为轻薄、低俗，但在室町时代之后作为"庶民的诗"还是

---

　　① "栗本众"，镰仓时代连歌有"柿本派"和"栗本派"两大流派，二者的分庭抗礼延续了相当长一段时期。"柿本派"得名于歌圣柿本人麻吕，主张墨守和歌的传统，力求连歌的洗练。"栗本派"虽也模仿柿本的风格，但反对因循守旧。前者的成员大都是声名赫赫的宫廷宠儿，而后者的成员则大都是默默无闻的民间歌人。——译注

　　② "无心"，和歌的理念之一，但后来沿用于连歌。在连歌中它以机智、滑稽为宗旨。——译注

　　③ 吉野时代，朝廷迁移至吉野的时代，即南北朝时期。——译注

　　④ 二条良基（1320—1388），公卿、歌人。因得到足利尊氏的信任，故自光明天皇开始历任四代北朝天皇的"摄政"和"关白"。擅长和歌和连歌，所编的《菟玖波集》是日本最早的连歌集。他通过《应安新式（规则）》确立了继承和歌传统的"堂上连歌"，对提高连歌在文艺上的地位做出了重要贡献。——译注

　　⑤ 洞院公贤（1291—1360），镰仓时代末期至南北朝时期的公卿，官至"大纳言"，元德二年（1330）升"内大臣"，建武二年（1335）升"右大臣"。南北朝分裂后滞留京都，康永二年/兴国四年（1343）任"左大臣"。贞和四年/正平三年（1348）官至"太政大臣"。学识深厚，颇孚众望，文和二年/正平八年（1353）南朝控制京都时仍以其为"太政大臣"。延文四年/正平十四年（1359）出家，法名空元。著有《皇太历》《历代最要抄》，增补《拾芥抄》，其日记《园太历》是日本重要的史料。——译注

　　⑥ 近卫道嗣（1332—1387），南北朝时期公卿，历应一年/延元三年（1338）叙从三品，经"内大臣""左右大臣"于康安一年/正平十六年（1361）成为"关白"和"氏长者"。在其日记《愚管记》（1356—1383，部分缺失）中记述：足利义诠时的敕撰集《新拾遗和歌集》并非众人同意后撰出的敕撰集，以此批判义诠。道嗣的诗歌作得并不很好，但在当时还是被评价为"风雅之人"。——译注

　　⑦ 荒木良雄：《中世国文学》后篇 新兴的文学 第三章 庶民的文学。——原夹注

推广开来并扎根于日本。从年代来看，山崎宗鉴①所编的《新撰犬筑波集》成书于天文八年（1539），荒木田守武②的《俳谐之连歌独吟千句》成书于天文九年（1540），由此可以明白在此时期连歌已完全成为"民众诗歌"和"平民文学"。天文年间正是"花传书"辈出的时期，因此与上述现象的出现绝非偶然的一致。

以下必须将探讨的主题集中在连歌是怎样成为民众的诗歌，它作为"下克上"的艺术是如何发展成为独立的艺术这个方面。下面要介绍中村直胜③在战前写的《日本新文化史》第七卷"吉野时代"中的内容。此书出版于皇国史观盛行的昭和十七年（1942）（第一版发行于大正十一年［1922］），总体记述在相当程度上都受到时代的制约，但中村还是写出以下内容："人们常说室町时代是下克上的时代，但我们认真思考一下就会明白，下克上绝不是仅在室町时代出现的特殊社会现象。难道不是社会的进步才出现下克上这一现象吗？因此我们必须思考下克上的意义。就此的解释很多，但概括说来，它意味着社会的下层阶级对上流阶层的压制，同时也是对社会既有秩序的紊乱，有人对此抱有非同情的态度。可是下克上果然是讨人嫌的现象吗？"④之后中村直胜先涉及连歌，以此作为"下克上的艺术"的典型例证：

镰仓时代末期之后，连歌是民间相当流行的艺术之一。与上流

---

① 山崎宗鉴（? —1553），日本连歌师、俳谐师，生于武士之家，在连歌、俳谐的发展方面做出贡献，编有俳谐连歌集《犬筑波集》。宗鉴曾以武士身份侍奉将军足利义尚，义尚阵亡后辞官为僧，隐居摄州尼崎，晚年结庵于赞岐观音寺附近。宗鉴性格飘逸不羁，憧憬自由奔放的境界，对贫困处之泰然，仅埋头钻研俳谐。一说室町时代末期连歌极盛，连歌师饭尾宗祇名满天下，宗鉴自忖在连歌方面不能胜宗祇，乃别创俳谐与之争衡，被后世尊为"俳谐之祖"。——译注

② 荒木田守武（1472—1549），日本连歌师、俳句师，继祖父、父亲之后为伊势内宫神官，既善连歌，又热衷于俳谐，曾说"俳谐连歌的格律当由我制定"，撰有《俳谐之连歌独吟千句》。被视为日本俳谐摇篮时代真正的开拓者，与宗鉴一道被尊为俳谐鼻祖。——译注

③ 中村直胜（1890—1976），历史学家，毕业于京都帝国大学文科大学。1927年开始在京都大学讲授古文书学。第二次世界大战后历任京都女子大学教授、大手前女子大学（今大手前大学）校长。在漫长的教学生涯中培养了许多人才。研究成果多涉及南北朝时代史和庄园经济史。其毕生的成就体现在《日本古文书学》（上、中、下）这部书中。刊行《中村直胜著作集》（共12卷）。——译注

④ 中村直胜：《日本新文化史》第七卷 吉野时代 第七章 思想、文艺 第七节 文化的"下克上"。——原夹注

社会举办的和歌会不同，连歌是无规则无典故，下层社会人士自由率性创作的艺术，其歌会在城乡广泛而盛大地举行。建武二年著名"二条河滩书信"评论："其调和京都、镰仓之吟法，然皆为不可调和之假连歌。在在所所之连歌会概无标准，无一人不是评判员。无旧歌人、新吟者区别，一片自由狼藉之世界。"它说的是，当时的连歌是没有好坏、身份差别，任何人都能参加的混乱艺术。或恐那时的连歌尚无任何规则，参会方式亦无任何限制，可以随心所欲举办吟唱。

　　然而这时较难的法则还是开始出现了，时间大致是在历应（1338—1342）到应安（1368—1375）期间。二条良基可能参与制定了该规则。两三年前在大和长谷寺发现了应安的一幅巨幅画轴，上面写着"应安新式"的连歌规则。此规则就创作连歌时须注意何种季节、风物和应回避的事项等做了详细的规定，并详细记述了须使用的词汇和不能使用的句子等。如该名称所示，该规则出现在应安年间。既然说是"新式"，那么毫无疑问在此之前就有连歌的规则。另外，令人惊讶的是，它证明了在应仁二年（1468年）五月，这"应安新式"已经被装裱在四幅挂轴上。想来很可能在举办连歌会时应仁的四幅画轴被挂在会场的合适的地方，到会的会员每吟一句，都会走到挂在墙上的规则面前做对照，看看是否违反规则。总之是按照这种方式创作连歌。提示规则是为不熟悉此规则的人参加连歌会而准备的，同时又意味着民众的广泛参与，连不知道此规则的人都能参加。而且在这个时代此规则是公开的，可见连歌已普及到一般民众，歌会欢迎普通民众的参与。

　　到室町时代中期之后情势为之一变，规则变为非公开，成为只有特定的人才能知晓的学问，秘传因此产生。

　　近来因某种需要我调查蹴鞠之事。我注意到蹴鞠也是从文明年间（1469—1487）开始盛行，飞鸟井家族①为此制作了许多口传书授予武家或民间人士，并且其间还就许多"大事"做了口传。因鞠道产生口传此事并非不可思议，但它在足利义政时期盛行，不仅流播武家，还波及富商人家，风行于社会各阶层。此事具有意义。

―――――――――

① 飞鸟井家族，指藤原北家藤原师实（赖通三子）一脉中难波家族的旁支。——译注

在当时的其他文艺领域恐怕都能看到相同的倾向。茶道取得迅速的发展也是在此时代。我想说的是，义政时代是否就是所谓的"下克上"最严重的时期。

……

问题在于秘传出现在连歌和蹴鞠这些本不属于传统文化圈的，甚至是所谓的下层文艺术当中。我想读者可以理解，我想说的是出现在下层的文艺当中，而不是甚至出现在下层的文艺当中。从社会结构上说，处于下层的人士确实有不及上层人士之处。在文化拥有方面，在文化摄取方面，在文化享乐方面，遗憾的是下层人士都比上层人士略逊一筹。因此下层阶级"下克上"后跃入上层阶级，首先感到自卑的不是富裕的程度，也不是所拥有的东西，更不是生活方式，而是他们在文化方面的粗野浅薄。他们痛感自己必须具有文化素养，并为获得这些素养积极努力。然而此时我们要考虑的是他们作为新兴阶级欲获得的文化种类到底是哪些种类，也就是他们选择的方向。传统文化圈中所有的文化领域都被旧贵族充分地研究，那些东西已然成为旧贵族的身体，化为骨肉。新兴阶级要想插足那些领域，并达到旧贵族现有的水平，大概要花数世纪的时间，所以根本无法压服贵族。这么一来，新兴阶级就只能把目光投向全新的领域，探求新的文化类别。反正是低端文化，而且即使将它视为高端文化，旧贵族也不屑一顾，甚至还会嘲讽它是卑贱文化。

如此看来，最合适的文化就是与旧贵族的文化有异曲同工之妙，至少它是从旧文化派生出来，并且又不像旧文化那样是一个既成品。

于是蹴鞠之道、连歌之学就成为具备完美条件的候选人。

在此意义上蹴鞠和连歌被选中了。新兴阶级在这些领域可以和旧贵族为伍。因为在这种文化圈里，旧贵族和新兴阶级一样，面临的该文化都是新涌现的文化，在同一个教室中谁都是一年级学生。

在新兴阶级选用蹴鞠和连歌，并穿上这些文化外衣的过程中，这些文化本身也在提高、上升和得到净化。自然在此过程中不知不觉地也会产生许多规则，并将违反规则视为丑陋的行为。先例有了，典故出现了，最终甚至形成了秘传和秘事。如此一来还形成了一项"重大事业"：有人庄严地为那些"师父秘传"和"师父的倾囊相授"准备了秘匣。

事已至此，一个与古典的专门文艺有相同模式和规则、外形也相同的殿堂被构建出来。

这不是真正的文化"下克上"又是什么？

虽说这是"下克上"的文化，但我们绝不能轻视。正因为是"下克上"的文化，所以它和旧文化相比就存在更多被需要的一面，我们不可忘却这个一面就是它的最高价值。

不言而喻，这种新兴文化正是求"道"、至"道"的一桩伟业。

旧文化是一种学问，一种知识，一项辨物稽古、通晓典故典章制度，通达古今梵汉的精神成果。

然而新兴文化追求的却是"人"情练达，"人性"的实现，要求提高"文化"修养。蹴鞠不是"术"，而是"道"。它是一种在烦琐的规则范畴内，以一种优雅的姿势正确踢球的训练。它追求的不是某一个人的精湛技术，而是一场众人出色的"蹴鞠赛"。

连歌会的真实目的并非一人做出一首秀歌，而要求在座的所有人以一种共同的意志，做出一系列的连句。如果不是众人一起做出连歌，就会被京城的孩子嘲笑。在整体"一道行事"这一方面，我们可以看出连歌的高明之处。因此为整体一道行事，就必须讲究"和"，在参会的成员之间还必须有"敬"。

我想茶道、花道也同样如此。

我们可以说"下克上"的文化是暴发户的卑劣文化吗？①

无意中我引用了很多的文字。中村以连歌、蹴鞠为"下克上的艺术"代表，准确说明了它们派生于旧文化，在镰仓时代末期后开始盛行，是一种新的艺术形式，所以能充分适合新兴阶级下层民众的需求，被他们选用和支持。在此过程中它们还得到提高和净化，并自然而然地形成秘传和秘事。至此连歌、蹴鞠就和旧贵族既有的古典专门文艺一样，有了相同的模式和规则。不仅如此，这些"下克上的文化"还超越了旧贵族文化重视理性和知性的倾向，将自己提高到追求"最高价

---

① 中村直胜：《日本新文化史》第七卷 吉野时代 第七章 思想与文艺 第七节 文化的"下克上"，第385—390页。——原夹注

值"的方面。换言之，即追求"人的练达"和"人性"的实现这个
"道"。但中村所说的"道"明显不同于江户幕府御用学说朱子学所说
的"道"。蹴鞠的"道"，是"一种在烦琐的规则范畴内，以一种优雅
的姿势正确踢球的训练。它追求的不是某一个人的精湛技术，而是一场
众人出色的'蹴鞠赛'"，所以和注重纵向关系不太重视横向关系的儒
家思想没有任何关联。连歌的"道"即"并非一人做出一首秀歌，而
要求在座的所有人以一种共同的意志，做出一系列的连句"。"在整体
'一道行事'这一方面，我们可以看出连歌的高明之处。因此为整体一
道行事，就必须讲究'和'，在参会的成员之间还必须有'敬'。"因此
也和儒家的等级制度观念完全相悖。中村还提到"我想茶道、花道也同
样如此"。因此它们在未被并入近世幕藩体制的"道"之前，就如上述
那样作为"下克上的艺术"，瞄准自身之"道"，获得独立的发展。中
村的说法正中鹄的。

那么为何能说"道""和""敬"等是"下克上的艺术"的本质要
素呢？因为稍微思考一下就能明白，"道""和""敬"这些术语是统治
者喜好的道德的细目，而绝非"下克上"的新兴阶级所追求的目标
（事实上，当今茶道奉为金科玉律的"和敬清寂"的根本精神也只不过
是江户幕府体制下身份秩序固化时期所产生的理念，很难说是中世转换
期社会所产生的理念）。因此有必要接着询问，为何在"下克上的艺
术"里"道""和""敬"可以成为规范和规则。

就此问题我们必须找出一些线索。

4　推进"上克下"的新道德——"一味同心"

我们已经知道，从镰仓时代到南北朝、室町时代，在以畿内为中心
的先进地区小农（下层农民）挣脱了古代的桎梏，终于实现了一个农
民的自立（一如过去他们脱离了分别隶属不同主人的状态，各自可以独
立进行小规模的生产），并以此为基础建立了乡村制，村内行政也出现
了名曰"惣"的自治体。这个新出现的"惣"进一步还扩大和强化了
横向联系，甚至组成了"惣村"这种联合自治体。它作为反抗领主和
"守护"暴政的组织发挥了作用。

在旧势力看来，这种乡村联合发展的事态就是实实在在的"下克
上"。而在小农看来它却是符合道理的做法。因为他们对自己日夜挥汗

如雨劳作，绞尽脑汁提高农业生产力，却要将自己的重要劳动成果无端交到在京城游手好闲的领主以及他们的爪牙"守护""地头"手里的现象可以说"NO"了。到这个时代，农民第一次有了"乡土"意识。乡土制这个自治联盟的基础形成，对农民来说是首次获得"人性"的证据。农民拥有自己的艺术和文化也是在这个时代之后。古代农民不被当"人"，所以也不可能享受艺术和文化的恩泽。

那么，摆在眼前的问题是"下克上的艺术"是基于何种理由成为"道""和""敬"的？

我们首先要关注的是，乡村制建立后的小农并不单从"惣"或"惣村"中获得恩惠。"惣"是自治体，具有自治机构"聚会协商"的性质，而作为祭神组织的"宫座"也发挥了自治机构的作用。村民共同砍柴、割草的"公共区域"是他们的共同财产，灌溉用水也处于共同管理之下。村民还要做好准备共同抵御外敌和病害的侵袭。另外，村民还建立了自主承包向领主缴纳年赋和杂税的"地下请"（"百姓请"）等制度。为维护村落生活的秩序，村民还制定了"村规"，有人违反村规，将受到禁止出席集会、罚款、村中孤立①、驱逐出村等处罚。当然，村民还选出里正、年赋归集人、保安队长、村代表（村总管、村老、氏族长老）、村长等作为村落的管理层。另一方面还会对贱民和新来者加入"惣"进行限制。如此看来，"惣"是自治组织，但也是对义务、责任关系规定十分严格、只招收某一种会员的乡村组织制度。

当然小农为了在"惣"中生存下去就必须具有道德观念。但这个道德观念并不是古代农民所熟知的那种生活规则。古代农民仅像蝼蚁一般被当权者戳来捅去，而中世之后的农民第一次获得"人权"。正因为有了"人权"，所以他们必须创造属于自己的新道德观念，并亲自维护之。

这种新的道德观念与支撑古代文化的贵族统治者的旧道德观念（不过是古代律令贵族将自我本位的、任性的道德规范强加于大多数民众的伦理意识）对抗，强化了自治和共同体意识。这导致形成了茶道、连歌

---

① 原文是"村八分"，指江户时代以后日本村落实施的具有私刑性质的制度，即对违反村规者全村断绝与其所有的联系和交易。共有 10 种规定，违反者家里有丧事和发生火灾除外，故称"村八分"。——译注

和花道的根本精神。

让我们拜读一下林屋辰三郎①的《茶会及其传统》：

畿内包括近江的湖岸地带，作为日本最先进的地区其乡村制的发展极为明显。在蒙古入侵前的 1262 年（弘长二年），大岛、奥津岛的百姓联名签订了一份名曰"在隐规文"的乡村秘密协议，规定"对村庄口出恶言者须从庄内赶走。其妻女子息若对村庄不满则烧毁其房屋"。接下来在 1271 年（文永八年），百姓"一味同心"，誓约若违背此宗旨，背叛者将从村中赶走。至此百姓"一味同心"对抗领主和庄官，建立起维护村子共同利益的团体。

这里所说的"一味同心"，不用说就是在镇守村落的神社前对饮神水，以古老起誓的方式来表示结成团体，这在其他史料中也屡屡可见，但作为农民结社的基础，我们还是应该想到它就是畿内以及其他先进地区的乡村制。用比喻的方法来说明"一味同心"，那就是同吃一锅饭的同志第一次表示心往一处想，劲往一处使。换言之，我们只能认为它就是在此基础上处于同一水平的小农们的心志。在像近江地区的特别发达的"宫座"组织内，这些自立的农民"一味同心"地经营自己的事业有其意义。不限于对饮神水，在"宫座"屋里共同饮食也是最重要的仪式之一，它以此约束了"座众"的"同心"。如此一来"一味"的意义当更加深广。不论是中世镇、村讲谈会上端出的一碗羹汤，还是如今各种会议或委员会上端出的一杯浓茶，都不外乎是促进"同心"发展的一种手段。

这个"一味同心"所象征的中世农村的农民结盟，其实从根本上动摇了贵族的庄园统治。庄园领主日夜哀叹所领土地的所谓"丢失"。在此我想起了一个词汇"一所（庄）悬命"，它清晰表明了领主的立场。中世社会就是通过庄园领主"一所悬命"和"名

---

① 林屋辰三郎（1914—1998），历史学家，毕业于京都帝国大学文学部史学科，获文学博士（京都大学）学位，历任京都市史编撰委员，立命馆大学教授，京都大学人文研究所教授、所长，京都国立博物馆馆长、名誉馆长。还兼任日本史研究会创建代表委员、部落问题研究所理事、文化艺术史研究会创建代表委员、文物保护审议会委员、日本古文书学会会长等。专门研究中世史和文化艺术史。著有《歌舞伎以前》、《中世文化和艺术史的研究》、《日本、历史与文化》（上、下）、《日本文化艺术史论》（共 3 卷）、《日本史论聚》（共 8 卷）等。——译注

主"、百姓"一味同心"的对抗运动而展开自身的发展局面，在平衡这两种运动的基础上才创建了武家幕府，最终发展出"大名领主制"。从镰仓时代末期、南北朝到室町时代，对庄园领主来说，"一所悬命"是他们最后的悲愿。而对农民来说，"一味同心"则是他们最光明的希望。

在此我不禁要思考这个时期流传民间"茶会"的"一味同心"的理想。我认为，通过品尝同一碗的茶味而联结起来的会众之心就是"一味同心"。

当时的茶会称作"顺茶"，会众顺次充当"茶头"。对此我们会联想到乡村"宫座"里的"神头"和"惣村"的"月度活动"。即使在那里举办"悬茶会"，但在应永年间（1394—1428）民众点出的茶汤就像被称作"云脚茶屋"（《看闻御记》）点出的粗茶汤那样，茶泡很快消去，即像浮云的脚部很快飘去。如此一来，区别正宗、非正宗的"悬茶"意味就减退了。民众的话题毋宁说集中在如何维护村庄的共同利益，如减免年赋、分配用水，或商量秋祭如何举办、如何制定修改村规等等。附近的人在聚会上也会说，"祇园会也快到了；当年某人在山上值班；今天怎么也要聚一聚讨论山上的问题"（《狂言阐罪人》），通过这一碗茶他们要讨论多少事情呀。然而，这种民众的结盟也成为不久后农民起义的雏形，对幕府来说就是一个威胁。同茶会一样被禁的连歌会与贵族的和歌会相对立，也深深地抓住民众的心。如"二条河滩书信"所云，"在在所所之连歌会概无标准，无一人非评判员"，连歌四处流行。村中还有特定的免租田，被称为连歌田。将前后两句一串串结合起来这种集体联句的方式和茶会的"一味同心"是相通的，也是幕府所忌惮的。与花道有深刻关联的盆装假山"此间在世上非常流行"（《狂言盆山》），我感到它与"一味同心"也是相通的。①

引用又失于冗长，但只有这样才能明确表达出茶汤、连歌、花道根本理念的来源。

---

① 林屋辰三郎：《茶会及其传统》，见林屋辰三郎《中世文化的基调》Ⅱ 乡民的组织和文化，第140—142页。——原夹注

　　正如前引林屋辰三郎的文字所说，"上克下的艺术"实现了"道""和""敬"。农民（惣）的逻辑贯穿着"协同"的视角。其看待大自然的逻辑恐怕也是如此。比叡山少年看到樱花散落而泣的大自然观证明了不可动摇的"惣"的"下克上"美学业已确立。

　　或许此前的说法（将所谓的"惣"即乡村制的形成视为中世村落共同体诞生的学说）已然成为必须抛弃的旧学说。基于古代条里制以来到近代之前的村落乃至某共同体的形成原本都不可或缺这种理论前提，把握共同体在中世的发展的学说如今还时有可闻。扬弃这两种旧学说，追求第三种观点的新学说现在正方兴未艾。这个新的重要命题我们普通人无法从旁置喙，只能翘盼历史学家的研究成果。但仅就眼前的问题来说，我们无法断言"惣"即乡村制的形成让农民获得了严格意义的"自治"和"平等"，并且不能忽视乡村制中包含封建时代统治和被统治的社会关系的萌芽这个事实。概括说来，永原庆二①《日本中世社会结构的研究》给我们的启示就是："中世的村落共同体，其最基本的性质就是以耕地、山野、水源的获取和使用为核心的广义的农业共同体。另一方面，它也与政治统治的问题紧密关联。作为本因再生产的需要而结成的社会关系的共同体，在政治上成为村民对抗领主的堡垒的同时，也成为领主通过重组和掌握共同体秩序以实现统治的基本单位。""我们不能忽视统治阶级为在现实上贯彻、完备该统治体制，一边立足于该共同体的内部秩序，另一边又不过分依赖它，而是以更为积极的形式组织和编成民众的一面。它不仅通过在身份上编成共同体内部的各个阶层，而且还通过给从各共同体流出的人们以新的社会功能和身份来强化统治体制。"②永原还对贱民、难民、外来人员这三种村落共同体外流人员的生存状态进行认真的研究，结论引人关注，即"通过给这些共同体外流人员编制特定的身份，并赋予他们特定的社会功能，补充强化统治体制"③。在论证时永原说其原因是中世社会广泛采用流刑。"之所以

———————————

　　① 永原庆二（1922—2004），日本战后最重要的历史学家之一，专门研究日本中世史。毕业于东京帝国大学国史学科，生前为一桥大学教授，1970—1973 年任日本历史学研究会理事长，著作等身。他去世后日本吉川弘文馆整理出版了 10 卷本的《永原庆二著作选集》。——译注

　　② 永原庆二：《日本中世社会结构的研究》第一部 关于经济、社会结构的基础研究 第八 村落共同体的外流人口和庄园制统治。——原夹注

　　③ 同上。——原夹注

这么说，是因为在中世的农村社会存在着广泛的'作奸犯科'的可能。一般说来，一个庄园或一个村落，很容易被认为是所谓封闭的田园牧歌型的小宇宙。但现实刚好相反，在一个庄园的内部，庄民某个人的特定身份也可能是领主的手工业者、厨师等。还有些人是'庄官'即在乡领主的下人或侍从。中世社会的特有状况是庄园、村落的个别农民和领主结成了特定的人际关系即保护从属的关系，所以农民的身份分裂在生产、生活方面经常扮演让共同体关系分裂的角色。"①

通过这种新的研究成果，我们可以明显看出，一味礼赞或美化"惣"的发展和中世农民的自立是不恰当的。何况之后（不，在该时代）文化艺术和工艺美术的主要承担者即具有贱民身份的人们都是中世村落共同体向外流动的人员。不仅如此，如果我们知道他们扮演着补充强化统治体制的角色，就无法不加限制地礼赞乡村制和以此为基础的文化因素。还有一个事实就是，越是对领主统治激烈反抗的自治村落，其排他性和差别意识（针对成员中的外来成员）就越强烈。因此我们不能对"惣"一味叫好，献上溢美之词。

事实的确如此，故意无视这些事实是不正确的。并且从全局看，历史正大步朝着正确的方向发展。虽然古代律令制的解体极其缓慢，即使进入中世后庄园制经济的基础仍很顽固，但无论如何，生产力的发展还是带来了剩余产品，促进了城镇（商业城市）的兴起，宣告"近世的黎明"即将到来。旧势力只能哀叹"下克上"，公家和神社寺院则已离开新的历史舞台，取而代之的是新兴庶民阶级正在接近该舞台。过去公家和僧侣作为学问和宗教的权威所规定的"真""善""美"标准已不再有人欣赏。作为一个"人"重新站立起来的农民和工商业者以自己的判断力和感情为尺度生存的新时代已经来临。虽说作为中世村落社会指导原理的"集会哲学"无疑被江户幕府统治结构所利用（进一步还被明治绝对主义政府所利用），但至少在庶民依靠自身力量打破古代律令支配体系（依靠户籍逐个掠夺的支配体制）这一点上应予以高度评价。

这种"下克上"的历史发展全都合乎道理。在自然观方面当然也有

① 永原庆二：《日本中世社会结构的研究》第一部 关于经济、社会结构的基础研究 第八 村落共同体的外流人口和庄园制统治。——原夹注

人要求不以过去的公家、神社寺院为本位，有一个合理的自然观。春日强风吹来，公卿和僧侣看到落樱，可以哀叹凄寂或悲伤，但作为劳动生产者则绝不会为此小事心神恍惚。因为大自然的反复无常，农民更担心的是小麦的减产，更切盼的是住在这齐心协力建成的村落的居民不因此失去幸福与和谐。他们绝不会说樱花不美，但考虑的则是人类和自然的关系。于是仅代表统治者的自然观绝不会是"日本人的自然观"，而符合道理的自然观最终迈开了"独立的步伐"。

"下克上"的艺术——花道的自立

说起插花，如今有人认为它是旧思想或传统艺术的代言人或代理人，但过去它绝非如此。相反，插花曾是代表新思想，站在否定传统最前沿的艺术表现形式。另外，插花现在完全成为"室内艺术"和"夜思想"的表现手段，但过去也不具有这种性质。与之相反，它是脚踩大地、仰望太阳的健康思想表现。

插花后来被称作"花道"等并形成了"道"的自觉。从江户时代中叶开始，"自然插花法"和"生花"① 的技艺已几乎完全和太阳、户外分道扬镳。实质上支撑插花的是中下层的商人阶级，而该"道"则仅拳拳服膺于当权者即江户幕府官学推崇的朱子学"道者皆谓事物当然之理"这一说法。它说的不外乎就是，士大夫通过磨砺自身的德性，庶民通过精进赋予自己的工作，就可以践行普遍存在于天地万物的"道"。可悲的是，在商人阶级成为支持群体，分化发展出"生花"技巧之际，有人却建构出追求"天地人""体用留""心（真）体副"这"三才"或"三格"调和的理论，说即使使用一两枝花草也必须表现出宏大的宇宙体系。最终朱子学（近世儒教）也征服了"生花"。因此学习花道之人，技艺每前进一步，就越进一步贴近统治阶级的思想，即将所谓的"服从"这个生活信条渗透到自己的魂魄中来。以这种朱子学政治理论为后盾，在经济方面活用源于古代律令专制体制的"纵向社会

---

① "生花"有两个意思：一是指江户时代中期形成的花道的样式。其特征是使用 3 枝构成花型的主枝，以象征天、地、人，之后再完善花姿。也称插花。二是指与人造花相对的大自然的鲜花。这里包括后文当取第一个意思。——译注

的思维"的是"宗家"①。不仅是花道，茶道、香道、能乐，甚至武士道也都是在近世儒学占据统治地位之后才形成了自己的体系。它们确实起源于中世，我们绝对不可忽视中世的艺术，不论是插花，还是茶汤，抑或是连歌，都是置身于户外，享受着明朗的阳光，高唱与人类生活基本条件的农业生产活动紧密联系的"生命之歌"。

　　请允许我说一句大家都不爱听的话：插花、茶汤、连歌的确都是"下克上"的艺术，它们都是从"下克上"的社会形态中诞生的文化艺术，也都是在太阳下挥汗如雨辛勤工作的庶民阶级燃烧自己的生命能量创造出的文化形态。此前的贵族文化是由那些坐在屋里、鲜少出门、皮肤白皙、姿态优雅的人们创造出的"洗练文化"。与此正好相反，在镰仓时代、南北朝、室町时代和战国时代这250多年急剧变化的"转换期"里，实际上支撑那个社会的是由那些体格健壮、浑身散发泥土味的人们创造出来的"粗俗文化"。它充满了阳光、土壤和汗水（生产劳动）的气味。除插花、茶汤、连歌之外，城镇居民对"能乐""狂言""风流踊"②"御伽草子"等的兴旺发达也发挥了巨大作用。那些居民绝不是仅以消费为能事的孱弱文化的拥有者。他们和中世的农民一样，组成坚强的地域团体以对抗动荡不安的社会环境，用自己健硕的体格和力量保卫城镇。当然我们也不能否认，从某个时期开始他们也确实与农民起义队伍相对立，努力吸收贵族文化，处于反民众的立场上。但城镇居民原来就是以近郊农村民众为背景产生的一个群体，所以最终还是成为"民众文化"的创造者，在整个"下克上"的变革期内都是一个持续抵抗专制权力的又一个主体。

　　让我们再将话题返回插花。

　　花在"自然插"和"鲜插"之前采用的是"立插"。《仙传抄》开篇说，"元服之花事。其主人若三四十岁左右，下部留些许枝叶立之；若为老人，枝叶皆立于下部。从后侧折扭细茎向前，增密后立之"，始终记述的是"立"花的法则。《义政公御成式目》劈头就说"一 夫立花事，自佛在世起至今"云云。这些秘传书的时代背景是，连续的战乱使民众深陷涂炭之苦，但室町幕府统治阶级的武家和贵族仍沉浸在华美

---

① "宗家"，原文是"家元"，即在艺道方面传授该流派正统技艺的家族或人。——译注
② "风流踊"，日本传统舞蹈之一，舞蹈时伴有构思精巧的道具和假面。——译注

的游乐之中，那些游乐之一就是"立花"①，它被编入以装饰室内为目的的新兴艺术计划当中。有必要注意，此时飞速发展的日明贸易带来了高额收益，在室町幕府统治阶级之间掀起了一股欣赏"唐物"的热潮，"立花"作为其中一个环节成为"书院"②装饰所需的要素。也就是说，有人为符合新时代的审美方式对生活空间进行有机建构，装饰客厅的要件有唐画、佛具三组件、花瓶和烛台等，因此立于花瓶中的"立花"方式就成为新的问题。很显然，"立花"是作为展示"唐物"方式和鉴赏"唐物"手段的次要要素而出现的。这一点不容置疑。而且，在比这些秘传书早百年之久的《慕归绘词》卷八中有这么一句话，"阴历二月四日将樱花立于花瓶放入屋内"云云，其中所说的宗昭及其孙宗康赠答和歌后一道阅读挂在屋内花瓶中樱花花枝上的诗笺那种情景，有一种超越游乐和室内装饰的不可思议的力量，仿佛就在眼前，对此谁也无法否定。

如果略去说明，仅记录必要事项，那就是"应仁之乱"之后政府恢复了宫廷礼仪和年中活动。宫廷礼仪本身起源于日本农耕民的民间仪式和中国传来的官场仪式。这二者都是对阳光和灌溉用水是否适宜喜忧参半的季风区域水稻耕作民的生产技术和农耕巫术的程式化表现。与"猿乐"作为歌舞仪式受到重视相比，使用"心加松"的"立花"则作为感应巫术兴盛了起来。原本"立起"柱子、棍子或竹竿之类的想法，在我们祖先即古代农耕民心中意味着对太阳的祈求和对太阳恩泽的崇拜。当把东西"立"起来时人的心灵深处就会复苏、再现日神的记忆。我们看到中世时期印制的"立花"图谱会受到强烈的震撼其原因就在于此。"立花"有谓原始心性，或有谓生命的根源性思维，总之它都包含着活力，充溢着健康的生命感。

仅就这点而言，比中世"立花"更健康的是平安时代的"插花"。

---

① "立花"，有两个意思：一指将花、木、枝叶插入花瓶内，调整好形姿装饰房间。二指使用"七种道具"（说明见后）构成的花道样式之一。自桃山时代末期至江户时代初期，池坊专好（第一代、第二代）发展了此"立花"并大成之。他们用铁丝等将花、木、枝叶弄出各种枝容，立在花瓶内进行观赏。——译注

② "书院"，最早是寺院中读书、讲经的场所，室町时代以后成为武家、公家官邸中的起居室兼书斋。——译注

我们读一下《后撰和歌集》卷第三纪贯之①"但愿樱花永盛开，瓶中插入亦凋零"②（第82首）和中务亲王"花瓶可以存千年，插入樱花总凋零"③（第83首）的问答歌就会明白，将樱花插入花瓶的巫术意义是"但愿久远"和"存千秋万代"。《枕草子》的话语"将开满樱花的樱枝折下很长的一枝，插在大花瓶里，也很有意思"（三月三日），描写的也是宫廷礼仪的一种。"插花"在平安朝中期以前，具有象征农业神（谷灵）降临和祈祷人类旺盛生命力（长生不老）这两种意思。花瓶充当了祭器的作用。再往前追溯，"插花"有可能起源于"插头花"。《万叶集》中频繁出现的"插头"是一种巫术，即通过将鲜花插于发间，祈愿农业神带来丰收，并赐予人类长久的生命。《古事记》中日本武尊的"思国歌"："人们欲保全性命，身在重峦叠嶂中。以白栲之大叶子，插于那人发际中"④（歌谣编号三二），原本就是大和地区农耕巫术使用的民间歌谣。它们都不外乎是"太阳的赞歌"。

　　如此看来我们更加明白，从室町时代到战国动乱时期出现的"立花"，一方面明显是装饰"唐物"的辅助手段，另一方面则是从我们祖先即古代农耕民那里继承的、对太阳憧憬型塑化的最根本的手段。创造"立花"的时代，正好处于农民打碎长久的桎梏、终获自立的历史时期。在"下克上"的社会状况下，下层人民仰望着上流阶级却霍地站了起来——这仿佛历经风霜奄奄一息的青草，正朝向阳光蓬勃向上生长，其生命力的启示正在于此。

《本朝文粹》的残照——花与水的组合

　　本书举出例证，试图证明进入中世后"贵族文化"是否还顽强地残

---

　　① 纪贯之（872—945），平安时代初期的随笔作家与和歌圣手。青年时即在和歌方面崭露头角。后成为朝中主持"御书所"的下级官史。905年（延喜五年）奉醍醐天皇之命，参与第一部敕选集《古今和歌集》的编撰，且为主要的编撰者。其分类及编撰方法皆成为后世楷模，被称为当时最有才华的"三十六歌仙"之一，与柿本人磨、藤原定家同被尊为"诗圣"。——译注
　　② 原歌是"ひさしかれあだにちるなと桜花かめにさせれどうつろひにけり"。——译注
　　③ 原歌是"千代ふべきかめにさせれど桜花とまらる事は常にやはあらぬ"。——译注
　　④ 原歌是"命の全けむ人は畳薦平群の山の熊白檮が葉を髻華に挿せその子"。——译注

留于日本社会。选取《本朝文粹》为文本是因为它与花道史有关。当然我还选取了汉文学书籍。

首先来看例文。以下列举的是《本朝文粹》卷第十 诗序三"木"部第十五个作品。

暮春侍宴冷泉院池亭。同赋花光水上浮。应制。　　菅三品

冷泉院者。万叶之仙宫。百花之一洞也。景趣幽奇。烟霞胜绝。圣上暂出紫闼。近幸绮阁以来。供奉无暇者。瑞露熏风。扈从尤留者。诗情歌思。及至春辉渐阑。物色可爱。人间之芳菲欲尽。象外之风烟犹浓。爰宴于林下之池台诚有以矣。观其花绽在岸。水清盈科。花垂映而水下照。水浮光而花上鲜。莹日莹风。高低千颗万颗之玉。染枝染浪。表里一入再入之红。谁谓水无心。浓艳临兮波变色。谁谓花不语。轻漾激兮影动唇。嗟乎。花之遇时。水之得地者欤。

夫步政之庭。风流未必敌昆阆。兼之者此地也。好文之代。德化未必光于黄炎。兼之者我君也。故笔砚承恩。丝竹含赏。即将阅诗律。以为择贤之道。播乐章。以为易俗之音也。明圣之事。猗乎盛哉。于时宴入夜景。醉荡春风。咏歌于琪树之阴。蹈舞于沙涯之畔。臣文时。籍烟客。名谢风人。谬以诗家之末尘。叨沾乐池之余泽。记言者昔勤也。叙事者新责也。敢对华塘。聊献实录云雨。谨序。①

作者菅三品，即菅原文时（899—981），菅原道真之孙。天庆五年（942）44 岁时通过策试，历任"内记""式部大辅"等后成为"文章博士"，兼"尾张国权守"。他作为诗人久负盛名，但仕途不畅，74 岁才叙正四品，至晚年两度呈文请叙从三品。天元四年（981）一月叙三品，同年卒，终年 83 岁。

诗题写"暮春侍宴于冷泉院池亭。同赋花光水上浮。应制"。《日本纪略》"村上天皇应和三月五日"条记述："五日戊戌，天皇御钓台，召文人有樱花宴，花光水上浮。召拟文章生，于池中岛奉试题，题流莺

---

① 据《日本古典文学大系》本。——原夹注

远和琴,敕题也。又有笙歌之兴,文时献序。"据此可推测该作诗情况。《江谈抄》卷六"长句事"记载,"此序冷泉院花宴也。序迟无极,主上欲还御,而依闻序首留给,万叶仙宫,百花一洞也"云云。意思是村上天皇因侍樱花宴的宫廷诗人提交作品速度太慢而不耐烦,正欲起身离去时听到菅三品高声朗读此诗,所以又重新坐到座位上。《汉和朗咏集》"春"采录了"莹日莹风"到"轻漾激分影动唇"此八句,被称颂为"古来名吟"(因篇幅菅三品诗无法全部译成日语,现代日本人也许难以读懂。请读者大声地从"观其花绽在岸"〔含《和汉朗咏集》采录的部分〕开始朗诵,也许会品味出那种韵味,说:"嗯,不愧是名篇啊!")。

作为最低程度的学习准备,这里我们要介绍一些《本朝文粹》的基础知识。

若作简单概念界定,即《本朝文粹》的"书名来源于《唐文粹》,其编辑也以《文选》为范本,乃我平安朝汉文诗之总集"①。其成书年代在文献中没有记载,故确切的情况不明。但宋姚铉编撰的《唐文粹》一百卷成书于1011年,故只能推断模仿该书的《本朝文粹》成书于1011年之后。

根据《本朝书籍目录》可知编撰者为藤原明衡(989—1066)。明衡是式家藤原宇合之子藏下麻吕的后代,该家族代代都是"受领"。虽同为藤原氏族,但因为是旁系,故只能尝尽不得志之苦。明衡之父敦信历任山城、肥后等地的"国守",叙正五品下,还担任藤原赖通的侍读。明衡经"文章生"后历任"检非遣使尉""式部少辅""文章博士""大学头""右京大夫""东宫学士"等,止步于正五品下达17年,晚年好容易叙从四品下,到70岁高龄时还不得不穿五品的绯袍,实在令人同情。关于他的人品,山岸德平评价:"明衡乃一儒者,但善和歌,兼通佛理,撰《本朝文粹》时不录入一篇自己的作品,从这一点可以看出他是高儒之外还具备谦逊的品格。官运不济大概是因为不善阿世,或懂得世故但不狡诈,因此我们应该更尊敬明衡。"②此评价正中鹄的。

---

① 川口久雄:《平安朝日本汉文史的研究》第二十一章 宽弘时期以后的汉文学。——原夹注

② 川口久雄:《日本汉文学研究》中古汉文学史。——原夹注

正因为有如此高风亮节且谦虚的"有识"人士编撰《本朝文粹》，才能够公平地集录出平安朝汉诗文的精粹（横跨嵯峨到后一条 17 代天皇200 余年）。顺便要说明一下，明衡还有《明衡往来》（也称《云州往来》《云州消息》）、《新猿乐记》、《本朝秀句》、《清水寺缘起》等著述。

那么，明衡编撰《本朝文粹》十四卷的目的何在？如小岛宪之所指出的那样，第一个目的"与当时的文学教育有关。平安朝的人们为表达自己的文学意图就必须借用汉籍的语句"①。即该动机根据实用的需要。实际上，当时的"文章生"和"得业生"② 在应付诗赋和策问考试时需要参考典范。文人、学儒写诗序、祷文、表文、奏书时也需要范文。第二个目的如川口久雄强调的那样，"明衡很自负，认为自己是体验过宽弘时期荣光后仅存的一个文人。他的确抱有一个巨大目的，欲网罗从小野篁到天历、宽弘时期王朝汉文学具有纪念碑性质的遗产"③。明衡在编撰作为总集（汉诗文综合集成）的《本朝文粹》时没有范本，故只能依靠自身拥有的各家家集和任"大学头"时准允抄写的大学寮、式部省等的各种资料和文书，几乎完全凭借一己之力编撰而成。

接下来要思考的是《本朝文粹》的价值。如前文所述，对平安时代后期的知识分子来说，《本朝文粹》是一部必读的教科书。冈田正之甚至这样评价："欲知我王朝汉文学之人，就必须翻阅《本朝文粹》。唐代总集所存尚多，岂可无《文苑英华》或《唐文粹》。至于《文选》与《本朝文粹》，除此则终不得接获该时代之词藻。"④ 我们无法说此评价是过度褒扬。实际上，收录在这本总集的三十九类（此分类模仿《文选》）四百二十九篇作品中有前中书王（兼明亲王）的《菟裘赋》、善相公（三善清行）的《意见十二条》、菅原文时的《封事三条》、野相公（小野篁）的《令义解序》等代表王朝时代日本的名篇。但它也不可能汇集所有优秀的汉诗文。故同样是冈田正之又只能作以下评价："不客气地说，《本朝文粹》多费心于雕虫小技，注重字句修饰，不欲

---

① 小岛宪之：《日本古典文学大系 怀风藻·文华秀丽集·本朝文粹》解说。——原夹注
② "得业生"，给予从古代"大学"各专门课程学生中选拔出的少数成绩优异者的身份。修学后通过考试可任命为"大学"教官等。730 年（天平二年）创设，定员二人等。——译注
③ 小岛宪之：《日本古典文学大系 怀风藻·文华秀丽集·本朝文粹》解说。——原夹注
④ 冈田正之：《日本汉文学史》第一篇 朝绅文学时代 第四期 平安时代后期。——原夹注

阐发思想，故其文辞既无风韵，亦无风骨。如大江匡衡①和纪齐名②省试之集论，源于党同伐异之争，又拘泥于形式。当时风尚如此，其作亦流于浮华，各家文笔大率千篇一律，不见得有何等新机轴。"③

由此可以明白，《本朝文粹》的文学史价值与其实现的文学价值之间有着很大的差距。话虽如此，但我们在探寻《本朝文粹》拥有艺术价值之外是否在日本文化史（精神形成史）中具有创造性价值方面还是有了意外的发现。

至少我们在以菅三品（菅原文时）《赋花光水上浮》诗序为线索探寻时发现，王朝汉文学程式化的"美学规范"对"立花"美学范畴意外地产生了强烈的影响。就此我们续作探讨。

此诗序写有"应制"，它来自村上天皇的出题。这样就引出一个问题，即"花光水上浮"这个诗题因何而来？当然它有可能是平安王朝共同认可的所谓的"王朝美学"的体现。如此一来又会出现新的问题，即这个"王朝美学"的渊源何在？对此问题我只能回答，它的范本就是李白诗《寄远十二首》中的"百里望花光"和白居易《过元家履信宅》中的"落花不语空辞树，流水无情自入池"（这在当时十分有名，甚至被《和汉朗咏集》）收录）。但如果我们不拘泥于诗题而参阅菅三品的作品，对其动机进行分析就可以发现，至少这个作品多次使用了《艺文类聚》卷八十八的两个典故。

赋得庭中有奇树诗　_陈贺循

三春节物始芳菲。游丝细草动春晖。香风飘舞花间度。好鸟和鸣枝上飞。临池间竹偏增绿。依阶映雪远如玉。温室庭前竟不言。鼓吹楼中能作曲。曾闻远别旧难思。……

① 大江匡衡（952—1012），日本平安时代中期儒者、歌人。官至正四品下"式部大辅"，中古三十六歌仙之一，留下汉诗文集《江吏部集》、私集《匡衡朝臣集》。《后拾遗和歌集》中亦收录其作品。——译注
② 纪齐名（？—999），平安时代中期的诗人、文学家。本姓田口，侍奉于一条天皇，兼任"大内记""越中权守""式部少辅"。跟从橘正通学汉文，擅文笔，编撰有汉诗集《扶桑集》。——译注
③ 冈田正之：《日本汉文学史》第一篇 朝绅文学时代 第四期 平安时代后期。——原夹注

赋岸花临水发诗 _陈张正见

奇树满春洲。落蕊映红浮。影间莲花石。光涵濯锦流。漾色随桃水。飘香入桂舟。别有仙潭菊。含芳独向秋。

说是发现，但我并没有太大的自信。然而菅三品诗序第十四句的"人间之芳菲"等酷似贺循诗的"三春节物始芳菲"。菅三品诗序的"花垂映而水下照。水浮光而花上鲜"酷似张正见诗的"落蕊映红浮。影间莲花石"。进一步说也酷似《艺文类聚》卷九的阴铿诗"映日动浮光"。若将目光移至《诗纪》就会发现，它还酷似后主诗"日里丝光动。水中花色沉。……山远风烟丽。苔轻激浪侵"。我不打算恶意翻找它的蓝本，但事实很清楚，菅三品诗序中令人介怀的语句，全部都借用了中国诗歌。

并且，表示村上天皇欲离又止心情的开篇二句"万叶之仙宫。百花之一洞也"则反映了纯粹的神仙思想（老庄思想）。后半部分即"夫布政之庭"及后文，则是借用《文选》和《诗经》的典故才连缀起的赞美帝王的语句。最终因在本质上咏出汉式"古代诗歌"，这个诗序才会在宫廷沙龙赢得喝彩。

这正是"王朝美学"的本质。说起王朝文学，人们很容易会联想起宫廷女性文学。而女性文学主要是在藤原"摄关"社会崛起的，故从宏观视角来看，当时的王朝文学无论如何都出自男性并且是中级以上男性贵族官僚文人之手。以今日的文学史观为尺度观察，可以认为女性文学是当时的文学主流，而且民众的创造热情也在高涨，但当时的文学主流和活力之所在仍然是汉文学。

那么，菅三品诗序《花光水上浮》中的"王朝美学"是如何有血有肉地作为日本文化史的器官而持续工作的？

细节部分的论证置后，这里先列举一些史料预作准备。

或许有些突兀，以下是或为《仙传抄》作者文阿弥①的秘传书《立花故实》（又称《文阿弥花传书》）中的记述：

---

① 文阿弥（？—1517），室町、战国时代的花道家，在将军家处理专项事务的艺人。"立花"名人，与另一"立花"名人大泽久守有过交流，景徐周麟的《绣谷庵文阿弥肖像赞》记叙了阿弥的艺术风格。阿弥撰有数种总称为《文阿弥花传书》的秘传书。——译注

一　悠悠万事，插花时须关注"水际"①。可想象犹如观看波浪倏然拍岸后又退去之情景。又犹如有人卑躬屈膝，连说"是，是"之场景。②

这个"须关注'水际'"的思想源头何在？

接下来要核对《专应花传书》的记述：

一　花枝在瓶内一方出枝长，相对之一方出枝短，短之一方……

……"水际"一方高，一方稍低，须注意花枝宽舒而不稀疏也，紧贴之姿态反而不好。须注意水应出入于茎下杂草之根部。尽快舍弃壮枝，弱枝处杂草当繁盛。叶繁自被露侵，枝虬不显繁叶。春插多枝乃过度，藤花、棣棠花等开放之际，可密插牡丹、芍药、杜若、桔梗、紫菀、仙翁花等。其时节"水际"须稍高。秋可插各种花叶，菊花、龙胆等开放时时节，瓶中可稍密插，"水际"等亦可稍低。

一　拉近或略避开"水际"，依叉棍大小而定之义也。③

这个"'水际'一方高，一方稍低"和"拉近'水际'"的"立花"原理究竟以何为依据？

毋庸置疑，如我们经常听到的那样，这个原理依照的是和歌的美学标准这一说法是正确的，或说是依照佛教思想的说法也是正确的。然而中世的和歌美学和佛教思想的直接源头是平安时代的美学和思想。因此，认为形成平安时代文化主体的汉诗文未对其产生任何影响岂不是没有道理？

文阿弥所说的"悠悠万事，插花时须关注'水际'"，在池坊专应④那里则变为"'水际'一方高，一方稍低，须注意花枝宽舒而不稀疏也，

---

①　"水际"，插花用语，指所插的枝叶接近水面的部分。——译注

②　据角川书店版《图说插花大系》本。——原夹注

③　同上。——原夹注

④　池坊专应（？—1543），室町时代后期"立花"名人，京都顶法寺池坊住僧，从池坊专庆算起属第 11 代传人，活跃于"立花"样式末期第 1 期的整备期。综合了之前各种"立花"系统的做法，对池坊"生花"的发展做出很大贡献。著有秘传书《池坊专应口传》，但其作品图今已不存。——译注

紧贴之姿态反而不好。须做到既拉近又不贴近"。① 这是一种更深入、更为理性的探索。当然，这一定是因为有了文阿弥和池坊专应这样的"天才"才被第一次发现的重大艺术原理，也一定受到室町时代至战国时代社会思潮大变化的影响。

西堀一三②就此的说明是如今唯一一种最有说服力的学说。据西堀说，识语注明写于文明二年（1470）的《仙传书》叙述了作为"古代成规"的"五节日之花"，告诉人们"如今已不使用"的那一句补充说明，正是以"应仁、文明之乱"为界社会思潮发生变化的证据，明确了何为废止的"古代成规"，何为文明年间的革新。西堀说若能考虑二者的差异，就能明白时代前后的差异。

首先来看"古代成规"：

		五节日之花	古代成规
元　旦	松	梅、水仙	古今远近
三月节	桃	柳、藤	序破急③根
五月节	竹	杜若、菖蒲	山野海川习
七　夕	柳	女萝、泽兰	行草之源
重　阳	红叶树④	菊、南天果实	七重七色吉

接下来是文明年间（1469—1487）开始出现的新法：

元三	松	梅、水仙	草下爬，在出水处用手使青苔现出一半
上巳	桃	柳、芍药	草高，手置于上，多青苔遮蔽手指
端午	竹	菖蒲、石竹、杜若	细长优美枝多，水际高，青苔下移

---

①　请读者注意，此段话最后一句在前引例文中没有出现。——译注

②　西堀一三（1903—1970），茶道、花道研究专家。毕业于京都帝国大学，曾担任西川一草亭创刊的季刊杂志《瓶史》的编辑，参与《茶道全集》的编撰，著有《日本花道史》《日本茶道史》等许多著作。——译注

③　"序破急"，"立花"时代用于分类花的形态的花道术语，原本是"雅乐"用语。——译注

④　红叶树，秋季树叶转红的树种很多，如枫树、槭树等。——译注

| 七夕 | 柳 | 仙翁花、桔梗、泽兰 | 形高，左右草多，水际有福贵草 |
| 重阳 | 扁柏 | 菊、新风轮属、南天果实 | 青苔现出，水际处有小草三株 |

　　如上所示，其间植物和插法有了变化。西堀概括："它放弃了古今远近法这个观念性的做法，提出了实际的插法。与此相同，重阳之花过去用的是红叶树，但当时代之以扁柏。以红叶树为佳是尊重红叶的想法，而代之以扁柏则是尊重常绿树的思想。欣赏繁花盛开的春日和红叶满枝的秋季的美丽景色，源于丰裕的贵族生活，但兴亡盛衰的经验毋宁说让贵族等开始喜欢上没有变化的扁柏。《荫凉轩日录》也认为常绿树'适台襟'，据此我们就能很好地理解代之以扁柏的理由。"[1] 与此相关，另一件不可忽视的事情是："过去以树为主，在其下方添加些草。但如今不以树，而以草为主了。就树和草当时已有自身的想法。采用'古今远近法'时既有风情万种的树，也有历历在目的草，但以风情万种的树为主。然而到当时与其说是以树为主，不如说是以草为主。因为那些树下的草正在激励自己昂扬向上。"[2] 也就是说，它反映了"下克上"的风潮。西堀这个言论值得关注。

　　要从整体的概念说明势必就要涉及"水际"的问题。西堀有关"水际"的解释要点如下："文明年间以后，风潮转向对青苔和草的关注，即转入对'水际'的感觉。它明确了我国花道的视点：比起所'立'的花，更注重水的上方的那个'际'。自古以来我国人士就倾心于这个'际'。过去的贵族不喜欢特别'立'（突）出此'际'，但镰仓时代之后的武士认为'立'出此'际'为佳。这就是'立'这一词的出处。看当时的民谣可以知道，有人喜欢将墨水涂在发间，再结上红梅色的扎发髻细绳，将此对比视为一种'时髦'。而过去的贵族与其说重视'立''际'，不如说以相互间的'映照'为佳。他们在写信时使用淡墨，以避免纸墨间有'际立'（显著区别）之感。思此当可明白在插花时为

① 西堀一三：《室町时代的花道》，收录于河原书店版《花道全集》第二卷。——原夹注
② 同上。——原夹注

何也特别在意花木草与水之间的'际'。"①

我认为西堀的学说实乃真知灼见，也大体赞同其看法，但对其部分表述有所存疑。之所以这么说，是因为我们即使赞成对"水际"的关注是由新时代的感觉和理念促成的这种说法，但对它是否可以将"水际"一般化（普遍化）为"反贵族教养"的产物和"下克上"的表征仍感到困惑。不容置疑，从整体上可以说，频发的农民起义等激荡起东山文化末期的社会思潮，"那些树下的草正在激励自己昂扬向上"，但在得出那种向量（Vektor）立刻颠覆了"插花"的美学规范这一结论之前，有必要置放一个缓冲装置。急于一般化的西堀学说，是否忽视了东山文化中经济方面的中坚骨干和农民起义直接攻击的目标——"土仓"② 的作用？因为包含酒坊主和"土仓"主的京都商人，不仅同起义的民众势力激烈对立，还与政权和公家紧密勾连。据林屋辰三郎说："要理解东山文化，就不能忽视'土仓'的存在。这个时期的'土仓'主们是东山文化的支柱，同时也是城镇居民的中坚力量。……他们通过日明贸易进口的'唐物'等是丰富'东山殿'足利义政的生活的重要物资。这些东西经'土仓'之手被运进'东山殿'，同时也普及到城镇居民的生活当中。在'东山殿'附近摆弄这些'唐物'，通过这种工作推进茶和花的艺术化的阿弥们因出身低下，故在许多方面也和城镇居民声气相通。因此'土仓'主们自不必说，城镇居民通过阿弥们也能理解'东山殿'的生活。"③ 既然如此，那么我们就不能将《仙传抄》及稍迟成书的《专应口传》的所有记述都看作是"下克上"思潮的反映。我们无论如何都应该为之加装一个缓冲装置。

难道我们不应该看到新兴势力对开始崩塌的"贵族文化"的强烈憧憬吗？不仅是城镇居民，作为略微先行的新兴势力的武士阶级也是如此。过去的通说是武士因"暴富"而追求金光灿灿的"唐物"（中国文化），但我们不能一竹竿打翻一船人。权力篡夺者通常也是既有文化的保护者，从中我们可以看出他们的超凡魅力。有一种先入之见长期支配着我们，即一说到日本的"贵族文化"就有人想到它是"情趣""阴翳

---

① 西堀一三：《室町时代的花道》，收录于河原书店版《花道全集》第二卷。——原夹注
② "土仓"，在镰仓时代和室町时代发展起来的金融机构。它们挖有地下仓库储存金器或当物。多半还经营酒坊，并称为"酒屋土仓"。——译注
③ 林屋辰三郎：《町众》第五章 和歌、舞蹈与祭祀。——原夹注

之美"这些高雅的东西而深信不疑,并武断地将"突出自己""显摆"等语义范畴固化在下层阶级身上。这难道不是一种推论癖的产物吗?

如我们之前分析的那样,平安宫廷贵族努力探索的"美学规范"绝不是"情趣""阴翳之美"这一类的东西,相反却与"华美""奢侈",进一步还与"荣达"紧密相连。总之,其内容都靠权力和富贵来证明。就眼下的课题来说,贵族文化就是一种若无汉诗文的修养则无法理解、犹如高耸的远山的文化。正因为如此,宫廷女官才会作出反弹,创造出带有个人性质的"女文"(假名文化),挑战官方性质的"男文"(汉字文化)。将平安文化单纯规定为女官文学,是"国文学"家的思想懈怠。

让我们再次回想菅三品的诗序"暮春侍宴冷泉院池庭。同赋花光水上浮。应制"。村上天皇于应和元年(961)晚春三月莅临复建的冷泉院的池边亭间,在他举办的花园派对宴席上"文章博士"菅原文时用笔描绘了花与水交相辉映的现世乌托邦,文后还说"夫布政之庭。风流未必敌昆阆。兼之者此地也。好文之代。德化未必光于黄炎。兼之者我君也"和"明圣之事。猗乎盛哉",对天子(君主)大加赞誉。因这种作赋法(诗学)具备"古代诗歌"的特征,故我们不必对这种阿谀奉承表示轻蔑或排斥。与其这样我们不妨关注吟咏花、水的"观其花绽在岸。水清盈科。花垂映而水下照。水浮光而花上鲜"这种宫廷贵族固有的"美学"观念。这种"花和水的美学",正是宫廷知识分子学习摄取汉诗文(中国文化)后的高度的再生产物。

附带再看一些《本朝文粹》中咏唱花、水配对的诗文:

三月三日。陪左相府曲水宴。同赋因流泛酒 江 匡衡

于戏何处不玩今日之花水。而居槐庭游桃源者犹稀。谁人不感此地之风流。……但有遇花少荣辉。临水耻沉沦者。

暮春藤亚相山庄尚齿会诗 菅 三品

东山别业。有水有花。水可与人心。斟而不竭。花欲与我道。久而弥芳。暮春三月。烟景最好。风舞咏歌。不亦美乎。……犹且傍水移榻。阴花衔杯。

暮秋陪左相府宇治别业即事　　江　以言

　　既而柳中之影频转。铜尾之音渐移。鲁姬公之开景村。羽爵回花水之浪。汉阿衡之赐甲第。……

后二月游白河院。同赋花影泛春池。应教　　源顺

　　于时花香满春洞。花影泛春池。偏夺白河之名。应加绿塘之浪。轻棹穿雪。似乘兴寻在剡之人。小桥蹈红。疑濯窠移成都之俗。嗟呼花之影。花之妆。在树与在池。其真诞难弁者乎。……

暮春陪上州大王池亭。同赋度水落花来。各分一字。应教　　源顺

　　况复花随风落。葩渡水来。初混彼东杯之霞。后残此西岸之雪。过月浦兮漫入。

　　此外咏唱花水配对的诗例还有一些。原本都是"曲水宴"的诗题，但不久即成为独立的题目，而且吟咏中国典故是必要的条件。花水配对产生的"美"，只有长期学习汉诗文并深谙此道的贵族才能理解。

　　顺便看一下《本朝文粹》中继上述菅三品诗序后的源顺（911—983）同名诗《赋花光水上浮》：

暮春于净阁梨洞房。同赋花光水上浮

　　夫李老之立玄道也。犹显春台于五千文。茅君之升青天事。常占春洞于十八日。诚知一年之美景。莫先自春。三阳之佳期。尤在其暮。况复祇陀园之南。花微妙。风芬馥。僧伽蓝之里。苔鲜洁。水潺潺。上得天时。下得地势。中得阇梨。三者一处相得。可谓未曾有矣。于时花间有水。水上有花。非轻葩之全浮。是余光之漫映。焰焰烧波。仿佛火井之夜燃。纷纷照流。其奈琁流之晓媚。至彼和风扇兮妆弥乱。迅濑咽兮影不闲。花非花。水非水。欲谓之水。则汉女施粉之镜清莹。欲谓之花。亦蜀人濯文之锦粲烂。蒙窃惑焉。未知所以弁之说矣。……①

---

　　① 据《校注日本文学大系》本。——原夹注

在源顺这首诗里，特别要关注的是第五行的"于时花间有水。水上有花"和第七行到第八行的"花非花。水非水。欲谓之水。则汉女施粉之镜清莹。欲谓之花。亦蜀人濯文之锦粲烂"这两处。并且开篇的"夫李老之立玄道也。犹显春台于五千文"这句，将美和思想的标准置于神仙思想之内。通读全篇后会发现其主题最终转移到颂圣万岁（王朝礼赞）方面。

还需特别关注的是，源顺这首诗最精彩的部分"花非花。水非水"这个对句，明显盗用白居易的诗作（用现代方式表达就是"抄袭文"）。

花非花　　白居易

花非花，雾非雾。夜半来，天明去。来如春梦不多时，去似朝云无觅处。

王朝贵族文人在咏唱"花非花。水非水"时，就是在宣告远离民众的"特权知识分子"的现世胜利。

正因为它是现世胜利的象征，所以"土仓"们在面对被赶下台的公卿阶级时会炫耀自己的"花水配对"，并一边推开追在身后的农民起义队伍，一边炫耀那种"花水配对"。总之，他们预感到自身也有被民众超越的那一天，故也在尽情享受"水际"的美学。他们对自己掌握了如此之多的贵族教养而感到自豪。

由此可以看出，《本朝文粹》的作品世界至少被知识分子所继承，并通过他们在相当大的程度上影响了南北朝到室町时代的文化创造，至少作为贵族文化的回光返照而辉煌一时。很明显，插花的兴盛是由足利政权引进"唐物"和新兴阶级抬头所带来的，但我们也不可忽视作为潜流的贵族文化仍在采取汉诗文的形式顽强地残存下来这一事实。直率地说，"水际"不外乎就是贵族美学稳固盘踞在新兴阶级中间的遗留物。

在根本上动摇贵族美学之后，新兴阶级要以自身的感觉和价值观为基础，建立起全新的美学，还必须等待战国动乱时期的到来。战国动乱时期的人们不仅在政治和经济方面，而且在文化和美意识方面也在寻求一个全新的秩序，并剧烈地改变自己。

茶道的美学与花道的美学

1　茶道的美学

（1）茶汤与日本人的独创性——茶汤证明了日本人的独创性

日本独有的精神美　茶原本由中国引进。茶在中国主要被当作饮料，但在日本却演变成品评茶味和茶性以及欣赏茶会气氛和风致的雅趣，从中我们可以发现日本特有的美意识。

如此说来，有人就会理解为中国无视茶的品鉴和茶友之间的气氛。实际情况绝非如此。即使是在当下中国人也非常喜欢品茶，中国自古以来就有"酒不破财茶破财"的谚语。有谓"工夫茶"者，即指专注于饮茶的富人为了享受茶的美味，创造出各种沏茶和饮茶的方法。从对茶性的挑选开始，直到水的温度、水的好坏、炭的用法、茶器的选择都一一斟酌。因此，日本的茶汤源自中国是一件无可争议的事实。

那么，日本茶汤的独特之处究竟在哪儿？下面我要做出概述：一是作为以身体动作为媒介而演出的艺术，融合了社交、礼仪和修业这三个因素，使之提高到一种创造行为；二是制定了从茶具的选择到建筑、庭院的结构的严格的美学标准。可以说这两点都催生了新的精神美。或许还可以说日本人的独创性正是以茶为媒介才第一次被激发出来的。

茶道之美的形成过程　然而，如此高度发达的茶汤艺术经历了漫长的过程。首先是初期茶会的"婆娑罗（张狂）"，即猥琐狂躁的阶段，接着是渐渐反省，走向"书院之茶"的美丽雅致的阶段（可称之为"真茶"）。继而是从15世纪左右到16世纪初由珠光[①]和宗珠[②]等人开辟了转向"侘茶"[③]的阶段（此为"行茶"）。再接着是在16世纪中叶左

---

① 珠光即村田珠光（1423—1502），室町时代的茶道艺人。先是奈良称名寺僧人，后住京都，向大德寺的一休请教，首创加入禅味的点茶法，被称为"侘茶"（说明见后）之祖。他所建的草庐式建筑后来成为茶道建筑的典范。——译注

② 宗珠即村田宗珠，生卒年不详，战国时代初期的茶道艺人。《山上宗二记》说他是村田珠光的弟子和继承人。这里所说的"弟子"或为养子。宗珠是当时风雅运动的发起人，并获得大隐隐于市的评价。——译注

③ "侘茶"，茶汤之一种。东山时代流行的是"书院茶"。与此相对，它是村田珠光之后流行于桃山时代的重视简单、朴素、静寂境界的茶道。据说由千利休完成此一创建。——译注

右，绍鸥①提倡茶应接近简朴的民众生活，并完成了"侘茶"的阶段（此乃"草茶"）。最后是利休②登场，通过茶禅一味的茶汤实践，实现"侘茶"大成的阶段。这就是茶道走过的全部过程。也就是说，茶道经过室町、安土桃山两个时代大约200年的时间才逐渐形成。

（2）从"侘"③之美到"侘茶"之美——观察"侘"之美与茶结合后"侘茶"的形成

不能过度评价禅宗的影响　要准确把握茶道之美，就必须追溯至中世的茶道。然而当我们追溯至中世在把握茶汤的本质美时，还会发现过去的通说中有许多误解。例如，在说明茶汤之美时人们无论如何都会搬出禅宗的理论。不论是珠光还是利休，他们确实都学过禅。特别是利休，甚至明言禅茶"一味"。话虽如此，但说茶道出自禅宗则言过其实，并且过于片面。

还有人说支撑茶道的堺市居民拥有巨大的经济实力，他们是政商团体，所以茶道的本质还反映出贸易商的赚钱哲学。这也是一种相当片面的说法。

正确的说法是，日本的茶道在延长自身国际感觉的基础上历经一两百年才构筑起自身美轮美奂的建筑物。的确，茶道受到禅的影响，但它通过那一系列的演变过程逐渐形成的本质，必须要在与中世美学"侘"的结合过程中才能看清。

何谓"侘"之美　这是一种以中世草庵隐遁生活的"冷清贫乏"（物质上的贫乏）为基础的美，极其古朴和深奥。虽说是古朴之美，但它并不单纯来自依靠大自然的那种被动的精神态度，而来自主动投身大自然的积极而又带有几分狂气的精神态度。用现代语言说就是"脱离"社会。实际上有很多人脱离社会，独居山林草庵，过着隐遁生活。

支撑隐遁生活的是"无常观"。在中世初期，无常观是平安贵族遗老们对死亡和衰亡的一种感受。到中世后期，它逐渐演变成反正此世都

① 绍鸥即武野绍鸥（1502—1555），室町时代后期的茶道艺人。号一闲居士、大黑庵。向珠光的门人宗陈、宗悟学茶道，创立了"侘茶"的基础，并将它传给千利休。——译注

② 利休即千利休（1522—1591），安土桃山时代的茶道艺人，日本茶道的集大成者。向武野绍鸥学习并最终完成"侘茶"的技艺。受到织田信长和丰臣秀吉的喜爱，但后来因触怒秀吉而自杀。——译注

③ "侘"，茶道和俳谐等所说的闲寂的风致。指在简单、朴素场景中的某种沉静、孤寂的感觉。——译注

只是梦幻的一种感觉。无常观后来还波及武士和庶民。于是隐遁者们就更深地陷于绝对孤独和环抱大自然的草庵生活。西行和鸭长明就是他们的代表性人物。此外还有许多同类的人。

何谓"侘茶"之美　将"侘（寂静）"之美和饮品茶结合，就形成了"侘茶"。因此"侘茶"之美首先是古朴之美（从"唐物"转变为粗糙的日本陶器）。其次是自然之美（茅草屋、自然木柱、竹制用具）。最后是农家趣味（从茶室的结构可以看出）。有人试图在文明出现之前的大自然和原始"生活"当中发现世界最美好的生活形态。

从这个意义上说就是"侘茶"试图将人生看作是一件艺术品。可以说这是一种极其严格的精神修炼。若无这种艺术哲学或人生哲学，则享受茶汤的行为从一开始就没有存在的理由。

（3）"侘茶"的现代意义——茶道所向往的"生活艺术化"理念也是现代生活的必需品

生活的艺术化将人生视为艺术作品的精神意图，换言之即生活艺术化的尝试。从中我们可以看出从"茶会"到"侘茶"的中世的人一贯的美意识。时代潮流流过战国动乱期后一直冲向近世的开幕期。其间"侘茶"欲使人生艺术化的意图或尝试克服了诸多矛盾或保留了若干矛盾，但总算变成了现实。否定享乐和消费的喜悦感觉反而在感觉上表现出根源性和生产性的自然生活的尊贵，它标志着"茶精神"的诞生。

我们的现代生活仰仗着技术革新和经济快速发展的福荫，正受惠于极大的物质丰裕，因此反而陷入精神的贫困之中。失去生活意义而陷入苦恼的人数与日俱增，渴望逃离社会或逃离人间即所谓的人间蒸发的人士也源源不断。即使不这样，有些人也或是无精打采，或是颓废消极。总之大都无法度过真正的人生。

这时我们在先于参禅而追求生活艺术化的"侘"美学当中，在与"侘"结合形成"侘茶"美学的茶汤艺术当中发现我们现代人的"生活原理"，就是一件非常有意义的事情。

话虽如此，但现代所谓的茶道世界似乎已在与上述"生活原理"毫无关联的地方运行。这很无奈。历史绝不会倒退。如今的茶汤已完全沦为"成人的游戏"。即使如此，在众多打发时间的游戏当中茶汤还能算是一件比其他游戏好的游戏。在这种消遣的过程当中，在某个不对劲的时刻，说不定我们会突然起了疑心："我这样做是否可行？"因为很难说在穿着一身数十万日元的华服，不断使用一件价值数百万日元的茶具参加茶道游戏时，我们不会对自己或身边的伙伴产生疑心。茶道的前辈们在充分享受物质的富足之后变得不再满足，最终发现了独特精神境界的事例不会以相同的形式再现，但可能在某天又换个形式再次出现。即使不再出现也没关系。因为现在已没有人考虑在现代科学技术社会里我们只能在茶道艺术的内部探索如何生存这个"生活原理"。

2 花道的美学

（1）美的普遍性——不存在仅适用于花道领域的特殊之美

单一美的存在 有花道的美学，但这个世界并不存在仅适用于花道领域的特殊之"美"。冷静观察人类的精神领域就会发现，这个世界有人使用了各种表现方法，但最终也仅是在追求唯一的一种"美"。就所有的形式而言，或许可以说仅有一种"美"存在。因此有人经常主张"日本美"是一种特别（即对人类来说并不普遍）的美是完全错误的。如果有一种美仅获得日本人的认可，但其他国家的人并不认为是美，那么从一开始它就不能称之为美。现在我们动辄强调，不论是在政治方面，还是在社会文化领域，日本都是一个特别的国家。但至少我们不能认为世界上有许许多多特别的"美"。美只有一个，但美的表现形态（表现方式）多种多样，这种思路才是正确的。

基于日本人论和日本文化论的美的追求 此前经常听到一种论调，即日本人自古以来就酷爱大自然，对四季变化极度敏感，故天然具有纤细的情感和敏锐的感觉，最终将山野生长的草木带入家中，创造了花道。然而日本人真的具有热爱大自然的情感吗？纵观近年来骇人听闻的自然破坏，我们已无自信回答这个问题。

另一方面，若调查花器等的由来就会发现一个事实：几乎所有的名器都是"唐物"（从中国进口的商品）。并且通过粗浅的研究还会发现，把花插在头上，或把花插入瓶中，这些行为本身也起源于中国。若此我们就不能将花道兴盛的原因都归于日本人出色的感性。

因此在思考花道美学时不泛泛地依据日本人论和日本文化论方更为科学。

根据花材的物性进行研究　着眼于花材具有的植物特性，探寻发挥该线性性质的空间构成表现方式的一般法则何在更为科学，也更有益。受西欧前卫艺术强烈影响的现代插花，抛弃了发挥植物自然属性的做法，而转向收集并修剪枝叶，或收集花朵，使之做成一个立体而有量感的花球，但基本上在造型方面重视的还是线条的形态。

（2）"三格"（"真、体、副"或"体、用、留"）的发现——技术的完善取决于如何能更自由地表现"三格"

入"型"而又出"型"　可以说入"型"而又出"型"这种日本传统艺术都在追求"技术"的完美有机性。仅就插花而言，就取决于它通过练习，能在多大程度上随心所欲地表现出"真、体、副"①或"体、用、留"②此"三格"。说得极端一点，就是在多大程度上你掌握了按照垂直三角形的图形构筑花形的技法。

"三格"的发现　事实上，插花需要使用"三格"这个格数是在江户时代中期的宝历（1751—1764）、明和（1764—1772）年间，相当于西历的18世纪后半叶。此前同样是插花却无法完全摆脱"立花"严格繁多的规则，需要7个或5个"格"。我们要理解花道史的发展历程即从"立花"到"自然投入花"再到插花，就必须考虑以下的外部条件，即城市居民阶级随着自身经济实力的增强，逐渐对文化产生了兴趣，在自家客厅辟出一个约1.8米或更小的凹间③。在此变化过程中我们可以看到，享保年间（1716—1736）规定的"插花有立枝、押枝、添枝、流叶和留这五格"到宝历、明和年间之后的宽政年间（1789—1801）则省略为"真、持出、留"此"三格"。认为"五格"太多而将插花简略为"三格"是"远洲流"和"未生流"的功绩，但确切地说应该是同时期的宗匠们都在试错和持续探索的结果。

---

①　"真、体、副"指插花中的三枝主要枝条，它们被用于比拟自古以来所谓万物基础的三才（天、地、人）。这三枝主要枝条相互照应，可以显示出从水际伸展出来的草木之美。——译注
②　"体、用、留"：日本不同的花道流派对三枝主要枝条的说法不尽相同。"未生流"认为，"体"即天，"留"即地，"用"即人，以此配置三枝主要枝条。——译注
③　凹间，指将地板略微抬高，在正面墙壁挂上书画条幅，并在搁板上置放瓷器、花瓶等，用以装饰房间的特殊场所。近世以降日本人将其设置于客厅。起源于室町时代的细长搁板。——译注

"体、用、留"和"天、地、人""未生流"创始人一甫①提倡，"插花须备三才之位，高枝为天位，此为体。低枝为地位，此为留。入体、留间之枝条为人位（用）。如此则可天地和合，万物生长"（《插花大意》）。"体、用、留"此三格，与象征宇宙万物的"天、地、人"此"三才"同义。若我们能深入进行这种形而上学的思考，就可以将达致艺术（美）的技法提升到（或合理化为）达致真理（世界观）的人生态度（伦理观）。

近世花道的作用　然而认真思考就会发现，用"天、地、人""三才"说明宇宙的理论，不过是将使德川幕府等级制封建社会合法化的朱子学（近世儒教）意识形态适用于城镇居民文化艺术的一种说辞。因此可以说，越熟悉"三格"的插花技巧，就越会深刻领悟"三格"的插花理论，花道名家就越能体认江户幕府统治阶级认为极度合适的"服从的逻辑"。当然我们也不可忽视城镇居民阶层中的知识分子通过设定"真、行、草"的目标在封建体制框架内追求自由的努力，但基本可以说近世花道仅发挥了补充、强化近代儒教道德的作用。

（3）花道的近代化——创造色彩的结构美和新的流派

近世花道的衰败　近世花道具有前述的基本性质，所以到明治维新之后只能走上凄惨的衰败道路。其中虽然也有在"文明开化"的口号下采用肤浅的欧化政策的原因，但在幕藩体制时代下与权力紧密勾结的"池坊流"等宗家失去经济资助也是一个很重要的原因。另一方面，继承"文人花"系统的部分知识分子也在努力保护花道，但明治时代前半期的社会思潮对所有的传统艺术都不瞥一眼，只是一个劲儿地将其冲向远方。

国家权力带来的花道复兴　但从明治二十年代至三十年代国粹保护运动兴起。明治政府抓住这一机会，转而一举采用国家主义的文教政

①　一甫即未生斋一甫（1761—1824），江户时代后期的花道艺人，"未生流"的创始人。年轻时即有志于风雅之道，在日本各地流浪多年后定居大阪，创立"未生流"。晚年失明但继续指导门人，提倡"虚实等分"，创建"生花"的三角形形式等，对"生花"理论的形成贡献极大。根据失明后一甫的口述，1816 年（文化十三年）日本刊行了插花理论书籍《本朝插花百练》。他的花作崇尚自然，表现禅境，即重视自然与人文，借由大自然重视人的存在和人道精神。该风格是华丽中带有古典韵味。"未生流"强调插花须与生活密切联系，如瓶花、"盛花"在社会与生活环境变动的情况下需要有所调整。——译注

策，在《教育敕语》的指导下再次向国民强行推销儒教道德"服从的逻辑"，从而花道迎来了复苏的一天。明治二十年代花道和茶道一起被编入高等女子学校的课程当中，它们躲藏在教育的名义身后发挥着补充、强化天皇制绝对主义国家意识形态的作用。总之花道被国家权力推行的"贤妻良母"政策利用。

色彩的结构美与"自由花"运动　幸运的是，有一群不满足上一时代花道复兴的天才出现了。其先驱就是小原云心①。他改革了已然固化和形式化的传统，在自由构想的思想推动下，试图创建以大自然为对象的色彩结构美，并极其成功地完成了这一心愿。当然我们也不能忽视在明治时期日本走上近代化的道路时，庶民的生活方式不断西方化。无论我们喜欢与否，衣食住行的和洋折中的生活都会要求人们对传统的花道进行改革。由"小原流"发轫的近代花道也强烈地影响了其他流派，引发了"安达流""草月流"等的活跃的改革运动。在大正时代到战前的民主主义运动中，"自由花"运动和"新兴花道"宣言横空出世。从某种意义上说它们与造型艺术的新流派创建紧密相关绝非言过其实。

（4）"三格"的技法——如何表现"三格"的非对称美具有重大意义

致力于注入现代生命力　第二次世界大战之后的花道一直致力于给自己注入现代化的生命活力。从打破成规到"宗家"制度的近代化，现代花道面目一新，和战前完全不同。虽然我们仍可以给它提出许多意见，但战后的花道界在总体上还是朝着好的方向发展。

然而到昭和三十年代（20世纪50年代）后半期，日本社会整体出现了复古的思潮，有人做出浅薄的反省（准确地说不能算是反省），说战后的实验性尝试全是白扯，甚至掀起了一场回归明治年代和幕末时期的风潮。若行事过度对其做出反省的态度是正确的，但不加批判就回归过去则是错误的。花道界出现动摇自有其必然性。

---

① 小原云心（1861—1916），花道的宗家，"小原流"的始创者。早年从事雕刻，后转为插花，是"盛花""自然投入花"的始创者。1912年创建小原式"国风盛花"，由此从池坊派中独立出来。相比池坊派的"古典花"，小原派属于"自由花"。"盛（茂盛）花"的做法是在宽口盘中放置假山，将花材以繁盛的风貌体现出来。相比之前古典插花的线性表现，小原派的风格在表现上更活泼多样。——译注

　　表现"三格"和"三才"的技法　现在各流派大抵和过去一样，都是从表现"真、体、副""体、用、留"或"天、地、人"这"三格"或"三才"的手法开始进行入门教学的。对照美学理论而论，将此技法的习得与对"型"的领悟相结合的技术教育现状还是具有突出的优点。

　　其原因是，不论树花还是草花，植物的花形、枝条的位置、叶子的大小都不相同。就拿植物学分类属于同类的菊花来说，其每一朵的形状和大小也都不同。因此插花所追求的"美的形式"当然要与"非对称"的生成原理发生联系。先辈们经过艰苦的摸索，才发现了将三要素视为一组的"三格"构成就是针对非对称性的唯一的几何学形式，这个发现和西洋美学的原理相同，是一项伟业，可以和生存于封建社会的关孝和①独立发现的与西方代数相同的公理媲美。

　　非对称美的表达技术　仅说结论就是，"三格"技法是一种对非对称"美"的几何图形的最终把握。在这方面它在今天仍可以说是新的造型原理，也是可以被世界人民都接受的美学法则。遗憾的是，发现这个精彩的"三格"构成原理的先辈们由于过度接近近世儒教的宇宙观和人类观，迎合封建教育，强调"天、地、人"这"三才"，所以招致了自身的停滞不前。我们体验过战前战后的前卫花道，如今已经能够以自由的心态解释并接受"三格"带来的非对称"美"表达技术的重大意义。

　　撇开这些深奥的理论，我们现在还可以确信花道具有重生的可能。换言之，花道虽然受到日本传统艺术的制约，但同时也具有与国际艺术活动相通的因素。

　　为了能将技术的掌握即对"型"的习得进一步提升到可称之为艺术的创造行为，创作主体就必须让魔鬼附体，其中还需要经历几个层次的飞跃，但这种极致行为只能期待天才大师的出现。插花在那些罕见的大师手下，不会仅局限于技术，而是还会为我们打开精神价值的大门。我们之所以对此深信不疑，是因为"立花"以来的花道史进程给我们做出了完美的印证。

---

　　①　关孝和（1640左右—1708），江户时代中期的数学家，始创方程式论和行列式论等，还研究几何学。著有《大成算经》《括要算法》《发微算法》等。其主要的数学成就就是改进了由中国传入的天元术的算法，开创了日本数学独特的笔算代数学，使由中国传入的高次数字方程解法（相当于现代的霍纳算法）为日本数学家所掌握。——译注

第四章　日本自然观的发展事例

一　松

　　由于明治时期的志贺重昂和大正时期的野口米次郎[①]都论证过松树和日本人性情之间的密切关系，故到今天无一人对它提出质疑。主张"日本乃松树之国"的是志贺重昂，他在《日本风景论》（1894）中提出："松柏科植物在日本随处可见，足以涵养日本国民之性格，而日本人却总以樱花代表其性情。樱花固然美丽，且很快飘落，其多情受人怜惜。然而它忽而绚烂，忽而零落，不能抗风，不能耐雨，一片狼藉后徒化为春泥，岂能作为日本人之性情代表？而松柏科植物则不然，不仅独立寒风不凋零，还树干铮铮直刺青天，并承受数千钧重之枝叶，孤凌烈风，扶持自守，节操隽迈，超越庸凡之其他植物。观其姿态，兼有几何学与艺术之美，孰不感叹其品格高雅。"[②] 志贺还论述，一如檞树之于英格兰人，山毛榉之于苏格兰人，落叶松之于法国人，橄榄树之于意大利和西班牙人，它们各自具有强烈之感化力，松柏科植物之于日本人亦有最大之感化力。之后志贺得出结论："日本既为'松国'，又乃'樱国'。"[③]

---

　　① 野口米次郎（1875—1947），诗人和评论家。庆应大学肄业。赴美时倾倒于埃德加·爱伦·坡。1903 年在英国刊行《来自东海》。归国后醉心于传统艺术，除发表许多诗集外，还写出有关葛饰北斋、与谢芜村等的评论。野口还擅长用英语写作，促使西方对许多日本的艺术家产生兴趣。撰有《日本和美国》《诗歌选集》（英文著作）。——译注
　　② 志贺重昂：《日本风景论》。——原夹注
　　③ 同上。——原夹注

就志贺的学说植物学家松田修①作出引申："日本文学里的松树，多半象征着吃苦耐劳，多半表现出刚毅的思想。"② 松树在日本文学中发挥了精神史作用，这在今天已然成为常识。

的确，纵观日本文学史可以发现，没有一种植物会像松树那样频繁地被人当作题材或素材。最早出现在日本文学中的是《古事记》"景行天皇"条日本武尊（小碓尊）③ 在尾津前方一棵松树下吟唱的长歌，说的是日本武尊吃饭后忘带大刀而后又失而复得的故事：

> 尾张前方有尾津，尾津之埼有一松。尾津一松若为人，当使穿衣佩大刀。（歌谣编号三〇）

所谓在吃饭后忘带大刀，指日本武尊犯了错误，不像英雄。此长歌只不过是某地流传的民间歌谣（巨木传说）被附会到其实并不存在的日本武尊故事中而形成的。实际上，有关巨松的传说数量很多，数不胜数，如高砂松、住吉松、武隈松、曾根松、姊叶松、唐崎松、磐代松等。在此一一对其做出时代考证确有难度，但将其解释为各地传承必有的模式似不为过。

在和铜五年（712）编撰《古事记》后仅经过30年的天平十六年（744）有人又编出《万叶集》，其卷六收录了以下两首短歌：

同月十一日登活道冈，聚饮于一株松下作歌二首

一松经年有几许，风吹音清因年深。④（第1024首）市原王作

不知其命有几许，我结松枝情谊长。⑤ （第1043首）大伴宿弥家持

万叶歌人和故事中的英雄日本武尊一样，说在松树下饮酒吃肉，可

---

① 松田修（1927—2004），"国文学"家、文学评论家。毕业于京都大学。历任"国文学"研究资料馆名誉教授、法政大学教授。主要研究方向为近代文学。著有《日本近世文学的成立 异端的系谱》《日本艺能史论考》《松田修著作集》等。——译注
② 松田修：《松梅竹》松梅竹的文化史。——原夹注
③ 小碓尊，日本第12代天皇景行天皇的儿子。通称日本武尊。——译注
④ 原歌是"一つ松幾代か経ぬる吹く風の声の清きは年深みかも"。——译注
⑤ 原歌是"たまきはる命は知らず松が枝を結ぶ情は長くとぞ思ふ"。——译注

听见清朗松风，是因为此树长寿。并祈愿人寿虽不可知，但结松枝可以长寿。也就是说，在年初寄言于常绿的松树，祈祷自己的生命也能长久不衰。此外，《万叶集》中出现的松树在大多数场合都带有祈祷长寿的寓意。万叶歌人出人意料地擅长学习汉诗，并再现了中国的诗心。

在平安朝和歌里这种倾向更为普遍。从中世到近世，松树的异名甚至有"色无草、翁草、初代草、常磐草、千枝草、千代木、延喜草、手向草、琴弹草、都草、百草"等。

从民俗学的角度看，松树是常绿树，所以被当作迎神的载体。这个说法大致无误。直到现代日本各地还都有"神佛显灵的松树"，从中可以看出神佛显灵于树上的信仰依旧存在。在若狭和房总地区现在还能看到，有人在某人死后第33年最后一次为该灵魂祈冥福，使之转为神灵的法会后，会将插有新鲜松枝的"塔婆"立在墓前，并称之为"松佛"。这种习俗也是将松树视为神木的证据。

我刚听到这种解释时也相当信服，但最近对日本民俗学者无论针对何事，都基于它是民族宗教固有习俗的前提做出分类开始产生怀疑，所以也无法轻易认同这种松树的说法。我们固然不能明确断定，但不论是松树的信仰，还是松树和文学的关系，正确的做法依旧是不要将它们视为日本人特有的事物为好。至少在考虑文化事象时应具有国际视野。我们应该认识到，比起日本性，世界性和人类普遍性具有更高的价值。

下面让我们把目光投向我国最早的汉诗集《怀风藻》，它成书于前面提到的《万叶集》中那两首短歌创造后的第七年，即天平胜宝三年（751）。其中第十二首是"大纳言"直大二中臣朝臣大岛（在天武、持统朝代作为"神祇伯"非常活跃，参与献上"祝词"和"寿词"的工作，并且是藤原镰足的堂兄弟、天智朝代"右大臣"中臣金的侄子）的五言诗《咏独松》，也就是咏"一松"的诗，创作年代在680—690年。

咏孤松　五言　一首

陇上孤松翠。凌云心本明。余根坚厚地。贞质指高天。弱枝异萱草。茂叶同桂荣。孙楚高贞节。隐居悦笠轻。

大意是，山冈上的孤松郁郁葱葱，欲冲霄汉，其心本自高洁。树干高耸于苍空，底部分出的虬根深扎于坚实的大地，具有高尚的节操。其优美的枝条与萱草（据说生长于尧帝时代，从一日到十五日每天生出一片叶子，从十六日到三十日每天掉落一片叶子，人们以此制定历法）不同，永恒不变。其繁茂的针叶与常绿茂密的香木桂树一样。又如同晋代孙楚一般，具有高尚的贞洁，隐居时脱下官帽，戴上俗人的斗笠，为其之轻欣喜不已。

我们要探讨的问题是这首《咏孤松》的思想主题为何。第二句的"凌云心本明"实际上取范于南朝梁范云《咏寒松》诗"凌风知劲节，负雪见贞心"。第七句的"孙楚高贞节"或引自《晋书·孙楚传》"楚少时欲隐居，谓济曰：当云欲枕石漱流，误云漱石枕流"，或引自《晋书》"孙兴公前种一株松，枝高势远"。第八句的"隐居悦笠轻"依据的或是《晋书·孙楚传》的"欲隐居"，或是《晋书·陶弘景传》"自号华阳隐居……特爱松风，每闻其响，欣然为乐，有时独游泉石"。总之，它们毫无疑义地都模仿了中国诗文。七八世纪律令中央集权国家的统治阶级（知识分子阶层）在政治制度到日常生活习俗方面都拼命模仿、吸收东亚世界先进国家大唐的文化。律令政治机构运作者不仅向大唐帝国学习官僚统治方式，甚至还向中国学习天皇制原理，并通过中国诗文第一次知道有诗歌文章这种东西。若无中国文化的影响，日本就没有汉诗集《怀风藻》、和歌集《万叶集》及正史《日本书纪》这三部古典著作。律令官人贵族对诗歌、音乐产生兴趣时燃烧着愿望和热情，总想尽早一日接近大唐帝国的文化水平。因此他们在写一首汉诗时也要模仿中国诗文的修辞，采用中国的典故，吸取中国政治伦理思想。概括说来，《咏独松》的思想主题就在于试图把握儒教意识形态政治体系中的松的象征意义。这也属于"古代诗歌"的一般特质。将松树视为长寿的象征或贞节的比喻，这种思想不折不扣都来自中国。

翻阅律令文人贵族视为"虎之卷"且须臾不可离身的《艺文类聚》（成书于600年左右，唐朝文人及书法家欧阳询编），可以发现该卷第八十八"木部上"收录了大量有关松的语义出典与作品用例。为让读者了解它们究竟有何内容，下面要大篇幅地进行引录：

> 毛诗。徂来山名之松。又曰。松桷有舃。路寝孔硕。又曰。陟
> 彼景山。松柏丸丸。松柏有挺。旅楹有闲。寝成孔安。礼记曰。其

在人也。如松柏之有心也。故贯四时不改柯易叶。左传曰。晋侯使
张骼辅跞致楚师。求御于郑。郑人卜。宛射犬吉。子太叔戒之曰。
大国之人。不可与也。对曰。世无有众寡。其上一也。太叔曰。不
然。培塿 塿小阜也。无松柏。……论语曰。岁寒然后知松柏之后凋
也。又曰。夏后氏以松。……吕氏春秋曰。故百仞之松。本伤于
下。而末槁于上。列仙传曰。仇生赤。当汤时。为木正。常食松
脂。自作石室。周武王祠之。又曰。偓佺好食松实。能飞行逮走
马。以松子遗尧。尧不能服。松者。横松也。……嵩高山记曰。嵩
岳有大树松。或百岁千岁。其精变为青牛。或为伏龟。采食其实。
得长生。抱朴子曰。天陵偃盖之松。太谷倒生之松。……玄中记
曰。松脂沦入地中。千岁为伏苓。神境记曰。荥阳郡南有石室。室
后有孤松千丈。常有双鹤。晨必接翮。夕辄偶影。传曰。昔有夫妇
二人。俱隐此室。年既数百。化成双鹤。梦书曰。松为人君。梦见
松者。见人君也。毛诗曰。南有乔松。隰有游龙。又。茑与女萝。
施于松柏。又。桧楫松舟。离骚曰。山中人兮芳杜若。饮泉石兮荫
松柏。又曰。嘉树生朝阳。凝霜封其条。嘉树。松柏也。……孙兴公
前种一株松。枝高势远。邻居曰。松树非不楚楚可怜。但恐无栋梁
用耳。枫柳虽合抱。亦何所施。……史记。松柏为百木长也。而守
宫阙。本草经曰。松脂一名松肪。渴中。久服轻身延年。周太似梦
周梓化为松。庄子曰。天寒既至。霜雪既降。吾是知松柏之茂。汉
武内传。药有松柏之膏。服之可延年。青陵上松。亭亭南山柏。光
寒冬夏茂。根蒂无凋落。尚书。岱畎丝枲铅松怪石。【诗】魏刘公
干诗曰。亭亭山上松。瑟瑟谷中风。风声一何盛。松枝一何劲。风
霜正惨凄。终岁恒端正。岂不罗霜雪。松柏有本性。晋傅玄诗曰。
飞蓬随飘起。芳草摧山泽。世有千年松。人生讵能百。晋许询诗
曰。青松凝素髓。秋菊落芳英。……【赋】齐王俭和竟陵王高松赋
曰。山有乔松。峻极青葱。既抽荣于岱岳。亦擢颖于荆峰。若乃朔
穷千纪。岁亦暮止。隆冰峨峨。飞雪千里。嗟万有之必衰。独贞华
之无已。积皓霰而争光。延微飙而响起。……【赞】宋谢惠连松赞
曰。松惟灵木。拟心云端。迹绝玉除。刑寄青峦。子欲我知。求之
岁寒。戴逵松竹赞曰。猗崎松竹。独蔚山皋。肃肃修竿。森森
长条。

引用很长，但它仅相当于《艺文类聚》该条目的三分之一左右。考虑到 6 世纪末到 7 世纪初还存在时代的制约，那么我们就会更惊讶于欧阳询这种类书的编撰方式，还会清晰地知道中国人的"规模宏大"，进一步还会痛感日本列岛居民的小家子气和小心眼，并为此折服。8 世纪左右的律令文人官僚一定会更强烈地抱有这种恐惧的念头，因为在他们统治的新兴国家里没有任何可称之为文化的文化。当有天壤之别、规模宏大、细致周密的类书运到日本时，他们又如何不会折服？

然而与现代的我们不同，古代律令国家文人官僚充满"时代的朝气"，散发着活力和生命力。他们完全释放出自己年轻的生命能量，努力学习吸收《艺文类聚》，试图全部理解松柏的文化宗教象征意义。松有如此如此的意思，有如此如此的药用价值，他们见一个学习一个。

若重读一遍前引《艺文类聚》卷第八 十八"木部上"的文字就可以明白一个实际的问题，即后来日本人假托松树或被松树触发生成的"美的象征"在该卷"木部上"已全部提示完毕。即使有人说它是日式的情感并主张日本的独特性，但除了引用这种象征之外再无任何一种新的发现。

奈良时代之后是平安时代，该时代初期敕撰三汉诗集之一有《文华秀丽集》（818 年左右成书），其"卷下"收录了仲雄王①的一首七言诗，也咏唱孤松。

奉和代神泉古松伤哀歌一首

孤松盘屈薜萝枝。贞节苦寒霜雪知。御苑琴台回仙瞩。风入飕飖添清曲。

森翠宜看轩月阴。还羞不材近天临。自然色衰无他故。不敢幽怀负恩顾。

这首诗前半部分的意思是，孤松弯曲着身体，被蔓草缠绕着。只有

---

① 仲雄王，生卒年不详，平安时代前期的官僚、汉诗人。弘仁九年（818）任敕撰汉诗集《文华秀丽集》的主撰人，写有序文，并收录自己的 13 首汉诗。当时他的官职是"大舍人头"兼"信浓国守"。与藤原冬嗣、良岑安世、最澄、空海等人关系密切。——译注

在寒冷的霜雪时节才能知道松树具有不变的贞节。天子（嵯峨天皇）进入奏响琴声的神泉苑楼台，频频眺望松树。风吹入松林飒飒作响，如同增添清朗的乐声。第二句的"贞节苦寒霜雪知"毋庸赘言，出典于《论语》"子罕第九"："子曰，岁寒，然后知松柏之后凋也。"总之，它吟唱的是松心深奥，不负天子之眷顾。可谓"古代诗歌"的真正面貌。

平安时代中期左右的汉诗文集《本朝文粹》（成书于 1037 年左右）卷第一 第七首是纪纳言的《柳化为松赋》。

> 至脆者柳。最贞者松。何二物之各别。忽一化以改容。惭朽株之含蠹。羡老干之为龙。岂敢依依于陶令之种。只须郁郁于秦皇之封。徒观其翠惟新叶。绿非故枝。鄙彼愚夫之守株。故不常其操。类于君子之见善。遂从其宜。岁云暮矣。风以动之。悲众芳之先落。全孤节而不移。唯期千年之偃盖。……

它说柳树可与松树媲美，但这种思想是以松树的贞节和长寿为前提才成立的。

以这种汉文学和中国思想的教养为基本准绳，用"日本语言"加以改编的不外乎就是《古今和歌集》。《古今和歌集》所咏的松，例如"老松常绿又逢春，颜色于今更苍郁"①（卷第一"春歌上"，24）和"雪降年终岁暮时，方知松柏不凋零"②（卷第六"冬歌"，340），咏唱的都是松的长寿和贞节。"送别因幡稻羽山，问松还冀今朝回"③（卷第八"离别歌"，365）中的"松"或被作为"等待"④的缘语使用。总之，这些作品都不以松树的植物生态为对象。《古今和歌集》的歌人们要么只能通过中国文化素养这个滤镜观看大自然，要么就是用王朝式有趣的合辙押韵的语料演绎大自然，总之，只能说明他们并未认真地观察大自然。与之相比，可以说万叶歌人是用肉眼看待大自然的。植物学家

---

① 原歌是"ときはなるまつのみどりも春くれば今ひとしほの色まさりけり"。——译注

② 原歌是"雪ふりてとしのくれぬる時にこそつひにもみぢぬ松もみえけれ"。——译注

③ 原歌是"立ちわかれいなばの山の峯におふろ松としきかば今かへりこむ"。——译注

④ 日语的"松"（Matsu）和"等待"（Matsu）二词发音相同。——译注

小清水卓二[1]说过，"松树新芽的底部开雌花，初夏时新芽长出的顶端开出许多雄花。虽然雄花和雌花都是圆锥状体，但雌花会生成种子，所以被认为是真正的花。不认真看有时真看不出是花，但《万叶集》咏过松花，从中可以看出古人敏锐的观察力"[2]，并引用"松花花开不恋汝，徒然该花簇簇开"[3]（卷第十七，3942）这首歌例做出结论："松花并不引人注目，不足以视之为花，可是平群女郎[4]在赠给'越中守'大伴家持的这首歌中，却将它作为巧妙的比喻，讽刺不把自己放在眼里的这个男人。这个歌例说明万叶歌人在何种程度上具有慧眼欣赏大自然，并自由地将其化作知识。"[5] 一如上述，形成《万叶集》核心要素的艺术能源多来自中国文化的输入，但即便如此，因为当时还残留着未开蒙人群（后进国家文化）生动的"分类思维"，所以我们也可以从中看到一种不通过半吊子文人的学养滤镜，而用"慧眼欣赏大自然，并自由地将其化作知识"的科学思维。但到《古今和歌集》时代，这种科学思维已几乎难以见到。人们经常提到《万叶集》和《古今和歌集》的差异问题，焦点集中在是写实还是想象。以此讨论为基础，研究有无这种原始的科学性，或许会有意想不到的成果。

如此看来，将松树和文学（包含一般思想）的关系解释成是日本人独有的想法肯定是错误的。从植物学上看，松科植物广泛分布在北半球，所以我们必须站在人类的角度重新审视松树之美。比起长寿和贞节等，我们一定可以发现其他更恰当的象征意义。

当然我并不因此打算污称松树是不吉利或不贞节的。不论是松针，还是松花，抑或是松果、松木纹理以及松枝形状，无一不是吉利和贞节的象征。问题在于我们是否有必要在给松树赋予道德伦理的意义之后，

---

① 小清水卓二（1897—1980），植物生理生态学家，毕业于京都帝国大学理学部（植物）。历任京都府女子师范学校、奈良女子高等师范学校、奈良女子大学、帝冢山大学教授。专门从事《万叶集》中所咏的植物和奈良、大和地区天然纪念物等的研究。兼任日本自然保护协会评议员、关西自然科学研究会会长、奈良县文物保护审议会委员、奈良植物研究会会长等。1970 年获"勋三等瑞宝章"。1980 年追叙正四品。著有《万叶的草木花》《万叶植物与古代人的科学性》等。——译注

② 小清水卓二：《万叶植物与古代人的科学性》第五章 万叶人的自然观。——原夹注

③ 原歌是"松の花花数にしも吾背子が思へらなくにもとな咲きつつ"。——译注

④ 平群女郎，生卒年不详，大和国平群郡平群乡豪族的女子，似为大伴家持的小妾或情人。——译注

⑤ 小清水卓二：《万叶植物与古代人的科学性》第五章 万叶人的自然观。——原夹注

还要高度评价并亲近松树拥有的"美""品格""孤寂感"等。是否可以关注松树具有的与人类赋予的意义无关的生态学和造型学的美和冷峻感觉。

在儒教道德和律令政治机构不太干预日本文学之后，有人开始关注松树具有的"美""品性"和"孤寂感"。清少纳言的《枕草子》还难以避免"中国类聚"思想的影响："适于入画者有松木、秋野、山村、山路、鹤、鹿。"（第112段落）但在约300年后吉田兼好的《徒然草》却已经说出"房子周围之树以松、樱为佳。松以五针松更佳"（第139段落），即他在发现松木自身之美时，我们才可以认为日本人独特的松树观已经固定下来。

让我们追寻11—14世纪松树美学开始偏离向"中国一边倒"的范式的过程。《荣华物语》记载：长和五年（1016）七月二十日夜发生火灾，土御门殿和法兴院焚毁，大火甚至波及庭院中岛①的老松。"金银财宝自然皆抢救出来。然此树之情状，其胸围之巨，世间皆感叹息。"（"玉紫菊卷"）。也就是说有人感叹：该松树之美及其胸围之巨是金银财宝无法取代的。另外我们还可以指出，《宇治遗拾物语》开拓出一种与此不同的新的松树美学："小野宫老爷从侧面登上。中岛上有一株高大松树。见此松之人仅说藤蔓垂挂树上。大飨宴此日虽说是阴历正月，但藤花却开放绚丽，挂满在树梢上。因不合时节颇觉可怖。天阴下雨时却极为可喜有趣。树影花影倒映池面，风吹来水面涟漪漫漫，诚可谓藤影翻滚，不可言喻。"就此高濑重雄②《日本人的自然观》说："这种栽有老松树的中岛或许象征着支那的蓬莱岛。果真如此，那么建中岛此事就受到中国思想的影响。然而喜爱攀附于松树的藤蔓和藤花的心情，尤其是欣赏藤与花倒影于池水波纹之上，与池水一同摇曳的心情，则寄寓着日式情趣。"③改用我的话说，那就是崇拜中国和摆脱中国是构成日式情趣的两个要素。

---

① 中岛，在池中或河中等的小岛，多建在"寝殿"式建筑的庭院里。——译注
② 高濑重雄（1909—2004），毕业校等不详，曾任富山大学系主任、教授、名誉教授等，专攻日本史，著有《日本海文化的形成》《古代山岳信仰的历史考察》《大和文学之旅》《中世文化史研究》等。——译注
③ 高濑重雄：《日本人的自然观》四 平安时代的大自然感觉。——原夹注

二 梅

众所周知，梅树是很久以前从中国传入的植物。

白井光太郎①《植物传入考》记述：梅树"原产于中国，据陶弘景说最早出现在陕西省汉中山谷里。至唐，两江两湖、川蜀、淮南、广西等地皆有分布。梅树非日本自生种。但《万叶集》出现'梅''乌梅''宇梅''于梅'等字词，直接使用汉名。不用说此时梅树已从大陆移植过来"②。这种说法已成为定说。梅树是中国的特产。西方国家的洋李中国叫李子，和梅不同。欧洲和美洲都没有梅树。然而过去有人认为欣赏梅花过于浅薄，而将其果实做成梅干、梅酒和梅酱食用的习惯又过于常见，所以今天一提到梅树，就感觉它是日本的自生树种。这种感觉不能说都是错误的。其原因在于梅树的原产地虽在中国陕西省汉中某山谷，但今天我们所见的园林梅花变得如此美丽，是它在传入日本后才有的事情。牧野富太郎③就此有精要的概述："梅树自上古传入日本时大概只有一两个极少的品种，即使后来中国又传入一些变异的品种，但数量也不会很多。如果只是传入而没有变化，那么品种一定很少。实际上到今天日本梅花的品种已有400种左右。如此看来多数的变异品种即园艺品种都是在日本形成的。经过长期的培育即在人的作用下才会有如此的变化，如果放置不管就没有变化。比较人为作用和天然作用则不禁兴味盎然，可以说我们不能轻视人类对大自然的力量。"④

人类过度改变大自然的进程就会产生像今天如此严重的公害结果。但只要人类有爱意和节制心，大自然也会回报以我们喜闻乐见的景象。

---

① 白井光太郎（1863—1932），植物病理学家、本草学者、菌类学者。是日本最早推动植物病理学的学者之一，对本草学的发展起到极大的促进作用。编著和撰有《日本博物学年表》《植物妖异考》《植物传入考》等。——译注

② 原文无注释。——译注

③ 牧野富太郎（1862—1957），日本植物分类学之父。毕业于东京帝国大学植物学科，从事植物分类学研究50年，采集植物达50万种，新发现命名的有一千多种，收集到的变种有一千五百种，还绘制出精彩的植物图。著有《牧野日本植物图鉴》等有关植物学的著作30余部。日本学士院会员，获得日本文化勋章。——译注

④ 牧野富太郎《植物记》二 评定三种春花品种。——原夹注

实现美丽的花色、花姿和馥郁的花香，自由控制果实的大小，其实都是日本人喜爱植物的回报。从这个意义可以说，梅树伴随着日本历史的发展，已经登上"花木女王"的宝座。我们不能过低评价日本人对梅树的改造，同时也不能忽视梅树在进化过程中还赋予日本人以文学趣味和文化意识的独立性。梅树的进化折射出日本社会的进化。

前面说过梅树的进化折射出日本社会的进化。中国社会也是如此。因为"观赏"梅这种"美丽"的花木，在远古时期也仅停留在"趋实弃名"，即重视它的果实（食用植物）这种水平上。《艺文类聚》记述：

> 尚书曰。若作和羹。尔惟盐梅。大戴礼曰。夏小正曰。五月煮梅为豆实。诗召南曰。摽有梅。男女及时也。被文王之化。又。摽有梅。其实七兮。东方朔传曰。朔门生三人俱行。乃见一鸠。一生曰。今当得酒。一生曰。其酒必酸。一生曰。虽得酒。不得饮也。三生皆到。须臾。主人出酒。即安樽于地而覆之。讫不得酒。乃问其故。曰。出门见鸠饮水。故知得酒。鸠飞集梅树。故知其酸。鸠飞去。所集枝折。故知不得饮之。……淮南子曰。梅以为百人酸不足一梅不足为一人之。喻众能济。

从中我们可以清楚地看到梅和人类的交集始于食用、酿造梅果。木下谦次郎①《续美味求真》就此概括如下："极为奇怪的是如此喜庆的梅花在上古的中国文艺方面被长期遗忘。出人意外的是《诗经》三百零五篇吟唱过桃李、芍药、海棠、兰花之类，但却遗漏了清香玉色花中第一品的梅花，仅重视该果实梅子可以食用。《书经》'若作和羹尔盐梅'和《诗经》'摽有梅，其实七兮。摽有梅，其实三兮。摽有梅，顷筐塈之'，注'以梅为和'等皆涉及其果实，但绝不涉及其花。《尚书·周官》也多有食用梅果的记录，如：'乾藤'（梅干）、'醷'（用梅做的醋）、'医'（用梅做的清凉饮料）等，而对花却未给予丝毫关注。应

---

① 木下谦次郎（1869—1947），毕业于东京法学院（今中央大学）。明治、昭和时代前期的政治家。自1935年以来9次当选众议院议员。分属宪政本党、国民党、政友会会。曾任"关东长官"、贵族院议员。被视为政界的"策士"，也是美食家。著有《美味求真》等。——译注

该说这是中国文艺方面的一大逸事。诚如陆玑《诗经疏义》所言，'梅似杏而实酸，盖取其实与核而已，未尝及其花'。"（第四章 果物篇）另外，木下谦次郎还补充："尽管梅子作为食品受到重视，但其花却长期被人忽视，与桃恰成对照。中国上古仅欣赏桃花的艳丽，而对味美芳香果中第一品的桃果却长期置之不理。可谓一为文化方面的逸事，一为味觉世界的遗漏。不论其花还是其果，都因时代风潮而荣枯兴衰，也反映着时代的变迁。"[①] 木下此说虽是一家之言，但它忽略了人类生活是一个"进化的过程"。很遗憾，在这点上它仅停留于脱离本质的现象理解。

梅花首次在日本文学舞台亮相可追溯至《怀风藻》。这部日本最早的汉诗集成书于孝谦天皇天平胜宝三年（751）冬十一月。该诗集第十首是葛野王的作品《春日玩莺梅》：

五言。春日玩莺梅。一首

> 聊乘休假景。入苑望青阳。素梅开素靥。娇莺弄娇声。对此开怀抱。优足畅愁靥。不知老将至。但事酌春觞。

大意是，偶尔利用假期进入庭园眺望春色，只见白梅绽放，艳若笑靥；耳听莺啼婉转，声若天籁。我敞开胸怀，悠然自得，暂忘其忧，亦忘却老之将至。频频举杯，独醉春色。作者葛野王乃大友皇子和十室皇女所出之长子，即天武天皇和天智天皇之孙。据所附的作者小传说，葛野王"材称栋干。地兼帝戚。少而好学。博涉经史。颇爱属文。兼能书画"，故他一定是持统朝代屈指可数的文人。下面要讨论的有几个问题，即第一句的"乘休假景"模仿的是初唐卢照邻《山林休日田家》中的"归休乘假日"。第三句和第四句的"素梅开素靥。娇莺弄娇声"典出陈江总《梅花落》中的"梅花密处藏娇莺"。此外通篇还大量使用与唐太宗《除夜》、王羲之《兰亭序》等相似的词汇。这明显反映出后进国日本统治阶级的知识分子如饥似渴摄取先进中国文化（从宫廷礼仪到嬉戏玩乐，甚至衣食住行）的社会状况。换言之，它清晰体现了七八世纪左右日本律令国家体制最高领导层的皇族、贵族的"文化意识"。可以

---

① 木下谦次郎：《续美味求真》。——原夹注

不夸张地说与梅有关的第三句和第四句都是写生式的诗节，并且可以推定当时梅树的苗木已经传入日本。但在白凤时代①汉诗人的诗歌思维里，以"素梅"（白梅）为题材本身就可以很好地满足自己的时髦趣味。咏唱梅莺配对这种客观相关物本身则可以视为是实现"风雅"的手段。明确地说，咏梅诗只是彻头彻尾"模仿唐风"的产物（要补充的是，"梅加莺"这种普通俳谐的组合，并不是近世江户时代庶民的发明创造，而实际上是对一千年前传入日本的中国诗文的美学范畴的模仿和巩固的产物）。

由此可见，赏梅始于律令政治统治阶层中的垄断。

律令宫廷文人从何时开始见到梅花现在还不能确定。《万叶集》卷第五收录了天平二年（730）正月十三日"大宰帅"大伴旅人举办宴会时参会者所作的"咏梅诗三十二首"，从中可以看出当时至少在九州一带已经种植了相当多的梅树。

　　　　正月春来赏梅花，快乐终日未尽欢。②（卷第五，815）大武纪卿

　　　　梅花开后勿凋零，继续开满我家园。③（卷第五，816）小弐小野大夫

　　　　梅花飘散人哀怜，我家竹林黄莺鸣。④（卷第五，824）小监阿氏奥岛

　　　　众人折梅插发间，今日之间须尽欢。⑤（卷第五，832）神司荒氏稻布

---

　　①　白凤时代，日本文化史特别是美术史的时代区分之一，介于飞鸟时代和天平时代之间，即7世纪后半叶到8世纪初。具体则指"壬申之乱"（672）后天武、持统朝代确立了天皇的权威、制定了律令、开始编撰"记纪"、万叶歌人辈出、佛教美术兴隆等日本在初唐文化的影响下创造出强大而又清新的文化这一历史阶段。——译注
　　②　原歌是"正月たち春の来たらばかくしこそ梅を招きつつ楽しき竟へめ"。——译注
　　③　原歌是"梅の花今咲ける如散り過ぎずわが家の苑にありこせぬかも"。——译注
　　④　原歌是"梅の花散らまく惜しみわが苑の竹の林に鶯鳴くも"。——译注
　　⑤　原歌是"梅の花折りてかざせる諸人は今日の間は楽しくあるべし"。——译注

　　遥看折梅插头人，不由想起我京城。① （卷第五，843）土师氏御道

　　梅花梦语风流花，我愿漂浮在酒中。② （卷第五，852）大伴旅人

　　读这些咏梅歌可以知道，万叶时代歌人正在以梅为教材努力学习"风雅"。说得极端一点，就是此前氏族传统社会中并没有产生"风雅"等文化范畴的土壤。日本统治阶级在从大唐引进律令中央集权政治形态的过程中还首次从大唐引进了"风雅"的思维。因此将《万叶集》视为日本民族和国粹的诗集并自画自赞是缺乏客观性的。万叶时代的美意识只是在模仿东亚古代世界领导者——中国的文学（具体指六朝、隋、唐诗文）基础上构筑起的一个体系而已。如此解释方更为科学，更为妥当。

　　这种倾向还成为日本古代诗歌一以贯之的特色。进入平安时代之后，文学和艺术进一步加深了崇拜中国（模仿唐风）的倾向。10世纪之后虽说出现了所谓的"国风运动"，但不论是《古今和歌集》，还是王朝女性文学，其美学规范仍旧参照中国诗文。"若不根据汉诗的思维方式，公式化地照搬照套则无法安心，所以他们当然会要求和歌也要适应汉诗的框架，只有这样才能放心。"③ 上述风卷景次郎的说法的确一语中的。何况在八九世纪的"敕撰三诗集"时代这种倾向更为明显。

　　《文华秀丽集》（818年左右成书）乐府卷收录了嵯峨天皇所作的《梅花落》和菅原清公的和诗：

梅花落　一首

　　鹍鸣梅院暖。花落舞春风。历乱飘铺地。佛徊颭满空。狂香熏枕席。散影度房栊。欲验伤离苦。应闻羌笛中。

---

① 原歌是"梅の花折り挿頭しつつ諸人の遊ぶを見れば都しぞ念ふ"。——译注
② 原歌是"梅の花夢に語らく風流たる花と吾念ふ酒に浮べこそ"。——译注
③ 风卷景次郎：《日本文学的历史》中古文学。——原夹注

奉和梅花落 一首

春风吹物暖。朝夕荡庭梅。花点红罗帐。香萦玉镜台。榆关消息断。兰户岁年催。未度征人意。空劳锦字回。

嵯峨天皇五言诗的大意是：莺啼梅开的庭院温暖和煦，梅花花瓣不时随春风翩翩起舞。花瓣飘乱随风翻滚散落地面，或四处飘散一下子飞上空中。飘浮的梅香熏满宫女的寝床。纷纷散落的花雨擦过格子窗。此情此景，如浮纸上。若要思及离别的悲伤，就应该听一下野蛮人吹奏的笛声①。啊，多么悲伤的"梅花落"笛声！

菅清公（对菅原清公此姓名按中国姓氏习惯进行缩减的产物）和诗的大意是：春风送暖，摇落了晨夕间的庭院梅花。幔帐上缀满点点红梅，香气萦绕在美人的镜台。去山海关守边的夫君消息断绝已久，徒留芝兰般美好的闺房空寂多年。征人不归，其心难测，女子思君，辗转反侧，欲将回文诗（从开头或末尾读起皆能成文，并且符合平仄韵字要求的一种汉诗诗体）织进彩色花纹的丝织品中寄出，也不过白费苦心而已。

这两首诗虽说以梅为题，但也不过是取范于中国（六朝）诗文和典故的模仿诗歌而已。当时有人认为只要如此模仿"中国风"进行创作，就立刻可以习得先进国家文明和都市文化（风雅）。

不过，同样是《文华秀丽集》收录的汉诗，在下卷"杂咏"部分却意趣迥异。至少有两首咏梅诗可以作这种理解：

和野内史留后看殿前梅之作。一首。　桑腹赤

夙分为宫树。开荣不畏寒。向南仙仗从。临北彩花残。待蝶香犹富。藏莺影未宽。虽知先众木。尚恨后天看。

夏日赋雨里梅。一首。　令制

庭梅入夏惟初晴。夕雨时沾叶复低。不辞实重枝将折。预恨无人迨七兮。

---

① 《乐府诗集》二四"梅花落，本笛中曲也"。——原夹注

这里所说的令制，指淳和天皇任皇太子时的作品。第四句的"迨七兮"明显模仿《毛诗》"召南篇"的"摽有梅，其实七兮。求我庶士，迨其吉兮"。意思是有成熟的梅子即妙龄女子 7 人，未婚男子不选择吉日迎娶她们就会追悔莫及。这首诗的构思和《古今和歌集》所见的具有典型性比喻和委婉提示法的和歌构思只有数步之遥。《经国集》（827年成书）卷第十一"杂咏"开篇收录 7 首类题为"殿前梅花""落梅花""庭梅"等的汉诗，读后会给人带来如读《古今和歌集》宫廷仪式歌的印象。现在的通说是平安时代的汉文学带有"和臭"，是"日本化"的证据，但我宁愿说平安时代的和歌带有"唐臭"和"中国化"的痕迹。换言之，我认为汉诗是和歌的故乡。《古今和歌集》收录许多梅的名篇绝非偶然。

　　黄莺鸣啼梅花枝，春来飘雪尚纷纷。① （卷第一"春歌上"，5）佚名

　　折梅去梅袖皆香，对此莺鸣也发狂。② （卷第一"春歌上"，32）佚名

　　莺立梅花下，梅花笠在头。折花簪发上，人老有谁羞。③ （卷第一"春歌上"，36）东三条左大臣

　　往日见梅花，遥遥徒想象。而今色与香，攀折手中赏。④ （卷第一"春歌上"，37）素性法师

　　手折梅花意，赠君君应思。此花香与色，君外有谁知？⑤ （卷第一"春歌上"，38）纪友则

---

① 原歌是"梅が枝にきゐる鶯はるかけて鳴けどもいまだ雪はふりつつ"。——译注
② 原歌是"折りつれば袖こそ匂へ梅の花ありとやこゝに鶯の鳴く"。——译注
③ 原歌是"鶯の笠にぬふてふ梅の花をりてかざさむ老いかくるやと"。——译注
④ 原歌是"よそにのみあはれとぞ見し梅の花あかぬ色香は折りてなりけり"。——译注
⑤ 原歌是"君ならでたれにか見せむ梅のはな色をも香をも知る人ぞ知る"。——译注

春夜亦何愚，妄图暗四隅。梅花虽不见，香气岂能无？① （卷第一"春歌上"，41）凡河内躬恒

过去每次参拜长谷寺时总是居住在某旅店，但后来有段时间不到那里去了。数年后又一次造访，旅店老板说："可以肯定旅店和过去完全一样，但……（你变心了，好久不来了）。"因此我折下旅店附近的梅枝，咏出以下和歌：

故人心变固难知，唯有梅香似旧时。② （卷第一"春歌上"，42）纪贯之

俳谐歌

为见梅花来此处，莺啼人来人来矣，高仁枝头厌吾至。③ （卷第十九"杂体"，1011）佚名

神游歌

莺衔柳叶巧编织，结成秀雅梅花笠。④ （卷第二十"大歌所御歌"，1081）佚名

由此可见，即使是《古今和歌集》也忠实模仿了"梅＋莺＝美"这种中国诗文的美学法则。甚至宫中的"神乐歌"也融入了这种中国美学。"神乐歌"起源于天照大神躲进岩洞时其他天神在外面跳起的舞蹈，但到此世却也悄悄地渗入了"梅、莺、柳"（柳树也原产于中国）的组合。它或想展现出一种"美"。另外需要关注的是，第42首纪贯之歌中的"花"指的还是梅花而非樱花。

另一方面我们还可以想象，在10世纪左右之前，梅树的品种改良已有相当的进展。《枕草子》说"树之花中或浓或淡红梅最佳"（"树之

---

① 原歌是"春の夜の闇はあやなし梅の花色こそ見えね香やはかくる"。——译注
② 原歌是"人はいさ心もしらずふるさとは花ぞ昔の香ににほひける"。——译注
③ 原歌是"むめの花みにこそきつれ鶯のひとくひとくといとひしもをる"。——译注
④ 原歌是"あをやぎをかたいとによりてうぐひすのあふてふかさはむめの花かさ"。——译注

花"），可知相比白梅，红梅更为珍贵。这反映出随着"摄关"时代的到来，人们的审美情趣趋向华美的社会风潮。《源氏物语》《大镜》中随处可见的梅花也同样美丽，犹如乌托邦的画卷。然而在整个平安时代，梅作为花中之王的地位已让位于樱，人们一提到"花"指的就是樱花。

不过到中世则出现了一些性情乖张的美学鉴赏家。例如，《徒然草》的作者吉田兼好就激赏"梅以白梅或淡红梅为佳。单瓣红梅早早开放，多瓣红梅香气浓郁，色泽鲜艳，令人流连忘返"（第139段落）。"五山文学"僧还曾掀起咏梅诗的风潮，但这时已无法挽回被樱花压倒而衰退的趋势。

到近世，庶民间出现了"园艺潮"，潮中的一朵浪花即梅花，它从庭园花木变为盆栽花木（盆梅），成为形形色色观赏植物中之一种，但品种多达300余种。通过宽永十八年（1641）刊《俳谐初学抄》可知，"白梅、红梅、飞梅、枪梅、圣旨梅、薮梅、黄梅、莺宿梅、座梅、黑梅、梅钵"都能成为季题。在江户、畿内和九州等地有许多赏梅胜地。如此一来就无一人不认为梅的原产地就是日本。梅本身也摇身一变，适应了日本的风土。

近世俳谐中也留下许多吟咏日本特有梅花的佳作：

相配俳谐檀林树，合适不过是梅花。①（《谈林一百韵》宗因）

落梅身后天王寺。②（《大悟物狂》鬼贯）

路转风拂暗香动，峰回倏然红日出。③（《炭俵》芭蕉）

梅寒爱宕星闪烁。④（《五元集》其角）

乍暖还寒总在春，一朵梅花一份暖。⑤（《陆奥国》岚雪）

---

① 原歌是"さればここに談林の木あり梅の花"。——译注
② 原歌是"梅散りてそれより後は天王寺"。——译注
③ 原歌是"梅が香にのつと日の出る山路かな"。——译注
④ 原歌是"梅寒く愛宕の星の匂ひかな"。——译注
⑤ 原歌是"梅一輪一輪ほどの暖かさ"。——译注

灰撒墙根尘粉起，白梅笑靥付朦胧。① （《猿蓑》凡兆）

小院梅两株，偏爱迟开树。② （《芜村句集》芜村）

针孔可见庭前树，梅香岂可穿孔来?③ （《文化句帖》一茶）

由此可见，七八世纪左右从中国传入日本的梅树经过千年时光的流变，已名实相副地在日本列岛特有的花卉中获得了自身的地位。与此发展的轨道相同，源于中国文学的日本文学经过千年岁月的积累，也名副其实地形成并累积起自身的民族文化遗产。正如离开父母的一个孩子，走过了一段漫长的旅程。

三　茶花

日本用汉字"椿"标注茶花，但日本的茶花和中国的"椿树"是完全不同的植物，这在今天已是一种常识。日本人将"椿树"读作Chanchin，以示有所区别，但 Chanchin 是 Hyanchin（香椿）的讹读。中国人将"樗"视为臭椿，与此相对的某种植物就是"香椿"，只是日本人在仿读汉语（唐音④）时有误罢了。牧野富太郎很早以前就提醒我们："中国的椿树是隐元禅师归化时带入日本的，到今天已随处可见，我们将其读作 Chanchin。《庄子》说椿以八千岁为春，八千岁为秋，故日本人将此椿与日本的'椿'联系起来，文学家因此还编造出'八千代椿'这个词汇。这就是所谓的移花接木。"⑤

很显然，意思是茶花的"椿"字是日本的"国字"⑥，不能进入中

---

① 原歌是"灰捨てて白梅うるむ垣根かな"。——译注
② 原歌是"二もとの梅に遅速を愛すかな"。——译注
③ 原歌是"梅がかや針穴すかす明り先"。——译注
④ 唐音，日本汉字读音之一，是宋元明清时传入日本的中国读音的总称。当时有禅僧和商人等在来往于中日两国时将以中国江南地方为主的读音带入日本。——译注
⑤ 牧野富太郎:《植物记》,《万叶集》卷一的草木注释。——原夹注
⑥ "国字"，日本自制的汉字，如"辻""畑"等。——译注

国的汉字系统。牧野富太郎反复提醒人们注意："日本意指'茶花'的椿是日本创造出来的汉字即'和字'，与'榊''峠''裃''働'等字一样。也就是说，'椿'的意思是春天盛开的花，所以古人在木字旁边加上'春'字，训读为 Tsubaki。因此，椿字除了训读 Tsubaki 外并无其他读音，但若想用字音训读该字，只能读作 Shon。"①

　　这里要讨论的是，"八千代椿"等词汇或称呼乃一种"移花接木"。的确，《庄子》"逍遥游"中有"上古有大椿者，以八千岁为春，八千岁为秋"这句话。后来一定是有人想到"八千代椿"这个吉利的词汇才创造出"椿"这个"国字"的。也就是说，中国传入的长生不老信仰与日本原产的茶花结合在一起才形成了这个"椿"的词汇。牧野在同一篇文章中还说："所谓的椿（Chanchin）乃日本自古就有的树种，所以有'玉椿'等词汇的说法十分荒唐可笑。"从这个说法来看他似乎认为"八千代椿"这个词汇也非常荒唐可笑。在科学家的眼中，将日本的茶花和中国道教的"乌托邦"思想联系在一起是多么滑稽，多么不合情理。

　　然而我们在验证"记纪"和《万叶集》的词例时就会发现，七八世纪的日本律令知识分子还在用一种一本正经且庄重的修辞方法进行"移花接木"，表达出同样"荒唐可笑"的"日本茶花 + 中国长寿信仰"的思想。若用科学思维分析这个事实，该做法确实不合情理，大可一笑置之，但我们也要承认一个经验事实，即从如此久远的时代开始就有人说顺嘴了"移花接木"的话，所以听者会认为这一切都是再自然不过的事情。所有的传统文化和传统艺术大都如此。如果我们进行严谨的科学分析，就会发现它们个个都充满"荒唐可笑"的元素。这种愚蠢的说法和举动千百年来（日本文化再古老充其量也只有 1300 年）经贵族和民众之手，不知何时他们的手温、汗水和油渍就催生出"花""木"的连接，其中自有其尊贵之处。"椿树"信仰只是其中之一。

　　下面让我们先检索椿的词例。《古事记》"仁德天皇"条录有大后石之日卖命嫉妒后妻吟唱的长歌：

　　　　山复有山山代川，我溯川水向前方。河边有一乌草树，乌草树

────────────

①　牧野富太郎：《植物记》话说该死的山茶花。——原夹注

下有椿树。

枝繁叶宽花灿烂，恩情宽广我天皇。① （歌谣编号 58）

同样在"雄略天皇"条还有大后若日下部王吟唱的长歌：

大和高市有高台，新尝殿旁有椿树。枝繁叶宽花灿烂，有如天皇放光芒。

在此献上醇美酒，奉祝圣世天长久。② （歌谣号码 102）

所谓的椿树（原文是"由都麻都婆岐"）意指具有某种灵力的椿木。通过这些歌谣可以知道，椿树是构成语言礼仪的必要因素，其目的是赞美和祈愿帝王的威德及该威德可天长地久。

《万叶集》中咏唱椿的短歌有 4 首，长歌有 1 首：

列列椿花巨势山，巡视赞美巨势原。③ （卷第一，54）坂门人足

列列椿花开河边，巨势春野看不足。④ （卷第一，56）春日藏首老

有人守护三诸山，山下马醉木花开。山边椿树花怒放，美丽动人三诸山。

犹如守护哭泣孩，誓守此座三诸山。⑤ （卷第十三，3222）佚名

---

① 原歌是"つぎねふや　山代河を　河上り　我が上れば　河の辺に　生ひ立てる　鳥草樹を　鳥草樹の木　其が下に　生ひ立てる　葉広　五百箇真椿　其が花の　照り坐し　其が葉の　広り坐すは　大君ろかも"。——译注

② 原歌是"倭の　この高市に　小高る　市の高処　新嘗屋に　生ひ立てる　葉広　五百箇真椿　其が葉の　広り坐し　その花の　照り坐す　高光る　日の御子に　豊御酒　献らせ　事の語言も　是をば"。——译注

③ 原歌是"巨勢山のつらつら椿つらつらに見つつ偲はな巨勢の春野を"。——译注

④ 原歌是"河のへのつらつら椿つらつらに見れども飽かず巨勢の春野は"。——译注

⑤ 原歌是"三諸は　人の守る山　本辺は　馬醉木花咲き　末辺は　椿花咲く　うらぐはし　山ぞ泣く子守る山"。——译注

与汝相携手，黎明出家门。黄昏频眺望，美丽在群山。峰峰映霞暖，谷间椿花开。感伤春已去，布谷鸟频鸣。唯有一人听，令人感孤离。你我隔山恋，飞越砺波山。清晨鸣松枝，夜晚啼月亮。菖蒲花开时，频叫不能眠。君亦感孤离。①（卷第十九，4177）大伴家持

此峰椿花开，彼峰椿花来。两相看不厌，君为植花人。②（卷第二十，4481）　大伴家持

前三首中都有用白话文写的"列列椿""椿花开"词组，后两首中都有写作"海石榴花噭""夜都乎乃都婆吉"的词组。③ 而后两首都是大伴家持的歌作，"海石榴"这一写法也见于《风土记》和《日本书纪》。特别是《丰后国风土记》"大野郡"条有"海石榴市"这一地名起源传说的说明："昔时，缠向日代宫御宇天皇，在球覃行宫。仍欲诛鼠石窟土蜘蛛，而诏群臣，伐采海石榴树，作椎为兵，即简猛卒，授兵椎以，穿山靡草，袭土蜘蛛，而悉诛杀，流血没踝。其作椎之处，曰海石榴市，亦流血之处，曰血田也。"由此我们可以得到一些线索。就此折口信夫认为："日本所说的椿花无疑就是山茶花。确实有人也写作海石榴。椿有其意思。大和和丰后都有海石榴市。市就是山人下山举行镇魂仪式的地方。某某市的名称就是根据山人那时携来的木棍得来的。因为山人手持椿杖而来并进行镇魂，所以才被称作海石榴市吧。通过《丰后风土记》可以很清楚地知道海石榴市的由来。"④ 此意见可作参考。顺便要说的是，《日本书纪》的作者在用汉字书写植物名时，选择了日本人在此后生活中熟悉的汉字，如"麻、小豆、兰、粟、虎杖、漆、荻、杜树、蒲、韭、茅、菌、橡樟、栗、桑、米、樱、椎、芝草、杉、

---

① 原歌是"わが背子と　手携はりて　あけ来れば　出で立ち向ひ　夕されば　ふり放け見つつ　思ひ暢べ　見和ぎし山に八峰には　霞たなびき　谿辺には　椿花咲き　うら悲し　春の過ぐれば　霍公鳥　いや頻き鳴きぬ　独りのみ聞けばさぶしも　君と吾と　隔てて恋ふる　砺波山　飛び越え行きて　明け立たば　松のさ枝に　夕さらば　月に向ひて　菖蒲玉貫くまでに　鳴き響め　安眠寝しめず　君を悩ませ"。——译注
② 原歌是"あしびきの八峰の椿つらつらに見ると飽かめや植ゑてける君"。——译注
③ 后两首的这两个词组出现在万叶假名本。从上引的假名本看不出来。——译注
④ 折口信夫：《古代研究》花的故事。——原夹注

李、竹、笋、多迟花、槻、白胶木、梅、莲、花橘、桧、蒜、松、麦、桃、木棉、百合花”等，但奇怪的是唯独不使用“椿”这个汉字。特意写作“海石榴”一定会有相应的理由。另一方面，“都婆吉”与《古事记》歌谣的“由都麻都婆岐”也几乎一样。不加批判地认为“记纪”歌谣就是古代的产物肯定是不正确的。但有一点可以明确，在“都麻岐”成为观赏植物之前，长久以来都被作为宗教仪式的祭品并被人们崇拜。

　　下面要讨论的是《万叶集》卷第一的短歌和卷第十三的长歌中“椿”这个汉字。“列列椿”读作 Tsuratsuratsubaki，“椿花开”读作 Tsubakihanasaki。从这两个词例看，这是因混淆山茶花和 Chanchin 而导致谬误的第一步。或许可以猜测当时的“椿”不读作 Tsubaki。

　　其训读读音为何现在说不清楚，但从“椿”的字义是灵木的一种，如《庄子》“逍遥游”所说“上古有大椿者，以八千岁为春，八千岁为秋”来看，则可以认为当时的知识分子已将“椿”理解为乌托邦中的长生不老植物。坂门人足有“巨势山列列椿”一语的和歌，其序言说：“大宝元年辛丑秋九月，太上天皇幸于纪伊国时歌。”所谓的太上天皇指持统女帝。今人在解释这首短歌时一般都认为它的意思是椿花开在巨势山上，但柿本人麻吕的著名长歌《藤原宫之役民作歌》中却是这么唱的：“如日高照我大君，……欲建高殿治神州，异国闻此皆臣服。巨势路上现神龟，其背负有吉祥图。彰显我邦永繁盛，此时恰逢新皇出。……”[1]（其内容是巨势路上出现一只神龟，它背负着一幅神秘的图，图中预言我国将成为可以长生不老的理想国，古人称之为“常世”）如果留意这几句歌的关联，则不难猜出巨势山在过去曾被拟定为仙境。由于“椿”生长在这神龟居住的理想国里，故它必然就是灵木。虽然我们从中可以看出浓厚的道教元素，但“巡视赞美巨势原”这一修辞本身就是帝王巡视国土或巡幸礼仪时的套话。一旦确认“椿”是灵木并以此祝福，那么该植物是山茶花也好，还是其他的什么花也罢，就无关紧要了。

---

　　① 原歌是“やすみしし　わご大王　高照らす……わが作る　日の御門に　知らぬ国寄し巨势路より　わが国は　常世にならむ　図負へる　神しき亀も　新代と　泉の河に……”（《万叶集》第50首）。——译注

或许可以说在加速形成律令专制统治的持统女帝时代，有人以这种形式混淆了中国的灵木"椿"和日本民族宗教的灵木"都婆岐"。到天平时期，道教被律令政治意识形态摈弃，但到藤原京时代中国的学问艺术和典章制度又得到全面的尊重，而且是必须尊重。

道教和灵木"椿"的关系被原封不动地移植到日本民间传说的事例还有一个，它见于逸文《伊予国风土记》。即《释日本纪》卷十四收录的"道后温泉碑"碑文。该序言说上宫圣德太子率惠慈法师和葛城臣见到此地的"神井"后大发感慨，因此写下这个碑文。

> 碑文记云。法兴六年十月。岁在丙辰。我法王大王与惠慈法师及葛城臣。逍遥夷与村。正观神井。叹世妙验，欲叙意。聊作碑文一首。惟夫日月照于上而不私。神井出于下无不给。万所以机妙应。百姓所以潜扇。若乃照给无偏私。何异于寿国。随华台而开合。沐神井而疗疹。讵舛于落花地而化弱。窥望山岳之岩崿。反翼子平之能往椿树相荫。而穹窿实相。五百之张盖。临朝啼鸟而戏吐下。何晓乱音之聒耳。丹花卷叶映照。玉果弥葩以垂井。经过其下可优游。岂悟洪灌霄庭意与才拙实惭七步。后定君子幸无蚩笑也。以冈本天皇并皇后二躯为一度。……以后冈本天皇。近江大津宫御宇天皇。净御原宫御宇天皇三躯为一度。此谓幸行五度也。

设若此"风土记逸文"非伪造，则该碑文创作于前引"列列椿"短歌诞生的大宝元年（701）后不到10年的和铜六年（713）左右，再设若温泉碑真的已建成，则它可追溯至天武天皇的统治时期（673—686），故"列列椿"和"椿树相荫"益发具有紧密的关系。毫无疑义，二者都表现出生存于同一时代的文人官僚的文教意识形态。

由此可见，白凤时期的文人官僚对实物未见的中国灵木"椿"仅引进它的信仰形态，并用日本的重要植物"都婆岐"代替。换言之，山茶花是 Chanchin 的代用品。

上述推论得以成立的证据，还可以通过以下引文等得到证实。桃树在中国同样被认为是"灵木"，但在未见到桃的实物的时代，"诸冉神话"中就有以下描述："逃来，犹追，到黄泉比良_{比二字以音}。坂之坂本时，取在其坂本桃子三个待击者，悉逃返也。"（《古事记》）"是时雷等皆起追来。时道边有大桃树。故伊弉诺尊隐其树下，因采其实以掷雷者，雷等皆退走矣。此用桃避鬼之缘也。"（《日本书纪》）最新研究成果之一的前川文夫的《日本人的植物》中提到："这表明桃树具有灵力的信仰和思维方式已经进入日本，但在谁都未见到桃果的不太长的时间里，（伊弉诺尊）访问黄泉国的故事形态已告完成。"[①] 在此基础上前川进一步表明，"虽然传入了桃的信仰，但在相当长的一段时间里日本人一定没有看到实物。设若日本本土没有野生桃树，而又强烈需要一种信仰，那就不得不寻找一个代用品"[②]，并推断古代日本人很可能在樗木、旌节花、接骨木、楝、权萃、荚蒾、大龟木中发现了替代的可能性。

可以用身边的山茶花代用未见过的灵木，这种律令文人官僚的思维方式成为之后日式思维方式的祖型。平安时代初期（译按：实为中期）的《本草和名》（918）有谓"椿木叶樗木^{苏敬注云二树相似}和名都波岐"，其中流露出著者深根辅仁[③]的困惑，但从平安时代后期到中世已无一人怀疑山茶花即"椿"是不合理的，因为中日文化"融合"业已完成。

以上我对山茶花和"椿"的同一化过程的分析，从某些论者的角度看来难以接受，理由是我对道教知识了解得过于浅薄。他们或会因此全部摒弃我的观点。我想这也没有办法，因为天平时期之前的道教史料极为匮乏。

然而下面引用的下出积与《日本古代的神祇与道教》收录的研究报告等却给我的分析和考察以强有力的支持。下出积与是这样说明的：

> 七八世纪左右佛教的状态有许多神奇之处。因为在信仰的形态方面强烈地倾向于现世信仰，故支持道教的人群和拥护佛教咒术的人群一定存在许多共通之处。故而不能简单地认为，是因为基于所谓的宗教理论，律令国家的统治阶层才站在佛教的立场排斥道教，或单纯地反映出大陆道佛对立的情势才导致了那种结果。

---

① 前川文夫：《日本人的植物》3　正月十五及其前后的楮棍和桃的信仰。——原夹注

② 同上。——原夹注

③ 深根辅仁，生卒年不详，平安时代中期侍奉醍醐天皇的世袭侍医，"医博士"。918 年（延喜十八年）奉命编撰日本最早的药物辞书《本草和名》，共二卷。该书引用了唐以前以《新修本草》为主的 30 余种书籍，目录配列也仿照《新修本草》，1025 种品目分为本草药物、玉石、禽兽虫鱼、谷类等九类，在药物的汉名下方还用"万叶假名"对译出日本名称，并考证其出典。——译注

……

所谓的道符，无疑是道教方术中最具体化的咒术之一，但其自身并没有严整的理论背景，作为道教的构成要素其重要性较低。然而在道教结成宗教教团之前，它对形成自身势力发挥了重要作用。特别是在民间道教中它与观念上的神仙一道占据了重要的地位。关于这一点只要参读葛洪的《抱朴子》就能充分明白。然而在今天，传入日本的道教是否为有组织的道教即教团道教已无从考证，所以我们大体上应将它限定在民间道教的范围之内。……只要通读"记纪"我们就会发现其中存在许多咒术，其中就有一些属于道术的迷信做法。可以说它印证了我的说法。由此看来，即使是外来宗教，我们也不会认为信奉道术的人仅局限于某一社会阶层或归化人等具有一定职业技能的特定人群。即使能够假定实施道术的人是特定的人群，但欣然接受施法的一定是不特定的大多数普通民众。①

这就是七八世纪道教的情状。之后在奈良时代每当发生政变，就有人作为替罪羊被推上行刑台，他们的罪状中都有使用道教巫术这一项。但至少在藤原京时代，道教元素不成为律令统治阶级的敌人。在这个阶段，主张统治者拥有绝对的权威，试图实现古代专制统治的律令政府，无论在思想方面还是在宗教方面都予取予求，以期发展中央集权国家。

回顾以上过程我们就无法断言，律令统治者强行同化山茶花和"椿"的做法是荒唐无稽的。至少现在我们找不出任何史料可以说明二者混同的理由，但也不能拘泥于自身学说。

对近世宽永年间（1624—1644）出现的"山茶花热"需要简述一下。宽永十五年（1638）刊行的《清水物语》说："此间山茶花极其流行，若干不曾耳闻之美丽山茶花随处可见，备受人们喜爱。竟有如此有趣之花。"宽永十年（1643）刊行的《色音论》说："此间江户流行赏山茶花与养鹌鹑。"之后200年内刊行的《嬉游笑览》说："宽永年间流行玩赏山茶花，其品种增多，然名称后世不传，留有名称者极少。"实际上，宽永年间是山茶花品种改良最为盛行也最成功的时代。上至将

---

① 下出积与:《日本古代的神祇与道教》第四章 律令体制与道士法 第一节 道士法的存在形态。——原夹注

军、"大名"①，下至庶民百姓，都收集珍贵的山茶花品种并观赏之。尤其值得关注的是，此时代创作的《百椿图》有 3 种，《百椿集》即其中之一。林罗山②的《罗山文集》中录有"百椿图序文"，《古今要览稿》中也刊载乌丸光广③的"百椿图序"，故确实存在这种山茶花图鉴。就此宫泽文吾④《花木园艺》评论："不得不说，这个事实从今天的植物学或园艺学上来看也是十分惊人的。在这个时代培育出如此之多的品种，即使目的多少有所不同，但一方面能画出图谱，另一方面能解说其形态，这在其他国家是没有先例的，它在我国自然科学史上可以大书特书。"⑤ 如此看来，"山茶花热"不仅反映了太平盛世景象，还扮演着推动日本科学发展的角色。日本自然科学的发展除了因接受"兰学"及其他洋学的冲击而获得跳跃式的进步之外，也得益于有人基于兴趣为园艺学奠定的基础。因为只有通过正确地观察大自然才能够学到如何正确地思维。

四　樱

　　樱花登上日本文学舞台始于《古事记》《日本书纪》《怀风藻》《万叶集》等我国最古老的史书和诗歌集。因此我们一般都认为樱花和日本人的关系从远古开始直到今天都不曾改变。实际上樱花被认为是日本的"国花"，进一步还被认为是国粹民族主义的载体，但即使没有这层关系，也有人觉得樱花象征着日本人的特性或心理。然而我们若站在纯科学的立场对此进行观察和研究，就会发现樱花和日本人的羁绊并没有想象的那么久远，由此还会抱有疑惑。

---

　　① 大名，江户时代可直接觐见将军，年俸在 1 万石以上的诸侯。——译注
　　② 林罗山（1583—1657），江户时代初期的幕府儒官。向藤原惺窝学习朱子学，任家康及之后 4 代将军的侍讲。还在上野忍冈创建"学问所"和先圣殿即后来的昌平黉。著有《本朝神社考》等。——译注
　　③ 乌丸光广（1579—1638），江户时代初期的廷臣、歌人、歌学者。官至"权大纳言"。得到细川幽斋的"古今传授"，还精通狂歌、俳谐、书道。著有和歌集《黄叶和歌集》和歌论书《耳底记》。——译注
　　④ 宫泽文吾（1883—1968），毕业于东京帝国大学。历任日本某农科所主任技师、宫崎高等农林学校（今宫崎大学农学部）教授，农学博士，曾留学欧洲，毕生致力于花的品种改良研究。著有《花木原意》《观赏植物图说》等。——译注
　　⑤ 宫泽文吾：《花木园艺》第 102 号，山茶花。——译注

首先从《古事记》中出现的樱花开始讨论。樱花最早出现在《古事记》下卷履中天皇宫殿所在地的地名"伊波礼若樱宫"中。"履中纪"末尾还有赐"若樱部大臣"以"若樱部"名的记载,樱花在这里以人名出场。也就是说,《古事记》中出现的樱花仅作为地名或人名使用。说起人名,有人认为上卷中出现的、名为"木花之佐久夜毗卖"的女神的名字"sakuya"是樱花 sakura 的讹读,但这种说法有牵强附会之嫌。因为对火琼琼杵尊赶走貌丑的姐姐岩永姬,迎娶美丽的妹妹木花之佐久夜毗卖为妻,故天神子孙的寿命就如同花一般短暂,这个说明事物起源的神话来说,花未必是樱花。

接下来是《日本书纪》中出现的樱花。卷第十二"履中天皇三年(402)"条记述:"三年冬十一月丙寅朔辛未(六日),天皇泛两枝舟于磐余市矶池,皇妃各分乘游宴。膳臣余矶献酒。时樱花落御盏。天皇异之,则召物部长真胆连,诏曰:'是花非时来,其为何处之花?汝自求之。'是以长真胆连独寻花,获于掖上室山而献。天皇欢其希有,即为宫名。故谓磐余稚樱宫。其乃此缘。是日,改长真胆连本姓曰稚樱部造。又号膳臣余矶,曰稚樱部臣。"[1] 此处樱花仍作地名与人名使用,不用说与《古事记》所说的"若樱宫""若樱部"是同一回事。另外,《日本书纪》还记载"皇太后崩于稚樱宫_{时年一百岁}",指神功皇后摄政六十九年夏四月辛酉朔丁丑发生的事;又记述"立誉田别皇子为皇太子。因以都于磐余_{是谓若樱宫}",指神功皇后摄政三年春正月丙戌朔戊子发生的事。那些分注或为后人所加,但即使如此,"稚樱"云云之处出现的樱也都局限于地名,这是个不变的事实。履中天皇在冬天十一月乘船游乐时看到樱花花瓣飘落酒杯里觉得不可思议,故命令物部长真胆连寻找它飘自哪一棵樱树。这个故事自可成为一篇美好的短篇小说,但它只是一个地名起源的故事,并不具备文学价值。

但《日本书纪》"允恭天皇八年(419)二月"条说的却有所不同,即樱花伴随"歌物语"[2] 出现了:

> 八年春二月幸藤原。密察衣通郎姬消息。是夕,衣通郎姬恋天

---

① 据《日本古典文学大系》本。——原夹注
② "歌物语",意思依时代不同而有不同,这里指以表现和歌为主的小故事。——译注

皇而独居。其不知天皇光临，歌曰："今夜夫君必来兮，蜘蛛张网①竹根下。"②

天皇聆是歌则有感情。而歌曰："解纽脱衣拥入怀，难寝多夜只今宵。"③

明旦天皇见井傍樱花，歌曰："欲爱当爱尽早时，唯惜错失当年樱。"④ 皇后闻之且大恨。⑤

櫻花确实在这个故事舞台中登场了。原文（汉文标记）也确实使用了"樱华"这些汉字。那么是否可以说在允恭天皇的时代人们就已经知道樱花这种蔷薇科植物？或《日本书纪》的作者已经知晓了樱花？对此我们无法轻易断言。因为按《说文新附》等书解释，汉字的"樱"似乎指樱桃⑥。又因为平安时代的《本草和名》（918 年成书）没有记载"樱"，而直到《倭名类聚抄》（承平年间［931—938］成书）时才第一次出现"樱"的日本名称"左久良"这个标注。然而无论如何，"允恭纪""歌物语"中出现的"欲爱当爱尽早时，唯惜错失当年樱"，在咏樱时的确令人感到突兀，其歌意是要能早点爱上像樱花一般美丽的衣通郎姬就好了，可惜……。归根结底它还是一首有关人物的歌。迄今为止，我们完全找不到它是赞美植物樱的痕迹和证据（故事中提到蜘蛛是喜事是吉兆，但它来自中国民间信仰。由此可以推定该故事的出处和传播途径，但在这里没有必要涉及）。

由此只能判断《古事记》和《日本书纪》都未提及有人观赏植物樱的行为，故也不将此行为纳入文学素材当中。履中天皇被推定是"倭

---

① 中国古人相信，蜘蛛爬到人的衣服上则预告有熟客来访，故又将蜘蛛称作"喜母"。——译注

② 原歌是"わが夫子が　来べき夕なり　ささがねの　蜘蛛の行ひ　是夕著しも"。——译注

③ 原歌是"ささらがた　錦の紐を　解き放けて　数は寝ずに　唯一夜のみ"。——译注

④ 原歌是"花ぐはし　桜の愛で　同愛では　早くは愛でず　わが愛づる子ら"。——译注

⑤ 据《日本古典文学大系》本。——原夹注

⑥ 即樱桃、山樱桃或梅桃，蔷薇科落叶乔木，原产于中国。高约 3 米，叶椭圆形，春季在叶根处开出 5 瓣白色小花。花后结小球形核果，梅雨时节红熟，可食用。汉名"英桃"。——译注

五王"中的"赞王"，允恭天皇被推定是"倭五王"中的"济王"，虽然他们都是赫赫有名的畿内统治者，但我们不能仅凭"记纪"提到此二王和使用了"若樱""樱华""佐区罗"等字词，就轻率地推论当时（5世纪中叶）的樱花和古代日本人存在密切的联系等。况且《古事记》成书于和铜五年（712），《日本书纪》成书于养老四年（720）。若从这些角度考虑，就能判断该词汇或用法都只是迁都奈良之后律令文人官僚通过自己独特的"知觉现象学"做出的记述。我觉得如此判断更为理性。

樱花作为纯粹的文学素材并获得自身活动的机会不用说始于《万叶集》。《万叶集》咏樱的长歌、短歌共有44首。即使不免有些牵强，但也可以证明古代日本人和樱花开始拥有了密切的联系。不过与141首获歌和118首梅歌相比，樱歌的出现频度相差甚远。这证明了樱花并非万叶时期人们最喜爱的植物。读《万叶集》樱歌会发现作者不详的秀歌有很多，以下仅列举有作者名的短歌：

梅花怒放又飘落，樱花不正继起开?[1]（卷第五，829）药师张氏福子

若知山樱开数日，何必如此苦相恋。[2]（卷第八，1425）山部赤人

去春见汝今又恋，樱花开放将汝迎。[3]（卷第八，1430）若宫年鱼麻吕

春雨纷纷下不停，高圆山樱今如何?[4]（卷第八，1440）河边东人

---

① 原歌是"梅の花咲きて散りなば桜花継ぎて咲くべくなりにてあらずや"。——译注
② 原歌是"あしひきの山桜花日竝べてかく咲きたらばいと恋ひめやも"。——译注
③ 原歌是"去年の春逢へりし君に恋ひにてし桜の花は迎へけらしも"。——译注
④ 原歌是"春雨のしくしく降るに高円の山の桜はいかにかあるらむ"。——译注

藤原朝臣广嗣樱花赠娘子歌一首

櫻枝汇入千万语，请勿轻慢送汝时。①（卷第八，1456）

娘子和歌一首

此花难承千万语，瞬间折断会有时。②（卷第八，1457）

厚见王赠久米女郎歌一首

于今松风飒飒吹，汝家樱花落满园。③（卷第八，1458）

久米女郎报赠歌一首

世间变幻多无常，吾家樱花亦飘散。④（卷第八，1459）

人见樱花开又落，是谁聚此又离开?⑤（卷第十二，3129）柿本人麻吕

若使汝见樱一眼，此生何有遗憾留?⑥（卷第十七，3967）大伴池主

若可同赏此山樱，当不如此恋樱花。⑦（卷第十七，3970）大伴家持

独惜龙田山樱花歌一首

越龙田山时看樱，返家之前全落光?⑧（卷第二十，4395）大伴家持

---

① 原歌是"この花の一瓣のうちに百種の言ぞ隠れるおほろかにすな"。——译注
② 原歌是"この花の一瓣のうちは百種の言持ちかねて折らえけらずや"。——译注
③ 原歌是"屋戸にある桜の花は今もかも松風疾み地に落るらむ"。——译注
④ 原歌是"世間も常にしあらねば屋戸にある桜の花の散れる頃かも"。——译注
⑤ 原歌是"桜花咲きかも散ると見るまでに誰かもここに見えて散り行く"。——译注
⑥ 原歌是"山峡に咲ける桜をただひと目君に見せてば何をか思はむ"。——译注
⑦ 原歌是"あしひきの山桜花ひと目だに君とし見てば吾恋ひめやも"。——译注
⑧ 原歌是"竜田山見つつ越え来し桜花散りか過ぎなむわが帰るとに"。——译注

此外我们还可以看到,《万叶集》卷第十六开篇写道"有由缘并杂歌","由缘"即故事:"昔者有娘子,字曰樱儿也。于时有二壮士,共诛此娘,而捐生拚竞,贪死相敌。于是娘子歔欷曰:从古来今,未闻未见,一女之身,往适二门矣。方今壮士之意,有难和平。不如妾死,相害永息。尔乃寻入林中,悬树经死。其两壮士,不敢哀恸,血泣涟襟。各陈心绪作歌二首。"故事前有两首和歌为一组共同构成这一故事:"春来欲以樱簪首,呜呼此花已凋零"①（3786）;"樱儿可通樱花开,岁岁年年恋妹名"②（3787）。之后此故事被《大和物语》及"求冢"等歌谣引用,又开出更绚烂的文学花朵,但在《万叶集》编撰时期,它作为大陆(朝鲜)传入的"歌剧"激起了当时知识分子的很大兴趣。名为"樱儿"的少女,因不堪两位男子求婚之苦而最终自杀。这种类型的故事一般称为"少女冢型争妻传说"。同样,《万叶集》卷第十六开篇继"樱儿故事"之后还记载着"缦儿故事"。卷第九和卷第十九记载着"菟会少女故事",卷第三、卷第九、卷第十四还记载着"真间手儿奈故事"。与这些类型不同,卷第一收录了因"香具山爱恋亩火山,与情敌耳无山相争"而闻名的"三山型争妻故事"。就此"争妻故事",西村真次③《万叶集传说歌谣的研究》做出以下类型整理,至今仍具有参考价值:"少女冢传说与三山型传说极其类似,都用三角关系构筑故事的脉络。换言之,我们必须看到三角恋爱构成了故事的基础。可以认为三角恋爱是动物界乃至人类的共同现象,远古时在某核心地域先出现了少女冢,之后该传说逐渐流播。在此过程中它从人类转移至山岳,从而出现了三山型传说。但无论如何,在万叶时代它都和两山型传说并存。因为有人坚信它是'神代'或远古时代的产物,所以在神话中可以看到它的源头。毋庸置疑,说它是有史时代的真实存在是错误的。"④我希望研究"樱儿故事"中的"樱"是女性所具有的意义,但因篇幅

①　原歌是"春さらば挿頭にせむとわが念ひし桜の花は散り去にしかも"。——译注

②　原歌是"妹が名に懸けたる桜花咲かば常にや恋ひむいや毎年に"。——译注

③　西村真次（1879—1943）,历史学家、人类学家、文学博士。毕业于东京专门学校（今早稻田大学）汉文科和英文科。历任早稻田大学文学部讲师、教授、史学科教务主任,奠定了早稻田大学历史科学的基础。除动物学、人类学、考古学外,还从事日本船舶等研究。著有《日本古代船舶形态》《神话学概论》《日本古代社会》《日本文化史概论》《人类学概论》《万叶集的文化史研究》《日本古代经济》等。——译注

④　西村真次:《万叶集传说歌谣的研究》第二章 争妻传说歌谣。——原夹注

只能割爱。

就上引和歌中藤原广嗣与娘子的赠答歌（《国歌大观》编号1456—1457）折口信夫曾提出著名的假说：

> 这两首歌中花具有一种暗示的效果，并且有其意义。如果没有与樱花相关的习俗就不会有这两首歌。这些歌有暗示之意，是因为樱花有暗示意义。
>
> 从这个意义考虑，可以认为樱花多被用于暗示。即被视为一年生产的预兆。花谢了即预兆不好，樱花太早凋谢则为不祥。这种感情逐渐发生变化，后来演变为希望樱花不要凋落。哀惜樱花散落的原因就在于此。平安时代出现新的文学态度，即认为花很美丽，凋零了令人惋惜。其实此间有其基础。惋惜樱花凋零的古代习俗后来从我们的文学作品中消失，但依然流传在民间。①

也就是说，古人远眺开在山野的樱花，根据花开的好坏来占卜这一年稻谷的收成，同时对不得不与谷灵化身的樱花诀别而感到惋惜。折口的这个假说在今天的民俗学研究者中被广泛认可，已成为公理。可以明确地说，古代日本农民对樱花的开法一喜一忧，将自身生活的吉凶祸福寄托于樱花的"原始心性"成为影响《万叶集》歌的潜流。

日本民俗学家认为樱（Sakura）的词源是"Sa（谷灵）＋kura（座）"，这又成为公理流行至今。和歌森太郎②《花与日本人》说："民俗学认为，Satsuki（五月）的Sa、Sanae（秧苗）的Sa、Saotome（插秧姑娘）的Sa都指稻田的神灵。插秧后举行的仪式叫Saagari或Sanopori，讹读为Sanaburi，它们也都指田神从田间返回山里或升天时人们举行的祭祀活动。插秧除了是农事活动之外，还是以祭祀Sa神为核心的神事活动。……在插秧时节出现的Sa这个语素也会与樱（Sakura）的Sa相通。……所谓的Kura，古日语的意思是神灵镇守的地盘（＝

---

① 折口信夫：《古代研究·民俗学篇Ⅰ》花的传说。——原夹注
② 和歌森太郎（1915—1977），史学家、民俗学家。毕业于东京文理大学。东京教育大学教授，因反对将该校转移到筑波而于1951年辞去教职，成为都留文科大学校长。历任日本民俗学会代表理事、日本风俗学会理事长等。著作有《修验道史研究》《历史与民俗学》《相扑今昔》等。——译注

'座'Kura）。意思相通的词例有 Iwakura（'磐座'= 神镇守的地方）和
Takamikura（'高御座'= 天皇的御座）等。秋田县著名的儿童庆典 Ka-
makura 的读音也是 Kamikura（'神座'）的讹读。雪屋本身则被视为水
神等的'座'。……从 Sa 和 Kura 的原意可以看出，樱花对农民，不，
对古代所有的日本人来说，其前身或许就是稻谷神寄靠的一种花。"[1]
之前在"国学家"之间还有不同的词源说明，也被接受为公理。比如
芳贺矢一《国民性十论》所说就很有代表性："'无酒有何乃樱花'的思
想与《万叶集》大伴旅人的赞酒歌思想相同。若能面对自然风光有趣
愉快地度过一生此生足矣。日本人不具有厌世自杀的特质。Sake（酒）
的词根是 Sak，恐与 Sakura（樱）的词根相同。与幸（Saki）、荣（Sa-
kae）、盛（Sakari）等词汇一样，一定都出自同一词根 Sak。樱花怒放
之美可以联想到繁盛、荣华、富贵等。这和喝酒后心花怒放的心境相
同，所以可以认为这两个词汇都来自同一个词根。樱花是日本的国花。
有一句谚语是'花为樱花，人为武士'。樱花还成为我军士兵的帽
徽。"[2] 比较这两种词源说，确实可以认为延续至战后的"樱花（Saku-
ra）= 谷灵寄靠说"更真实，更具有科学性。但民俗学家认定是不言自
明的公理的词源说明是否绝对正确也无法断言。至少我对折口信夫站在
"Sa（谷灵）+ Kura（座）"的立场而写的《花的传说》存有疑问。

　　折口的观点可以概括为：藤原广嗣和娘子的赠答歌所唱的"樱枝汇
入千万语"是以"樱花习俗"为基础的，"因为樱花具有暗示的意义"，
而所谓的暗示，即意味着"重视一年生产的前兆"。进一步折口还说
明，这个习惯到"平安时代出现新的文学态度"后开始有了变化，但
到今天"依然流传在民间"。并且还说万叶知识阶层是以古代农民的樱
花信仰为基础形成了自己的"樱花象征意义"的。但这种说法我们是
否可以囫囵吞枣？

　　然而我们通读《万叶集》，分析《万叶集》的根本性质，就会认为
万叶歌人仅从古代农民的生活习惯和信仰习俗吸收了创作能量是违反事
实真相的。产生《万叶集》的七八世纪日本社会绝不是一个辉煌的时
代，相反是一个前所未有的悲惨时代。所谓的万叶时代始于 7 世纪中叶

① 和歌森太郎：《花与日本人》第九章 大和心与樱花。——原夹注
② 芳贺矢一：《国民性十论》五 乐天潇洒。——原夹注

律令古代国家的确立时期，终于 8 世纪中叶该律令国家面临的动荡不安时期。简单来说，律令政治机构是以天皇为顶点的极少数贵族官僚（据推测当时有 100 多人）对推定为约 600 万的农民大众实施统治，并且将专制统治权力集中于中央的体系。指导这种中央集权政治体制的政治、宗教意识形态固然就是"儒家思想"，在引进这种新的统治思想之前的村落社会人际关系悉数被视为"旧俗""愚俗"（这些话见于《日本书纪》）并遭致排斥。

实际上可以说出名字的万叶歌人全部都是律令贵族文人。他们都是一群从未考虑为民众谋福利的人，也是一群汲汲于仰当权者鼻息的人。这种人在观看樱花时是否能在农民大众珍视传承的农耕礼仪因素中发现何种文化价值是令人抱有极大疑问的。因为将农民的生活习俗等视为"旧俗""愚俗"并悉数摈弃就是律令新政府的文化政策。

那么，《万叶集》吟咏的樱花到底具有何种含义？暂且抛开详细的论证而仅提示结论，那就是万叶樱花乃"贵族之花"或"都市之花"。大宰少弐小野老著名和歌"奈良都城花怒放，一如我国今繁盛"①（卷第三，328）中的"花"，究竟是指真的樱花还是相反尚不明确，但一般人都将它看作是樱花。此歌是作为地方官远赴九州的中层贵族因想念律令政府所在地的奈良而咏唱的城市赞歌，这种诗歌构想的基础就有中国文化素养的影子。前面列举的《万叶集》歌例有一种明显的特质，那就是在吟咏樱花这个自然物时必定涉及人际关系，而绝不描写大自然本身。广而言之，这种特质是"古代诗歌"所固有的，尤其反映在中国古代诗歌的根本性质之上。日本贵族文人学习过这种中国古代诗歌。

若我们继续分析与《万叶集》所著时代约略相同的汉诗集《怀风藻》中的樱诗就会进一步了解以上结论。

正五位上近江守采女朝臣比良夫。一首。年五十。
五言。春日侍宴。应诏。一首。

论道与唐侪。语德共虞邻。冠周埋尸爱。驾殷解网仁。淑景苍天丽，嘉气碧空陈。叶绿园柳月。花红山樱春。云间颂皇泽。日下沐芳尘。宜献南山寿。千秋卫北辰。

---

① 原歌是"あをによし寧楽の京師は咲く花のにほふがごとくいま盛なり"。——译注

左大臣正二位长屋王。三首。年五十四。

五言。初春于作宝楼置酒。一首。

景丽金谷室。年开积草春。松烟双吐翠。樱柳分含新。岭高暗云路，鱼惊乱藻滨。激泉移舞袖。流声韵松筠。

前诗即采女比良夫《春日侍宴》的大意是，我天子论道可与尧帝匹敌，论仁堪与舜帝比肩，其具有的仁超越周文王厚葬起出的尸骸之仁，其具有的爱也超越殷汤王解开三面鸟网之爱。而今春暖景丽，晴空明媚，瑞气连天。月挂御苑绿柳，山樱红色怒放，夸耀春日。对此风情，我不由得赞颂云间（宫中）的天子恩德，沐浴日下（天子膝下）的皇恩。在此我献上祝祷天子万寿无疆的话语，发誓捍卫延续千秋万代之天子。

后诗即长屋王《初春于作宝楼置酒》的大意是，佐保楼景物之美可媲美晋朝石崇的别墅金谷室。佐保楼的林泉亦可比该积草池，此时初春已经来临。松烟吐翠，樱柳发芽。遥望山岭，倍感高耸入暗云。放眼池塘，可见藻乱鱼惊跃。舞女翻袖，移步水花四溅之泉边，侧耳倾听，可闻泉鸣松竹声响，相映成趣。

需要仔细斟酌的是，该如何从整体结构上把握樱花在这两首汉诗中的美学因素或象征符号。采女比良夫作品的"花红山樱春"象征着新春宴会主办者天皇的绝对权威。长屋王作品的"樱柳分含春"象征着新年宴会主办者、皇亲"左大臣"的私邸佐保楼的美和权势。神龟元年（724）二月，首皇子（圣武天皇）即位大礼时长屋王被任命为"左大臣"。5年后的神龟六年二月，猜忌心极重的天皇派遣"六卫府"[①]士兵包围佐保楼，长屋王自尽。想来创作此五言诗时长屋王到达权力和荣耀的巅峰。实际上，我们在采女比良夫参加的宫中宴会宴席上可以看到满开的樱花，在长屋王的佐保楼举办的酒会宴席上也可以看到樱花的花枝，但如果我们思考两位诗人特意吟咏樱花的动机，就不会得出以下简单的结论：因为在事实经验的世界中偶然有樱花，所以他们才会吟咏

---

① "六卫府"，指平安时代初期及之后设立的"左右近卫府、左右卫门府、左右兵卫府"六个"卫府"。811 年（弘仁二年）以前有"卫门、左右卫士、左右兵卫、中卫府"此六府。也叫"六府、六卫、诸卫"。——译注

出这两首引人注目的讽咏诗。就此柿村重松《上代日本汉文学》解释："《文选》中有沈约《早发定山诗》'野棠未开落。山樱发欲然'这样的句子。不用说在文字上有本于中国。……虽说自古以来我国民已然嗜酒作乐，但作为诗文咏材可谓直接接受自中国文学。由此这种做法迎合了国民的嗜好，在柳樱夹杂的华美深巷，在山明水秀的神仙故乡，模仿唐风，举杯探韵成为当时朝绅的最高的享受。"① 也就是说，一边欣赏怒放的樱花，一边饮酒作乐这种文化行为并非日本民族独创，而全部都是模仿唐风的产物。这种行为并不可耻。七八世纪的日本知识分子通过全面模仿、吸收、消化中国诗文和中国习俗，才开始在没有任何可称之为文化的日本列岛独立走上创造和再生产文化的道路。在这个意义上可谓樱花的发现对上古日本人而言是一种"文化的发现"。

柿村认为成为采女比良夫诗和长屋王诗的范本是沈约（沈休文）的《早发定山》诗：

> 夙龄爱远壑。晚莅见奇山。标峰彩虹外。置岭白云间。倾壁忽斜竖。绝顶复孤圆。归海流漫漫。出浦水浅浅。野棠开未落。山樱发欲然。忘归属兰杜。怀禄寄芳荃。眷言采三秀。徘徊望九仙。

"野棠开未落。山樱发欲然"这句，用现代日语解释就是野海棠花怒放，而山樱花才开三分。沈约这首诗的主题是宣扬老庄思想和山水隐遁思想，可归入"行旅诗"或"山水诗"，它并非创作于酒宴。然而，模仿此诗并使其改头换面、试图努力掌握先进国文化的日本律令官人贵族，首先学的是诗的修辞（表现法），接着学的是诗的内容（题材选择法），最后才咏唱出"花红山樱春"和"樱柳分含新"。很多学者低估了《怀风藻》的文学价值，但我却惊叹于没有任何文化根底的七八世纪日本人作为自己的学习成果居然能写出如此的"古代诗歌"。

于是日本第一次发现了樱花是"贵族之花"或"都市之花"。我们虽然无法断言它就是中国之花，但至少可以认为它是"模仿唐风之花"。对此可以举出许多证据。

敕撰三大汉诗集最早的一部是《凌云集》（成书于 814 年左右），

---

① 柿村重松：《上代日本汉文学》第二篇 上代后期 第十七章 诗文的概评。——原夹注

其开篇有平城天皇（774—824）所作的两首汉诗，分别是《咏桃花》和《赋樱花》。樱花以此初次登上平安时代文学舞台。平城天皇的绰号是"奈良之帝"，讨厌其父桓武天皇定都平安京，一直对奈良怀念不已。或许是因为奈良的周边种植了很多樱花，所以才对奈良如此留恋。这位平城天皇咏樱的诗作是：

赋樱花

　　昔在幽岩下。光华照四方。忽逢攀折客。含笑互三阳。送气时多少。乘阴复短长。如何此一物。擅美九春场。

　　这首诗的樱花百分之百地象征着"神仙思想"。换言之，樱花是"乌托邦"的象征。樱花是"模仿唐风之花"，至此益发明确。

　　人们屡屡评说平安王朝文化是"女性文化"或"国风文化"。但若因此说它这也不是、那也不是"男性文化"和"唐风文化"就大错特错了。王朝社会的核心依然明显存在以中国诗文和中国法制为范本的文化意识。文学和樱花的关系也不可能不取范于《白氏文集》的"小园新种红樱书，闲绕花行便当游"和"早梅结青实，残樱落红珠"等。

　　《古今和歌集》中有一首著名的和歌：

　　青柳纺丝樱花开，京城三月春似锦。① （卷第一 春歌上，56）素性法师

　　可以说这首歌吟咏的是平安都城大路的实景，但我们不能忽视，在中国民间习俗中早就存在着将樱花和柳树并列，视其为一阳来复的象征的思维方式，后来它传入日本。李商隐《无题诗》有"何处哀筝随急管，樱花永巷垂杨岸"句，郭翼《阳春曲》也有"柳色青堪把，樱花雪未干"句。但这里的樱花，与其说是日本樱花，毋宁说是樱桃花。王朝歌人能否做此区别令人怀疑，第一个理由是没有区分的必要。对于王朝知识分子而言，需要的是按照中国的史实和法令进行统治，模仿中国的诗文和习俗对文学艺术进行再创造。素性法师咏唱"青柳纺丝樱花

---

　　① 原歌是"みわたせば柳櫻をこきまぜて都みやこぞ春の錦なりける"。——译注

开，京城三月春似锦"时，只是吐露了一种确信，即这里有真正的文化，有一个理想国，还有一种荣耀。如此说来，樱花明显就是"贵族之花"和"都市之花"。

《枕草子》（成书于 995 年左右）中有一段记述，它是一个著名的插花例证："清凉殿东北角北面屏风上画有波涛汹涌的大海，并有狰狞可怖的生物，如长臂国和长脚国的人形。打开弘徽殿的房门便能看到这屏风。女官们常是且憎且笑。勾栏旁有一个大青瓷瓶，上面插着许多开满樱花的枝条，有五尺多长，花朵一直延伸到勾栏外边。中午大纳言来，他穿着略为柔软的樱色袍衣，下身是浓紫色束脚裙裤，着白内衣，上面露出红绫华美边。适值天皇在屋里，大纳言便在门前铺着窄地板的走廊边坐下说话。"（第 23 段落，《清凉殿丑寅角的景物》）过去的花道研究者仅满足于追溯到插花和瓶花的年代即可，但我们却必须进一步研究樱花所象征的形而上学的意义。我们不能忽视清少纳言的这个记述将目光集中在被"御堂关白家"（藤原道长）夺去主导权的"中关白家"（藤原伊周）的衰弱上面，以及字里行间流露出的对已逝去的黄金时代的追慕。也就是说，"勾栏旁有一个大青瓷瓶，上面插着许多开满樱花的枝条，有五尺多长"正是对不可再度返回的"理想国"的赞歌。既然日本固有民族宗教中乌托邦的因素很少，那么这种思想只能是向中国的神仙思想学习的产物。即使其中也有佛教净土思想的影响因子，但那思想也是从中国传入的。这里与其说樱花是"贵族之花"，毋宁直率地说它是"宫廷之花"。

在武士阶级崭露头角、地方农民不断扩大生产力的平安时代末期到中世，原为"贵族之花""都市之花"的樱花才逐渐改变，开始具备了"庶民之花"的性质。也就是说。赏樱行为从公卿普及到武士，从都城普及到地方。期间还出现了"樱町中纳言"藤原成范（就此人《平家物语》说明："风雅出众，常思慕吉野山，于宅邸中遍植樱树，于樱树间建筑房屋，每至春天皆自称樱町"）和西行法师那种"樱花疯子"。巡游各地的"吉野修验者"还在日本的圣地灵场遍植樱树，致力于樱树的普及。

然而人人赏樱还是进入江户时代之后的事情。元禄十六年（1703）刊行的俗谣集《松叶》有一首名为《樱花种种》的长歌；江户时代中期的歌舞伎上演了《京鹿子娘道成寺》和《助六所缘江户樱》等剧目，樱花真正获得了"民众之花"的地位，江户时代的町人在上野、浅草等地皆可赏樱。

最后要交代一句，有关樱花的谚语之一是"花为樱花，人为武士"。它出自江户时代中期的歌舞伎《假名手本忠臣藏》，但现在已脍炙人口。它的意思是樱花自为花魁，武士乃四民之首，只不过是对近世封建社会体制的消极肯定和辩护。可是借由这个谚语，将像樱花那样果敢飘落的属性和武士道联系起来这种牵强附会的逻辑却在昭和十年（1935）左右开始流行，被军国主义者所利用。这本来就是谬论。樱花和大和心（大和魂）的关系也是如此，都是军国主义者捏造出来的不经之谈。

就本居宣长的著名和歌"若问大和心何物，映红朝日山樱花"①，其门人兼养子本居大平在回答伴信友的书简中这样写道：

　　汝谓："映红朝日山樱花"歌大凡皆曰乃可赞之和歌，请告其本意如何。吾答：先生说过仅美丽洁净而已。

也就是说，宣长此歌的本意是，看到樱花发出"啊！真美"的感叹，不唠唠叨叨地说这理由说那理由就是真正的日本精神。宣长出身市民阶级，先天就秉承不为物质所困的合理主义思维方式。他在《紫文要领》中甚至说，如弱女子般爱哭的性格就是"大和魂"的特质。其中带有近世庶民的自由感性。最终樱花又变为"庶民之花"或"女性之花"。

的确，进入近世社会后流行于民众之间的赏樱习惯和观赏态度已取代了律令官僚贵族和平安王朝知识分子所拥有的中国"乌托邦思想"元素等。真正意义的"日式产物"是指居住在这狭长的日本列岛的民众付出漫长的时间一点一点地创造出来的文化要素。不是因为它古老就能称之为"日本的"，而是因为大家的才能说是"日本的"。现在我们无论走到哪里樱花都被认为是"日本的花"，我们全体日本人的花。

---

① 原歌是"敷島の大和心を人問はば、朝日に匂ふ山桜花"。——译注

五　桃

桃原产于中国，于古代传入日本，自白井光太郎《植物传入考》就此明确考证后现已无人提出异议。事实也的确如此。现在的问题是，桃树何时传入日本？日本列岛自生的山桃和外来桃之间有何关系？就后一个问题牧野富太郎《新植物图鉴》做以下说明："日本将圆的、中间有硬核的植物称作桃。与今日仅将山桃称作桃相对，有人将大陆传入并取代山桃的植物称作桃。这种说法最为妥当。"① 就前一个问题，前川文夫《日本人与植物》给出了权威性的解答。前川对《古事记》"黄泉比良坂"条"取其坂下三个桃子，待击后悉数逃返"的记载解释："桃子在经过无数次改良之前也是很好吃的水果，但鬼却不吃它这一点十分奇怪。这是因为在有了这个故事时桃树还未传入日本，人们还不知道桃的美味，因此也没有拿来供奉鬼神。这个看法是很久前武田久吉②先生说的，相当有趣。况且因有桃树庇护伊弉诺尊才得以逃脱，所以很显然桃树具有灵力。这说明该信仰或思维方式已经传入日本，但那时日本人还未见过桃子的实物。可以认为，访问黄泉国的故事形态完成于日本人知道桃的信仰但还未见过桃子实物这段相隔不长的时间内。"③ 据前川说，在《万叶集》中可以发现新桃和旧桃并存的痕迹，所以我们可以认为今天所说的桃大约在 8 世纪中叶到末期左右已传入日本。《万叶集》中有以下歌句：

> 人说桃树不结果，不可因此乱汝心。④（卷第七，1356）佚名

这是在咏唱山桃。"山桃是雌雄异株，所以对面山峰即使有一棵大

---

① 原文无注释。——译注

② 武田久吉（1883—1972），植物学家、登山家。英国外交官萨道义（Ernest Mason Satow，1843—1929）次子，出生于东京。就学于东京外语学校、伦敦大学、伯明翰大学。中学起就参加植物研究会和博物学同志会。1905 年创立日本山岳会，历任第六任日本山岳会会长、首任日本山岳协会会长。在攀登日本各地山峰的同时研究高山植物。著有《尾濑与鬼怒沼》《原色高山植物图鉴》等。——译注

③ 前川文夫：《日本人与植物》3 小正月的楮木棍和桃的信仰。——原夹注

④ 原歌是"向つ峯に立てるモモの樹成らめやと人ぞさざめきし汝が情ゆめ"。——译注

桃树，如是雄株也就不能结出果实。应该大伙儿不知道是雄株，但都知道它结不出果实。正因为如此，那帮家伙才都在窃窃私语，说我和你无法相恋就像那座山的山桃一样结不出果实。"①

月光照我毛桃树，心中欢愉正此时。②（卷第十，1889）佚名

这首歌"还残留着毛桃这种古老说法。它不久转换为咏唱单字的桃的和歌"③。总之，日本自古以来就有山桃，但后来在未见到外国桃果实的情况下传入了桃的信仰。再后来又传入一种果实上有毛的新种桃，最后在毛桃的普及过程中不知从何时开始毛桃的毛字被舍去，单用一个桃字来称呼。桃在日本扎根之前经历了这4个阶段。

《万叶集》中咏桃最有名也最优秀的和歌是大伴家持的以下作品：

天平胜宝二年三月一日之暮眺瞩春苑桃李花作二首

春苑娇颜色，灼灼桃花红。少女立树下，窈窕映和风。④（卷第十九，4139）

岂非吾园李，飞英满地馨。谁还轻雪洒，斑剥剩中庭。⑤（卷第十九，4140）

天平胜宝二年（750）家持33岁，迎来了他任"越中国国守"后的第5年，并希望尽早返回中央政府，踏上进一步荣升的仕途。"家持的才华终其一生都适于当政治家"⑥，但从前年开始宫廷的情况已朝着不利于他的方向发展。孝谦天皇即位之后，藤原仲麻吕的权力可谓炙手可热，对此家持只能郁郁寡欢。过去对"春苑娇颜色，灼灼桃花红"这首歌的解释都以日本国开满桃花为前提，并且根据此前提有各种评

---

① 前川文夫：《日本人与植物》3 小正月的楮木棍和桃的信仰。——原夹注
② 原歌是"吾がやどのケモモの下に月夜さし下心よしうたてこの頃"。——译注
③ 前川文夫：《日本人与植物》3 小正月的楮木棍和桃的信仰。——原夹注
④ 原歌是"春の苑紅にほふ桃の花下照る道に出で立つ少女"。——译注
⑤ 原歌是"わが園の李の花か庭に落るはだれのいまだ残りたるかも"。——译注
⑥ 北山茂夫：《大伴家持》第四章"越中国国守"的时代。——原夹注

论。比如：哎呀！其中确有一种写实的成分。哎呀！它以家持的妻子带有都市风情的姿容为构图方式。哎呀！它描绘出一个虚幻的美丽世界。等等。不用说这都是一些近代的解释，但植物学方面的事实是，当时刚传入的新品种的桃子尚未在日本列岛广泛普及。既然如此，我们就应该全部推翻过去的解释。《万叶集》中桃歌仅有 7 首（与梅的 118 首相比少得可怜！），对此我们也不能等闲视之。

当然我们不能断定大伴家持没有看过实物的桃花。在去"越中国"赴任之前，他很可能在京城附近看到过实际的桃花，并被告知"这就是真正的桃树哟"。然而我们能否简单地认为，他的任地——贫寒的"越中国"开放过新传入的桃树的灼灼红花？家持所作的"吾园李"歌在《万叶集》中仅此 1 首。如此看来最合理的解释就是，家持所作的桃歌和李歌都是通过文献学习中国汉诗文中大量出现的"桃李之赋"的产物。从家持在歌序中所写的"眺瞩春苑桃李花"的语调也可以清晰地看出他的中国文化意识。

在家持写下桃歌的第二年即天平胜宝三年（751）出现了我国最早的汉诗集《怀风藻》。它收录了大友皇子及 8 世纪前叶宫廷诗人的作品，其中包括 6 首咏桃的汉诗。当然这些作品都以中国汉诗文为范本，诗人也没有见过实际的桃花。

从三位中纳言兼催造宫长官安倍朝臣广庭。年七十四。
五言。春日侍宴。一首。

圣衿感淑气。高会启芳春。樽五齐浊盈。乐万国风陈。花舒桃苑香。草秀兰筵新。堤上飘丝柳。波中浮锦鳞。滥吹陪恩席。含毫愧才贫。

第五句及以下的"花舒桃苑香。草秀兰筵新。堤上飘丝柳。波中浮锦鳞"咏唱宫中的春宴仿佛现出地上仙境的景象。人们未见过桃花，它只不过是作为构成现世乐园（桃源）的象征之一。

位于平安时代初期三大敕撰汉诗集之首的《凌云集》（成书于 814 年左右）开篇有平城天皇（774—824）的桃诗：

太上天皇御制。二首

春花百种何为艳。灼灼桃花最可怜。气则严兮应制冠。味惟甘矣可求仙。一香同发薰朝吹。千笑共开映暮烟。愿以成蹊枝叶下。
终天长树玉阶边。

　　可以想象到这时桃树已广泛普及，至少在皇宫周边桃花已竞相开
放。因为在平安时代初期，宫廷沙龙日夜仿作中国诗文，从礼仪程序到
衣食住行都一味尊崇外来事物。

　　中国从远古时代开始就尊崇桃树为灵木，特别将其作为祓除邪气的
咒具。《诗经·周南篇》"桃之夭夭，灼灼其华。之子于归，宜其家室"
的诗句尊崇桃花蕴含的生命力，歌唱其招福纳祥的宗教意义。祓除的事
例还多见于《山海经》（公元前 250 年前后）和《淮南子》（公元前
133 年）及《风俗通义》（200 年前后）。《风俗通义》由后汉应劭所
撰，考证了当时的宗教礼仪，其中有谓："谨按：《黄帝书》：'上古之
时，有荼与郁垒昆弟二人，性能执鬼。度朔山上章桃树，下简阅百鬼，
无道理，妄为人祸害，荼与郁垒缚以苇索，执以食虎。'于是县官常以腊
除夕饰桃人，垂苇茭，画虎于门，皆追效于前事，冀以卫凶也。"极合
理地说明了驱鬼仪式与桃花的关系。新年开始农耕时正是举办驱逐旧年
妖鬼邪气仪式的时候。此时适逢桃花开放，所以在古代中国人的"原始
心理"中就形成了驱鬼和桃花的亲缘关系。《风俗通义》成书后 250 年
左右，南朝梁宗懔撰出《荆楚岁时记》，它确立了桃木具有祓除邪鬼的
灵力的观点，如"正月一日，长幼饮桃汤，各造桃板著户，谓之仙木"
"桃者五木之精，压伏邪气，制百鬼也""帖画鸡户上，悬苇索于其上，
插桃符其傍，百鬼畏之"等。陶渊明以上述桃信仰为前提，创作出优美
的散文《桃花源记》。

　　这种中国信仰传入日本后桃的实物才被引进日本。因为桃的信仰先
于桃的实物传入日本，所以日本神话和古代诗歌才会出现若干错误，一
如上文所说的那样。仅凭书本获取的知识就能创作出相当优秀的作品，
其中或许隐藏着日本文化的一种特征。

　　到平安时代后半期《延喜式》记载"摄津国桃花十两""内膳司供
奉杂菜桃子四升""典药寮中宫腊月御药桃仁三分"，由此可知全国各
地开始进贡桃花、桃子（果实）、桃仁等。这证明了桃树已在全国各地
广泛栽培。《荣华物语》卷二十一"后悔之大将"条记载："三月各地
皆有节会，多华美热闹。有人还折取西王国桃花却佯装不知，各处多见

好事者"，证明了当时的三月节会已和桃花发生联系。镰仓时代军事小说《源平盛衰记》（成书于 1248 年左右）卷八记载"三月桃花宴时桃花盛开"，从中我们可以知道曲水宴已难以和桃花分离。进入室町时代后，最古老的花道秘传书《仙传抄》明确记述"五节会花事：三月三日中插柳于尊心，配上桃花也。一色亦无妨"，桃花终于在"立花"中确立自己的地位。由此可见，桃花已从贵族即统治者之花变质为民众即被统治者之花。

然而，桃在根本上和日本民众的生活紧密相联是在江户时代之后的事情。喜好钻研的民众培育出许多新的品种，让花开得更美，果实更甜，最终桃成为完全日本化的花木。延宝九年（1681）刊行的《花坛纲目》有这些口头禅："南豆桃花，尖尖叶如柳/单瓣桃花，有白有红，中朵大朵/至上桃花，大朵花中红白两开/早桃花，色淡单瓣/垂枝桃花，有白有红花中朵/风车桃花，单瓣红，花中朵/蟠桃花，色淡中朵/季冬桃花，大朵"。正好当时江户、京都、大阪出现了人偶市场，偶人节庆贺女儿诞生的意义被固定下来，就此桃的"日本化"终于完成。

六　木瓜①

木瓜（Boke）的读音由中国的木瓜（Mokka）演变而来，古名 Moke 也出于同样的原因。日语的草木名称约有三分之一使用从中国传入的汉语，或由转读的汉语形成。总之都来源于中国，比如杏子、柑子等。木瓜也是其中一例，但它在《万叶集》及日本文学史上几乎不见其名。原因有二：一是在日本全国普及的时间较晚；二是传入日本的时间虽早，但其野趣横生的美感并不符合中古、中世日本人的审美情趣，所以被排除在文学题材之外。日本最早的博物学单行本——深根辅仁编撰的《本草和名》（成书于 918 年）记载"木瓜，实模查^{大而黄}，查子^涩木瓜一名楙^{音货出苏名药}和名毛介"，故它在小范围内作为药材栽培的盖然性极高。

---

① 此木瓜与 17 世纪传入我国的南美洲物种"番木瓜"不同，后者现在也常被简称为"木瓜"。此木瓜的学名叫楸梓，是落叶小乔木，幼枝有绒毛，叶卵形或长圆形，表面暗绿色，背面密被绒毛。花单生枝顶，白色或粉红色。果梨形，黄色，有香味。花粉红色，宛如朝霞，果黄色，具芳香。适于孤植院前庭后观赏。果可药用。——译注

《延喜式》和《江家次第》都记载"木瓜三束",意思是用于制作卯杖①献给天皇等的贡品。

那么,在故乡中国木瓜又处于什么位置?木瓜的果实可作为药材,用于治疗脚气、心脏病性脚气、神经痛、小儿痢疾、肾炎等。不仅如此,木瓜还作为文学题材出现在中国最早的诗集中。《诗经·卫风》(卷二《国风·卫》)的篇名有《木瓜》。和儒家在中国取得胜利一道,木瓜作为教化抒情诗的构成要素也永久地留在后人的记忆之中:

> 木瓜。美齐桓公。卫国有狄人之败。出处于漕。齐桓公救而封之。遗之车马器服焉。卫人思之。欲厚报之。而作是诗也。
> 投我以木瓜。报之以琼琚。匪报也。永以为好也。投我以木桃。报之以琼瑶。匪报也。永以为好也。投我以木李。报之以琼玖。匪报也。永以为好也。

读此《木瓜》篇的序文,可知这首《国风》(民俗歌谣)是卫国民众赞颂齐桓公的美德所作的诗文。《春秋左传》记载,卫国遭受外族入侵快灭亡时,齐桓公派出援军并运来粮草,故在某种程度上可以相信它写的是事实。但诗中反复吟唱的"你将木瓜、木桃、木李给我,我则回报你珍贵的宝玉。并非只是为了回报,而是表示我们永远是朋友"有难解之处,即它与齐桓公的义举有何必然联系?不过经冷静思考后可以做出判断:《诗经》编撰者将齐桓公的故事和"投我以木瓜"的诗句联系起来,其意图绝非牵强附会。汉代的伪书《孔丛子》有一段话:"孔子读诗自二《南》至于《小雅》,喟然叹曰:'吾于二《南》见周道之所成。于《柏舟》见匹夫执志之不易。于《淇奥》见学之可以为君子。于《考槃》见遁世之士而无闷于世。于《木瓜》见苞苴之礼行。'"所谓的"苞苴",其"苞"是馈赠水果时的包装物,其"苴"就是下面所垫的草。也就是说,古礼强调,在送人水果时要用芦苇或茅草认真包装。此《木瓜》篇三章,原本是说明古代宗教礼仪起源的故事中附带

---

① 卯杖,也叫"祝杖",正月上卯日驱除邪鬼的木杖。在宫中由"大学寮"或诸"卫府"献给天皇和皇后等。制法是将桃、梅、山茶、刺叶桂花等的枝干锯成5尺3寸长后绑成一束。神社和民间也曾相互赠送。——译注

使用的"谚语",但却被人强行抽离出来放入《诗经》之中。

"古代诗歌"大抵都是这一类的诗歌。提及诗歌的原义,谁都会在脑海中浮现《书经·舜典》的"诗言志,歌咏言,声依永,律和声"、《诗经·大序》的"诗者,志之所之也。在心为志,发言为诗"和《礼记·乐记篇》的"诗,言其志也;歌,咏其声也;舞,动其容也"等话语,但我们不能仅用抽象的观念方法,将"诗言志"的儒家公理理解成从心底自然涌出的情感等等。事实上只能认为诗歌是政治的工具(教化的工具)。即使是《诗经》,其主题和题材也全部局限在人际关系(也可称作生产关系)上,几乎没有一首是直接咏唱大自然和草木的作品。即使上述的诗歌以木瓜为题材,但作为古代诗歌,它最终也只是在表达教化的意义。

随着时代的发展,日本最早咏唱木瓜的俳句,与前引的诗歌已大异其趣。

项羽乌骓马,佐佐木名驹"生食",还看木瓜花。① (《鹊尾冠》山口素堂)

送走衣绸人,还看木瓜花。② (《住吉物语》许六)

膝上编线十八将,还看木瓜紫罗兰。③ (《里富士纪行》蝶梦)

巡礼之子烦,还看木瓜花。④ (《萍窗集》樗堂)

近世的俳谐作者虽然都学过中国古代诗歌,但在创作时却嘲笑教化诗,探索出自身独有的诗歌意境。从流传下来的文章可以看出,素堂⑤、许六⑥等俳人是当时最高水平的知识分子。因此很容易想象他们

---

① 原俳句为"項羽が雛佐々木が生喰の木瓜の花"。——译注
② 原俳句为"紬着る人見送るや木瓜の花"。——译注
③ 原俳句为"膝くみし十八将よ木瓜すみれ"。——译注
④ 原俳句为"巡礼の子や煩ひて木瓜の花"。——译注
⑤ 即山口素堂(1642—1716),江户时代中期的俳人。广泛学习儒学、书法、和歌、茶道、能乐等,来到江户后与芭蕉结下亲密的友谊,对"蕉风"的形成产生了许多影响,被称为"葛饰(俳)风"之祖。——译注
⑥ 即森川许六(1656—1715),江户时代中期的俳人。"蕉门十哲"之一,彦根藩藩士。精于画技,编撰有《韵塞》《篇突》《本朝文选》《风俗文选》《历代滑稽传》等。——译注

对前引的《诗经·木瓜篇》应该十分熟悉。但即使如此，他们无论阅读几遍"投我以木瓜"诗也根本无法参悟其意。至少他们知道了先人说明的儒家教化诗的意思也不觉得有趣。俳谐知识分子要做的就是通过亲手逆转或颠倒传统因袭的事物意义和象征意义，创造出与被认为（确切地说是被灌输）是原有的事物无关的全新的意义和意象。这就是"仿制"或"戏仿"。素堂的俳句，通过首句的 5 个字"项羽乌骓马"提示《史记·项羽传》的"时不利兮骓不逝，骓不逝兮可奈何"，让读者联想到项羽被沛公（汉高祖）包围走投无路的情景。又通过中句的 7 个字"佐佐木名驹'生食'"，提示《平家物语》"宇治川之事"的那段故事："近江国人佐佐木四郎（高纲）前来辞行，并提出要那匹名驹'生食'。源赖朝不知他想干什么，故说：'想要的人很多，但你要牢记自己的使命'，之后将'生食'赐给佐佐木。佐佐木受宠若惊：'我将骑此马身先士卒渡过宇治川。您若得知我在宇治川阵亡，那就是被别人抢了头功。若得知我还侥幸活了下来，那一定是我高纲打了头阵。'说罢就退了出来。在场的那些大小将校纷纷议论：'说这话为时尚早吧！'"读者可以想象，佐佐木高纲在主君面前大夸其口后已陷入进退维谷的精神状态。这两个故事一个表现了武将在穷途末路时的悲壮心理，一个表现了敏锐地感受到武将悲壮心理的名驹的举动，都充分发挥了提升意象的道具作用。那么，通过后句 5 字读者一定会紧张地期待作者素堂究竟要表达什么。结果却有期待落空的感觉，原来是简单的季语"木瓜花"再加"还看"二字。这时会不由地说一句"哇，居然是这样的"，并产生了既说不上是期待落空也说不上是放下心来的冷笑心情。当然，这里的"木瓜"也可以解释为它以《诗经·木瓜篇》"投我以木瓜"为原型，但应该认为，这里素堂通过亮出视觉经验世界中存在的鲜红的木瓜花，第一次糅合了木瓜花拥有的生硬而鲜明的形象与被汉日历史故事触发的英雄形象，颠覆了先人因袭和服从权威而传递下来的象征精神。

后来出版了贝原益轩的《大和本草》和新井白石①的《东雅》等。

---

①　新井白石（1657—1725），江户时代的政治家、诗人、儒学家，对朱子学、历史学、地理学、语言学、文学等皆造诣颇深。著有《藩翰谱》《东雅读史余论》《古史通》《东雅》等。新井白石还通过审讯潜入日本的意大利传教士，初步了解了西方世界，先后写出《采览异言》《西洋记闻》。它们是日本传播洋学的先驱性著作，认为应该吸收西方的科学技术，将其与天主教分开。一般认为，日本西学始于新井白石。——译注

虽然当时的日本学者都处在明朝本草学的影响之下，但在近世知识分子的"自然观"里还是萌发出某种程度的科学态度。相对于汉学家和文学家总是固守传统，一味拘泥于出典和家学权威，本草学者和博物学者已开始将目光投向经验科学的世界。近世俳人的佼佼者自然会敏感地迎合这种新潮流。单从木瓜之花来看也能清楚地发现这种痕迹。

七　竹

我们很容易认为竹子和日本人的生活产生勾连始于远古时代，但实际上竹子融入日本列岛，形成独特的风景和意趣是距今不久的年代才有的事情。京都郊外山崎寂照院出产的名竹孟宗竹，是在近世由萨摩岛津氏经由琉球从中国引进并分植的。据记述鹿儿岛岛津氏别墅矶邸竹林由来的碑文《仙严别馆江南竹记》可知，除山崎的孟宗竹外，江户郊外目黑山王山的孟宗竹也分植于岛津氏引进的江南竹[1]。[2] 日本的江南竹大抵是从中国的安徽、江苏、福建一带引进移植的。中国菜的冷盘、热盘、大汤、小汤的菜谱有三分之一以笋为主材。中世到近世初期是日本积极学习中国的烹饪法和糕点制法的时期，从这时开始日本引进了中国的竹子。近世之后，日本人在全国扩大了竹子栽培面积，农民开始挖笋和采伐竹林。

然而，竹子很早就在日本文学古典作品舞台登场了。《古事记》上卷"黄泉国"条说，伊邪那美命（伊弉冉尊）让予母都志许卖追捕伊邪那岐命（伊弉诺尊）时，伊邪那岐命"复折……梳之一齿投弃，地乃生笋"。笋的意思是"竹芽菜"，即竹笋。因投梳于地成竹，故该梳乃竹制而成。又因其为多齿梳，故并非单纯的美容器具，而是驱鬼辟邪的咒具。我们不能认为当时的竹梳是日常用品。在"记纪"时代，这种竹制咒具是否谁都可以轻易拥有？对此我们应该抱以质疑精神进行深入的探讨。

《万叶集》中也有竹子用作咒具和祭器的歌例：

---

① 江南竹即毛竹，别称"楠竹、孟宗竹、茅竹、猫头竹、狸头竹"等。——译注
② 泽村幸夫：《支那草木虫鱼记》江南竹与南京冬笋。——原夹注

大伴坂上郎女 祭神歌一首

天降神灵杨桐枝，张挂白香与币帛。酒瓮深埋在地下，高悬长长玉竹串。如鹿伏地披女衫，我心虔诚频祈祷，可否与汝再相逢？①

（卷第三，379）

歌中的"玉竹串"是指将竹子切成短短的一节一节，再用细绳串连起来的祭品，或指竹篮之类的物品。但不管是哪一种，人们都相信神灵寄居其中。因此竹子在当时必定是相当贵重的东西。因为被选作祭器或供奉的物品，对部落共同体来说一定是最贵重的物品。如果它随手可得，就不能实现被赋予的功能。在万叶时代，既然竹子是如此珍贵的物品，那么能够拥有竹子的人就不可避免地仅限于极少数的特权阶级。

《万叶集》中有关竹子的长歌、短歌共17首，但其中单纯将竹子当作植物来吟咏的和歌仅4首，其余的13首并非直接咏唱竹子，而是或用作比喻，或用作"枕词"②，或说明用竹身制成的器具。下面我们将这13首和歌进行分类可分为3种：（1）用作隐身比喻的歌例："妾乃隐身竹叶中，汝不来此何恋汝？"③（卷第十一，2773）用作离开比喻的歌例："竹林飒飒风作响，阿妹叹息飘何方？"④（卷第十四，3474）共2首。（2）作为皇子、大宫人、舍人、壮士的"枕词"，意为"繁荣长寿"的有7首；作为女子（婀娜多姿的女性）的"枕词"，意为"婀娜柔韧"的有1首，作为"枕词"的用例共8首。（3）作为咒具和祭器使用的"竹玉""竹珠"的用例有3首。很显然它们都不把竹子作为自然界的一部分来咏唱。进一步我们就"繁荣长寿"的竹意象的歌例进行分析，发现它们全都象征律令宫廷社会相关人物的"荣光"地位。"婀娜柔韧"的竹意象在有"吉备津采女死时柿本朝臣人麻吕所作之歌"（卷第二，217）序文的长歌中也可见到，它也与律令宫廷社会有密切联系。另外，"竹玉""竹珠"的用例除在前引大伴坂上郎女的和

---

① 原歌是"ひさかたの 天の原より 生れ来る 神の命 奥山の 賢木の枝に 白香付け 木綿取り付けて 斎ひ掘り据ゑ 竹玉を 繁に貫き垂れ 鹿猪じもの 膝折り伏して 手弱女の おすひ取り懸けかくだにも あれは祈ひなむ 君に逢はじかも"。——译注

② "枕词"，在"和歌"中冠在某词上，用以修饰该词或调整语调的词。——译注

③ 原歌是"さす竹の 葉隠れてあれわが夫子が吾許し来ずは吾恋ひめやも"。——译注

④ 原歌是"殖竹の本さへ響みいでて去なば何方向きてか妹が嘆かむ"。——译注

歌可见之外，还见于有"天平五年癸酉遣唐使船离难波入海时母亲赠子歌"序文的长歌（卷第九，1790）和含有著名语言游戏成分"根毛一伏三向凝吕尔"①的长歌（卷第十三，3284）当中。它证明了使用竹子进行祭祀的方法只有在当时统治阶级知识分子构成的特殊社会中才具有效力。

倘若我们从结构和整体的观点来看此问题就会发现，《万叶集》所吟咏的竹子仅仅是宫廷、皇亲、贵族和律令社会知识分子共有和知晓的所谓的秘藏咏材。吟唱竹子的短歌不过是律令文人贵族产出的讽咏歌。

> 梅花飘散我珍惜，园中竹林莺正鸣。②（卷第五，824）小监阿氏奥岛

> 砍竹铺叶大我野，大和闻说宿旅途。③（卷第九，1677）佚名

> 庭园竹林莺啼鸣，大雪纷纷下不停。④（卷第十九，4286）大伴家持

> 风吹庭竹飒飒响，声音清幽暮色中。⑤（卷第十九，4291）大伴家持

我们无法断言《古事记》《日本书纪》《万叶集》中江南竹的用例和出现频度很少，但也不能立即以此证明江南竹与日本古代人的生活关系密切。不仅如此，当柿本人麻吕、田边福麻吕和大伴家持等在想象和描绘江南竹（不论是竹子本身，还是竹子的象征）时心中还有特别的想法和领会。当然日本也有与江南竹非常相似的细竹和矮竹，《万叶集》也曾歌咏过这种竹子（尤为著名的是柿本人麻吕的"漫山细竹飒

---

① "根毛一伏三向凝吕尔"，万叶假名，意通"ネモコロゴロニ"，即"真心"之意。——译注
② 原歌是"梅の花散らまく惜しみ我が園の竹の林に鴬鳴くも"。——译注
③ 原歌是"大和には聞こえゆかぬか大我野の竹葉刈り敷き庵せりとは"。——译注
④ 原歌是"御苑生の竹の林に鴬はしき鳴きにしを雪は降りつつ"。——译注
⑤ 原歌是"わが屋戸のいささ群竹吹く風の音のかそけきこの夕べかも"。——译注

飒响，我思阿妹一路回")①（卷第二，133）。正因为如此，他们一定能够明确区别江南竹和细竹。

正如歌词"竹一般的皇子"和"竹一般的大宫人"所代表的那样，江南竹在七八世纪曾作为律令宫廷社会的象征而受到尊崇。从这种文化意识的层面也可以看出它是努力模仿、学习中国诗文和中国宗教习俗的成果。律令文人贵族作为后进国的政治领导曾经非常努力学习，试图尽早掌握先进国中国的文化。

其典型的诗例亦体现在《怀风藻》中：

释智藏。二首。
五言。玩花莺。一首。

桑门寡言晤。策杖事迎逢。以此芳春节。忽值竹林风。求友莺嫣树。含香花笑丛。虽喜遨游志。还愧乏雕虫。

五言。秋日言志。一首。

欲知得性所。来寻仁智情。气爽山川丽。风高物候芳。燕巢辞夏色。雁渚听秋声。因兹竹林友。荣辱莫相惊。

从四位上治部卿境部王。二首。年二十五。
五言。宴长王宅。一首。

新年寒气尽。上月淑光轻。送雪梅花笑。含霞竹叶清。歌是飞尘曲。弦即激流声。欲知今日赏。咸有不归情。

从五位下大学助背奈王行文。二首。年六十二。
五言。上巳禊饮。应诏。一首。

皇慈被万国。帝道沾群生。竹叶禊庭满。桃花曲浦轻。云浮天里丽。树茂苑中荣。自顾试庸短。何能继睿情。

释智藏俗姓禾田氏，生存于天智天皇到持统天皇治世期间，近江时

---

① 原歌是"笹の葉は み山もさやに さやげども 我れは妹思ふ 別れ来ぬれば"。——译注

代曾前往大唐留学，持统年代归国，将"三藏"① 传入日本，成为僧正，73 岁去世。他带回的唐代文化对日本律令宫廷社会产生了巨大影响。五言诗《玩花莺》的大意是，自己身处佛门，因缺少与人面对面交流的机会，故日常工作就是持杖出行。值此馥郁芳香的春季，行走时恰逢风吹竹林。林间黄莺娇声鸣叫呼朋唤友，草木青翠梅香袭人。自身虽有游历山河的壮志，但因缺乏赋诗作文的才华，故徒有惭愧之意。五言诗《秋日言志》的大意是，我想访求符合自身性情的居所，故来此寻找山川的风情。这里空气清新，山川秀美，秋风送爽，物候芬芳。此时燕辞巢空，已无夏季景色，大雁南飞，徒闻水边寂寞秋声。我有友人如竹林七贤，故知大自然之变迁，丝毫不在意宠辱加身。这两首诗都嵌入《诗经》《论语》《老子》《扬子法言》《文选》等的名言警句，可谓时髦诗篇。

下面要讨论的是前诗中的"忽值竹林风"和后诗中的"因兹竹林友"。论者因立场不同，有人将竹林理解为竹林精舍（位于迦兰陀长者竹林中的精舍），说作者欲投身佛门。但因为这些诗在整体上都以汉魏六朝诗文为基础和范本，故从所接受的浓厚影响推论，前后诗的"竹林风"和"竹林友"应该都指竹林七贤。中国的隐遁思想受到老庄思想的启发，最终转变为隐入山林的实际行为。虽说是一种热爱山水的思想，但它并非因为热爱山水之美才投入山水之间。释智藏在咏唱"虽喜遨游志"或"来寻仁智情。气爽山川丽"时也并非以欣赏大自然为目的而投身山水的。因为是模仿六朝诗作出他的山水诗，所以释智藏在吟咏含有六朝文学关键词的"竹林"诗时就是为了贴近六朝诗。这种解释才比较可信。而将"竹林风"和"竹林友"解释为沙门（佛门），只不过是天武、持统时代官制佛教以镇护国家为目的的说辞，具有片面性。

境部王是天武天皇的皇孙，穗积皇子之子，有时也写作坂合部王。养老元年（717）叙从四品下，养老五年（721）任"治部卿"，25 岁时去世。《万叶集》录有他的 1 首中国意趣毕露的和歌："骑虎越古屋，

---

① "三藏"，又称"三法藏"。"藏"，梵语 Tipitaka，意思是"容器、谷仓、笼"等。后指印度佛教三种圣典：《经藏》《律藏》《论藏》。"经"，总说根本教义；"律"，记述戒规威仪；"论"，阐明经义。——译注

捕龙赴青渊，能有此大刀。"①（卷第十六，3833）五言诗《宴长王宅》
是文人贵族聚在长屋王府邸佐保楼举办新年集会时的即席之作。我们特
别要关注的是"送雪梅花笑。含霞竹叶清"这个对句。这里的"竹叶"
当然是以《文选》张景阳《七命》第七段中的"竹叶"（酒名）为范
本，暗指酒的意思。然而"竹叶"也暗含宫廷人士所做的祓禊这个宗
教礼仪的意思，如《晋书·胡贵嫔传》的"宫人乃取竹叶插之，以盐
汁撒地而引帝车"。但不论选择哪种解释，"竹叶"都用于象征只有特
权阶级才能享受的高贵文化。不仅如此，它还和"梅花"相呼应，二
者配合共同表达了对大洋彼岸的先进国家中国光辉灿烂文化的尊崇和
憧憬。

背奈行文②，其父为归化人背奈福德（居于武藏国高丽郡）。养老
五年（721）行文任"明经道第二博士"，神龟四年（727）官叙从五品
下。《万叶集》录有他的 1 首讽刺短歌："一如奈良柏嫩叶，左右皆为
奸恶人。"③（卷第十六，3836）在五言诗《上巳禊饮》中行文咏唱：三
月三曲水宴时随侍天皇。天皇仁慈如此，但自己却无法作出优美的诗歌
来报答皇恩。其中也有"竹叶禊庭满。桃花曲浦轻"的对句，也以配
对的形式咏出曲水宴不可或缺的"竹叶"和"桃花"。

从前引《怀风藻》的诗例我们更加明白，竹子对构成律令宫廷社会
的统治阶级而言正是一种表征文化或文明的重要象征。因此，当时拥有
竹子，在诗歌中咏竹，就是追求时髦、享有中国文化的证据，也是接触
代表王道意识形态的中国政治思想的行为。认为日本古代人站在纯粹的
自然观照立场看竹咏竹是一种偏见。

我们还可以从其他角度证明，对律令贵族文人而言，提及竹子就会
想到"中国文化"。让我们再次把目光投向《万叶集》：

> 昔有老翁。号曰竹取翁也。此翁季春之月登丘远望。忽值煮羹
> 之九个女子也。百娇无俦。花容无匹。

---

① 原歌是"虎に乗り古屋を越えて青淵に蛟龍捕り来む剣太刀もが"。——译注
② 背奈行文，生卒年不详，奈良时代的贵族及歌人，是高句丽归化人背奈福德之子，官
至"从五品下大学助"。——译注
③ 原歌是"奈良山の、児の手柏の両面にかにもかくにも佞人の徒"。——译注

于时娘子等呼老翁嗤曰：叔父来乎。吹此烛火也。于是翁曰：
唯唯。渐移徐行。著接座上良久娘子等皆共含笑。相推让曰：阿谁
呼此翁哉？尔乃竹取翁谢之曰：非虑之外。偶逢神仙。迷惑之心。
无敢所禁。近狎之罪。希赎以歌。即作长歌一首并短歌：

赤子时有好襁褓，婴儿时著木棉衫，垂髫童年着扎染，与汝同
龄可梳发。（中略）立秋来到山脚下，白云飘来亲近我。归来接近
京城路，宫女舍人频回眸，猜是谁家美公子。如此盛装一路回，往
日辉煌多可爱，如今汝等不忍看。古代圣贤后世鉴，送老车子拿回
来，拿回来。①（卷第十六，3791）

反歌二首

死当无法再见汝，活时君亦生白发。②（卷第十六，3792）

汝生白发亦如我，当被后生更咒骂。③（卷第十六，3793）

这个"竹取翁"故事及下面的长歌说老翁三月登上山丘遇到仙女，回
想起自己美好的青春，最后让人丢弃到山上。显然这个长歌以《游仙窟》
为题材。汉文歌序还有"百娇无俦。花容无匹"的对句等，它们脱胎于
《游仙窟》描写女人姿容的"花容婀娜，天上无俦，玉体逶迤，人间少匹。
辉辉面子，荏苒畏弹穿，细细腰支，参差毅勒断。……千娇百媚，造次无
可比方弱体轻身，谈之不能备尽"。正如契冲指出的那样，结尾部分的"古
代圣贤"云云取范于《孝子传·原谷孝敬》。这首"竹取翁"长歌若不是
有汉文素养的人绝对写不出来。我们只能判断该作者一定是律令贵族文人

---

① 原歌是"みどり子の 若子が身には たらちし 母に抱かえ ひむつきの 稚児のの身に
は 木綿肩衣 純裏に縫ひ着 頚つきの 童髪には 結ひはたの 袖つけ衣 着し我れを 丹よれる 子
らがよちには 蜷の腸 か黒し髪を真櫛持ち（中略）秋さりて 山辺を行けば なつかしと 我れ
を思へか 天雲も 行きたなびく かへり立ち 道を来れば うちひさす 宮女 さす竹の 舍人壮士も
忍ぶらひ かへらひ見つつ 誰が子ぞとや 思はえてある かくぞ爲来し いにしへの 賢しき人も
後の世の 鑑にせむと 老人を 送りし車 持ち帰り来し 持ち帰り来し"。最后一句歌意在日本至
今不明。——译注
② 原歌是"死なばこそ相見ずあらめ生きてあらば白髪子らに生ひずあらめや
も"。——译注
③ 原歌是"白髪し子らに生ひなばかくのごと若けむ子らに罵らえかねめや"。——译
注

中的一员。并且该作者将窥见"仙境"的老翁"号曰竹取翁也"。通过这个例文我们也能明显看出竹子包孕的思想和文学意义。

同样以"竹取翁"为主人公，但平安时代的作品《竹取物语》的许多要素未必就一定受到中国文学的影响。从故事梗概看，它与前引的《万叶集》故事完全不同。

> 从今日看乃往昔之事。有一伐竹翁每日都到山上砍竹用于制作竹器，名字叫"赞岐造"。一天他发现有一根竹子的根部闪闪发光。走近一看，原来是某个竹筒内部在放光。剖开竹筒一看，有一个三寸高的可爱小女孩坐在里面。老翁说"她待在我每天都看到的竹筒内部，看来是想做我的女儿"。说后就把她捧在手上带回家，并让自己的老伴抚养。那女孩可爱无比，而且很小，所以老伴把她放在笼中喂养。

关于《竹取物语》的起源和传承路径，三品彰英①《日本朝鲜神话传说的研究》认为："过去有人指出竹取物语的原型出自《后汉书》和佛典等，但是我觉得与其更相似的是新罗的伐竹故事。"这个说法并无错误。进一步，三品彰英还说，若探索"神仙、竹子及有关竹子神秘性等的习俗"就可以发现，其中也包含了中国的"竹林"思想，竹子起到神灵从天而降的凭依作用。这种推论我们也可以充分首肯。事实上，美女出现在竹筒（"竹串"也来自竹筒）中的母题，广泛分布在中国江南地区到福建省一带、中国台湾、菲律宾、婆罗洲等地的创造神话当中，它们都属于相同的一种类型。总之，这个神话的最初意义就在于说明伐竹翁是将寄靠的神灵招至竹笼中的神职人员。从竹子和竹林本身可以感受的神秘性就起源于"原始心性"，不过很早就迈入文明国度的中国从夏商周朝起就发展出自己的人文和理性。

---

①　三品彰英（1902—1971），历史学家、神话学家。毕业于京都帝国大学文学部史学科，历任日本旧海军学校教授、耶鲁大学客座教授、大谷大学教授、同志社大学教授、大阪市立博物馆馆长。引进民族学，特别是20世纪二三十年代的美国民族学成果，研究日本和朝鲜的古代学与比较神话学等，留下诸多功绩。三品彰英通过始祖传说即建国神话研究日本神话与日本周边国家、地区的神话传说的关系，成为日本的神话研究先驱性人物，获评甚高。著有《建国神话论考》《朝鲜史概说》《日本史》等。——译注

　　然而归根结底，撰出《竹取物语》这个故事的还是平安时代的贵族，喜闻乐见伐竹翁这个故事的也仅局限于王朝统治阶级成员。毕竟能够拥有珍贵竹子的人很少。在具有分门别类汇编性质的《枕草子》等中竹子的用例也少得令人不可思议。咏唱"竹叶"的和歌等在理念方面也以汉诗文为榜样，多以细竹这个词汇代替竹子。竹子只是处于宫廷社会领导地位的文人用于"模仿唐风"的因素之一。

　　《经国集》中有两首咏唱竹子的汉诗，均模仿《文选》和《艺文类聚》的作品：

五言。暇日闲居。一首。　　　良安世

　　暇日除烦想。春风读楚词。檐闲啼鸟换。门掩世人稀。初笋篁边出。游丝柳外飞。寥寥高枕卧。庭树落花时。

五言。竹树新栽。流水远引。即事有兴。把笔直疏。得寒字。应制。一首。_{太上天皇
在祚。}**　　野岑守**

　　竹树新成荫。春光始欲阑。杂花压栏暖。瀑水击梁寒。侍女开扉听。亲臣卷箔看。非经山河远。即坐得考槃。

　　上古和中古出现在日本文学的竹子一直具有被贵族文人垄断的性质。从平城宫遗址和平安宫遗址出土的竹水管等物品也可以看出竹子被贵族文人占有。至少我们可以认为它被日本古代都市（其自身本就是模仿唐代长安和洛阳的都市规划而建成的）统治机构所占有。

　　竹子普及到民众之中是中世末期或近世初期的事情。

八　藤

　　藤最早登上日本文学舞台见于《古事记》中卷"应神天皇"条的逸闻"秋山之下冰壮夫与春山霞壮夫"。这个逸闻本身就是一个非常精彩的剧本，但它在"应神记"所发挥的神话功能却暧昧不清，并且与前后的条目衔接不畅，所以自古以来就有各种各样的解释。再说其来源亦不明确，但从它与天之日矛传说有联系这一点看，我们可以推想它原是朝鲜古代神话的一个片段。

首先让我们阅读《古事记》记载：

> 此神女名伊豆志袁登卖神。众神皆欲得此伊豆志袁登卖为妻，然皆无法如愿。有二神，兄号秋山之下冰壮夫，弟名春山之霞壮夫。某日，兄谓弟："吾向伊豆志袁登卖求婚，然不可得。汝能够得此娘子乎？"答曰："易得。"兄曰："若汝得此娘子，我便脱去上下衣服，并用等身高之酒瓮酿酒，备齐山珍海错，为汝置办婚礼。"弟将兄所言具白其母，其母即取藤蔓，于一夜间缝织出衣裤鞋袜，并作弓矢后使弟穿上该衣裤等并佩上弓矢，前往娘子家。岂料衣服弓矢悉由藤花所做。春山之霞壮夫将弓矢系于娘子厕间，伊豆志袁登卖见此花颇觉奇异，欲拿进屋时霞壮夫立于娘子身后，待其走进屋内即与之共寝，乃生一子。

在与秋山精灵"兄弟相争"获胜的春山精灵，不用说就是与祈祷万物复苏的春季农耕礼仪有关的神职主角。古代农耕民就是通过这种方式故意做出一开始就决出胜者的"争斗"和"胜负"，来祈祷当年收成和幸福的。在此特别需要关注的是，原作汉文的"即其母取布迟葛而，^{布迟二字
取音}一宿之间，织缝衣裈及袜沓，亦作弓矢，令服其衣裈等，令取其弓矢，遣其娘子之家者，其衣服及弓矢，悉成藤花"这段记述。此文后半部分与伊豆志袁登卖的婚姻有关，是成人仪式中宗教礼仪的重要组成要素。现在要讨论的是其母（或部族内年长女性）使用的"布迟葛"（藤蔓）。藤蔓是什么植物？它在冬天呈枯死状态，如同矿石般干巴巴的，但一阳来复，沐浴春日的光照后即萌发出健壮的新芽，继而伸展出闪亮的嫩叶，再而倾注全部力量吐出花苞，不久即垂下美丽的花房，最终将芳香洒满大地。古人见此不由得会发出惊叹和喜悦之声。人们很容易理解因藤蔓而形成的模仿咒术，即一种"原始思维"。藤一定被当作"生命之树"而受到崇拜。

藤这个汉字在《尔雅·释木篇》中解释为"诸虑山櫐^{今江东呼櫐为藤，
藤似葛而蠹大也。}"。《毛诗·周南篇》说"南有樛木，葛藟累之。乐只君子，福履绥之"。这些证据都表明从古代开始先民关注到这种植物会缠绕某物生长，具有旺盛的生命力。或因为这个原因，中国的本草书和博物志都依照传统将藤列入草部。藤原本生长在温暖地区，后来逐渐向北方地区播迁繁殖。在石器时代，有人将石镞夹在竹里，再用藤皮缠绕，有人还用藤皮纤维做成绳子或衣服。不，并非仅在远古时期，日本一直到江户时代庶民还用藤皮织布。《万叶集》就有"须磨海女烧盐服，藤布粗糙未穿惯"①（卷第三，413）和"为君烧盐有渔夫，穿惯藤衣愈可亲"②（卷十二，2971）等歌例。因为藤具有强韧的生命力，其纤维也很坚韧，所以古人更关注藤的木本形态，而不是它的花的姿态。

当然在《万叶集》中也有很多长歌、短歌咏唱藤花：

留念植藤庭院前，如今盛开思念花。③（卷第八，1471）山部赤人

如藤开放春野上，如葛爬伸春野中。恋情藏心怕人知，能有结果须几时?④（卷第十，1901）佚名

怜惜藤花悉散尽，布谷飞鸣今城冈。⑤（卷第十，1944）佚名

春日野藤花散尽，猎人何花插发间?⑥（卷第十，1974）佚名

纵使如此人死去，我仅恋上藤美人。⑦（卷第十二，3075）佚名

伊久里社藤花开，明春还想如此看。⑧（卷第十七，3952）大原高安

① 原歌是"須磨の海女の塩焼き衣の藤衣間遠にしあればいまだ着なれず"。——译注
② 原歌是"大王の、塩焼く海人の、藤衣なれはすれどもいやめづらしも"。——译注
③ 原歌是"恋しけば、形見にせむと、我がやどに、植ゑし藤波、今咲きにけり"。——译注
④ 原歌是"藤波の咲ける春野に延ふ葛（くず）の下よし恋ひば久しくもあらむ"。——译注
⑤ 原歌是"藤波の散らまく惜しみ霍公鳥今城の岡を鳴きて越ゆなり"。——译注
⑥ 原歌是"春日野の藤は散りにて何をかもみ狩の人の折りてかざさむ"。——译注
⑦ 原歌是"かくしてそ人は死ぬといふ藤波のただ一目のみ見し人ゑに"。——译注
⑧ 原歌是"妹が家に伊久里の杜の藤の花今来む春も常かくし見む"。——译注

　　藤花于今如浪开，已到布谷鸣叫时节。① （卷第十八，4042）
田边福麻吕

　　明日布势湖畔开，藤花簇簇如浪翻。杜鹃飞来不鸣叫，或恐花散任西东。② （卷第十八，4043）大伴家持

　　《万叶集》共收录27首藤歌，这里引用8首短歌，仅占其三分之一左右。认真深入观察这些和歌就会发现，以纯粹"自然观照"的态度吟咏藤花的作品仅《国歌大观》中编号1944的"怜惜藤花悉散尽，布谷飞鸣今城冈"这一首，其他的都是以咏藤为手段说明人事（人际关系）的歌作。另外，第4042歌和第4043歌乍一看与第1944歌颇为接近，但这前两首是第18卷卷首福麻吕和家持之间12首赠答歌中的压轴之作，故可以知道它们仍然是两位贵族官僚在酒宴上唱和往来的作品。如此看来，只有第1994歌是以藤为咏唱对象的。但即使是这首歌也被列在卷第十"夏杂歌"的"咏鸟"歌群中，此歌群共有27首和歌（全部都是布谷鸟歌），这首歌是其中之一，因此我们很难判断它是看着美丽的藤花而咏出的作品。总之我们只能得出一个结论，那就是《万叶集》中没有一首用"自然观照"的方法认识并再创造藤花的作品。

　　至此我们知道，《万叶集》崇拜藤的内在"生命力"要远远超过关注藤花的美，因而咏唱人事（人际关系）的藤歌发挥了赋予咒术即宗教以现实性的作用。

　　若我们阅读和《万叶集》成书时代大约相同的汉诗集《怀风藻》就会更明白这一点。

大宰大弐正四位下纪朝臣男人。三首。年五十七
五言。扈从吉野宫。一首。

　　凤盖停南岳。追寻智与仁。啸谷将孙语。攀藤共许亲。峰岩夏景变。泉石秋光新。此地仙灵宅。何须姑射伦。

---

　　① 原歌是"藤波の咲き行く見れば霍公鳥鳴くべき時に近づきにけり"。——译注
　　② 原歌是"明日の日の布势の浦廻の藤波にけだし来鳴かず散らしてむかも"。——译注

这首五言诗所咏的"攀藤共许亲"的藤是自生于南山峭壁的双子叶植物，并非花。并且这种藤在与中国诗文的名家孙绰（孙兴公）和许询（许玄度）的关联中还另有意义，进一步还有补充和加强律令文人贵族亲缘共同体的目的。谷中风光也好，藤也罢，都发挥着象征吉野山这一仙境的作用。这让我们想到柿本人麻吕经过废都近江时所咏的长歌："亩傍山下橿原上，神代即为我都城。代代在此治天下，郁郁长青橡树林。……"①（卷第一，29）其中的橡树出自前引的《毛诗·周南篇》。在当时的贵族文人官僚之间，"橡树"用于比喻臣子攀附帝王，就像"葛藟"攀树一样。以此学术知识为前提有人特意选择了这个字及其训读的方式。小岛宪之说："橡树作为蔓草等可攀附（Fast cling）的植物广为人知。因葛藟攀缘大树而繁茂，故它可成为'乐只君子'及之后句子的比喻。又以其可攀附，故亦可表示承惠于人之心意。若将其略做展开，那么正好可以表示天皇代代相传——犹如蔓草一般不断延伸攀缘，繁茂昌盛——也就能不断地幸福治理天下。"② 如此看来，纪男人在写出"攀藤共许亲"时，也和其他精通中国诗文的官僚贵族一样，仅用"藤"字就可以比喻君子的幸福。以此为着眼点我们还可以说藤具有象征帝王身边臣子的意思。只有这样思考，我们才能完全理解诗题《扈从吉野宫》的意思。

这种现象我们在平安时代初期三大敕撰汉诗集之二的《文华秀丽集》中卷"梵门"也可以见到：

过梵释寺。一首。御制。

云岭禅扃人踪绝。昔将今日再攀登。幽奇岩嶂吐泉水。老大杉松离旧藤。梵宇本无尘滓事。法筵唯有薜萝僧。忽销烦想夏还冷。欲去淹留暂不能。

御制即嵯峨天皇的诗作。"老大杉松离旧藤"必为咏唱眼前园景的诗句，暗自借用了前引《毛诗·周南篇》中的"乐只君子"。众所周

---

① 原歌是"玉たすき畝傍の山の橿原のひじりの御代ゆ生れましし神のことごと橡の木のいやつぎつぎに……"。——译注

② 小岛宪之：《上代日本文学与中国文学》中卷，第五篇 第五章 万叶集与中国文学的交流。——原夹注

知，嵯峨天皇是"模仿唐风"的翘楚，因此此诗也无法摆脱"中国古代诗歌"的制约。

藤以其花美开始被人欣赏要等到"摄关"时代的到来。发现藤花之美要归功于王朝的女官文学家，但也要归功于她们服侍于凌驾帝王之上权势更甚的藤原"关白"家族的荣耀周边。

《枕草子》就藤花有以下记述："【三七】树花无论浓淡皆以红梅为贵。樱花是花瓣大、叶色浓、枝干细者为宜。藤花是花房长、颜色艳者为佳。""【八八】吉祥物有唐锦、装饰大刀、佛像木画、花房长且色浓之藤花寄靠在松树之景色。"当然从纯自然观赏的角度将藤花评价为"佳"或"吉祥物"没有问题，但我们有必要考虑，"摄关"时代知识分子脑中的藤花的象征或符号离开藤原氏族的权势能否单独存在。为思考这个问题，最好的办法就是阅读《源氏物语》。作者紫式部侍奉过中宫彰子，并且受到彰子父亲藤原道长之母伦子的知遇（说这些有过于直白的感觉）。因此在这里我想引用《伊势物语》的事例。以下是该物语的第 101 个故事：

　　　　从前有个人叫在原行平（在原业平之兄），任"左兵卫府"长官。宫中官员听说他家有美酒皆来索饮，于是在某日行平便以"左中弁"藤原良近①为主宾举办酒宴。行平乃风雅人士，在家中插有许多瓶花以作装饰，其中有个瓶子插着花中珍品藤花，下垂之花房约有三尺六寸左右之巨。于是诸人议定就以此花为题咏歌。各人咏毕，业平闻知乃兄设酒宴也来参加。于是行平就拉住业平要他咏歌。业平说我本不善咏歌，欲推辞。然而行平强要他咏，故业平咏道："花开如宝盖，荫庇众多人。今后藤花发，荣华日日增。"有人问："汝为何咏出此歌？"业平回答："太政大臣藤原良房极尽荣华富贵，故藤原家族人士最感光荣。吾贺此事，故咏此诗。"如此一来在座诸人便不再批评此歌。②

────────────

① 藤原良近（823—875），平安时代前期的贵族，藤原式家"中纳言"藤原吉野第 4 子，官至"从四品下神祇伯"。——译注

② 据《日本古典文学大系》本。——原夹注

此文整体上给人一种不自然的感觉。对此今井源卫①做出新的解释：它"讽刺的对象是藤原一族。在'荫庇众多人'的藤原一族的阴影背后一定隐藏着其他弱小氏族不断消亡的命运。看穿这个具有危险性的讽刺话语的同席者，要不是藤原良近在面前早就发怒了，但业平还是若无其事地支吾搪塞过去，让他们都闭上嘴巴。'说我本不善咏歌'也包含事先就想逃避的意图。从最后所说的'在座诸人便不再批评此歌'甚至可以听到作者捉弄当时风俗等的坏笑声"②。最为稳妥的当数玉上琢弥③的结论："按字面解释，'花开'的是太政大臣良房，被'荫庇'的应该是良近。总之，藤原氏族鼎盛期阿谀奉承的和歌，除了献媚和追随就不会表达其他情感。"④

藤花一直象征着古代末期之前藤原氏族的权势荣耀。这就是我的研究结论。

九　菖蒲

《万叶集》写作"菖蒲（草）""安夜卖（女）具佐"的植物现在叫作"菖蒲"（天南星科），并非水菖蒲（鸢尾科）。另一方面，《万叶集》还咏唱过"垣津幡（旗）""加吉都播多"即燕子花的植物，它们不同于"菖蒲"。我们作为现代植物爱好者只要看到垂向外侧的最大花瓣的根茎部分就能轻松区别出菖蒲、水菖蒲和燕子花，但无法确定距今1200年以上的古人是如何对此做出区别的。我想那时若无需要，大概他们就不会做出区别。

然而我们冷静观察《万叶集》的歌例就会发现，那些花所包含的"象征"意义完全不同。先看"菖蒲（草）"歌：

---

① 今井源卫（1919—2004），"国文学"家。毕业于东京帝国大学。历任清泉女子大学副教授、九州大学教授、梅光女子学院大学教授。专攻平安朝文学，是该学界的泰斗。1958年在首尔国立中央图书馆发现汉学家依田学海的亲笔日志。著有《源氏物语的研究》《王朝文学的研究》等。——译注

② 日本文学协会编：《日本文学讲座 Ⅳ 伊势物语》。——原夹注

③ 玉上琢弥（1915—1996），"国文学"家。毕业于京都帝国大学。历任大阪女子大学、大谷女子大学教授。在研究《源氏物语》时提出"物语音读论"等新观点，并因此撰出《源氏物语评释》。另著有《物语文学》等；编著有《现代语译源氏物语》（共十册）。——译注

④ 玉上琢弥：《物语文学》七 私家集与"歌物语"。——原夹注

同一石田王卒时山前王哀伤作歌一首

磐余之路朝必回，汝思心意与彼通。布谷鸣叫五月里，纽插菊花菖蒲花，欲给彼人做头饰。九月阵雨摘红叶，亦做彼人发上花。藤蔓铺地无时尽，彼亦万世永不绝。珍贵如汝明日起，当做他界人来看。①（卷第三，423）

大伴家持布谷鸟歌一首

杜鹃飞来不鸣叫，菖蒲开花日尚远。②（卷第八，1490）

夏日杂歌　咏鸟

不厌布谷何时来，菖蒲花开须鸣叫。③（卷第十，1955）

天平二十年春三月二十三日，"左大臣"橘家之使者、"造酒司令史"田边福麻吕飨于"守"大伴宿祢家持公馆。兹作新歌，并诵古咏，各述心绪。

不厌布谷何时来，菖蒲花开须鸣叫。④（卷第十八，4035）⑤

以上四首*乃田边福麻吕作（＊其他三首因无必要故从略）

"国掾"久米朝臣广绳天平二十年随"朝集使"入京。事毕于天平感宝元年闰五月二十七日返回任地。乃设诗酒宴于长官之馆乐饮。时主人"守"大伴宿祢家持作歌一首。

---

① 原歌是"つのさはふ 磐余の道を 朝さらず 帰けむ人の 思ひつつ 通ひけまくは ほととぎす 鳴く五月には 菖蒲草 花橘を 玉に貫き かづらにせむと 九月の 時雨の時は 黄葉を折かざさむと 延ふ葛の いや遠永く 万世に 絶えじと思ひて 通ひけむ君をば明日ゆ 外にかも見む"。——译注

② 原歌是"霍公鳥 待てど鳴かず 菖蒲草 玉に貫く日を いまだ遠みか"。——译注

③ 原歌是"霍公鳥 厭ふ時無し 菖蒲 蘰にせむ日 此ゆ鳴き渡れ"。——译注

④ 原歌是"霍公鳥 厭ふ時無し 菖蒲 蘰にせむ日 此ゆ鳴き渡れ"。——译注

⑤ 以上四首歌的最后两首相同，源于《万叶集》重复收录。——译注

　　奉君之命报政情，翻山越岭上都城。年变月迁不见汝，辗转反
思心不安。布谷鸣叫在五月，菖蒲艾蒿织花冠。设宴饮酒乐逍遥，
冰融水流射水川，吾恋如水亦高涨。白鹤高鸣奈吴江，忧如菅根绕
心上，吾频叹息盼汝归。完成公务汝归来，微笑灿烂似百合。如照
镜子人不变，吾欲微笑再相见。①（卷第十八，4116）

　　以上先引用 5 首和歌。很显然第 1955 首作者不详的和歌和第 4035
首田边福麻吕所作的和歌是同一作品。《万叶集》此古典作品千古流
芳，竟然会犯重录作品的错误令人难以想象，但这首"不厌布谷何时
来，菖蒲花开须鸣叫"的和歌正好可以成为它是类型化和观念性作品的
证据。正因为它缺乏现实感，印象不鲜明，才会出现这种错误。总之应
归咎于作者的力有不逮。从《万叶集》咏唱的 12 首菖蒲歌都具有类型
化和观念性这一事实来看，可以认为这个和歌题材（或许称作"歌语"
更为妥当）本身就有问题。之所以这么说，是因为"菖蒲"作为"兴"
的修辞手法用于引出"布谷鸟"和"花橘"，或作为"头饰"和"插
头花"的媒介而被咏唱，人们无法看到它作为一个独立的"物质"被
观赏的丝毫痕迹。从前引的 5 首歌例我们也可以知道，"菖蒲"具有生
命绵长、永寿和长生不老的"象征"意义，仅在咒术、宗教层面被对
象化。
　　我认为大伴家持和田边福麻吕频繁使用"菖蒲"这个词汇可能是学
习《艺文类聚》的结果。如果说"学习"这个说法过于夸张，那么可
以改说为是不断翻阅该类书（一种文艺百科辞典），将映入眼帘的词汇
转用于和歌的结果。一如其他律令文人贵族为追上先进国家的文化而拼
命模仿和吸收中国诗文。
　　《艺文类聚》卷第八十一"药香草部"上"菖蒲"条有谓："春秋
运斗枢曰。玉衡星散为菖蒲。远雅颂。著倡优。则玉衡不明。菖蒲冠

———————

　　①　原歌是"大君の 任きのまにまに 取り持ちて 仕ふる国の 年の内の 事かたね持ち 玉
桙の 道に出で立ち 岩根踏み 山越え野行き 都辺に 参ゐし我が背を あらたまの 年行き返り 月
重ね 見ぬ日さまねみ 恋ふるそら 安くしあらねば 霍公鳥 来鳴く五月の あやめぐさ 蓬かづら
き 酒みづき 遊びなぐれど 射水川 雪消溢りて 行く水の いや増しにのみ 鶴が鳴く 奈呉江の菅
の ねもころに 思ひ結ぼれ 嘆きつつ 我が待つ君が 事終り 帰り罷りて 夏の野の さ百合の花の
花笑みに にふぶに笑みて 逢はしたる 今日を始めて 鏡なす かくし常見む 面変りせず"。——
译注

环"；"神仙传曰。王兴者。阳城人。汉武帝上嵩高。忽见有仙人。长二丈。耳出头。下垂肩。帝礼而问之。仙人曰。吾九疑人也。闻中岳有石上菖蒲。一寸九节。食之可以长生。故来采之。忽然不见。帝谓侍臣曰。彼非欲服食者。以此喻朕耳"；"梁江淹菖蒲颂曰。药实灵品。爰乃辅性。除疴卫福。蠲邪养正。缥色外妍。金光内映。草经所珍。山图是咏"；等等。在家持和福麻吕等官僚知识分子活跃的奈良时代后半期，日本不断从中国引进这一类的草本植物，故可以推测他们见过那些实物。与归国遣唐使等统治阶级移植普及这些植物相比，民众通过海难和贸易等引进传播的可能性更大。原本在道教（老庄信仰）和中国民间信仰中菖蒲就和五月节相关联，并且中国还从西藏接受了将菖蒲和艾草（艾）一起插在头上以被除邪气的习俗，所以菖蒲信仰可谓起源于全亚洲。不过《怀风藻》中却没有一个"菖蒲"的用例，这大概是因为和桃、梅、竹、桂、柳等不同，在权势者那里并没有重视这种植物的先例。"菖蒲"的咒力对救赎民众或充其量对高官个人招福能起到作用，但对帝王却发挥不了任何实际效用，因此在以礼赞君主为主题的《怀风藻》中菖蒲就没有分配到任何任务。即使是在《万叶集》中，大伴家持和田边福麻吕歌咏"菖蒲"时也只是将其用于宗教的"象征"，以祈祷朋友或自己的长寿和幸福。

作为诗语，"菖蒲"的"象征"和功能已然明确。若我们再比较对照另一个诗语"垣津幡"即燕子花后就会更加明确。《万叶集》中有7首有关燕子花的和歌，这里仅引用两首。

如此热恋岂止我？燕子花妹今如何？[1]（卷第十，1986）佚名

著衣染以燕子花，壮士采药季节到。[2]（卷第十七，3921）大伴家持

也就是说，《万叶集》7个歌例中有6个都是将燕子花作为恋歌来咏唱的。"燕子花（般的阿）妹"的"燕子花"是用于比喻姿容美丽的

① 原歌是"吾のみやかく恋すらむ杜若丹つらふ妹いかにかあらむ"。——译注
② 原歌是"杜若衣に摺りつけ丈夫のきそひ猟する月は来にけり"。——译注

女性。第 3921 首大伴家持所咏的"著衣染以燕子花",原本能证明燕子花曾用于染料(使用野花能晕染成蓝紫色),但我们也不能忽视它有暗示青春和年轻女性的因素。总之,燕子花只要开放在那里,就可以象征"朝气"和"美丽"这些具体化的活力,至少它没有任何咒术、宗教意义。因为燕子花是自生于日本北部地区的特有植物,所以没有汉名(训注为"杜若"或"燕子花"实际上是错误的),与中国的信仰和传说无缘也在情理之中。

不过,在《万叶集》之后大约 150 年编撰的《古今和歌集》中"菖蒲"却益发呈现出类型化和观念性的状态,其中有一首非常著名。

无题　　佚名

杜鹃发鸣啼,五月菖蒲草。有人不知理,因恋失态了。① (卷十一恋歌,469)

从首句开始到"菖蒲草"句只起到"比兴"的作用,为的是引出"有人不知理"。如果菖蒲的实物本身不重要,那么过去从中国诗文引进的咒术、宗教象征也不重要。那么,是否因为它是恋歌就与燕子花没有对应和继承的关系?回答是否定的。它只不过是在语言形象("缘语"的功能)上借用了"菖蒲"。认真反思后会发现,《万叶集》"布谷鸣叫五月里,纽插菊花菖蒲花"(卷第三,423)这句也并非咏唱菖蒲这个实物,只不过是原本仅为知识的产物现在流入《古今和歌集》罢了。

虽说如此,但也不能说平安时代对"菖蒲"这个实物完全不关心,实际情况恰好相反。从平安时代中期开始,人们不将菖蒲读作"Ayame",而是特意读作"shobu""sobu",正是因为看到了实物才有这种读音的改变。《枕草子》记载:"【三九】论节日,无一能媲美五月节。菖蒲与艾蒿之香气混合,很有情趣。上自皇宫,下至微不足道之庶民家庭,都在自身房屋插满菖蒲,尤为可爱……"如此看来,在"摄关"时代,过去万叶歌人只在个人生活层面接受的中国民间宗教习俗终于渗

---

① 原歌是"ほとゝぎすなくやさ月のあやめぐさ あやめもしらぬこひもするかな"。——译注

透进宫廷社会。因为平安王朝文化的真正核心是中国诗文（"真名文"），正是由于有人对此现象做出反弹，才有女官文学（假名文）的抬头。

于是王朝知识阶级开始将"菖蒲"也就是 Shobu 作为再生产和再创造中国文化的重要媒介加以重视。《古今著闻集》为此做出背书：

六五七 "弼少将" 师赖判读大江匡房进献水边菖蒲状后咏歌一首

堀河院时五月五日，江帅奉菖蒲状曰：

进献　水边菖蒲
千年五月五日　　　　　　　　　　　　　　　　　　大江为武

此信拿到殿上，天皇让众人阅读，但无一人知晓此信含义。唯有时任"弼少将"之师赖卿能解其意，他咏道：

奉上水边菖蒲草，可示千年五月节。①

堀河院（1086—1107 年在位）年间某年五月五日身为大学者兼贵族的大江匡房献上菖蒲，并附上写有"进献　水边菖蒲/千年五月五日"的信。堀河院让殿上公卿阅读此信，询问有谁能明白其中的意思，但无一位贵族能解其意。此时，时任弹正台次官的"弼少将"源师赖判读后将它译成和歌：今日在此献上水边盛开的花菖蒲。如您所知，此花具有象征和预言千年长寿的功效。亦即，对陛下而言，五月五日这个好日子将永远反复出现。

实际上，在《古今著闻集》卷第十九"草木篇"里也记载着和这个故事相同的内容，即"六五五 永承六年五月于宫中比赛菖蒲②之事"（据认为是模仿《袋草纸》）。其中详细描写了宫廷游戏的菖蒲比赛，但作为现代人我们读后感到既不有趣也不滑稽。

要论和菖蒲有关的有趣小说，我们只能将目光转向《源平盛衰记》

---

①　原歌是 "たてまつりあぐる汀のあやめ草千とせのさ月いつかたえせん"。——译注
②　原文是 "菖蒲根合"，指平安时代的一种游戏，即在农历五月初五的端午节，人们将自己带来的菖蒲做长短比较，并咏唱和歌进行比赛。——译注

第十六卷赖政入道的风流韵事：

菖蒲妃

　　于鸟羽院而言，最有名也最有面子之事乃自己拥有名曰菖蒲妃之绝色美女。她情深意长，容貌可人，故鸟羽院爱恋无比。云客卿相起初频频给菖蒲妃写信倾诉衷肠，但皆无法如愿，未收到一纸回信。某日，赖政见到菖蒲妃后总是无法忘怀，故经常给她写信，但也未收到一字复信。赖政不死心又不断写信，时间竟达三年之久。后来此事不知为何泄露出去，鸟羽院为问明缘由，将菖蒲妃召来，说："实际上这都是赖政自己说的。"菖蒲妃听后赧颜，无法详细回答，故鸟羽院拟召来赖政直接询问，为此派出使者。时值五月五日傍晚。

　　补充说来就是，年轻的源三位入道①一见钟情的恰巧是身受后鸟羽院宠爱的菖蒲妃。为她着迷的赖政虽然没有收到菖蒲妃的一字回复，却还不断地向她寄出情书，时间竟然长达 3 年。这件事传到鸟羽院的耳朵里后，专制君主一怒之下决定将赖政叫来。之后赖政穿着黑绿色的礼服来到皇宫，正襟危坐在裁缝殿对面的地板上。不久鸟羽院出来了。

　　赖政刚想鸟羽院会问何事，很快鸟羽院就说："汝是否暗恋菖蒲妃？"赖政大惊失色，一时无语。鸟羽院寻思："恐此人惧吾，故回复迟缓。不过亦有可能渠于傍晚误将某人视为菖蒲妃，或仅在远方遥思菖蒲妃舞袖之香味。应找机会使渠接近菖蒲妃以测其效。吾欲知据云一见钟情之赖政之眼力。"几日后鸟羽院让菖蒲妃与两位岁数、相貌毫无差异之女子站在一起，并穿同样服装，使赖政辨别。三人并列在赖政面前，如梁鸾并立，似梅花绽窗。鸟羽院曰："赖政，其中有汝暗恋之菖蒲妃，朕最爱之女子。对不住了，汝可

---

　　① 源三位入道即源赖政（1105—1180），平安时代末期武将。射箭名手，也是歌人。1155 年（久寿二年）任"兵库头"。1156 年（保元一年）"保元之乱"时率 200 骑追随后白河天皇作战并获得胜利。1159 年（平治一年）"平治之乱"时加入源义朝一方，但变心后又投靠平家一方。之后作为源氏唯他一人在六波罗政权下生存下来。1166 年（仁安一年）获准升殿，1178 年（治承二年）12 月由平清盛奏请，于 74 岁时叙三品。——译注

带走。"赖政听后又大惊失色，额触大地，惶恐不安。

鸟羽院也有罪过，因为他让3位年龄、容貌无法分清的美女并列在一起，并说其中有我的宠妃，你可带走。即使如此，赖政也无法识别，只是大惊失色，可怜地将额头触地。在此过程中渐渐显露出可叹的情景。

  鸟羽院又曰："菖蒲妃真在其中。请速带走。"话音未落，赖政即重整衣襟，咏道："五月水淹沼石垣，冲何菖蒲费思量。"① 鸟羽院感动之余还从龙眼流出泪水，站起来后拉着菖蒲妃的手将其带往赖政所待之处，曰："此即菖蒲。这就赐汝。"

概括说来就是，陷入窘境的赖政吟出意思是"我真无法识别"的和歌，歌中带有叹息声。鸟羽院听后十分感动，从玉座站立起来，拉着菖蒲妃的手，将她赐给赖政。

当然这只是一则故事。与源三位入道赖政有关的传说以《平家物语》"源赖政制服鵺②"最为著名。不过它在《源平盛衰记》中故事的主人公则变为平清盛。总之因为不是纪实作品，所以它恐怕是某个中世知识分子一面取范于《十训抄》的记载等，一面模仿中国古典《山海经》《淮南子》的怪兽写法而创作出的故事。其中既有对赖政文武双全的个人崇拜，又有对其困厄结局的社会同情，二者结合起来就成为上述的英雄"射怪传说"。最为正确的说法是，通过一首和歌的功效就得到绝世美女菖蒲妃的故事也同样包括对赖政的崇拜和同情。

通过这个故事我们还可以发现，过去被贵族社会垄断的欣赏菖蒲的行为再次被交回到民众手中。《源平盛衰记》告诉我们"公卿道"（贵族社会的生活逻辑）曾一时盛行，但不久后武士就以其坚强的意志创建出自身的世界这一过程。它证明了历史辩证法的正确，贵族在观看开在

---

  ① 原歌是"五月雨に沼の石垣水こえて何れかあやめ引きぞわづらふ"。——译注
  ② 鵺，日本传说中一种类似于西方"奇美拉"生物的怪物，出自《平家物语》。据描述它拥有猿猴的相貌、狐狸的身躯、老虎的四肢与蛇的尾巴，没有翅膀却能飞翔（日本古文献中关于鵺的躯体记载并不统一，亦有它呈虎躯的说法）。鵺的叫声像虎鸫（虎斑地鸫），被认为是不祥的叫声。——译注

沼泽石垣上的菖蒲花时他仍然是贵族，只能走向灭亡。

经过中世和近世，菖蒲才广泛普及并固着在日本民众生活文化的底层。

十 棣棠

棣棠在日本文学舞台首次登场是在《万叶集》中。该集中吟唱棣棠花的长歌和短歌共 17 首：

棣棠花开在山中，欲汲清泉不知路。① （卷第二，158）大伴家持

蛙鸣甘南备河边，棣棠倩影美翩跹。② （卷第八，1435）厚见王

黄莺飞来鸣棣棠，汝未触摸花不散。③ （卷第十七，3968）大伴池主

黄莺穿鸣棣棠花，我羡君可听其声。④ （卷第十七，3971）大伴家持

细心培育棣棠花，如此君来可插头。⑤ （卷第二十，4302）置始长谷

贵邸棣棠花开放，年年不绝造访君。⑥ （卷第二十，4303）大伴家持

---

① 原歌是 "山吹の立ちよそひたる山清水扱みに行かめど道の知らなく"。——译注
② 原歌是 "蝦鳴く甘南備河に影見えて今か咲くらむ山吹の花"。——译注
③ 原歌是 "鶯の来鳴く山吹うたがたも手触れず花散らめやも"。——译注
④ 原歌是 "山吹の繁み飛びくく鶯の声を聞くらむ君はとも羨しも"。——译注
⑤ 原歌是 "山吹は撫でつつおほ生さむありつつも君来ましつつかざ挿頭したりけり"。——译注
⑥ 原歌是 "わが背子が屋戸の山吹咲きてあらば止まず通はむいやとしのは毎年に"。——译注

　　棣棠花开造访君，千年之后亦相随。① （卷第二十，4304）大伴家持

　　这里列举的7首接近总数的一半。其中第1首是歌序写有"十市皇女薨时高市皇子作御歌三首"中的1首。"棣棠花开在山中，欲汲清泉"句只能看作是对黄泉进行修辞美化的表现方式。由此可见，律令文人已具有与黄泉相关的知识。正因为《艺文类聚》卷第七十九"灵异部下"有"我死。当以时葬。永归黄泉。子不我忘。岂能奔丧。式便驰往赴之"等的记述，故"记纪"他界神话中也原封不动地使用了这个词汇。有此了解之后，就能看出第2首的和歌也并非单纯描写大自然的作品，"蛙鸣甘南备河边，棣棠倩影"句旨在表征地下世界的因素十分明显。第3首和第4首是一组赠答歌，乃天平十九年二月下旬任"越中国国守"的家持卧病期间与任"掾"官的大伴池主频繁交流汉诗与和歌时的作品群中的两首。其间的棣棠具有一种"乌托邦"的象征。第5首和第6首并非赠答歌，是同年三月十九日置始长谷在家持的庄园（私有领地）门前的榉树下宴饮时所作的两首和歌。针对置始长谷咏唱的"如此君来可插头"，"越中国国守"以"贵邸棣棠花开放"应答，此中的原委是"长谷携花提壶而来，因此大伴家持作此歌酬和"。第7首有歌序"同月二十五日'左大臣'橘卿宴于山田御母宅歌一首"，作为祝贺的仪式，棣棠花具有象征"相随""千年"的意味。
　　认真思考可以推测棣棠花也被赋予某种咒术、宗教的象征功能。当然其中也存在一些尚无法彻底弄清的部分。因为在约150年后的《古今和歌集》中棣棠花的形象已极不高尚。

　　棣棠开放有何益？植花欲赏人不来。② （卷第二春歌下，123）佚名

---

　　① 原歌是"山吹の花の盛りにかくの如君を見まくは千年にもがも"。——译注
　　② 原歌是"山吹やまぶきはあやななさきそ花見んとうゑけんきみがこよひこなくに"。——译注

棣棠服色色艳丽，问其主名却不答，盖因栀子（＝无口①）花染色。②（卷第十九"杂体"俳谐歌，1012）素性法师

前歌的意思是：棣棠呀棣棠，你这样做太没道理。你这么开了我就犯难了，因为当时植树时说要和我一起赏花的人今夜不来了。后歌的意思是：我冲着棣棠花色的和服问你的主人是谁，但是没有回答。那也是，因为和服没有嘴巴，颜色也没有嘴巴（"无口"＝山栀子的果实可以制成黄色染料）。前者的语调很不客气，与近世通俗歌谣"棣棠花多情，色相哄哄，哦哦！"相通。后者语调平淡，一语双关，以"无口"音谐用于染成棣棠花色的和服的染料"山栀子"，对一言不发的女性的薄情发泄出讽刺般的怨恨心情。总之，二者都偏离了过去赋予棣棠花的神话象征的厚重感觉。

《古今和歌集》（卷第二 春歌下）中还可见到以下几首和歌："如今恐已绚烂开，橘岛崎上棣棠花。"③（第121首）"春雨淋濡看不厌，其香亦甜棣棠花。"④（第122首）"风吹吉野棣棠花，水中倒影亦散华。"⑤（第124首）"井手山村棣棠落，欲见盛花蛙鸣时。"⑥（第125首）总之，大多都表示意气消沉之意。

《大和物语》第100段落中可以见到以下小故事：

季绳"少将"居住大井时，帝谓之曰："花绚烂开放时请务必来欣赏！"然而"少将"却忘却此事，一时未去观看。后来想起此事，吟歌："大井川岸棣棠花，今日满开惜飘落。"⑦语调颇显风雅深沉，之后匆忙赶去观看。

---

① 日语中"栀子花"音同"无口"。——译注
② 原歌是"山吹の花色衣ぬしやたれとへどこたへずくちなしにして"。——译注
③ 原歌是"いまもかもさきにほふらむたち花のこじまのさきの山吹の花"。——译注
④ 原歌是"春雨ににほへる色もあかなくにかさへなつかし山吹花"。——译注
⑤ 原歌是"吉野河岸の山吹ふく風にそこの影さへうつろひにけり"。——译注
⑥ 原歌是"かはづなくゐでの山吹やまぶきちりにけり花のさかりにあはましものを"。——译注
⑦ 原歌是"散りぬればくやしきものを大井川岸の山吹けふさかりなり"。——译注

　　这里所说的季绳即藤原季绳①，乃千乘②之子，任"右近卫少将"，号"交野羽林"，是用鹰捕猎高手。帝指宇多天皇。大井川位于京都府葛野郡。此歌的大意是，大井川岸的棣棠花开得正艳，就此飘落令人惋惜。这首歌在《后拾遗和歌集》卷第二中被录为藤原季纲③的作品，乃误。而且该和歌还很平庸。既如此，则该和歌物语（即小故事）也很平庸，无任何可取之处。其中的棣棠花可以说已负载着无法令人满意的意思。

　　《后拾遗和歌集》"春歌"部分还录有兼明亲王（914—987）的和歌"棣棠花开重重瓣，堪怜竟无一粒子"④。因后世被附会于太田道灌⑤的逸事，写入《常山纪谈》之中而得名。此歌原本的意思只是说棣棠花开得乱七八糟。"摄关"时代才女写的《枕草子》有以下记述："大而佳之物有：家、食品笼盒、法师、水果、牛、松树、砚墨。而男人眼睛细小宛若女子，以及大至金碗之兰花亦觉可怕。火盆、酸浆果、棣棠花、樱花花瓣。"（第233段落）如果从结构上重新梳理此段落整体的文脉，就会感受到棣棠花无法令人满意的一面。再看《源氏物语》"暴风雨"卷的描写："多瓣棣棠花盛开，花瓣沾着露水，于此类傍晚不期然想起"，这里的"多瓣棣棠花"未必有棣棠花花开多瓣的意思，而表示其数量之多，故可以认为这里所说的棣棠被视为杂草。总之，它与万叶时代的棣棠花已有了极大差异，这点毫无疑义。

　　为何会有这种结果？我们若探讨棣棠花的零落过程就会发现它存在

---

　　①　藤原季绳（？—919），平安时代中期的官员，"左中弁"藤原千乘之子。官至"从五品上右近卫少将"。用鹰捕猎高手，被称作"交野少将"。他赠给源公忠的辞世歌被《新古今和歌集》收录。歌人右近乃其女儿或其妹。——译注

　　②　藤原千乘，生卒年不详，平安时代前期的贵族。藤原南家"左少弁"藤原岳雄之子。官至"从四品下左中弁"。——译注

　　③　藤原季纲，生卒年不详，平安时代中期至后期的官员，汉诗人。南家藤原实范之子。天喜四年（1056）以"文章生"身份参加"殿上汉诗比赛"。历任"东宫大进""备前守""越后守""大学头"等。有20余首汉诗入选《本朝无题诗》等。康和四年（1102）之前死去。——译注

　　④　原歌是"七重八重花は咲けども山吹の実の一つだになきぞ悲しき"。——译注

　　⑤　太田道灌（1432—1486），室町时代后期文武双全的将军，既是出色的建筑工程师，也是杰出的军事家。除此之外还具有深厚的人文素养，喜好禅宗等学问。另外道灌还擅长和歌，是敕撰集外"三十六歌仙"之一。——译注

几个阶段：在 8 世纪左右引进、吸收中国文化时日本人曾将"款冬"①误认为是"棣棠"。之后虽然注意到这是个错误，但事已至此，故益发轻视"棣棠"，而它的某些部分本应受到尊敬。

前述的《艺文类聚》是律令文人贵族置于案头、时时参读的类书（文艺百科用语事典）。卷第八十一"药香草部上""款冬"条解释："本草经曰。款冬一名颗冬。一名菟爰。生常山。""晋傅咸《款冬赋》曰。惟兹奇卉。款冬而生。原厥初之载育。禀淳粹之至精。……远皆死以枯槁。独保质而全形。"前举家持的和歌"千年之后亦相随"等，就是以款冬等同于棣棠为知识前提。《本草和名》（918 年成书）第九卷"草中"第三十九种"款冬"条有以下记述："款冬^{杨玄操音}_{义作东字}一名橐吾一名颗东一名虎鬓一名菟爰一名氏冬^{杨玄操音}_{丁礼反}一名于屈^{出释}_{药性}一名耐冬^{出兼}_{名苑}一名苦莛一名款冻^{已上出}_{广雅}和名也末布布歧一名于保波。"也就是说，款冬即橐吾。由于当时已辨识出"和名也末布布岐一名于保波"，所以专业本草学者一定可以判定款冬等同于山蕗（Yamabuki），而绝不等同于棣棠（Yamabuki，汉字写"山吹"）。但以诗文为业的宫廷文人贵族仅会卖弄一知半解的知识，加之急于模仿唐风，故将山蕗混同于棣棠（"山吹"）易如反掌。而且这种混淆从 8 世纪开始一直持续到十一二世纪左右。混淆又催生出新的混淆，这在平安朝日本汉文学中被视为极端高雅时髦的事情，最终它甚至主张自己才具有正统性。

《和汉朗咏集》"春""款冬"部记录：

> 点着雌黄天有意。款冬误绽暮春风。_{清慎公}
>
> 书窗有卷相收拾。诏纸无文未奉行。^{题黄花}_{庆保胤}
>
> 蛙鸣甘南备河边，棣棠倩影美翩跹。② 厚见王
>
> 我家多瓣棣棠花，至少一瓣勿消散，留下可做春念想。③ 兼盛

---

① 款冬（Tussilago farfara L.），日语写作"蕗"，中文别称"冬花、蜂斗菜"。中药名。其根茎及全草具有清热解毒、散瘀消肿之功效，用于治疗咽喉肿痛、痈肿疔毒、毒蛇咬伤、跌打损伤。——译注

② 原歌是"かはづ鳴く神奈備川に影見えて今か咲くらむ山吹の花"。——译注

③ 原歌是"わがやどの八重山吹はひとへだにちりのこらなん春のかたみに"。——译注

《和汉朗咏集》乃藤原公任所编撰，成书于长和二年（1013），分四季选录了800首汉诗和和歌，它们都是当时文人喜爱诵读并且可作纯声乐"建材"的作品，可谓"摄关"时代文化的精髓。其中选录184首中国诗人的诗句，但都限于声韵优美的作品，因为它们符合王朝文人贵族的喜好和风格，足以代表王朝文化的特质。

第1首的汉诗句是"点着雌黄天有意。款冬误绽暮春风"。若不注释现代人无法解读欣赏。下面根据柿村重松《倭汉·新撰朗咏集要解》做出必要解释：

> [记述] 清慎公即藤原实赖。据《江谈抄》卷四，题目、作者均不详，恐非实赖的作品。[语义]"雌黄"乃用于消除古人误写文字的物质。款冬即棣棠。正确的文字是"都和布岐"，但当时已用于表示棣棠之意。[评解] 棣棠开放，就像在四处点上雌黄，乃天意。因为从名字说，款冬应在冬天开放，但却误开在暮春。

进一步详细解释它的语义和做出评解，即棣棠花四处开放，看上去好像是点上雌黄（硫黄和砷的化合物，除用于药物和颜料外，还用于涂改订正诗文的错字），这大概是老天做出的安排。因为款冬这种植物原本是在冬季开花的，但这时却在春季绽开花朵。也就是说，中国的款冬被日本人误认并随意命名为棣棠。这还不算，该七言下一句还以赞叹的语调说明：在暮春开出本应在冬天绽放的花朵，真乃上天这个造物主做出的巧妙安排。

第2首的"书窗有卷相收拾。诏纸无文未奉行"，据柿村"[评解]"是"书卷和诏纸都使用黄色的纸，所以在这里将其比拟为棣棠花。意思是棣棠花一簇一簇地开放，就好像是在收拾书窗的卷册。又因为诏纸上还没有写上文字，所以无法执行诏书的指令。'奉行'有接受和执行命令的意思"。也就是说它在叹息，颇有感触：棣棠花四处簇簇开放的情景就像是宫廷社会文书官桌上那些黄纸。这就是该七言对句的主题。

如此看来，只有对汉籍有很深造诣的宫廷贵族文人才有资格享受、

欣赏棣棠花。只要棣棠等同于款冬，那么对庶民而言它就是高不可攀的
"高山之花"。并且它由误解中国诗文而引发了混淆，所以贵族和庶民
都只能抱着莫名其妙的想法欣赏棣棠花。

到近世松永贞德①撰《俳谐御伞》（庆安四年［1651］刊）"款冬"
条记述："药名款冬，即蕗塔。……将款冬读作 Yamabuki 全然为日本之
误读。然为上代延续至今之义，如今无法更改。"但北村季吟②撰《增
山之井》（宽文三年［1663］刊）做出反论："贞德云款冬即蕗塔，然
《和名集》写为 Yamabuki。公任卿于《和汉朗咏集》亦用 Yamabuki，
故我朝皆作 Yamabuki。"各务支考③撰《俳谐古今抄》（享保十五年
［1730］刊）"蕗塔"条记述试图解决此争论："此名自古就有争论。款
冬解释为山蕗，然和歌题目写作 Yamabuki，故其成为大和之典故。在
中古连歌、俳谐规定中，蕗塔或蕗花皆用于春天，然往昔诗歌欣赏皆与
村庄积雪联系，故蕗花定为冬花。据汉贾岛春雪诗宜将蕗花定为春花，
然俳谐不用此名。不过蕗芽表春天，可谓一物二用之例。"直至四时堂
其谚④撰《滑稽杂谈》（正德三年［1713］刊）与三余斋麁文⑤撰《华
实年浪草》（天明三年［1783］刊）才指出款冬即 Yamabuki 乃王朝知
识分子的谬误。

至此棣棠的"独立主权"方才首次获得文学家承认。

---

① 松永贞德（1571—1653），江户时代初期的俳人、歌人。向细川幽斋学和歌，向里村
绍巴学连歌，后将和歌和歌学传授给庶人，也是近世初期最有名的狂歌作者。著有《俳谐御
伞》，制定俳谐规范，成为贞门俳谐之祖。门人有北村季吟等"七哲"。另编著《新增犬筑波
集》《红梅千句》等。——译注

② 北村季吟（1624—1705），江户时代前期的古典学者、俳人。向松永贞德学俳谐，向
飞鸟井雅章等学歌学，门下涌现出芭蕉这个著名俳人。曾任幕府"歌学顾问"，精通和汉学问
和佛学，在注释古文学方面做出贡献。著有《徒然草文段抄》《枕草子春曙抄》《湖月抄》
等。——译注

③ 各务支考（1665—1731），江户时代中期的俳人，"蕉门十哲"之一。针对连句设定
出长歌行和短歌行等的规定，还创造出和诗（假名诗）和创建了成体系的俳论。芭蕉死后开
创了通俗易懂的"美浓风格"。编著有《葛之松原》《笈日记》《枭日记》等。——译注

④ 四时堂其谚（1666—1736），江户时代前期至中期的僧人、俳人。京都安养寺正阿弥
的住持。是俳人宫川松坚的门人，人称贞德三世。向斋藤如泉学过汉和俳谐。享保年间在京都
俳坛称霸一时。著有《御伞取柄抄》《滑稽杂谈》等。——译注

⑤ 三余斋麁文，真实姓名是鹈川政明，生卒年和经历不详，现仅知是江户时代的俳谐
师，曾供职于轮王寺宫，人称"筑后守"。——译注

十一　萱草

萱草也有人读作 Wasuregusa（忘忧草），还有人读作 Kanzo（Kuanzo，萱草），叫法因人而异。喜欢 Kanzo 这种硬朗发音的人会将其与豆科草本植物的 Kanzo（甘草）混淆起来，总之他们似乎都很喜欢这个汉字音的明快声调。另一方面，喜欢 Wasuregusa 这种绵柔语感的人似乎都会被立原道造①著名诗集《寄萱草》等触发，抒发着自己爱怜温婉的情感。的确，Kanzo 带有男性的音色，Wasuregusa 带有女性的气息，因此性急的人会说 Kanzo 是汉名，且是称呼草药的正式名称，而 Wasuregusa 是和名，且是喜用优雅婉转词汇的文学用语。

然而经过认真考察就会发现，萱草确实为中国的名称，但忘忧草这个名称却并非由日本列岛的居民自己发明。公元 100 年左右东汉许慎撰《说文解字》，其中有"萱忘忧草也"的说明。可以认为这个说明源自《诗经》的"焉得萱草，言树之背"。六朝诗人在咏唱萱草时一律会加入"忘忧"一语。南梁徐勉《萱草花赋》中有"萱草，欲忘忧而树之，爰有幽忧"一句。隋朝魏彦深《咏阶前萱草诗》中可见"云度时无影，风来乍有香。横得忘忧号，余忧遂不忘"。唐朝徐坚（8 世纪初）编有类书《初学记》，分类整理出词汇的出典，其中举出"忘忧"和"解思"这两个词作为萱草的"事对"（这里可以解释成一种关系概念或搭配之美）。于是"忘忧"完全变为萱草的同义词。翻开由 F. 博塔·史密斯②编撰、G. A. 斯图亚特③增补、上海刊行的《中国本草植物王国》（1911）可以看见以下记述："HEMEROCALLIS.——萱草（Hsüants'ao），476，典籍中首字写作谖（Hsüan），解释为忘忧（Wang-yu），一种可以让人忘却忧愁的植物。"

萱草在日本古典中的最初身影出现在以下 4 首《万叶集》和歌中：

---

①　立原道造（1914—1939），诗人、建筑家，毕业于东京大学建筑系，受三好达治四行诗的影响开始诗歌创作，擅长写十四行诗，具有田园和忧郁风格。道造将纤细微妙的诗的语言组合成音乐性的诗歌，向人们展示了口语自由诗的可能性。其诗因多表现年轻人青春期微妙的孤寂心理，赢得了众多读者的青睐。著有诗集《寄萱草》《破晓与黄昏的歌》《献给死去的美人》等。——译注
②　F. 博塔·史密斯，何人及其生平、业绩不详。——译注
③　G. A. 斯图亚特，何人及其生平、业绩不详。——译注

萱草系我衣纽上，只为忘记香具山。① （卷第三，334）大伴旅人

萱草结在衣纽上，丑陋此草徒有名。② （卷第四，727）大伴家持

萱草结在衣纽上，无时不恋人难活。③ （卷第十二，3060）佚名

萱草作篱种满地，虚名无用让我思。④ （卷第十二，3062）佚名

日本人在口语中将"萱草"训读为"Wasuregusa"源于源顺所编《和名类聚抄》（937年左右成书）的"《兼名苑》云。萱草一名忘忧。《汉语抄》云。和须礼久佐。令人好欢无忧草也"。大伴旅人、大伴家持这对父子都是律令官人贵族，乃当时的高级知识分子，具有深厚的中国诗文素养，故一定是在仔细辨认"萱草"和"忘忧"属同义词后才创作了第334首和第727首的和歌。日本文人贵族置于案右的《文选》卷第五十三"论三"嵇康（叔夜）《养生论》中有"合欢蠲忿，萱草忘忧，愚智所共知也"的说法。西晋张华所编《博物志》中也有"《神农经》曰：中药养性，谓合欢蠲忿萱草忘忧也"的记述，故此信仰似乎被民间广泛接受。以"大宰帅"在九州度过晚年的大伴旅人或从来日交易的中国人那里直接获得这个知识。此盖然性极大。因为旅人是一个时尚的现代主义人士。

但第1首旅人的作品，为了不忘接近藤原京的故里，就把萱草别在下袴的腰带上，过度表现出一种别出心裁的曲折心理——他想忘却忧

① 原歌是"萱草 我が紐に付く 香具山の 古りにし里を 忘れむがため"。——译注
② 原歌是"萱草 我が下紐に 付けたれど 醜の醜草 言にしありけり"。——译注
③ 原歌是"萱草 吾が紐に付く 時となく 思ひわたれば 生けりともなし"。——译注
④ 原歌是"萱草 かきもしみみに うゑたれど しこのしこくさ なほこひにけり"。——译注

愁，但却不想忘却在飞鸟地区的故乡，所以只能将忘忧草别在腰带上。为何要咏唱如此复杂的和歌？原来旅人在前往"大宰府"赴任的神龟五年（728）夏天失去了爱妻。这首歌是"帅大伴卿五首歌"中的第4首。这组和歌"年轻时光不再来，此生不能见奈良"①（第331首）、"我能长命不老焉？再看一眼象谷河"②（第332首）、"虽非浅茅原茅原，忧虑仍思我故乡"③（第333首）、"我旅并不长，梦曲未成滩。我欲其成渊，涟涟满波光"④（第335首）等都是秀歌，可以认为它们是同时写出的作品。具有深厚中国诗文学养的旅人缜密地识别出即使忘忧草具有"忘忧"的功能，但仍不具有"忘我"的力量。

第2首家持的作品放宽了对这种语义的辨别。这首（第727首）和歌附有歌序："大伴宿祢家持赠坂上家女郎和歌二首相隔数年再会往来唱和。"也就是说，这首歌的意思是，过去相信将忘忧草系在下袴的腰带上就能忘记相恋的事。我尝试做了，但这是一种什么草呀，一点效果都没有。我就是无法忘怀情人坂上女郎。当然，这里还有期待"忘忧"效果出现的意思。他不仅期待忘记爱恋的对象，也期待忘记恋爱带来的痛苦。据推测，"徒有名"的原文的"言"字也可能取范于《诗经》"言树之背"的"言"。对佚名的第3060首和第3062首歌我们也可以得出相同的结论。它们都与中国学养有关。

到《古今和歌集》时有人扩大了忘忧草的内涵，忘忧草已不仅是"忘忧"，还是"忘却"所有一切（但主要是忘却爱恋）的植物。

　　　　忘草草籽保存好，早知相逢如此难。⑤（卷第十五"恋歌"五，765）佚名

---

　　① 原歌是"吾が盛り またをちめやも ほとほとに 奈良の都を 見ずかなりな"。——译注
　　② 原歌是"わがいのちも つねにあらぬか むかしみし きさのをがはを ゆきてみむため"。——译注
　　③ 原歌是"あさぢはら つばらつばらに ものもへば ふりにしさとし おもほゆるかも"。——译注
　　④ 原歌是"わがゆきは ひさにはあらじ いめのわだ せにはならずて ふちにありこそ"。——译注
　　⑤ 原歌是"忘れ草 たねとらましを 逢ふことの いとかくかたき ものと知りせば"。——译注

　　情深夜里不得逢，忘草生梦忘却人。①（卷第十五"恋歌"五，766）佚名

　　忘草或有不枯萎，愿霜降向负心女。②（卷第十五"恋歌"五，801）源宗于

　　忘草不知何为种，原是忘情负他人。③（卷第十五"恋歌"五，801）素性法师

　　第765首的和歌的意思是，保存好忘忧草的种子，栽种后等其长成就可忘却所爱的人，但……。第766首的意思是，思恋难耐，今夜也无法相逢。那人心中生长的忘忧草，甚至进入我的梦中，郁郁葱葱。第801首的意思是，就像负心人心里的忘忧草已经枯萎那样，我真想在那人的心里降霜。第802首的意思是，忘忧草以什么为种子繁育呢？我明白了，是以薄情者的人心作为种子的。总之这些歌都符合平安王朝歌人的游戏心理，而且聪慧灵巧。但至此它与"忘忧"的原意出现了很大的偏离，宗于的和歌等希望在负心女的心田降霜，以让忘却恋爱痛苦的忘忧草枯萎。从原义分析，这里产生了完全相反的情况。认真思考，甚至它的意思都无法成立。这些忘忧草已然失去原有的性质。

　　《伊势物语》和《大和物语》都是将古代歌谣和故事二者结合而产生的"歌物语"，是重要的古典作品，但其中出现的忘忧草已经失去原本的意思，只保留忘却事物（主要是恋爱对象）的意思。《伊势物语》第100段落中有以下故事：

　　从前有个男子在宫中行经后凉殿和清凉殿间廊下时，有一贵妇

---

　　① 原歌是"こふれども逢ふよのなきは忘れ草ゆめぢにさへやおひしげるらむ"。——译注
　　② 原歌是"忘れ草枯れもやするとつれもなき人心のこころにしもはおかなむ"。——译注
　　③ 原歌是"わすれぐさなにをかたねと思ひしはつれなき人のこころなりけり"。——译注

人从居室帘下递出一束忘忧草，并问："忘忧草可叫忍草①吗？"男子接过后回复一首歌：

我心非忘草，一见即留情。我心是忍草，耐心候佳音。②

《大和物语》第 162 段落写道：

在原业平"中将"欲入内时宫人递出忘忧草问："这叫什么？""中将"以歌回复：

我心非忘草，一见即留情。我心是忍草，耐心候佳音。③

将相同的草叫作"忍草"或忘忧草并且咏歌。

这两个小故事或曰两个"歌物语"参考了同一个典籍，即《续古今和歌集》卷第十四"恋歌"四的在原业平的和歌，但《大和物语》的作者在歌的解释上有很大的思路差异。不管怎么说到平安朝中期"忘忧"的原义已经相当淡薄。

到平安时代末期的"院政"时代，忘忧草已不再是对负心人的比喻或作为抗议对方寡情的讽刺武器，而被赋予了具有积极"忘却作用"的催化剂功能。在复写粗野的时代变迁时期世间百态的《今昔物语集》（12 世纪前半期成书）里，甚至有人描写了用忘忧草忘却亲情的新时代人的群像。

兄弟二人植萱草与紫苑之故事第二十七

从今日看乃往昔之事。××国××郡有兄弟二人。父死后二人共思同悲，经年不忘。二人将父埋入坟后思念时会一道前往墓边，

---

① "忍草"，日本的忘忧草别称，原是一些如海州骨碎补或大过桥草等的羊齿类植物。——译注
② 原歌是"忘れ草生ふる野べとは見るらめどこは忍なり後もたのまむ"。——译注
③ 原歌是"わすれぐさおふる野辺とはみるらめどこはしのぶなり後もたのまむ"。——译注

流泪倾诉自身忧苦，宛如面对健在之父说话，之后返家。

年深月久，兄弟二人因侍奉朝廷难以照顾私事，故兄寻思："若此无法慰藉吾心。据云萱草可使所见之人忘却其想，故吾可植其于坟边。"之后种下。

其后弟得空即去兄家，邀兄说："咱们一块像过去那样去上坟吧。"然兄因事多无法一道去坟边。

弟叹息于兄之态度，心想："我等二人过去因思念父亲，朝夕与共。如今兄既已忘之，而吾绝对不忘。"并说："据云紫苑可使所见之人绝不忘其心中所想。"之后便植紫苑于坟边。再后弟常去彼处，见紫苑益发难以忘怀其父。

之后弟弟从守护父亲尸骸的鬼魂那里得知将会在自己身上发生的所有情况，"每晚皆梦见彼日所见之事，并得以预知所有之事"。在故事结尾，作者告诫众人："因此有人相传，有喜之人种植紫苑，有忧之人种植萱草，并须永远望之。"

也就是说，有人想延续忧愁（苦厄）就种植萱草，并且要经常望着它。如此一来萱草就具备了和原本性质完全相反的功能，只能是被人诅咒之草。忘忧草也因此变得毫无价值。在所有价值都发生逆转的时代大变革时期，即使是一棵草也无法被人按正统的方式进行欣赏。

然而，以上我们追寻的本末倒置或价值逆转的轨迹，或许在许多场合就是日本吸收接纳中国文化的一种模式。

十二　莲

莲的词源的代表性解释可见于《和汉三千图会》（1713 年刊）的"莲 和名波知须。莲房似蜂巢故名之。又略曰波须。"它的意思是因果实的形状似蜂巢而有此名。对此通说我无标新立异之意，但从我的调查范围来看总觉得这种说法过于"合理"，有牵强附会之嫌。蜂见于《古事记》上卷"大国主命根国访问"条的"蜂翼"。《日本书记》"皇极天皇二年"结尾也有"是岁，百济太子余丰，以蜜蜂房四枚，放养于三轮山。而终不蕃息"的记述。从中我们可以推测，蜂长久以来都是日本列岛居民的恐惧对象，直至 7 世纪以后这种现象才开始改变，因为日本好不容易从朝鲜半岛引进了蜜蜂饲养技术。但无论如何，蜂很长时间都不为日本人所喜爱确为事实。因此我们很难想象为何要特意给这种花美、根部可以食用、既好看又有益的外来水栽品种冠以令人讨厌的蜂的名称。并且在日本上古语言中蜂巢不叫"Hachisu"，而叫"Hachino-su"。总之通说很难成立。

那么真正的词源为何？对此我也无法回答。我觉得与其追索模糊不清的词源，倒不如弄清明确可知的原产地的莲的名称，这才是科学的观点。

众所周知，《艺文类聚》是七八世纪日本律令政府官僚知识分子置于案右频繁使用的类书（百科辞典）。其卷第八十二"草部下"篇首列出许多"芙蕖"的出典用例。

> 《尔雅》曰。荷。芙蕖。其茎茄。其叶葭。其本蔤。其花菡萏。其实莲。其根藕。其中的^{的子也}。的中薏^{子中心也}。的莲实。《广雅》曰。菡萏。芙蓉也。《周书》曰。薮泽已竭。即莲藕掘。《毛诗》曰。彼泽之陂。有蒲与荷。又曰。隰有荷花。《说文》曰。芰菱也。《管子》曰。五沃之土生莲。《真人关令尹喜传》曰。真人游时。各各坐莲花之上。一花辄径十丈。《楚辞》曰。集芙蓉以为裳。又曰。制芰荷以为衣。又曰。荷衣兮蕙带。又曰。芙蓉始发杂芰荷。紫茎屏风文绿波。《洛神赋》。灼若芙蓉出绿波。《文选》。芙蓉散其华。又曰。神飙自远至。左右芙蓉披。又曰。菡萏溢金塘。又曰。鱼戏新荷动。又曰。神蔡止荷心。……

从以上例文中我们首先可以知道的是，这种植物 Nelumbium Speciosum 的总称是"荷"或"芙蕖"。茎叫"茄"（Chieh），叶叫"葭"（Hsia），根即地下茎的前端叫"蔤"（Mi），花叫"菡萏"（Hantan），果实叫"莲"（Lien），根叫"藕"（Ou），种子叫"的"（Ti），种子的中间部分叫"薏"（I），"的"也叫"莲实"（Lien-shih），各部分都有严格的称呼。从原来的用法推论，日文的 Hachisu 就应该是"荷"或"芙蕖"，在特指该果实时才使用"莲"。在中国这些细分的称呼渐渐混乱之后，原指"菡萏"的 Hachisu 的花最终也用"莲花""芙蓉"来表示。

　　特别需要关注的是，Hachisu 在日本古代诗歌登场时原则上用"荷"来表示，使用"莲"的情况当属例外。但到平安时代中期净土教渗透进知识阶层的文化意识之后，Hachisu 仅指"莲"。从专用"莲"字那时开始，已经没有 Hachisu 的叫法，只剩下 Hasu 的称呼。但一直到平安时代初期之前，原则上还是使用"荷"字。或许有人认为这种穿凿附会有些无聊，但它对探索词源十分重要。也就是说，我们可以推测 Hachisu 或 Hasu 的词源就是"荷"或"芙蕖"的汉语发音（虽然七八世纪的发音现在很难正确考证）。或许还可以推测，那些词汇先传入朝鲜半岛，在那里定着下来之后又以讹音的形式再传入日本。下面我们调查"荷"的用例，同时也考察日本的"莲"的用例。

　　现在日本原则上使用"荷"字，但在《万叶集》中"荷"和"莲"并用也确是事实。为什么能下此结论？首先有必要就此进行说明和解释。

　　《万叶集》中咏 Hachisu 的和歌有 4 首。这 4 首全都需要注意：

　　　　剑池莲叶停水珠，不知流向何处去。我亦去向不分明，被告遇汝因必遇。母告不能与君寝，我心一如清澈水。君之容颜永不忘，直至贴身与君会。[1]（卷第十三，3289）

咏荷叶歌

　　莲叶可不如此美，比之家中如芋头。[2]（卷第十六，3826）长忌寸意吉麻吕

献新田部亲王歌一首

　　胜间田池我亦知，无莲如君不长须。[3]（卷第十六，3835）

　　据云新田部亲王出游堵里，见胜间田池心中有感。自池归来怜

---

　　① 原歌是"御佩を剣の池の蓮葉に溜まれる水のゆくへなみ我がする時に逢ふべしと逢ひたる君をを寝ねそと母聞こせども吾が情清隅の池の池の底吾れは忘れじただに逢ふさへに"。——译注
　　② 原歌是"蓮葉はかくこそあるもの意吉麻呂が家なるものは芋の葉にあらし"。——译注
　　③ 原歌是"勝間田の池は我知る蓮無し然言ふ君が鬚無きが如"。——译注

爱不禁，谓某妇人曰：今日出游见胜田间池，水波摇曳，莲花灼灼，可怜断肠，不可不言之。于是妇人做此歌戏之，并曰专此吟咏。

　　老天可否下点雨？欲见莲上水似珠。[①]（卷第十六，3837）

　　传说有一"右兵卫"_{姓名至今不详}擅作歌且多才多艺。有次在"右兵卫府"衙内备酒宴招待官员等。席间所有菜肴均以荷叶盛放。众人酒酣歌舞时有人撺掇"右兵卫""以此莲叶作歌"，渠登时应声赋歌一首。

　　以上长歌 1 首，短歌 3 首都使用了"莲"字。然而第 3826 首的歌序和第 3837 首的注文均使用了"荷"字，只有第 3835 首的注文使用了"莲"字。因此从频度数的比率看，《万叶集》一般都使用"莲"字。但若关注"莲"字在这 4 首和歌中所承担的结构性功能就会发现，我们不能仅凭百分比就轻易做出结论。

　　那么这 4 首和歌中"莲"所承担的结构性功能为何？因篇幅这里无法做出详细论证，仅提示要点：因为万叶歌人明知 Hachisu 的正确汉字标注应该是"荷"（见第 3826 首的歌题和第 3837 首的注文），但在别处还是故意使用"莲"字有其确切的根据。

　　置于万叶歌人案右的"虎之卷"是《艺文类聚》《文选》《游仙窟》等。从该中国诗文的用例可以看出，"莲"用于诗歌素材及其他文学素材时必用来明喻或暗喻"思妇"。因此我们很容易想象，以中国文化为美学规范并学习之的七八世纪的律令知识分子，一提及莲的花朵就会将其类比为美人。说其追求正确也好，忠于类书也罢，总之用 Hachisu 比喻美人时就使用"莲"字，在其他场合就使用"荷"字。他们遵守的就是这个原则。

　　万叶人置于案右并且喜读的另一部中国教材是《玉台新咏》（6世纪后半叶成书）。这部诗集收录了 10 首咏莲或咏荷的作品。用例如下：

---

　　① 原歌是"ひさかたの雨も降らぬか蓮葉に溜まれる水の玉に似たる見む"。——译注

采莲 吴均

锦带杂花钿。罗衣垂绿川。问子今何去。出采江南莲。辽西三千里。欲寄无因缘。愿君早旋返。及此荷花鲜。

采莲 简文帝

晚日照空矶。采莲承晚晖。风起湖难渡。莲多摘未稀。棹动芙蓉落。船移白鹭飞。荷丝傍绕腕。菱角远牵衣。常闻藕可爱。采撷欲为裙。叶滑不留绽。心忙无假薰。千春谁与乐。惟有妾随君。

采莲曲 昭明太子

桂楫兰桡浮。碧水江花玉。面两相似莲。疏藕折香风起。香风起白日低。采莲曲使君迷。

古绝句 汉无名氏

日暮秋云阴。江水清且深。何用通音信。莲花玳瑁簪。

夏歌 鲍令晖

郁蒸仲暑月。长啸北湖边。芙蓉如结叶。抛艳未成莲。

夏歌 梁武帝

江南莲花开。红光覆碧水。色同心复同。藕异心无异。

遥见美人采荷 刘孝绰

菱茎时绕钏。棹水或沾妆。不辞红袖湿。唯怜绿叶香。

咏石莲 刘孝绰

莲名堪百万。石姓重千金。不解无情物。哪得似人心？

以上诗例一目了然：中国诗文中的"莲"大多作为"怜""恋"的双关语使用，即莲（Lien）与怜、恋（Lien）谐音。也就是说，"莲"的意象与美女和思妇的意象相同，其根据就在于中文发音存在类同的关系。

　　因此，请复读一遍《万叶集》卷第十六第 3835 首和歌的注文。该
汉文原文是"还至彼池，不忍怜爱，于时与妇人曰，今日游行，见胜田
池，水影涛涛，莲花灼灼，可怜断肠，不可得言"。在这部分我们可以
发现"怜爱"＝"莲花"＝"可怜"的关联性。"莲"字后面加上
"怜"字，"莲花灼灼"则暗示"怜"（恋爱）妇。如不这样解释，则
第 3835 首和歌的意思终不可解，注文更不知所云。小岛宪之就此妇人
戏谑歌持以下看法："各注均解释为，胜间田的池塘开满莲花，而且新
田部亲王的胡须甚密。不过这首歌中的'无'字也可以按字面的意思解
释。即妇人通过胜间田的'莲'即亲王戏言的'恋'（怜爱）看穿了亲
王的用意，而为了否定这个用意故意说'无莲'，和说汝'无须'有异
曲同工之妙，可谓随机应变的妙语。这种解释大概更为正确。……这首
歌并非'无名鼠辈'的'文字游戏'，而是贵族通过学习汉籍后做出的
高难度'文字游戏'。"① 这种说法正中鹄的。

　　就第 3826 首的和歌"莲叶可不如此美，比之家中如芋头"伊藤
博②说，其内容是意吉麻吕在外面遇上美女，联想到家中的丑妻而开骂
起来。③ 这种说法是正确的。第 3837 首和歌的"欲见莲上水似珠"也
无法说不能让人联想起美人的姿态。第 3837 首和歌的原汉文注文是，
"于是，馔食盛之皆用荷叶。诸人酒酣，歌舞络绎。乃诱兵卫云，关其
荷叶，而作歌者。登时应声，作斯歌也"，从中可知此歌是对着酒桌上
的 Hachisu 叶即兴咏出的。它指的是桌上每人面前放的一张 Hachisu 叶，
故自然要使用"荷"字。而"右兵卫"被逼借机咏出的和歌是恋爱诗，
故自然要使用"莲"字。我们从中可以看出二者间有明确的区别（因
此从恋爱歌的性质上说，卷第十三第 3289 首的长歌也使用了"莲"
字）。

　　或许以上阐述过分拘泥于细枝末节，但正因为七八世纪律令知识分
子忠实地区分（或区别使用）"荷"和"莲"，所以它能帮助我们重新
确认当时的文化意识向中国一边倒这个事实。在此我们联想到《古事

---

　　① 小岛宪之：《上代日本文学与中国文学》中卷 第七章《游仙窟》的投影。——译注
　　② 伊藤博（1925—2003），"国文学"家，毕业于京都大学，曾师事于万叶学者泽泻久
孝。历任筑波大学、共立女子大学教授。花费约 20 年的时间写成《万叶集释注》，获 2000 年
斋藤茂吉短歌文学奖。著有《古代和歌史研究》《万叶集相闻歌的世界》等。——译注
　　③ 伊藤博：《莲——戏谑歌的一种解释》，刊载于《万叶》第 38 号。——原夹注

记》"雄略天皇记""引田部赤猪子"条，其中写到，焦急等待天皇践约达80年之久的老妇人最终进入皇宫再次与天皇相见时吟诵了两首短歌。下面是其中的一首：

> 日下江里莲花艳，娇艳女子似莲花，如此女子真可羡。① （歌谣编号96）

原作汉文标注是"久佐迦延能。伊理延能波知须。波那婆知须。微能佐加理毘登。登母志岐吕加母"。可以说各释本都采用"入江の莲，花莲"这种汉字假名混合的汉文训读法是正确的。因为若采用"入江の荷，花荷"的表述，则"荷"就变为一个和恋爱无关的单纯的植物名称。又因为既然寓意怜爱（恋爱），故当然要使用"莲"字。同时我们还必须想到，为"雄略记"增添色彩的这首和歌已不可能是纯粹的日本民族固有的传承歌谣。没有中国文学的影响就不可能创作出这首和歌。

然而要论证，原则上就应该将Hachisu写作"荷"，但仅靠现有的资料还不充分。因为从使用频度数来看，《万叶集》中的"荷"字用例有3例，"莲"字有5例，而且有的和歌一整首都使用"莲"字。即使我们在明确"莲"与怜爱＝恋爱的相关关系时还有不足，但也根本无法以此断言原则性上就应该使用"荷"字。② 接下来我们要进一步考察平安时代初期的诗文。距万叶时代半个世纪后的弘仁年间（810—823）是汉文学全盛的时代。让我们验证一下那个时代的人们是如何咏唱荷的。

弘仁五年（814）成书的《凌云集》有3首咏唱荷的汉诗。其中嵯峨天皇御制2首，皇太弟他户亲王（之后的淳和天皇）令制1首。

夏日皇太弟南池   御制 **嵯峨**

纳凉储弍南池里。尽洗烦襟碧水湾。岸影见知杨柳处。潭香闻

---

① 原歌是"日下江の入江の莲、花莲。身の盛り人羨しきろかも"。——译注
② 原文中这句话的意思是"无论我们多么明确了'莲'与怜爱＝恋爱的相关关系，但也根本无法以此断言原则性上就应该使用'荷'字"。费解。以上译文是译者根据语境做出的。——译者

得芰荷间。风来前浦收烟远。鸟散后林欲暮闲。天下共言贞万国。何劳羽翼访商山。

秋日皇太弟池亭赋天字 _{五言}嵯峨

玄圃秋云肃。池亭望爽天。远声惊旅雁。寒引听林蝉。岸柳惟初□。潭荷叶欲穿。萧然幽兴处。院里满茶烟。

九月九日侍讌神泉苑各赋一物。得秋露。应制。

蓐收警节秋云老。百卉初腓露已凄。池际凝荷残叶折。岸头洗菊早花低。未央阙侧承双掌。长信宫中起只啼。谬忝恩筵何所赋。晞阳湛湛被群黎。

嵯峨帝所作的"潭香闻得芰荷间",意思是池水的香气升腾在荷叶之间,生动地展现了夏日阳光洒落时水生植物从喘息中苏醒过来的姿态。此处不用"莲叶间"而用"芰荷间"(菱和荷之间)显示出作者嵯峨帝汉文造诣之深厚。接下来的"潭荷叶欲穿"意思是池中的荷叶眼看就要破败,意味着歌人在中秋到晚秋初显败色的水生植物身上发现了一种"新型美"。作者在这里也不用"莲叶"而用"荷叶",再次显示了他的深厚汉文功底。淳和帝(他户亲王)的"池际凝荷残叶折"则在晚秋的破荷(之后在和歌的类题中改写为"残荷")中发现了一种凄美,其中也说"凝荷"不说"凝莲",是因为它与怜爱(恋爱)无关。总之形成了一种与万叶时代完全不同的"寂寥美",这也不外乎是正确学习中国诗文的成果。

《文华秀丽集》(成书于818年)刊行之后Hachisu的风情仅局限于寒风穿过的"残莲"景象。《文华秀丽集》也是根据嵯峨天皇的敕命编撰而成,补充了敕撰诗集《凌云集》遗漏的作品,并增加了一些《凌云集》刊行之后出现的优秀作品。《凌云集》和之后的《经国集》公开表明了魏文帝"盖文章经国之大业,不朽之盛事"的政治意识形态,而《文华秀丽集》的特色则在于采取尊重文学表现的立场。以下是《文华秀丽集》中出现的两首荷诗,都意在述怀。

奉和重阳节书怀。一首。 仲雄王

寰中农事涝旱事。帝念黔首不登年。强乘客摘文雅罢。却使伶人侍乐悬。菊浦早花霜下发。荷潭寒叶水阴穿。灾不胜德古来在。况乎神哀辅自天。

晚秋述怀。一首。　　　　姫大伴氏

节候萧条岁将阑。闺门静闲秋日寒。云天远雁声宜听。檐树晚蝉引欲殚。菊潭带露余花冷。荷浦含霜旧盏残。寂寂独伤四运促。纷纷落叶不胜看。

仲雄王诗中吟唱的"寰中农事涝旱事。帝念黔首不登年"[1] 说的是当年农民饱受饥馑之苦，宫中停止举办诗宴，取而代之的是举办祈祷丰收的音乐仪式。之后的诗句描写了宫中庭园的萧条景象——水边早开的菊花在霜下悄然开放，破败的荷叶徒然停留水面。姫大伴氏的诗句"菊潭带露余花冷，荷浦含霜旧盏残"，意思是菊花开放的水边有几朵残菊带着露水，透着冷清。荷花生长的水中有形似酒杯的老荷叶顶风带霜破败不堪。这些诗从头到尾都借大自然以表达自身在晚秋的悲哀。

通过以上分析我们可以很肯定地说，日本古代诗歌原则上使用"荷"字，仅在特殊情况下（与恋爱相关时）才使用"莲"字。我们从中不仅可以知道当时的标记法即用字法，而且还能得知古代日本人植物观的根本态度。

然而这种正确且忠实地分别使用的 Hachisu 标记法（即观赏态度）从 10 世纪左右开始却急剧地混乱起来。当然这来自佛教的决定性影响力。"荷"就此销声匿迹，"莲"也不具有美人即恋爱的寓意，Hachisu 仅局限于隐喻阿弥陀如来（或发菩提心）。

《古今和歌集》中出现的莲歌有以下 1 首：

见莲叶露珠而咏

莲叶不染出污泥，何以露珠混玉珠?[2]（卷三 夏歌，165）僧正遍照

----

[1]　原文是"仲雄王诗中吟唱的'菊浦早花霜下发。荷潭寒叶水阴穿'"，实则是"仲雄王诗中吟唱的'寰中农事涝旱事。帝念黔首不登年'"。——译注

[2]　原歌是"蓮葉の濁りにしまぬこころもて何かはつゆを玉とあざむく"。——译注

此歌所表达的意思大致如下：莲这种植物长在污浊的泥水中，但却有不被污染的清纯之心。为何要让宽广莲叶上的露珠像珍珠一般显示在世人面前？难道是要欺骗人吗？

这首僧正遍照的和歌既没有将"莲"比喻为美人即恋爱，也没有将"荷"作为植物来咏唱。它在这里被重新比拟为佛教故事中的方便①，使人在不知不觉间受到经典的影响。

再读《延喜式》（成书于927年）。它和《古今和歌集》一样，也是接受天皇敕命，于延喜五年（905）开始编撰的。② 该卷第三十九"内膳司"条记载："荷叶。稚叶七十五枚。波斐四半把。^{并起五月中旬}_{尽六月中旬}壮叶七十五枚。莲子二十房。稚藕十五条。^{起六月下旬}_{尽七月下旬}黄叶七十五枚。莲子二十房。稚藕十五条。^{起八月下旬}_{尽九月中旬}右河内国所进。各随月限隔一日供之。"它们用漂亮的汉文书写，故能正确且忠实地区别使用 Hachisu 的标记法（即观赏态度）。《古今和歌集》编撰的时代经常被称为"国风复兴"时代，但在政治层面依然存在如此正统的汉式思考。《延喜式》记述：荷叶晒干后可作药；莲根挖起后可作蔬菜食用，还可作为包裹米饭的膳食材料③等。它将王朝贵族日常生活像"走马灯"似的展示出来。

《枕草子》中的莲单纯起到象征往生极乐的作用。作为可爱的事物代表，清少纳言说有"池中取出之极小莲叶，亦有小葵叶。无论何物凡细小者皆可爱"（第151段 可爱之物）。其中的莲叶只象征着佛教。另外清少纳言还说：

> 我去菩提寺听《结缘八讲》。有人带来信说："快点回家，汝不在家我颇无趣。"于是我在莲叶背面写上一首歌回复："寻求已得莲华露，岂能再返浊世中？"④ 我为尊贵之经文而感动，心想就此出家亦可。就像故事中忘记返家之路的湘中老人，我也忘记了焦

---

① 方便（梵 upāya），旧译"善权"，又译"权巧施设"。音译有"沤波耶"等语。是佛教思想体系或实践上之重要术语，有多种意义，这里指为教导众生而实施的巧妙手段，或为诱入真理而临时采用的说教方式。——译注

② 原文此部分表述有误。据查《古今和歌集》成书于905年（延喜五年）或914年（延喜十四年）左右。——译注

③ 原文未说清是用荷叶包裹米饭还是将米粒塞入藕孔内部。——译注

④ 原歌是"もとめてもかかるはちすの露をおきてうき世にまたはかへるものかは"。——译注

急盼我返家的家人。（第 34 段）

草乃菖蒲、菰、葵，非常有趣。……莲叶比之诸草最为出彩。莲字既可进入《妙法莲华经》，莲花亦可供于佛前，莲子又可串成数珠，乃与念佛往生极乐结缘之草。并且在初夏花开之时，绿波映衬红花，煞是好看。汉诗亦有"翠翁红"此语。（第 66 段）

二月廿一日，"关白"公于法兴院积善寺大殿供养《一切经》抄本，……仪式开始后在《一切经》每页各放入一片红色莲花花瓣，僧俗人士、公卿、殿上人、地下行走人、六品及以上官员等手持莲花排队等候，态度尊敬……（第 278 段）

第 34 段落的和歌还见于《清少纳言集》，另外在《千载和歌集》卷第十九"释教歌"中也能看到。意思是好不容易特意求得的莲露（即《法华八讲》）怎能中途放下，再次回到浊世呢？莲在这里全然象征佛教。第 66 段落中"莲叶比之诸草最为出彩"的理由是，因为它可将"妙法莲华"即济度众生的妙法比作莲花。并且莲花还可以供奉于佛前，果实可以串成数珠，以此念佛可以往生极乐。莲在此也不是植物观赏的对象。至于第 278 段落的"在《一切经》每页各放入一片红色莲花花瓣"，其中的"莲花"已不再是植物，而变为纸制造花的代名词。

平安王朝文学中莲的象征功能的"脱中国化"原因有二，其一是净土思想（虽然该思想绝对引自中国的文化）普及显著，其二是丧失了积极学习吸收新的中国文学思想的意愿（虽然从弘仁年间［810—824］到承和年间［834—848］还相当热心地摄取中国文学思想）。周敦颐（1017—1073）在《爱莲说》提倡"菊，花之隐逸者也。牡丹，花之富贵者也。莲，花之君子者也"，但这一莲花复权运动无法打动平安王朝时代的人心，其理由来自时代的差异，故我们只能徒呼奈何。但无论如何此后日本"自然观"中的莲花仅象征佛教，说明这种"自然观"已失去所有的发展可能和动力，剩下的只是文化方面的锁国思想和思维方面的停滞性。这才令人无比遗憾。

总之，莲的寓意发生了很大的变化。曾经在中国诗文的影响下发现的美人和寂寥的"古典美"在今天佛教文化的影响下已变质为"古代末期之美"。这就是现代日本人不加思考称其为"日本美"或"民族之美"之滥觞。

十三　菊

菊和樱花一道被认为是象征日本的植物。菊花被定为皇室纹章乃根据明治元年（1868）1月的《太政官布告》，但此后充其量只是设计摩登的纹章却被国粹主义和军国主义等恶意利用。明治十八年（1885）7月到9月，皮埃尔·洛蒂①以其在长崎郊外和日本女人的婚姻生活为内容写出小说《阿菊》。女主人公叫菊子②，象征着令人怀念的日本风物和习俗。后来普契尼③以《阿菊》为脚本创作的歌剧《蝴蝶夫人》享誉世界，从中可以看出当时在欧洲人眼中的日本妇女和日本社会是何种人物和景象。继《阿菊》之后，洛蒂又写出游记《秋天的日本》（1889），其中包含"观菊御宴"一章，以菊花准确托寓了文明开化时代日本人的温柔优雅（也包含忧郁）的生活情感。在政府颁布《大日本帝国宪法》和《教育敕语》牢牢束缚日本国民之前，菊花足以象征阴郁而和平的日本国民心态，而外国人也是这么看的。但在此后半个世纪里日本社会向错误的国家主义方向狂飙突进，最终像第二次世界大战期间鲁思·本尼迪克特在《菊与刀》中所分析的那样，"菊和刀共同组成一幅画"，成为当时的社会矛盾和非合理性的符号。

菊本不是日本固有的植物。今天人们清楚地知道，菊是在8世纪末期从中国引进的植物。如此看来，我们就不能将菊花视为日本的代表花卉（它与樱花一道被视为"国花"）。但尽管如此，菊花依旧位居"日

---

① 皮埃尔·洛蒂（1850—1923），法国小说家，本名 Louis-Marie-Julien Viaud。毕业于布雷斯特海军学校，后以海军士官身份航行世界各地，写出许多带官能性和异国情调的小说和游记。1885年和1900年两度滞留并仔细观察明治时代的日本，发表了《阿菊》《日本之秋》《梅开三度的春天》等。1891年成为法国学士院成员。1910年升任海军大校后退役。还著有《洛蒂的婚姻》《非洲骑兵》《冰岛渔夫》等。——译注

② 原著写作 Chrysanthème（法文），菊花之意。——译注

③ 贾科莫·普契尼（Giacomo Antonio Domenico Michele Secondo María Puccini，1858—1924），意大利歌剧作曲家，代表作有《波希米亚人》《托斯卡》《蝴蝶夫人》等歌剧。——译注

式产物"的首位而岿然不动。我们对以下问题存有相当的疑惑，即
"日式产物"的原型究竟是否包含外来文化影响之前的民族宗教层面的
文化？这种产物果真存在吗？应该说通过借一取十的方式，波状般地接
受传入日本的外来文化，使其成为自家之物的贪婪摄取能力才是真正的
"日式产物"的原型。菊是原产于中国的植物，但经过漫长的时间后它
最终占据了代表日本的"国花"地位，这个过程正好映照出日本文化
的本质，也显示出要称其为日本精神也可以的那种精神的真相。

菊花并非日本固有的花卉最有力的证据就是《万叶集》（771 年
之后成书）4516 首和歌中没有 1 首和歌咏唱菊花。但在同时代的汉
诗集《怀风藻》（成书于 751 年）中却可以看到 6 首咏菊的汉诗，
所以若不对这 6 首诗进行考证，就无法弄清奈良时代是否有菊花这
一问题。

首先阅读《怀风藻》收录的 3 首咏菊诗：

左大臣正二位长屋王。三首。
五言。于宝宅宴新罗客。一首。赋得烟字

高旻开远照。遥岭霭浮烟。有爱金兰赏。无疲风月筵。桂山余
景下。菊浦落霞鲜。莫谓沧波隔。长为壮思篇。

从三位中纳言兼催造宫长官安倍朝臣广庭。二首。
五言。秋日于长王宅宴新罗客。一首。赋得流字

山墉临幽谷。松林对晚流。宴庭招远使。离席开文游。蝉息凉
风暮。雁飞明月秋。倾斯浮菊酒。愿慰转蓬忧。

从标题《于宝宅宴新罗客》和《秋日于长王宅宴新罗客》可以知
道，这两首汉诗是在长屋王私宅佐保楼为神龟三年（726）来日的新罗
国国使萨飡金造近等举办送别宴会时即席吟出的作品。也就是说，长屋
王诗和安倍广庭诗是同时咏出的作品。问题可以集中在长屋王诗中的
"菊浦"（菊花开放的水边）和安倍广庭诗中的"浮菊酒"（菊花酒）
是否吟咏真实的菊花这一点上。《续日本纪》卷第九"神龟三年"条记
载："○秋七月戊子。令奏勋等归国。赐玺书曰。敕伊飡金顺贞。汝卿
安抚彼境。忠事我朝。贡调使萨飡金奏勋等奏称。顺贞以去年六月三十

日卒。哀哉。贤臣守国。为朕股肱。今也则亡。歼我吉士。故赠赙物黄绝一百匹。绵百屯。不遗而绩。式奖游魂。"若认为此记载真实，则新罗贡使离京在七月二十三日，故在长屋王宅邸举办的宴会日期必然在该日期之前。即使按阴历计算，七月二十二日之前菊花也不会开花，因此"菊浦"和"浮菊酒"的文字表达只不过是出于文学方面的原因。长屋王和安倍广庭虽然都没有亲眼见到真实的菊花，但均使用了中国诗文的学养，尝试对这种植物的咒术意义和宗教象征做出形象化的表达。与"菊浦"对仗的桂山的"桂树"在中国被视为灵木，并被推崇为百药之首。"浮菊酒"更是不老长寿的灵丹妙药。

《怀风藻》中还有以下即第 3 首诗例：

正三位式部卿藤原朝臣宇合。六首。
七言。秋日于左仆射长王宅宴。一首。

> 帝里烟云乘季月。王家山水送秋光。沾兰白露催未臭，泛菊丹霞有自芳。石壁萝衣犹自短。山扉松盖埋然长。遨游已得攀龙凤。大隐何用觅仙场。

藤原宇合诗的第四句"泛菊丹霞有自芳"的意思是，菊酒中浮动着赤色霞光有艳色与香气，其中的"丹霞"和第三句中的"白露"构成对仗。我们当然可以将此四句解释成它描绘了长屋王宅邸内外的实际情景，但从诗篇整体的主题（聚会于长屋王诗宴的我们都已经是大隐之人，故不必再去追求仙人的居所，这个回答即为主题）推断，"沾兰白露催未臭"和"泛菊丹霞有自芳"这些表达都不过是说明现世乌托邦的手段。也就是说，我们应该认为，这首诗中的菊的用例是在模仿、借用中国诗文的同时赞美主办者长屋王宴会的精彩。即使长屋王宅邸没有种植菊花，不，正因为没有种植菊花，才可以大量使用文献知识，实现"泛菊丹霞"等帅气的表达。

上述这 6 首菊诗中的后面 3 首分别有"对峰倾菊酒"（境部王）、"菊风披夕雾"（吉智首）、"岩前菊气芳"（田中朝臣净足）这 3 个句子。因为都和长屋王的花园派对有关，所以我上面的说明完全适用于这 6 首诗。

奈良时代律令文人贵族作为"虎之卷"置于案右的《艺文类聚》

开篇记述"尔雅曰。菊。治蘠。_{今之秋华菊也。}《山海经》曰。女几之山。其草多菊。《礼记》曰。季秋之月。菊有黄花。《楚辞》曰。朝饮木兰之坠露兮。夕餐秋菊之落英。又曰。春兰兮秋菊。长无绝兮终古"等，从中我们可以得知，在中国古代菊是贵重植物而受到尊崇。之后《艺文类聚》还列出该出典：

　　　盛弘之《荆州记》曰。郦县菊水。太尉胡广。久患风羸。恒汲饮此水。后疾遂瘳。年近百岁。非唯天寿。亦菊延之。此菊甘美。广后收此菊实。播之京师。处处传埴……《抱朴子》曰。刘生丹法。用白菊花汁莲汁樗汁。和丹蒸之。服一年。寿五百岁……魏钟会《菊花赋》。……又云。夫菊有五美焉。黄华高悬。准天极也。纯黄不杂。后土色也。早植晚登。君子德也。冒霜吐颖。象劲直也。流中轻体。神仙食也……晋孙楚《菊花赋》曰。彼芳菊之为草兮。禀自然之醇精。当青春而潜翳兮。迄素秋而敷荣。于是和乐公子。雍容无为。翱翔华林。骏足交驰。薄言采之。手折纤枝。飞金英以浮旨酒。掘翠叶以振羽仪。伟兹物之珍丽兮。超庶类而神奇……晋傅玄《菊赋》曰。布濩河洛。纵横齐秦。掇以纤手。承以轻巾。服之者长寿。食之者通神……晋王淑之《兰菊铭》曰。兰既春敷。菊又秋荣。芳薰百草。色艳群英。孰是芳质。在幽愈馨……晋嵇含《菊花铭》曰。煌煌丹菊。翠叶紫茎。诜诜仙神。徒餐落英……晋傅统妻《菊花颂》曰。英英丽草。禀气灵和。春茂翠叶。秋曜金华。布濩高原。蔓衍陵阿。阳芳吐馥。载芬载葩。爰采爰拾。投之醇酒。御于王公。以介眉寿。服之延年。佩之黄耇。文园宾客。乃用不朽……《尔雅》图赞曰。菊名日精。布华玄月。仙客薄采。何忧华发。

据此我们可以得知，菊和兰同为百草女王，喝了菊花汁和菊花酒能够长生不老，菊乃神仙世界的标识。

总之，《怀风藻》的一些诗人在未见过菊花实物的情况下就凭借观念性和学养性的知识，将菊作为诗歌题材吟咏。因为到8世纪中叶菊还没有传入日本列岛，所以对众多植物都抱有兴趣的万叶诗人，最终也都无法作出一首菊歌。有人推断奈良时代日本已经开始栽培菊花的说法根本无法成立。

关于菊花的栽培或欣赏，现在可以查到的最早的文献是菅原道真编撰的《类聚国史》（成书于 892 年）卷第七十五"岁时部"六"曲宴"条："十六年十月癸亥，曲宴。酒酣皇帝歌曰：己乃己吕乃。志具礼乃阿米尔。菊之波奈。知利曾之奴倍歧。阿多罗苏乃香乎。/秋雨骤降此时节，菊花飘落香可惜。赐五品以上朝衣。"它说的是，在迁都平安第 3 年的延历十六年（797）十月十一日宫中举办曲水宴（中国的文人聚会在三月三日这天举行，但日本在平安时代初期除去一月和九月每个月均举办一次，并不固定）。桓武天皇在席上即兴咏唱菊歌。次早的文献见于上书卷第七十四"岁时部"五"九月九日"条："平城天皇大同二年九月癸巳。……又九月九日者。菊花丰乐闻食日^尔在^{止毛}"云云。据此我们可以知道，桓武天皇之子平城天皇在大同二年（807）重阳节当日举办了菊花宴，后来此做法成为惯例。由此从 8 世纪末到 9 世纪初原产于中国的菊花开始扎根于日本宫廷社会之中。若通过菊花观察，可以说平安时代的起点就是从栽培观赏菊花此事在日本宫廷推广后才开始的。根据这种说法也可以尖锐地指出平安王朝文化的基本特征。

众所周知，桓武天皇之子平城天皇之弟的嵯峨天皇是一位"崇拜唐风"的帝王，也作过多首讴歌菊花的汉诗。

《凌云集》（成书于 814 年）御制二十二首开篇有下列 3 首汉诗：

重阳节神泉苑赐宴群臣。勒空通风同。

登临初九日。霁色敞秋空。树听寒蝉断。云征远雁通。晚蕊尤含露。衰枝不袅风。延祥盈把菊。高宴古今同。

九月九日于神泉苑宴群臣。各赋一物得秋菊。

旻商季序重阳节。菊为开花宴千官。蕊耐朝风今日笑。荣沾夕露此时寒。把盈玉手流香远。摘入金杯辨色难。闻道仙人好所服。对之延寿动心看。

重阳节神泉苑同赋三秋大有年。题中取韵。尤韵成篇。

旻气何寥郭。登高望悠悠。大田获丰稔。从此岁工休。芳荧筵上荐。时菊盏中浮。林洞逢摇落。池清为潦收。蟋蟀藏声晓。蒹葭变色洲。重阳常宜宴。况复有年秋。

《经国集》（成书于827年）中大量出现嵯峨帝的咏菊汉诗。在平安宫廷内菊花和重阳已结成无法分离的关系。它们在模仿中国诗文的同时，还模仿以菊花象征专制王权的永续性和绝对性。菊既是"贵族之花"，也是"都市之花"。

《古今和歌集》就产生在这种以吸收和消化中国诗文为基础的文化体系之中。一般认为，《古今和歌集》是"国风文化"的长子。但仔细考证则不难发现，《古今和歌集》的构思和美学范畴也没有脱离中国诗文的框架。

他人于前庭栽菊时将此歌结于菊上再植

此植非秋亦开花，即便花散根不枯。① （卷第五 秋歌下，268）
在原业平

宽平御时奉诏咏菊花

云中宫殿见秋菊，误作天上点点星。② （卷第五 秋歌下，269）
藤原敏行此歌乃未允许成殿上人时奉诏所献矣。

是贞亲王家歌合歌

带露折枝插头上，菊花不老万代秋。③ （卷第五 秋歌下，270）
纪友则

咏人分菊花至仙宫之行状

衣濡再干行山路，露间吾越千年境。④ （卷第五 秋歌下，273）
素性法师

---

① 原歌是"うゑしうゑば秋なき時や咲かざらむはなこそ散らめねさへかれめや"。——译注
② 原歌是"ひさかたのくものうへにて見るきくはあまつほしとぞあやまたれける"。——译注
③ 原歌是"つゆながら折りてかざさむきくのはなおいせぬ秋のひさしかるべく"。——译注
④ 原歌是"濡れてほすやまぢのきくのつゆのまにいつかちとせをわれはへにけむ"。——译注

　　希望读者可以不带成见地欣赏这些"古今调"的和歌精髓。即使我们不愿意也只能承认，以上的每一首和歌若无中国学养都无法作出。据此我们还可以知道，菊花是长生不老的象征，也是仅赋予宫廷精英的特权的明喻。如果忽视从中国引进的律令政治思维，就无法理解这些语言形象化的菊花。

　　阅读延喜十八年（918）成书的《本草和名》就更能明白这一点。该书第六卷"草"（上）记述："菊花　一名节华，一名日精，一名女即，一名女华，一名女茎，一名更生，一名周盈，一名傅延年，一名阴成，一名苦意^{味苦杨玄操音忆}。白菊^{花白己上二种出陶景注}一名周成^{茎也}，一名神精^{子也}，一名神华^{子也}，一名神英^{子也}，一名长生^{根名也已上五名出大清经}，一名女赢，一名庐^{兼名苑}，菊花者月精也^{出大清经}，一名日华，一名延年华也。一名生婴^{茎也}，一名扶公^{华也己上出神仙服饵方}。菊花天精也^{出苑注方}，一名朱赢一名傅公^{出杂要诀}。和名加波良於波岐。"——都依据中国的本草书。菊乃"女性之花"，天之精华，神之印记，长生不老之象征，等等。总之，平安朝贵族对此植物抱有的全部印象（也可以干脆说是自然观）全部都来自这本书。承平年间（931—938）成书的《倭名类聚钞》卷第二十"草木部"记述："菊　四声字苑云菊^{举竹反。本草洋传菊有白菊紫菊。加波良与毛木。一云可波良於波岐，俗云本音之重。}日精也"，也将菊作为天地的主宰神（Genius）加以崇拜，在这点上并无改变。人们不得不承认菊在宫廷礼仪中占有不可或缺的地位。

　　菊象征的永久性和神力在律令政治被"摄关"政治取代之后威力益发强大。《源氏物语》"藤里叶"卷有下面的一段话：

　　　　主人源氏回想当年与"太政大臣"共舞《青海波》时之情状，便命人折取菊花一枝，送交"太政大臣"，并赠诗云："菊花增色夸篱畔，犹恋初秋共放时。"①"太政大臣"当年与源氏公子共舞，两少年并称英俊。现在"太政大臣"亦居高位，但总觉得源氏之尊贵无以复加。天心似乎有知，降下阵雨。"太政大臣"也以诗答谢："菊花变作层云紫，遥望青天仰景星。"②

――――――――――――

　　①　原歌是"原歌是"色まさるまがきの菊もりもりに袖うちかけし秋を恋ふらし"。——译注
　　②　原歌是"原歌是"むらさきの雲にまがへる菊の花にごりなき世の星かとぞ見る"。——译注

这第 2 首和歌模仿前引《古今和歌集》藤原敏行朝臣的"误作天上点点星"。虽然到"摄关"时代日本文化（和风艺术）开始走上独立的道路，但美学范畴的"祖型"终归还得求诸中国诗文。《源氏物语》的作者紫式部被女官批判："为何女性要读汉籍？"可见她是一名通晓汉籍的女性。正因为通晓汉籍，所以她才能有一种荣誉参与构建真正的"日本文化"。

《紫式部日记》也提到菊：

> 九月九日，侍女兵部送来菊棉①，说："这是道长夫人特意送给您的。夫人说愿您能够用它拭去脸上的衰容。"我提笔写下和歌答谢："菊露可使我不老，愿转花主度千秋。"② 并附上这首和歌将菊棉送还夫人。但听说夫人已从中宫那里返回自身房内，故想此时送还无益，便留下了菊棉。

这是宽弘五年（1008）九月九日的日记内容。日本过去有一种信仰，即在重阳节用沾染菊花香气的棉花擦拭身体就可祛除衰老。日记的内容是，侍女兵部（出身来历不详，属东宫三条院的乳母女官）送来菊棉，并传话："这是藤原道长夫人伦子特意送给您的。"收下菊棉，紫式部作歌一首，想附上这首和歌和菊棉一道送还夫人，但听说"夫人已经返回自身房内"，故想此时送回无益，便留下了菊棉。

> 天皇行幸日期日益接近，土御门邸更加用心装饰打扮宅邸。将各处寻得之美丽菊花挖回种下。色彩多样、色调变异之菊花、色黄优美之菊花、栽种成多种形状之菊花，从朝雾飘散之处放眼望去，竟让我生出返老还童之念想。这又为何？我想自己若不思虑过重，或会热衷于各种风情，言谈举止更显年轻，按自身心意度过此无常浮世。见闻精彩之事，有趣之事，亦仅存有思慕出家遁世之心。忧郁可叹之事增多异常痛苦。

----

① 菊棉，重阳节的仪式之一，即在节日前夜在菊花上罩上棉花，让露水和花香转移到棉花上，翌晨用该棉擦拭身体，据云可达长寿。——译注
② 原歌是"菊の露わかゆばかりに袖ふれて花のあるじに千代はゆづらむ"。——译注

以上是宽弘五年十月十几日写的日记。它接在下述著名的逸闻之后。逸闻说，藤原道长抱起中宫彰子产下的敦成亲王（之后的后一条天皇），被小皇子的尿濡湿身体后居然喜不自胜。而在土御门邸内庭种满菊花这一设计方案，不外乎就是为了在宗教仪式上保持自身统治的永久性和神力，以及象征从"中关白"家夺得领导权的"御堂关白"家族的宽广未来。当然紫式部会说，看着菊花"我生出返老还童之念想"。道长一族的女官们看着菊花，也一定会涌出长寿和繁荣的预感。而且在紫式部的内心世界里，即使看着菊花也会燃起郁闷的火苗。秋山虔正确评价："《紫式部日记》各处都暴露出作者因生活在荣光的世界里，所以反而必须与世界格斗的内面精神。"① 能以如此纯粹的个人眼光和自由不羁的观照态度看待贵族支配的菊花，并沉浸在如此难以疗愈的阴郁心态中的日本人以紫式部为嚆矢。从这个意义上说，紫式部是真正发现"日式产物"的第一人。

菊花在整个中世和近世都占据着庶民为表达自己哀愁的媒介的地位。这是菊花的"民众化"过程。原产于中国的植物完全忘却自己的故乡，将日本列岛视为自己的出生地时，就开始并最终形成为"日式产物"。

十四　秋草

提及秋草，众人脑海里最先浮现出来的就是《万叶集》中的两首和歌：

山上忆良咏秋季野花二首

屈指算来秋野花，红黄七种彩色夸。②（卷第八，1537）

荻花芒穗花，红瞿麦葛花，泽兰牵牛花，黄花龙芽花。③（卷第八，1538）

---

① 秋山虔：《源氏物语》Ⅵ 紫式部与源氏物语。——原夹注
② 原歌是"秋の野に 咲きたる花を 指折りてかき数ふれば七種の花"。——译注
③ 原歌是"萩の花 尾花葛花 瞿麦の花　女郎花また藤袴　朝貌の花"。——译注

　　山上忆良和歌的意思是，在"秋天原野的花朵"中最漂亮的有 7 种（汉文是"可伎数者七种花"），它的重点并不在草。秋天有很多的花都开得十分美丽，但仅说"七"这个数字，它或来自中国律令思维（七教、七经、七顺、七贤、七德、七去、七声、七音、七星等名数①），或来自佛教思维（七佛、七堂、七宝、七难等名数），总之都是大陆文化影响的表现。作为当时最高层次的知识分子，山下忆良在决定最佳"七种""野花"时一定有一种坚实的理由。但这个理由不久就为人所忘，而"七草"这个称呼却固定下来。

　　因为有了这两首和歌，之后在日本文学和植物文化的世界中"秋之七草"的规范被固定下来，但是忆良当时并未打算给"秋之七草"做出等级区分。今天我们数到"七"时只会想到就这么多了。故可以想象，作者当时的动机很简单，他只想咏唱"七"这个概念而已。

　　被忆良夸为首屈一指的荻②，万叶假名汉字写作"芽子"。《万叶集》所咏的植物中荻歌有 141 首，超过梅歌的 118 首，占出现频度数的首位，由此我们可以知道万叶歌人对其的喜爱程度。早先荻字的汉文标注仅限于"芽子""芽""波疑""波义"，之后被改为"荻"。众所周知，荻字在中国与艾蒿（萧）和枰木（楸）同义。日本将其训注为 Hagi，和用 Tsubaki 训注春之木意思的椿字的用意相似，使其具有代表秋草的意思。一般认为，Hagi 这一日语的词源来自 Haeki（生之芽）。虽然沿用这种通说并无不妥，但与此不同的是这种草本植物中国古代称作"胡枝子"（Hu-chih-tzǔ）（Hu-qi-zi）。我们若能考虑到这一点，就有可能认为其中存在着 Huki（chi）→Haki 这种音声转化的可能性。比起通说的"生之芽"（这个词源带有从植物的老枝吐芽的意思），唐音转化说更具有说服力。

　　但即使如此，我也不想说荻是 8 世纪左右引进的外来植物。翻开《万叶集》卷第八和卷第九这两卷，就可以看见它们收录了多少荻歌——前者 35 首，后者 75 首。从这个统计数据我们足以推定，在迁都奈良时环抱平城宫的高圆山、春日野和佐保山附近都长满了茂密的荻

---

　　① 名数，附有单位名称的数，如一公里、五十公斤等。还有带数字的事物名称，如"三景""四天王"等。——译注

　　② 荻，胡枝子，又名芦荻、荻草、荻子、霸土剑，禾本科植物。——译注

草。并且在另一方面，荻草的形姿和信仰的符号都十分符合在律令国家建设时期忙于移植中国文化的贵族文人阶级的审美情趣。若非如此就一定不可能咏唱出如此众多的、凌驾于出现频度第二（木本类第一）的梅歌的荻歌。除去本土自生的品种之外，日本早期似乎也有从中国传入的荻品种。中国并未将荻视为观赏花卉，但将该花制成染料，或将该茎做成室内建材。从这点来看，中国未必轻视荻草。中国还有一种植物叫蓍（Shih），菊科属，茎与荻相似，将它晒干后可用于占卜（之后因使用竹故称"筮竹"），故也称神草（灵草），中国人将它种植在儒者的灵地和墓穴附近。古代日本人似乎掌握了这些知识。因为在律令知识分子视为"虎之卷"的《艺文类聚》卷第八十二"药香草部下"有"蓍"条，似乎那些知识分子将荻和蓍视为同一植物。奈良都城周围簇生如此众多的荻花绝非偶然。

弓削皇子思纪皇女御歌四首

不恋阿妹似秋荻，花开飘散亦相宜。妹不恋我生何益?① （卷第二，120）（弓削皇子）

灵龟元年岁次乙卯秋九月贵志亲王薨时作歌

高圆之野荻花开，徒然开后又谢去。观花皇子今不在。② （卷第二，231）笠金村

天平三年辛未秋七月大纳言大伴卿薨时之歌

命运如此虚且幻，旅人问我荻开否。③（卷第三，455）余明军

三年辛未大纳言大伴卿在宁乐家思故乡歌

栗栖小野荻散时，定是前去祭神灵。④（卷第六，970）大伴旅人

---

① 原歌是"吾妹子に恋ひつつあらずは秋萩の咲きて散りぬる花にあらましを"。——译注
② 原歌是"高円の野辺の秋萩いたづらに咲きか散るらむ見る人なしに"。——译注
③ 原歌是"かくのみにありけるものを芽子の花咲きてありやと問ひし君はも"。——译注
④ 原歌是"指す墨の栗栖の小野の芽子の花散らむ時にし行きて手向けむ"。——译注

荻花盛开时已过，不插头上就此归?① （卷第八，1559）沙弥尼

雄鹿伫立晨原野，荻花如玉沾白露。② （卷第八，1598）大伴家持

较之因恋相思苦，如荻白露消失好。③ （卷第八，1608）弓削皇子

我家园中荻花开，快来观看妹光仪。④ （卷第八，1622）大伴田村大娘

以上按国歌大观编号顺序列出 8 首荻花名歌。将这些和歌合并在一起阅读就可以清楚地发现，作者绝不是漫不经心地眺望荻花。弓削皇子通过第 120 首和第 1608 首这两首歌，将自己与异母姐纪皇女相恋，决心赴死的心绪象征为"荻花"。第 231 首和歌将"荻花"作为贵志亲王死亡的象征。第 455 首和歌是挽歌，说的是大伴旅人晚年预感到自己要死，曾询问："荻花是否又开了?"侍卫兼杂役的余明军一边参加旅人的葬礼，一边回忆起旅人当日作歌的情景，一切宛如历历在目，哀恸不已。第 970 首和歌是望乡歌，说的是旅人在预感死亡时频频想起故乡明日香的"荻散时"。第 1559 首和歌证明了过去将"荻花"插在头上，可产生魔力的说法。第 1598 首和第 1622 首和歌分别运用了"白露"（见于《礼记》《楚辞》）和"光仪"（见于《游仙窟》）这些中国诗文的文字，其特色是再生产了"荻花"的文化价值。

由此我们可以将荻花所寓意的咒术、宗教意义和中国诗文学养的因子都显影在相纸的底片上。若我们要考察日本的植物观赏行为在迈开独立的脚步之前的事项，仅单纯说明花的美丽和生态是远远不够的。荻花

---

① 原歌是"秋芽子は盛りすぐるを徒に挿頭に挿さず還りなむとや"。——译注
② 原歌是"さ男鹿の朝立つ野辺の秋芽子に玉と見るまで置ける白露"。——译注
③ 原歌是"秋芽子の上に置きたる白露の消かも死なまし恋ひつつあらずは"。——译注
④ 原歌是"わが屋戸の秋の芽子咲く夕影に今も見てしか妹が光儀を"。——译注

在飞鸟京城和藤原京城时代之前确实具有自己的"宗教文化象征"意义。在迁都奈良后这种象征意义的比重还有所分化，但随着律令政治机构的象征运用愈发得心应手（换言之，随着该时代的合理主义思维获得领导地位），荻花逐渐变为观赏写生的素材。之所以《万叶集》卷第八和卷第十有110首的荻歌，是因为律令文人官僚已真切感受到宗教文化转换期（过渡期）的时代精神。

进入平安时代，荻被移植到宫廷贵族的庭院之中。不仅是荻，红瞿麦、黄华龙芽、贯叶泽兰等也都转变为园艺品种。过去山上忆良定义的秋季"野花"如今成为"庭花"，变为建构都市文化所需的设计元素。曾经在山野自生自灭的荻是人们吟咏的题材，如今则成为在书案创作的贵族和歌类题体系中的一员。以下是《古今和歌集》的歌例：

深秋荻色变，蟋蟀鸣且泣。如我无安寝，秋夜悲戚戚①。（卷第四 秋歌上，198）佚名

秋荻孤寂垂头时，山麓悲啼鹿念妻。②（卷第四 秋歌上，216）佚名

秋萩花开处处美，高砂山鹿唤妻鸣。③（卷第四 秋歌上，218）藤原敏行

飞鸣高空雁落泪，伤感庭园萩染露。④（卷第四 秋歌上，221）佚名

《古今和歌集》并非如人们所想是纯日本美学的现实化表现，相反却强烈受到中国诗文的影响。我们尤其不能忽视它创作、构思的场所都

---

① 原歌是"あきはぎも色づきぬればきりぎりすわがねぬごとやよるはかなしき"。——译注
② 原歌是"秋はぎにうらびれをればあしひきの山したとよみ鹿のなくらむ"。——译注
③ 原歌是"秋はぎの花さきにけり高砂をのへのしかは今やなくらむ"。——译注
④ 原歌是"なきわたるかりの涙やおちつらむ物思ふやどのはぎのうへの露"。——译注

仅限于律令宫廷沙龙。即使它追求咏唱荻的美景，但最终我们也无法说它已穷尽了该植物之美。稍后的"摄关"时代作品《枕草子》记述："荻花色泽浓烈，开放于婀娜枝条上，为朝露所湿后软颤颤地向四周伸张，或俯卧在地面。雄鹿站在荻旁，尤为可亲可爱，这也很有意思"（第67段落 草花），证明了荻花已经很难冲决出固化的美学框架。纵观王朝和歌史，荻和露、荻和鹿、荻和雁、荻和小河、荻和宫野城（作为和歌的"枕词"还有伏见里、宇陀野、真野和交野）等配对的方程式最终都无法消失。中世之后《无名抄》记载的橘孝中的风雅舞蹈和狂言《荻大名》等才终于突破固化的荻美学，有了个人的个性演出。荻完全进入庶民的生活则是近世之后的事情。

接下来要考证"尾花"即芒草。

芒草的词源，按《大言海》及之后的其他辞典解释是叶片生长繁茂的态貌或长势良好的草。也有人说是草木丛生的态貌或有芒针的荒草。《万叶集》有两首和歌：其一是"通往妹家路有竹，篠芒靡伏把路开"[1]（卷第八，1121）；其二是"守家看田怀想起，秋荻芒芒佐保里"[2]（卷第十，2221）。稳妥地说，其中的"芒"字是草木簇生的意思。过去Susuki（今天的"芒"）的训注汉字"薄"原来也是宽广茂密的草原的意思。它的另一个训注汉字"芒"是叶尖的芒针、刺或尖端的意思。我总觉得"长势迅猛"的说法缺乏说服力。大正时代植物文化志先驱前田曙山[3]的说法似乎比较稳妥："大凡固定在某处开花或丛生之物过去叫Susuki（芒），但由于时代变化，今日之芒者因具有簇生的性质，故抢了别人的拿手好戏并取而代之，与说到花即指樱花有异曲同工之妙。"[4] Susuki的别名除了Obana（芒）外，还有Kaya（芒＝茅草），但这些别名都限定使用在"花穗"和"割草"这些意思当中。以上的刨根问底似乎是在做无用功，但之所以还要这么做，是因为我想说明Sus-

---

① 原歌是"妹らがり我が通ひ道の小竹すすき我れし通はば靡け小竹原"。——译注

② 原歌是"我が门に守る田を见れば佐保の内の秋萩すすき思ほゆるかも"。——译注

③ 前田曙山（1872—1941），小说家和园艺家，毕业于日本英学馆。因其兄前田太郎是砚友社成员，故他从1891年开始就发表小说《江户樱》，成为砚友社的作家。其间创刊《园艺之友》，还担任俳谐杂志《砧》的总编辑。1923年在《大阪朝日新闻》连载长篇小说《燃烧的漩涡》，1924年在《东京朝日新闻》连载《落花之舞》，均获得好评，确立了大众小说家的地位。——译注

④ 前田曙山：《采集栽培与趣味的野草》芒草。——原夹注

uki（芒）在上古是重要的建筑材料，或是某种咒术工具。仅是这种野草在进入平安时代之后也没能成为观赏园艺植物。

出人意表的是《古今和歌集》中咏芒的和歌极少，这也是因为它脱离了王朝美学的框架。清少纳言在《枕草子》中列举的"最佳十种秋草"也没有芒草，但到晚年她做了补充和修正："有人说不把'薄'放入'秋草'中很是奇怪。秋天原野上最有风情者乃'薄'。其穗顶点染着浓烈之苏枋色，为朝雾濡湿而随风飘荡。如此有趣之植物何处可见？而至秋末则毫无看头，种种色彩之盛开花朵皆凋谢至无影无踪。冬末'薄'头被白雪覆盖自己亦浑然不知，随风摇摆，如同追怀往昔之大好时光。此种情形与人极相像。我有心接近冬'薄'，觉得它太可怜了。"（第67段落 草花……）可以明显看出，进入老年之后，作者的日常生活境况投射到这段文字当中，的确令人心痛。年少时才华横溢的清少纳言根本不将芒草放在眼里，然而老年的清少纳言却最终开眼观赏了芒草，成为发现"芒草之美"的第一人。

到中世，鸭长明《无名抄》描写了登莲法师这个史无前例的"芒草痴"，据此人们开始对这种"芒草之美"展开彻底的研究。话说登莲法师听说有位住在渡边的圣人知道"红色芒草"，故穿戴蓑衣和斗笠走向雨中。众人大惊，试图阻止。法师对众人说："此言大谬！人命岂待雨歇？晴雨之间贫僧可死，圣僧亦可死，届时向谁请教？请大家静候。"言罢即疾步而去。故事末尾附有鸭长明的批评："真乃风雅之士。登莲法师如其心意寻获'红色芒草'之秘密后却秘藏之。"同时代的《夫木和歌抄》中可见"薄叶忧郁濡湿重，倒向西风骤雨时"[1]（藤原定家）、"哀哉无门庵篱内，招人惟有薄一丛"[2]（慈圆）、"薄梢一丛屋标识，拨开薄花春日晨"[3]（光台院入道）等和歌，作者对芒草的欣赏确实和古代有很大的区别。到中世末期，出现了"姬芒""丝芒""鹰羽芒"等芒草的园艺品种，它们和幽玄美、余情美的确立也无关系。

葛这种豆科多年生草本植物最终也没能实现园艺化。在近代，庶民曾尝试将其作为盆栽培育，但最终未能使其开花。葛的藤蔓在山野草木

---

① 原歌是"うちしめり薄のうれ葉おもりつつ西ふく風になびく村雨"。——译注
② 原歌是"あはれなり門もなき庵のませの内にこぬ人招く薄一もと"。——译注
③ 原歌是"一むらの梢を宿のしるべにて尾花分けゆく道のはるけさ"。——译注

间绵延缠绕，这种粗犷的美才是葛的亮点。特别是葛根可以提取淀粉（葛粉），其茎部纤维可以织成葛布，故自古以来葛都具有实用价值。葛的词源据说来自卖葛粉的吉野国栖（Kuzu，与葛的发音相同）人，所以后来人们就自然地将"葛"读作"Kuzu"。但我认为它的读音是从汉名"葛"的读音"Katsu"转换而来，而且这种说法更为自然。但无论如何，葛不仅有其功用，花也很美丽。我们不得不惊叹最早发现该花之美的山上忆良具有的审美眼光。杜甫诗"方士飞轩驻碧霞，酒寒风冷月初斜。不知谁唱归春曲，落尽溪头白葛花"虽为绝唱，但忆良应该不知道这首诗。需要说明的是《万叶集》中咏葛的和歌共有 18 首，但咏葛花的仅第 1538 首这一首。

　　泽兰除同葛花一道在《万叶集》出现过一次外，在其他文献中则一首未见。① 泽兰的汉名是"兰"或"兰草"，本草学称其泽兰或不老草。大约在奈良时代传入日本，在《怀风藻》中多次出现。《艺文类聚》卷第八十一药"草香部上"列举了大量出典："《说文》曰。兰。香草也。《易》曰。同心之言。其臭如兰。兰。芳也。《礼记》曰。妇人或赐之茝薄。则受。献诸舅姑"，等等。可以明确的是，律令贵族官僚从中学到了兰的文化价值。奈良时代的正式称呼是 Rani（兰）（或许第 1538首和歌的"又藤袴"是"兰什么什么"的误写，有人想用二字训读为Rani）。到平安时代，《源氏物语》"藤袴"（兰草）卷中有以下记述：

　　　　心想此时正好，"中将"便将手持之美丽兰花从帘子下方送入其中，并说："此花与今日之我们十分般配。"说罢还一直拿着此花等待玉鬘接过。玉鬘不得已想接过此花，不料此时"中将"拽住玉鬘之衣袖，吟歌道：

　　　　同沾野露兰花萎，轻声细语对渠说。②

　　由此我们可以知道，王朝时代既有"兰"这个正式的汉字名称，还

----

　　① 原歌是"萩の花 尾花葛花 瞿麦の花　女郎花また藤袴（泽兰）　朝貌の花"。参见本文篇首译歌：荻花芒穗花，红瞿麦葛花，泽兰牵牛花，黄花龙芽花。（卷第八，1538）——译注
　　② 原歌是"おなじ野の露にやつるる藤袴哀れはかけよかごとばかりも"。——译注

有"藤袴"这个优雅的假名读法，二者指同一种植物。《经国集》等证实，兰和菊、茱萸配对，在宫廷的重阳节宴会上构成不可或缺的花卉组合。另一方面，《古今和歌集》等对"藤袴"这种植物具有招人怜爱的一面和淡雅的清香未有深入的表达，而仅对这个名字的趣味性产生兴趣，因为它为贵族的语言游戏提供了恰好的素材。"谁来脱下挂枝上，秋来藤袴飘清香"①（藤原敏行）和"借宿者留纪念物，难忘紫袴发清香"②（纪贯之）等就是这一类的和歌。

在秋草中务必要提及的就是山上忆良歌中的"朝貌之花"（原文汉字是"朝貌之花"）。就此"朝貌之花"自古以来就有"牵牛花说""木槿说""桔梗说""旋花说"这4种。今天的植物学家支持"桔梗说"。其根据就是现存最早的汉和字典《新撰字镜》（成书于898年左右）记述"桔梗，加良久波又云阿佐加保"，以及它作为秋天的野花与周边环境十分般配这两点。但其他辞典（如《和名类聚抄》和《类聚名义抄》等）也将牵牛花和木槿记作"阿佐加保"，因此没有任何理由说我们只能重视《新撰字镜》。换言之，我们不能得出"桔梗说"一定正确的结论。

支持"桔梗说"的植物学家为反驳"牵牛花说"和"木槿说"而举出的理由是这些植物都是外来植物。例如，牧野富太郎就说过："木槿是由中国传入的灌木，绝对不属于日本的秋之七草之一。""牵牛花最初是作为药用植物从中国引进的。因为该花的形姿非常亲切可人，在栽培的过程中变化出各种花色，故最终从实用花卉转变为观赏花卉。"③如果说是外来品种或药用植物而不符合日本秋草的资格，那么桔梗也同样没有这个资格。因为 Kikyo（桔梗）这个读音就是从汉名桔梗（Chieh—keng）的读音变化而来。又因为中国最早的博物学书《神农本草经》就已经记载桔梗的根具有化痰祛湿的功效。当然现在日本全境都分布着该自生品种，但重视桔梗的理由，最主要的还是它在唐文化中起到了很大的作用。因此现代植物学家将《万叶集》中的"朝貌"断定为桔梗的各种说法均未经过充分的论证。

---

①　原歌是"なにひとか來てぬぎかけし藤袴くる秋あきごとに野べをにほはす"。——译注

②　原歌是"やどりせし人のかたみか藤袴わすられがたき香ににほひつつ"。——译注

③　牧野富太郎：《植物一日一题》。——原夹注

　　纵然假定桔梗落选于"秋之七草"，但桔梗花之美也绝不会因此改变，该花及其"桔梗色"的色名同时浮现在我们眼前的淡雅风情也绝不会因此降低。

　　翻检中国古典出现的"桔梗"用例可以发现，除去药剂、处方之外就别无其他记载。仅在《战国策》（成书于公元前 10 年左右）中可见"淳于髡曰：不然。夫鸟同翼者而聚居，兽同足者而俱行。今求柴胡、桔梗于沮泽，则累世不得一焉"的记载。说是与孟子同属周代的纵横家淳于髡服侍于齐宣王，1 天内向齐宣王引荐了 7 个士（优秀人才）。齐宣王有意见："人数也太多了。"淳于髡回答："不多。翅膀相同的鸟聚居在一起生活，足爪相同的兽一起行走。如今到湿地去采集柴胡、桔梗，那几十年、几百年也不能得到一根。同理，我淳于髡是贤士，那么可呼朋唤友的人才就一定会聚集在一起。"淳于髡是齐宣王的智囊，以其智慧和幽默活跃在后者的身边。他之所以在那个时代提及桔梗，是因为桔梗作为药材而受到重视。晋干宝《搜神记》也记述："鄱阳赵寿，有犬蛊。时陈岑诣寿，忽有大黄犬六七群，出吠岑。后余相伯归与寿妇食，吐血，几死。乃屑桔梗以饮之而愈。"它说明在那个时代（公元 4 世纪）桔梗在道教仙术体系中扮演了极为重要的角色。

　　总之桔梗乃"乌托邦之草"。作为万叶时代最高级的知识分子及汉学家的山上忆良肯定知晓这个植物。正因为知道，所以将桔梗列入"最佳七种秋草"之中。作为结论，我也支持"朝貌乃桔梗"的说法。

　　我们必须明白，"朝貌之花"是牵牛花也好，木槿也罢，旋花或桔梗也行，这 4 种植物无一不是引进的品种。这么说来，山上忆良所选的七种秋草中的红瞿麦（《万叶集》中也标注为"石竹"，他所咏唱的 26 首和歌全部集中在天平期间）和黄花龙芽（汉名为"败酱""苦斋""苦荬"）也都是引进品种。

　　关于红瞿麦，白井光太郎在《日本园艺史》中断定："此时仅有本土品种，汉种尚未传入。汉种传入后有人将本土品种称为大和红瞿麦，将传入的汉种称为唐红瞿麦，以示区别。"但植物观赏栽培这种极度高级的"文化行为"无论如何都是从中国学到的。请看以下两首歌所包含的象征意义：

庭植石竹何时开，开时欣赏花即汝。① （卷第八，1448） 大伴家持

石竹花种给谁看，别无他人全为汝。② （卷第十八，4070） 大伴家持

总之我们可以推论，山上忆良选定的"七种秋草之花"全都产自中国。这些花是"秋野之花"，也集中地憧憬着先进国家的"文化之花"。

十五　枫

枫树即槭树科槭属的槭树（Acer Palmatum），即使是同一品种，也有许多的园艺变种，其叶片的形状和颜色之多令人咋舌。槭树有如此多的园艺变种，其原因和梅、菊、牡丹一样，都是贫穷但生活在和平时代的近世庶民对之着迷并不断努力培育新品种的结果。很久以前牧野富太郎在《随笔草木志》中说过："原本我国没有但从中国或朝鲜引进后成为我国的植物，而且其美可以夸耀于世界的品种绝不在少数。比如牡丹、芍药、莲、绣球花、海棠、牵牛花、石竹、玉兰和菊花等。其中牡丹、芍药和菊花的品种极多，特别是菊花，它在古代从中国传入之后在我国得到巨大的发展，出现了各种名花，品种多达几百种之多，甚至大大超过原产国中国。"③ 日式产物、日本文化、日本人心性等所谓的思维形态也和上述植物一样，显示出以下的发展过程，即一方面逐渐将外国文化变为自身文化，另一方面在此基础上又开创出新的文化，将外国文化抛在身后。

不过枫树是日本列岛自生的木本植物，并非从中国引进，因此它不是将外来文化改造为本国文化，最后超越外国文化那种日式思维的物化例证。然而经过认真查证我们可以发现一个事实，那就是从平安时代一直到近世，日本的植物爱好者都一直坚信枫树绝对是产自中国的植物，

① 原歌是"吾がやどに蒔きしなでしこいつしかも花に咲きなむなそへつつ見む"。——译注
② 原歌是"一本のなでしこ植ゑしその心誰れに見せむと思ひ始めけむ"。——译注
③ 牧野富太郎：《随笔草木志》足以夸耀世界的日本植物。——原夹注

并且赋予枫树以很高的价值，即它具有和梅、菊、牡丹等同级和同质的品格。

在最早关注枫树之美和品格的古代知识分子，心中有一种文化心理因素在作祟，即为了找到枫树在诗文（文学和艺术）中的存在理由，或使其在宫廷礼仪（游戏仪式）中可以发挥重要的作用，若不在中国典籍中找到证据或出处就无法安心。简单来说就是，在平安王朝时代兴起了一种文化现象，即枫树（或称为红叶）无论是作为文学素材，还是作为宫廷游戏的媒介都深受尊重。此时的文学家和宫廷游戏者在自身的文化意识中都认为，枫树在先进文明国家中国被看作灵木（神圣的树木），所以我们日本人也应该尊重这种灵木。也就是说，他们都明白中国的"枫树"等同于日本的"蛙手"或"红叶"，而且有着高贵的典籍出处，所以自己能够放心地欣赏枫树的红叶和嫩叶。事实上，平安王朝贵族绝不轻易冒险追求中国诗文未有记述的美学志向，或举办中国法典未有前例的仪式活动。很多人都误将《古今和歌集》等认为是日式诗情的精粹，但若认真考究就会明白一个事实，即那些作品从咏材到咏法都以中国诗文为蓝本。正因为枫树（《古今和歌集》的部类是红叶）在中国美学中可以找到典籍出处，所以当时才会有那么多人狂热地亲近它，并且咏唱出如此众多的和歌。

在平安王朝贵族文化意识中的"美的事物"和"有品位的事物"，都必须能在中国诗文中找到出处，但令人困惑的是，中国诗文中出现的"枫"并不长在日本，同样，像日本那样令人炫目的红叶植物也不生长在其他国家。因此有人在所谓的人文主义（尊重原典主义）探究过程中就产生了"混乱"。有关律令国家形成时期（公元700年前后）日本用 Tsubaki（山茶）代替中国"椿"的经纬，我在前文有过叙述。与该经纬完全相同，我们在此还能验证一个事实，即在平安时代（9世纪）初期日本用红叶植物代替了中国的"枫"。

这个事实恰好可以映射出日本思维的"祖型"。即日本的知识分子阶层（于宫廷仪式层面）在理念上（或名义上）接受和沿袭中国文化的符号体系，但实际上（或制度上）只能用身边的日本列岛原产植物进行替代，并将二者混为一谈。

请看史料：

重阳节神泉苑赋秋可哀。应制。　　皇帝在东宫

　　秋可哀兮。哀秋景之短晖。天廓落而气肃。目凄清以光微。潦收流洁兮。霜降林稀。蝉饮露而声切。雁冒雾以行迟。屏除热之轻扇。授御枣之寒衣。秋可哀兮。哀百卉之渐死。叶思吴江之枫。波忆洞庭之水。草变貌以摇带。树□容而悬子。秋可哀兮。哀荣枯之有时。送春光之可乐。逢秋序之可悲。嗟摇落之多感。良无伤而不滋。凄承弁於岳兴。想拊衾于湛词。粤采萸庆之辟恶。复摘菊蕊之延期。小臣常有蒲柳性。恩煦不畏严霜飞。

重阳节神泉苑赋秋可哀。应制。　　滋贞主

　　秋可哀兮。哀秋候之萧然。潘郎可哀之歌叹。楚客悲哉之篇。虫惨凄而声冷。露咄咤而泣悬。班姬酷怨因轻扇。青女微霜自旻天。却细绤于云匣。授寒服于香筵。秋可哀兮。哀卉木之洒落。具物缩悴。爽气辽廓。烟断崇岭。云愁幽溪。淮南木叶声虚散。上苑枫林阴未薄。幕下巢空燕早辞。湖中洲喧雁始归。节灰尚如此。情人谁不悲。秋可哀兮。哀秋晖之易斜。岩筵扫叶。藤杯挹霞。朗吟听竹树。夕照倒水砂。脆柳暮兮观疏星。丛兰蔚兮闻浓馨。物色暂虽使人感。潭花但喜益仙龄。

　　这两首赋都收录在《经国集》（成书于 827 年）卷第一"赋"中。《重阳节神泉苑赋秋可哀。应制。皇帝在东宫》和《重阳节神泉苑赋秋可哀。应制。滋贞主》是 17 首赋中 9 首秋赋的两首。说是太上天皇即嵯峨天皇于其在位期间（809—823）的某年重阳节那天，在神泉苑（平安京城皇宫禁院中的一个池塘。据传是遗址一部分的小池塘现在留存于二条城西南附近）举办诗酒宴。天皇先咏出《秋可哀》此赋，对此皇太子（之后的淳和天皇）、良安世（良岑安世）、仲雄王、菅清公（菅原清公）、和真纲（和气真纲）、科善雄（仲科善雄）、和仲世（和气仲世）、滋贞主（滋野贞主）8 人也以相同题目作赋。查《类聚国史》可知嵯峨天皇在九月举办过两次宴会，分别是"大同四年九月乙卯。曲宴。赐五位已上衣被"和"弘仁三年九月丁丑。曲宴。奏乐。赐侍臣禄有差"，故可以推定以上两赋就咏自其中一次的宴会上。
　　我们要讨论淳和天皇的作品第 3 行和第 4 行的"叶思吴江之枫。波

忆洞庭之水"和滋贞主的作品第4行和第5行的"淮南木叶声虚散。上苑枫林阴未薄"这两个对句。

淳和天皇的这个对句吟咏的是哀秋，提示了各种草木相继死去这一主题，之后他又描写树叶如何，波浪如何，草木如何。我们必须在这些描写句的文脉中才能理解它的意思。"叶思吴江之枫。波忆洞庭之水"此句中的吴江，指流经过去的吴地即江苏省的大河，故此句只能理解为在描绘中国的秋天景象。"吴江之枫"当然指江南的枫树。江苏省一带多枫树通过《唐诗选》张继那首著名的七言绝句《枫桥夜泊》也可以想象。"月落乌啼霜满天，江枫渔火对愁眠。姑苏城外寒山寺，夜半钟声到客船"中的"江枫"说的就是这种枫树。关于此二字，俞曲园所题的苏州寒山寺诗碑碑后刻有曲园对此的考证，认为"江枫渔火"是"江村渔火"的误写。由于无法尽信有该出典的《中吴纪闻》一书，所以我们还是坚持"江枫渔火"的说法。诗中说在一个难以入眠的下霜的夜晚，我在半睡半醒迷迷糊糊之间突然醒来，透过枫桥（苏州阊门外西郊的一座桥）边茂密丛生的枫林看见对岸星星点点的渔火。此诗将羁旅的惘然心情微妙地寄托在"江枫渔火"之中。退一步说，我们即使采信"江村渔火"，但看到诗题的《枫桥夜泊》也能想象江苏省一带过去有许多枫树。淳和天皇的"叶思吴江之枫"不知是依据文献（有可能他已知晓张继的这首诗，但我们还是不要急于将此二者结合起来更为合理），还是依据刚回国的人的报告而创作出来的。总之，作者并未见过"枫"树的实物，并且正因为如此，他才能通过"吴江之枫"这一词汇描绘出自己憧憬的"文明之国"的意象。再看与此句对应的"波忆洞庭之水"也只能做出这种判断。

对句"淮南木叶"和"上苑枫林"的作者滋贞主，事实上也未见过实景或实物。毫无疑义，他同样是根据文献知识描绘出自己的想象世界，也表达了自身的憧憬。

为何中国的"枫"树会如此受到推崇并成为被"憧憬"的对象？

自8世纪初以来日本律令官人贵族置于案右备查的类书是《艺文类聚》。其卷第八十九"木部下"除介绍杨柳、柽、椒、梓、桂等灵木外，还有"枫"的条目，其中记述："《山海经》曰。黄帝杀蚩尤。弃其械。化为枫树。《离骚·招魂》曰。湛湛江水上有枫。目极千里伤春心。晋《宫阁名》曰。华林园枫香三株。《南方草木状》曰。枫香树。

子大如鸭卵。二月华色。乃连著实。八九月熟。曝干可烧。惟九真郡有之。""《尔雅》曰。枫聂^{之某反}。天风则鸣。故曰聂。聂树似白杨。叶圆而岐。有脂而香。今之枫者。山名见老山上。长枫千余丈。肃肃临涧水。《周书》曰。渠州言凤皇集于枫树。有乌列侍。【诗】梁《简文帝赋得咏疏枫》诗曰。萎绿映青葭。疏红分浪白。花叶洒行舟。仍持送远客。"从中我们可以推测，枫这种植物具有很强的精神性，并且是具有神秘感的树木。因此一意模仿中国的《怀风藻》歌人似乎对枫抱有恐惧，仅留下一首汉诗。对此唯一的一首汉诗容后再叙。总之，能辨识松、柳、竹等灵木的性质并对其尊重的诗人唯独无法对付枫树，阅读《艺文类聚》这部分时也显示出懵懵懂懂的状态。因为他们都未见过实物。

《万叶集》有两首咏"红叶"（枫）歌：

望见庭院红叶时，无日不想阿妹你。^①（卷第八，1623）大伴田村大娘

子持蛙手红叶前，哥欲睡汝汝何想？^②（卷十四，3494）佚名

前一首的"枫"的万叶假名汉字是"蛙手"，后一首的是"和可加敞流弓"（意同"蛙手"）。之所以被叫作"蛙手"，是因为槭属植物的叶形通常会分裂成三瓣到七瓣，形似青蛙的手掌。《万叶集》汉字写作"蛙手"等是一个有力的证据。这里我们要注意的是，在万叶人的文化意识和民族心理中浮现出的"蛙手"根本不被视为外来植物这一事实。简单来说就是，他们根本就没有想到日本的"蛙手"和中国的"枫树"是同一植物。如果他们认为是同一植物，那么《万叶集》中（《怀风藻》则更进一步）就会有更多的歌例，其象征意义也会更接近复杂多样的中国的象征意义，但事实上从上举的两首和歌中无法感受到一丝那种象征意义。

---

① 原歌是"我が宿にもみつ蝦手見るごとに妹を懸けつつ恋ひぬ日はなし"。——译注
② 原歌是"子持山若かへるでのもみつまで寝もと吾は思ふ汝はあどか思ふ"。——译注

对奈良时代知识分子而言，"枫"只是乌托邦里的植物而已。进入平安时代后，当所谓的"国风沦陷"、向"唐风一边倒"的风潮（实际上这种思潮贯穿着整个古代日本文化时期）高涨起来时，中国的灵木"枫"始终处于未见实物、真身不明的状态，所以总让人感到不合时宜。首先，"枫"并未扎根于宫廷生活，因为这有损执权者的威望。因此中国古典中出现的"枫"的性质之一，即到秋季树叶就变红的这一特性被贵族知识分子挑选出来，并扩大运用，最终形成了秋季树叶转红的树就是"枫"这一文学方面的共识。前引《经国集》的两首赋等可谓着该共识先鞭（顺便要说一下，《经国集》同一部类中还有科善雄的作品，其中有"树在庭前而并槭。草非塞外以具衰"的对句。这个"并槭"也读作"Seki to narabu"［与槭并列］，即"槭"与"枫"同义。这个说法也见于萧颖士诗"相彼槭矣，亦类其枫"［《江有枫》］。由此科善雄这个咏枫的赋例就变得十分重要。此时《经国集》的咏枫赋例总共有 3 首）。

中国的"枫"树是金缕梅科乔木，叶尖稍圆，裂为三瓣，有香气。风吹过时叶片一起摇动，从远处也能看得很清楚。以至有人说会意文字的"枫"由"风"衍生而来。中国最早的词源辞典《说文解字》（成书于 100 年左右）记述："枫木厚叶弱枝，善摇，汉宫殿中多植之。至霜后叶丹可爱，故骚人多称之。"据说由此还产生了将天子的宫殿称为"枫宸"的别称。这种植物与风的关系在前引的《尔雅》中也说明："天风则鸣聂聂。"《述异记》（成书于 500 年左右）则记述："南中有枫子鬼，枫木之老者为人形，亦呼为灵枫，盖瘤瘿也。至今越巫有得之者，以雕刻鬼神，可致灵异。"由此可知过去有将这种老木用于制作咒术工具以招神的宗教习俗。总之，唯一可以确定的是，在中国枫树是极其贵重的树木。

平安王朝知识分子认为，中国古典文献所说的话一律正确，自己做任何事都要在汉籍中寻求出处，故必须将过去直到那时始终未见实物、真身不明的"枫"这种灵木选作文学素材，这时他们就将《说文解字》等说的"汉宫殿中多植之，至霜后叶丹可爱"这一性质与日本宫中庭院种植的、一到晚秋就满树红叶的"蛙手"联系起来，用"蛙手"训注"枫"。不仅是在法令和仪式的执行方面，所有不能理解的事物也都采取全部舍弃，或以"代用品"充数的方法办理，这就是律令文化领导层惯用的处置方法。根据这种方法，他们选择了日本的"蛙手"代替"枫"。那时是一个有宫廷权威和权力作后盾就可以决定文学概念的时代。此后中国的"枫"即日本的"蛙手"这一公式就此确立，奈良时代之后律令文人贵族的沙龙"作业"也就此得以完成。

现在日本的"枫"被训读为"Kaede"（"蛙手"），枫的定义也被说成是槭树科红叶树（《诸桥大汉和辞典》及之后的任一辞典都沿袭这种说法）。面对这一事实，我们不能仅认为它是"谬误"或"误用"。因为正确的说法应该是"代用"而不是"误用"；也因为大家都心知肚明，所以平安律令文化人就认定"枫"等同于"蛙手"；还因为如果要指责的话，那么该负责的就是将政治权力移用于知识权力的王朝文化话语模式。

然而，从植物学专业的角度来看，"枫"即"蛙手"这一说法绝对是错误的。这里要再次引用牧野富太郎的观点："枫字在我国长期以来都用于说明蛙手，特别在诗中有丹枫等词。虽然这个枫字频繁用于我国的红叶即蛙手，但时至今日说其误用已属陈腐。即使如此，在千万知识盲人中间，对此无知无识的人也不在少数。枫和蛙手毫无瓜葛，仅在叶片变红这点上与后者一致，其学名是 Liquedambar formosana HANCE. 属金缕梅科乔木，在中国大陆及台湾省均有分布。"[1] 贝原益轩《大和本草》（1709）和寺岛良安《和汉三才图会》（1713）等在很早时都指出将"枫"训注为"Kaede"（"蛙手"）是错误的。在此我不得不再次叹服这些科学家的确是慧眼如炬。

具有科学家慧眼的还有平安时代初期的本草学家深根辅仁，他在《本草和名》（成书于918年）说过："枫香脂一名白膠香 五月斫树为坎 十一月采脂 枫树一名橀一名格柜 音炬已上出兼名苑 和名加都良。"据此我们可以明确知道，在日本本草学世界中"枫树"等同于"加都良"（天竺桂或木犀）。源顺编《和名类聚抄》（成书于931—918年）注释："枫一名橀和名乎加豆良""桂一名棧和名女加豆良"，将"枫"理解为"乎加豆良"（日本莲香树或桂树），将"桂"理解为"女加豆良"（日本莲香树或桂树），二者实则同一树种（附注：《和名类聚抄》记述："《杨氏汉语抄》[2] 云鸡

---

① 牧野富太郎：《趣味的植物志》槭树果真是"蛙手"吗？——原夹注

② 《杨氏汉语抄》，日本佚书，成书于公元8世纪（奈良时代）左右。——译注

冠木为加倍天乃歧［蛙手］。"由此可知将"蛙手"标注为"鸡冠木"也是日式汉语的通行做法）。

至此当然要将焦点集中在"桂"上。《万叶集》中咏"桂"的歌有4首，其中3首的汉字均标注为"枫"：

能观难触月中枫（桂），爱汝不知如何说。① （卷第四，632）汤原王

手持对山枫（桂）树枝，盼花开放空叹息。② （卷第七，1359）佚名

红叶时分望月枫（桂），枝叶尽染色斑斓。③ （卷第十，2202）佚名

天海月船有壮士，频用桂楫奋力划。④（卷第十，2223）佚名

中国自古就有月宫生桂树的传说。毫无疑问，万叶人是凭借中国古代信仰和相关知识才咏出"月中枫""对山枫""月船……桂楫"这样的和歌。文人贵族随时携带的《艺文类聚》"桂"条目记述："南朝（梁）庾肩《吾咏桂树》诗曰：新丛入望苑。旧干别层城。倩视今移处。何如月里生。北朝（周）王褒《咏定林寺桂树》诗曰：岁余凋晚叶。年至长新围。月轮三五映。乌生八九飞。"将桂和船联系在一起的记述有："《楚辞》曰：桂棹兮兰枻。……又曰：沛吾乘兮桂舟。"将桂与山联系的记述有："《山海经》曰：招摇之山。其上多桂""《神仙传》曰：离娄公服竹汁。饵桂得仙。许由父。箕山得丹石桂英。今在中岳"，等等。因此《万叶集》的"桂"歌只能解释为是未见桂树实物的作者根据文献获得的知识创作的成果。《怀风藻》中也有很多咏"桂"诗。与月、舟相

---

① 原歌是"目には見て手には取らえぬ月の内の楓のごとき妹をいかにせむ"。——译注

② 原歌是"向つ岳の若楓の木下枝取り花待つい間に嘆きつるかも"。——译注

③ 原歌是"黄葉する時になるらし月人の楓の枝の色づく見れば"。——译注

④ 原歌是"天の海に月の船浮け桂楫かけて漕ぐ見ゆ月人壮小"。——译注

关的有文武天皇的《咏月》诗："月舟移雾渚。枫（桂）楫泛霞滨。"这首
文武天皇的"枫"（桂）诗是《怀风藻》的唯一一首"枫"（桂）诗。作
者的本意是将"枫"等同于"桂"，但不论哪一种植物都是虚构的植物。

《万叶集》和《怀风藻》中出现的日本桂树汉字标注为"枫"或
"桂"，只用于表示"非此世树木"的符号。日本在藤原京、奈良京时
代之前一直严守这个规则，直到平安京时代才将桂树视为实际的植物。
日本特产的落叶乔木大桂树也升格为灵木的"桂"。它似乎非常适合平
安王朝贵族的趣味而出现在《枕草子》和《源氏物语》中，但在早期
的例文《伊势物语》中它却以讽刺作品的形式出现（请与《万叶集》
第 623 首和歌比较）。该第 73 段落说：

> 据闻过去她居于彼处，但无法给她写信寄去。男子思此咏道：
> "我知彼居所，鸿雁永不通。好似月中桂，高居碧海中。"①

总之，当时可以一直将其作为想象中的"乌托邦植物"，但到平安
时代，宫廷贵族觉得有必要强选一个实物即"真品"，于是就匆忙按照
"枫"→红叶树→"蛙手"这一思维公式进行同义转化，给后世的文学
思维和科学思维都带来了巨大的混乱。这种思维上的混乱在很长时间内
还成为日本文化的基本特征。重新梳理植物的汉名与和名的关系绝不会
没有意义。

十六　柳

众所周知，杨柳（Yanagi）是从中国传来的植物。但在原产地的中
国，杨柳的种类竟多达 130 种以上，其称呼并不确定。然而，日本不知
从何时开始把枝条下垂、婀娜多姿的垂柳（线柳）一类称为柳，而把
枝条上翘的河柳（猫柳②）一类称为杨。这种分类大谬不然。若要强分
为两类，则柳、小杨、杨柳属于 Salix babylonica 类，水杨、蒲柳、青杨

---

① 原歌是"目には見て手にはとられぬ月のうちの桂のごとき君にぞありける"。——译注
② 猫柳，别名银柳、蒲柳、银芽柳（Cattail Willow），产自我国的东北地区和朝鲜半岛，
日本也有分布。——译注

属于 Salix purpured 类，如此方为合理。因此还是不能光从字面意思，
就扬扬自得地区分说这是"杨"，那是"柳"。因为汉字的用法理应遵
循皇皇的中国古代经典，但偏巧仅限于 Yanagi 的称呼却不易从那些经
典中找到统一的解释。

中国最早的事典《尔雅》记述："柽，河柳。旄，泽柳^{生泽中也}。杨，
蒲柳。"中国最早的字书《说文解字》记述："杨，蒲柳也，从木昜声。
柽，河柳也，从木圣声。柳，小杨也，从木卯声。"中国最早的诗集
《诗经》说："东门之杨，其叶牂牂。""昔我往矣，杨柳依依。今我来
思，雨雪霏霏。""南山有桑，北山有杨。乐只君子，邦家之光。""菀
柳^{篇名}刺幽王也，暴虐而刑罚不中。有菀者柳，不尚息焉。"如此看来，
即便是在中国，自古以来对"杨"和"柳"的区别亦不甚严密。中国
最早的百科全书《艺文类聚》有意避免区分"杨"和"柳"，而用
"杨柳"的总称将"杨"和"柳"归于一个条目，并另设"柽"的条
目。其苦心孤诣历历在目，诚为明智之举。

8 世纪的日本律令文人贵族常年将《艺文类聚》置于案右，以此时
时参照创作汉诗。杨柳最早登上日本文学舞台是通过《怀风藻》收录
的汉诗，稍后是通过《万叶集》收录的和歌，而"记纪"神话并未记
录杨柳。从这点来看，可以推测杨柳是在奈良时代中叶以后从中国引
进、移植的树木。同梅树、桃树一样，杨柳从 8 世纪中叶开始就和文
献（诗文）一道被引进日本。受此恩惠，它很快就在律令社会统治阶级
"文化意识"体系中占据很高的位置。律令知识分子为杨柳的绰约风姿
倾倒，对先进国家的文化仰慕不已，同时也念念不忘将自己置身的政治
现实与这种植物联系在一起。

因此必须对《怀风藻》的杨柳诗做些分析。我按以上做法对杨柳诗
进行详细的统计。令人吃惊的是，出现的 20 个词例（出现该词的诗篇
也是 20 篇，占《怀风藻》170 篇诗的 17%）除 1 例外都将 Yanagi 记作
"柳"。

以下不惮烦琐，一一抄录：

五言。和藤江守咏裨叡山先考之旧禅处柳树之作。一首。

塘柳扫芳尘。林中若柳絮。柳絮未飞蝶先舞。塘上柳条新。杨
柳曲中春。金堤拂弱柳。叶绿园柳月。寒蝉唱而柳叶飘。柳系入歌

曲。樱柳分含新。堤上飘丝柳。嫩柳带风斜。柳条未吐绿。门柳未
成眉。丝柳飘三春。低岸翠柳初拂长系。惊春柳虽变。柳条风未
煖。五言。和藤江守咏裨叡山先考之旧禅处柳树之作。一首。（仅
最后的这个"柳"字出现在诗题中）。

以上总共出现 19 个"柳"字（作品是 18 篇）。与此相对，"杨"
仅在"唯余两杨树"中出现过 1 次。前述《和藤江守咏裨叡山先考之
旧禅处柳树之作》乃作者酬和藤原仲麻吕咏先考武智麻吕①禅房边的柳
树诗。如今该禅房已踪迹全无，庭院杂草丛生，故有"唯余两杨树。孝
鸟朝夕悲"的诗句。我们应该认为，只有藤江守的诗歌在先，才有后来
"两杨树"的出现（虽然我们已无从知晓藤江守的作品的原貌）。也就
是说，针对此处的"杨树"，我们不能以该词汇本身主张它的独立性和
必然性，它充其量只是一种文学修辞，作为"柳树"的代称罢了。

可以认为，《怀风藻》咏唱的 Yanagi 几乎百分之百地都以"柳"标
注，其中有必然的理由。

《怀风藻》成书于天平胜宝三年（751）。8 年后的天平宝字三年
（759）正月一日大伴家持所作的一首和歌成为《万叶集》的绝唱。而
在《万叶集》中 Yanagi 又标注为何？

《万叶集》共出现 38 首的 Yanagi 长歌、短歌。此外，有用汉文写
的序、题记、后记的和歌有 6 首咏 Yanagi。其中第 4142 首、第 4238
首、第 4289 首在和歌和后记、题记中都出现了 Yanagi，故在《万叶集》
中共有 41 首和歌、44 处词例出现过 Yanagi。以下以万叶假名标出（旁
注的送假名略去，其中都含 Yanagi 的注音。阿拉伯数字表示和歌的编
号）：

阿远也疑波（817）、阿乎夜奈义（821）、阿远夜疑远（825）、
波流能也奈宜等（826）、波流杨那宜（840）、梅柳（949）、吾迹
川杨（1293）、青柳乎（1432）、青柳者（1433）、柳乃宇礼尔
（1819）、青柳之（1821）、冬柳者（1846）、春杨者（1847）、此

_____
① 藤原武智麻吕（680—737），奈良时代的贵族。正一品"左大臣"。藤原不比等之子。
藤原南家之祖。藤原仲麻吕（惠美押胜）乃其子。——译注

河杨波（1848）、吾见柳（1850）、青柳之（1851）、垂柳者（1852）、柳之眉之（1853）、柳糸乎（1856）、为垂柳（1896）、四垂柳尔（1904）、四垂柳之（1924）、春杨（2453）、刺杨（3324）、安平夜宜乃（3443）、可伎疑杨疑（3455）、杨奈疑许曾（3491）、左须杨奈疑（3492）、安平杨木能（3546）、安平杨疑能（3603）、毛延之杨奈疑可（3903）、梅柳（3905）、杨奈疑可豆良枳（4071）、张流柳乎（4142）、青柳乃（4192）、梅柳（4238）、青柳乃（4289）、以都母等夜奈枳（4386）

长歌、短歌的 Yanagi 都出现在上引的 38 首和歌的歌例中。有用汉文书写题记等的和歌共有 6 首，也列举如下：

花容无双。光仪无匹。开柳叶于眉中。发桃花于颊上。（853）红桃灼灼。戏蝶回花舞。翠柳依依。娇莺隐叶歌。（3967）上巳名辰。暮春丽景。桃花昭睑以分红。柳色含苔而竟绿。（3973）攀柳黛思京师歌（4142）但越中风土。梅花柳絮三月初开耳。（4238）于左大臣橘家宴见攀折柳条歌一首（4289）

《万叶集》的 Yanagi 用例已悉数摘出。通过统计"柳"和"杨"的用例，我得出以下分类表：

（1）柳：25 例 柳（包括熟语和新创造的词汇）11 例、青柳 6 例、垂柳（含"为垂柳"和"四垂柳"）4 例、梅柳 3 例、冬柳 1 例

（2）杨：5 例 春杨 2 例、川杨 1 例、河杨 1 例、刺杨 1 例

（3）用万叶假名训注 Yanagi 的：14 例

然而第 3 种分类留有问题，用万叶假名标注的"ヤナギ"（Yanagi）、"アヲヤギ"（Aoyagi）、"ヤギ"（Yagi）的 14 个用例中竟有 8 例是和"杨"这个汉字组合而成的，即"杨奈疑"4 例、"杨那宜"1 例、"杨疑"2 例、"杨木"1 例，共 8 例。第 2 种分类中用一个"杨"字训注ヤナギ（Yanagi）的有 5 例（1 个读作ヤギ［Yagi]），在借用万叶假

名表音时有一半以上的词例特意将"杨"读作"ヤ"（Ya）。

首先可以简单推测出的是，在奈良时代中期被大量引进日本的Yanagi似乎就按中国的读音发音。当时"杨"是如何发音的现在不得而知，但一般认为，除中国北方的汉音外，日本也传入中国南方的吴音。若结合考虑这一点就可以知道，当时并非只遵循如《玉篇》所说的"杨^{余章切}""柳^{力酒切}"那种古代音韵规则。现代中国将"杨"读作Yang，将"杨柳"读作Yang Liu，将"小杨"读作Xiao Yang，将"柳"读作Liu。如此看来，七八世纪的中国江南地区将"杨"读作"ヤン"（Yan）的概率极高。奈良时代的日本知识分子崇拜外来文化，拘泥于中国语音，将Yanagi读作"Yan no ki"（杨之木）极其自然。万叶假名标注、指示的"杨奈疑"（Yanagi）、"杨奈宜"（Yanagi）、"杨疑"（Yagi）、"杨木"（Yagi）等的读音，恰恰就是"ヤン（ヤ）のホ"（Yan［Ya］no ki ＝ 杨之木）。过去有人说和名Yanagi的词源是"弥长木""簗木""矢木""斋木"等，但这些通说只不过是语言游戏和穿凿附会，反而让人感到不自然。

然而，我想提请读者关注的并非词源的问题，而只想请诸位再次关注上述的分类表。《万叶集》吟咏Yanagi时，被归于第1种分类的"柳"和被归于第2种分类的"杨"的比率是24比5，即便撇开序文、题辞等来看，其比率也是18比5，即"柳"的使用率远远超过"杨"。并且"杨"绝不被单独使用，而必定要被组成熟语后使用，如"春杨""河杨""刺杨"等。另外，如在第3种分类中所见，有时"杨"仅被训注为"ヤ"（Ya）。如此分析我们就可以推论，万叶歌人语言（Langue）中的Yanagi，一旦被意识为文字（Écriture）时则只能都用"柳"来标注。通俗地说就是，在8世纪对歌谣或多或少抱有关注的人群当中形成了共同的规则和习俗的集合体，而在此规则和集合体中使用的Yanagi，一旦与律令政治体制的正当化和为保证此现实实现的行为结合，就只能将其标注为"柳"。一如前述，《怀风藻》中的Yanagi近乎百分之百地被标注为"柳"。律令贵族诗人固执于"柳"而弃"杨"不用，从原因来说，就是文人贵族视为"虎之卷"的《艺文类聚》和《文选》的作品中含"柳"字的名诗很多，而含"杨"字的很少，但我们也不能因此断言完全没有使用"杨"字的名诗。此外还有一些理由，故仅使用"柳"字，但一旦律令体制执权者规定只能使用这种明确的标注法，人们就必须听从"向右转"这一类的指令并严格遵守。《怀风藻》中的律令文人贵族只使用"柳"字与有什么理由无关，而是已经使用了"柳"字这一既成事实的权威对当时的文化意识或文艺理念等起到了决定性的指导作用。《万叶集》中的"柳"字之所以取得压倒性的胜利也因为此。此外我们无法说明其他理由。

万叶歌人因某种冲动吟咏 Yanagi 时，采取了与 Yanagi 有关的事情就请教 Yanagi 的态度，因而学到了原产于中国的杨柳的吟诵方法。另外他们还想到，除中国诗文之外，按照《怀风藻》的高官、诗人作者（其中也有归化人和归朝僧）提供的范本去吟咏杨柳也是终南捷径之一。如此一来，在很长的时间内中国诗文和《怀风藻》都在自己和日本古代诗歌的构思方法和表现手法之间铺设了一套连通的管道。然而从别的观点来说，我们也可以将它评价为是为了弥补后进国家日本的不利条件和迟到时间的一种"人文主义运动"。就拿吟咏杨柳一事来说，律令文人贵族绝不是用游戏、消费的态度观看杨柳，而是以一种拼死的态度奋起直追中国的杨柳。在确认这些事实之后，我们在重新审视《万叶集》的短歌时就会感到以下 11 首和歌尤其存在问题：

折柳插梅饮酒后，柳落花尽亦满足。[1]（卷第五，821）笠沙弥

梅开满庭攀折柳，以柳为冠宴会长。[2]（卷第五，825）小监土氏百村

春柳春梅皆美好，如何分出其高下。[3]（卷第五，826）大典史氏大原

柳丝细长舞东风，身旁有汝情更好。[4]（卷第十，1851）佚名

---

[1] 原歌是"青柳梅との花を折りかざし飲みての後は散りぬともよし"。——译注
[2] 原歌是"梅の花咲きたる園の青柳を蘰にしつつ遊び暮らさな"。——译注
[3] 原歌是"うち靡く春の柳とわが宿の梅の花とを如何にか分かむ"。——译注
[4] 原歌是"青柳の糸の細しさ春風に乱れぬい間に見せむ子もがも"。——译注

折取梅花实美好，联想我家柳叶眉。① （卷第十，1853）佚名

折梅与柳共敬佛，如此可否与君会?② （卷第十，1904）佚名

伐杨做锹播斋种，吾心向往祭神女（汝）。③ （卷第十五，3603）佚名

春雨催杨共梅花，吐芽绽苞乃常情。④ （卷第十七，3903）大伴书持⑤

折梅插柳尽兴游，汝谓散尽亦无妨。⑥ （卷第十七，3905）大伴书持

春日柳条新，折观动心弦。忽忆京城路，盛景万万千。⑦ （卷第十九，4142）大伴家持

攀折柳枝簪头上，又插君檐祝千年。⑧ （卷第十九，4289）大伴家持

第 1 首到第 3 首是天平二年（730）正月十三日"大宰府帅"大伴旅人主办"赏梅会"时参会贵族所作的著名《梅花歌三十二首》中的作品。咏柳的歌有 4 首，读前引汉文标注部分即可明白。需要特别关注的是，歌题虽然是《梅花歌》，但和歌内容的八分之一说的却是梅花和柳的配对。自契冲指出《梅花歌》序（关于其作者有"大伴旅人说""山上忆良说""某官人说"等，但至今悬而未决）是戏仿王羲之《兰

① 原歌是"梅の花取り持ちて見ればわが屋前の柳の眉し思ほゆるかも"。——译注
② 原歌是"梅の花しだり柳に折り雑へ花に供養らば君に逢はむかも"。——译注
③ 原歌是"青楊の枝伐りおろし斎種蒔きゆゆしき君に恋ひわたるかも"。——译注
④ 原歌是"春雨に萌えし楊か梅の花友に後れぬ常の物かも"。——译注
⑤ 大伴书持（？—746），奈良时代的歌人，大伴旅人之子，大伴家持之弟。——译注
⑥ 原歌是"遊ぶ現の楽しき庭に梅柳折りかざしてば思ひ無みかも"。——译注
⑦ 原歌是"春の日に張れる柳を取り持ちて見れば京の大路念ほゆ"。——译注
⑧ 原歌是"青柳の上枝攀ぢ取り蘰くは君が屋戸にし千年寿くとそ"。——译注

亭集序》的作品之后，现在这种观点已成为常识。然后此前却未有人提出《梅花歌三十二首》从头到尾都是戏仿中国诗文的产物。我们是否可以说只是歌序借用了中国诗文，而之后的和歌则属于日本人的原创？又是否可以说笠沙弥、土氏百村、史氏大原3人都是精通汉文的官僚，此等汉学大家做了倭诗（和歌）是大材小用？我的看法是，梅树是当时刚传入九州的植物，而在酒宴上相互披露自己的诗作在当时的律令官员贵族之间也成为惯例，这个事实该如何理解？难道当时日本的主流文化不是一直在试图模仿中国的流行文化吗？正因为如此，《梅花歌》中才有了梅和杨柳、梅和黄莺的配对（有6首）。翻阅《艺文类聚》即可见到"春柳发新梅""梅花隐处隐娇莺"等的诗句。

在中国，作为显示冰雪消融、一阳来复、春天到来的岁时信号，人们首先会想到梅花开放，杨柳吐芽，莺鸟鸣叫，并在宗教礼仪歌谣中借此加以咏唱，传唱久了就成为诗文。我国律令官僚知识分子从首次看到实物的梅花，首次见到真实的杨柳嫩枝时起，就把中国诗文当作教材，学习其中赏梅和品味杨柳韵致的方法。天平二年以后，《万叶集》中经常出现"梅柳"配对这种美学组合的咏材，但毋庸置疑，它们都是以中国诗文为范本的学习成果。

第4首和第5首出自卷第十"春杂歌"中的"咏柳"组歌，将随风摇摆的杨柳细枝比喻为"丝"并不多么出人意表，但可以理解为它来自作者纯真而又新奇的惊讶。更准确地说，这也是以《艺文类聚》为范本进行审美训练的成果。古乐府《折杨柳曲》有云："献蜀柳数株。条甚长。状若丝缕。"[①] 梁简文帝和刘邈的《折杨柳曲》中也分别有"杨柳乱成丝"和"杨柳濯丝枝"句。律令精英阶层对这些应该都耳熟能详。另外，将杨柳叶比喻为"眉"也学自《游仙窟》的"翠柳开眉色，红桃乱脸新"等。卷第五《游于松浦河序》（拥有大伴旅人、山上忆良等的"筑紫诗歌团体"[②]横溢着《游仙窟》趣味）也有"开柳叶于眉中"的句子。第5首编号为1583的和歌"折取梅花实美好，

---

① 此话出处或有误，它似乎出自《南史》。《南史》说刘悛为益州刺史，献蜀柳数株，"条甚长，状若丝缕"。齐武帝将这些杨柳种在太昌云和殿前，玩赏不辍，说其"风流可爱"。——译注

② 筑紫，日本九州的古称。"筑紫诗歌团体"在此似指包含大伴旅人、山上忆良等在内的、出生或居于九州的和歌作者这一批人。——译注

联想我家柳叶眉"意味着什么？说它是写实主义精神的流露等已不敷其用。这里也只能认为它的基础还是梅柳配对这种中国诗文的素养。

第6首属于卷第十"春相闻"中的"寄花"组歌，上句中的梅柳组合，原本就是中国时尚文化影响的结果。这是对下句"花尔供养者"的内容说明，值得我们关注。供养是佛教用语（有人说供养者的训读是Tamukeba［给神佛或死灵献上供品］，但Tamuke是日本传统祭祀的一种，故该训读并不正确。若以字音训注，应该是Kuyaseba，或干脆是Kuyauseba）。毫无疑义，供养的习俗也是最早引进接受中国新宗教礼仪的产物。

第7首是卷第十五收录的和歌，是派遣到新罗国的外交使节所作的《当所诵咏古歌》10首中的一首。歌词大意是：我砍下青柳的枝条做锹，播下斋种（神圣的种子）。我一直思念着像斋种一样庄重（不可逼近的意思）的你啊。播种秧苗时在水渠出水口堆土，插上柳枝，以此祭祀田神的农耕礼仪，在今天的日本各地还在举行，可视为日本民间传统信仰之一。如此看来，这首和歌似乎就是完全不受中国文化影响，绝无仅有且名副其实的"古歌"。但因为杨柳是新的舶来植物，故不管如何牵强附会，也绝不会是古歌。那么如何解释才符合逻辑？我认为让柳枝作为谷灵的降临地点这种祭祀方法也引自中国古代的农业祭祀方法。正如高延①的大作《中国宗教体系》多次指出的那样，中国人相信谷灵即死灵（祖灵），很长时间以来都有人笃信死灵会以杨柳为媒介。日本律令知识分子视为"智慧宝库"的《艺文类聚》也记述："古诗曰。白杨初生时。乃在予章山。上叶拂青云。下根通黄泉。"这样我们就明白了为何杨柳会在播种秧苗时成为必需的祭祀工具。这一类的和歌，人们若不借助中国宗教文化史来解读，就将错失其神话的主题。

第8首和第9首见于卷第十七开篇《追和大宰之时梅花新歌六首》中。此6首和歌的"后记"记述："右，十二年十二月九日，大伴宿祢书持作。"书持（家持的胞弟）的作品作于"十二年十二月"，距离天

---

① 高延（Jan Jakob Maria de Groot，1854—1921），荷兰汉学家，荷兰莱顿大学中国语言与文学教授。1880—1883年他任荷属东印度群岛殖民地当局汉语翻译，之后开始研究中国社会文化习俗。1888—1890年居留厦门，在福建东南部从事宗教考察工作，3年后进入荷兰莱顿大学。1892—1910年高延陆续出版了英文六卷本的《中国宗教体系——其古代形式、变迁、历史、现状及与之相关的风俗、传统、社会制度》。——译注

平二年正月大伴旅人主办"赏梅会"已逾 10 余载，它或是回想当年盛况之作，或是因当日缺席，后来以书面参会的形式追加投稿的作品。第 3903 首和歌借典于第 826 首和歌，第 3905 首和歌借典于第 821 首和歌。也就是说它模仿了汉诗文的借典做法。

第 10 首见于卷第十九开篇，创作于著名和歌"春苑映红脸，桃晕照遐迩。花下怜芳径，伊人立踟蹰"①（4139）所作的天平胜宝二年三月一日的翌日。题记中写"二日，攀柳黛思京师歌一首"。柳黛指杨柳状的眉墨，这里是柳眉之意。和歌大意是拉过杨柳的枝叶，放在手中观看时不禁想起奈良都城的大路。实际上当时也有可能在大路两边种上柳树，以作为奈良京城城市规划的一环，故不意味着这首和歌就脱胎于某首汉诗。《艺文类聚》也有吟咏城市美的诗句，如"盛弘之《荆州记》曰。绿城堤边。悉植细柳。绿条散风。清阴交陌""《和湘东王阳云楼詹柳诗》曰。暖暖阳云台。春柳发新梅。柳枝无极软。春风随意来。潭拖青帷闭。玲珑朱扇开。佳人有所望。车声非是雷"等，都是大伴家持喜好的诗歌主题，但现在没有确切的根据能证明大伴家持受到这些诗作的影响。然而题记的"柳黛"确实受到前引《游仙窟》的影响。晚唐（9 世纪）时有白居易"芙蓉如面柳如眉"（《长恨歌》）和李商隐"柳眉空吐效颦叶"（《和人题真娘墓诗》）等著名诗句，但家持不一定知晓。8 世纪中叶成书的《初学记》（或家持也无缘阅读）录有唐太宗的佳吟："年柳变池台。随堤曲直回。……疏黄一鸟喷。半翠几眉开。"（《咏春池柳诗》）"岸曲丝阴聚。波移带影疏。还将眉里翠。来就镜中舒。"（《赋得临池柳诗》）等。入唐后中国兴起了一种支配性的审美风尚和意趣，即美人必须有柳眉。

第 11 首见于第十九卷卷末，题记是"二月十九日于左大臣橘诸兄家宴见攀折柳条歌一首"。这首和歌之后是大伴家持生平中的 3 首杰作："春野飘苍霭，难禁悒郁情。夕阳残照淡，阵阵听黄莺。"②"纤纤吾家竹，丛丛枝叶茂。风吹声细细，夕思知多少。"③"清明春日丽，云雀入穹霄。仰望心悲痛，幽思自如潮。"④（4290—4292）并附有著名的题

---

① 原歌是"春の苑紅にほふ桃の花下照る道に出で立つ婦擶"。——译注
② 原歌是"春の野に霞たなびきうら悲しこの夕かげに莺鳴くも"。——译注
③ 原歌是"わが屋戸のいさき群竹吹く風の音のかそけきこの夕かも"。——译注
④ 原歌是"うらうらに照れる春日に雲雀あがり情悲しも独りしおもへば"。——译注

记："春日迟迟鹧鸪正啼。凄惘之意非歌难拨耳。仍作此歌。式展缔绪"云云。天平胜宝五年对大伴家持而言，是在政治上和精神上都最痛苦的时期，在这个时候他像抓住一根救命稻草似的出席了橘诸兄主办的赏梅会。这首和歌的大意是，折取青色柳枝插在头上的理由无他，乃为祈祷贵府千年盛景永续。不论是中国，还是日本，自古以来都有把某种植物插在头上，以祈求长寿和繁荣的咒术习惯。问题在于上句的"攀折柳枝"这部分。《艺文类聚》有许多诗句，如"《梁简文帝折杨柳诗》曰。杨柳乱成丝。攀折上春时""《梁刘邈折杨柳诗》曰。高楼十载别。杨柳濯丝枝。摘叶惊开驶。攀枝恨久离"等，可见大伴家持的诗歌源泉多出自中国诗文。吟咏题材为杨柳时这种倾向尤为明显。

我们在上面探讨了 11 首和歌。可以更加明确的是，《万叶集》所咏的杨柳形象和意涵几乎都来自中国诗文。杨柳是原产于中国的植物，所以万叶歌人一定认为，学习中国的诗文和习俗——从生态和形姿的把握到美学趣味的把握，从咒术、宗教功能的把握到神话符号的把握——是做柳歌最正确的方法。歌人凭借极为认真的学习态度，将"知识的涉猎"扩展到咏材的方方面面，最终成功地实现了《万叶集》全卷的高度"文化价值"。柳歌如截图一般展现了律令文人贵族的文化创造机制，这一点难能可贵。

这种尊重中国诗文的古代"人文主义"成为平安朝汉文学的主流，并被一代代地继承下来。《文华秀丽集》中有许多好的诗例：

折杨柳。一首。御制

杨柳正乱丝。春深攀折宜。花寒边地雪。叶暖妓楼吹。久戍归期远。空闺别怨悲。短箫无异曲。总是长相思。

奉和折杨柳。一首。　巨识人

杨柳东风序。千条摇扬时。边山花映雪。虚牖叶嚬眉。楼上春箫怨。城头晓角悲。君行音信断。攀折欲寄谁。

嵯峨天皇御制的诗题《折杨柳》是乐府"横吹曲辞"的一种，这种旋律是否被引入日本宫廷音乐不详，但该文献方面的诗学知识或许很早就被日本宫廷音乐接纳。毫无疑义，嵯峨天皇的《折杨柳》取范于梁简文帝的诗《折杨柳》。作为范本的那首诗在《艺文类聚》《玉台新咏》中都有记载：

折杨柳诗　　梁简文帝

杨柳乱成丝。攀折上春时。叶密鸟飞碍。风轻花落迟。城高短箫发。林空画角悲。曲中无别意。并是为相思。

这首诗在本文之前的叙述中也经常出现。日本古代诗歌作者正是按照这种方式积极学习模仿中国诗文，并以此为基础进行再创作。

有许多人下车伊始就说，平安朝文学的特征是：日本化的倾向日益显著；女流作家凌驾于男性作家，发挥了自己的才能；佛教的影响涉及宫廷的各个角落；等等。然而事实并非如此简单。很多人坚信不疑地认为《古今和歌集》等是百分之百的"日本人感性"的结晶，对此笔者也不敢苟同。请看《古今和歌集》中的柳歌：

青柳如丝线，应缝春日衣。春衣缝不就，却是乱花飞。[①]（卷第一 春歌上，26）纪贯之

浅绿匀春柳，青丝贯露珠。露珠如白玉，佛念岂能无?[②]（卷第一 春歌上，27）僧正遍昭

放观樱与柳，互植亦何匀。红绿相辉映，都中锦绣春。[③]（卷第一 春歌上，56）素性法师

即景歌

熙熙春台乐，青柳柔如丝。黄莺婉转啼，梅花伴欢谣。[④]（卷第二十 大歌所御歌，1081）

---

① 原歌是"あをやぎの糸よりかくる春しもぞみだれて花のほころびにける"。——译注

② 原歌是"浅いとよりかけて白露を珠にもぬける春の柳か"。——译注

③ 原歌是"みわたせば柳桜をこきぜてみやこぞ春の錦なりける"。——译注

④ 原歌是"あをやぎをかたいとによりてうぐひすのぬふてふかさはむめの花がさ"。——译注

　　纪贯之和僧正遍昭的和歌，喻柳条为丝线，双关语也用得别致有趣，自有其可圈可点之处，但把杨柳和丝线作为一组相关物的写法本身却来自中国诗文。素性法师礼赞平安京和歌中柳和樱的组合也源自中国诗文的影响。李商隐《无题诗》有"何处哀筝随急管，樱花永巷垂柳岸"、郭翼《阳春曲》有"柳色青堪把，樱花雪未干"句。即使这些诗句当时日本无人知晓，但可以想象，那时的日本歌人已经掌握了用杨柳樱花配对，以象征春天、幸福和繁荣的知识。"大歌所御歌"酬神的和歌是将吕调①改编为律调②后吟唱的歌曲，从歌词内容看有柳和梅、梅和莺的双重词汇组合。由此可见，日本宫廷音乐在管理和美学层面都引进了中国元素，并仅由这些元素形成。

　　《古今和歌集》的"大歌所御歌"以原产于中国的杨柳和梅花为题材，这对国粹主义者而言是一件颇为酸楚之事。而我认为，这证明了日本酬神歌舞的历史不长。我个人的意见是，即使是被奉为"敷岛③之道"的和歌，其五七调或七五调也都不过是完全照搬汉诗的五言律和七言律而已。高野辰之《日本和歌史》说：进入平安时代后歌谣突然从五七调变为七五调，其理由就来自外来曲调的影响。我们"不应轻率地认为七五调仅仅是将五七调颠倒一下的结果。此外还有八六调、六五调、五四调等形式（'早歌'④），即新出现了上句长、下句短，错落有致的形式。为何会产生这种错落有致的形式？这不能从国语的发展角度，而必须根据节拍的情况思考。然而这种节拍为何？是否应该将它理解为上古以来的节拍到平安时代初期风格为之一变？又缘何风格为之一变？……我认为这些都是受到外来歌谣影响的结果。一如前述，外来歌谣有三韩、支那、印度三个源流。从用途粗略区分，可分成舞乐曲调和

---

　　①　吕调，雅乐（雅正的乐舞之意。原指祭祀乐舞，但后来成为含飨宴乐舞在内的宫廷乐舞的总称。可大致分为"国风歌舞""外来乐舞"和"歌物"）中的一种歌调，指基于吕旋的歌调，有"壹越调""双调""太食"三种。——译注

　　②　律调，也是雅乐中的一种歌调，指基于律旋的歌调，有"平调""黄钟调""盘涉调"三种。据研究，上述两调与中国古代音乐曲调有密不可分的关系。——译注

　　③　"敷岛"，有许多意思，这里指日本国的别称。——译注

　　④　"早歌"，镰仓时代贵族、武士、僧侣间流行的歌谣，在音乐方面被谣曲所继承。——译注

'声明'① 曲调。七五调不就是在此二者的影响下生成？" "既然与外来曲调相调和的'催马乐'②中有很多七五调的歌曲，既然佛家颂唱的'和赞'里多有七五调、八六调、六五调等错落有致的形式，那么就必须断定它们都是受外来曲调影响而成生的。"③ 但是，如果说五七调因受外来曲调的影响即能简单地转化为七五调，那么就应该说那原有的五七调本身也是在外来曲调的影响下产生的盖然性极高。为什么？因为假设五七调是日本固有的曲调，那么它转变为七五调的难度，与原为外来曲调的五七调因自身内部原因转变为七五调的难度相比更大，根本无法比较。可是在事实上五七调没有任何困难就很快变为七五调。既然律令音乐集团（请看"雅乐寮"的庞大人员构成）的职能和活动目的只是引入和固化着先进国家的文化，那么断定该集团强行维护、保存日本民族固有曲调的说法（以往的日本诗歌史都沿袭此说法并从未提出质疑）就极不合理。我们应该冷静并不持先入之见地分析柳树和梅花（不，樱花也如此）是如何可以若无其事发挥"神代"宗教象征的原因。

平安朝文学和平安朝政治文化的核心都是对中国文化的模仿。读者若翻阅《本草和名》④ 就可以确认日本的植物学和古代科学也存在同样的情况。

---

① "声明"，在佛教仪式或法会上僧人所唱声乐的总称。狭义上指汉文或梵文歌、"散华"、梵音、锡杖、赞、伽陀等曲，广义上指训读或和文的经释、讲式、论义、"表白"、祭文、和赞、教化等。也称梵呗。——译注

② "催马乐"，指平安时代初期用唐乐曲调演唱日本歌谣的歌曲，是雅乐"国风歌舞"中的一种。名称最早见于《日本三代实录》"贞观元年（859 年）十月廿三日"条，具体意思至今不详。盛行于 10 世纪后半叶，至 15 世纪一度衰落。17 世纪后再次兴起。1876 年宫内厅乐部选定《伊势海》《更衣》《安名尊》《山城》《襄山》《席田》6 首曲子，1931 年再次选定《美作》《田中井户》《大芹》《老鼠》4 首曲子为必演曲目。表演时用笙、筚篥、龙笛、琵琶、筝及领唱人打拍子用的击乐器"笏拍子"伴奏，多人合唱。——译注

③ 高野辰之：《日本和歌史》第三篇 内外乐融合时 第三章 游宴歌谣。——原夹注

④ 《本草和名》，是现在所知道的日本最早的本草学著作，由平安时代太医博士深江辅仁奉敕编撰，成书于延喜十八年（918），相当于我国后梁时期。此书由上、下二卷组成，以中国药书《新修本草》第三卷至第二十卷正文中的药物为主体，补充了《食经》《本草稽疑》《本草拾遗》等书中的药物，总计收录 1025 种药名，其中有 850 种为《新修本草》的药物。全书卷篇次第及各卷中药物的排列顺序均依照《新修本草》，每味药物记以正名、异名及出处，多数标有日本名称（和名），部分列出日本产地，个别药物简单注释其功用主治。——译注

十七　芍药和牡丹

芍药是毛茛科牡丹属①植物之一，和牡丹有亲戚关系。由于近年来几乎不生产牡丹的砧木苗，所以一般会在秋季前后将牡丹的苗木嫁接到芍药上。不管二者孰为养子孰为嫁娘，芍药和牡丹的姻亲关系总会更趋亲密。

在原产地中国，这两种植物极其亲密的关系在一千数百年前就广为人知。芍药别名"草牡丹"，而牡丹也有"木芍药"之称，二者在很早之前就开始栽培了。当然牡丹作为本家的嫡子而备受尊崇，独占威名赫赫的"花王"宝座，而芍药只不过是因为沾亲带故而受到珍爱。毛茛科牡丹属植物几乎都以中国北方、东北地区（过去的"满洲"）、蒙古、西伯利亚东部为原产地，此外在高加索地区、地中海沿岸、北美也发现了少量的自生种，在日本仅分布着山芍药。因此芍药和牡丹都完全可以视为"中国之花"。特别是作为本家嫡子的牡丹在很长时间以来都被誉为"国花"（National Flower），可以说是在行使自身的当然权利。

于是日本等国后来也极力赞美芍药，甚至有了"站如芍药，坐如牡丹"等形容美人的说法。但我怀疑芍药只是因为有了牡丹这个声名显赫的亲戚才进入美人的家族系列，从而得到尊崇。至少可以存疑，芍药自身若真是天生丽质，具有独特的个性，那就会在妍媸之争中胜出一筹。作为木本植物的牡丹和作为草本植物的芍药，就像马克·吐温所写的《王子与乞丐》②一样，只要毛茛科牡丹属这个王朝权威持续一天，那么不管是王子还是乞丐哪一位都可以被立为皇太子。

然而在牡丹王朝掌握霸权的8世纪（唐初）之前，备受激赏、爱惜的却是芍药。牡丹雍容华贵的花姿因契合统治者权力的象征而备受尊崇，但在这之前芍药则因其美丽纯朴的花姿而受人喜爱，它才具有美的"原型"。

该证据我们在中国最早的诗集《诗经》卷二"国风郑"末尾两章

---

①　原文如此。据查芍药为芍药科芍药属植物。——译注

②　《王子与乞丐》是以很久以前流传在英国的故事《王子与侍从》为素材，描写了一个贫苦儿童汤姆和一个富贵王子爱德华交换社会地位的童话故事，具有深远的现实意义，同时也成为马克·吐温作品中风格特异的一部作品。——译注

中可以看到。从古代诗歌整体来看，《诗经》"郑风"也算是最开放的诗歌，而且它收录的都是反体制的民众的诗歌。刘麟生认为，"中国人读《诗经》时因为想到孔子说过'诗三百，一言以蔽之，曰，思无邪'，所以从头到尾都用道德的眼光审视并评论《诗经》，将《郑风》中的纯爱情诗解读为旨在惩恶扬善"①。也就是说，后世儒学家因无法解释"诗三百，一言以蔽之，曰，思无邪"（《论语》）这句话，并认为将"郑风"这类伤风败俗的民歌故意录进神圣的《诗经》中将提供一个恶劣的榜样，所以要找出各种匪夷所思的说辞来进行解释。当然时至今日，儒学家的解释已不再通用，人们可以从文学的角度，毫无拘束地解读、欣赏《诗经》。

　　芍药也出现在《诗经》"郑风"中。所谓的郑，是公元前八九世纪周宣王封其弟恒公友所建的诸侯国，之后该封国东迁，称新郑（今河南省新郑市）。据说该地流行淫荡的音乐。通读"郑风"二十一篇，不难发现当时有许多女性积极地向男性示爱。这其中一定有当时的社会条件，只有这样女性才能充分燃烧自己的"生命"，投入到爱河之中。

> 溱与洧，方涣涣兮。
> 士与女，方秉蕑兮。
> 女曰观乎？士曰既且，且往观乎？
> 洧之外，洵訏且乐。
> 维士与女，伊其相谑，赠之以芍药。
> 溱与洧，浏其清矣。
> 士与女，殷其盈矣。
> 女曰观乎？士曰既且，且往观乎？
> 洧之外，洵訏且乐。
> 维士与女，伊其相谑，赠之以芍药。

　　暴露肉体的（如果模仿"郑风"的口吻或许是"润润其泽"吧）女子对兴趣不高的男子邀约："喂，看这兰花嘛。"或挑逗他："喂，看这流去的河水嘛。"一来二去两人就成就了好事。据说在这情意绵绵尚

---

① 刘麟生著，鱼返善雄译：《中国文学入门》第三章 诗。——原夹注

未退去之际，女性会赠送男性以芍药作为分别的纪念物（或可说是再会时的信物）。

在原始时代，芍药是朴素热烈的爱的象征，也是年轻民众性快乐的神话符号。这种花象征着"文化之前"的文化。在唐代文化中它被视为美人绝非虚言。

接下来看一下牡丹。

芍药和牡丹有血缘关系。按照"站如芍药，坐如牡丹"的谚语说法，这些花都是美人的象征，都寓意着女性。不，所有草木的花朵都应该是"女性之花"，这世上就没有什么男性之花。战争期间当政者将年轻人在战场上送命这件事讴歌为"花"的凋谢，并使之正当化，这蹂躏了人类文化中悠久的"花"的神话。花无疑代表着女性的形姿。如此简单明了的人类史命题竟然为近代日本人所疏远，所模糊，所误解。说这世上有所谓的男性之花真是匪夷所思，极其可怕。日本近代史从某个角度来说也是一部花的误解史。

本书论证了以下重大事实，即在日本花道中最受推崇的各种花草全部都起源于中国，其实压根儿就不存在日本列岛居民尊重并欣赏那些"国粹"花木的行为。那些花草全部都引自中国大陆，知道并接受这个事实我觉得一点儿也不可耻。比起"日式"文化行为，更伟大的是普世性或"全人类性"的文化行为。日本最好的 10 种"造型之花"全部起源于中国，这在拥有普世性即全人类性方面反而更具有普遍性。

下面要分析牡丹。请读者回顾文人画家如田能村竹田①的《亦复一乐帖》等牡丹画。竹田属于"学养派"画家，但凝视他的作品仍会感受到他笔下的牡丹犹如女性的柔嫩肌肤（直白地说就是女子的阴户），观看中不免心生战栗。这种肉体感受并非只有男性才能体会，女性似乎也能敏锐地察觉。

究其缘由，也因自古以来牡丹就被视为花中之王（女王）。著名的欧阳修（1007—1072）写了《洛阳牡丹记》，其中叙述"至牡丹则不

---

①　田能村竹田（1777--1835），江户时代后期的文人画家。曾到江户向谷文晁学画，擅长经学、诗文，与赖山阳、青木木米、云华上人等均有来往，画风清淡高雅，显示出独自的风格，画论亦精彩，有《山中人饶舌》等画论存世。《亦复一乐帖》现在被定为国宝，是日本重要的文物之一。田能村竹田另有画作《亦复得乐帖》，但主题并非牡丹，而是人物。——译注

名，直曰花，其意谓天下真花独牡丹"。意思是在洛阳只要提到花，它指的就是牡丹。一如日本平安时代以后若提到花，指的就是樱花。如此一来，其他的花都相形见绌。从唐代到宋代，牡丹一直坐在花王的宝座上岿然不动。然而出人意料的是，牡丹作为观赏植物出现在文献中的时间上限并不遥远，到唐高宗（649—683 年在位）时期以后牡丹才被种植在宫女群聚的后庭里。中国国花的历史并不那么悠长。

那么，一种新的栽培花木在很短的时间里就爬上花王宝座出于什么原因？毋庸置疑，牡丹花拥有的雍容华贵气质和造型之美自然会让观者为之倾倒，但决定性的原因就是唐玄宗（713—756 年在位）偏爱牡丹。除牡丹之外，玄宗最爱的就是丰满艳丽的杨贵妃。对玄宗来说，牡丹就是杨贵妃，杨贵妃就是牡丹。玄宗屡次携带杨贵妃来到长安城的兴庆宫，并在那里开设酒宴。而在这兴庆宫庭院里就植有以帝王权力收集的珍贵牡丹。某日他命令诗人李白作七言诗咏唱名花与佳人。以下是其中著名的一首：

清平调词三首　　李白

名花倾国两相欢。常得君王带笑看。解释春风无限恨。沉香亭北倚栏干。

此诗的"名花倾国两相欢"赞美了牡丹和杨贵妃举世无双的美丽。我们不敢保证李白当时没有看得如痴如醉。问题在于名花牡丹和倾国美人的组合。玄宗怠政诱发了安禄山之乱，仓皇逃入蜀地，但之前他创立的"花美学"却未有任何改变。

从此以后牡丹就这样登上花王的宝座，被认为是最美的佳人的象征。确切地说，它同时也象征着最高权力。因此当牡丹传到日本列岛之后，平安王朝的贵族很快就把这种花纳入自身阶级的美学体系，称之为"深见草"等，视其为宫廷专享的神秘花种。牡丹进入寻常百姓家是在近世之后。改良出诸多品种也是牡丹象征女性之美的产物。

顺便要说的是，按中医的说法，牡丹的根皮"丹皮"对妇科疑难杂症颇有疗效，对月经不调、癥病、瘀血、头晕、妇女脏器炎症、不孕症、习惯性流产、更年期综合征有特效。但是否真的有效不得而知。现代医学认为，牡丹根皮含有芍药醇，其抗菌作用可抑制大肠杆菌和葡萄球菌的繁殖。但即便如此，它对妇科杂症是否有效大可存疑。我认为这是因为有人相信牡丹是"女性之花"，基于交感巫术（顺势巫术）产生了它对妇科病有效的信仰（俗信）。相信它有效并服用，就会出现相信它可发挥的药效，这和现代许多人服用安慰剂①和敷用化妆品的效果如出一辙。特别是女士，服用了可以变美的药就会产生可以战胜许多疑难病症的强大精神力量（心理作用）。

牡丹和芍药有亲戚关系，而在远古芍药也是"女性之花"。牡丹成为百花之王印证了女性社会地位的提高过程。花和女性本来就是美的。

据推定牡丹是在平安时代中叶传到日本的。一开始日本人并非为了观赏它的美丽的花，而是出于药用的目的，主要种植在寺庙等地方。但因为它的花美，牡丹渐渐受到贵族文人的喜爱，在和歌等中也被吟及。由于平安贵族的学养和文化生活都以模仿、摄取中国文化（唐朝文化）为常态，所以如果牡丹在很早的时候传入日本，则三大敕撰汉诗集（《凌云集》《文华秀丽集》《经国集》）和《古今和歌集》一定会咏唱它，但实际上那时并未咏唱牡丹。

牡丹最早出现在第六部敕撰和歌集《词花和歌集》中（1151 年成书）。这部歌集是藤原显辅②奉崇德院院令而修撰，作家收录的范围仅局限于《后撰和歌集》（951 年成书）之后的作家，由此我们可以知悉大致的时代背景。

新院即位时举办咏牡丹歌会有咏

开谢天天赏，匆匆二十日。③（卷第一，46）"关白前太政大臣"

这里说的"新院"指鸟羽院，"关白前太政大臣"指藤原忠实。忠实别名"知足院"和"富家殿"，他因拒绝将女儿泰子送入宫中而触怒

---

① 安慰剂，原文是"药用胶囊"。——译注

② 藤原显辅（1090—1155），正三品"左京大夫"，侍奉过堀河、鸟羽、崇德、近卫这 4 代天皇，活跃于各种赛歌会，也在自家府中举办过赛歌会。以他为核心的和歌团体曾与以藤原俊成、藤原定家为核心的和歌沙龙相对抗。久寿二年（1155）出家，同年去世。——译注

③ 原歌是"咲きしより散り果つるまで見しほどに花のもとにて二十日へにけり"。——译注

白河法皇，被革去"关白"职务。法皇死后他让泰子入宫并回归政界，试图重振"摄关家"的声威，从而导致"保元之乱"发生。忠实极有学养，精通朝廷礼仪和古代典章制度，所撰的日记《殿历》和谈话笔记《中外抄》作为政治社会史的基础史料受到高度评价（不过按《树木图说》①等采用的古代定论来看，这个"关白前太政大臣"并非忠实，而是忠通）。很显然，《词花和歌集》成书于仁平元年（1151），时任"摄政"并兼任"关白太政大臣"的是藤原忠通，故只能说前任是藤原忠实。但很不巧，忠实、忠通这对父子关系不睦，在"院政"复杂的政治背景下二者一直你追我赶，争夺"关白"的大位，故从力量对比的关系上看，确实很难说哪一方是前任。若将藤原忠通视为"关白前太政大臣"，那么因为他善于作歌，故很好说他就是这首和歌的作者，但毕竟他坚守大位至1158年，如此就和《词花和歌集》的成书年代相左。②忠通的家集《田多民治集》我未借得阅读，姑且作为今后的课题。

要探讨的是结句"匆匆二十日"的"二十日"。我认为它出典于《白氏文集》卷第四"讽喻四"新乐府三十首中的第8首作品《牡丹芳》。请看原诗：

牡丹芳

牡丹芳牡丹芳。黄金蕊绽红玉房。千片赤英霞烂烂。百枝绛焰灯煌煌。照地初开锦绣段。

当风不结兰麝囊。仙人琪树白无色。王母桃花小不香。宿露轻盈泛紫艳。朝阳照耀生红光。

红紫二色间深浅。向背万态随低昂。

……

戏蝶双舞看人久。残莺一声春日长。共愁日照芳难驻。仍张帷幕垂阴凉。花开花落二十日。

一城之人皆若狂。三代以还文胜质。人心重华不重实。重华直至牡丹芳。其来有渐非今日。

---

① 上原敬二：《树木图说》（共4卷），有明书房1961年版。——译注

② 原文如此，叙述理由牵强，姑照原文意思译出。——译注

　　元和天子忧农桑。恤下动天天降祥。去岁嘉禾生九穗。田中寂寞无人至。今年瑞麦分两岐。

　　君心独喜无人知。无人知可叹息我。我愿暂求造化力。减却牡丹妖艳色。少回卿士爱花心。

　　同似吾君忧稼穑。

　　这首长诗以白话文写就，它想吟唱什么？我想虽然难以抓住要点，但至少可以认为，它以某个极其华丽的故事内容为主题。重点是省略号以后的内容。"戏蝶双舞看人久"意为一对蝴蝶情投意合地飞舞着，我不知不觉看入了神，注目良久。"残莺一声春日长"意为我听见回荡在村里的最后一声莺啼，但仍觉春日的悠长。"共愁日照芳难驻"意为我十分想分担春愁，但因为阳光炫目，难以久伫一处。"仍张帷幕垂阴凉"意为因此我张开帷幕，以获取阴凉。不管哪句诗都营造出暮春时节摇曳的惆怅心情，意境甚美。

　　接下来出现了"花开花落二十日"这个诗句。花当然指牡丹，意思是美丽丰腴的牡丹花从开到谢仅有 20 天时间。紧接的"一城之人皆若狂"意为因花极美，故全城上下无不激动万分，痴醉不已。即在牡丹连续开放的这 20 天里，无人不处于一直如癫似狂的状态。描绘人们沉溺于美的境界是白乐天的拿手好戏。

　　作为一般的文学修养，我们都知道《枕草子》《源氏物语》及平安王朝文学的"美学规范"多半是在《白氏文集》的基础上形成的。《文德实录》① 卷第三"仁寿元年（851）九月"条"藤原朝臣岳守"部分记述：他于"承和五年为左少弁。辞以停耳。不能听受。出为大宰少弍。因检校大唐人货物。适得元白诗笔奏上。帝甚耽悦。授从五位上"。可见当时日本宫廷文人贵族是知晓《白氏文集》的。特别需要注意的是，有很明显的证据表明，撰写《古今和歌集》假名序的纪贯之熟读过《白氏文集》。纪贯之著名的话语"夫闻花上莺鸣，水栖蛙声，生息之人，孰不赋歌。不假外力，即可动天地、感鬼神、和夫妇、慰武士

　　① 《文德实录》，全称是《日本文德天皇实录》，是日本平安时代编纂的一部史书，记录了日本文德天皇时期从嘉祥三年（850）至天安二年（858）这 8 年中的事情。该书是日本"六国史"中的第五部，全书为编年体，用汉文撰写，共 10 卷。由清和天皇下令编纂，编者有藤原基经、南渊年名、都良香、大江音人、菅原是善。——译注

者，和歌也"①，其实译自《白氏文集》卷第四十五《与元九书》的"诗者根情。苗言。华声。实义。上至圣贤。下至愚騃。微及豚鱼。幽及鬼神。群分而气同。形异而情一"。就此金子彦二郎②《平安时代文学和白氏文集》第一册写道："贯之于撰写精彩绝伦之《古今集》序雄篇时，思之此类文辞苟可作为资料与参考，故倾力旁征博引，以期完善。其中既有取自《诗经·大序》之文，又有模仿《文选·序》之句，譬如'自彼至今，年逾百余，世过十代，以至今日'③此句，就来自《文选·序》'此序。模下文选序。自姬汉以来。渺焉悠邈。时^{以上五字原脱}_{之。今补焉。}更七代。数逾千祀云云。注云。七代谓自周至梁。云云。'有人就此做过考证，言之凿凿，不可辩驳。亦即一如前述，此序中随处引用乐天诗句，序作者亦有颇多和歌改编自乐天诗句，作为当时的主力作家纪贯之的这篇歌序，一是模仿《白氏文集》体系完备、论述详尽之诗论，二是采用改头换面的手法，尝试引进了《白氏文集》的谋篇布局和体例。如此说来人们庶几不会感觉不自然。"④ 金子先生的这种论说基本无懈可击。即对平安时代贵族知识分子而言，《白氏文集》是他们重要的效法典籍。不！毋宁可以说是《白氏文集》对他们有"美学启蒙"之功。

那么它与此文论题何关？上文提及的《词花和歌集》咏牡丹歌作为歌者的一种实际体验，说是每日观之"花开花落"，屈指算来有 20 天。但这是否可以解读为是一种基于事实的吟歌？非也。既然牡丹是新传入的中国植物，那么我们就不能忽视贵族知识分子的文化心理（他们不会忽视牡丹的精彩之处和故事来源），也可以推测出牡丹是和它的传说故事一道为贵族知识分子所接受。与其说这首和歌吟咏的是眼中的风物，毋宁说它不过是用"日本语言"改说了文献中的中国汉诗文的意趣。

---

① 原文是"花にうぐひす、みづにすむかはづのこゑをきけば、いきとしいけるもの、いづれかうたをよまざりける。ちからをもいれずしてあめつちをうごかし、めに見えぬ鬼神をも、あはれとおもはせ、をとこ女のなかをもやはらげ、たけきものふのこころをも、なぐさむるは歌なり"。——译注

② 金子彦二郎（1889—1958），"国文学"家，毕业于东京高等师范学校，曾任帝国女子专门学校国文科主任，毕生研究《白氏文集》。1945 年获"学士院奖"。后任女子学习院、东洋大学教授。著有《平安时代文学与白氏文集》等。——译注

③ 原文是"かのときよりこのかた、としはももとせあまり、よはとつきになむ、なりにける"。——译注

④ 金子彦二郎：《平安时代文学和白氏文集》第一册 第四章《古今和歌集》序的新考察。——原夹注

该时代有学养的读者在吟颂这首和歌后都一定会暗自同意：啊……！观看这种牡丹花任谁都会陶醉不已，如痴如狂。而对该时代的文人来说，这首和歌当被奉为杰作来阅读和玩味。若非如此，就一定不会被收录在敕撰和歌集中。

于是这个"匆匆二十日"就成了新的典据。中世以后"二十日草"（廿日草）被用作牡丹的异名。《八云御抄》等记述："乃限开二十日之花。"《近世俳谐岁时记》甚至记述："牡丹，亦和训为廿日草。"（《温故日录》）

《新古今和歌集》卷第八"哀伤歌"部是如此吟咏牡丹的：

六条摄政逝后所植之牡丹开放，折取后由女官送去

睹物深叹深见草，故人自有天国香。① （卷第八，768）大宰大弐重家

由此人们可以知道，牡丹的另一个异名"深见草"在这个时代（《新古今和歌集》成书的1205年）已经普及。不过这个"深见草"在源顺编《倭名类聚抄》（937年左右成书）中写作"牡丹和名·布加美久佐"，或许它才是最早的日本名称。慈圆大僧正（《愚管抄》的作者）的个人歌集《拾玉集》（南北朝左右成书）卷第四收录的《咏百首和歌》"夏十五首"也吟咏过"深见草"。

夏树繁茂庭石上，落满色浓深见草。②

慈圆大僧正的这首"深见草"歌也收录在《夫木和歌集》（1310年前后成书）"夏"部中。至德元年（1384）刊行的《梵灯庵袖下》"牡丹"条列举了"深见草、山橘、有名草、二十日草、邻家草、夜白草"等名称，由此看来牡丹已广泛普及于南北朝时期的连歌之中。正因为普及，才有如此众多的异名。

镰仓时代之后牡丹出现在日本的花鸟画中，当然这也来自中国的直

---

① 原歌是"形見とみれば歓きのふかみ草何なかなかの匂なるらむ"。——译注
② 原歌是"夏木立庭の野すぢの石の上にみちて色こき深見草かな"。——译注

接影响。但到室町时代，以雪舟的《牡丹隔扇画》为代表的"日本牡丹"逐渐定型。波士顿美术馆所藏的艺爱①的《牡丹朱雀图》即其一例。这些画作和宋元样式非常接近。桃山时代以降的壁画其奢华之甚只能视为来自明画样式的影响。大觉寺宸殿"牡丹间"狩野山乐②的《牡丹图》即其代表，但我们不能因此说它很夸张，只是受到明朝画风的影响而被巴洛克③化。这幅画虽然是写实的，但却营造出梦幻般的氛围；虽说不让人感到郁闷，但在时间上却出奇地沉滞不动。总之，它傲然自立于现世荣华之中，宣告着人性的胜利。我们可以感觉到它是在时代转换期生存的"日本文艺复兴运动人士"生活原理的托身。因为"新人类"拼尽全力推翻了过去仅仰仗血统、规制和肉体不可见的权威才能生存的宫廷知识分子，成为新的统治者，故观赏牡丹花的方式自然也会有所不同。

　　然而，牡丹纡尊降贵，进入民众生活是在进入江户时代之后。在此之前只有公卿、僧侣、武士有此眼福。元禄时代前后随着农业生产进步，商品经济发展，城市居民地位提高，以及这些因素带来的学问和文化的繁荣，牡丹开始在庶民阶层的生活中占有稳固的地位。庶民争相栽培牡丹并改良其品种，同菊花、山茶花、樱花等一样也掀起了"牡丹热潮"。当然，作为庶民文艺的俳谐也诞生出新的季词④。元禄十一年（1698）刊行的鹭水⑤所编《俳谐新式》列举了"花王、姚黄、天

　　① 艺爱，生卒年不详，室町时代中期的画家。史料中未记述此人，但现在通过刻有"艺爱"的印章可知过去有此画家，并且通过他的画作可以推测他是一个重要的画家。近年来因发现他画的记有长享三年（1489）的《草花图下绘》（私人藏品），故可推知艺爱的活跃时期。过去有人认为艺爱就是将军家族御用绘师小栗宗湛之子宗栗，但现在有人考证并非如此。艺爱的代表作《山水图卷》（私人藏品）是卷幅庞大的水墨山水画中的精品，非常珍贵。——译注
　　② 狩野山乐（1559—1635），安土桃山时代的画家，画派"京都狩野家"之祖。年轻时向狩野永德学画，获狩野姓。侍奉丰臣秀吉之后在大阪城、聚乐第、四天王寺等处作画。画风雄劲，富有装饰性。在大觉寺等处也画有壁画。现存作品有《牡丹图》《松鹰图》等。——译注
　　③ 巴洛克（Baroque），是一种代表欧洲文化的典型艺术风格。这个词最早来自葡萄牙语Barroco，意思是"不圆的珍珠"，特指形状怪异的珍珠。而在意大利语Barocco中有"奇特、怪异、变形"等解释。本书作者在此似乎采用该"变形"的意思。——译注
　　④ 连歌、连句、俳句中为显示句子的季节感而吟咏的特定的词汇。如"莺"是春季的季节词，"金鱼"是夏季的季节词。——译注
　　⑤ 青木鹭水（1658—1733），江户时代中期的俳人和"浮世草子"（小说）作家，是松永贞德以来俳谐作法理论的集大成者。他尊崇松尾芭蕉，创作了众多的俳句，还著有《御伽百物语》等小说。——译注

香、兰麝、腻体、醉态、妖姿、庭香、玉香、国香、锦苞、杨妃、西子、鸭绿、贵品、玉肤、雪萼、红衣、金缕、玉佩、风葩、露蕊、绛罗"等牡丹品种。此前于正保五年（1648）季吟所撰的《山之井》则记述："牡丹可喻重衡①之形，可招梦庵②之名，可代指朱色绘具与别扣等，可借此想象蝴蝶、狮子飞舞、跳跃之心境与懒猫睡眠之状态等。唐土有谓牡丹乃花王，亦曰之为富贵之物。"由此可以明显看出，这时的牡丹已与中国文化告别，开始扎根于日本庶民文化的土壤之中（在此有必要说明，中国明代流行的《牡丹亭还魂记》《牡丹仙》《牡丹园》等戏曲传到日本后，该牡丹花魂编织出的优美浪漫剧曾给近世日本文学家以很大的刺激）。

兹录近世俳谐中吟咏牡丹的名句如下：

胡蝶嘴舔牡丹花，心恋梦庵有香梦。③（《山之井》）季吟

露水已不寒，牡丹花蜜甜。④（《别座敷》）芭蕉

蜡烛泪滴少，夜深有牡丹。⑤（《韵塞》）许六

花移吴国后，越胜靠牡丹。⑥（《旷野》）越人

白蝶飞迷眼，误入白牡丹。⑦（《续别座敷》）杉风

---

① 重衡，即平重衡（1156—1185），平安时代末期的武将。平清盛之子。1180年（治承四年）五月与其兄知盛一道大败源赖政于宇治，十一月攻击并烧毁与赖政勾连的东大寺和兴福寺。平家灭亡后被押送至镰仓，但受到源赖朝的优待。重衡希望出家，但因南都僧徒要求被遣送至奈良，后在木津川被斩，在奈良坂枭首。——译注
② 梦庵，牡丹花肖柏的别号。肖柏（1443—1527），室町时代中期的连歌师、歌人。向飞鸟井雅亲学习和歌，向宗祇学习连歌，并接受后者的"古今（和歌集知识）传授"。《水无濑三吟百韵》的作者之一。参与《新撰菟玖波集》的撰写。著有《春梦集》、注释书《弄花抄》《肖闻抄》等。——译注
③ 原俳句是"牡丹花にねぶる胡蝶も夢庵かな"。——译注
④ 原俳句是"寒からぬ露や牡丹の花の蜜"。——译注
⑤ 原俳句是"蝋燭に静まりかへる牡丹かな"。——译注
⑥ 原俳句是"花ながら植ゑかへらるる牡丹かな"。——译注
⑦ 原俳句是"飛ぶ胡蝶まぎれて失せし白牡丹"。——译注

　　持灯返复去，庵旁有牡丹。① (《古人笔句录》) 千代女

　　盛开方数日，花瓣落二三。② (《付合小镜》) 蕉村

　　花垂黄昏后，抱月白牡丹。③ (《暮雨巷句集》) 晓台

　　牡丹如此好，谁是植花人?④ (《七番日记》) 一茶

　　以上所有名句都与日本近世庶民文艺精神吻合。伴随牡丹的栽培和普及，它的图案被广泛运用到人们的生活当中，比如家具、服装和点心等方面。在这近世传统的基础上，日本再次从中国引进了《牡丹亭》这些热门的戏剧，并以此为蓝本创作出如三游亭圆朝⑤的《怪谈牡丹灯笼》(1894) 这类作品。当然，牡丹也因此完全丧失了古代中国和王朝时代的日本都随心所欲借此作为"权力象征"的地位，而只有它的"女性象征"得到继承，任由日本民众自由观赏。

---

　　① 原俳句是"戻りては灯で见る庵の牡丹かな"。——译注
　　② 原俳句是"牡丹散つてうちかさなりぬ二三片"。——译注
　　③ 原俳句是"花くれて月を抱けり白牡丹"。——译注
　　④ 原俳句是"是程の牡丹と仕かたする子かな"。——译注
　　⑤ 三游亭圆朝 (第一代，1839—1900)，幕末明治时期著名单口相声演员，本名出渊次郎吉，艺名是"三游亭圆朝"。人们为了彰显其业绩称其为"大圆朝"，而后继者继承"三游亭"之名称"小圆朝"。三游亭圆朝创作出许多相声剧，如《牡丹灯笼》《真景累之渊》《盐原多助》等。——译注

第五章 寻访"花传书"——天文和 庆长时期"花传书"的研究

一 "花传书"诞生时代的社会文化状况

何谓"花传书"

重读"花传书"有多少现代意义？我想读者也许会有此疑问。不！与其说有人会提出这个疑问，倒不如说还有许多人甚至不知道或不关心有"花传书"这些书的存在。曾几何时有人问我最近在读什么书，我回答正在浏览"花传书"。提问者听后大笑，说"没有浏览这个说法吧"。我心存疑虑，反问他后才知道他所认为的"花传书"即指与世阿弥①所著同名的"能乐"书。此君是位颇有学养的读书人，听完我解释后搔首戏谑道："嘻！花道也有'花传书'啊？"果不其然。翻开《广辞苑》（第二版）可以看到："【花传书】世阿弥的著作《风姿花传》的通称。另，后世亦有同名的能乐《花传书》。"《广辞苑》（第一版）解释："【花传书】世阿弥二十三部著述之一。共七篇（《年来稽古条条》《物学条条》《问答条条》《神祇》《奥义》《花修》《别纸口传》）。应永七年前后创作。阐述能乐大纲、要点的书籍。《风姿花传》。"第二版对此进行了订正。按今天的概念，《花传书》似乎不等同于花道的传书。

① 世阿弥（1363—1443），日本室町时代初期的"猿乐"演员与剧作家，与其父观阿弥一道都是猿乐（或作"申乐"，现在名曰"能乐""能剧"）之集大成者，留下许多著作。观阿弥、世阿弥的"能乐"由"观世流"继承至今。世阿弥幼名鬼夜叉，后由二条良基赐名藤若。通称三郎，本名为元清。其父死后世阿弥继承了"观世大夫"的名号，进入了艺术创作的黄金时代。自40多岁起取艺名世阿弥，意为世阿弥陀佛。世阿弥的作品中有将近50个曲目仍在现代"能剧"中上演。他所作的艺术评论书籍如《风姿花传》等除了是重要史料之外，也具有很高的文学价值。——译注

　　然而翻阅《日葡辞书》（1603 年，日本耶稣会在长崎刊行）会发现其中明确记载："花传书"是"记录插花之书"。《日葡辞典》编撰之前那些特意使用"花传书"这个固有名称的著作，除了池坊传给某宰相①的《花传书》（文明十八年/1486 年）外，还有《宗清花传书》（享禄二年/1529 年）、《唯心轩花传书》（天文五年/1536 年）、《文阿弥花传书》（天文九年/1540 年）、《专荣花传书》（天文十五年/1546 年）、《宣阿弥花传书》（一名《花谱》，又名《廊坊立花传书》，天文二十一年/1552 年）、《贤珠花传书》（弘治四年/1558 年）、《小笠原长时花传书》（推定为天正十一年/1584 年以前）、《专好花传书》（天正十五年/1587 年）等。当然这些书名有的是通称，也有的是后世命名的，所以不能一律将"花传书"和花道相提并论。并且，认为它们仅局限于世阿弥的能乐书的观点也是不合理的。《花传书》是 16 世纪前半叶出现的与"立花"有关的图画（有一书名为《立花图卷》，至今尚存）和文章组合而成的著作。我想如此理解方为正确。

　　历史学家和文化史家统称这些"花传书"为"天文花传书"或"天文口传书"。如此区分是因为进入江户时代后出现了大量的与插花有关的著作（那时已有大规模的木版印刷），有的著作也会冠以"花传书"的名称，所以有必要区别称呼。

为何会产生"花传书"

　　首先需要大致了解一下，重要的"花传书"几乎全部出齐的（除前文提及的之外，最重要的"花传书"还有《君台观左右帐记》《仙抄传》和《专应口传》）天文年间的社会和文化状况。

　　为了简单了解天文年间（1532—1555）的社会状况，以下有必要特意摘录一些杀戮性事件："一向一揆"② 与"管领"细川晴元③尖锐对

---

　　① 宰相，原文未说明何人。日本人当时也将幕府"大老"称为"宰相"。——译注
　　② "一向一揆"，室町时代末期越前、加贺、三河、近畿等地爆发的宗教人士起义。即一向宗的僧侣和门徒向"大名领国制"的统治发起的暴动。——译注
　　③ 细川晴元（1514—1563），室町时代末期的细川氏武将。父亲为细川澄元。晴元作为室町幕府的"管领"结束了当时畿内的战乱。而室町幕府在家臣三好长庆叛乱后则逐渐没落，故晴元是最后的拥有实权的"管领"。然而后来他被三好长庆从京都驱逐出去，细川家的"管领"事实上就此结束。——译注

立（天文二年/1533 年）；德川家康的祖父松平清康被家臣阿部弥七郎杀害（天文四年/1535 年）；山名氏政①在战场上死于大内义隆②之手（天文七年/1538 年）；武田信玄③将其父信虎流放到骏河（天文十年/1541 年）；葡萄牙船只漂流至种子岛，将火枪带入日本（天文十二年/1543 年）；"关东管岭"家族的上杉朝定④在战场上死于北条氏康⑤之手（天文十五年/1546 年）；长尾景虎⑥与其兄晴景相争，成为春日山城城主（天文十七年/1548 年）；传教士圣方济各·沙勿略⑦将基督教传入鹿儿岛（天文十八年/1549 年）；陶晴贤⑧杀害大内义隆（天文二十年/

---

① 山名氏政，生卒年及事迹不详。——译注

② 大内义隆（1507—1551），战国时代的"大名"，大内义兴的长子，1522 年与 1524 年曾随其父出征。父亲死后继任大内家"家督"，之后开始进攻北九州，并与大友义镇、少弍资元发生战争。1536 年大内义隆从朝廷得到"大宰大弍"的官位，并与龙造寺联合剿灭少弍家族，完成了对北九州的经略。同时义隆也尝试进军京都，但出兵连连失利，于 1542 年为尼子晴久击败。之后大内义隆失去对政治的野心，沉迷于玩乐与文化事业，曾向外国求购书籍，开版"大内版"等，在文化方面做出很大功绩，后因重用文治派的相良武任而导致武治派的反叛。——译注

③ 武田信玄（1521—1573），战国时代的武将。1541 年（天文十年）将其父流放到骏河国，从此信玄夺取了"家督"的职权，成为一方"大名"。从此开始进攻附近诸国，与上杉谦信在川中岛激战数回。再后信玄决意攻入京都，为与织田信长决一死战在围攻三河野田城时得病，殁于伊那驹场。——译注

④ 上杉朝定（1525—1546），室町时代后期的武将。武藏河越城城主。上杉朝兴之子，是扇谷上杉家族最后一员武将。——译注

⑤ 北条氏康（1515—1571），战国时代的武将。氏纲的长子。攻陷古河城后将"古河公方"足利晴氏迁移至相模，与上杉谦信作战后将自己的势力扩展至北武藏。也注重民生，创建了北条氏的全盛时代。天文十五年（1546），北条氏康亲率八千精兵奇袭上杉朝定与扇谷上杉氏联军，致敌人八万大军全面崩溃，上杉朝定和扇谷上杉氏相继战死。此夜袭战战法高超，被后人誉为"日本战国三大奇袭战"之一。——译注

⑥ 上杉谦信（1530—1578），战国时代的武将。"越后守护代"长尾为景之子。初名景虎，后改名为政虎、辉虎。谦信乃其法号。根据地在越后春日山城，领有北陆地区一带。与小田原北条氏和甲斐武田氏对抗，与武田信玄在川中岛的一战在日本军史上特别著名。天文十六年（1547）长尾晴景与长尾景虎相争，上田长尾氏"当主"长尾政景支持晴景，但翌年晴景却将"家督"名号让与景虎。——译注

⑦ 圣方济各·沙勿略（St. Francois Xavier, 1506—1552），西班牙人，天主教司祭和传教士，耶稣会创始人之一。受葡萄牙国王约翰三世的委托到印度果阿。1549 年（天文十八年）到日本传布基督教。——译注

⑧ 陶晴贤（1521—1555），室町时代末期的武将。大内义隆的家臣。后背叛义隆使其自杀，拥立大友宗麟之弟晴英（大内义长）为主君。在严岛与毛利元就作战时战死。——译注

1551 年）；川中岛之战①爆发（天文二十二年/1553 年）；等等。这个时期"下克上"的社会风气达到顶点。从文化史看，这个时期处于连接东山文化（足利义政时代）和桃山文化（织丰政权时代）的中间时代。而天文文化则从内部刺破了融合公家文化、武家文化、禅僧宗教文化、新兴庶民文化的静态复合文化即东山文化的表皮，将鲜血喷散四处。幕府的政令已被废除，贵族化的武家、仰仗该贵族化武家的公家、神社寺庙等悉数衰落，取而代之的是活跃于社会的充满野性的战国大名、小名和豪商们。但因为文化创造的主要舞台依然在都城（畿内都市），所以新生文化只能产生于都市中心。

　　一言以蔽之，这种文化就是讴歌现世、以实力决胜负、人性的发现、理性思维觉醒、民众文化普及等多种因素交织的现实主义文化。虽说它带有过渡的性质，但这种能量的喷发确实满足了"变革期文化"的条件。30 年后到来的桃山文化因为有了天文文化的基础储备，才能夸示那种显示赤裸裸人性的权力和黄金的力量（胜利者也掌握了货币经济）。

因是"时代之子"，故有普遍性

　　天文年间的社会文化状况如前所述。这个时代集中出现的"花传书"当然不会脱离这些状况而存在，现代花道也是如此。但艺术并不会通过舍弃它抱有的时间和空间要素，相反却要通过凝固这些要素才能达到它的普遍性。正因为"花传书"作为"时代之子"也饱受各种制约，所以在今天才会不断地向我们抛出一些普遍性的问题。

　　就各种"口传（花传）书"拟择日讨论，现在我仅归纳各"花传书"的特色（亦可谓可取之处）：

　　第一，"花传书"并非依据可通过秘传语言来预测的那种"神启般的"思维而写出。我们很容易推定，16 世纪前半叶的知识分子甚至对

① 川中岛之战，指武田信玄和上杉谦信两军于 1553 年（天文二十二年）、1555 年（天文二十四年）、1557 年（弘治三年）、1561 年（永禄四年）以及 1564 年（永禄七年）前后 12 年间，围绕信浓境内的领地问题在善光寺平附近以犀川、千曲川汇流处的冲积平原（即"川中岛"）为中心的区域分别发生的 5 次战争或对峙。其中爆发于 1561 年 10 月 17—18 日（永禄四年九月九—十日）的第 4 次对阵（八幡原之战）是战况最为激烈的一次，也是日本战国时代参战双方伤亡率最高的战役之一。——译注

上一时代歌学和佛教理论称为"入神"或"以心传心"的神秘体验的真实性（可信性）提出质疑，在艺术（技艺）方面，他们逐渐转而相信以人的能力为基础的"技艺"（技术）的习得及其可行性。也就是说，时代思潮整体发生了巨大转变，即由神转变为人，由不可视的维度转变为可视的维度，由沉默转变为雄辩，由被动争夺转变为主动争夺，由观赏的一方转变为展示的一方（另外，如果它能由非合理转变为合理，那应该很快就能和近代思潮接轨）。受此影响，在花道领域，"花传书"就如同雨后春笋，蓬勃出现。夸张地说，我们可以将"花传书"作为日本的文艺复兴运动书籍来解读。其图卷（图鉴）自身也显示出一种"对事物的看法"。它并非沿袭中世用绘画的形式说明（"绘解"）虚构的事物的做法，而是以绘画呈现实在的事物，使之整体物质化。这是"技艺"（技术）的胜利。

第二，"花传书"突破了长期以来作为日本文学艺术范式（规范、标本）的古代儒教思想（律令思想）的框架，在同样接受中国先进文化之际，还能积极拥抱新兴国家大明王朝的文化，并参与平安时代即有的课题，即"混淆和汉界限之事"。而这，就成为日后所谓的"日本"文化传统的滥觞。

第三，"花传书"的出现缘于喜欢它的人数激增。与此相应的是，它用简单的语言说明禁忌和规矩等。但即使面对这种简单的"规矩"，不断增加的接受者（新兴阶级）也需要走过艰辛的路程，不断提高它的权威。

第四，由于"花传书"的出现，作为家传职业（用现代语言可称之为"职业花艺师"）的花道传授终于迎来了自立门户的机会。因为过去不管是对教的一方，还是对学的一方来说，花道教育课程都不完备，教什么、学什么都不甚明晰，效果自然无法期待。这时"花传书"就有了用武之地。图鉴的丰富性也来自实物教育的理念。

"花传书"对职业插花艺人自立所需的 Initiatory Ceremony 起到了决定性的作用。这里所说的 Initiatory Ceremony 是宗教民族学的术语，Initiatory 这个动词有创始、使经过一定程序续加入、授予秘传、启蒙这几个意思，大致是指事业发轫时应履行的仪式和程序。也就是说，教授的一方通过刊行"花传书"，公开宣告该家传职业就此起步。学习的一方通过接受"花传书"，开始了花道的登堂入室，并有望得到深奥的技艺乃至秘传。最终花道的技艺作为近代的一种职业得以自立，并一举成功地消除了此前那种依靠服侍将军，寄食于特定权力者，终日卑躬屈膝、阿谀奉承的非生产性的生活方式。在东方国家，因为学问本身具有"仪式"性质，故履行了正规仪式的职业插花艺人就可以堂堂正正地跻身于知识分子群体。实际上，天文时期的插花艺人与职业茶艺师的独立步调一致，已步入当时最高级的知识精英阶层行列。

如此看来，"花传书"的问世恰逢其时。因为恰逢其时，所以就可能在根本上与我们现在直面的各种问题发生联系。过去的定说是"花传书"的出现可以帮助人们诊断、测定花道史中的堕落病状，而我们的研究结论却与之完全相反。

二 《君台观左右帐记》① 中充溢的"国际感觉"

> **装饰次第**
>
> 一 于壁龛中挂三挂轴与五挂轴时，必佐以三足具（香炉、花瓶、烛台）。折几须凭画而立。烛台、花瓶、香炉、香匙台（须有香匙、火箸）、香盒、侧花瓶、盆、方几皆须对向安措。
>
> 一 诸饰品中应含烛台一对、花瓶一对。香炉、香盒同前。此谓五饰也。青铜青磁茶器亦同。
>
> 一 挂四挂轴时撤除部分香炉、花瓶、烛台。其中花瓶、香炉仅置其一。侧花瓶则如素安措无妨。
>
> 一 "一间"大小（约1.818米）之壁龛以挂两挂轴为宜。居中仅置一花瓶。一对亦无碍观瞻。不挂横幅画等。比起挂横幅画，不如挂长幅本尊画为宜。切切。
>
> （据岩波书店版《日本思想大系》本）

---

① 《君台观左右帐记》，由室町时代（1336—1573）能阿弥、艺阿弥、相阿弥爷孙三代编纂完成，其中详细记述"室礼"（举办仪式时特殊的室内装饰）所用"唐物"的价值体系。这些带有"唐"字的物品被日本传统文化全盘吸收，并沿用至今。比如日本茶道中的"唐物茶碗""唐物茶罐"等用语至今仍在频繁使用。以"唐物茶罐"为核心的一整套点茶茶具也被称为"唐物点前"。茶室、寺院神社以及一般家庭的隔扇上裱糊的"唐纸"也是其中之一。——译注

"花传书"的现代意义

"花传书"集中问世于天文年间（1532—1554）。我们获知该时代的社会文化状况之后，就可确定它的问世绝不是闭门造车。插花明显是室内艺术，但我们也应该知道，它是一种毫不遮掩、光明正大的艺术形式。与插花相关的秘密或秘诀并不意味着什么，美就是美，人见人爱，只是美的创造需要修炼和习得"技能"。"花传书"欲阐明的就是这个"开放的世界"的真实存在性。它的划时代意义就在于让非限定的众多平民分享此前特定的个人（贵族和天才）独占的美。若在天文时代的社会结构中把握花道的形成和"花传书"的问世，则其现代意义愈渐明显。

于是，仅凭自古以来流传的"佛前供花说"① 和战后社会关注的"花的民俗学"研究来探明花道史就似乎显得力不从心。花道的形成和发展的过程绝非日本列岛所独有，而是与人类历史的整体发展紧密相连。若不从全球观点审视祭祀形态（以何种方法祭祀何神）、政治体制（如何移植律令政治机构）、文化现象（如何引入诗歌、造型艺术和生活方式）等，则无法把握花道的历史。准确地说，花道也产生于国际环境之中。正因为如此，其所获得的美才具有普遍性。

以欣赏"唐物"为向导

从史前时代开始就是如此，尤其是在进入历史时代以后，日本文化的进步发展是通过学习、摄取先进国家中国的古典和民间习俗等高度的制度文化而实现的。虽然有人忘我地模仿和移植而不辍，但由于存在理

---

① "佛前供花说"。有人认为："就平安时代与中国的关系来说，在日本文化发展过程中给花道以强烈冲击的是从中国传来的佛前供花。"（工藤伸昌：《日本花道文化史》）在日本花道史上，佛前供花的传入归功于圣德太子与小野妹子。公元 593 年圣德太子担任"摄政"，总揽一切政务。他"笃敬三宝"，广建寺院，使佛教在上层社会迅速传播开来。公元 607 年圣德太子派遣小野妹子访隋，与隋朝建立邦交关系。此后小野妹子还三次前往中国，在学习佛法的同时，将在中国所见的佛教礼法与佛前供花以及花器不断引进日本。小野妹子完成使节任务后皈依佛教，居住在圣德太子建造的六角堂中（位于京都市中心紫云山顶法寺），因院内有太子沐浴过的水池，因此他的住所被称为"池坊"。他在此处日夜以花献佛，并制定了祭坛插花的规矩，经过历代门徒的发扬光大最终形成了日本最古老的花道流派"池坊流"，小野妹子被奉为池坊之祖。——译注

解不清和信息不足的原因，所以也会产生任意解读的现象，而这反而导致了"日本化"的文化现象发生。然而作为文化领导人的律令贵族却误以为自己始终在分毫不爽地汲取中国文化。多少有意肯定"去中国化"的是藤原时代（10—12世纪）以后的事情。及至室町时代，更有人将"模糊和汉边界"（《珠光心之文》）视为理想。长时间身为律令中心城市并名实相副地构建出"都城文化"的京都，到那时已从古代政治都市摇身一变为中世经济都市，我们只有从这种变化中才能理解该问题。

我们将花道（含"花传书"）史置于国际视域中重新审视时就会发现，日本和中国的关系之深如何追究都不过分。现实的问题是我们可否正确看待一个事实，即当我们不将插花视为"供佛"之花，而只作为"悦人"之花欣赏时，那"唐物"鉴赏的眼光才会明显地深邃起来。

一般认为，"唐物"的"唐"（Kara）的词源来自南朝鲜的加罗①国国名，但也有人认为它是"指大洋彼岸的'彼'（Kara）的讹传"（林屋辰三郎）。总之它是古代指称从中国传入的物品即舶来品的总称。从正仓院皇室藏品②和文书这些有力的证据都可以看出，构成日本人美学意识的几乎所有要素都发端于日本人对"唐物"的态度，因篇幅在此无暇详述。于此有必要说明一个社会事实：至室町时代，具有全新属性的"唐物"汹涌而至，此时需要一种对"唐物"的鉴别眼光（幕府甚至设有专司鉴别"唐物"的"唐物奉行"③）。因为再像过去那样有眼无珠地崇拜舶来品，一来会贻笑大方，二来自己不免受到损失。误把廉价物品当作名品买来后如何处置也会让人焦头烂额。

---

① 加罗，史料中有各种写法，如加耶、伽倻、驾罗、迦罗、驾洛等，其实这些写法都是汉字标注所造成的差异。——译注

② 正仓院，位于日本奈良东大寺内，是用来保存皇家寺庙财宝的仓库，建于8世纪中期的奈良时代。收藏有服饰、家具、乐器、玩具、兵器等各种宝物，总数达9000件之多。其中一半以上来自中国、朝鲜等国，最远的来自波斯。有人认为"正仓院是丝绸之路的终点"。——译注

③ "唐物奉行"，室町幕府同明朝进行"勘合贸易"之后，更多的"唐物"不断地被日本引进。这一时期曾在足利将军身边司职"猿乐"、园艺的杂役都被命名为"唐物奉行"，成为掌管、鉴定、收藏画卷、瓷器、漆器等"唐物"的专家。——译注

被视为第一部"花传书"的《君台观左右帐记》就是在这种尊重"唐物"的热潮中写就的，它旨在传播与舶来的宋元画有关的知识和鉴赏技巧。其前篇是中国画家"人名录"，列出了当时日本知晓的从唐朝到明朝的 156 名（按东北大学收藏的版本则为 176 名）中国画家的名字，并加上简单的注释，将他们的作品分为上、中、下三等。其后篇则记录了室町时代中期客厅装饰的典型事例。

相阿弥在能阿弥、艺阿弥、相阿弥①（三人都是以"唐物奉行"之身侍奉将军②的文艺侍从③）这三位艺人中属于集大成人物，但其作品中识语的年号和作者名未必可信，所以没有必要深究特定的作者是谁。即使有人认为《君台观左右帐记》是后世的伪书，但也可以确认它创作于 16 世纪中叶之前。可以得到公认的是，在天文年间"花传书"相继问世之时就有了《君台观左右帐记》。

插花欣赏首开"唐物欣赏"之先河。人们每每说到，花道和茶道是亲兄弟。然而它们的父母却并非"禅"宗意识形态，而是该时代带来的这种外来新佛教的国际环境。关于这种区别此前却无人做出。

至少插花在作为"立花"获得自立的阶段，其创作者和欣赏者都一定体味到氤氲于插花周边的时尚趣味，分享了新潮的喜悦。花姿常新，永显时代风潮这一切都有案可查。而"花传书"也总是推陈出新，不断出现新作。唯有江户幕藩体制时代的宗匠们信奉（毋宁说是被统治者强制要求信奉）的朱子学观念论哲学才生生地将反映常新"技法"的"花传书"变为巩固旧事物的手段。

《君台观左右帐记》的现实主义

《君台观左右帐记》所示的"唐物欣赏"技艺分为三部分，第一部分将宋元画家分成上、中、下三等并进行"品评"（前篇），第二部分

---

①　根据当时的记录，能阿弥是一位精通书、画、茶的"明人"（意指有识之士），艺阿弥和相阿弥则被称作"国手"或"国工"。人们对这三位艺人的评价之高可见一斑。——译注

②　将军，指足利将军及其家族。第三任将军足利义满至第八任将军足利义政在继承日本王朝文化的同时，都热心收集中国的美术作品，开创了浸染"唐物"色彩的室町新文化。——译注

③　原文是"同朋众"，指伺奉于足利将军左右，负责艺术、茶事和杂役的职务。常被呼为某阿弥，其中不乏各种技艺超群者。——译注

叙述"书院"①的装饰方法（中篇），第三部分阐明如何鉴赏各种道具的奥义（后篇）。这三部分都非常务实。

在"书院"建筑作为新的生活空间出现在以室町将军为核心的武家社会之时，如何设计由壁板、隔板、交错隔板共同构成的"壁龛"，以及如何统筹以"唐物"为重心的客厅装饰都成为亟待解决的现实问题。用"唐画"和"唐物"装饰房间的技法虽说在前朝的《吃茶往来》②等中也有述及，但到这个时候却必须想出与新时代吻合的新创意。这种创造性的任务就落在将军身边的文艺侍从身上。创造新生活空间有机结构美时，不可或缺的一环是"唐画"、案桌上的三具足、花瓶、香盒等，于是插花就成了装饰的必备要素。

由此可见，"唐物"的先行存在在很大程度上规定了这个时代的生活空间和生活艺术。"唐物"的花瓶和瓶花决定了日本人的住宅和艺术的模式。这种现实思维让人联想到中世纪末期乃至文艺复兴时代早期的威尼斯贵族。

不可忽视的是，在天文年间之前约 150 年间日本（室町幕府）和中国（明朝政府）签有官方贸易协议，其间虽有若干次中断，但事实上相互间的通商十分繁盛。日方图谋以朝贡（作为臣子进贡贡品的外交关系）的形式获得实质性的贸易利益，而中方则意在以许可通商为筹码，在现实上禁绝困扰自身多时的海盗（当时称倭寇）。基于这种相互获益而开展的"勘合③贸易"，先后有 17 次、87 艘"勘合船"往来于两国之间。最初"勘合贸易"由幕府经营，但后来逐渐转由大名、大寺院、大商人经营，最终大内氏在与细川氏的争锋中获胜，攫取了该经营权。日本当时输出的商品主要是刀剑、硫黄、白银、扇子、苏

---

① "书院"，在此指"书院建筑"（始于室町时代末期、大成于江户时代的住宅建筑样式。其接客空间是独立的，非常精美）的客厅。根据其位置和结构等可分为"表书院、内书院、黑书院、白书院、大书院、小书院"等。——译注

② 《吃茶往来》，作者为茶道史上的一代宗师荣西禅师。荣西（1141—1215），幼名千寿丸。其父贺阳秀重是吉备津宫（今吉备津神社）的神官。荣西幼年时即跟从父亲诵读佛教的《俱舍颂》，14 岁时（1154）在比叡山（今京都市东北）延历寺出家，号荣西。——译注

③ "勘合"，明王朝与他国交往时为官方的使船签发的割符。与日本交往时为禁绝倭寇和走私贸易，将割符的"日本"二字分为两半，并将有"本"字的割符交给室町幕府，共 100份。遣明船携带这些割符入明，明朝官员在宁波和北京与底簿（台账）对照检验。明船则携带"日"字割符赴日。——译注

芳木①、泥金画、屏风、砚台等,而从中国输入的商品则是铜钱(洪武钱、永乐钱、宣德钱)以及书籍、古代名画、瓷器、铁器、针、水银、药材、棉丝锦缎等。特别是铜钱的流入深刻影响了室町时代的社会经济(应关注畿内商品经济的兴盛、钱庄和酒坊等商业高利贷资本的成长、京都批发商对农村商业和工业的控制、被压迫农民的相继起义等),这必然会严重动摇政局,将日本带往战国时代。分析日中贸易的一般特征可以发现,由于日方一部分自私透顶的统治阶级和特权商人相勾结,积极推进利益优先主义,故使两国间的正常交流受到破坏。

因此,虽说是"欣赏唐物",但相较于中世中期无人不珍视从元、宋返国或来日的禅僧带来的禅院的庄严法器,天文时期"欣赏唐物"的内容完全不同。之前"唐物"趣味的流行仅以禅宗这种新宗教为媒介。村井康彦②就元应二年(1320)成书的《圆觉寺佛日庵公物目录》写过:"显示这些高僧肖像和禅宗境界的绘画或禅院的庄严法器,对那些禅僧来说,不啻为一种航海纪念品。镰仓时代末期禅僧连年入元或来日,而官方贸易则几乎废绝,故这些'唐物'并非通过贸易商,而是通过那批禅僧之手方得以带入日本。"③ 这种观察大致正确。然而到那时国际形势陡然一变。足利幕府,接着是战国大名也都主动掺合到对明贸易中来。在此过程中有人炫耀自己获得的丰厚财富,但一旦感到不满就立马转身变为海盗。在这点上他们也和威尼斯商船队毫无二致。

冷静观察就可以看到,这个时代的"车轮"正以获得、展示、欣赏"唐物"为"车轴"滚滚向前。并且从经济结构到政治文化方面都有了很大的改变。"花传书"的问世正处于该时代的中轴线上。花道在那时也已完全变为"创造于人"而"悦于人"的"人"的艺术之舟驶向远

---

① 苏芳木,苏木科苏木属植物苏木的干燥心材。苏木原产于美洲中部、哥伦比亚及西印度等地,生长在海拔500—1800米的热带、亚热带山区。现在在中国广东、广西、云南、四川等地亦有种植,可作染料和药品。按原文所述,当时日本的苏芳木产量或较为可观。——译注
② 村井康彦(1930—),历史学家,专攻日本文化史。毕业于京都大学文学部史学科,后进入该大学研究生院学习,1958年中断博士课程,1964年以《律令国家解体过程研究》获文学博士学位。历任京都女子大学副教授、教授和国际日本文化研究中心教授、滋贺县立大学名誉教授、财团法人京都市艺术文化协会顾问、京都市美术馆馆长。著有《出云与大和》《武家文化和将军身边的艺人》等。——译注
③ 村井康彦:《日本文化小史——知识分子的登场》茶德与茶礼。——原夹注

方。作为"视觉"艺术，花道此后也必将在万众的欢呼声中继续畅行在大海上。

三 《仙传抄》与"人类解放"的逻辑

一 元服花事。其事主为而立、不惑之年，则须于花株上留枝叶少许立之。为年迈之躯则须留枝叶于花株之上，并自后向前拉引细枝立之。下草须用当季有祝祷之义者为佳。虽曰当季之花，亦不可立不吉之草木之花。又，须带竹节立汉竹与草等，寓生生不息之意。

一 分立之花。使大成之花株下翻，倒向披靡簇生之下草。下草重垂则另低插各花于草木之上。须静心选择立花方式，使之不拘一格。

一 远近之法。后显野，前观山，此法不宜。应后显山，前观野。要言之即立远近之花，应存后山之意，前野之志。然不可谄媚后山。此乃远近花之谓也。花有一瓶之数。

一 三具足。二乃三饰物。三乃序破急。四乃祝言之枝。五乃迟远。六乃影面之枝。七乃远近。八乃下草。九乃风枝。十乃早梅。十一乃莲花。十二乃中央花。皆注于文后。此乃第一口传。

一 序破急之事。此有真行草。序为真，破为行，急为草也。序之花乃三具足，又乃庄严之花。破之花谓立花株于饭膳、酒海之中。此行也。急之花即草之花也。此谓寻常之花瓶。是为草也。

（据角川书店版《图说插花大系》本）

"花传书"阐明"何谓插花"

只有沿着历史的时间轴观察"花传书"问世的天文时代社会文化状况，探索活跃其中的内在法则，我们才可能发现"花传书"的本质。权当温故知新，我们可以复习一下林屋辰三郎就天文时代的整体把握："以天文时期为中点的历史可谓是民众运动高涨的历史，它始于'应仁之乱'[1]，终于以

---

[1] "应仁之乱"，指从 1467 年到 1477 年室町幕府时代封建领主间的内乱。具体指第八代将军足利义政任期内幕府"管领"的细川胜元和山名持丰等"守护大名"之间发生的争斗。它开启了日本的战国时代。战乱后幕府将军、"守护大名"和庄园领主贵族的力量更加衰弱，日本历史进入新兴的"战国大名"互相混战的战国时代。——译注

'天文法华僧侣暴动'① 为高点的天正十九年（1591）丰臣秀吉的京都城改造②。""从文化史的角度看，形成于东山山庄的生活文化广泛普及到民众当中。与此同时，它也四处开花于地方的领国当中。要而言之，它就是人们得以进行思索的设施，即拥有书院式客厅的壁龛、交错隔板这些住宅形式的出现。它发展了用山水隔扇画装饰客厅四周，在庭院这个自然环境中品味和欣赏茶、花、香（味觉、视觉、嗅觉）的文化。凡此种种不仅时兴于武家贵族，也广泛影响了都鄙民众。不愧是天文时期。"③林屋此说根据历史是"连绵不绝的变革期"这一立场，旨在抗议过去基于政权所在地的时代划分法。正因为如此，它反而能够鲜明地刻画出天文时代的特征。

直率地说，插花艺术的根本特性是由天文时代社会文化的能量所决定和形成的，这酷似于和歌文学的根本特性由白凤、天平时代律令文化的能量所决定，以及俳谐文艺的根本特性由元禄时代新兴城市居民的商业文化所决定。我们如果忽视艺术类型的诞生和自立与社会发展史的平行关系，就根本无法理解前者。归根结底就是，和歌集成了律令贵族的政治意识形态能量，俳谐集成了封建城市居民的商业意识形态能量。就西欧各科学的特性而言，对民族学和英国殖民地政策的关系，社会学和法国市民阶级产业组织的关系，精神分析学和德国父权主义家族结构的关系，现代心理学和美国资本主义社会管理体制的关系，等等，我们也只有通过分析使以上学科分化、独立背后的社会力量，才可以厘清上述各科学的目的、内容、功能以及思维方式。要明确"何谓插花"，仅凭哲学思辨和美学价值赋予很难接近其实质。只有洞幽烛微，仔细调查问世于天文时代的"花传书"才能得到这个问题的明确回答。

---

① "天文法华僧侣暴动"，指1536年（天文五年）延历寺宗徒袭击捣毁京都日莲宗寺院二一寺的事件。由此以京都城市居民为核心的日莲宗信徒为对抗"一向一揆"（真宗本愿寺派一向宗僧侣暴动）和"土一揆"（农民暴动）发起了"法华暴动"，在京都拥有巨大的影响力。它起因于宗门论争，但最终发展成武力冲突。因此日莲宗被禁止在京都传教，直至1542年。——译注

② "京都城改造"，15世纪后期的"应仁之乱"使京都成为武士集团争斗的战场，该城几乎沦为废墟。丰臣秀吉于16世纪末统一日本后大兴土木，对京都的城市结构进行大规模的改造。——译注

③ 林屋辰三郎：《近世传统文化论》代序说。——原夹注

挣脱出文学他律性的自我解放

《君台观左右帐记》的主题，首先关乎在装潢"书院式"客厅时该如何配置"唐画"和"唐物"及安排三具足、花瓶和香盒。"唐物"虽是满足人们欲望的物件，但在新时代的建筑物中，如何通过装饰这些物件以体现人的价值却不能掉以轻心。因此，这项工作必须由将军近侍的最高知识分子担纲指导。然而这些新时代的知识分子清楚地知道，以往那种只要具备文学素养即可的时代已然逝去。新时代知识分子必须具备鉴赏"唐物"的感觉和审美的能力，并且需要以这种形式实现"自我的发现"和"人性的发掘"。小到对一个花瓶的摆设，也要做到能以人的感觉为基准或依靠。

我们从排名第二的"花传书"《仙传抄》中可以更鲜明地发现它是如何从文学的构思转化为探究造型美的。关于《仙传抄》的成书年代不明之处甚多，按通说是天文五年（1536），与排名第三、成书于天文十一年（1542）的《专应口传》大致处于同一个时期。不过《专应口传》有天文六年（1537）的抄本，还有抄有"享禄三年"（1530）识语的类似文本，因此有人认为《专应口传》应早于《仙传抄》问世。但流传本《仙传抄》识语开篇记述"此仙传抄者三条殿御秘本赖政公依御所望，文安二年三月二十五日富阿弥相传"，又说宽正六年武部三位法印、文明四年住友藏人实嗣、文明八年道简斋、文明九年宝感院荣得、文明十七年禅喜庵寿亭、永正元年山冈玉田翁、大永七年赞者座各自相传，最后写到"天正五年正月十七日池房惠慈"相传。文安二年（1445）在足利义政就任将军5年之前，故从时间上计算有相当的疏离。该识语似乎是后世某人的狗尾续貂，不足凭信。不过它祭出义政（识语写为赖政，似为义政的笔误）的大名，其动机有合理的成分，因为《仙传抄》第三章"奥辉之别纸"就是《义政公御成式目》的异本。作者池房惠慈在池坊家藏本等中明确记述"池坊专应"，虽说有很多研究者视其为误记，但能否如此定谳有待商榷。可以明确的是，《仙传抄》和《专应口传》二者关系密切，都是该时代精神的产儿。

用现代语言来说，《仙传抄》是"带有插图"的插花技艺指导书。逐条阅读我们会发现它的记述清晰明快，看不出是所谓的"秘传"等。该书对读者读后可能会觉得不合理和费解的事项提醒"须回避""恶劣也""不该如此";而对谁都觉得美好的事项则不吝言辞,积极肯定。总之,它是光明正大、求真务实的。但或许对当时的人们来说,这种合理精神和感觉主义的原理,在某种程度上会给他们带来"惊讶"和"疑惑"。又或许因为如此,"花传书"也会折中操作,适度引入一些过渡期常见的无关痛痒的思想(阴阳五行说或民间禁忌等)。但即便如此,澎湃高涨的时代思潮也会让人们坦然接受《仙传抄》主张的"感性解放"。早在庆长年间(1596—1614)木刻本的《仙传抄》已开始普及。

基于古典文学的审美构思衰退后,依赖感觉(特别是视觉)的艺术造型动机却加强了。这种新时代的倾向在隔扇屏风画的主题中也彰显无遗。摒弃莫名其妙的美的约束,让寄望于赤裸裸人性的可视化艺术成为新的主题。这就是花道的精神。

《仙传抄》宣告了"文艺复兴运动"的到来

现存的《仙传抄》第二章附录了"谷川流",第三章附录了"奥辉之别纸",给予我们知悉该系统或管理者等的线索。毋庸置疑,第一章"正文"中的"三具足、序破急、真行草、远近法"的记述是最"关键的部分",但在"奥辉之别纸"中也可以见到以下重要的记述:

　　一　三具足之花与烛台相对,须按右长左短、古今远近方式插入。须体会开枝寓慈悲,抱枝兆智慧。

　　一　所谓右长即让花向右延长,左不逸出而做环抱客厅状也;所谓左短即指有右长左短怀抱之状也。古今远近之古者谓前季之花;今者谓当季之花;远者谓风情绰约之树干;近者谓临水芳草之清爽之态也。

　　一　以花木为真之心,可谓人亦有能。然心之不定者比兴①也。如此树干不强之花亦恶也。因此谓树干为真也。

---

① "比兴"是中国古代诗歌的常用技巧。朱熹认为:"比者,以彼物比此物也。""兴者先言他物以引起所咏之词也。"通俗地讲,"比"就是比喻,是对人或物加以形象的比喻,使其特征更加鲜明突出。"兴"就是起兴,即借助其他事物作为诗歌发端,以引起所要歌咏的内容。"比"与"兴"常常连用。——译注

我们甚至可以认为，"右长左短"提出了与现代艺术相通的"政治、艺术运动"（Movement）问题。当然以下观点也可成立："为了不妨碍礼拜佛像，应使花枝左短右长，避免使用带刺的花，不可使用有毒之植物。这些说道都源自佛教徒的想法。"[1] 但我认为不止于此，这其中还有回归人性、探索"美"的法则的意思。同样我还感觉"远近"和"真"的提法也与认识论和存在论有关。我不禁再次感叹，时代的进步已使天文时代的艺术家得以深入探索自然观和人类观，特别是他们发现了"清爽"这种崭新的美，实可谓前无古人。天文时代的艺术家至此已从正面解决古代和中世的人们所不知道的现实问题。

对古代和中世的人们而言，所谓的现实就是高高在上的统治者凭借自身的"权力"和"权威"做出决定，而渺小的被统治者绝对无法以一己之力进行选择和创造等。在古代律令时代，儒教范式持续主张自身的不可侵犯性和不可归谬性；平安"摄关"时代之后，已相当日本化的佛教范式和通过使用典故连续"交接接力棒"的和歌美学范式，与过去的范式叠加后被不断地反复演示和继承。古代人和中世人一旦踏出这些范式的圈外，就会坚信自己丧失了真理和真实（总之就是现实感）而自责不已，并由此自动陷入统治者布下的巧妙陷阱之中。思此不免让人感到一种莫名的忧虑，而这就是古代、中世的形而上学、认识论和美学。欧洲中世纪基督教神学范式所起到的功能竟也与此如出一辙。

但《仙传抄》却对渺小的个人凭借其一己之力营造出的现实绝对信任。这宣告着"感觉的解放"。花道的诞生才是宣告"日本文艺复兴运动"到来的破晓晨钟。

四 《专应口传》的"都市思维"

（序）插花于花瓶乃自古即有之事，素有耳闻，窃以为其仅欣赏繁花之艳丽，而未能辨识草木之风雅，徒以插花而已。此流派所为乃引山野水傍之自然姿容于居所，巧布花叶，以追求美之原形为本。自先祖始插后作为一道风靡一世，都鄙可共赏也。有人为忘却草庵寂寞，半带玩心，捻指以立破瓿老枝，并对此细细思索。庐山湘湖风景亦不可比拟，故难以冀望；玉树琼瑶绝景亦耳有所闻，而见者稀也。王摩诘辋川画，亦弗能滋夏之清凉；舜叔举草木轴，亦弗能释秋之香气。又于庭前造一小山，垣内引一泉水，不假人力而事难成。只借小水、尺树即可显现江山数里形胜，须臾间酿出变化万千之无限佳兴，可谓宛得仙人妙术。菅席十府，七府措花瓶，而三府置吾身，嗜壁龛百看不厌，佛国之宝树玉池诚在眼前，华藏世界亦有风拂来，瓶上气动四溢流芳。无论凡佛，自初顿之华严至一实法花皆以花结缘。青黄赤白黑五色，岂非五根五体哉。寒冬群卉凋落，亦显盛者必衰之理。然其中松桧青色常在，自证真如不变之理。

（据《日本思想大系》本）

"花传书"开示了"人的生存方式"

"花传书"开示了"人之为人的生活方式"。

"花传书"是天文年间（1532—1554）社会文化状况的"时代产儿"。在弄清此间经纬之后我们可以将自己的慧眼转向另一个重要命题，此即进一步深入了解插花艺术的根本特征就在于"自我的发现"及"人性的发掘"。如果我们只是捡拾"花传书"的只言片语，并拘泥于琐碎的议论，那么"花传书"充其量只会是一本告诉人们"怎么做"（How to）的技术指导书。然而，如果我们能够想到这批"花传书"诞生的时代，能够想到那些欲自己传播或急切让人传播"花传书"的活生生的个体存在，能够想到当时被切下的花木的形姿与花瓶之间的相互照映，总之，能够想到天文时代是一个栩栩如生的"整体"，那么"花传书"就立刻会与"人之为人的生存方式"产生联系。因为插花（严格地说是"立花"）的意识和行为本身就是一种社会事实。

"花传书"与战国武将的家训等不可相提并论，它为我们鲜明地描画出改变这个时代的"历史功臣"的思维方式和对世界的认识。并且，该思维和认识具有前瞻性（可以说过去的日本伦理学史和教育史的研究者在这方面错失了"大鱼"，而仅关注到中世、近世的武家家训，因为毕竟它们不曾质疑过"体制史观"）。

茶道的形成大致也在同一时代。如果将茶道的"母港"堺市①比为"水城"威尼斯，那就可以将花道的"根据地"京都比作"花都"佛罗伦萨，这种比方似乎很熨帖。滚烫的天文文化集中地在此开花，敲响了"日本文艺复兴运动"到来的晨钟。人改变了花，而花也改变了人。

发现新的自然和新的人性

日本素有"热爱大自然"和"热爱草木"等的宣传口号，据说花道就是该例证的典型。这没有错，但花道这种艺术行为在热爱大自然的含义上，和在樱花树下喧闹或抱着《岁时记》拼凑平庸的俳句却有不同。在"花传书"中可以把握并由"花传书"所继承的成为花道基础的自然观既不是"被动的"，也不是"非人为的"。相反，它却采取人介入于大自然的姿态。更准确地说，它多半是在主张使大自然臣服于人。以"右长左短""古今远近""黄蓝红白黑"等技艺为例，究其根本也是以佛教和儒教为蓝本，志在以人的感觉为基础改变大自然的功能。而这就成为花道的最重要的要诀。从一开始它就和珍惜、崇拜大自然的思维截然不同。

到天文时代日本人才第一次意识到降服大自然的思想意义，才首次开眼于改变大自然功能的可能性。天文时代以前可以笼统地称之为"中世"，但那时的知识分子（对知识分子言听计从的一般庶民更不必说）全然相信人应该臣服于大自然，而政治权力也如同大自然一样强大。"闲寂"美学的流传可以说是传统的自然观被局部深化的结果。但在"应仁之乱"之后社会急剧变化，拳头硕大的武士倚靠实力打破旧秩序的现象随处可见。民众阶层也是如此，在农业技术改良、农业生产力提升、租佃农民被解放出来成为自耕农民、商业走向专业化、货币经济发展、都市生机勃勃这些条件的综合作用下，"人性的复兴"得以一举实现，审视人和自然的关系的眼光也开始改变，自古以来形成的、人类社会由自然决定的宿命环境论（它和专制统治正好吻合，带有强烈的

---

① 堺市，位于日本大阪府中部的一个城市。该市茶文化是日本茶文化的重要组成部分。它的发展与贸易方式、历史变迁、禅宗僧侣都有十分密切的关系。"堺流"是日本茶道流派之一，由武野绍鸥在继承"奈良流"的精华后于室町时代末期在堺市创立，或称"绍鸥流"。——译注

"地理决定论"色彩)亦被彻底打破。同中国、朝鲜的贸易乃至"南蛮船"① 的驶来等,也从根本上改变了日本人审视社会、文化的眼光。

不管是面对风(气候)还是面对河流(陆地),正因为人类能在主观上能动地作用于它们,大自然才会相应地送来恩惠。即便是面对大海,也正因为人类积极地出航,大自然才将海产品和文化(外国文化)与人类分享。从意识到这些的瞬间开始,这个宇宙空间就被"人化"了,创造历史的人类就居于大自然的上方。大自然的物理诸条件虽有不变的常数数值,但它们对社会性的人类发挥的作用和关系在现实中会受到人类社会生产力和生产关系的很大制约。在这个意义上说,大自然也只能"历史地"存在。天文时代的人们早就发现了这个真理。

"都鄙可共赏也"

让我们阅读《专应口传》的正文。不要以晦涩难懂等理由敬而远之,我希望最起码大家能出声朗读开头的三四行字。这个开篇已经提示了"何谓花道"这个根本命题。

这个写有天文十一年四月廿一日识语的"花传书"后来收录在《续群书类从》"游戏部"第五五三中,与成书时间更早的享禄三年(1530)本相比,序言部分有相当明显的差异。兹录享禄三年本的序言如下:

> 插花于瓶中之法据闻唐与日本自古即有。时人只知花美,而不谙花木之风雅,徒插之而已。②

天文十一年本出现的"花瓶"在享禄三年本中仅标记为"瓶";天文本未见的"唐与日本"享禄三年本则明确写出,二者在整体上明显不同。另外,大永三年本和天文六年本也现存于世,4个文本相互比照细节不尽相同。因此针对文本的差异无论如何详细探索亦无多大意义。这么说是因为我们无法断言《专应口传》最初就是专应本人亲手写就

---

① "南蛮船",室町时代末期至江户时代从吕松、爪哇、暹罗等南洋国家及中国驶来的西班牙、葡萄牙等国的船只。也叫红毛船。——译注
② 冈田幸三编:《花道的传书》。——原夹注

的"花传书"。我们或许可以揣度，因受传者的理解不同差异一早就存在了，异文（异文本或文章修辞的差异）的产生也在所难免。

天文十一年本"序"开篇三四行冷不防地宣告的究竟是什么内容？第一，我们要关注的是，它认为自古即有的"插花"习俗是"仅欣赏繁花之艳丽，而未能辨识草木之风雅，徒以插花而已"，对过去的（或曰传统的）花道进行批判，说天文时代以后的"立花"不应该是那么"无意识"的。第二，我们必须关注的是它以"此流派"自诩，在发布本集团的独立宣言之后还叮嘱"作为一道风靡一世"，表明它得到世间的承认已然是既成事实。第三，我们需要关注的是它写的"都鄙可共赏也"。这清楚地说明了新兴的花道艺术不外乎就是基于"都市逻辑"的市民文化。

第一个宣言确立了两种思想：（1）同万叶时代开始就有的"祭祀之花""供花"的习俗有着根本区别的、以人的感觉为核心的美学（通过"唐物欣赏"而习得的）思想。（2）新兴人群带来了新的思想。它欲明确表明，传统美学和思维方式已被一次性清除。

第二个宣言表明，虽然旧秩序被不断打破，但他们仅对构筑起封建体制的新兴武士阶级主张一种脱阶级（Déclassement）的艺术家团体的自治权利，说到底是图谋自由，顺便还呼吁终结流派。

第三个宣言根据从古代王城都市到封建武装都市再到那时逐渐出现的近代市民都市的发展过程，预告了在最后那个历史阶段到来时城市居民（市民）将成为城市的主人，将发挥出完整的"人性"。插花一定来自"城市"的思维和行动。乡野落寞开放的花朵一定会在听到城市居民的"人性"呼唤那一瞬间开始在历史的世界中占有一席之地。第三个宣言还主张，花道归根结底一定是"人"的艺术。

"都鄙可共赏"的"都鄙"，其中的"都"指京都和堺市无疑，但"鄙"具体指哪里一时难以回答。因为那只不过是一种修辞，故无必要穿凿附会，而且那个时代乡村（"惣"）自治意识高涨，故不妨可以解释为广泛的新兴群体。弗洛伊斯①曾就贸易港博多说过：它"模仿堺

---

① 路易斯·弗洛伊斯（Luis Frois，1532—1597），葡萄牙耶稣会传教士，曾在印度担任司祭，1563 年（永禄六年）在方济各·沙勿略推荐下来日传教，曾与织田信长见面。在日期间他目睹并记录了日本"二十六圣人"被处死的惨剧，并向母国寄出 140 余封信件，还写出 1549 年（天文十八年）以降的布教史《日本史》。1597 年在长崎病逝。另著有《日欧比较文化》等。——译注

市，犹如一个完全以城市居民为基础建立的国家"①。就此丰田武②解释："当时堺市之于任何海港城市都具有典范的地位。经过战国时代，这种自治性质的'集会'制度在乡村也显著建立起来，不过城市的自治比乡村的自治更为完备。从这点出发说堺市的自治是十四五世纪日本的典型自治形态应该无人异议。""将'集会'群众组织起来的堺市富商都多少拥有自己的武装，是具有海盗性质的土豪和财阀式的商人。这种自治是这些商人贵族专制运营的产物。欧洲中世纪城市一般可分为三种类型：（1）接受领主监督的自治城市；（2）市民中有实力者专制运营市政的城市；（3）按市民民意运营的城市，堺市等城市应当说属于第二种类型。"③ 对照丰田武所阐明的以上几点，我们很难断定"鄙"就漠然地指代范围广泛的农村。我认为《专应口传》中"都鄙"的"鄙"，仅指遥远地方出现的港口城市（贸易城市）。"新兴人群"一定诞生于"新兴城市"。后来规模一定扩大到日本全国（至少是西日本），但最初这些新兴贸易城市像据点般散布在各地，并发现了"自治"和"自由"。花道的普及就是从这些据点率先开始的。

五　《唯心轩花传书》的"唯物论思维"

> 一 花姿。首先，须物色花瓶后立主枝，随心敷设下草，慎重对待水际。添加于四周之下草须稍错开插之。按□置放乃恶也。其次，色绘（色彩感觉）至关重要□□也。不选蓝花。再次，花枝浓密，可使之做成弯腰之姿态。滥插于水际亦恶也。又，不洁亦为恶也。
>
> 一 祝祷之花。如绘图。须备齐灵动之道具，使松枝下草鲜活起来。不可立任何枯萎草木。亦不可使用繁花，恶也。须多插下草，以使四周不缺。
>
> 须熟习置花瓶于隔板之事。下方可安措砂陶草花瓶。须显示大花之气度，但不应触及上方。须思索下草置放处而后插之。隔板上须有

---

① 原文无夹注。——译注
② 丰田武（1910—1980），历史学家，毕业于东京帝国大学，历任文部省图书监修官、东京女子高等师范学校（今御茶水女子大学）、东北大学、法政大学教授。专攻日本中世史，特别是商业、宗教、都市史。著有《中世日本商业史的研究》等。——译注
③ 丰田武：《堺市——商人的进入与城市的自由》一、堺市的发展。——原夹注

小花瓶。（略）

　　壶瓶若大，须插二主枝。以大花之体，显小花之妙也。二主枝有口传。（略）

　　一 欲习花道，重要者乃先选道具。

　　一 物色花瓶须先用心也。

　　一 善色绘（色彩感觉）者上等做法也。

　　一 须常留意水际、花姿也。

　　一 主枝长大凡为一尺半，然须由主枝而定。

　　一 本末花朵皆繁盛，可做成弯腰之姿态。

　　一 不可立有些许枯萎之草木。

　　一 忌两相正对插枝叶。

　　一 忌用莲花、芦苇等作主枝。

（据《图说插花大系》本）

《唯心轩花传书》相关的预备知识

　　首先我们要知晓与《唯心轩花传书》有关的物质层面的知识。1936年昭华社花道文库主事石田六凤①在拆除自家仓库时发现这部"花传书"和其他众多古文书。这部400年来不见天日、带有彩图、汉字和片假名混写的"花传书"突然出现在我们这个时代的确令人惊叹。从"天文五年（1536）五月"这个识语人们可以预期它的记述内容，其中具有一些令人意外的新资料，因此它很快就引起了花道史研究者的注意。

　　石田六凤认为："从本卷的记述完全看不出后世出现的闲寂、风流这些思想。它主张通过花感觉大自然，也谈到抛入式'立花'，这在花道史上都值得大书特书。"② 到目前为止，这个观点代表了基本定型的评价。石田还就"色绘（色彩感觉）至关重要□□也。不选蓝花"这一条说明："如画界中有彩画与水墨画之区别，花道界亦有两分之立场。池坊的花传书即天文十一年的《专应口传》中有'捻指以立破瓴老枝'的闲寂思想，而当时转投池坊门下的人和第二代的专荣、专好却试图另

----

① 石田六凤，生平经历事迹均不详。——译注
② 《图说插花大系6》解说，角川书店。——原夹注

辟蹊径。两相对照他们强调色绘（色彩感觉）的理念值得高度评价。"①
另外，石田还针对"苔藓遍布乃恶。苍翠清爽方为正道"此条写道："排斥
覆有苔藓之木的态度迄无先例。插花的真正目标是追求苍翠清爽，否定濒
死覆苔的老木，使用青壮枝条这种见解在花道史上也极其稀有。"②

　　在具备这些预备知识之后，请重读《唯心轩花传书》的文本。"花
姿"前有配图，还有"须直立""右短长之花"的图示说明和"所谓古
今远近，即立于后方之远枝谓古也，置于前方之下草谓近也。亦可立于
□□侧面。投枝远者是为古远也"这一条。破损部分不知是否有"花
传书"常见的"序"，但从这一卷的写法和思维方式推断，似乎无
"序"，而像是直接进入插花的技艺指导。像这种远离观念操作、具体
而又感性的艺术主张在此"花传书"中俯拾皆是。

"备齐道具"和"物色花瓶"

　　若不带先入之见阅读《唯心轩花传书》的文本就可以知道，原著
者唯心轩最想提示的要诀有六项：（一）如欲插花，首先道具必须备
齐。（二）若找到好花瓶，则须对花瓶的形状和功能特征有所用心。
（三）随心敷设下草，慎重对待水际，但花材皆须新鲜。（四）概言之，
花之格调以让人感觉"花大"、豪华绚烂、有分量、端正为佳。
（五）色彩不单调，弃用水墨色调，以能彰显五彩缤纷、鲜艳夺目、对
比度大之效果为佳。（六）其他，形式当富有多变，不拘一格。

　　我想没必要就那些条目逐一说明。说须"备齐灵动之道具"和
"欲习花道，重要者乃先选道具"等这种再三强调"道具第一主义"的
思维方式，明显是一种与中世精神主义相对立的近世唯物主义哲学原
理。这里所谓的道具，指的是花瓶、花器、三幅挂件、"唐物"铜器、
陈列架摆件、香炉、石钵、刀具、花材等为创造花的造型艺术所需的不
可或缺的物质条件的总称。如果没有好的花瓶，所插之花如何能活色生
香、光彩照人？如果没有像样的三具足、恰当的室内设计、完备的花材
植物，又何来美艳丰富的花之艺术？而"花姿"则是由"花瓶"的形、
姿、色彩决定的。也就是说，只有"物色花瓶后"再相应地"立主

---

① 《图说插花大系 6》解说，角川书店。——原夹注
② 同上。——原夹注

枝"。古代人（中世的知识分子）动辄就说"闲寂""心"等，但如果道具（物质条件）不齐备，怕是连一朵花也立不起来。

我之所以如此断言，明显是拜唯心轩在世时（天文时代）出现的社会生活原理所赐。有人推测唯心轩是在摄津国平野乡西坊依靠卖艺或行医谋生的人，而与该地接壤处有个市镇叫市滨町，因制盐而繁荣，该镇还是一个以海运业者为媒介的很小的经济文化交流地点。每当船舶停靠就会传来一些消息，比如对日本各地"下克上"现状的详细生动的描述，或对某个或某两个贸易商很快发迹成为富豪的事迹的转述，都宛如讲述者亲眼所见。"唯心轩"等名字让人感到有些别出心裁和别扭，但即使如此也一定可以想见他看待现实的眼光正在逐日发生变化。

这未必只是我个人的推测。读小笠原长时①的"花传书"，可见"虽云善彩绘，然其花吉兆不好，可谓华美，可厌也"的条目。它将主张色绘（色彩感觉）的唯心轩一派的美学称为"华美"（都市式华美），视其为下等之作，甚为轻蔑。但在武士阶级看来这下等的"华美"，用今天的观点来看反倒是"上等"的，故历史性的裁断颇为恐怖。

分析至此，我们基本可以把握《唯心轩花传书》的根本性质。我想西坊唯心轩这个人一定是一位出色的思想家。因为这个人显然是在用自己的大脑思考问题，用自己的感官去感觉事物，用自己的肉身认识外部世界。从生活在现代的我们看来，拥有这些过于平常的思考、感受、认识能力的人即使在今天也不很多。从古代到中世罕见的思想家在多数情况下终其一生也不过是在咀嚼消化前人的伟大思想，拾人牙慧或做一些修修补补的工作而已。但就是对这些不多的修正部分也有人献上赞辞，如它"独树一帜"，"从中可以发现日本的觉醒"，等等。而唯心轩却与此截然不同。他是一个渺小的人物，甚至他有多少学问、教养我们也不得而知，但有一点很明确，就是这种人以自己的感受、思考力和判断力（还有物质意义的生活力）为基准判断事物：伟大的先贤所规定的清规戒律也未必是永恒不易的真理。首先要仔细审视道具、花瓶和花材，然后充分调动自己的感性。我之所以如此言之凿凿，是因为在这个人的宇宙观和自然观里可以看到一种"新的原理"。这个"新的原理"乃拜唯

---

① 小笠原长时（1514—1583），战国时代的武将，信浓国"守护"。在盐尻峠之战败于武田信玄，后流亡于京都、越后、会津等地。在会津被家臣杀害。——译注

心轩居住在贸易港口附近，欲拒还迎地觉醒于"开放的思维"所赐。

放大"花传书"之间的"口号"

即使我们必须最大化地褒奖天文时代早期花道艺术家的个人才能，但也要看到他们仍然是社会性的动物。分析若干本"花传书"就可以发现在细节方面存在相当大的差异，也可以发现作者都祭出与那个自由时代相符的个性和主观性。然而即便如此，《仙传抄》和《专应口传》都属于同一个社会范畴，这在今日已成为一个常识。可是尽人皆知的是，在相同常识的框架内唯有《唯心轩花传书》是"花道史上稀有"乃至"唯一例外"的书籍，人人都认为此书奇货可居。

然而今天必须完全修正这种常识。《唯心轩花传书》不仅照单全收了《仙传抄》和《专应口传》中多少让人感觉有些伪装的人类主义、感觉主义、合理主义的新原理，还进一步推进了该原理，一举跻身于唯物论（至少也是唯物论思维）的境地。至此它与近代仅有一步之遥。而且更重要的是花道带着所有的近代要素扬帆起航。抑制封杀这些重要的近代要素的是江户幕藩体制，近世封建社会开了花道前进的倒车。

作为参考我再赘言几句。在前述的注释中石田六凤就"花枝浓密，但须使之弯腰严阵以待"做出补充说明："将武士防守的姿态和斩杀前弯腰进取的姿态融入花道的追求中。"进而还就"须显示大花之气度""以大花之体，显小花之妙也"加入自己的见解："即便创作大作品，也需留意小品的细节。在陈列架下以及其他有限的装饰空间亦须显示大花之气度，此态度与剑道异曲同工。这令人不禁怀疑唯心轩曾经是武士。"① 但准确地说，人们意识到武士"防守的姿态"和"弯腰进取的姿态"是在宽永年间（1624—1644）以后的事情。"剑道"只不过是统治太平盛世的武士（官僚）的技艺。花道也是技艺，但它诞生在剑道之前，比剑道更深刻地与"人生原理"相联系。

武士也会像一些杰出人物那样思考问题，但那充其量只是一种"封闭的思维"。因为他们不事稼穑或劳作，只知"寄生"于他人但作威作福，不可能获得真正的人生道理。将寄生阶级的武士误认为是某种卓越人士，并大肆加以美化和偶像化，或是因为战前军国主义教育的影响余

---

① 《图说插花大系6》，角川书店。——原夹注

烬未散，或是因为看多了廉价的历史小说所致，总之并不出自一个好的理由。插花（准确地说是"立花"）一定是城市居民真实的"生活原理"的产物。它终归是一种"开放的思维"。

六　《文阿弥花传书》（西教寺本）的自然哲学

◎戏论随缘集　花瓶之要事

盖观立花，始于花瓶。夫一天龙眠一镜中，变化于十方国里世上，飞花落叶样态一一尽显。皇居之内侍所是也。隔墙可见之四方天地，内显十二因缘之理，外成有情无情之别。草木国土悉皆成佛之直道也。于万事宝瓶悟一荣一乐，于花房观生老病死样态。瓶口，明镜之姿也。明镜有水之形，可以此为本，故可随四季，集草木花叶，移之花瓶之上，唤醒无明之睡意。真行草之次第如下。

◎第一真瓶

真行草瓶之次第有三。首先，真瓶乃佛前三具足之瓶也。异瓶虽同而非真瓶也。黏土之物为上，青铜之物为下也。以其故，舍利弗时取瓦两片，生诸花供于佛前。以文字书"瓶"（并加瓦）也。吾朝之草木大地，以出生之心为本，故并用瓦也。其次为禁花之事，须限于真瓶。但祝祷时不可立行草瓶等。真瓶不可与行草瓶同座。真瓶更可赏玩。

◎第二行瓶

行瓶非佛前之花瓶。唯草木年久生苔，祝祷时不用其侧立之若木，免生追忆往昔之心。瓶之名曰株立。然不立古木。祝祷时客厅可立苍翠繁茂之木。上下位次如前。窄口花瓶乃隔板之道具也。隔板中花瓶有三。有口传。

◎第三草瓶

草花瓶亦非佛前之瓶。唯插所有草花之瓶也。依之名曰草花瓶。又，插之于瓶可见山野泽湾之风情。此故也。此花瓶中无禁插之花。虽曰如此，然依客厅须少立树荫朦胧之木。虽曰异瓶，然不可专立禁插之花，上下位次如前。尤可秘之。

（据《图说插花大系》本）

两种《文阿弥①花传书》

《文阿弥花传书》与《仙传抄》《专应口传》并称花道史上"三大法典"。孰知一旦翻阅时则发现它有数种类书，我曾困惑于不知应依据何种类书为好。这里不做详细说明，但可以认为《文阿弥花传书》（西教寺本。又名《贤珠花传书》）与《立花故实》（别称《文阿弥花传书》）是各自独立的两本"花传书"。因年代久远，且长时间奉行不公开主义，故有此混乱也在情理之中。

这两部《文阿弥花传书》都非常优秀。将"西教寺本"称作《贤珠花传书》的是京都市史编纂所的森谷克久②，其理由是"《文阿弥》西教寺本中仅两卷有识语，其中《大卷物第十二》记载'从宗梅文阿弥圣阿弥……'，'宗梅'被列为首位。另一卷记载由横山入道贤宗相传，其余四卷则无某人相传的记载，仅提及'贤珠月浦'此人。因而仅就本书而言，即令其部分内容与鹿王院本有类似之处，但定名为'文阿弥'也缺乏根据"③。如此深究下去，以此称之为《文阿弥花传书》确有问题。但本书在此遵从过去的称呼，称之为《文阿弥花传书》（西教寺本）。

下面请看西教寺本有"弘治四年（1558）二月三日"识语的"戏论 第二"。

"风流插花……合乎本世人心"

弘治四年（1558）二月二十八日日本改元，是为永禄元年。观年表可知"九月……木下藤吉郎④侍奉（织田）信长"。天文年间

---

① 文阿弥（？—1530），室町时代花道艺人，也是室町幕府将军的近侍艺人。庵号为绣谷庵。花道书籍的文阿弥传书有数种。弟子有月谷老人、宣阿弥、正阿弥等。文阿弥死后又有另一位文阿弥问世，也很著名，但并非同一个人。——译注

② 森谷克久（1934—　　），历史学家。毕业于立命馆大学研究生院文学研究科，专攻都市文化史、生活文化史和信息文化史。历任京都市史编纂所研究员、京都市历史资料馆首任馆长、京都大学讲师、京都市文物保护审议会委员等。现任武库川女子大学名誉教授。著有《通过地名阅读京都》（上、下卷）、《京都大辞典》、《京都千年》、《图说京都府的历史》、《京都的地理、地名、地图之谜》等。——译注

③ 《图说插花大系6》解说，角川书店。——原夹注

④ 木下藤吉郎，丰臣秀吉最初的姓名。——译注

（1532—1554）至弘治年间（1554—1558）发生了织田信长攻占清州城、川中岛会战①、毛利元就②在严岛之战获胜、斋藤道三③与其长子义龙争斗但战败死去等重大事件。永禄二年（1559）又发生了织田信长进京、上杉谦信进京、葡萄牙耶稣会会士维莱拉④进京等事件，永禄三年（1560）还发生了桶狭间之战⑤。日本历史"转换期"的骚然之声因此渐次高涨。

如果将新兴势力的"生活原理"视觉化和形象化的行为视为"立花"，那么新兴势力的活动至少得以持续到江户幕藩体制确立的宽永年间（1624—1643）而不会受到挫折，因此"立花"自然也一定有能力实现自我发展。只要新兴封建领主欲清算延续至中世的公家、神社寺院的庄园特征，铲除所有庄园遗制的图谋，与自由的城市居民欲驱逐废止行会，以扩大商圈的期望至少在利害关系上一致，那么作为这两大新兴阶级社会意识的"立花"就理应在自我发展的道路上突飞猛进。

天文时代出现了一部著名的武家家训《多胡辰敬⑥家训》，它由十七个条目组成："第一，习字学文。第二，射箭。第三，算术。第四，马术。第五，医术。第六，连歌。第七，厨艺。第八，歌舞。第九，蹴

---

① 川中岛会战，指战国时代末期（16世纪中叶）甲斐的"守护"武田信玄和越后的"守护"上杉谦信之间发生的战争。川中岛会战是他们的第一次会战，发生于天文二十二年（1553），也称"布施之战"或"更科八幡之战"。——译注
② 毛利元就（1497—1571），战国时代的武将。灭陶晴贤、大内义长、尼子义久等，领有山阴、山阳等十国。——译注
③ 斋藤道三（1494—1556），室町时代末期的武将。亦称长井新九郎或斋藤利政。原是山城的一个油商人，因往来于美浓国，故须巴结该"守护"土岐氏（有人说土岐氏就是道三之父）。但道三后来驱逐土岐氏，占据美浓国，与织田信秀勾结，并纳信长为女婿。——译注
④ 加斯帕·维莱拉（Gaspard Vilela，？—1570），出生于葡萄牙的耶稣会传教士。1556年（弘治二年）到达日本，在府内（大分县）、平户（长崎县）传教。1559年（永禄二年）奉"日本传教长"托路莱斯之命进入京都，翌年获得将军足利义辉的允许开始在京都传教。因受佛僧的压迫避难于堺市，后又返回京都，开始在奈良传教。17世纪60年代在近畿地区完成传教的布局工作，对著名武将高山图书和高山右近父子产生了很大影响。1565年因松永久秀、三好义继之乱离开京都，转向长崎地区布道，1570年（元龟一年）因身体原因离开日本，病死于马六甲。——译注
⑤ 桶狭间之战，指1560年（永禄三年）织田信长在桶狭间奇袭今川义元并使其战死的战役。——译注
⑥ 多胡辰敬（1497—1562），战国时代的武将，尼子氏的家臣。永禄四年（1561）毛利元就进攻尼子氏所据的余势城。辰敬浴血奋战但终因叛徒出卖而于翌年城池陷落后死去。——译注

鞠。第十，礼仪。第十一，手工艺。第十二，插花。第十三，兵法。第十四，相扑。第十五，棋艺。第十六，饲鹰狩猎。第十七，仪容。"兹摘录相关部分于下：

> 一 第十二 插花
> 池坊插御前之花，此一瓶花可供学习。
> 文阿弥风流插花，合乎本世人心。
> 多插四季之花，依客人坐席饰品而定。①

多胡辰敬教导子孙要先习字学文，后学射箭，先学算术，后学马术，先学插花，后学兵法，这自然证明了战国时代"大名"的教养之深和品位之高。当今的伦理学家和教育史学家对此评价甚高。但其意义就这些吗？非也。笔者认为，我们还要高度评价它确立的不求神佛加护的自我主体，它发现的"算术"即合理性思维和经济伦理，它获得的保持身体刚健的物质手段，它实现的能真心欣赏各种艺术的丰富情感。这种新兴阶级"精神维度"的开发姿态（忽视这个就无法理解战国时代的武将为何能缜密地经营矿山，从事海外贸易获取巨大利益）就是天文时代知识分子的公共分母（一般特性）。而"立花"就站立在这个公共分母之上。

在多胡辰敬的眼中，"池坊"所插之花一定没有寂寥或不合理性的形象。因为"文阿弥风流插花"的艺术创作"合乎本世人心"，所以他特别希望子孙学习。所谓的风流之花，正如世阿弥所说就是"万千草木中花色各异，然视之为有趣之心境皆花也"②。即在模仿中融入言外余韵，使观众瞬间得到感动，觉得有趣的那种"花"。既然它被称为花，那就必须具有开辟未来的能量。而面对往昔，向隅而泣，花则不再是花。

"草"的发现与戏论的觉醒

请阅读《文阿弥花传书》（西教寺本。《贤珠花传书》）。首先，阅

---

① 多胡辰敬：《多胡辰敬家训》，据内阁文库收藏本。——原夹注
② 世阿弥：《风姿花传》，第三问答条目。——原夹注

毕全文也不会感觉礼赞宗教的气息。它在修辞上使用佛教用语，充其量也只是想达到增添威严的效果。它还明确记述了中尊①前三具足的摆设方式等，但这也只是设计技术的细节指示，而且相当具体。

尤其值得关注的是，书中明确区分了真瓶、行瓶和草瓶。"真瓶乃佛前三具足之瓶也"，强调了须遵守《君台观左右帐记》之后的规定。但至"行瓶"时却突然补充说明它"非佛前"，可由"立花"作者自由裁定。到第三的"草瓶"时文阿弥宣告它超越了"非佛前"，这个"草瓶"的新生命就在于可"插所有草花"，应表现"山野泽湾之风情"，"无禁插之花"。它明确说明怎么插都行，可随心所欲地插，不存在什么禁忌，只要与场所相称即可。

若不带先入之见就可以发现，此条目就是"合理主义"自然观的展示。也就是说，在中尊（释迦三尊）前要插"真瓶"之花，此时遵守规定是理所当然的。但要插"草瓶"花就不存在什么规矩和"禁花"了。"插"所有草木之花的行为就是我们"新时代人"热爱大自然的做法。文中如此断言让人惊讶不已。

嘲笑由"古今传授"所代表的那种装腔作势、内容空洞的公家文化的新文化观终于出现。所谓的"草"就是新兴庶民阶层的生存姿态。如此说来，佛教和神道教就只不过是一种装饰（"狂言"中有许多揶揄神佛无力的作品）。将自己的艺术主张特意冠以"戏论"之名，反映出文阿弥或贤珠月浦都自信非凡。

然而贤珠月浦此人并非可列入"町众"②的自由人士，而是一个与西教寺有某种密切关系的僧侣。即使如此我们也不能断言他在此历史"大转换时期"不具有"合理主义"思想。稍后出现的藤原惺窝③和林

① 中尊，在一群佛像中居于中心位置的佛像，如阿弥陀三尊佛像中的阿弥陀如来，密教五佛中的大日如来，五大明王中的不动明王等。——译注

② "町众"，指室町时代在京都、堺等城市构成当地公共团体的商人、手工业者。他们经营酒坊、当铺、钱庄等，过着一种自治的团体生活。其中还包括一些侍奉朝廷或武家的人士。是中世后期民众的主要组织。在近世则称"町役人"等，指在町内拥有实力的一群人。——译注

③ 藤原惺窝（1561—1619），江户时代初期的儒学家，初为相国寺僧人，后改习朱子学，创京都学派，受到德川家康的重视。主张神道与佛教融合，并声称神道和儒教一致。——译注

罗山①等属于德川政权文胆的大儒原本就是学僧，后来改换门庭才成为儒者。早在天文时代之前，就有许多在京都五山一带学习的、人称"毛坊主"的禅僧放弃和尚身份而专注于儒学，后来受"战国大名"邀请奔赴各地。由此可见，僧侣可以大大咧咧地表明"非佛前"思想的历史"大转换"时代已经来临。

我们不能忽视这个事实："花传书"就诞生于这种历史"大转换时期"。

迄今为止，花道史研究人士都认为插花和佛前供花不可分离，这是无可置疑的自明之事。在古代和中世即"花道前史"阶段，我们未必能说这个前提是错误的。但要阐明与天文年间前后五六十年的历史"大转换期"步调一致而出现的"花道诞生史"，就不能坚守那个前提来推进自己的议论，最终也无法正确理解任何事物，因为即使是僧侣（遑论不是僧侣）也在大大咧咧地表明"非佛前"这种思想，且因为这个时代的整体思潮在向打倒传统权威的方向流动。笔者认为，要想科学地把握以农业生产技术的划时代进步和商品生产的发展及流通的扩大为基础出现的这个历史"大转换期"的思想和价值观，就只能根据一种新的前提才能正确阐明"花道诞生史"。

七　《文阿弥花传书》（鹿王院本）的现实感觉

一　插花时首先以丰满圆润为上。插花稀疏恬淡看似有趣实则难以入眼。平时插何花皆可，而如此疏插则不宜。唯下草等不足时方不得已而为之。

一　须忌讳之枝条。插下草时亦须留意朝向画面之枝条、穿透对向之枝条、重叠之枝条。同前也。

一　疏剪主枝，应不与旁枝相抵触。

一　花瓶。按瓶口形状插花，譬如正方形瓶口则按四方插，圆形瓶口则按圆形插，桶形瓶口则按桶形插。插何种瓶皆应关注于此。

---

① 林罗山（1583—1657），江户时代前期的儒学家。初为僧人，法名道春，后入藤原惺窝门下。1605 年开始侍奉德川家康，先后担任 4 代将军（从德川家康到德川家纲）的"侍讲"。致力于对朱子学的理解和普及，奠定了朱子学在幕藩体制下作为官方意识形态的基础。——译注

> 　　一　水际。根据花瓶形状观察后再插。过高不宜，过低亦不宜。大体有一定之规。然亦须留意。
> 　　一　远处枝条无妨也。
> 　　一　年轻人不宜插过于老成之花。
> 　　一　客厅大体应插坚挺、疏朗、瑰奇之花，使其突显于周遭环境。若密插繁多屏弱之花，则心情黯淡，观感恶劣。
>
> 　　　　　　　　　　　　（据河原书店版《花道全集》第二卷）

作为"三男"的《文阿弥花传书》

　　前一节提到《文阿弥花传书》（西教寺本）毋宁称之为《贤珠花传书》更为恰当，而另一本《文阿弥花传书》通常被称作《立花故实》。其实《贤珠花传书》和《立花故实》此二书都非常出色，即便没有"文阿弥花传书"这个名头也可以独步天下。这里自然会产生一个疑问，即为何当时要特意冠以"文阿弥"之名。

　　然而，让情况越发混乱的是另有一本《文阿弥花传书》（鹿王院本）。也就是说，在人们质疑前二书是否文阿弥的作品时有一个自称是文阿弥"三男"的人登场了。明治维新之后，京都府"神社寺庙科"在调查本府神社寺庙重要文物时发现了这本书，后来将它展示于京都博物馆举办的"神社寺庙重要文物展"。自此之后它骤然引起世人关注。此书共三卷，装帧相同，保存在黑漆盒中，每卷都有同样的识语"天承元年五月十三日绣谷庵文阿弥（花押①）"。其登场的派头与文阿弥"三男"的身份完全相符。

　　天承元年（1131）处于平安时代末期，两年前白河法皇去世，翌年平忠盛被允许在皇宫清凉殿上行走，故当时是"院政"的鼎盛时期。识语的内容显然是在胡诌，但我们无法说它就是后代的伪书，因为人们大体可以确认该书体属于室町时代末期的风格。不过后人若想模仿书体等是可以写得更像原书体的。按此说来，此"鹿王院本"是否就是《文阿弥花传书》确实没有把握。如何证明只能寄希望于专家的鉴定。

---

　　① 花押，花式押字之意，即在签名下方加签的草体字或符号等，以证明文书由本人签发，自平安时代中期开始采用。最初是代替本人签名，镰仓时代以后多采用在签名下加花押的形式。亦称画押。——译注

山根有三①根据对原著的考证做出以下鉴定："一、各卷的序文和识语均为后世附加。可判断为江户时代初期的作品。……二、各卷内容分别记录了室町时代以来的技艺传授,非常有趣,但各卷不出自同一时代。它的顺序应该是第二卷、第一卷、第三卷。……三、第一卷的内容和猪熊本《文阿弥花传》相同,故可能是文阿弥的著作,但第二卷、第三卷则与他无关。""四、被编辑成现在所见的这三卷的形态是在江户时代初期,因此笔者对第一卷中的花图具有多少史料价值存在疑问。……五、这三卷的内容与《仙传抄》的三个部分可以对应。即第一卷可以对应后者的'奥辉之别纸'(内容几乎相同),第二卷可以对应后者的'谷川流',第三卷可以对应后者的前半部分。因此在研究《仙传抄》时可供参考。……可以认为,自称'绣谷庵文阿弥'的有两人。"② 如此严谨的科学鉴定让作者为文阿弥的说法退避三舍。

总之,文阿弥并非特定的某个人(即使可以假定文阿弥是两个人,但也很难区分一号人物和二号人物分别是谁),而是天文时代插花艺人集团(至少它不属于池坊流派)虚构的一个人,只有这么说才最讲得通。可以认为它与江户时代及之后推崇插花有关,但也不妨将它视为天文年间时代精神的化身。推动历史发展的不仅是显赫的武将和政商。我们也不能忽视封存在黑漆盒中的文阿弥"三男"的存在。

"插花时首先以丰满圆润为上"

请大家朗读鹿王院本《文阿弥花传书》(在此摘录的是第三卷开篇的八个条目)。其表述多么大气、多么舒展流畅。

开篇第一条说,对插花而言,最重要的是"丰满圆润"地"插花",宣告以稀疏恬淡为上的传统情趣并无任何可取之处。恬淡是中世歌论和中世艺术重视的一个审美标尺,插花艺人中"学者派"的池坊专应等人都很重视这种恬淡之美,将其归入所谓的"草木之风情"的

---

① 山根有三(1919—2001),美术学家,毕业于东京帝国大学,历任神户大学副教授、东京大学教授、群马县女子大学教授。专攻日本中世、近世绘画史和画家俵屋宗达、尾形光琳的研究。兼任杂志《国花》的总编辑。2000年获"文化功劳者"奖。花道"真正流"会会长。著有《日本绘画史的研究》等。——译注

② 山根有三:《初期花道古传书的解说》,收录于《花道全集》第二卷,河原书店。——原夹注

范畴，并奉为他们的精神准绳。但鹿王院本《文阿弥花传书》却排斥这种美学，说其"难以入眼"，公开表明插花无须恬静稀疏，而应浓密丰满。并断言插何花、如何插全凭个人自由，不能始终崇尚枯淡纤细的公家趣味。

　　显而易见，这是新兴阶级的"生命赞歌"。其"丰满圆润"（色彩浓厚、充满生命力）可以说就像波提切利①画作中丰满的人体和肖像一样，是日本"文艺复兴"时期人的丰厚现实生活的真实写照。从天文到永禄年间"社会转换期"的现实就是，武家和大商人逐渐形成的联合政权以自身的实力摧毁了庄园制，将曾经的主人——公家赶下历史舞台。因此鹿王院本《文阿弥花传书》第八条才宣告客厅插花的要义是"应插坚挺、疏朗、瑰奇之花，使其突显于周遭环境"，密插诸多孱弱的花只会使人心情黯淡。第七条则宣告"年轻人不插过于老成之花"，亦即朝气蓬勃、精力充沛的人不应世故地插花（"老成"一词在《日葡辞典》中解释为优雅而有韵致的语言表达）。这些条目逐一废除了过去延续下来的禁忌和"实在法"②的规定，将以人为本的感觉主义和认识论推向众人面前，其具有的"新意"确实令人惊叹。武士、城市居民、农民结为一体的"民众力量"的蓬勃发展，对中国、朝鲜、菲律宾的贸易开放和"南蛮船"的驶来而加速的"国际环境"的扩大，都开阔了当时知识分子的世界认识和自然感觉。因为思考的对象变大，感觉的领域变广，所以过去的闲寂和余情等文学主题都不再通用。总之，天文时期"花传书"的特色就在于客观化和形象化了人的强烈的生活意志和世界认识。与此同时，它还体现了插花在辩证思维发展过程中的社会功能。

　　话虽如此，但"丰满圆润"和"坚挺、疏朗、瑰奇"地"插花"却恰好具体、感性地表明了花道理论。大而强烈的动感表现确实成为当

---

　　①　桑德罗·波提切利（Sandro Botticelli，1445—1510），15 世纪末佛罗伦萨的著名画家，欧洲文艺复兴运动初期佛罗伦萨画派的最后一位画家。受尼德兰肖像画的影响，波提切利又是意大利肖像画的先驱者。最著名的是他的《圣母子》像，还创作有《维纳斯的诞生》《春》等杰作。——译注

　　②　"实在法"，法包括"自然法"（Nature Law，也称理想法、正义法、应然法）和"实在法"（Positive Law，即法律，也叫现实法、国家法、实然法）两个层面。"实在法"一般就指现行法，由立法机关制定的规范人们行为的各种规范。"实在法"就是现实法、国家法、实然法。——译注

时的美学标准。正因为天文时期的插花作品给人带来了并非小巧紧凑而是离心放射状的视觉,并起到了示范作用,所以到桃山时代才会出现隔扇屏风画这种大画面形式的花鸟画。"桃山时代出现了与实物等大或大于实物的花鸟图。例如,将梅、松等大树安排在展开的画面的局部,并以此为中轴向左右伸展画面。通过各种题材的配合,就可以用四季的花鸟让整个房间色彩斑斓地灵动起来。这种的室内空间可以一直呈现出与四季山水相似的景色,同时还可以让人一边获得与现实的大自然景观等大的视感,一边感受完全不同的可视的世界。不!不如说在浓彩画中有人更多地期待超出现实的强烈视觉效果。"① 此文提及的桃山时代隔扇屏风画当然受到中国花鸟画的极大影响,但它也肯定受到天文时期插花的大而丰满圆润的影响。毫无疑问,插花是桃山时代隔扇屏风画之母。

说插花是桃山时代隔扇屏风画之母可能过于夸张,但说其为桃山时代隔扇屏风画之姐妹绝不为过。如果再将桃山时代艺术比作一家人,那么说插花是长姐更不过分。在桃山时代隔扇屏风画中,与花鸟画、风景画的兴盛同样值得关注的是风俗画的兴起。过去的"大和绘"② 隔扇屏风画与新兴的汉画接触后恢复了生命力,不久即向通往桃山时代豪华绚烂的金碧花鸟隔扇屏风画的道路高歌猛进。与此相对,风俗画一方面基于相同的大和绘传统(名胜古迹画、四季风景画、每月风景画等主题),一方面汲取商人和其他城市居民(他们凭借自己的实力将一片废墟的京都重建成一个繁荣的商业都市)的现实欲求(如祭祀活动、劳动、游乐等)的能量,另一方面又融入了武士巧妙利用那些商人和城市居民自下而上的力量,实现了自上而下统治的政治意图(其代表作就是《洛中洛外图》屏风),这种风俗画的源流以"狩野派"③ 的登场为契机最终达到高潮。我们不能忽视这种风俗画兴起的进程与插花崛起的进程都以同一物质条件和同一时代精神为基础。《洛中洛外图》中描绘的金光灿烂的云彩与中国山水画中的云彩完全相反,其最大的特征就在于画

---

① 武田恒夫:《桃山时代的花鸟和风俗》构图和题画。——原夹注

② "大和绘",将平安时代唐朝画的样式日本化的、富于日本情趣的世俗画及其他绘画的总称。镰仓时代之后有人将宋元系列绘画,特别是水墨画称作"唐绘""汉画","大和绘"的出现与此有关。14世纪后叶作为宫廷画师的土佐家族形成,标榜自己的大和绘,因此这个词汇之后也指称该流派。——译注

③ "狩野派",以狩野正信为鼻祖的画家家系和画系。室町时代后期至江户时代作为武家的御用画师代代兴旺发达。——译注

中的实际风俗（由城市居民和武士组成共同战线而实现）占了上风。花田清辉①说："《洛中洛外图》中的金色云彩乍一看像是阻碍了我们对俗世间各种风俗的眺望，但与此相反，它却使那些风俗吸引了我们的目光。可以说山水画让我们脱离地心的引力，朝永恒、无限的方向飞翔；风俗画还拜金色云彩所赐，让我们受地心引力的影响再次降到地面，追求变化不止的人类的真实身影。它一方面表现了我们欲脱离现实，在山高水清之处悠然自适的愿望，另一方面则表现了我们留恋现实，埋没于市井杂沓的巷中，对大众的生活状态抱有无穷的好奇心。"② 说以"丰满圆润"和"坚挺、疏朗、瑰奇"为座右铭的插花是桃山时代风俗画的姐妹——不，显然是长姐——绝无大错。

即使是在今天，只要我们能全力以赴地生活在自身所处的"转换期时代"，那么插花也有可能再次成为我们这个时代所有艺术的母亲或长姐。

八　质疑阳明文库《立花故实③》的禅宗要素

夫此界为须弥南胆部，天竺、大唐、日本三国同之。其中我朝万胜，先为神国，故近佛法。诸宗元祖渡三国后诸经论秘传尤收于我国。生于日域之人智惠贤明如磨万镜，心胸宽广，溢满四海。然其身于通晓技艺方面如影随其体，心暗无影，又如玉不琢无光。偶思受难受之人生，生难生之国度，可谓宿恩，故不应徒费一弹指之光阴。不解此理之人岂不可悲可叹哉。须戒轮回于三界六道，堕落于恶道。为今生与后生而须通晓诸艺。然佛神三宝有六种贡物，其中供花尤甚。而此事非私赏之事。深入此道，感化六腑于深真不可思议之信仰。若如教如玩，亦成佛道修行，非无二无三之教行哉。

一 瓶花不得低于花瓶瓶端。虽不禁止然不雅观。

一 插花时应注重水际。如观看波浪猛然撞击岩礁后又远离。一如平平悠悠。

---

① 花田清辉（1909—1974），评论家、小说家。毕业于京都大学。以一种创造性的思维和修辞文体追求日本时代转换期的人的本质。在战前后卫派艺术运动中起到领导作用。著有评论集《复兴时期的精神》《近代的超越》和小说《鸟兽戏作》等。——译注

② 花田清辉：《日本"文艺复兴运动"时期的人群》金色的云。——原夹注

③ 故实，典章之意。——译注

一 花之高度为一丈半。然花瓶应由花木高度而定。立花时须注意花粗则低，花细则长。又应依场所而定。

一 投花（抛入式插花——译按）之事即舟花之事。花蔓，见口传。

一 用于世间应酬如纳婿、迎娶之花等不用此派插法。谓其心如何，赏花最早源于激发无常别离之心。然擅长此道者有意表演，亦可团簇立花做喜庆状以作祝祷。若用心如此，则不可有风雅有趣之事。须认真领会。

一 不应舍弃当季之花而插前季之花。以当季之花为本，以辅花辅之。如咏歌有其题，咏其季，辅以辞藻柔和之，成其一首。须领会此要点。

（据《图说生花大系》本）

与天文时代"花传书"的巨大差距

我于第六节分析了《文阿弥花传书》"西教寺本"，于第七节分析了《文阿弥花传书》"鹿王院本"。"鹿王院本"发现于明治维新年代，在内容上可谓《文阿弥花传书》的"三男"，在探讨"鹿王院本"前理应先探讨《立花故实》。但我将其顺序颠倒是有理由的。

至今很长一段时间，《文阿弥花传书》指的就是"西教寺本"和《立花故实》。过去的花道理论和花道史研究也都是以此二书为基础史料建构完成的。可是近几年来严整的原典批判成果却意外地危及了《文阿弥花传书》的真实性，甚至有人推论有两位绣谷庵文阿弥，由此作者和作品都变得岌岌可危。确实岌岌可危，但如今放在我们面前的《文阿弥花传书》含"鹿王院本"共有三种，这个事实无法否定。以下的所有讨论均由此出发。

于是我开始研究《立花故实》。该传书以阳明文库（近卫家族传承的古文献藏书）为底本。其他的传书即冈田本的识语有以下文字："右此一卷依花用文阿令相传者也……文明八年十二月廿八日宗梅在判……右此一卷虽为斟酌依御所望木泽左京亮殿令相传者也……天文九年五月十七日绣谷庵（在印判）……文阿在判有印判……右此一卷者天文十一年壬寅沽洗中旬之一乱不虑到来候间令书写之者也秘藏至极之写本努力努力不及他见或贵命又者甚深之虽为朋友犹以可禁副况于疏远之辈等一向向向可断其望者也……于时天文十二年^{癸卯}三月日……右笔如闲（花押、印）。"而阳明文库本的识语则有以下文字："右此卷依器用极乐房宥纯以绣谷庵正本写相传者也　天德庵……永禄五年^{壬戌}腊月四日　庆俊判……纸数十九丁^{并序有之}条目七十四条……三井筒井极乐坊　宥纯（花押）。"从传承途径来看，阳明文库本与冈田本不同。名和修①解释："从笔迹判断，此书由近卫家族第二十一代的家熙（1667—1736）亲笔抄写而成。此传本的传承途径如识语所见，该正本由绣谷庵文阿弥所写，永禄五年（1562）由天德庵的庆俊抄写，而后传授给极乐坊的宥纯。宥纯或有意传授给其他人，抄写后在文后署名画押。这就是该底本的母本。家熙原样抄写了包括花押在内的所有内容。此外，该传未详细记述天德庵的庆俊和极乐坊的宥纯。"②近卫家熙（1667—1736）于元禄、宝永、正德、享保年间历任"关白""摄政""太政大臣""准三后"要职，是江户时代职务最高的公卿，非常博学并通晓礼仪，还继承了近卫流派的书法，有当时一流假名书法家的名声。他以家藏文献中著名书家笔迹（即阳明文库收藏的古今名家笔迹）为范本临摹的笔迹无人可比。如此看来，阳明文库本《立花故实》的史料地位一定很高，但实际情况并非如此，这让人不免起了疑心。

　　之所以这么说，是因为《文阿弥花传书》的另一个重要校勘本"猪熊本"的内容和结构，与此阳明文库本的《立花故实》几乎相同。"猪熊本"《文阿弥花传书》识语记述："右此餝之一卷虽立花稽古御恳望难去令存候之处云门寺省三藏王相传□□人不可有外见者也穴贤可秘秘秘□绣谷庵文阿弥陀佛在判……桂庄轩周观藏主在判……云门轩省三藏主花押……樱井四郎右卫门尉殿。"对此重森三玲鉴定为其"抄写年代在江户时代末期"③。除相传途径不同外，二者可能都是同一原本的抄写本。由于"鹿王院本"的第一卷与"猪熊本"大同小异，故山根有三推断："因存在相同内容的猪熊本《文阿弥花传书》，故鹿王院本

---

① 名和修，生平履历均不详，但通过日本网络可以知道他曾担任公益财团法人阳明文库理事和阳明文库负责人。——译注

② 《图说生花大系6》解说。——原夹注

③ 《花道全集》第二卷，河原书店。——原夹注

第一卷或为文阿弥的传书。"① 然而，比较对照阳明文库本《立花故实》与"猪熊本"《文阿弥花传书》，特别是其序言部分会让人产生疑惑：阳明文库本难道不正是"猪熊本"（和"鹿王院本"的第一卷）的母本吗？

并非"插花典章"而是"立花典章"

为说明将《立花故实》放在后面阐述的理由，我不觉间花费了许多笔墨。下面让我们立即开始诵读经文。我之所以说诵读经文，是因为该文第三行后半部分到第六行中间部分的句子和读者在哪里听到过的经文类似。这一点请读者注意。

管见所及，"如影随其体""心暗无影"是对曹洞宗②禅家日夜讽诵的《宝镜三昧》的改说；"受难受之人生，生难生之国度，可谓宿恩"及以下句子是对道元禅师③《正法眼藏》的戏仿。我们在抄自《正法眼藏》并可供日诵的经典著作《洞上修证义》中可以看到与此相似的语句："人身难得，遇佛法希，今我等依宿善之助，不惟已受难受之人身，更遇难遇之佛法。生死中善生，可生最胜。勿徒费最胜之善身，任露命于无常之风。无常难凭，不知露命落于何之道草。身已非我，命移光阴，难以暂停。"此外，通过阳明文库本《立花故实》序还可以发现几处它对道元禅师的思想和《正法眼藏》的剽窃。该序末尾还以禅风结句："知四季之无常，可不悟有为之转变哉？知生老病死之理，亦不漏于尤此一瓶中欤？世俗男女，在家出家，贵贱上下若赏此花，此世当可安慰我心，殷勤待客，来世当可参拜佛主会场，坐种种曼陀罗花台，赏种种花卉。依插花之道定可开悟。"

判明这种事实后至少可以说，此序言部分并不像《二水记》大永五年（1525）三月十日和翌年二月十日明确记载的那样由文阿弥所撰。

---

① 山根有三：《初期花道古传书的解说》，收录于《花道全集》第二卷，河原书店。——原夹注

② 曹洞宗，禅宗之一派，由洞山良价及其弟子曹山本寂开创。日本僧侣道元入宋后跟从如净接受了此宗派的思想。与临济宗使用公案传法不同，曹洞宗提倡"只管打坐"。道元回国后以永平寺和总持寺为大本山。——译注

③ 道元禅师（1200—1253），镰仓时代初期的禅僧，日本曹洞宗的开山鼻祖，曾在比叡山学习天台宗，在建仁寺学习禅宗。1223年入宋。1244年在日本越前国开创大佛寺（今永平寺）。著有《正法眼藏》《永平清规》等。——译注

因为曹洞宗教团及其人生原理和教义是在进入江户时代之后才开始具有决定性力量的。幕府当局为了封杀动辄显示反体制态度的法华宗（日莲宗）①和真宗（一向宗）②，采用了虽不起眼但效果显著的宗教政策（通过户籍簿和死者名册等对民众的户籍登记进行管理），并欢迎对权力无害无益的曹洞宗扩充寺院。由此曹洞宗的思想开始渗透到学问艺术等文化方面，但这充其量只是元禄年间之后的事情。

果真如此，那么近卫家熙抄写的《立花故实》，至少该序言部分就只能是家熙将大抵同一时代的某人编造的伪书当作母本（范本）临摹下来的。因此人们不知天德庵的庆俊和极乐坊的宥纯乃何方神圣也在情理之中。

然而《立花故实》未必是一部无价值的伪书。除序言部分，其正文也存在着天文时期"花传书"的特征。今日插花艺人都知道的"插花时应注重水际""不应舍弃当季之花而插前季之花"等法则在此《立花故实》中也有体现。只是在正文的结构和构思中也有相当程度的通过"禅思想"安排的痕迹。举例言之，"纳婿、迎娶之花等……最早源于激发无常别离之心"等就是其极为明显的证据。或许"投花③即舟花之事"也可能是迎合贞享、元禄时期花道界动向的一个插入句。因为立花取代插花的时代已经来临。汤川制④正确地指出："与古代立花显示朴素的宇宙观相反，近世立花则明确地表现出佛教的宇宙观。"⑤ 也就是说，古代立花时代那种合理的自然观到近世立花时代被组合到禅思想中，虽然从表面看其现实主义思维被继承了下来，但实际上已变质为对统治者言听计从的卑劣的生活哲学。

我们必须看穿以下重要事实，即天文时期"花传书"的佛教思想是后世附加上的。进一步说，其中的儒学、歌学、神道学思想也大抵都是后世附加上的。

---

① 法华宗，日本以《法华经》为依据的日莲宗的别名。后为专指日莲宗的俗称，有时也指日莲宗的一派。——译注
② 一向宗，源自一心专诵阿弥陀佛的宗派即净土真宗的别名。——译注
③ 投花，抛入式插花，或自由式插花。即往细长花瓶内随意投入的插花形式。——译注
④ 汤川制（1907—1983），花道研究家。毕业于日本大学。日本大学名誉教授。通过研究日本艺术精神，特别是有体系地研究花道史和插花样态美，在花道界确立了有学术根据的花道史。著有《花道史》《现代花》等。——译注
⑤ 汤川制：《花道史》花道史凡论。——译注

"鹿王院本"的第二卷开篇有如下序言:

> 夫花乃日本天照大神幽闭于天之岩户时折七株神木所立。其后出岩户立此花,名曰妙珠花也。
>
> 又,迦叶尊者于天竺祇园精舍中立三株八角金盘木也。
>
> 唐土汉高祖自天台山采集十二株松而立。其时赐官曰云上也。
>
> 又,我朝花书藏于宇治宝库,故该花书绝迹。近年来纪贯之哀叹此事,蛰居宇治三年,祈祷时梦见自身祈求玉津(岛)明神,其时该神现为人形,赐彼卷物也。询此……。
>
> 天承元年五月十三日卯时刻也①

山根有三就此做出校本批评:"第二卷开篇叙述花道的起源。与此相同的叙述可见于上野图书馆收藏的《花书一名立花之书》的序言中。此书识语有'康正二丙子三月写之'的文字。江户时代著名掌故家伊藤贞丈朱批为'贞丈云此书乃古书也,然序文不可信。其外皆掌故也'。贞丈不认为此花道起源说是古老的说法。我也有同感。因为上野图书馆还有一本用汉文书写的《立花口传书》,刊行于元禄年代,其中记述相同的起源说。还说蛰居宇治,接受该著作的不是纪贯之,而是池坊专应;时间不是天承元年,而是天文时期。……再者,检视第二卷序言内容,它认为我国花道的起源是天照大神折七株神木而立,但这七株有何含义?江户时代初期的立花样式书常说'七种道具''七枝',贞享五年(1688)出版的《立花秘传抄》说有许多人根据神社宫司之词、儒者之譬和释氏之说对此做出解释。我认为天照大神之说与此说法一致。因此,'鹿王院本'第二卷的花道起源说诞生于江户时代前期,但第二卷的正文大概创作于室町时代末期。"② 我认为此见解十分正确。

作为城市居民文化能量的化身绚烂开放的古代立花,在幕藩体制确立的政治过程中被"神社宫司之词、儒者之譬和释氏之说"篡改并严重地变质了。一度"脱宗教化"后变为合理、现实的自然观再次成为

---

① 《花道全集》第二卷,河原书店。——原夹注
② 山根有三:《初期花道古传书的解说》,收录于《花道全集》第二卷,河原书店。——原夹注

宗教的俘虏，坚信愚昧不堪的蠢话的时代已经来临。宗教宣告胜利未必仅发生在险恶的时代。宗教总像麻药一样悄悄潜入人心，腐化太平盛世。

我们必须去除多余的附加物，再次用"清澈明亮的眼睛"回看天文时代的"花传书"。

九　《小笠原长时花传书》与"武人庄严"的美学

一、插花须先圆形密插，缺主枝而插后显深沉者看似珍奇实则丑陋。不适于插普通花木，然下草等不足时务请不必顾此。

一、疏剪主枝时左侧不规则枝条无妨，然有碍观瞻者可剪去为好。

一、远处枝条无妨。

一、年轻人不宜插过于老成之花草。

一、大凡客厅所立之花应团簇而大朵，使其突显于周遭环境。若多插柔弱之花则下草显簇生杂乱，外部观感不良。下花若显狂放不羁则上花可插紧实，上花若显狂放不羁则下花须中规中矩也。

一、悬挂珍贵图画时花瓶之水不宜过满溢出，装饰之花同前。

……

一、立花时不忘初心，有心立花则花道精进。又，缺立花初心则花道退步。此须作为指南。

一、立花时若一味依赖奇枝异叶则无看头。此规矩重要，须作为指南认真辨别。

（据河原书店版《花道全集》第二卷）

与《文阿弥花传书》之异同比较

小笠原长时于永正十一年（1514）出生在信浓国"守护"的家庭，后成为府中（松本）城城主，天文十九年（1550）与武田信玄交战后败逃，投入越后的上杉谦信麾下，之后又几经颠沛流离。总之，他是一个经历过天文时期战乱的人物，还是一个死于非命的战国时代武将，于天正十一年（1583）被家臣杀害。不过就家世而言，他出生在一个从镰仓时代开始即以传承武艺礼法为业的颇有渊源的名门之家。因此他看上去略微与众不同，但从人生阅历来说，小笠原是一个了不起的战国武将。

我们还必须确认《小笠原长时花传书》的成书过程。令人非常困惑的是,该"花传书"的内容与前两节提及的《文阿弥花传书》(鹿王院本)几乎相同,唯一的差别仅在于字数,它仅收录了《文阿弥花传书》(鹿王院本)70%的篇幅。或许有人认为它不过是对《文阿弥花传书》(鹿王院本)的抄写,而且是很马虎的抄写。然而经仔细研究后可以发现,通过判断《小笠原长时花传书》抄写了哪些必不可少的内容,又舍弃了哪些不需要的内容,我们就可以得到推论(当然这只是消极的推论方法)小笠原"花道观"和美学体系的线索。况且被删减的30%的内容绝非来自抄写错误或不小心,而来自认真思考判断,有意识略掉不需要的部分。我得出这种看法的根据是,抄写保留下来的每一个条目都使用了与《文阿弥花传书》不同的措辞,可以说是一种刻意为之。虽然二者具有相同内容,大体上说可视为"异本",但一旦深入到细节部分就会发现它们有根本性的差异。

以下列举《小笠原长时花传书》开篇的六个条目与末尾的两个条目,并请读者与前两节提及的《文阿弥花传书》(鹿王院本)开篇的八个条目进行比较。"鹿王院本"的第一个条目是:

> 一、插花时首先以丰满圆润为上。插花稀疏恬淡看似有趣实则难以入眼。平时插何花皆可,而如此疏插则不宜。唯下草等不足时方不得已而为之。

也就是说,"鹿王院本"认为"稀疏恬淡"是孱弱而难看的。相反,《小笠原长时花传书》则认为"深沉"是丑陋且无用的。那么,《小笠原长时花传书》是在礼赞中世美学标准的"稀疏恬淡"吗?显然不是。因为它主张的"圆形密插"与《文阿弥花传书》的"丰满圆润为上"是一致的。毕竟"密插"和"稀疏恬淡"是相反的概念,但"密插"和"深沉"二者却并非相互矛盾的概念。从篡改《文阿弥花传书》文脉并构建出完全不同的文脉这一点看,我们可以窥见武士阶级强烈的自我主张。书中不使用平假名而使用片假名与此也不无关系。

《小笠原长时花传书》的第二条是《文阿弥花传书》的第三条,即"一、疏剪主枝,应不与旁枝相抵触"。通过比较二者可以发现,《小笠

原长时花传书》更加具体，并且一语中的。而且它还果断地舍弃了
《文阿弥花传书》的第二条"须忌讳之枝条"、第四条"花瓶"和第五
条"水际"这三个条目。它根本不把此后备受艺人和花道史家重视的
"水际"这个命题当作一个问题。

此外，逐一对照比较还可以明确许多问题的所在，但因篇幅只能割
爱。《小笠原长时花传书》末尾两行是《文阿弥花传书》（鹿王院本）
中的"一、插花时不忘初心则花光鲜，插花时忘记初心则花无光彩，此
心得尤为重要"和"一、插花时若一味依赖珍奇枝条则无看头。应认
真区别此类枝条也"。而另一方面，《小笠原长时花传书》则采用了
"须作为指南认真辨别"的命令口吻，这或反映出武士阶级占据社会最
高层后逐渐确立了阶级制度的物质条件。我们未必要认为这是进入江户
时代后的一种修正，因为很难想象体系化之前的武家礼法的制定者不曾
深入参与"立花"。

从"佛前庄严"到"武人庄严"

我们已经充分理解了天文时期"花传书"的辈出是以时代大转换为
背景，由发现了全新的人生观、自然观和把握世界的方法的人们所带来
的。其实创作"花传书"的天才并不是从历史舞台走下来的公卿或僧
侣，而是新成为历史中坚力量的城市居民、贸易商以及与武士阶级有密
切关系的庶民。专应、唯心轩、文阿弥等皆是如此。

然而，如本节所见，这时从地地道道的武士中出现了一个"花传
书"作者。我们无法断言《小笠原长时花传书》就是这位战国大名总
结归纳自己"插花"体验的产物。但可以肯定的是，小笠原生活在历
史转折期，始终位于打倒旧体制的队伍的领军位置，所以在各方面他都
和"立花"艺人拥有共通的生活原理。不如可以这样理解，历史转换
期的共通生活原理在某种场合偶然表现为造型艺术，又在某种场合偶然
表现为武士的战术、经济政策和精神修养法。因此我们不能仅将小笠原
礼法等理解为是对公卿的典章制度的继承。礼法只能诞生于武士的居住
空间。尤为重要的一点是，对于战国武将而言，"立花"是构成本人生
活圈（价值体系）之一部分的重要元素。

战国武将把构成本人生活圈之一部分的元素，以绘画形式表现出来
的就是桃山时代的隔扇屏风画。关于隔扇屏风画过去有各种美术史性质

的说明,但笔者特别关注谷信一①《近代日本绘画史论》的说法。他承认隔扇屏风画从属于建筑(城郭)的观点:"其表现手法的重点贯穿着单纯的刺激性和夸大性。从这种表达精神的本质来说,它原本是为了配合建筑样式而采用了相同的倾向,但该画所表达出来的精神比该建筑本身所表现的精神要大和强烈得多,这使得绘画的发展更加突飞猛进。"②樱花烂漫的四季花鸟画、老干高耸的松树图、悬崖瀑布图等壮丽华美的绘画本身都无处不散发出武人的气息。其强烈的刺激感与武力统治者的强权和英雄具有的夸张精神非常吻合。的确,隔扇屏风画所表现的正是这种精神。

以上只是一种常识论的说法,而谷信一的其他主张还有了精彩的飞跃发展:"想象一下在具有这种绘画的室内生活的武人。他们和我们印象中的武人绝没有什么不同。不,武人通过在具有这种绘画的室内生活的姿态,更增加了他对人或对社会的那种本质的威严。说得讽刺一点,那种绘画也是武人护身的上好铠甲。"③ 这实在是一种尖锐而又睿智的观察。谷信一认为,进入江户时代后狩野派得以繁荣发展的一半原因,是将军及地方大名都拥有自身的专属画师,并令其为自己打造"护身的上好铠甲"。武人通过绘画增添或捍卫自身权威的倾向由来已久,比如土佐光信④的《桃井直诠像》等就是该做法初期的形态。就《桃井直诠像》谷信一指出:"老松繁茂的枝干从画像正上方左右伸展出来,以此为背景正诠坐在大明国进口的毛毡上。这无疑是诠释武人与隔扇屏风画的关系的最早的史料。老松被用作增添武人庄严的手段,也证明了作为室内背景的金碧色隔扇屏风画的效果。这种迹象在战国时代才能看到,从中也可看出作为近世胎动期的战国时代的历史联系。"⑤ 这个说法实

① 谷信一(1905—1991),美术史家,毕业于东京帝国大学,历任京城帝国大学(设在韩国)副教授、神户大学教授、东京艺术大学兼任教授、共立女子大学教授。在日本美术史领域做出许多带有启发性的贡献,著有《室町时代美术史论》等。——译注
② 谷信一:《近代日本绘画史论》隔扇屏风画 三 桃山精神与隔扇屏风画。——原夹注
③ 同上。——原夹注
④ 土佐光信(?—1522左右),室町时代后期的宫廷画家。1469年(文明一年)任宫廷画师负责人,兼任足利幕府的御用画师,确立起土佐画派的权威。将中国画的线描法引入传统的"大和绘"。现存《清水寺缘起》《北野天神缘起》等画卷及《后圆融(天皇)院像》《桃井直诠像》等。——译注
⑤ 谷信一:《近代日本绘画史论》隔扇屏风画 三 桃山精神与隔扇屏风画。——译注

乃真知灼见。

武人选择绘画作为增添或捍卫自身权威的工具的动机，或许在残存于地方的原始信仰和咒术的要素再生中可以找到答案。但无论如何，他的最大动机无疑是想向周围的人夸示自己的军事权威和经济实力。首先，如人们在《桃井直诠像》中看到的那样，他让画师画自身肖像的欲望证明了一个全新时代的到来。肖像画在镰仓时代被称作"似绘"，这种以多重线条速写勾画面部五官等的写实肖像画始于藤原隆信①、藤原信实父子。然而进入室町时代，尤其是禅宗有一种习俗，即未被授予师傅的肖像画和"印可状"② 则不能出师，因此佛教界更流行画肖像画了。有人认为室町时代肖像画的流行受到禅宗的影响，但原胜郎③《日本中世史研究》对这种看法提出不同见解："肖像画发展的特有条件是肖像画的需求者即订购者远多于其他绘画的订购者。正如威茨奥尔德④在其肖像画论中所说，肖像画也受需求供给原理支配。那么什么人会订购肖像画？最初是伟大的人物去世后，后人为了追慕该大人物而成为其肖像画的订购者。但随着个人主义的盛行，自我愈发膨胀，有些自认为了不起的人也成为所谓自身寿像的订购者。无论如何，因生活有了富余，在多少拥有能睥睨他人的权势和财力的人增多的时代对肖像画的需求才会增多。肖像画发展的另一个必要条件是画家技艺的进步，已达到可以捕捉人物的个性和表现其特征的程度。换言之，它不仅可以对对象做形态上的描绘，而且还能够描绘出个人的特征。……肖像画的发展其实需要具备上述的种种条件，因此在我国镰仓时代未能见到其兴盛，只有到足利时代⑤才可见到其获得显著的进步。""应仁年间以后，政治状态与应永、永享年间完全相反，无序状态逐渐抬头。……可称之为权威

---

　　① 藤原隆信（1142—1205），平安时代末期至镰仓时代初期的画家和歌人。日本肖像画的先驱性人物及名家，在朝廷中历任诸职，后出家。作品有《源赖朝像》《平重盛像》，著有歌集《藤原隆信朝臣歌集》。——译注

　　② "印可状"，佛教用语，指师僧开出的证明弟子悟道程度的证书。——译注

　　③ 原胜郎（1871—1924），历史学家，毕业于东京大学。后任第一高等学校和京都大学教授。日本中世史研究的开拓者。也精通西洋史研究。著有《日本中世史》《东山时代一位缙绅的生活》等。——译注

　　④ 威茨奥尔德（原文写作"エツオルド"），何人及其生平经历皆不详。——译注

　　⑤ 足利时代，室町时代的别称。足利家族在京都室町开设幕府、掌握政权的时代，从足利尊氏制定《建武式目》的1336年开始至第15代将军义昭被织田信长流放的1573年为止。其前期称为南北朝时期，从1467年的"应仁之乱"开始称为战国时代。——译注

的权威渐渐失去尊严，约束力减弱。与此同时，个人主义却日益抬头，即使不是显赫人物的人也认为有画自己或离世亲人肖像的资格。在宜竹①《翰林葫芦集》等中我们不仅可以看到对武人，还可以看到对京都有德商人、能乐演员和连歌师等的肖像的赞词。"② 既然肖像画是"多少拥有能睥睨他人的权势和财力的人增多的时代"产物，那么就很容易想象有人会要求在画中加入松树、樱树等图案，以增添、维护自身的权威。于是这种要求就构成了隔扇屏风画的表现精神。

诚然，与其认为是忠实的自然描写产生了隔扇屏风画，倒不如认为是从属于武将性格及其居所的装饰原则掌握着隔扇屏风画画面的最终决定权。它是武人生活环境的表现，也是该环境不可或缺的道具。

谷信一说使用松、樱作为"增添武人庄严的手段"在桃山隔扇屏风画时期就已然完成，但其萌芽却见于战国时代。若此，我们就不得不联想到可以富丽堂皇、充满人性欲望地装饰新兴阶级居住空间的"立花"所表现的精神及其作为道具的不可或缺性。单纯、硕大因而带有强烈刺激性的装饰无论如何都必不可少。

小笠原长时作为"增添武人庄严的手段"而使用的"立花"想必属于"圆形密插"的豪华版。作为古代"佛前庄严"手段的花道艺术至此已然成为使人类（而且是"新人类"）庄严的手段。插花无疑是"肯定人类"的颂歌。

十 《专荣花传书》的"教育者"地位

客厅装饰图

一、挂单幅、三幅一套、五幅一套挂轴时可放置三具足，挂四幅一套或两幅一套挂轴时应于其中放置香炉，旁置立花。

一、风铃须自春末至夏秋初悬挂于廊道上方或书斋前方。又，须自秋末至冬春初悬吊于客厅天花板中间位置。

一、所有隔板均须置放一只鹈渥茶碗。

---

① 景徐周麟（1440—1518），号宜竹，室町、战国时代的临济宗僧人。曾任相国寺住持、相国寺鹿苑院院主、僧录司。著有《翰林葫芦集》《宜竹残稿》等。——译注
② 原胜郎：《日本中世史研究》第二编 日本中世史论考 足利时代与肖像画。——译注

一、画须挂于书本之上。

一、书斋空无一物时可立花或放置石钵。

一、装饰柱子时应视情选用镜、花瓶、印章、金袋、带锁、南镶锁、唐刀、牙签筒、磨姑（不求人）、诃子（香道道具之一种——译按。下同）等物。

一、廊道应铺毡垫、唐席、豹皮、虎皮等。置竹椅、曲禄（椅子之一种）。鞋履置于其下。视情悬挂团扇、帚、杖、斗笠、挂画叉等物。

一、收纳柜左置太刀（长刀）右置薙刀（长柄宽刃大刀），中央放置铠甲、头盔，挂一尺左右帘子。

一、挂轴吊线应穿于轴杆中端与外端之间。

一、春三月与冬三月应于客厅放置火盆。薪炭依口传放置。

（据思文阁版《续花道古书集成》本）

为何《专荣花传书》备受好评

此书名为《池坊专荣花传书》，但内容与本章第四节介绍的《专应口传》完全相同。二者在细节部分略有差异，但从结构到图示说明完全一致，故读者当感困惑。然而仔细想来传书大体如此。上节涉及的《小笠原长时花传书》也是如此，其内容与"鹿王院本"《文阿弥花传书》几乎一致。二者在个别地方存有差异，但对这些差异进行分析，我们可以发现只有小笠原才可能有的独特思维。

可是这部《专荣花传书》却处处都与《专应口传》相同，若仅通过一些细微差异作为"窗口"则无法看清专荣的独特世界。坦白地说，为何该传书在花道史上久负盛名，其理由并非一时半刻即能理解。

据我所知，给予《专荣花传书》最高评价的是大井实信[1]所著的《插花的历史》。大井的学说基于以下两个事实：其一是"在 1545 年（天文十四年）的传书中专荣……记述了'真、副、副请、真隐、见

---

[1]　大井实信（1912—1992），文化史学家。毕业于日本女子大学文学部国文科（1934）和东京文理科大学文学部史学科（1939），获文学博士（东京教育大学，1962 年）学位。历任日本女子大学文学部副教授、教授、名誉教授。著有《生活中所见的花道史》、《日本女性史》（合著）、《花道辞典》等。——译注

越、前置、流枝'……7 个专业词汇，展示了立花的基本形态。但我们不能忽视在实现这种统一之前前辈专应的努力"①。其二是"自专荣开始，出现了按弟子的学习程度和才干分阶段传授秘传的形式。这显然说明了随着插花不分身份在全国普及开来，传授逐渐成为一种教育的倾向"②。翻检其一的事实可以发现，《专应口传》和《专荣花传书》的基本花型名称有了差异。比较对照大永三年版的《专应口传》与永禄十年版的《专荣花传书》中的插图即可明了这一点。只是《专应口传》的插图前写着"插法如绘图，书写配七枝。阅览后每日坚持练习。诚如斯言"，但七枝侧枝却被画成九枝（插花容器的"神轿"竟有三个）。关于其二的事实，大井实信说明："通过阅览作者于 1545 年（天文十四年）给竹田善四郎、1555 年（弘治元年）给津田与四郎、1563 年（永禄六年）给常州佐竹和江户上野介通直、1567 年（永禄十年）给安艺国严岛笠原莲清、1582 年（天正十年）给奥州相马之住和人宗竹斋等的书信可以发现，其传承范围扩展到京都以外的关东、奥州、中国地区。另外，1580 年（天正八年）前后，位于九州南部的萨摩岛津家族的家臣上井觉兼也持有池坊的传书。"③ 此外，大井还列举了根据不同的传授对象分阶段传授的实例。因此，与其说大井高度评价了专荣的个人才艺，不如说大井发现了专荣继承专应开拓、研究的立花（古代立花），并将其加以雕琢推广做出的贡献。笔者亦赞同这种说法。

　　笔者认为，正因为有专荣这种艺人的出现，花道才得以成功地进行原始积累。专荣还奠定了花道可持续燃烧自身创造性能源的基础，以此与不久后登场的硕大华丽的桃山隔扇屏风画抗衡。此后花道的发展，无论如何都需要像专荣这样的人物。在燃烧了能源，出色完成了重大任务之后，花道的能源储备稍显不足。为使该储备库再次加满能源，就需要做好一些基础工作，而专荣正是承担这种基础工作的不二人选。

花传书是伟大的"教师"的产物

　　专荣的生平与经历均不详，但人们在《池坊古传法卷》等著作看到

---

①　大井实信：《插花的历史》立花普及的时代，主妇之友社 1964 年版。——原夹注

②　同上。——原夹注

③　同上。——原夹注

过他的名字，故无须怀疑专荣的存在。然而我们知道，天文年间前后十五六年之间有名为专慈（天文四年《仙传抄》作者）、专应、专荣的3个人几乎同时活跃于世，加之《池坊由来记》没有记载专慈的名字，"中纳言"鹫尾隆康的日记《二水记》虽记载"池坊^{六角堂修行也，花之上手也}"，但未说清是哪位池坊。综合以上因素，我们可以认为这3个人是同一个人，其盖然性非常之高。即使有人认为这3个人是同一个人属于言过其实，但将其中的2人（如专慈和专应、专应和专荣）视为同一个人却未必是胡言乱语。因为过去也有专慈与专应是同一个人的说法。

《二水记》记载，大永五年（1525）三月文阿弥突然造访青莲院①举办的御花会，与只能推定他过去不认识的池坊相遇。这种说法明显偏向池坊，让人感觉池坊的声望高，而文阿弥只是前来参观，之后便匆忙返回。

其实，池坊派艺人与以文阿弥为代表的阿弥派艺人之间很早就有明显的"竞争意识"。但谁也无法违抗时代潮流，天文年间末期阿弥派艺人彻底偃旗息鼓。实际上，识语日期稍晚于《专荣花传书》成书年代的《廊坊立花传书》作者宣阿弥等就自称"六角堂池坊一流弟子"，风水已转向池坊学派。

这意味着什么？确切地说我们不知道专荣的真实面目，但很容易想象，在池坊派与阿弥派这两大势力竞争的过程中，专荣一定以某种形式推动了池坊派势力的迅速增长。或可说这就是专荣的真实面目。

《专荣花传书》的记载内容与《专应口传》完全相同。我们无论如何都无法说专荣具有艺术家的独创性。这是一个不争的事实。然而需要思考的是，我们是否可以主张"花传书"具有被人完全遮蔽、物化并书写的"存在理由"。即使我们将"花传书"比作"生物"，那么"花传书"作为生物有机体也不可能若无其事地独自旅行。首先这种不科学的情况不会发生。准确地说，"花传书"的生命也存活于某种"状况"。回归本论题来说就是，专荣教师热切希望设法将符合新时代的立花插法传授给学习者。他面对已经完整接受了实际指导的弟子，一边号召他们说"接下来的内容在这本书中都有说明，请时常拿出来看看，并请回想

---

① 青莲院，位于京都市东山区粟田口，始于最澄建于比叡山东塔南谷的青莲坊。1150年（久安六年）"关白"藤原师实之子行玄入院后成为皇族、贵族的子嗣出家担任住持的寺院，之后皇族相继进入该寺，权威大增，君临于佛教界，有"粟田御所"的别称。——译注

一下我传授的重点",一边将该"花传书"交给弟子。彼此无法见面的教师和学生通过类似函授教育的形式进行交流的情形在此"花传书"中绝对无法看到。

因为有为教育呕心沥血的一代宗师的存在,所以池坊以及立花被时代整体所接受,最终普及到全国各地。若将《专应口传》比作著名乐器,那么专荣就是"花传书"的著名演奏者。听众则一定会陶醉于著名乐器的著名演奏之中。

前文提及天文年间出现的《多胡辰敬家训》,其十七条目中的"第十二 花"规定:"于池坊之前插花以一瓶为宜。须学此……文阿弥风流插花,符合当世人心……选择客厅所放之物,可插花数众多之四季花卉。"这一规定并非鼓励人们享受时代的文化时尚。笕泰彦①《中世武家家训之研究》说:"室町幕府失去政治实权,远离实际的政治,这时学习、享受社交礼仪或个人学问艺术与风流之所谓文道的倾向日益明显。文道与武道并驾齐驱,共行不悖。然而进入战国时代之后文武二道的关系有了很大变化。也就是说在治国之道方面文道与武道密不可分。文道不再单纯是实用的知识,它促进了超越实用知识的人伦之道的觉醒,而武道作为实现政道的力量也不可或缺。"② 换言之,笕泰彦重视新时代的文道的功能。无论是中央的文化人到地方,还是地方的有志之士进京,文化艺术的习得都是战国武将为生存所必修的科目。

此文列举的"客厅装饰图"是永禄十年版《专荣花传书》的附录图解。也就是说,它和永禄十年版《专荣花传书》是配套交给受传者的。然而通过对内容的研究发现,它也截取自《专应口传》的末尾部分。

通过对二者详细对比研究可以知道,在培养受教者的热忱方面,《专荣花传书》附录的"客厅装饰图"优于《专应口传》。它让人感受到专荣非常亲切,其中流露出温暖的人格魅力。就此口传该识语明确记述:"依御恳望,和泉堺甲小路之芝筑地弥右卫门尉殿江于石州银山注

---

① 笕泰彦(1908—2000),思想史学家、伦理学家、国体学家、神道思想家。毕业于东京帝国大学文学部伦理学科,后进入该大学研究生院跟从和辻哲郎学习日本伦理思想史和德国哲学等。毕业后历任东京帝国大学文学部讲师、学习院大学文学部哲学科教授、名誉教授。还兼任日本伦理学会评议员、日本思想史学会评议员、文部省教科用图书审定调查审议会委员等。著有《日本语与日本人的构思》《日本人的伦理思想》等。——译注

② 笕泰彦:《中世武家家训之研究》第三章 多胡辰敬家训之研究。——原夹注

进之，万不可有他见者也。可秘……洛中六角堂……池坊。"由此可以推测，所传弟子乃社会有实力的人士，适合做后援人。擅长技艺但经济不宽裕的师父和技艺欠缺但经济富足的弟子互相关心，互通有无，是形成"花传书"授受关系的重要前提。所谓的教育往往都是这种关系。相反，有钱人和掌权者强加给贫穷且无权利之人的关系是"教化"。

将"花传书"作为"艺术理论"进行研究自然正确无比，但这种立场未必满足"必要且充分的条件"。若从整体上把握"花传书"诞生的时代状况，则我们至少可以说它发挥过"教育理论"的作用，这一点绝不可忽视。说到底，"花传书"就是一部栩栩如生的"人的书籍"。

十一　《花谱》中所见的知识分子的苦恼——"历史观转换"的尝试

ζ赏花态貌因老少、居士、稚儿、青年、妇人等而略有差异乃大事也。有口传。

ζ花之数量由"一流一"、三具足、二枝三枝、四叉之四枝中央侧枝、五枝、十二枝而定。总之，由客厅装饰式样而定。此亦大事也。须留意廊道之花、内室、吊式花瓶、装饰性隔板、门框上装饰用横木、柱上装饰品、僧寮之花、储物间之花、闺房之花、浴室之花、西厢（多住女性——译按）之花、四时景色、施食法会之花、七七（转生中49日期间——译按）、佛事或吟唱祈祷连歌时、采桑时、现在与未来。此亦大事也。任何一项口传皆有指示。

ζ初春时须疏剪花身与副枝，剪低下草，用心侍弄。暮春时使下草延伸至地板，自显美丽而悠远。

ζ夏季插花应选用苍翠、繁茂之高大植物，使之于花身摇动时生成清凉之情趣。稀疏叶片置于后侧。于其前可欣赏应时之珍奇一面。

ζ秋季可选用常绿植物或草本花或红叶。以花草为主。秋末插花应造花貌凋萎、秋虫低鸣之景。

ζ冬季立花应选常绿或无叶植物，于稍阴处插花。插花时下部低垂，即使主枝呈枯萎状亦无妨。须根据客厅情况而定。

（据《续花道古书集成》本）

《花谱》——最后一位将军近侍艺人的思考

此"花传书"过去称作《廊坊家宣阿弥花传书》（重森三玲）或《宣阿弥花传书》（汤川制）或《廊坊立花传书》（大井实信），但我认为应尊重并称之为《花谱》方为正确。一般认为，该书名的作者是受传人廊坊隆贤（大和国长谷寺住持），正文是宣阿弥抄录先师口授的亲笔记述。冈田幸三[①]在"解说"中说明："流传保存至今的两卷花传书中的一卷，内标题写作'花谱应秘传'，但另一卷却无内标题。一卷属大型合卷书，内容记述花谱（定为技艺修炼的秘传话语）与花图（朱、兰、绿、茶色彩），另一卷属小型合卷书，记录客厅饰花及秘传话语。依管见，此书无类本，属于天文时代的笔抄花传书，保留了有意义的花传书之实质与形态。"[②] 可以说这两卷抄本在天文时期"花传书"中也属于出类拔萃的秘传书卷。

识语记载："天文廿一年壬子七月吉日""六角堂池坊一流弟子……宣阿弥"于"长谷寺住持廊坊大部卿殿"受赐，故我们可以认为，在该年（1552）之前阿弥派插花艺人已投入池坊的麾下。天文二十一年池坊专荣继承专应的职务，但从这部《花谱》的内容推测，非正统池坊派的艺人宣阿弥似乎并未受到专荣的影响。由于宣阿弥是何许人也并不明确，故我们只能研究《花谱》。

原著的结构和内容都非常奇妙古怪，无论读多少遍、思考多少次都不得要领。此书全然不见同时代其他"花传书"具有的明快的原理提示、技术指导和禁止事项的确认等，一开始就把读者（受传者）带进一个虚幻的世界。说得好听一些是充满矛盾，实际上是一堆支离破碎的条目的拼凑。人们面对如此大胆的胡言乱语，为了克服阅读中的部分矛盾，常会将它们作为无用的东西抛弃。

话虽如此，但这些正是《花谱》二卷的历史存在理由，因为在历史转换期中常常会有这种不可思议的精神形象作为木乃伊存留下来。而正因为它们作为木乃伊而存留了下来，才可能雄辩地向我们叙说往事。

---

① 冈田幸三，花人，生平经历不详。据日本网站介绍，他一生倾注心血于花道，是日本现代花道的实践者，也是古典花道研究的第一人。其研究始于1952年，著有《专好立花的风格——学自阳明文库〈池坊专好立花图〉》《池坊立花入门》等。——译注

② 冈田幸三：《续花道古书集成》第五卷。——原夹注

首先请阅读大型合卷书的开头部分：

　　△ 花谱应秘传

　　ζ 佛神影向德

　　ζ 引诱诸学德

　　ζ 不语成友德

　　ζ 有心无心德

　　ζ 怨敌退散德

　　ζ 向花无念德

　　ζ 佛法拥护德

　　ζ 自忘世上德

　　ζ 早交尊位德

　　ζ 隔心师承德

　　○不渡岁月不立日，四季受教仅一时。①

　　○无须前往与追求，宛然走上神佛路。②

　　○时间如树花山上，有心欢度岁与月。③

　　△上述之花始于伏羲、神农、黄帝也。

　　○自开天辟地之时即用心于草木，分辨四季花形。岁月珍贵，雨露霜雪姿趣见于此世各个角落。我等心智迟钝，然知有十二月、四季之万千草木。

　　虽不成书，然于此之上以规章为体，略有偏重。吾不以所习插枝布叶。凡天地戒律，左右表里之态，皆可现于世间成长，并留心于草木。古人之道岂有不喜花瓶而单选草木。赏花之人皆视草为草，视花为花。此乃趣事。神代全然未见仅春花开放一事，任何草木皆有东西南北风情，自由摇曳，专情当下。但有相传口传……

　　以上是大型合卷书的开头部分。我们必须承认自己缺乏学养，之后

---

① 原歌是 "とし月をおくらすへたつ日数なくよつのときをそわたる一時"。——译注

② 原歌是 "ゆきもせすともとめもさらてさなからに神やほとけのみちにかなへり"。——译注

③ 原歌是 "ときはきやいつもさかりの花山に月日をおくるこころなりけり"。——译注

还须坦承解读这些内容非常困难。

或因受传者乃僧职人员，传授者一上来就强调插花十"德"，即所谓的"佛神影向德、引诱诸学德、不语成友德、有心无心德、怨敌退散德、向花无念德、自忘世上德、早交尊位德"等。其中有插花时佛祖或神灵降临加持的德行，在插花过程中不知不觉掌握各种学问的德行，从事花道艺术时自然交到朋友的德行，等等。在倡导这些德行之后，还提出可以早日与身份较高的人交往的德行，这非常有趣。这种"早交尊位德"的说法，集聚着与将军近侍艺人相符的生活理想，让人们得以窥探室町政权以来的文学艺术的形态。实际上，将军近侍艺人是身份低贱的下层民众，但却可以在文学艺术世界和将军、大名平等交往。对将军近侍艺人来说，这无疑是最大的幸福。

在拙劣的三首和歌之后有"上述之花始于伏羲、神农、黄帝也"这一句话。这是怎么回事？伏羲、神农、黄帝是中国古代"宇宙创造"神话中纯属想象出的帝王名字，那么此书是否倡导花道艺术起源于中国？其他"花传书"多半认为花道起源于天竺与天照大神，而《花谱》则采用完全不同的创造说与时间观，这一点必须引起关注（当时朱子学作为外国的新学问已经进入日本，或许宣阿弥对朱子学这一新学问一知半解）。

其次，"自开天辟地"云云的叙述与《专应口传》序等比较也缺乏思考，首先宣阿弥的"花道哲学"极不清晰。说句不中听的话就是，该艺人没有深入思考的习惯，仅花技出类拔萃。这难道不正是典型的将军近侍艺人吗？

在所谓的序论之后是核心部分的"ζ赏花态貌"及其他内容。请阅读方框内的内容。

"略有差异乃大事也"

第一条目。请注意此部分说明，老少人士、居士、儿童、年轻人、妇人等的观花方式（同时也是"插花方法"）略有不同。

第二条目。请注意此部分说明，展示"唐物"的原则非常烦琐，"总之由客厅装饰式样而定"，插花时注意"四时景色"非常重要。

第三条目。请注意此部分说明，春夏秋冬插花时应避免陷入规则严谨的教授法。它仅显示粗放的指导方针，将自由裁量权交给各艺人，最后说："须根据客厅情况而定。"

由此推论可以得出最终结论，即《花谱》告诉学员，在完成初步的基础学习之后可根据自身情况自由发挥。立花虽然有自己的规则，但最终还应根据艺人自身的想法和感觉进行判断，这才是这门艺术的精华。这无疑是该书想要表达的思想。但它无法说得过于直白，加之一本正经地提出各种说法，最终在篇中4处都陷入不自觉的缺陷。如果知道事物的真相，那么加密的秘传也十分无趣。

然而，宣阿弥却能够看到这个无趣的归着点，并且能够将自己看到的这个归着点传授给他人，从中我们完全可以理解《花谱》作者的非凡艺术才能和惨痛的精神代价。如果我们能够采取冷静而透彻的接受方法，那么就一定可以在那极度混乱的叙述中发现值得认同的艺术哲学。

16世纪中叶之前，在复兴后的京都，城市居民与钱庄老板拥有的雄厚经济实力联手，吸收了没落"公家"提供的丰富学养，形成了极度有机的地域团体。由此自治意识兴盛起来，文化创造力也不断高涨，其中心地之一就是六角堂。以此为根据地的池坊一派因获得这些城市居民的支持，故得以顺应历史潮流而发展起来。池坊一派在这发展过程中也理所当然地吸收了阿弥及其他将军近侍艺人的艺术风格和技巧。林屋辰三郎就此归纳："在战乱后的京都，六角堂与上京的'一条（巷）革堂'①并驾齐驱成为下京的核心，那座都市大钟被用作城市居民自主自卫的集会徽章。因此在那里绽放的花朵自然是城市居民的产物。……但实际上，在该方向上集大成池坊一派花道的是池坊专应，他走的绝不是局限于城市居民的发展道路。作为集大成的前提，他也接触到传统的阿弥花道。池坊专应出入于皇宫与青莲院，被誉为'六角堂住持之插花圣手'。"② 如此看来，谁是新时代的旗手一目了然，胜负也已然揭晓。然而在另一方面，将军近侍艺人阿弥派的插花艺人总是依附在日渐衰落的室町将军周围，追思着往昔的荣光，

---

① "一条（巷）革堂"，位于京都市中京区的天台宗寺院。1004年（宽弘一年）由"革圣"（穿鹿皮的圣人）行圆在一条巷（类似中国条仿制的街巷）创建，屡遭兵火，后转建于他地。正确的说法是行愿寺。——译注
② 林屋辰三郎：《近世传统文化论》Ⅱ传统艺术的形成 池坊二世专好及其历史背景。——原夹注

只能在历史潮流中没落。艺术家只要一味阿谀奉承权力者就能生存的时代已然一去不复返了。

从《满济准后日记》（醍醐寺住持满济于应永年间所写的日记）、《见闻日记》（伏见宫贞成亲王于应永年间至文安年间所写的日记）可以推想，将军近侍艺人过去在花道艺术活动中处于何种核心地位，他们作为主导势力的中坚力量又如何活跃。也正是这些将军近侍艺人赋予了过去从属于展示"唐物"的插花以造型艺术的独立主权。同时将军近侍艺人还通过七夕会的供花等，将插花展示给前来会场的人们，推进了艺人之间的相互切磋技艺。很显然，插花艺术是在将军近侍艺人的主导下得到发展的，但这是在政治权力和寺庙神社权威保护之下的发展。在权力与寺庙神社上演创造时代的主角之时，将军近侍艺人也能保有其存在的理由。然而在《花谱》出现的时代，创造历史的主体有了巨大改变，城市居民和地方武士已登上历史舞台中央。随着执权者和寺院权威的衰落，时代和插花艺术都不再需要将军近侍艺人的存在。

此时宣阿弥决心斩断对过去的留恋，搭乘驶向未来的"城市居民号"船。然而，即使他决心坚定，"精神变革"也未必立即完成，因为人类绝非如此单纯的生物。为激励自己，宣阿弥努力让孱弱的自己变得强大起来。从"六角堂池坊一流弟子"的识语中我们可以看到宣阿弥内心深处翻滚的阴郁情感，至少在那里我们能够听到"时代过渡期的人们"难以疗伤的苦涩呼喊声。在罗列着支离破碎且混乱不堪的思想片段的《花谱》中，我们可以看到一道极其合理且人性化的航迹，因为其中隐藏着一个希望忠实于历史的知识分子的人生决断。

或许我如此高度评价在识语中写下"六角堂池坊一流弟子……宣阿弥"的这个身份不明人士，是因为在我们这些现代人中作为"时代过渡期的人"的自我意识正在高涨。当然，也有人认为现行社会体制、价值观和美学标准将永远不变，也有很多意见领袖在拼命阻止历史潮流。在这些人看来，"六角堂池坊一流弟子……宣阿弥"的行为只不过是懦夫或骑墙派这一类污称对象的表现。但在视现代为过渡期的人看来却未必如此。林屋辰三郎在他的论文中继续解释："阿弥出身的文阿弥似乎有一种城市居民的感觉。池坊专应虽然身处城市中心的六角堂，但却尝试与传统的世界联系起来。阿弥和池坊都试图在贵族与城市居民之间加深对对方的关心。"① 不论其评价如何，宣阿弥这个人都曾在历史过渡期奋力拼搏过，这一点是毋庸置疑的。

十二　《立花秘传抄》奏响的"天文时期精神的挽歌"

一、插花时须先考虑密插成圆形。疏朗花型看似珍奇实则丑陋。何种普通花卉皆可插，无妨，然如此疏朗不宜。下草等不足时尤为不宜。

一、插花时应保持物心（或将"初心"误抄为"物心"——原引按）。如心至功成者般遣枝弄叶，则花技难有长进。

……

一、客厅所插之花应紧实而粗大，使其凸显于周遭环境。若插柔弱之花则显轻薄，外部观感不佳。

一、插竹枝时不论插几枝皆应有一枝插于水际，若插两三枝应高低不同。

一、年轻人勿插过于老成之花。

一、远枝无妨。

……

一、真、行、草之花瓶顺序有三重。首先，真花瓶即佛前三具足也。花瓶不在真之位也。然曰禁花亦仅限于真花瓶。但行草花瓶不可立于喜庆之时。真花瓶最可赏玩。

一、行花瓶不指佛前花瓶。草木经年而生青苔，其旁长出嫩枝，有追思往昔之感，非喜庆之事。不可插枯木。繁盛枝叶不妨用于喜庆之时。

一、草花瓶亦非佛前花瓶，因插万千花草故曰草花瓶，可赏山野、沼泽、河湾等般景象。此花瓶无花禁。然须立于客厅幽暗一隅。不可谓异花瓶，花中亦有秘密也。

（据思文阁版《花道古书集成》本）

---

① 林屋辰三郎：《近世传统文化论》Ⅱ 传统艺术的形成 池坊二世专好及其历史背景。——原夹注

质疑创作于太平时期的伪书的内容

《立花秘传抄》又称作《立花初心抄》或《初心抄》。这是因为书名（封面的标题）是《立花秘传抄》，但序言、目录、下卷卷首皆写作《立花初心抄》。该书作者、刊行年代皆不详，但在序言结尾可见"五年正月十七日　玉泉印"的字样。然而说是"五年"我们却不知道它的年号，所谓"玉泉"又指哪个玉泉也不明确。因此我们只能做些最低程度的推理，此时应注意不能偏离文献学的基础。小林鹭洲①编《插花古今书籍一览》说该书刊行于"延宝三年丙辰孟春"，故大致可以认为延宝年间（1673—1681）已有该书刊本。如果可以确定玉泉该名与《鹿苑日录》"天文六年"记事中的"玉泉坊与池坊相论"的玉泉是同一人物，那么"五年正月十七日"的年号也可以推断为天文。然而我们在研读序文时发现，它的内容与《专应口传》序完全相同，这样就会产生一种不合逻辑的情况，即与池坊论战的人写出了和对手分毫不差的序言。果真如此，那么与其说玉泉是天文时期的一个真实人物，不如说是后代的某个文人假借该人物来表达自己的思想更为妥当。若认真追究下去，那么疑点将越来越大，即该传书有可能是后世的某人所著的伪书。

若是伪书，则该《立花秘传抄》似乎就是一部毫无价值的作品。然而我们不能做此断言，因为通过重新把握伪书诞生时代的社会文化状况，我们就可以找到创作伪书的理由，进而通过这个理由，看出伪书深处藏匿的所谓"真"像。

在此我们只能以小林鹭洲编《插花古今书籍一览》（1924年，大日本花道会刊行）提示的"延宝三年丙辰孟春"为基础史料。虽然我很想采用天文五年说，但因为没有证据表明《立花秘传抄》序的作者玉泉和《鹿苑日录》记载的人物玉泉是同一个人，所以觉得还是不采用为好。以不可信的事情和日期为基础，即使设定出一个出彩的命题，但最终也只能得出加强谎言的结论。

延宝三年（1675）处于何种时代潮流之中？从年表看，从"关原

---

① 小林鹭洲，生平经历不详，花人、花道评论家，约活跃于大正时代，著有《投入盛花实体写真百瓶》（晋文馆1917年版）等。——译注

之战"①（1600）和德川幕府建政（1603）开始经过 70 余年，到"大阪夏之战"②（1615）、"岛原之乱"③（1638）结束，日本在第 4 代将军家纲的统治下开始有了天下太平的气氛。再过十几年日本就将迎来以拥有经济实力的城市居民为基础的元禄文化（1688—1704）的开花时代。很明显，幕藩体制已经难以动摇，农业生产和商品经济的发展引人注目。大石慎三郎④《享保改革的经济政策》对此归纳如下："从近世初期到庆安、宽文、延宝时期是幕藩体制社会的第一阶段，此阶段的基本特征之一就是，幕府试图在体制上维持领主以租贡的形式夺取农民的剩余劳动产品，又在原则上遂行了这些政策。""宽文、延宝时期也是从幕藩体制社会第一阶段开始向第二阶段过渡的时期，仅从剩余劳动部分的存在形式来说，直接生产者的农民手里有了一定数量的剩余劳动产品，以此为基础日本开始出现新的社会现象。"⑤

《立花秘传抄》木刻本就刊行于这种政治经济社会文化的潮流之中。我们必须根据这一事实进行考察。

前文提及该书序言内容和《专应口传》序完全相同，其分为上下两卷的正文在内容上也与《仙传抄》和《文阿弥花传书》（鹿王院本）多有重合。读者读到本节列举的"插花时须先考虑密插成圆形"以及之后几处似曾相识的内容会感觉惊讶。《文阿弥花传书》（鹿王院本）的内容已被《小笠原长时花传书》重复采用，此时又一次出现在《立花秘传抄》当中。山根有三就此解释："还有一部全盘采用《文阿弥花传

---

① "关原之战"，指 1600 年九月十五日德川家康等领导的东军在关原战胜石田三成等领导的西军的战争。三成被处刑，丰臣秀赖跌落为享用摄津、河内、和泉地区 60 万石稻米的一个"大名"。该战争确立了德川氏族的霸权。——译注

② "大阪夏之战"，实际指 1614 年（庆长十九年）冬和翌年夏德川氏族为消灭丰臣氏族发动的两次战争。"关原之战"后德川家康以方广寺钟铭为借口进攻大阪城，但因城墙坚固未能攻进，不得已达成和议（大阪冬之战）。翌年战争再起，丰臣军队战败，秀赖、淀君及多人自刃，丰臣氏族灭亡（大阪夏之战）。——译注

③ "岛原之乱"，指 1637—1638 年（宽永十四—十五年）于天草和岛原爆发的农民起义。以益田四郎时贞为首领的起义队伍有两万数千人，多半都是基督徒，占领了原城，幕府派遣的军队首领板仓重昌进攻原城不利战死。继而"老中"松平信纲指挥九州各"大名"攻陷该城。——译注

④ 大石慎三郎（1923—2004），史学家，毕业于东京大学，历任学习院大学教授和爱媛县历史文化博物馆馆长。主要研究江户时代社会经济史。著有《享保改革的阶级政策》《田沼意次的时代》等。——译注

⑤ 大石慎三郎：《享保改革的经济政策》第二章 近世前期的农政。——原夹注

书》第三卷内容的作品是《立花初心抄》。一般认为，此书刊行于延宝五年，序文结尾记述'天文五年正月十七日玉泉'。此日期是《仙传抄》最后传承人池坊专慈受传的日子，而且序文内容是结合《专应口传》序而写的。正文内容东拼西凑，非常不统一，其间也夹杂着作者的独特见解。现在能收集到的古传书有《专应口传》《专荣传书》《文阿弥口传》（猪熊本）、《文阿弥花传书》第三卷（《小笠原花道传书》）。其中有10幅花图，多半是活跃于宽永年间的池坊专好（第二代）的作品。……《立花初心抄》是最有创意的作品。随着立花的传播，相同的书籍在江户时代前期也流行起来，因此许多花道的古传书得以流传至今。但另一方面也添加进很多作者的意思，致使古传书的真实面目不易分辨。"① 如果不拘泥于年号等细枝末节，笔者也大致赞同山根此说。

的确如此。通过这本板上钉钉的伪书，我们无法否认自己听到了一种回忆和怀旧的"挽歌"——它曾构成"天文时代花传书"的核心，而到此时却被新时代立花的流行潮流所排挤，成为无用的"立花"（古立花）。我们同样无法否认出现了这么一种结果——在一一细数那个东西是这样的，当时又如何如何的过程中，它一网打尽地罗列出当时已经消失的天文时期立花的各种特质。说它是比天文时期更天文时期的花道著作就因为此故。

"对乱世的回忆"也是对幕藩体制的批判

众所周知，在享受太平欢乐的江户时代初期，有许多老人会回顾痛苦而漫长的战乱时代，并讲述自己的境遇变迁和见闻。如果说《北条五代记》《三河物语》《贫尼物语》《阿菊故事》代表着某一端的看法，那么就可以说《甲阳军鉴》《杂兵物语》《五轮书》则代表着另一端的看法。就这些回忆录的普遍特征，杉浦明平②《战国乱世的文学》直击其要害，非常尖锐：在过去的乱世旋涡当中，"曾经垄断文字的公卿、僧侣和连歌师们，与那种将赌上性命的体验珍贵地记录下来，并使之文

---

① 《花道全集》第二卷，《花道古传书》解说，河源书店版。——原夹注
② 杉浦明平（1913—2001），小说家、评论家。毕业于东京大学。致力于研究文艺复兴运动文学。战后开始有地方特色的文学创作，著有《小说渡边华山》等。还著有评论集《哄笑的思想》《战国乱世的文学》《维新前夜的文学》等。——译注

学化的现实主义精神是无缘的。和歌、连歌、五山诗①中缺乏本应反映血腥世界的作品也是出于这个缘故。不，正因为它逃避了那个血腥世界才产生了当时的文学"②。杉浦的观察还让人醍醐灌顶："即使在太平时代，文人阶级，用时下的流行语来说即隐者们，他们的思想也没有发生变化。时代要求文学从公卿、僧侣的垂死文学中重生为有生命力的文学，但武士出身的隐者却憧憬着前一个时代的文学，追求典章礼仪，忽略现实。"③ 只有贯彻个人主义的《五轮书》等是一些例外。我们无法否认其后不久出现的作品，甚至包括大道寺友山④的《武道初心集》和山本常朝⑤的《叶隐》等都缺乏创造未来的力量。换言之，它们尽是一些紧抓住过去不放，旨在维持现有支配地位的暴力思想。公卿、僧侣、连歌师们自不必说，连武士写的回忆录也不关心日本历史应迈进的方向，缺乏重要的意义。

而同样是"对乱世的回忆"，也只有《立花秘传抄》不试图（但德川幕府却试图）阻止历史潮流的前进。从这一点来说，该传书在日本思想史上具有重要意义。

当我们这些花道欣赏者认真地弥合《立花秘传抄》明知存在矛盾但还是汇集而成的"天文时期花传书"的精神碎片时，无论自己是否喜欢都有必要明确其中的人文主义、合理主义、感性的解放和唯物主义的思想准则。由"密插成圆形""紧实而粗大"的立花产生的"立花"精神，正是以上主义和准则的代名词。然而，江户幕藩体制下出现的太平气氛和朱子学意识形态催生的抛入式插花和新型立花的流行，已经成为"天文时期精神"等的障碍物。放眼未来，一个圆润紧凑、造型小巧且以技巧为本位的立花时代必将来临。《立花秘传抄》的作者正是本着这

---

① 五山诗，镰仓时代末期到室町时代主要由京都、镰仓的五山禅寺僧人创作的汉诗。——译注

② 杉浦明平：《战国乱世的文学》Ⅰ 战乱时代的回忆录。——原夹注

③ 同上。——原夹注

④ 大道寺友山（1639—1730），江户时代中期的兵学家。名重祐。向小幡景宪、北条氏长学习兵学。后接受会津等各藩国邀请讲授兵学。著有《武道初心集》《岩渊夜话》《落穗集》。——译注

⑤ 山本常朝（1659—1721），与武士道书籍《叶隐》有关的人物。佐贺藩藩士之子，少年时代开始侍奉藩主锅岛光茂。42 岁时光茂死去，常朝出家代替殉死。《叶隐》"闻书一、二"有"武士道即死亡之道"之语，由田代阵基耳听后代书，显示了常朝的反儒教性质的武士道理论。但《叶隐》的编者是否常朝不详。著有《愚见集》等。——译注

种信念,以"献给天文时期立花的挽歌"形式将其刊刻成板本图书。

我们可以断定该书是延宝年间的伪书,但它又是"天文时期花传书"的集大成作品。从某种意义上说,这本书的优秀品质就在于对德川统治体制的批判。具体而言,它也包含着对该时代儒教化和佛教化的立花的批判。

十三　《百瓶花序》中浓缩的庆长时期精神的胜利

夫华者。自天地开辟以来。每岁得二十四番花信风。而草木所开也。无人而不爱见之。故不可一日无华矣。予暇之日。悉考韵书。郑氏曰。花隶作华。徐曰。华今作花。然则华花二字。其形虽异。通用明矣。大凡四时之间。万木千草。虽更开花。就中以春为花盛时也。其在春以梅为百花魁。何哉。盖梅独得花信第一番之风。而早开花。因之谚曰。始于梅花终于楝花。良有以也。自早梅资始。群卉和微暖。次第开花。予以为。远看则不是造物者之经天纬地。施之机梭。而费多少工夫。织出段段锦者耶。似则似矣。近看则莺梢燕朵。深红浅白。易色外饰。其光彩夺目。华则华矣。其花之盛而有美色。自初夏至季秋亦然矣。方冬寒向时。衬雪开花者庐橘也。四时所开之群花。虽欲一一题其名。不堪缕数。东之高阁而已。又以花物托物而名者。多多有之。其物云者。何言哉。若在天言之。有日华月华。有霜华雪华也。若在地言之。于山有山茶花也。于水有水仙花也。于石有石榴花。有石竹花也。……

向所谓以花托物而名者。且以万分之一信口吐露了也。在昔有花之现精神。崔元微于月夜见青衣女子伴与绯衣小女。皆殊色而有芳香。小女曰。苑中每被恶风相扰。每岁旦作一幡。而上图日月五星。以立苑东。崔为立幡。虽他是有东风恣吹来而折木飞花。此苑中之花不曾动。崔乃悟女伴即众花之精。因名花神追思之。则自古花有精神。不可疑者也。又按。其神仙于花也。西王母宴群仙。有舞者。戴研光帽簪花。奏舞山香一曲也。罗郁梁简文帝时。降羊权家。真诘云。即萼绿华也。琼仙居麻姑坛。餐花绝粒。年八十而颜色益少也。其帝王于花色。汉高祖起御兵二十万。入洛阳看花。而悦精神花。隋炀帝宫树秋冬凋落。则剪采为花叶。缀于枝条。常如阳春也。……

夫以洛阳繁华之地。有所名六角。真市中隐也。由是有寺号顶法。当其乾之方有深居。名曰池坊。累代以立华于瓶里为家业。其元祖曰专庆。自惠庆至于今之池坊专好法印。累十三叶。法印以华驰名。大过先人。夫是谓之后生可畏欤。是故有志于华者。致识韩之愿。而如草尚之风必偃。天下靡然皆从而师之。其为任亦重矣。兹有教莲社圣誉贞安上人者。其宗系实禀镇西末流之正派。先是相攸爱洛东肥饶之地。聚大木细工之良材。积日积月。久成郢斤风。新筑净刹。朱甍碧瓦。美哉轮美哉奂。既至落成日。号寺名大云。于是乎燕雀喜相贺。剡缁白之徒。相与骈肩累迹。而来祝远大者。岂可以言而述也。佛经曰。如来出现于世。如大云起。本于此语。则此名之设。抑亦追慕如来出者乎。可尚矣。上人于教莲社中问。以无量寿佛为本尊。口唱南无。晨香夕灯。聊不怠止矣。予与上人虽未眉毛厮结。传闻。上人匿窗日用常行修般舟三昧。又寻常嗜献华于佛前。以故上人亲因法印。极华传书之奥义者。绝类离伦。可谓勤矣。越去岁庆亥季秋谨月十有六箕。上人迎接印于大云净社。见催百花之会。于法印。所谓天王赐华屋者乎。法印之为弟子者。闻此花会。虽欲才不才亦各群聚而备其员。法印谩不允容。而除其不善者。择其善者。取之一百人。皆杰然者也。古曰。观其徒则可以知其师。诚哉是言也。渐欲立华之时。师弟共改容凝香。洁其衣服。必表而出。然泚颒水。即并百个铜瓶于案上。若而人列坐。俾以立华。杂草木之枯荣。量枝叶之短长。七纵八横。快哉快哉。华既毕后。法印率一百人。开琼筵以坐花。而消遣世虑。不知天壤之间。复有何乐可以代此也哉。诚是千岁一会。何日忘之。法印名之曰百瓶华。固当矣。上人见催此红会合之意。唯法印具识华眼。而立华以殊绝于人。所以欲其名益鸣天下也……

（据《花道古书集成》本）

"池坊源流谱系"的创作意图

我们拟从本节开始研究近世"花传书"。严格说来，《百瓶花序》能否进入"花传书"范畴略有疑问，但我考虑到它在花道史（甚至在日本思想史）上具有重要意义，故还是决定将其纳入研究对象。

《百瓶花序》是庆长四年（1599）九月十六日在洛东大云院①举办落成庆典时，东福寺前住持月溪圣澄就池坊专好门下100个弟子展出作品的"百瓶花会"的参会人员名录②写出的序文。据此可以推测当时有《百瓶花》一书，其开篇即《百瓶花序》，接下来是《百瓶花清众》（即展出作品人员的芳名录）。我们需要关注的是，作为重要史料的这两个部分在该花会记录中只起到"装饰"作用。

话虽如此，但根据不同的解读方法我们也可以从中发掘出重要的史料。西堀一三《日本的花道》论述了何谓"通用"，之后提到《百瓶花序》："释尊西去时想到这些内容，正是这种意义的美才能耳目通天。将这种想法真实地展现出来，就是对花道'通用物'的阐释。东福寺月溪一文也说专好与佛心相通，实际上就是因为有这种想法。"③ 西堀是根据立花（毋宁说是花道）与佛教的形而上学相通的立场做出以上论述的。这种立场自然无可厚非，甚至是过去花道史研究的主流意见。但若根据社会科学的方法解读，我们就会发现，受专好委托，东福寺月溪写出的此序有多处地方让人觉得，既然它与佛心相通，那么自然也与池坊法印的心意相通。

那么，组成这个花会记录"核心部分"的参会人员名录为何？请看该开篇与结尾：

百瓶花会名录

大云院会　应文　贞存　贞
调　圆宗　园用　运见　贞
闻　贞永　寿林　茂武　藏
禅林寺 祖庆　寿珍　增上寺
……

永珍　原斋　左兵卫尉　左京助
实右卫门尉　与七郎　太郎右卫门卫　孙左卫门尉

---

① 大云院，位于京都市东山区祇园町的净土宗寺院。1587年贞安奉正亲町天皇之命，为追善织田信长等所建，三年后丰臣秀吉命人将其移至寺町通。1973年改建至今天的地点。——译注
② 名录，在此指记录自身官位和氏名，并加注简历的名牌的集录。——译注
③ 西堀一三：《日本的花道》六、第一代专好的时期。——原夹注

藤左卫门尉　八郎左卫门尉　　源介　揔右卫门尉

与三郎　久次郎　忠右卫门尉　池坊的子师专朝

于时，庆长四己亥年秋九月十有六日

花师　池坊法印专好记焉

　　这是一份当日花会（用现代语言说即"池坊专好门下百人展"）展出作品的人员名录，具有多大的史料价值我们不甚了了，充其量我们就看到参展人员的殿后位置（最重要的位置）写着"池坊的子师专朝"。此人乃何方圣贤让人疑窦丛生。

　　其实有百名优秀门人也好，当日"花展"评价多高也罢，他们和它们都很难名留青史。因此专好决定委托散文大家且是50年的老友东福寺前住持月溪圣澄在出展名录前作《序》。此序写于花会翌年的经纬见于该序末尾："于时庆长第五历，龙集庚子，春之仲花朝日，前东福月溪叟圣澄，颓龄过花甲子者五春也，于松月轩下，以蔷薇露濯老手，谨焚香挥毛颖子书焉。"该说明大致明了。

　　让人写下此序的专好，旨在用文字记录池坊一派是如何渊源有自且优秀无比。例文"夫以洛阳繁华之地"及之后的文字意在向天下阐明，以立花为业的池坊自始祖专庆至专好"累十三叶"，乃一大名门并一大权威。由于阿弥派的艺人已经衰落，所以池坊派宣告"吾乃天下第一"谁也无法反对。古人如此，现代人也非常喜好谈论谱系（现在"渊源"一说非常流行）。当时登上不可动摇的首席地位的池坊专好让众人认可自己的权威已无人敢于反对。序言内容是胡言乱语也好，不堪入目也罢，但到这时已无任何妨碍。

　　如《百瓶花序》明示"累十三叶"，专好算是"池坊第十四代"，这种说法一直沿袭至17世纪末。但到江户时代中期（18世纪）则普遍说是专庆第十二代、专好第三十一代。例如，安永五年（1776）十二月池坊专弘献给将军的作品集《池坊专弘立花上览绘卷》就转称专庆第十二代、专好第三十一代、专朝第三十二代。如今流布的谱系多半依据于此。可谓荒唐至极，无以复加。但在江户幕府当局看来，《宽永诸家系图传》和《宽政重修诸家谱》等都属于官制源流家谱，故也只能如此。既然"关原之战"时由农民发迹的"大名"都可以僭称自己是源平和藤原的子孙，那么多少有些身份的池坊做些粉饰，让自己的先祖显得历史悠久，其来有自，幕府谅也不至给予处罚。专弘给将军的报告可谓信口开河、厚颜无耻。（即便在今天也有人以自己的先祖历史悠久而自豪，殊不知大都是信口开河。家谱、家谱图在身份制度固定的社会方才有用，而在相互尊重个人尊严的民主主义社会，吹嘘自己的祖先反而让人觉得滑稽可笑。只有缺乏可生活在当下和未来的能力和资格的人才会紧抓住往昔的光荣不放。以编造的源流家谱为荣的时代已然过去。）

"池坊的子师专朝"在书中虽有记载，但其身份不明。汤川制以《池坊十四代专好花之图》（延宝五年/1677 年）和《池坊秘传集》（正德元年/1771 年以前）为据指出："无论如何，对孙辈的专养一代来说，专朝是先于其父专好去世的。由于专朝去世，弟子专存成了养子。因此专朝不被算在代数之内。他不可能以 84 岁高龄活到万治元年（1658）。记录中称专朝的那人或许是专好。日记及其他文献明确记载，做出业绩的是专好而不是其他人。如果专朝是专好二世，那他如何给自己做忌？"[1] 由此该源流谱系益发疑云重重。

从"市民精神"到"封建精神"的转变

《百瓶花序》写于庆长五年（1600）。在同年九月"关原之战"前的六月份，德川家康借口征讨与石田三成结盟的会津国上杉景胜，从伏见出发东下。这时世人皆心知肚明，德川与丰臣谁获胜谁就能长久掌握政权。庆长三年（1598）八月丰臣秀吉去世，此时尚看不出全国规模的内乱会再次爆发的迹象，社会充满着对天下一统与太平生活的期待。由于火枪传入，天文时期明显的"下克上"机会已然尽失。尽管还不完善，但意识到"个人"生活重要性的日本人民都在期盼一个强而有力且可持久的社会体制的出现。应该说这种时代思潮的出现极其自然。

由庆长时期的这种精神孕育的"花传书"不同于天文时期的"花传书"也事所必然。如此标榜自由、合理主义、现实主义及国际视野的"市民精神"在这时已主动鸣金收兵，向贪图眼前安逸的方向转变。直接并集中反映这一过程的就是《百瓶花序》。

举办百瓶花会的大云院开山祖师是圣誉贞安上人，庆长四年九月新址迁移佛会也由贞安上人亲自主持。请注意百瓶花会名录开篇记录的

---

① 汤川制：《花道史》花道艺人史。——原夹注

"大云院"也正是这个人物。贞安（1539—1615）就是在著名的"安土宗论"①中获胜的教莲社圣誉。天正七年（1579）五月在安土净严院举行的净土宗和日莲宗的宗派辩论，其实出自织田信长精心策划镇压日莲宗的阴谋。结果日莲宗一败涂地，不得不给净土宗寄出赔罪文书，以规避法难。当时净土宗的辩手正是贞安。也就是说，贞安是彻头彻尾顺从体制的僧侣，作为执权者的爪牙发挥压制反体制运动的作用。其头脑、口舌和胆识必然出类拔萃。

在此需要介绍一下宗派辩论的相关知识。中尾尧②《日亲③——其行为与思想》解释："宗派辩论是中世的日莲宗在扩大自身势力的过程中广泛采取的手段，目的是在大众面前同其他宗派的僧侣争辩佛法教义，分清各自信仰的佛法的正邪。其中以同化该教化对象的社会阶层的日莲宗和净土宗的宗派辩论最为著名。著名的狂言剧《宗论》说日莲宗和净土宗的信徒也曾登场展开论战，后来又一边口诵南无妙法莲陀佛，一边退场。武田信玄在天文十六年（1547）制定的《信玄家法》第五十五条也严格规定：禁止净土宗和日莲宗展开宗派辩论。在织田信长面前进行的'安土宗论'也是日莲宗和净土宗的宗派辩论，并被信长欲遂行的宗教政策所利用。……总而言之，宗派辩论是在该地区执权者及民众面前辩论获胜，以改变对方信仰的宗教活动。参辩的僧侣甚至可以左右该寺的命运，故要有相当的觉悟与紧张感才能出场参加论辩。此外，围观的民众也会相互辩论自身的宗教信仰是否正确，所以会相当兴奋地蜂拥前去。……日亲在传道活动中最为重视宗派辩论，希望通过论辩辩倒对方僧侣使其改宗。"④日亲是在京都市民中培植并推广法华信仰的重要人物。需要特别关注的是，宗派辩论也是他传道布教最重要的手段。日莲宗的领导者就像苏格拉底在雅典逐

---

① 安土宗论，指天正七年（1579）根据织田信长的命令，在安土净严院举行的净土宗与日莲宗的宗教辩论，嗣后净土宗获胜。据说这次论战的目的是压制日莲宗。——译注

② 中尾尧（1931— ），历史学家、佛教学家。毕业于立正大学文学部史学科，后进入该大学研究生院学习。历任立正大学文学部助教，立正女子大学短期大学副教授，立正大学教授、名誉教授。1974 年以《日莲宗的形成与发展——以中山法华经寺为主》获东京教育大学博士学位。著有《日莲》《中世的劝进圣人与舍利信仰》等。——译注

③ 日亲（1407—1488），室町时代的日莲宗僧人，通称锅冠上人，主要在中山法华经寺修行，并在京都进行街头传道。——译注

④ 中尾尧：《日亲——其行为与思想》Ⅲ 受难之旅。——原夹注

一击败论辩对手和基督击退论敌法利赛派①那样，主动挑起论战并获得胜利。日莲宗的精英在逻辑和热情方面都很出众，在宗派辩论中出现"连战连胜"的局面。因此许多战国武将视日莲宗为眼中钉、肉中刺而打压他们。

然而，贞安的出现挫败了日莲宗的连胜纪录，而且让法华派就此衰败下去，成功地取悦了执权者，并让自己所属的宗门稳如泰山。这是"力量逻辑"的胜利。此后日莲宗则（真宗也）成为人民公敌。

了解这些知识已经足够，但最理想的是还能进一步了解"安土宗论"的具体内容，弄清圣誉贞安是利用哪一种逻辑获胜的。接下来根据辻善之助②《日本佛教史》第七卷《近世篇之一》中的"宗教论辩过程概要"来探讨这些问题。

　　天正七年（1679）五月中旬，关东净土宗僧侣灵誉玉念到安土说法，法华宗建部绍智、大肋传介二人对其说法提出质疑。灵誉玉念对二人说：此非汝等黄毛竖子得以理解，即唤汝等皈依之法华僧人出来。并将七天的法筵延长至十一天。于是法华宗派出使者召集僧众。……宗派辩论即将开始时，菅屋九右卫门长赖、矢部善七郎、长谷川竹秀一、堀久太郎秀政等人奉信长之命，试图调和双方。净土宗表示应依上意并承诺保持和睦，然法华宗固执不听，故最终开辩。裁判乃博学多识的京都五山南禅寺秀长老（景秀铁臾），副裁判为正巧到安土的因果居士，于安土町郊净土宗净严院佛殿展开辩论。……法华宗一方日珖、日谛、日渊、普传等"身着华丽服装出场"（《信长公记》）。妙显寺的大藏坊担任记录，手持《法华经》八轴、砚台与纸亦现身于现场。净土宗一方"着黑衣以茶艺人服装出场"，打扮朴素。关东长老的玉念与安土田中的贞安二人亦手持纸砚出场。问答开始（问答内容各版本书籍差异较大，

---

　　①　法利赛派（Pharisaios），极端保守的犹太教派，公元前2世纪从哈西德派分离出来，提倡严守律法，强调维护宗教规诫，在群众中有很大声望。在《福音书》上该教派被描写为耶稣的论敌，其"自我义认"（与异己严格隔离）的倾向受到猛烈批判。——译注
　　②　辻善之助（1877—1955），历史学家。毕业于东京帝国大学文科大学国史科。历任东京大学教授、东京大学史料编纂所所长。日本学士院会员。确立了实证式的日本佛教史研究方法。著有《日本佛教史》《日本文化史》等。获日本文化勋章。——译注

而知恩院文书版所记录的最为完整，故采用该版本）：

一　净土宗贞安问云：法华八轴之中，有念佛，如何？

一　法华答云：念佛在之。

一　贞安云：念佛有之，何堕无间，念佛说法华耶？

一　法华答曰：法华之弥陀与净土之弥陀一体欤？别体欤？

一　净土宗云：何有弥陀，一体。

一　法华宗云：然何净土门法华弃舍闭搁抛乎？

一　贞安云：舍闭搁抛法华舍云，修念佛机前，念佛外余法舍闭搁抛云也。

一　法华宗云：修念佛机前法华舍云有经文乎？

一　贞安云：先善立方便显示三乘，其上一向专念无量寿云云。

一　法华宗云：无量义经云，以方便力四十余年未显真实说，净土经方便。

一　贞安云：四十余年以文云，尔前方座第四妙舍欤不舍欤？

一　法华宗云：四妙之中何乎？

一　贞安云：法花妙，汝不知乎？

其时法华宗闭口云云。法华宗败。①

由此贞安凭借巧妙的诡辩术取胜。据说"信长火速从安土山下山，移座净严院，赐玉念合扇，赐贞安团扇，赐裁判秀长老早年堺市某人进献的东坡杖"②。翌日还颁发感谢状："今次于慈恩寺净严院与法华宗论战，即遂问答，尤为胜，此功勋诚无可比类，现简要述之以激励此宗旨也……五月廿八日……信长（朱印）……教莲社圣誉。"并于"八月二日分别赐予贞安等赏金。（《信长公记》）赐贞安银五十枚"。据辻善之助记述，信长"知晓天文时期法乱前后的法华宗历史，在统一天下时觉得有必要警惕法华宗这个组织。……因此安土宗派辩论在开始前就有了

_____

①　辻善之助：《日本佛教史 第七卷 近世篇之一》第九章 安土桃山时代 第三节 安土宗论。——原夹注

②　同上。——原夹注

胜败定数"①。可谓圣誉贞安是给这场胜负早已决定的辩论锦上添花的名副其实的功勋人物。

《百瓶花序》阐明了池坊专好恭敬进入贞安这个伟大政僧保护伞下的事实。毫无疑问,专好的艺术天赋和技艺是出类拔萃的,但他却剔除了天文时期"花传书"高扬的自由、理性、现实主义与国际主义的理想。花道史经历了这种过程也是不争的事实。幕藩体制确立之后,不再面对未来而仅回望过去的插花艺术被用于粉饰、巩固难以撼动的封建制度。月溪的著名汉文文章可与五山文学僧人媲美,但却停留在依据中国古典与佛典,借花强调、力说幕府和权威人物的不可侵犯。"花传书"因此全部丧失了可以开拓未来的创作原理,身陷粉饰、强化当下,于回望往昔中找到自身"存在理由"的窘境。

十四 《真花传》的构思主体——朱子学的思维

真(主——引按)枝花格之事。相对于三具足,花瓶取"拍子口"瓶为宜。相对于卷轴,真枝之长度以一丈(原文如此——引按)半、二丈为佳。不过瓶身细而口阔者以二丈为宜。依其格可一丈半。瓶身粗而口小者,真枝之长短依规定以长为宜。依规定随其宜而用。又,其宜成法,口传也。法为诱导初心。密插时至"一之枝"为一丈半。其他枝条按伸展状态别致插入。幼松枝条伸向五方,有右长左短、前短后长之法。右长一枝云阳兴之枝,是为开枝。据此可展现一瓶之姿。真枝乃混沌未分之形,中分阴阳,阳升,阴降而为地,天覆地受,故阳兴枝须开。左短一枝为阴。须禀承之。五方之枝分阳数三,阴数二。由此可立天地和合之法。或问,花姿立七何谓。立花时辅枝下缺一枝而显不足。八枝则有满足之态。答曰,真枝乃一大极。添枝、请枝(分别为侧枝之一——引按)乃天。真隐枝(侧枝之一)、见越枝(比真隐后方高,向请方倾向的侧枝)乃人。流枝(侧枝之一)、前置低草乃地。为表现此故需七枝。须有头、肩、胸、腰、足。一枝所缺,故天之西北、地之东南不满。问曰,七道具各有插法乎?答曰,首先,

---

① 辻善之助:《日本佛教史 第七卷 近世篇之一》第九章 安土桃山时代 第三节 安土宗论。——原夹注

真枝须四方皆无偏斜。真枝所配应右长左短，前短后长。阳兴枝极重要也。其次，须有添枝。其插法须傍阳兴之枝，勿有偏离。由此可初显一瓶之枝，故若偏离不傍阳兴之枝，则不能成为添枝。此又为重要之枝。再次，须插请枝。此即受请添枝之意，故曰请枝。不请则不成受请。复次，真隐枝。第五，见越枝。此两枝须直。但因插于真枝之表里，故其高度不可等高。见越枝须低于真隐枝且直。因其代表人，故应笔直插之也。用歪斜见越枝插向真枝内部不妥。朝向真隐枝之歪枝皆不可成为见越枝。

……

一　平直、均密、驿力、轻洁、补损、巧称，此十二字名称不可或忘。

一　容貌、花丽、一色，此六字尤为重要也。

所谓平直，即可见一瓶之姿与花瓶中之花枝，并可透过枝叶看见真枝，不歪斜之意。有口传。

……

所谓一色，即如从真枝旁加插添枝，添枝接受真枝风韵而不离真枝风韵，接受添枝风韵而不离其弯曲程度那般，插万枝、万叶、前置低草、草留（下草的一种——引按）时不可忘却真枝风韵，须支撑插之。此谓一色。如使人扭头而全身不动，扭头时足尖亦应朝向同一方向，身形好看。有口传。

（据《图说插花大全》本）

主张天理与人性相通的宇宙论

该"花传书"的正确名称是《真花传并除真作指法口传书》。"也就是说，这是一本有关花之'真行草'中'真'与'行'的立花秘传书，它详细记录了'真花'[1] 的口传与'行花'[2] 的'除真'[3] 口传。"[4] 冈田幸三说，"直接传授口传的人或为池坊专好，可以判断受传

---

[1]　"真花"，指极尽修炼和心智而获得的真实的花趣。——译注
[2]　"行花"，指介于"真花"与不拘一格的"草花"之间的立花。——译注
[3]　"除真"（也写作"退真"），指立花的主枝从花器中心线上向左右任何一方伸出的枝条。——译注
[4]　《图说插花大全》第六卷，冈田幸三解说。——原夹注

者是'因幡堂修行　中将公尧快'。其理由是私藏的《真花口传书》与本书内容大致相同（记述至'除真作法之事'前一条目），其识语记载:'庆长十一年六月□日　洛中池坊专好在判　因幡堂修行　令相传毕。'"①但仅凭此似乎无法推断该书是否写于庆长年间,作者是否第一代池坊专好。现在姑且参照冈田此说。此外,文中充满一种奇妙的能量,传递出时代转换期的气息,根本无法想象它是进入江户时代之后的笔触。

上引例文是该"花传书"的开篇部分。或许是因为主题限定为"真花"之"格"（格律、法则）,所以它没有同时期"花传书"必有的深奥难懂的"序言",开篇即直接进入传授的内容。然而读下去就会发现,它虽然规定了花的主枝高度与花瓶的高度比例,但还是断言"其宜成法,口传也。法为诱导初心"。也就是说,作者放言按自身想法随意去做即可,絮絮叨叨法则、规矩仅为指导初学者。中世艺道恣意对家学神秘化的想法被完全抛弃。纵使战乱已经平息,但人类中心主义、现实主义、合理主义思维、国际化视野这些战国时代的生活原理也不可能迅速退场。在大致规定"密插时至'一之枝'为一丈半"之后,又说"其他枝条按伸展状态别致插入",允许受传者只要好看怎么插入皆可。相信人类天生的感觉,此思想可谓极具现代化。

以下特别值得讨论的是"右长一枝云阳兴之枝,是为开枝"这个规定。它从哲学上说明解释了"真枝的世界":"真枝乃混沌未分之形,中分阴阳,阳升,阴降而为地,天覆地受";"五方之枝分阳数三,阴数二。由此可立天地和合之法";"真枝乃一大极。添枝、请枝乃天。真隐枝、见越枝乃人。流枝、前置低草乃地。为表现此故需七枝";等等,总之它不外乎表达了一种意思,即立花就是阴阳和天、地、人。要而言之,就是混沌未分（Chaos）和大极（Cosmos）。这种形而上学（宇宙论）的依据是什么?

有研究者指出它受到金春禅竹②的能乐理论《六轮一露说》的影响。但笔者认为,该宇宙论直接借用了朱子学的范式。因为"大极"

---

① 《图说插花大全》第六卷冈田幸三解说。——原夹注
② 金春禅竹（1405—1470左右）,室町时代中期的能乐演员和作者。金春流派中兴之祖及该流派第57代宗家。通称七郎,俗名氏信,法名禅竹。世阿弥乃其女婿。以歌道和佛教阐释能乐。除能乐理论书籍《六轮一露》之外,还创作有《定家》《芭蕉》《玉葛》《杨贵妃》等能乐作品。——译注

这个术语最早见于朱子学的基础宝典《太极图说》（周濂溪著，11世纪），于其中朱子规定"太极只是天地万物之理"（《朱子语类》卷一）将阴阳五行之气之前的物质认为是理。这一切从江户时代开始就成为日本知识分子的常识性概念；还因为它是日本朱子学者的常见思想，例如"天覆地受"这个词汇。《罗山文集》是这么说的："夫天地古今之间诚为一也。大至天覆地载阳舒阴惨。……小至一草一木一禽一虫各有其理。"（卷第八）但准确说来，不止于这种词汇使用的类同性，从认为可以表现在植物枝条的天理（自然界的秩序）也包括人这种"自然法"思维来看，该"花传书"与朱子学的思维模式也是一致的。

在整个江户时代，朱子学的思想是如何指引日本知识阶层的，它所说的"人性"与"规范"的统一又是如何分裂，最终迎来近代的？阐明这个过程的正是丸山真男①的《日本政治思想史研究》。然而我们在此无须讨论朱子学的解体过程，而只需倾听丸山从思想史的角度解释朱子学在近世的开端是如何进入日本社会并扎下根的。

就朱子学的基本性质，丸山在承认其有"合理主义"的基础上还认为"因为道理同时是物理。换言之，伦理就是自然的延续，因此朱子学的人性论并未采用应然的即理想主义的理论，反而充满着自然主义的乐观主义精神"。丸山进一步认为，因为它有乐观主义的特性，所以才得以在近世初期的思想界获得垄断地位："想来如同朱子学性质的乐观主义是一种与安定的社会契合的精神态度，同时又有稳定社会的功能。这种静态的乐观主义一改波涛汹涌的战国时代——其间可见所有的无法无天与混乱，同时还可见所有生活领域中的活动与发展——态势，在秩序和人心逐渐稳定的近世封建社会得以形成。它具有成为普遍的精神态度的基础。"此外，丸山还引用藤原惺窝②的观点解释："在战国时代，作为通俗道德流行的'天道'观念与朱子学的'理'结合起来。……毋庸置疑，这种天道与理的等同设置来源于近世初期朱子学的独立和一般化

---

① 丸山真男（1914—1996），政治思想史学家。毕业于东京大学，后任该校教授。专攻日本政治学，主导了第二次世界大战后日本的民主主义思想。著有《日本政治思想史研究》《现代政治思想与行动》等。——译注

② 藤原惺窝（1561—1619），日本江户时代初期的儒学家，自幼出家，修行于相国寺，崇奉朱子学。还俗后创立京都学派，被尊为近世儒学之祖。其门下英才辈出，有林罗山、松永尺五等。著有《惺窝文集》等。——译注

的客观事态。反过来，它也是实现一般化的非常行之有效的方法。"①
笔者认为该说法非常正确。

　　而同样是巩固了日本朱子学学理基础的学者，藤原惺窝和林罗山②
的思想也存在差异。藤原惺窝原是佛门弟子，后还俗成为儒家学者，在
战国乱世中主要以武将为对象讲述圣人之道。可是德川政权建立后惺窝
却突然过起隐遁生活。林罗山是惺窝的弟子之一，也是惺窝理论的继承
者，并对该理论有所发展，但他却在创建确立时期的江户幕府供职 50
年，是一位积极支持幕藩体制和德川封建秩序的御用学者。师徒二人差
异如此之大。相良亨③《近世儒教思想》评价了惺窝《寸铁抄》中的
"敬"的理念："基于对立的人伦观念基础，一些武士追求值得自他尊
敬的武士形象，亲近儒教，试图通过理解儒教促进自我精神的觉醒。此
时出现的正是对这种'敬'的理念。隐遁之前的惺窝在战乱中也与武将
为伍，他宣传圣人之道的对象正是武将。由此不难理解，战国武士的精
神也反映了惺窝的思想。"④ 这里所说的战国武士精神是否是一种可称
为"德性"的高级思想值得怀疑，但我赞同相良所说的战国时代出现
的某种精神"反映了惺窝的思想"。

　　对大多数人来说，道理和生活原理并不是高高在上、遥不可及的。
它也不是在战国动乱后将天下一统作为政治原理并使之正当化的观念上
出现的全新思想。早在战国时代开始就流布着"天道"这种通俗道德，
有人希望从逻辑上使之理论化。因此朱子学思想的波及和渗透的时间很
早，令人惊讶。林屋辰三郎就安土城⑤"御天守"⑥ 的结构指出："既然

---

　　① 丸山真男：《日本政治思想史研究》第一章 近世儒教发展过程中徂徕学的特质及其与
国学的关联。——原夹注

　　② 林罗山（1583—1657），日本江户时代初期的儒学家，初为僧人，后入藤原惺窝门下。
1605 年侍奉德川家康，此后担任直至德川家纲为止 4 代将军的侍讲。并在上野忍冈创建"学
问所"与先圣殿，即昌平黉的前身。致力于对朱子学的理解和普及，奠定了朱子学在幕藩体制
下官方意识形态的基础。著有《本朝神社考》等。——译注

　　③ 相良亨（1921—2000），伦理学家，毕业于东京大学。历任茨城大学副教授，东京大
学、共立女子大学教授。日本学士院会员。著有《日本人的传统伦理观》《武士的思想》《伊
藤仁斋》等。——译注

　　④ 相良亨：《近世儒教思想》— 近世儒学的根源 藤原惺窝。——原夹注

　　⑤ 安土城，1576—1579 年（天正四—七年），织田信长在今滋贺县浦生郡安土町修筑的
城郭，其中的天守阁以豪华壮丽闻名，后在"本能寺之变"后被烧毁。——译注

　　⑥ "御天守"，即天守阁，本指安土城中营建的五层七重的瞭望楼，后随着仿效建筑物的
出现引申为泛指日本近代城郭建筑中耸立于城堡中央的高大瞭望楼。——译注

'四方内柱上刻有上龙、下龙，藻井有天人神像，客厅画有三皇、孔门十哲、商山四皓、七贤等'像，那么这上方第七重就可以视为'天主'所在的场所。这一主题不指基督教和佛教，而指儒教的'天'，从中可以看出对中国儒教故事的强烈关心。我想它表明的是以天主君临天下。天下这一文字并不发端于此时，而是当时的流行语之一。……儒教世界观作为幕藩体制的精神支柱，已经俨然存在于这天守阁第七重（层）的客厅里。"① 这里所说的儒教不可能是在律令时代处于支配原理地位的古代儒教的再生。在中世末期之前，朱子学作为一种新文化就被回国的五山禅僧经由朝鲜半岛传入日本。

那么不言而喻，眼下的讨论对象《真花传》的形而上学（宇宙论）依据的就是朱子学的范式。然而它是否属于专业知识，即作者若不阅读朱子学的研究书籍就无法口述创作此书却令人怀疑。不用说该"花传书"非大学者无法写出，但我们也没有充分的根据说该作者就一定是一位相当了不起的朱子学学者。因为该时代（天文、永禄、天正、庆长年间）广泛拥有的"天道"观念已被完整地逻辑化，无论人们喜欢与否，与朱子学思维方式契合的思潮早已在日本出现。

追溯日本美术史可以发现，贯穿于战国和桃山时代的现实、世俗性质未曾发生变化，并完整地延续下去，其此岸性即世俗性等同于理念、观念的思想受到肯定。风俗画固不必说，山水、花鸟、人物等画完全失去佛教的因素。因为天下一统和身份阶级的固化已成为现实并演化为一种观念，所以统治者和民众都无意再返回非现实的虚构世界。

"所谓一色，即如从真枝旁加插添枝……"

我们继续研读例文。毋庸置疑，"平直、均密、骈力、轻洁、补损、巧称"因袭着中国书法的术语。"平直"这一说明带有以下强烈的意味：立花的立体几何学是以书法的平面几何学为基础发展而来的。再逐一仔细探讨此后的各个术语可以发现，它们都确立了人们预料之外的科学性和合理主义思维，令人惊讶。16 世纪人们建设城郭、搬运石材的机械力学被运用到立花方面。这一定接受了中国、朝鲜的技术文化，或

---

① 林屋辰三郎：《中世文化的基调》Ⅳ 近世文化的黎明 第二 城郭与隔扇画。——原夹注

红毛南蛮新文明的影响。因此在考虑立花的立体几何学时,很难说它只是对部分中国书法理论的巧妙借用。

说到部分借用,接下来就要讨论"容貌、花丽、一色"中的"一色"。这让人联想到光悦①的美学,但此处所说的"一色"除有艺术理论的意义之外,还表明了追求形而上学的意向。西堀一三《日本的插花》根据《涅槃经》"有一色凡夫"的典故说明:"此'一色凡夫'因其手法长存于世,故避开了借用多种力量的'万行'。它并非加力的行为,而是与此不同的另一种真实。"② 对此笔者不敢苟同。在此需要提请读者关注的是,"一色"的概念不同于通行的"由一种花材制作"即可称作"一色立花(一瓶物)"的规定。"一色"只有处于"真花"的宇宙论脉络中才有意义的关联。

花道史家在论及"一色"时经常引用《南方录》中千利休③的话:"小客厅之花必插一两枝一色花为宜。毋庸置疑,依花之不同密插亦可,然其本意仅在于欣赏景致。四席半客厅依花不同亦可选用两种花。"④虽然该书很可能是伪书,但利休指导下的茶道爱好者发明了抛入式立花却是不争的事实,因此可以说该书很接近利休的思想。生长于堺这个自由都市并穷尽豪华奢侈生活的利休最后在走进草庵(闲寂风流)世界时,研究的似乎就是宇宙精神这一类的东西。仔细研读《南方录》会发现,他对立花的"本意仅在于欣赏景致"是持批判态度的。当然,立花与茶道是互不相容的,但正因为它们的对立,茶人才创造出抛入式立花这种完全不同的立花样式。

本文涉及的《真花传》综合了允许受传者"专卖"的"一色"样式,从中可以窥见转换期艺术家的迅速转身和他们在创作理念方面的苦恼。但在另一方面也可以认为,运用肯定现实的合理化的朱子学思想,

---

① 本阿弥光悦(1558—1637),江户时代初期的艺术家。擅长鉴定刀剑,还向尊朝法亲王学习书法,和松花堂昭乘、近卫三藐院一道成为"宽永三笔"之一。另对泥金画设计也有研究,还善于烧制素陶,精于茶道。——译注

② 西堀一三:《日本的插花》七 新的技艺。——原夹注

③ 千利休(1522—1591),日本安土桃山时代的茶人,"千家派"茶道的始祖,曾师从北向道陈和武野绍鸥,建成草庵风格的茶室,集茶道之大成。曾侍奉于织田信长和丰臣秀吉,并受重用。天正十三年(1585)正亲町天皇授予利休号,从而确立起天下第一的地位。后因触怒秀吉而剖腹自杀。——译注

④ 千利休:《南方录》备忘录 七。——原夹注

或许就会使自己毫不做作，不去编造各种理由。我们经常说的"日式事物"的许多生活规范，难道不是近世朱子学制定的吗？以茶道用花糅合立花，形成"立华（花）"的过程，也是将茶道精神（也包含城市居民的自由精神）分解进朱子学宇宙论秩序中的过程。

同样以"一色"轰动社会并获得成功的、著名第二代专好的"樱一色"，创作于上述变化过程告一段落的宽永年间。在受到"古学派""国学"和洋学批判之前，那时的朱子学还在发挥新思维模式的功能。

十五　《替花传秘书》中营造的佛教小宇宙

盖寻立花因缘，或云中天竺摩揭陀国国主净饭大王有一不可思议灵梦后得一太子，名曰悉达太子。其母摩耶夫人，生太子后三日去世。此时太子朝四周走七步，伸出左手食指，曰天上天下唯我独尊。或云鸽有三枝之礼，乌有七步之孝。

……

日月如梭，太子十九岁时悄然离宫，入檀特山，拜仙人为师，历经摘菜、汲水、砍柴等苦难修行，终于正觉成为释迦牟尼佛。此后佛手折千草万木之花，装饰道场，开始说法。最初演说《花严经》，后为其母说《如法经》。据云此时大唐白马寺出一人，曰周穆王（原文如此——引按），传释尊说法之妙，骑法被之驹，飞行天上，至释尊法会。又，孔子、老子问曰：何为花之仁义礼智信？释尊答云：首先，仁指清水凉心。义指手折千草万木，叶生十文字，枝梢下垂，不喜落于菱纹花瓶；又不插花形不良之花，不喜有花无果之花。礼指一瓶中有主有次，出可赏之枝叶，弃繁盛之赘物。智指可卜春夏秋冬节律，可知主枝之高低、水际之深浅、彩绘之置所、因来客而出枝方法不同，以及尺寸如何。信指立一瓶花，亦可知恭敬供奉佛前三宝，于瓶内造春夏秋冬，虽不可至亦可知三千大千世界。由此诸神诸佛方可降临凡间，听取凡人祈祷。或又因可结顿生菩提之缘而显五常之道理也。又，周穆王疑而问曰：立花应显体用。不仅如此，还应观柳绿花红之自然本色，此乃花之威德。何故？答云：于飞花落叶之生花苦界，取千草万木山林而立花，义也。山野有形而无心，趣者乃九品净土是也。

（据《花道古书集成》本）

在宽文时期"文治主义"政策之下

《替花传秘书》既可读作 Taikadenhisho，也可读作 Kadennikawaruhisho。"替"字可按现在的常用词"代誊写"的意思理解。

该"花传书"是有关"立华"①（Rikka）最早的木刻版书籍。若包括立花来说，宽永二十年（1643）即出版过《仙传抄》（且有木刻活字印刷的庆长版《仙传抄》），故无必要特意强调它的历史价值（或书志学价值），但《替花传秘书》对之后"花道史"产生的影响更为深刻。在"立花"演变为"立华"的过程中，该木刻版"花传书"发挥了重要作用。

然而，此"花传书"的著者（或传授主体）我们却一无所知，仅见识语中写有"此根本替花传陈为秘书今版行者也……宽文元年辛丑九月吉日　高桥清兵卫"。不写作者姓名这一点既让人感觉遗憾，又让人感到不可思议。不过从今天的眼光来看，通过著者不明与著作突然出版面世（意思是它并非将秘传的书籍刊刻出版）这两个确凿的事实，人们可以剔掘出该"花传书"的本质。

一般说来，对花道史概说书籍提及的《替花传秘书》的本质规定有两种见解：一种认为它以佛教宇宙观（特别是密教教义）构建了立华的理论基础；另一种认为它以儒教道德（特别是朱子学身份制度的合理化）构建了立华的理论基础。这两种见解都可谓正确。那么，我们可以将这两种见解折中后得出第三种见解，但要得出折中的结论并不那么简单。因为为何这种出版物能公开出版，为何插花会结束秘传和密仪的阶段而见诸大众媒体？我们如果不能科学地弄清这些问题，那么再急于品味内容和研讨字句也无法抓住本质。插花人口的增加缘于城市居民阶层的经济发展这一解释或许不错，但城市居民富裕则对插花（或对插花的启蒙书籍）的需求自然高涨这种理由难以成立。合理的解释是其他的原因在发挥作用。

我们需要了解该"花传书"出版的宽文元年（1661）的社会状况。当时日本处于第 4 代将军家纲的统治之下，相距天草、岛原天主教教徒

---

① "立华"，使用七种道具构成的花道样式之一。于桃山时代末期至江户时代初期由池坊专好（第 1 代、第 2 代）从过去的立花发展而来，并大成之。——译注

起义遭到镇压，完成闭关锁国政策的宽永年间已有 20 年。家光去世后由井正雪、丸桥忠弥等浪人发起的倒幕计划亦归于失败（"庆安之乱"①）。另一方面，后水尾法皇在京都开始营建修学院等；在全国各地，批判和反对幕府统治的运动（代表人物是佐仓宗五郎）接连不断，甚至松平定政（刈谷藩藩主）、堀田正信（佐仓藩藩主）等幕府近侍老臣都出来批评幕政。很显然，日本已进入进退维谷的境地。因此幕府首先断然取缔浪人（因战国动乱而失去主君俸禄的武士群体），对农民发布《庆安布告》②，强化劝农政策等。总之，当时处于一种幕府全力引导武治向文治转变的状态。作为推行向文治转变的政策一环，幕府巧妙采用了宗教的统治手段。

简言之，这是一个由井正雪谋反、佐仓宗五郎直言进谏、"旗本奴"③水野十郎左卫门杀害"町奴"④幡随院长兵卫等、人们在歌舞伎和说书中熟知的人物生存并采取实际行动的时代，也是幕府做出各种努力，试图改变时代潮流走向，阻止上述事件再次发生的时代。《替花传秘书》就是在这种时代背景下写作出版的。确切地说，该匿名作者就是当时的时代精神。

请看上引例文，它是"序言"开篇前半部分的摘录。很显然，它是根据佛教宇宙观提出"立华"理论的。但从中间部分开始出现了孔子和老子，他们提出"何为花之仁义礼智信"的问题。对此释尊给出答案，断定其"显五常之道理也"。"仁指清水凉心"一说可不予计较，但今天的我们读到"义指手折千草万木"等这种牵强附会的说辞则不免喷饭。然而当时的人们一定会相信手折或用刀具剪下草木枝条即为"义"的说辞。而且，著者的牵强附会之术实在巧妙，议论礼、智、信

---

① "庆安之乱"，庆安四年（1651）由井正雪、丸桥忠弥等人企图推翻幕府的阴谋事件。他们纠集浪人欲在江户、骏府、京都、大阪举兵，但阴谋败露，忠弥被捕，正雪自刃。又称"庆安事件"或"由井正雪之乱"。——译注

② 《庆安布告》，江户幕府关于管理农民的法令，于庆安二年（1649）颁布。内容共 32 条，规定了农民必须注意的事项，尤其是与农民的衣食住行等有关的事项。——译注

③ "旗本奴"，"旗本"（江户时代在直属将军的家臣中享受领地俸禄不足 1 万石、能直接参见将军的家臣。无法参见将军的家臣称"御家人"）无赖，指江户时代前期趋于无赖化的"旗本""御家人"。他们常在江户城中心成群游荡，与"町奴"发生冲突。——译注

④ "町奴"，江户时代初期身着华丽服饰，聚众结党、横行市内的城市居民游侠之徒。——译注

问题时居然能捏造出类似"立华"哲学的东西。释尊解释后还顺便让周穆王提问："既然禅宗讲过'柳绿花红',那还有必要特意插花吗?"对此释尊解释:"山野有形而无心,趣者乃九品净土是也。"本以为此后会出现"两部大日""地水火风空"的梵字,但结尾处却出现一首和歌,即"北黄南青东是白,西红映照须弥山"①,鼓吹阴阳五行之说。"第一,花之九修灭道之规定"一章亦复如此,开始时主要依据佛教宇宙观展开叙述,但到中途忽然插入一个句子:"欲使人心柔和之花,须外专五常,内怀慈悲之心,崇尊高贵,怜悯低贱,亲切有礼"等,很不自然地显示出一种哲学思想,即朱子学封建道德的结晶正是立华。"第二,十二月之花"一章,以《岁时记》风格提点了花材之后,按各种类题分别附上和歌,而那些和歌只是宫廷礼仪歌(赞美君主的和歌),例如:"树梢晨风飕飕吹,花报时代已更新。"②(正月朔日)"日玩小松为君子,祝祷我朝千万岁。"③(正月十五日)"治世仗剑见有花,扎以高粱祷日下。"④(五月五日)"犹如永开白茶花,祝君昌盛万万年。"⑤(八月一日)"历经万代月皎洁,留宿花间无法离。"⑥(十二月一日)

这是怎么回事呢?该《替花传秘书》无法认定就是民众(新兴市民阶级)自发并作为主体创作的艺术理论(思想)书籍。相反却可以推断它是统治阶级(幕府当局)作为推动者出于"教化目的"出版的书籍。以下有必要探讨一下高桥清兵卫作为出版商是出于何种想法刊刻这本"花传书"的。

中村直胜《日本幻想艺术史》指出:"至宽永时期,出版图书成为企业的一个营生,也成为一种营利事业,从中可以看出资本的动向。出

---

①　原歌是"北は黄に南は青く東白西紅にそめいろのやま"。——译注

②　原歌是"梢にもあらくあたりてあらたまる御代のためしの花の朝風"。——译注

③　原歌是"君がため子の日の松のあそびして千歳をはかることぶきぞする"。——译注

④　原歌是"代をおさめつるぎを立しはななれやもろこしかけていはふ日のもと"。——译注

⑤　原歌是"八千年へぬしらたまつばき咲にけりいくひさしくも君やさかへん"。——译注

⑥　原歌是"万代をおさめし月のさえさえて花にやどりてはなれざるもの"。——译注

版图书不因为有人需求，而因为估计有人需求。出版商为了更高效地获利，会通过展示现货来吸引顾客。由于出版图书的目的是营利，故从出版的图书中看不到出版商的热情。技术确实是进步了，高效率也值得认可，但出版商不关心是否适合购买方的需求。""因此宽永年间出版商如雨后春笋涌现出来，个个争先出版新图书以获利。甚至出版了一些非一般的书籍，让人会不解地想到，原来宽永版的书籍是这样的书。……见此就下结论说这可让人想到宽永年间的文化普及或书籍范围的扩大，是一种老好人的想法，缺乏深入的观察。……因企业家或资本家纷纷出现，欲出版所有的图书——尽可能新的图书攫取利益，故日本典籍也好，汉文典籍也罢，一本接一本地付梓发行。……这未必是因为有需求书籍才得以出版，而是图书出版的企业化带来的谋利行为。"①

　　中村提醒我们，不能简单地将宽永年间图书出版行业的急剧兴盛与"文化普及"联系起来，它只不过是企业家和资本家出于营利目的而不顾读者需要的出版行为。事实也确实如此。即便是在今天，出版企业中也有人为了赚钱而出版一些低俗漫画和品位不高的推理小说，认为"是否符合读者的需求根本无关紧要"。能敏锐地察觉时代潮流，并将它与营利目的结合起来，迅速抢占先机的人即可成为出版界的成功者，这在任何时代都一样。

　　针对相同的问题，野田寿雄②《近世文学的背景》从日本出版机构发轫的角度做出以下归纳："从庆长到元和、宽永年间出版商逐渐增加。宽永时期仅在京都就可见到100个以上出版商的名字。货币经济也已扩展到出版界，造成出版物的商品化。既然出版物被商品化，那么就会出现机械制作、出版商之间的销售竞争、供过于求的现象、追求短期利益造成的流行书籍的泛滥和千人一面的出版机构。""如上所述，宽永年间仅京都一地就有100个以上的出版商，借此可以想象自宽永时期以来出版机构的情况。那么究竟当时的出版机构状况如何？简单说来就是，该机构为了将书作为商品和利润结合起来，会不择手段地提高读者的购

---

① 中村直胜：《日本幻想艺术史》十四　图书的出版。——原夹注
② 野田寿雄（1913—2004），文学家。毕业于东京帝国大学文学部国文学科，历任关东学院中学部教导主任，北海道大学法文学部副教授，北海道大学文学部教授、名誉教授，北海道大学评议委员，北海道大学文学部部长，北海道大学研究生院文学研究科科长等。著有《日本近世小说史》《近世初期小说论》等。——译注

买力，即采用所谓的一切向钱看的策略。换言之，就是努力出版畅销书。这种努力的结果就是书的内容千变万化。首先它追逐流行。比如，某部作品大受欢迎，销路很好，那么转眼间就会出现同类的作品或仿效作品，唯恐落后于这种流行。换言之，会连续出现相同的作品。"① 作为出版机构计划之一的"插花指南"书，即使遥遥领先于插花艺人也不必大惊小怪。甚至可以说，正是因为插花指南书的领先，引起众人的关注才使得插花的流行和普及得以具体地实现。而出版业者的这种活动因为投合了标榜文治主义的幕府的旨意而成为一种"理想"的活动。恰好在这个时候，庶民间兴起了园艺热潮、赏花热潮、祭典热潮。但应当认为，这些热潮在很大程度上是按照幕藩体制统治者描绘的精密且阴险的"教化政策"蓝图被创造出来的。至少明治维新之前的出版机构只能按照统治权力的旨意来获得所期待的利润。

　　因此，我们不能简单地认为《替花传秘书》的出版与插花人口的增加有关。出版商发现时代潮流的变化，迅速伸出营利的触手这种事例一点也不鲜见。进一步我们还可以认为，出版商被标榜文治主义的幕藩体制的"文化教育政策"利用了。

佛教宇宙观为何得以扎根

　　请读者再次关注，潜流于例文深处但却显示出作为自身基调的佛教宇宙观与儒教学理的生拉硬扯（在这一阶段它还发出不和谐的声音）。

　　还请留意的是，这里的佛教理念，其理论本身也不过是对密教教理或禅宗法语的借用。幕藩体制统治阶级不仅镇压基督教，而且从不放松对法华宗（日莲宗）与一向宗（真宗）的警戒。由于这两个宗派的信徒曾在先进地区发动起义，反抗过有实力的"战国大名"，所以一旦有事发生幕府必将镇压。曾主导过"庆长宗论"和宽永年间"身延"②"池上"③ 两派"身池对论"的幕府当局，在宽文元年（1661）八月介

---

① 野田寿雄：《近世文学的背景》第三章 近世的出版状况。——原夹注
② "身延"，这里指身延山久远寺，位于山梨县南身延山地某山麓，是日莲宗总本山。——译注
③ "池上"，这里指池上本门寺，位于东京都大田区池上，是日莲宗四大本山之一。1291年（正应四年）池上宗仲将日莲离世后的住宅改造为寺院。1317年（文保一年）日朗为该寺院的开山鼻祖。——译注

入"受派""不受派"① 的对抗，采取了不祖护任何一方而直接管理两派的宗教政策。此乃"宽文法难"。通过宽文五年十月镇压"不受不施派"，宽文九年四月禁止"不受不施派"寺请②，终结了日莲宗的统一管理。此后，"不受不施派"信徒不得不转信"受派"或其他宗派。如果他们想坚持信仰，就必须结成秘密团体，潜入地下修行。在这期间，真言宗（密教）与禅宗（主要是曹洞宗）接管了户籍簿和死者名录的管理工作，试图扩张自己的势力。

近世艺道相关书籍多采用密教或禅宗的理论，但那未必是因为密教或禅宗理论有多优秀，有多高深。那不过是幕府宗教管制政策与支持它的社会状况需要密宗或禅宗的理论而已。

就江户幕府的宗教政策，村上重良③做过准确的概括："政治权力对宗教的完全控制、其末端组织的机构化和禁教政策是幕藩体制宗教政策的主要特征。这一系列的政策与将军、诸'大名'对佛教各宗的保护相辅相成，如实再现了教团内部统治体制的金字塔式等级制度。僧侣们作为从属于权力的直接监视者和掠夺者站立在民众的面前。统治者一方面进行严格的管制，另一方面要求教团研究宗教的教义理论，其结果就是该理论成为与信徒无缘且繁杂的教相判释。这诸多特征是与东西方各民族各自经历的'封建宗教'相通的主要特征。""佛教各宗借由寺檀制度的确立与民众紧密地联系在一起，以仅赋予佛教的特权垄断葬礼和法事，在强调崇拜祖先的同时，向农民、市民兜售封建家父长制的家族道德。一般认为，在江户时代，儒学是士和君子的学问，而佛教则是愚夫愚妇的宗教信仰，因此各宗致力于教义的通俗化与普及作为教化民众的有效方策受到统治者的支持。直接面对民众宣扬的佛教教义，自然流于

---

① "不受派"，全称是"不受不施派"，指日莲宗的一派。该派名来自不信仰《法华经》的人提出的不接受布施、不施法的教义。起因是1595年丰臣秀吉供养"千僧"时，日奥（1564—1630）提出"不受不施"并不参加法会。之后日莲宗分裂为日重（1549—1623）的"摄受派"（接受布施）即"受派"和"不受不施派"，相互争夺正统性。1665年因其排他性受到幕府的镇压，转入和基督徒相同的地下生活。——译注

② "寺请"，江户时代的一种佛教身份证明制度，具体指檀那寺（民众存放骨灰的寺院）证明该人并非基督徒，而是檀徒的制度。——译注

③ 村上重良（1928—1991），宗教学家。毕业于东京大学。专门研究日本近代宗教史，特别是新宗教。1959年以《近代日本宗教史的研究》获得日本宗教学会姊崎纪念奖。历任东京大学、一桥大学、庆应大学等校讲师。著有《国家神道》《日本宗教事典》等。——译注

顺应民众需求的现世利益和咒术般的内容，诸佛、诸菩萨的灵验和各寺庙的缘起，都作为神秘的因缘故事和奇迹故事被无限放大。从刚初建就很少依赖寺院领地的一向宗与日莲宗，在农村、都市确立了报恩讲坛、念佛讲坛、信众讲坛等信徒组织，以期教化的渗透。"① 笔者绝对无意抹黑佛教，只想科学把握近世风光无限的佛教各宗派在本质上是如何依附幕藩体制才得以荣耀的事实。

曾在立花"花传书"时代稀疏显现的佛教术语，充其量只是出于赋予立花尊严和可信的目的。"花传书"先传授插花方法（实践），道理（理论）不过是后来随意附上的，从天文时期至庆长时期一向如此。而从宽永时期锁国到宽文、文治政策推行时期上述顺序被颠倒了过来，佛教理论先行于实践。政府一边让立花理论适应幕府御用学的儒教意识形态，一边对立花技术添加意义并进行管理。

佛教理论在花道史中发挥的作用在 100 年左右的期间内不断变化。最明确捕捉到这一过程的是汤川制的《花道史》。我在此引用其中的部分记述："大致说来，立花在谱系关系上，将过去有目的地在花材组合上有所建树的古立花传书毫无反思地用于增添庄严的礼仪关系。……立花与古立花不同，明显接受了佛教的影响。古立花展示的是朴素的宇宙观，而立花则明确主张佛教宇宙观。古立花在形式上，用打比方的方式说，就是要避免以童心插花带来的非统一的混乱，像大人似的追求秩序与形式完备以体现美。与此相反，立花是以热烈的感情追求佛教的理想形式，其目的是一种完美的美的形式。在花道的各种样式中最为追求古典样式的当首举立花。欲在古立花中发现古典的性质，做任何努力都是徒劳和不可能的。"② 但做这种样式定位，立花会否变得"古拙"起来？其实这是美术史用语的滥用，仅就这点笔者无法赞同，不过汤川对在立花阶段佛教宇宙观处于统一原理的地位的追踪是正确的。汤川附言："立花的内在理想得到充分发掘，人们可以轻易窥探到佛教的世界观。花道家自身也清楚这一点。《替花传秘书》（宽文元年）等著作都明确主张形式上要具备庄严和华丽，面面俱到，作品增一枝嫌多，减一草嫌

---

① 村上重良：《宗教与科学的历史》Ⅵ 幕藩体制解体期的民众的宗教。收录于《日本文化史讲座》第五卷，新评论社。——原夹注

② 汤川制：《花道史》花道史凡论 三 循序渐进的样式。——原夹注

少。换言之，在形式上要追求美的理想，展示作品的完整性，具有结构和尊严。显然古立花与立花完全没有可比性，它们是不同种类的样式。"① 汤川也提到了《替花传秘书》。也就是说，完全不同的插花样式诞生了。该见解也是正确的。

　　然而，立花作为与古立花"不同类型的样式"出现，并非艺人和理论家所做的艺术探索和美学追求的结果。我们不能轻视个人的鲜活创作，但在此时若不关注盘踞在个人头上的统治压力极其强大就不能掌握事实。仅看到"替花传"这些文字就可体会到它是多么意味深长。

　　由此可见，佛教发挥了使幕府统治渗透开来的润滑剂作用，并理所当然地与儒教合体，不久又传播到广阔的文化领域，完成了佛、儒、神的融合。所谓的"日本文化"传统，大部分是在近世前半期人为而有计划地设计形成的。视插花为"日本美"的精髓并无大碍，但希望我们都能看清这种"日本美"在取悦幕府并使其放心方面发挥了巨大作用。立花被立华取代的过程与历史潮流的向前亦步亦趋，难以避免，但对花道史整体而言（进一步对民众史整体而言），未必可说是通往幸福。因为立花的解体和立华的形成，不外乎是证明中央集权势力稳定的象征。

十六　《立花大全》与启蒙城市居民的逻辑

　　昨夜秋雨敲窗，风声袭人，吾独坐于无友之房内时有一老翁来访宗旨同行。主人唤童子上茶，问其何人，来自何方。渠已衰老伛偻，白发苍苍，声音沙哑，然极善言。今晨说来世，于今谈立花，有问有答。实乃大开眼界，于是吾悄悄藏于纸隔扇后偷听起来。

　　主人取出一块长有青苔之小木曰，前些天受邀上山采松茸，于北山采得此木。幸有今日可借贵手使我等观赏佛坛之花。可衣以此插成"如来花"或"烟回枝"（见后说明——译按）？老翁答曰，未有所闻，然主枝不可插长苔木或曝木。

　　……

———————

① 汤川制：《花道史》花道史凡论 三 循序渐进的样式。——原夹注

一、松之主枝

不可只插一枝。"一色物"有特别含义。非此立花者即令以其他草木为主枝,若不于此于彼增添松枝,亦无法完成一瓶花艺。其余物品,于木于草皆需一一斟酌如何插入。仅就松枝而言,可否允许分离二处使用?或因松之颜色古今不变,优于诸木,益多,且德高望重之故。花以樱为贵,枝以松为尊。松纵长苔或曝木皆可使用。

……

总而言之,主枝当用松。例如,于并列之二十瓶花中,其二三瓶、四五瓶可插其他草木主枝,而十四五六瓶皆插松枝亦不令人生厌。若主枝非松枝,人见之可有风情?此树丛、此花究竟出自何山,又从何处庭院求索,不如此艰辛思索则无优良作品。若非如此,主枝同样不良,松亦不至逊色。话虽如此,然五度、七度连续使用松枝时或可思考改插其他类树枝。求道之花友,为插花须多练习。

(据《日本思想大系》本)

贯穿于"花传书"中的运动法则——神秘化与启蒙

"花传书"在很长一段时间都遵守"秘传"(直接传授法)的相传形式,在宽文元年(1661)《替花传秘书》(用现代语言说即《花传秘书,代誊写》)出版后才转入一般民众皆可公开接触的新阶段。这对出版商来说,意味着立花可以给他们带来财富。

根据不同见解,有人认为在此时"花传书的时代"已经终结,而迎来了花道书籍的出版时代,这种认识并无不可;也有人认为天文时期以来的"花传书"是"神秘主义"思想的产物,因此是一种衰弱的形态,这种看法也可谓正确。但我们认为,"花传书"原本是一种"开放思维"的产物。从这一立场来说,它只不过是从口传到刊行的转变,仅仅是实现历史法则的一个运动。这一切反映的是,"花传书"拥有的内部因素与使之成书的社会历史状况依照辩证相互作用的法则而产生的运动轨迹。只要"花传书"的历史也是人类创造的历史,那么它就是对立矛盾的非连续体,同时又是不断发展的连续体。因此我们不应过低评价"花传书"中一贯的连续性。

让我们了解一下作为刊刻"花传书"的二号选手《立花大全》的

概要知识。对此西山松之助①做了简要解答："作者是与高田安立坊周玉②并列的第二代池坊专好的高足十一屋太（多）右卫门（河井道玄）。天和三年（1683）正月刊行。和式装订，具体言之即折页线装，'半纸本'③，共5卷，是最早刊刻的立花样式启蒙普及书籍。第二代专好在过去的立花基础上确定了立花样式，十一屋太右卫门则继承了第二代专好的立花样式，首称其为'立华'（立花），赋予七侧枝以不可或缺的方法的功能，确定了自'心''正心'至'大叶''后围''缮之具'④的9到12个名称，甚至规定了其长短，彻底完成了花的定型工作。因此，从卷一'真花型'、卷二'侧枝素材之功用'、卷三'花材底部之白沙与允许所插之花之种类'、卷四'草木所在之不宜之物'到卷五'草木之弯折与切削方法'等等，毫无保留地公开了原属秘传口传的技巧。从序言看，它与此前的《替花传秘书》（宽文元年刊）在结构上完全不同，这也是该书被称作立花理论集大成之作的原因所在。然而在另一方面，它为了应对立花人口的增加而偏重于形式。"⑤ 以上介绍了为了解《立花大全》的所需知识，但还需要补充一些知识。

这是因为该书作者其实并不明确。西山的解释大概参考了元禄九年（1696）刊行的《增补正风体立花大全》开篇部分"将天和年间池坊门下十一屋多右卫门入道河井道玄师之秘传刻于樱木并公之于世"云云的记述。十一屋多右卫门是一个优秀艺人，在宽文十三年（1673）付梓的豪华版花集《六角堂池坊及门下弟子立花底部白沙图》中，收录了高田安立坊周玉的47个作品、专妙的10个作品、十一屋弥兵卫的9个作品，之后就是十一屋多右卫门的8个作品。顺便还

---

① 西山松之助（1912—2012），历史学家。毕业于东京大学，历任东京高等师范学校教授，东京教育大学副教授、教授，成城大学教授。专攻近世文化史，兼掌"江户町人研究会"，曾获东京都文化奖。以研究"技艺宗家制度"闻名日本。著有《宗家的研究》《江户人》《江户庶民的四季》等。——译注

② 高田安立坊周玉（1607—1685），也叫安立坊周玉或河原町周玉，江户时代前期的花道家，真宗高田派僧人，第2代池坊专好的弟子。与居住京都、同门的大住院以信并称于世。著有《御卷》。——译注

③ "半纸本"，"半纸"对折大小的书本。"半纸"，和纸的一种。最早是将幅宽1尺6寸（约48厘米）以上的杉原纸切割使用，故有此称。后来泛称长24—26厘米、宽32.5—35厘米大小的纸张。近世使用最多。——译注

④ 这些花道用语与读者对本书的理解基本无涉，恕不一一译出。——译注

⑤ 西山松之助：《近世艺道论》，收录于《日本思想大系61》。——原夹注

要说明，黑川道祐①《日次记事》记述："立花会，今时立花有三流：六角堂中池坊、本能寺中大受院、河原町周玉是也。三流之徒弟互分争。""三流之徒弟互分争"是指第2代专好去世后其门徒分裂为三派——拥戴其养子专存与其子专养的一派、拥戴大住院以信（受公卿、"大名"、僧家支持，后移至江户扩张势力）的一派和拥戴高田安立坊周玉（将武家、城市居民阶层收入麾下，在关西地区压倒了池坊）的一派，这三派互相对立抗争。既然第2代专好的得意门生以信、周玉技艺高超，那么原池坊门下的多数弟子舍弃平庸的专存、专养而支持新的派别就并非不可思议。问题是即使我们可以知道十一屋多右卫门属于此三派中的某派，但也缺乏决定性的证据，故我们只能从《六角堂池坊及门下弟子立花底部白沙图》记录的、超过专存专养父子作品（均仅有3个）的数字推断，十一屋多右卫门在世时就已被视为超越池坊父子的名匠。《增补正风体立花大全》中所谓的"（池坊）门下"当指专好的弟子而非专存、专养父子的弟子。

设若《立花大全》的作者是十一屋多右卫门无误，那么我们可以从中了解到什么信息？

首先我们应该关注，不是池坊本派而是其他分支出版《立花大全》的。

据实而言，池坊本派只想将"秘传主义"（非公开主义）贯彻到底。"宗家"这一术语最早出现在宽政九年（1797）刊行的《瓶花容导集》中。18世纪末期幕藩体制的根基已经动摇，全国上下都在期盼德川家康重返人间，强行开社会倒车的风气正盛。因而在110年前的天和三年（1683）时期尚未有清晰的"宗家"意识，这一点毋庸置疑。不过，据守既成权威的池坊本宗欲坚持从上古末期到中世、近世的"家学"传统也是千真万确的。因为儒学的林家②、"能乐"的观世座③、画师的狩野派都以墨守封建学问艺术的世袭传统为座右铭。

---

① 黑川道祐（？—1691），江户时代前期的医者和儒者。向林罗山学儒学，向堀杏庵学医学，服务于安艺藩。后移居京都，专心著述，著有《雍州府志》《本朝医考》等。——译注
② 林家，指在江户幕府世代担任儒官、掌管文教的家族，始祖为侍奉于德川家康的林罗山。主要负责向幕府官员讲授朱子学，起草重要的文书、法令等。——译注
③ "观世座"，"大和猿乐"四"座"之一，旧称"结崎座"。它是一个以主角演员观世流为核心，包括配角演员、伴奏演员、"狂言"演员这三种角色的"能乐"演艺组织。——译注

　　因与论题有关，故再迂回介绍一下"家学"秘事秘传的内容及传承方法。川濑一马①的巨著《日本书志学之研究》收录的论文《北村季吟传授歌学的誓约书》是一份很奇特的研究报告，它介绍了在江户时代固守和歌、俳谐"家学"传统的北村子孙卖给旧书肆的记录用纸和写错丢弃的纸张中发现的誓约书（弟子写给师父的、向神佛起誓记载内容无虚假的文书），共 17 张。据川濑说："在学问、文学方面，特别是国文学（主要指歌道）的秘事秘传包含了中世时期所谓的'古今传授'②以及'てにをは'等其他语法知识。到江户时代初期，在公卿家族乃至连歌师中还保留着这个传统，但它逐渐被新兴的国学等所压制，在各种秘事秘传中最早失去权威，几近绝迹。不过后来兴起了被视为该变形的、弟子书写的入门誓约书，其中以贺茂真渊③的誓约书等最为著名。……然而过去对江户时代中期以前盛行的歌道秘事秘传研究很少，特别是最重要的第一手资料也非常少。如传授秘事时所写的誓约书在传抄本的识语等中偶然可以见到，但这种誓约书、誓约用纸的遗物等可谓从未见过。实际上这种遗物是不会留传后世的，但今天却残存了十几封北村季吟弟子的誓约书，现在藏于安田文库，实乃日本文艺史的珍贵研究资料。应该说明，北村季吟保持了中世以来的传统，实际上是保存和歌、俳谐两道秘事传授的最后一人。"④ 因此我们要知道该誓约书的形式与内容。川濑举出两例："誓约书……一 五点之格、十一之名目，宗领之一子之外，传授仕间敷候，于背此旨者，可蒙和歌三神、吾氏神、祇园神之御神罚者也……明历元年十一月十八日……山冈新三郎元邻（花押）……村濑庄左卫门俊秀（花押）……拾穗先生""誓约书前书之事……一 歌道并俳谐之道御传受之趣，一言他漏之申间敷事，右于相

---

　　① 川濑一马（1906—1999），书志学家、国文学家。毕业于东京文理大学（今东京教育大学）。历任青山学院女子短期大学教授、静冈英和女子学院院长、静冈英和女子短期大学校长。专攻古典籍和古活字刻版研究，以《古活字刻版之研究》获学士院奖。著有《日本书志学之研究》《古辞书之研究》等。——译注
　　② "古今传授"，歌道传授之一。由师父向弟子传授《古今和歌集》语句的训诂注释。——译注
　　③ 贺茂真渊（1697—1769），江户时代中期的"国学家"、歌人。向荷田春满学习"国学"，后侍奉于田安宗武。广泛研究日本古典，鼓吹复活纯粹的古代精神（古道）。门人有本居宣长、村田春海、加藤千荫等。著有《万叶考》《冠辞考》《祝词考》等。——译注
　　④ 川濑一马：《北村季吟传授歌学的誓约书》，收录于《日本书志学之研究》。——原夹注

背者，奉请和歌三神、殊八幡大菩萨，总而日本国中大小神祇，神罚冥罚于此身速可相蒙者也，仍如件……日越次左卫门（花押）……宫川仁右卫门（花押）……延宝二年^{甲子}九月廿四日……北村季吟老"。前者起誓：五点之格、十一之名目等歌道秘事除宗领一子外绝对不可传于他人。如违背此誓言，将接受神明的惩罚。后者发誓：不会泄露所受传的歌道与俳道的秘事。若违背此誓言，将即刻受到神明的惩罚。我们在今天看来，这极其荒唐，但中世到近世前期的"家学"却极为重视这种口传秘事与"传授仪礼"，因此它们才得以延续下来。就此评价我们要再次引用川濑的说明："从保持该道权威来说，从经济上说，这都是最好的方策，可达至其各自目的。当然，歌道与俳道都成长于封建制度之中，由于以秘事口传为契机尊重和热爱此道，所以不管社会发生多大变化都得以永久传承保留下来，有时甚至还会发展。因有所谓的一子相传，故该道连绵不绝地传承下来。"① 诚然，完全舍弃"家学""口传秘事"和"一子相传"并不是正确的评价。

我们迂回检视了封建学问艺术的大致真相。的确，不管是"观世座"，还是狩野派，抑或是北村歌道，它们只有履行了烦琐的"相传仪礼"手续才有可能存续下来。于花道而言，仅有池坊一派"不管社会发生多大变化都得以永久传承保留下来"的理由也在于此。在《日次记事》所说的"三流之徒弟互分争"时，拥戴第 2 代专好的养子专存和其子专养的一派，在实力上早已和其他两派有很大差距，但他们以血缘和"一子相传"的仪礼为武器进行对抗，结果只有这一派作为流派得以延续下来。

然而作为艺术生命，我们至少在今天应该期待高举反家学、反秘事秘传旗帜的其他两支流派的蓬勃发展。对照艺术史的一般法则，能喷发出创造活力的一定是分派和分流出去的那些人。正因为十一屋多右卫门是一个"分流"出去的作家，所以才会写出《立花大全》，才能主张公开主义（显然这在挑战"口传秘事主义"乃至"一子相传主义"），并通过刊刻本大量销售。

天和三年之后 5 年即进入元禄年间（1688—1704）。以都市为主的

---

① 川濑一马：《北村季吟传授歌学的誓约书》，收录于《日本书志学之研究》。——原夹注

城市居民阶级成长迅速。在这种社会状况下，甚至在幕府当局努力管制并不断要求一元化的封建儒学体系当中，阳明学派、古学派等"分派"也开始活跃起来。

借用《大镜》，将立花委托给城市居民主体

请看开篇摘录的《立花大全》的文字。

这是该"序言"的开头部分，说有一位"老翁"即年迈的客人在讲述净土真宗所谓的来世极乐故事（笔者虽想详细叙述"宗旨同行"的门徒可以公开从事出版活动的情况，但因篇幅只能割爱），其间还就"立花"（Ritsukuha。这是日本第一次出现的旁注假名）问题做出解答，所以作者将自己躲在隔扇后听到的内容记录下来——请注意此书采用的写作方法。根据《增补正风体立花大全》，这"老翁"就是"河井道玄师"。河井道玄此人有可能就是重森三玲注《专好花传书》的受传者平井道玄子。再根据文禄五年（1596）六月的识语计算，天和三年他已有百余岁。作者对这种矛盾心知肚明，但还是借用王朝历史物语《大镜》的形式，通过老翁大宅世继与青年夏山繁树的对话、应酬、评论等观察说明复杂的问题，以引起读者的兴趣。简言之，它采用了老少二人问答的形式。如此费尽心机就是为了防止陷入枯燥无味的罗列般叙述。但无论如何，这都是一种极其先进的想法——它可以引起读者的兴趣，让读者自己体会内容的趣味。可以认为，真正的"启蒙精神"是在这种时代的制约之下才创设出此类故事的构思。这种构思贯穿了《立花大全》全书。

就所举的例文来说，主人（相当于夏山繁树）在北山采伐回"长有青苔之小木"，说想把它插成"如来花"（用于上供的花枝或支撑主枝的副枝）或"回烟"（部分为遮挡香炉横溢出的副枝）。于是老翁（相当于大宅世继）回答，说主枝不可插有"苔藓"木与"曝木"（曝晒的木头、枯枝）。接下来还谈及"松之主枝"，言之谆谆，如用肉声晓谕佛法正理。

虽说已公开化或大众化，但随着时代发展，只刊刻过去的"秘传"已无法满足欣赏者（读者），故立花在短时间内广泛普及。敏锐的出版商（底页上写"江户长谷川町　西村半兵卫……京三条路　西村市良右卫门"）在付印"花传书"时希望跨越"代誊写"的阶段，和城市居

民一道分享美的思考。出版商很清楚，这样做直接关系到自己的利润。虽说这种努力局限在被五花大绑的幕藩统治体制的政策限制框架之内，但它还在试图确立城市居民的主体性。这也是天文时期"花传书"基本精神的发展。

回顾过去可以发现，天文时期"花传书"（与"花传书"的精神）在发展期间经历了各种障碍和自相矛盾，但终究以一种"连续性"持续而渐次地向前发展。所有的艺术都对应着特定历史状况产生的思想、愿望和美的标准，表达着人性，但另一方面它又超越了历史局限，自发创造出人性这一契机，不断地向前发展。立花（古立花）得以发展到立华（Rikka），可以看作是前者的消亡和后者的新生（因此二者是完全不同的样式），但将后者视为前者的连续发展的结果更为准确。要理解古代（古拙期）艺术就必须重视铁器时代的到来和农业生产的进步。"铁首先使民众，尤其是农村人得以沐浴文明的恩泽。廉价铁质工具消除或至少减少了小生产者对国家垄断事业和大家族经济的依赖和从属。有了开垦土地、采伐树木、挖沟修渠的新金属工具，小农可以自己开垦荒地，获得独立性。无论如何，他们提高了生产力。随之工作效率也有了极大进步。"[1] 另外，要理解古典（古典期）艺术，就不能无视工商业的飞跃成长、海洋贸易的发展、市民民主运动的发展、个人思维的树立等。"雕刻家接受都市或民间的个人的委托，创作竞技者、战士、逝去的亲人的雕像，但那些雕像并不扮演神格，更不发挥咒术作用。雕刻家抛弃神圣的传统，拥有如实表现事物的自由。""对我们来说，代表古希腊雕刻的并不是最有名的巨匠制作的神像（它们已然消失），而是非大家的普通作家为中等财力的资助人创作的墓碑和类似的作品。希腊的绘画不因神殿和公共建筑内部著名艺术家的画作而为人知晓——因为它们已然消失，而广为人知的却是为平民消费而在作坊大量生产，且大多并非通过市民，有时还是奴隶工匠之手创作的画在陶罐上的作品。"[2] 若基于这种艺术创造的基础条件，我们可以认可汤川制所说的"最为追求古典样式的当首举立花"。因为实际上有了工商业的成长和货币经济

---

① 维尔·戈登·柴尔德（Wear Gordon Childe）著，今来陆郎、武藤洁译：《历史的黎明》9 初期铁器时代。——原夹注

② 同上。

的发展，立花才能开始独立向前发展。

此外，山根有三在考察上述城市居民阶级的成长或抬头时使用的以下精彩比喻得到我们一致的认可。山根在阐明古立花发展到立花（立华——译按）的过程时说："从古立花到确立立花的样式，可以比作雕刻时人体的发现。在古立花时代，它一开始全身都裹着厚厚的衣服。如'须圆形密插'所言，它仅被插成一枝主枝（真枝）。接着那外衣再被涂上颜色和图案（彩绘）。有人还考虑到左右的平衡：它的左右手离开身体（真枝），和赏玩之枝、赏玩之花、供枝、显灵之枝一道，为了神、佛和客人而舞动。但由于裹着厚实的外衣它无法脱离身体（真枝）而独立，这种动作也不出于自己的内心意志。或者是作者想营造出衣服随风摆动和被雨淋湿的美感（所谓被文学感动即这种美感）。近世初期正处于这衣服逐渐脱去的过程。这衣服被第2代专好几乎全部褪去，只留下胴体和腰身。人们得以清晰地看出头（主枝）、首（正枝）、左腕（副枝）、右腕（请枝）、左脚（控枝）、右脚（流枝）以及人体的各个部分。"① 我们只有根据物质条件才能正确、方便地理解艺术样式的发展。

因为立场不同，有人认为立华的独立发展和《立花大全》的公开化即大众化是立花（与天文时期"花传书"的精神）的连续性发展，也有人认为这是非连续性花道的出现，不同看法之间差异很大。当然，笔者认为这是连续性的历史发展。因为天文时期"花传书"一开始就是向前看的"开放思维"的产物。

十七 《立花时势妆》——天文时期
"花传书"的最终归结

> **立花秘传抄之一　常磐木之部**
>
> 一 木 《说文》曰，木冒也，冒地生，东方之行。从草，下象其根。又曰，木之性上枝旁引一尺，下根亦引一尺，故于文末上下均也。
>
> 一 枝 音支则四支也，诚如人有手足也。"柯"云大枝，朵条小枝也。《日本书记》云末为枝。

---

① 山根有三：《花道全集》第二卷 桃山、江户时代前期的花道，河源书店。——原夹注

一气条　见《唐诗》。

一株　入土中云根，土上云株，用之于砂物。

一蘖《纂要》曰，斲而又生云蘖。俗云新叶也。

一叶《字汇》云奕叶或累叶等，续字也。皆有累世之意也。上草下木，中以"世"字而成。草木之叶春生冬落，或枯或生，累年不止。其理同世之春秋往复。和训云"叶"，"齿"也。如人有齿，草木初生生二叶，而后出气成枝叶花也。

一花　花字上草下化。化造化也。天地、寒暑、阴阳、草木皆造化所作。故草木四季开花。青黄赤白，多瓣单瓣。一草一木花内亦有两色三色。赤花亦可变白。紫色亦会改色。四季开花。冬花皆是变化之理也。

又曰，自无有，造自有无。曰化诚哉。冬枯草木春亦发芽，夏茂秋红叶落之理，和训云目前也。"花"，"鼻"也。鼻，端也。因开于草木之端，云花也。

立花时势妆　上　真行草之图

儒书云，"真"如人正立，"行"如人行，"草"如人走。立华犹以斯意名之者乎？

一于瓶中插花，有"真行草"三种，古书曰"序破急"之花。古人斫松折花插瓶之前，先显"真"之花型，其后化"真"为"行"，由"行"出"草"之花形。须定七枝花形，再立其他诸多常见花卉，斟酌万千草木之形姿。一草一木皆有立法。有事相传：可仿山野水边自然景象立于居所，以此为乐。今爱绘此三瓶以作初学之教。

"真行草"三瓶如上。代代皆守古人法式，然于某时代中期起，因名师修炼功夫之妙用，分其一为三，"真"有三品，"行"有三品，"草"亦有三品，生出九品花形。然秘而不传，则鲜有人相传，即令立"真花"亦难立"行花"，即令立"行花"亦难以立"草花"，遑论有人悉数掌握九品花形。故古人曰，或时之花形如如来，如菩萨，如金刚力士。非独花道，诸道诸艺皆应如此。传闻高野大师精通书法，可谓其皮肉骨三笔乃日本第一妙笔。立花"真行草"亦无不同。今日爱绘九品花形，虽为秘传，然应流布于世。立法有口传。

（据《花道古书集成》本）

17 世纪后半叶幕藩体制城市居民社会之变革的反映

自发端于《替花秘传书》（宽文元年/1661 年）的"花传书"公开出版至《立花大全》（天和三年/1683 年）成为畅销书后，京都、大阪、江户等城市的市民阶层掀起了一场"插花热潮"，他们或"读花传书后再插花，或插完花后再读花传书"。这种热潮在井原西鹤①《西鹤织留》"町人训诫"中也可见一斑："近年来奢侈之风盛行，人心毫不留情，或揪下毡木之茶花，或割去盆栽中之锯齿冬青，或折断灵场之荷叶，或订购神山之杉树，恣意妄为。即令草木亦有生命，花之怨恨当日益加深。此仅为一日之景象，一世当如何受损?"② 也就是说，一旦"插花热潮"到来，日本民众都极为热衷，欲壑难填。而西鹤作为一个能够冷静、客观评价外界事物的现实主义者，一定无法忍受这种疯狂的"插花热潮"。"插花热潮"的出现，当然是带插图的出版物获得的信息传播上的胜利，但从根本上说，更应该视之为城市居民阶级在经济上对幕藩体制的胜利。城市商人为抒发平日的愤懑（毕竟在身份上他们比农民还低，蒙受着蔑视），将发泄渠道选择在青楼和剧场，但到此时他们还可以选择新的具有更高趣味的插花、品茶等享乐的手段。而该插花又被人尽情注入了奢华趣味和同伴意识。

古立花向立花发展的过程，反映了城市居民的社会形态从第一阶段转变到第二阶段。在第一阶段，"各城市内的商人和工匠，其主要的功能是为领主提供'御用'服务，故缺乏城市间横向联系的因子。而领主通过幕府的执行机构'町奉行'③，在加强城市间的联系方面力量却很强大。因此在这阶段，从本质上说不存在中世末期的'惣町'④这一形式"⑤。

---

① 井原西鹤（1642—1693），江户时代前期的"浮世草子"（市民小说）作家、俳谐师。西山宗因殁后，专门写作"浮世草子"，以雅俗折中文体留下诸多杰作，如《好色一代男》《好色五人女》《日本永代藏》《本朝二十不孝》等。——译注

② 原作无夹注。——译注

③ "町奉行"，战国时代末期开始起使用的武家职名。江户幕府从"旗本"中选用"奉行"，由"老中"直接管理，分设于江户、京都、大阪、骏府、奈良、堺、长崎等城市，负责行政、司法、警察等职权，尤其是负责管理城市市政，听讼断诉。——译注

④ "惣町"，从中世末期到近世在都市进行自治管理的最上位的单位。——译注

⑤ 中井信彦：《幕藩社会与商品流通》第一章 第三节 城市居民社会。——原夹注

在第二阶段，"'讲'①和'仲间'②作为包括若干城市同业者的单纯功能组织占据了重要的位置，领主也需要通过这些组织控制工商业"③。城市人口的急剧增加需要这种转变，在批发商确立了城市的优势地位的同时，"作为不局限于地缘的同行者组织'仲间'成为城市居民社会结合的基本形态。地缘结合更多地成为生活方面的体系，而'町名主'④则仅起到权力的传达机构的作用"⑤。

　　城市居民同业者组织并非漠然地建成，城市居民的实力也非倏然增长。准确地说，城市居民是在执权者的领导下成长起来的。这么说丝毫都不过分。若上述说法仍言之过激，则可以改说是城市居民阶层为贯彻"更为合理的思维方式"，自发地创建了新的城市居民社会形态。另一方面，幕藩体制权力为适应这种形势，也采用了新的"压制手段"。

　　这就是17世纪后半叶城市居民社会形态的重整情况，以出版物为媒介的"插花热"也跟这段历史有必然的联系。事实并非城市内部（地缘）有谁热衷于插花故我也要插花，而多半是同行（职业种类）的某人热衷于插花故我也要插花。城市居民出身卑微，但在经济实力上却与过去不可同日而语，加之还有住在不同地域的同业者携手奋进，在这种压倒性的支持之下，他们迎来了立花指南书的印刷和流布（不久城市居民社会进入扬弃同行和地缘双重身份的阶段，此时城市居民转而支持新的插花样式——抛入式立花）。

　　《立花时势妆》问世于贞享五年（1688），同年九月三十日年号改为元禄元年，这一年政府颁布了《禁止美服令》。5年前的天和三年（1683）政府就向庶民发布过《限制衣服令》，因此当时有两个服装禁令。幕府（德川纲吉⑥政权）多次禁止奢侈之风但皆效果不彰，证明

---

　　①　"讲"，以地域社会为母体，为达成信仰、经济、职业方面的目的而组成的集团。其成员叫"讲中"或"讲员"。"讲"的内容多样化，大致有信仰方面的"讲"、经济方面的"讲"、职业方面的"讲"。——译注
　　②　"仲间"，近世工商业者的垄断同业组织。——译注
　　③　中井信彦：《幕藩社会与商品流通》第一章 第三节 城市居民社会。——原夹注
　　④　"町名主"，江户时代城市官员的职制之一。主要处理城市内部的日常事务。——译注
　　⑤　中井信彦：《幕藩社会与商品流通》第一章 第三节 城市居民社会。——原夹注
　　⑥　德川纲吉（1646—1709），江户幕府第5代将军（1680—1709年在位），最初推行文治主义，后因启用近臣柳泽吉保，滥发劣币，并制定《怜悯生灵令》等推行恶政。但在他执政期间日本也出现了元禄文化兴盛时期。——译注

了城市居民阶级在政治上俯首称臣，但在经济方面却捷报频传，已摆脱了官员控制的事实。"插花热"在政治制度面前必须绝对服从，但在经济生活方面却希望摆脱政府的支配和束缚，另外还要求极致的华美和奢华，这符合第二阶段的城市居民哲学。它是天文时期插花包含的合理主义自然观、人性解放、国际感觉等的创作原理的必然归宿。

《立花时势妆》的作者是富春轩仙溪，但除其本名是桑原传右卫门之外，我们对他的经历几乎一无所知。有传言说他曾改名为池坊专庆，但这一传言经不起考证，矛盾重重，不足凭信。对我们后人来说，最重要的是可以知道，他是一位城市居民出身的才华横溢、富有学识的插花艺人。因为富春轩仙溪来历不清，师从关系不明，所以才能尽情发挥自己的艺术自由。

以博物学思维完成的"个性的艺术"

此书在当时是一本较厚的书，分为前、后两篇。前篇是"立花秘传抄"，由三个部分构成，第一个部分是"常磐木之部"，第二个部分是"花之部""实之部""通用物之部"，第三个部分是"草之部"，各部分都详细介绍了本草学的知识。在"花传书"领域第一次引入正确的博物学知识，仅从这点来说仙溪就建立了划时代的功绩。并且该书的出版要比宫崎安贞的《农业全书》（元禄十年/1697 年）、贝原益轩的《大和本草》（宝永六年/1709 年）、寺岛良安的《和汉三才图会》（正德三年/1713 年）早 9 年乃至 26 年。诚然，在江户时代初期明朝船只将李时珍的《本草纲目》贩至长崎，宽文十二年（1672）经贝原益轩的修订，日本刊行了《校正本草纲目》，仙溪本人也借鉴了这部著作。加之当时还传入了荷兰文化，人们认识到在花材方面也需要国际知识。夸张地说，仙溪不仅将插花从黑暗的师徒相传的关系中解放出来，还一举进入"百科全书的"光明新纪元，开辟了本草学记载的新世界。以上摘录的是该书的开篇部分。请认真阅读"木""枝""气条""株""檗""叶""花"等的解说。这和 5 年前出版的《立花大全》卷首所见的文学式构思截然不同（当然《立花大全》也体现了对本草学的关心，其中也可以看出不可抗拒的时代思潮，但贯穿全书的还是如何实现作者的文学趣味）。而《立花时势妆》一开篇就按本草学的记述方式说话，这本身就成为一种指针，将"合理主义思维"逐步向前推进。

　　因此，如果过去严格遵守的古法禁忌中有不合理之处，仙溪就会毫不犹豫地做出自己的解释。比如，他就杉树说过："自古以来除可使用之苔木之外，该做法不被允许。然而，若有心使用自然长苔之木，则不妨借用该木。"古法规定，长在特定树木的苔藓可以使用，但长在其他树木的苔藓则不能使用。这个规定没有任何合理的根据。对此仙溪认为，插主枝时可以使用山野中自然生长的苔木，这无任何不妥，不合常理的规矩应该废除。又比如，古法认为山茶花"不可种于城内或用于祝祷开悟，因为它易凋零，人们禁忌'落'这一词汇。不过所有草木之花皆有凋零、枯萎、凋落之日，此皆不吉利之词汇，并非仅局限于山茶花。然而若下功夫则可使其多日不凋落，因此不妨用于立花"。在战乱时代，武将们认为山茶花会给人带来不吉利的印象，即头部易掉落，因此忌讳山茶花。但仙溪认为这种想法愚昧不堪。任何植物的花不都容易凋零吗？如果觉得山茶花易凋零，那就要想办法不让它凋落。仙溪的这种思维非常合理。再比如，仙溪指出：或曰近世之人不用桐花插花，故自身亦不用桐花。此不合理。他顺便还明确说明："总之，插花须回避之物有杂木、杂草、香气不好之花、有刺之花、食物类植物。然而近代由朝鲜及其他远国引进诸多珍稀草木。花传书中未载之花岂不可插？"换言之，可以大量使用外国传来的植物，不能因为花传书不记载就不使用。从这些话中也可以明确看出仙溪在做"百科全书式"的启蒙工作。这种"合理主义"贯穿于《立花时势妆》全书。作为统治阶级的武士的思想如何姑且不论，但城市居民的思想意识已发展到极其成熟的高度。

　　《立花秘传抄》之四始于"七枝之事"，恳切而周到地介绍了插花的道具、花瓶、自古以来的十条法度、八戒、十德、十体等内容。仙溪在内心一定十分蔑视这些法度、八戒、十德等内容，但也没有充分的反对理由，所以就不惮其烦，原原本本地介绍给后辈。在之五"九品之花形立法之事"及之后的部分则进入实际的指导。这些实际的指导也贯彻了周到而亲切的公开主义精神。

　　相当于《立花秘传抄》后篇的《立花时势妆》分为上、中、下三卷，都附有作品图录。上卷开篇有"序"和"真行草之图""除心真行草之事"等的解说。与其说是解说，不如将其视为仙溪本人的艺术宣言更为合适。仙溪在前篇主张放弃过去"花传书"主张的"隐匿主义"，将立花暴露于"理性之光"当中；在后篇进一步主张使立花走向"自由"，认为最重要的是充满创意的"个人"主体性。

以上例文提到的"真行草之图""九品花形"的一部分见于本书的图示部分。《立花时势妆》上卷在图示的后面论述"除心真行草之事"，其中提到"除心之中，何谓真之花形"，即"自古以来必用于佛像之花形"。然而仙溪又规定："通常立花须遵循其法式，亦须以此作为传授他人之最初心得，因而普遍成为立花风俗之物也。"并且还规定"除心之中，何谓行之花形"，即"往昔风雅人士总结难以应对之局面时所获得之经验，经磨炼构想出"的花形。虽说"自古以来花形自由，形成诸多风景"，"然于乡下于定法而言，尚无可自由立花之事"①。也就是说，"真之花形"只是遵循所规定的样式，教育初学者的花形。而"行之花形"则指风雅飘逸、创意频出、自由自适的花形，但在乡下尚无法运用这种自由。当然仙溪一定将池坊派的墨守成规倾向视为"真之花形"的代表，将大住院、安立坊、木屋权左卫门（被认为是《立花正道集》的著者）开拓的新方向视为"行之花形"的代表。

那么又何谓"草之花形"？仙溪说明："心无除法定相，随草木自然原形，不精心设意，或直或斜。'请''副''流'枝前置其外，大枝亦复如此。不虑长短高下之定法。'请'枝则'请'，'副'枝则'副'。共有六枝，思之有而若无，思之无而忽有。一枝不缺，不违方能现出，不漏法度。花形圆满而有生机，有势有色有艳。此谓'草之花形'。是乃离格而符格，舍习而符习之手法也。"当然这种花形方"可形成花之精髓"。然而仙溪又指出："近代人欲得此花形，但难摆脱过去癖好，又自缚于七条法式，总插出相同花形，过犹不及。比如以型铸瓶，虽有成不成，然瓶形无异。名人之花，插十度廿度，无不珍奇，故可插'真、行花形'，然可插'草之花形'者鲜见。"也就是说，仙溪在此宣告，天下之大，但可插"草之花形"者唯有自己（仙溪）。

由此可见，仙溪的功绩就是创造了一种"新风情"。事实上，《立花时势妆》开篇的"序"文（从文章结构看，它插入于《立花时势妆》上卷"真行草之图"前面）正是从"大凡插花于瓶乃供人欣赏之业。听闻唐土亦有此业，然无定法守法于插花之事。我朝昔时……"云云开

---

① 原作自此开始均无夹注。下同。不一一说明。——译注

始论述，指出"于花瓶内创造南山之美，迁徙西湖美景于沙钵之中，尽力将高山深溪浓缩于案机之上，虽不可至，然可见千里外之美景。其术乃诸艺有所不及。此道著名人物，如淡竹生生不息，如松枝时时生出，初创形体新异之风俗。有多人甚至品尝瓶下之水。予亦悠游于花中久矣，或跋涉于崎岖山路，或迷失于无路标之野外。以喜好为友，以优秀为师，不耻多问多闻，锤炼诸师秘传与诸书奥义，创出全新风情"。仙溪明确说明，自己是通过接触各种师友，研读各流派的秘传和书籍，反复研究才提出了"新风情"。用现代语言说明，即仙溪公开宣告自己糅合了过去的古立花和立花，开拓了插花的新境界。虽然仙溪"创出全新风情"，但他还补充说："然不可于根本上违背古法格式、草木出生。今诸人随所绘百二十瓶四时景物，出席花会。此花形即渠等踏入庭园所坐席位之物。"也就是说，仙溪放言：风格虽新，但丝毫不违背"古法格式、草木出生"，眼下按插图所创作的作品，都是自己周围的许多艺人创作的花形，故创作根本不难。也许可以这么认为，新颖和公开主义已成为符合《立花时势妆》标题的指导原则。

贯彻新颖和公开主义，而且又不违反"古法格式""草木出生"的立花艺术是否存在？

乍一看仙溪的主张似乎有些不合情理，但仙溪宣告：最重视"草之花形"的这种新艺术靠艺人自身的"立意"（用现代语汇来说就是"创意"或"创造性"）是有可能实现的。让我们重返《立花秘传抄》"之五"倾听仙溪的理论。仙溪就"真之砂物"[①] 说："'株立'[②]及其下方之树木与草，应选用单一风格之物。引用专写花形之某大师古诗，有……连峰去天不盈尺，枯松倒挂倚绝壁……句。心有此句，可知花形意趣。"（"砂物真行草"）就"草之砂物"仙溪说："一株立异曲风流，以气势为第一。然仅以草花而言，岂可缺乏珍奇创意？引用某大师古诗，即……江翻石走流云气，干排雷雨独力争……须体味此句之意。一瓶之内有一枝风流，故外界争相效此，有所功用。由难以处理之枝条，亦可知初学者之分辨功力。或可插出珍奇花形，成为他人范本。"（"砂

---

① "砂物"，立花的样式之一。在砂钵中分插两株高度低矮的立花。也称"株立"。——译注

② "株立"，一种插花树形，一根主干上树立着数根复干。——译注

物真行草")仙溪总结,选用风流一枝,即"难以处理之枝条"作为花材,就有可能"插出珍奇花形,成为他人范本"。浅显说来就是,尽量选用难以处理、极度扭曲而且保持山野自然姿态的极为罕见之花材插在瓶中,就可以活用新的且须恪守"古法格式""自然出生"的条件,获得众人喜爱的花形。只有做到这些才能实现艺术家的创造性和自由精神。

确实,若能驱动所谓的"立意",就可以一边恪守古法和遵循自然,一边开辟出新的立花之路,顺便还可以超越平庸至极、囿于窠臼、重复传统模式即告万事大吉的池坊及其之后流派的立花艺术。当然这需要高超的技巧和持续的热情,但最重要的是符合新时代的"风流"精神。仙溪半癫半狂,纵身跃入新的"风流"世界。

在同一时期,芭蕉①在俳谐领域开始崭露头角。贞享元年(1684)芭蕉已不再是"谈林俳坛"②的一个愣头青,而是作为"蕉风"的树立者决意进入一个新的发展阶段,之后变身为以"旅行"和"草庵"为依托的求道者。在《笈之小文》(1688年,《立花时势妆》也写于此年)中芭蕉主张:"西行③之于和歌,宗祇④之于连歌,雪舟⑤之于绘画,利休之于茶道,贯穿其中者,一也。且遵循风雅与造化,与四时为友,所见之处无不为花,所想之处无不为月。所见形态非花时即视之为

---

① 松尾芭蕉(1644—1694),江户时代前期的俳人,曾侍奉藤堂良忠,初学贞门俳谐,后往江户学习"谈林俳谐",37岁时入深川芭蕉庵,对俳谐进行革新,并历经数次旅行,确立了闲寂、余韵、玄妙、轻快的芭蕉风格,即所谓的蕉风。——译注
② "谈林俳坛",即谈林派俳谐论坛,日本俳谐流派之一,以西山宗因为核心,流行于延宝、天和期间(1673—1684),与贞门流派的保守倾向相反,表现出关心现实的一面,以自由奔放的创作手法等为特色。但因过于奇特,在芭蕉俳谐兴起时逐渐衰落下去。代表人物有江户的田代松意、大阪的井原西鹤等人。——译注
③ 西行(1118—1190),平安时代末期、镰仓初期的歌人。俗名佐藤义清,法名圆位,号西行,系鸟羽上皇的"北面武士"(警卫武士)。23岁出家,将在居草庵和云游时的感怀寄托于和歌创作之中,歌风自由简明且感情炽烈。在《古今和歌集》中被列为首位的作者,入选94首和歌。著有和歌集《山家集》等。——译注
④ 宗祇(1421—1502),室町时代后期的连歌师、古典学者。东山时代的代表性文人,"有心"连歌的集大成者。——译注
⑤ 雪舟(1420—1506),室町时代的画僧,曾入京都相国寺修行,师从周文学习水墨画。1468年赴明国多方拜师学艺,归国后以丰后大分和周防山口的云庵为中心游历全国。研究中国宋、元绘画,以激越的笔致和真实的构图成为日本中世水墨画的集大成者。作品有《山水长卷》《秋冬山水图》《泼墨山水图》等。——译注

夷狄，心中事物非花时即视之为鸟兽。出夷狄，离鸟兽，听从造化，回归造化。"① 这一命题在芭蕉看来，就是在自身旅行和草庵生活带来的生活体验和诗歌思索的基础上，以归附乃至归依天地自然为手段获得的"风雅"之道，也是可通向中世四圣②的唯一道路，还是当时新的"风流"理论之一（当然在后世将芭蕉绝对化和神圣化的人们看来，该理论是唯一和永远的艺术理论）。但准确地说，中世的时代精神产生于中世这个社会的转换时期，故它不可能仅限于一种精神。芭蕉将中世视为一个整体，来自他个人的"风雅理论"。芭蕉用这种"封闭"的方式将"中世的艺术"明确地固定下来。与此相对，富春轩仙溪以博物学知识和城市居民阶级的合理主义思维，且以彻底信奉人类的感觉和个人的可能性即所谓的乐天主义精神，树立了符合新时代的"风流理论"，用一种"开放"的方式，将"中世的艺术"推进到一个新的高度。我们需要评价的是，同样在贞享年间，才华、资质完全不同的两位艺术家，为何会分别以自己的方式对"中世的艺术"做出明确的规定。同时我们还要高度评价二人都对近世的儒学管制思维提出相反的命题。过去富春轩仙溪的地位和存在价值几乎未被艺术思想史和教育思想史所关注，因此我们非常有必要重新审视他的地位和存在价值。

我们还可以认为，仙溪期待的"草之花形"因过于热衷追求珍奇和怪异，故让花道传统产生了危机，从结果看还加速了立花的自我毁灭作用。同时我们还可以认为，仙溪追求的风流，出现在中世艺术秩序崩溃的前夕，所以它必然暴露出奇异的审美趣味。进一步我们还可以认为，它仅起到为"抛入花"这种新的插花样式登场铺路搭桥的作用。以上评价都绝对正确无误。但作为本书的作者，我只能认为，从古立花到立花的转换过程仍然是一种历史法则的运动，由仙溪彻底推进"理性""国际感觉""人性解放"这些天文时期"花传书"的精神而带来的立花，保留了赋予天文时期花道艺术"可能性"的全部要素，并使其"现实化"。

显然富春轩仙溪是最后一位古立花艺人（从形式上说他是一个立花艺人）。显然他的著作《立花时势妆》也是最后一部"花传书"。

---

① 原文无注释。——译注
② "中世四圣"，原文对此未做解释。据查"四圣"在不同时代有不同的说法，但在日本的中世，有圣武天皇、开眼师菩提仙那、僧侣行基和良弁四人共称"四圣"。——译注

『仙伝抄』より

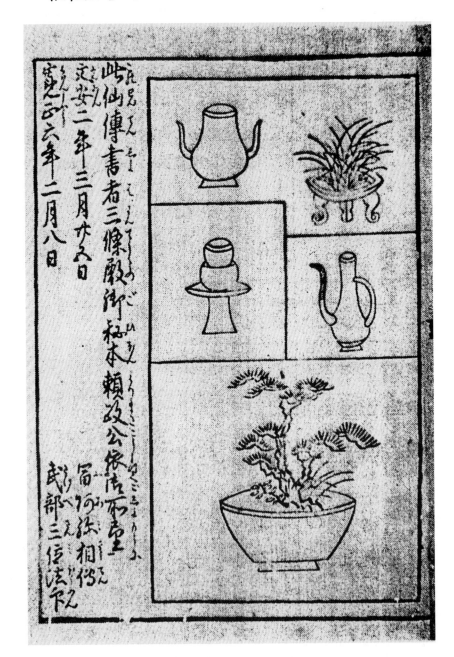

『立花秘伝抄』 より

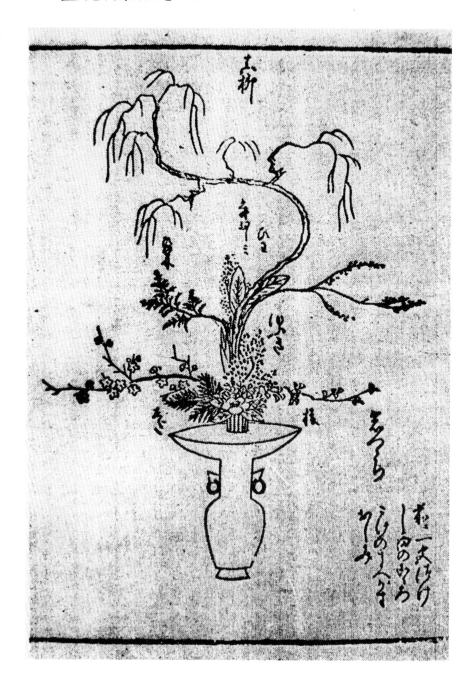

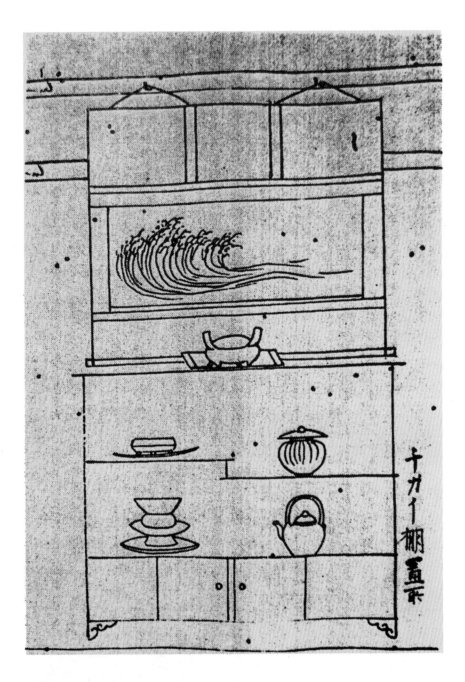

『君台観左右帳記』より

『替花伝秘書』より

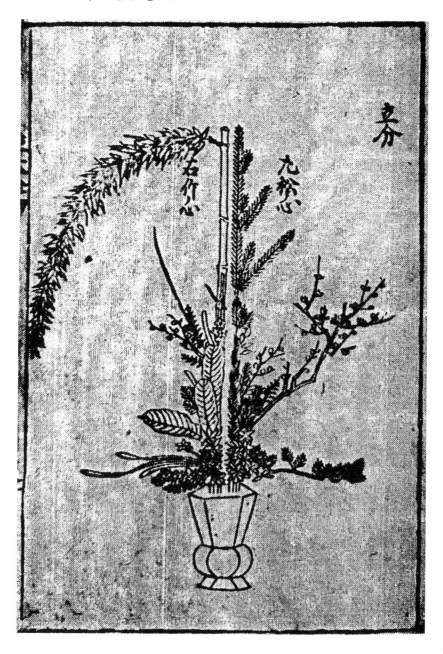

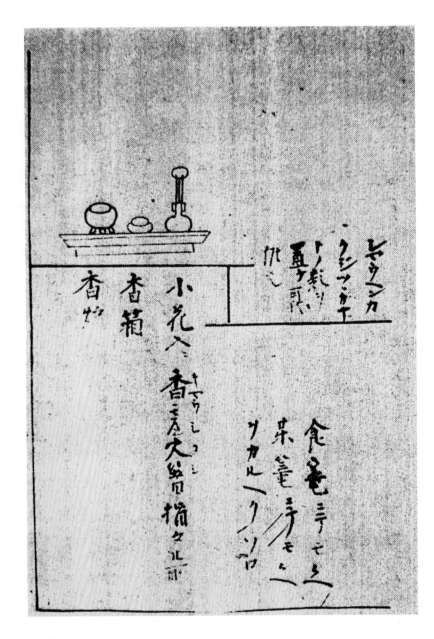

『君台観左右帳記』より

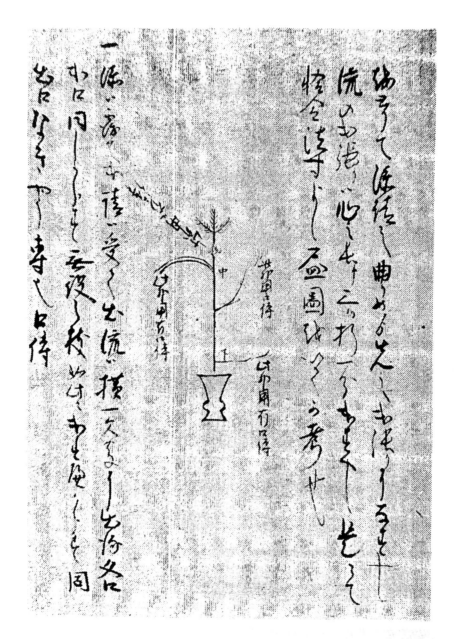

『真花伝並除真作り指よう口伝書』より

『立花大全』より

『立花時勢粧』より

直心立之内草之花形

同

（写真提供＝岡田幸…氏）

第六章　日本的风土——过去和现在

为确立正确的自然观与风景观

1　日本风景、日丸旗、国歌《君之代》

今天能和肝胆相照、心意相通且我无比热爱的日本民众朋友相聚一堂，自然要将话题集中在日本的风土之上。我感叹我们都被欺骗了许久，故将话题集中于此。

固然我们都不熟悉外国的情况，不好做比较判断，所以要避免断定的说法。但若要总结一下在欧美生活一段时间，或在那里做广泛旅游的朋友所写的较为审慎的游记，那么就会出现三点疑问，无法释怀：（一）我们从儿时起就被灌输日本风光明媚，但它果真明媚吗？（二）我们从小到大都被强迫歌唱"啊！美丽的日丸旗"，但它果真美丽吗？（三）我们从小到大都被要求认为国歌《君之代》的旋律庄重威严，但它果真庄重威严吗？另外，我们还有许多"果真如此吗？"的疑问，实可谓举不胜举。

因为要写东西就要负起责任，所以接下去我就不提朋友了，而写我自己的疑问。我的外国旅行体验不多，但根据那些体验来说，首先就是日本的风景绝对说不上是美景等。当认识到这点时我实在非常失望。从世界排名上看，日本的风景应该排在 D 级，或 C 级的末尾比较妥当。由于勉强有 C 级、D 级之美，所以在这天赐的美景基础之上，再辅以学养、仪表、养分等的持续装扮，有时则可以被拔擢为 B 级，这不就足够了吗？明明是丑八怪，却以为自己是最美的美人，动辄就说：你看我的眼睛嘛。我的鼻子漂亮不漂亮呀？我的嘴唇是不是很性感呀？等等，以此招揽外国游客。或对自己的孩子说大话："妈妈是世界最美的女人，请好好看看妈妈的眼睛、鼻子、嘴唇哦。"毫不羞耻重复这些话语的就是过去日本文化的领导人物。

本节特别意在对（一）发出疑问：它果真明媚吗？并以此引申开去。

在此之前要先说一下上文的（二）和（三）。有一次我偶然在欧洲的街道上看到"日丸旗"。它颜色发黄，非常寒碜，无法让人产生"啊！美丽的日丸旗"等感觉。我丝毫没有吹毛求疵的意思，认为它造型不完整，色彩缺品位。如果能洗涤干净，妥善保管，插放在应该插放的地方，那么，"日丸旗"的确很美。但在欧洲的政府机关大街和工业地区，以昏暗的云层为背景，无精打采的低垂的"日丸旗"总让人觉得不美，甚至会产生世界上竟有如此惨淡的国旗的感觉。欧洲各国的国旗，不管是稍有些脏，还是精疲力尽地下垂着，也都相当的美丽。因为国旗这种构想就出自欧洲，无论我们喜欢与否，美丽的就是美丽的。而"日丸旗"就做不到这一点。如果不非常注意保管，不认真思考悬挂的时机和场所，那么它就无法保持尊严（日本有些街道等在非节庆日时也挂满国旗。再没有比这更轻蔑"日丸旗"的行为了。上班族不也是老介意白衬衫的污渍而常年出入洗衣店吗？）。既然选择了"日丸旗"，那就应该使用方便清洗的白布，让它高高飘扬在蓝天下。微有污渍的"日丸旗"，黏糊糊地下垂着，似乎证明了日神信仰的无效，实可谓大煞风景。

接着要说一下国歌《君之代》。它最适合在职业拳击赛和职业摔跤赛前演奏，或是在专业相扑正式比赛冠军力士表彰仪式前歌唱。根据今日流行的"公开"和"私下"的二分法，它仅适合在"公开"场合歌唱。因为它与民众的日常生活感情截然断绝，所以从严格意义上说，它是否能称为"The national anthem"（国歌）令人极度不安。我曾经看到听到有个年轻人一边用口哨吹着《马赛曲》，一边从巴黎陡峭的石板路跑下来，它让我意识到国歌必须是这样的。风靡世界年轻人的披头士乐队热门曲目之一的 *All you need is love*（《你需要的只是爱》）的前奏曲就是《马赛曲》。有位学生对我说，披头士乐队在日本年轻人中受到压倒性的欢迎，它间接地告诉了我们，我国的国歌《君之代》的音乐思想是多么的贫乏。事实正是如此。

我并非特别喜欢说日本的坏话，只想说儿时被灌输的以上三个宗教教义，和长大后基于实际见闻对照比较总结出的归纳性法则之间差异实在太大，所以有必要从零开始继续研究。400 年前弗朗西斯·培根①就已经说过，要获得真正的真理，就必须破除偶像（错误的偶像），谦虚地倾听经验的事实，磨炼出怀疑的精神。抛弃这个重要科学程序，希望使用各种手段和诡辩术使对方屈服，最终也会暴露出自身学说的虚伪。人类历史就是通过不断破除偶像逐步进步至今的。

2　躲藏在"风景论""国民性论""风土人类学"身后的思想

毫无科学根据、胡言乱语的志贺重昂②《日本风景论》刊行于 1894 年甲午战争白热化时期，收到了恰逢时机的效果，并且影响久远。在大日本帝国持续发动对外战争期间，此书一直端坐于"国粹主义经典"的宝座上。时至今日，60 岁以上的老人仍深受其影响，我等属于"战中派③一代"的人也在第二次世界大战中读过岩波书店的复刊本。即使没有读过志贺重昂著作的人也会通过小学教科书和少年杂志等接受相同的思想。

《日本风景论》开篇就罗列出"《江山实美是吾乡》（大槻磐溪④）和'谁不说咱家乡美'"这一类的美文丽句，还介绍了南方群岛岛民和爱斯基摩人热爱故岛和祖国的实际案例，之后叙述：

> 感情脆弱乃人之常情。孰不谓本国美？此乃一种观念也。然日人谓日本江山之美丽，何止惟出于本国之可爱乎？而绝对缘于日本江山之美丽。外邦之客，皆以日本为此世界之极乐天堂而低徊无措。（"绪论"）

---

① 弗朗西斯·培根（Francis Bacon, 1561—1626），英国哲学家、政治家，站在经验主义的立场上反对经院哲学，认为只有来自事实的观察和实验的归纳才是科学的认识方法，提出"知识就是力量"的口号。著有《科学的进步》《新工具》等。——译注

② 志贺重昂（1863—1927），地理学家、政治评论家。毕业于札幌农业专科学校。与三宅雪岭等人创立政教社，出版杂志《日本人》，主张国粹主义。著有《日本风景论》等。——译注

③ "战中派"，指出生于大正时代末期至昭和时代初期，在第二次世界大战期间度过青年时代的人群。系与"战前派""战后派"相对的新词。——译注

④ 大槻磐溪（1801—1878），江户时代后期的儒学者，曾学习西洋学，精通西洋炮术，主张开国。著有《近古史谈》《孟子约解》等。——译注

也就是说，无论是谁都认为自己的故乡和祖国美丽，这是一种自然的情感，但日本人认为日本的风景美不仅是观念上的问题，而且因为它是绝对的事实。其证据就是，来日本的西洋人都异口同声地说日本就是现代版的天堂。志贺采用的大致就是这种逻辑。当真接受西洋人的恭维话，被表扬后就扬扬得意地说："那是当然咯。"而被一针见血地指出问题就急着顶嘴："西洋人不懂我们的好，也是当然的咯。"即使是现代日本的知识分子也丝毫未改变这种做法。既然如此，那么一开始就不应该听外国人的意见，但志贺不把外国人请来保证自己的唯我独尊（自我赞美），恐怕到最后就会丧失信心。志贺的逻辑可谓是逆袭近百年日本知识分子"劣等感"的形象化代表。如此牵强的逻辑竟然能使全日本沸腾，证明了明治时期的日本人也不那么聪明（时至今日仍有赞赏明治时期的人们很伟大的言论。但果真如此吗？我认为这种言论只是开历史倒车的言论）。

最浑球的是志贺重昂没去过欧洲，也没去过中国、印度等地，但他却可以说："浩浩造化鬼斧神工，独钟情于日本。此乃日本风景冠于全球之成因。"① 的确，志贺于明治十九年（1886）游览过南洋群岛和澳大利亚，次年将其见闻结集于《南洋概况》一书，具有地理学家的先驱性眼光。但仅凭游览南太平洋群岛，就以此为标准断言"此乃日本风景卓冠于全球之成因"等却令人无法接受。或可以称之为伪科学逻辑的标本。

相比之下，同样出版于明治二十七年（1894），并同为地理学著作的内村鉴三②《地人论》（初版时名为《地理学考》，明治三十年再版时改名为《地人论》）则科学得多，但是满腔热血的明治时代日本人终究不想倾听内村的声音。内村在札幌农业学校是志贺的学长，从美国阿玛斯特大学学成归国后遇到第一高等中学的"不敬事件"③，遭致荒唐的

① 志贺重昂：《日本风景论》。——原夹注
② 内村鉴三（1861—1930），基督教徒、评论家。毕业于札幌农业学校，曾留学美国。无教会主义基督教的创始人。创刊《圣书之研究》杂志。参与调查足尾铜山矿毒事件。日俄开战时主张"非战论"。著有《我是如何成为一个基督教徒的》等。——译注
③ 内村鉴三不敬事件，指《教育敕语》公布后发生的首个且最著名的针对敕语的不敬事件。1890年（明治二十三年）10月30日《教育敕语》公布后文部省立即制作誊本下发全国国、公、私立学校。翌年1月9日在第一高等中学讲堂举行的《教育敕语》奉读仪式上，内村不向有天皇宸笔的《教育敕语》敬礼，遭到同事和学生的非难，并成为一个社会问题。内村因此被解职。东京帝国大学教授井上哲次郎为此猛烈攻击内村，使该事件更加著名。——译注

思想压制，在穷困潦倒中写下了《地人论》。内村在书中认真建议："日本国之天职如何？地理学答曰：她乃东西两洋间之媒介者。"① 但明治时代日本人更欢迎读起来解气的志贺的地理学著作。

志贺重昂的畅销书《日本风景论》，只不过是假托所谓的"日本风景之潇洒、美丽、跌宕"，美化他心中的国粹主义的产物而已。志贺未曾看过世界，但作为政教社领导却十分合格，主张凡是日本的一切都好，故他一一赞赏的风景美全都化为国粹主义意识形态的"肉身"。

请看志贺写了什么：

（一）潇洒

（一）修竹三竿，诗人之家；梅花百株，高士之宅。此乃欧美各国决不可见之景物。

（二）一声杜宇知何处，淀江渡头新绿流。

（三）芭蕉庵外，一泓清绿，青蛙唤雨来。

（四）一雨洗碧空，鸭川楼台愈愈高，东山岚翠滴，如眉新月悬山侧。

（五）须磨古驿，苫屋卑贱烟一缕，风吹矶驯松林间。

（六）铃虫声咽荻花路，风清宫城野外秋。

（七）老雁一声，寒砧万户，多摩江心，恰看秋月之白。

（八）南都客舍，听得鹿鸣呦呦。

（九）捕鲑曝网斜阳里，石狩江村向晚中，奥州方言渔唱声，响彻如雪荻花间。

（十）夜雪初霁分明看，屯田（村名，在北海道）灯火三四点。

日本风景之潇洒一如此般。

志贺说日本风景清爽纯静，其淡泊雅致的事例有："苫屋卑贱烟一缕""寒砧万户""捕鲑曝网斜阳里，石狩江村向晚中""屯田（村名，在北海道）灯火三四点"。也就是说，志贺认为：仅可果腹的贫困渔民，其茅草房顶飘出的一缕制盐细长轻烟是此地球上最美的景色；荒凉

---

① 内村鉴三：《地人论》第九章 日本的地理及其天职。——原夹注

的多摩川岸大雁啼鸣飞过，贫困农家为生计在深夜发出寒冷的捣衣声是现代天堂的一个断片；辛勤劳作一天也收获无几，渔夫面对鲑鱼，疲惫地唱着阴郁的渔歌，实在是淡雅而有品位；开垦无功、笼罩在大雪中的屯田村透出的寒冷灯光，也实在清爽而纯静。志贺对贫困民众的生产劳动不抱任何体贴、同情和怜悯心情，将收入冷漠乃至冷酷的镜头中的风景与"梅花百株，高士之宅"和"南都客舍，听得鹿鸣"相提并论，赞美日本风景乃世界第一，这就是《日本风景论》的思想反映。

（二）美丽

（一）绿杨如烟如画，笼罩名古屋城，楼阁高低，隐见其间。

（二）桃山（山城）始落花，乱点如红雨，铺地似锦绣。

（三）岚峡樱云掠微月，夜色朦胧遍山中。

（四）川中岛四郡，菜花麦苗，黄绿交错，千曲一水屈折其间。上野、信浓群峰浓淡高下，缭绕于地平线上。

（五）二州桥下，春潮带雨，鲙留渔网上。

（六）灌佛之人归，国分寺庙外，一群少女，发插杜鹃而过。

（七）樱岛（萨摩）圆锥型火山，篱落环其腰脚，绿竹围之，其间柑、柚、臭橙、金桔、朱栾枝条相杂，烟草畦圃高低参差。

（八）肥后山间，俯瞰谷下，深数百尺，内有人家数楹，空翠映发，一抹炊烟，鸡声犬声共起。

（九）驹岳（信浓）峰顶，翠然偃松，匍匐于如雪之花岗石上，翠抹白，白粉翠。

志贺说日本风景美丽的事例有："菜花麦苗，黄绿交错""春潮带雨，鲙留渔网上""灌佛之人归，国分寺庙外，一群少女，发插杜鹃而过""俯瞰谷下，深数百尺，内有人家数楹，空翠映发，一抹炊烟，鸡声犬声共起"。也就是说，志贺认为，在信州川中岛一带的农民挥汗如雨开拓出的千曲川流域田地上，黄色的菜花和绿色的麦苗像绣品般纵横交错，并有山峦为背景，这是多么美丽的景色啊；在某座桥下，流经两国①国界的大河此时春潮涌动。雨后的下午，银鱼卡在渔民撒下的渔网

---

① 两国，此两国的"国"指日本古代的藩国。——译注

上，一只只闪亮透明的小鱼在网里跳动，这是多么美丽的景色啊；在某国分寺附近，四月八日浴佛节①那天，一群少女将杜鹃花插在头上路过寺外，这民间习俗的上演是多么美丽的画面啊；熊本县深谷底下稀疏散落着几户贫苦人家，从那些屋顶升起一缕缕炊烟，偶尔会听到鸡鸣犬吠，这山谷间的俯瞰图是一幅多么美丽的山水画啊。志贺面对农村的春天景象、渔村的雨中景致、平原的古老习俗、山村的贫困生活，发出所谓的纯粹观照的咏叹，又将它们与"绿杨如烟如画，笼罩名古屋城，楼阁高低，隐见其间""桃山（山城）始落花，乱点如红雨""岚峡樱云掠微月，夜色朦胧遍山中"相提并论，盛赞日本风景世界第一。

这难道不是将穷人永远置于窘困状态，对被异化且处于非人道状态的人们置之不理，说正因为如此才美丽吗？这难道不是将人间地狱中令人战栗的风景称为天堂，因而是反理性的言论吗？让"物化"渔民、农民、山民的生产劳动并冷酷地看待这种"物化"的美学渗透到青年人当中，正好突显了明治近代国家的教育意识形态。

之后有人每当唱起日本风景美的"颂歌"，同时也就做了国家主义的"信仰告白"。一种对统治者极其有利的机制就此开始自动运行起来（其实日俄战争开始，由登山家和专业地理学家参与并经高头式②编著的《日本山岳志》出版后，赞颂日本风景美便立即连接爱国主义的风潮就已然形成并势不可当）。于是"日丸旗"和"君之代"都成为相同的一种机制，强行进入民众的学习课程当中。

从日俄战争到第一次世界大战期间，芳贺矢一③通过《国民性十论》（1907）煽动民众，高度赞赏日本人的衣食住和文学艺术等都来自草木："（日本）气候温和，山川秀丽，四季花红叶绿风景极美，国民沉浸于当下生活极其自然。作为客观存在横陈于我等面前之四周风光皆

① 浴佛节，也称灌佛会，指在阴历四月八日为庆祝释迦诞辰在寺院举行的法会。当天信众用甘茶水灌洗安置在佛堂的释迦像。——译注
② 高头式（1877—1958），登山运动员。出生在三岛郡深才村（今长冈市）某豪农家庭，自幼受祖父母影响喜作汉诗和俳句，并喜读历史书籍。少年时对登山产生兴趣。后开始撰写《日本山岳志》。此书共1360页，涉及日本的2130座山。曾任日本第二任登山协会会长。著有《日本太阳历年表》（上、下卷）、《御国故事》等。——译注
③ 芳贺矢一（1867—1927），"国文学"家。毕业于东京大学。任东京大学教授。引进德国文献学研究方法，奠定了日本近代"国文学"研究的基础。对日本国语教育也做出贡献。著有《国文学史十讲》等。——译注

在欢笑，故我国民无一人不为之破颜。反之亦然。热爱现世、享受人生之国民，亦极自然地热爱天地山川，憧憬大自然。"① 不用说，用花叶装饰菜肴只是掩饰贫穷而已。但曾留学德国的这位博学家（但芳贺没有觉察到德国人，例如歌德在《意大利纪行》中所写的那样，一旦出国就会发现本国丑陋的地形地貌和恶劣的气候。芳贺自以为与此丑陋的德国相比，日本的气候和景观得天独厚）的日本国民性礼赞，最终被"常识化"，进入传统主义得势的过程。

进入昭和时代后，在日本军国主义和法西斯主义抬头时期和辻哲郎②出版了《风土》（1935）一书，高唱肯定现状的"宿命论"："克服多变的日本气候恐怕比摆脱资产阶级还要困难。我们必须领悟生于此风土间的宿命意义，并且热爱它。"③ 许多上战场的学生背着放有这本书的背囊就此死去。不仅如此，甚至在战败之后，此风土哲学仍深深烙印在许多知识分子的大脑中而不肯离去，在日本向经济高速增长转变的过程中还继续扮演阻碍"思想转变"的角色。

从结果上说，这三位培育了近代日本人风景观、国民性思维方式和风土哲学的前辈（明治时代的地理学家、大正时代的"国文学"家、昭和时代的伦理学家），一开始就准备了"滤镜"，并只想透过那"滤镜"观看日本（或世界）。这些风景论、国民性论和风土论都是一种形而上学思想的延伸，完全缺乏经验科学的根据。

令人错愕和慨叹的是，在进入 20 世纪最后一个 25 年的今天，仍有相当数量的知识分子在不批判、不反省的情况下就援引志贺的风景论与和辻的风土哲学。他们越是尽情赞美日本的风景，越是强调季风性气候规定的日本国民的容忍度和顺从性，民众就越会被固定在社会矛盾当中和相对贫困之上（确实在现代绝对贫困已经消失），仅有统治者受益的体制就会永远存在。曼海姆④说："无论在何种场合，国民性论总是被

---

① 芳贺矢一：《国民性十论》四 爱草木，喜大自然。——原夹注
② 和辻哲郎（1889—1960），哲学家、伦理学家。毕业于东京帝国大学文科大学哲学科。京都大学和东京大学教授。除建立自成一派的伦理学体系之外，在文化史和思想史的研究方面也卓有成就。1955 年获日本文化勋章。著有《古寺巡礼》《伦理学》等。——译注
③ 和辻哲郎：《风土》第四章 艺术的风土性质。——原夹注
④ 卡尔·曼海姆（Karl Mannheim，1893—1947），德国社会学家，生于匈牙利。创立了知识社会学，指出知识的存在拘束性，后又成为大众社会论的先驱。著有《意识形态和乌托邦》等。——译注

希望维持现状（Status quo）的人们所喜爱。"① 此话确为真理。光从海水污染和绿地破坏就可以证明，日本人具有热爱大自然的国民性这个学说是胡说八道；光从一整年都种植夏季蔬菜、稻米产量过剩而出现休耕田就可以证明克服多变的日本气候比摆脱资产阶级还要困难的争辩也是胡说八道。

无论如何我们都必须确立正确（有科学根据之意）的风景观和风土观。因为一直持有错误的"自然观"和"国土观"，所以现代日本社会使大自然和国土都陷于荒废的境地。自不待言，现在有必要从行政层面和生态学层面重建环境。然而若不能同时从精神层面和文化层面端正"环境观"，那就不可能有什么"对明天的展望"。

3　风景是意识形态的化身

过去日本人被灌输的风景论、国民性论、风土论（总之就是"自然观"）错误何在？坦率地回答，其自身就是谬误的集大成，故询问何处有误已经缺乏有效性。我们只能回答它根本就没有价值。

其最大的谬误就在于将日本的风景解释为天赐的恩惠。从地理学的角度说，它并未脱离拉采尔②（1844—1904）时代的"地理决定论"，误认为宿命文化论是永久的真理，并视其为珍宝恪守至今。

但今日的人文地理学认为，大自然对社会性人类的作用和影响主要由社会生产关系制约，因其（大自然对人类影响的方式）所处的社会历史发展阶段的不同而表现出差异。通俗易懂地说，在日本，其地域社会的风景不仅原样表现出自然地理的地域划分，同时还表现出历史和社会的各种条件。例如，日本长时间处于律令统治之下，在幕藩体制下出现了经济增长，现在实际上处于垄断资本主义体制当中，等等。

常听人说"令人怀念之山川"等，一座山、一条河，它们都不仅仅

---

① 卡尔·曼海姆著，福武直译：《处于变革期的人和社会》第一部 置于现代社会的合理性要素与非合理性要素。——原夹注

② 弗里德里希·拉采尔（Friedrich Ratzel，1844—1904），德国人文地理学家，深受李特尔的思想影响，并运用达尔文生物进化论的观点，认为人是地理环境的产物，地理环境是人地关系的主导因素；他又在斯宾塞的思想影响下，提出国家与社会是生命有机体的论点，强调地理环境决定人的生理、心理以及人类分布、社会现象及其发展进程；在所著的《政治地理学》中把国家比作生命有机体，认为向邻国扩张领土是其生存的基本法则。著有《人类地理学》等。——译注

是单纯被赋予的地形地貌。赋予家乡的山峦以美貌和色彩的杉树林和杂树林都是人类种植的，山峦的身姿掺杂着人类的意志和历史，就如同有自然原生林，那么它必定会作为自然保护区被保护起来。河川的姿态就更显然是人类的意志和历史的产物。特别是日本的河川，没有一条可以被称为原始河川。为了让家乡的河川美丽而稳定地流淌，我们的祖先不知花费多少心血，经过多少努力。小出博①《日本的河川——自然史和社会史》概述：日本河川的历史"总是疏水先行，治水远远落后。令人惊讶的是幕府和藩国都对疏水表示出巨大的关心，并积极地工作。但在治水方面，除城下防洪等特别情况之外，它们对农村地区和水田地带的治水几乎没有兴趣，大都靠农民自己治水，而农民则不得不埋头于各地区的防洪。明治政府也继承了这种做法"②。过去的小学歌曲曾有悠闲的"钓小鲫鱼于志贺之川"歌词，但事实是那种景致都是农民辛辛苦苦创造的河川风景。我们一定不能忽略这个问题。

道路也是如此。就像现在的几号几号高速公路、几号几号国道一样，原先都是中央国家政权咔哧咔哧开出的道路，并在漫长的年月中一点点地改变。是我们的祖先耗费时间培育出沿路的风景。渡边久雄③《被遗忘的日本史——在历史与地理的山谷》说过："人类开辟的道路一旦出现就不会发生大的变化，而茶馆、驿站、街市与人类社会的生活关系密切，存活在历史当中，所以可以随意移动。而且道路本身也不像镜面，有凹有凸，需穿过若干条大河。……也许要从若干个历史断面重叠起来的状态中准确掌握古代道路的姿态本身就很可笑。"④ 即使说自己在位于某交通大道旁边的小镇度过少年时代等等，但也必须避免根据环境决定论去夸大它。

此外无须一一举例。饭塚浩二⑤《地理学与历史》就此做了粗略的

---

① 小出博（1909—1990），毕业于东京农业大学。历任东京农业大学教授、日本国土交通省东北地区整备局山体河川国道事务所调查第一科科长。著有《日本的国土——自然与开发》《利根川与淀川——东日本、西日本的历史发展》等。——译注

② 小出博：《日本的河川——自然史与社会史》序言。——原夹注

③ 渡边久雄，生卒年不详，京都大学教授。著有《条里制的研究——历史地理学的考察》《从甲东村开始叙述——吴下阿蒙》《甲东村——社会科学的乡土研究之一例》等。——译注

④ 渡边久雄：《被遗忘的日本史——在历史与地理的山谷》街道与驿站。——原夹注

⑤ 饭塚浩二（1906—1970），人文地理学家。毕业于东京大学。曾任东京大学东洋文化研究所所长。著有《地理学批判》《世界史中的东洋社会》等。——译注

概括："在日本这个具有悠久历史、经过高度开发、人们居住习惯后就任意糟蹋环境的国家，若无视人类的破坏就无法自圆其说。濑户内海周边山岩裸露是因为人类滥伐树木；宫岛成为例外是因为它作为神域森林受到保护；中国地区山地的红松林在战前随处可见，但后来因被纸浆公司盯上，最近在那里几乎只能看到阔叶树了。"① 顺便还要引用前川文夫《日本人与植物》所说的事实，那更令人目瞪口呆："弥生时代龙柏的树枝被先民大量采集用作烧烤的薪材，在沙滩容易采集的地方龙柏渐渐消失，如今它只残留在人们很难以走到的悬崖上。这很容易说明问题。似乎我们将自己的祖先使用它而遭到扭曲的分布现状当作是原来的分布状况。这就是弥生时代除农耕因素之外破坏大自然的显著事例。"② 我们有时坚信不疑，认为它就是植物原本的分布状况，但就是从这种状况中也可以觉察出人为破坏的痕迹。

因此我们无法都将问题归咎于自然环境。人类的努力无法对抗的只有气候。现在还因为空调、汽车尾气、人多闷热等出现了城市热岛效应，这些问题是环境决定论无法解释的。

由此看来，丘陵上的一棵松树、树林中的一汪绿水池、河滩边的一个石块，没有一个纯粹是大自然创造的。总体来说，气候及其他自然条件接近于不变，但大自然是它和人类社会和历史一道创造出来的一种环境。有了人类这个条件，大自然的条件才有意义。反之，通过观看大自然（自然观）就能发现其中的人类社会、经济条件的倒影。

在曾经被称为美丽、潇洒的日本风景（参照前文《日本风景论》的引用部分）中我们可以原样看见日本社会的政治形态（亚细亚专制统治）、生产关系（土地所有者剥削农民）的倒影。美丽、清爽什么的都不外乎是统治阶级的社会意识表现。制定日本三景③规范，设定歌枕④、名胜等等，也都只是统治阶级憧憬中国文化的结晶。不加批判地保存"古老美好之事物"又有多少意义？首先彻底破坏"古老美好之

① 饭塚浩二：《地理学与历史》自然环境的对待方式。——原夹注
② 前川文夫：《日本人与植物》两种槲树。——原夹注
③ 日本三景，日本有代表性的三处名胜，指京都的天桥立、宫城的松岛、广岛的严岛。——译注
④ 歌枕，咏歌时作为典据的"枕词"、名胜等。也指古代作歌的参考书籍，该书收录了"枕词"、名胜等作歌时了解的事项。后指和歌中常用的各藩国的地名和名胜。——译注

事物”的罪魁祸首就是战后的垄断资产阶级，所以在逻辑上存在矛盾。做出破坏的罪魁祸首没有资格赞颂往昔。

顺便要提一下，现代日本人将某些景观也当作“古老美好之事物”怀念，想让外国游客说“噢！太奇妙了”而欲频繁展示的还有民俗祭礼活动，如夏祭、秋祭等等，全日本都拉着彩车①到处游逛，用灯笼、纸花、帷幔装饰主要街道，人们成群结队，漫无目的地到处闲逛，说这就是“祭礼”。人类不可能一整年都保持紧张状态，偶尔借喧闹和猥亵的舞蹈平衡心理也是必要的，所以不言自明，我们无法说祭礼活动本身没有价值。笔者也没有理由故意吹毛求疵，说人们不能参加可以丰富人类心灵和使心灵宽裕的“祭礼”。

然而我想在此大胆地说一句：现代的祭礼已被滥用于商业街的销售扩张和对黑社会的利益姑息。与此完全相同，闻名日本各地的祭礼其实也自幕藩体制时代（或在此之前）开始被统治阶级巧妙地利用至今，它绝非民众自发并主导地进行。

以“御柱祭”②为例，诹访湖周边的3个城镇（上诹访、下诹访、冈谷）民众，为了能在6年一度的“御柱祭”时尽情享受奢华，往往会在这6年时间内极尽节约，储蓄零花钱。平时只吃大头菜和咸鳟鱼配饭，而仅在第7年的大祭那天铺张浪费，令人无法想象。过去民俗学家说过：“对民众而言，神明6年一度降临是天大的喜讯。”在这方面民众和民俗学家显示出一致。时至今日，估计大多数人仍对此坚信不疑。但是不从“整体性”的观点来看就无法弄清事物的真相。请冷静思考一下，6年一度民众把特意积攒下的血汗钱或粮食一下子花光吃光，谁最开心呢？答案显而易见。在幕藩体制时代就是封建领主。因为农民可以把用于叛乱（起义）的重要资源全部消费在胡闹的喧嚣上。从现代观点来看，他们显然被巧妙地利用了。然而当时的民众（或许现代民众也）没能识破“御柱祭”“整体和局部的辩证法”或“相互矛盾的利害生成综合体”的本质（或许现在仍没能识破）。每当举行盛大祭礼时民众都会犯傻，就像用自己的手勒住自己脖子那样。只要不出现假托古希

---

① 彩车，这里指举行祭礼时使用的可拉动的彩饰舞台车辆。——译注
② “御柱祭”，在日本长野县诹访市诹访大社的上社和下社举行的祭祀活动，每7年（即猴年和虎年）的春天举行一次。祭祀内容包括将高大的枞树从山中伐出，用此在神殿四角竖起长短不一的4根柱子。——译注

腊言说的直接民主主义带来的真正的共同体社会，祭礼就几乎不会给民众带来好处。

号称东北地区三大祭礼的"竿灯祭"①"睡魔祭"② 和"七夕祭"也完全一样。若探寻其宗教起源，或许也无法站在民众的立场进行说明，但我们不能忘记再次提出问题：该现实和物质维度的"主办者"究竟是谁（今天又是谁）？

稍加反省就会明白，多半在感情、思绪上怀念"古老美好之事物"的民俗活动和乡村艺术等其实都是些不值得保存的东西。

具有讽刺意味的是，将日本人民束缚在对本国风景陶醉中的头号理论人物志贺重昂的《日本风景论》最后一段有如下总结，它暴露了日本人沉迷于花卉、红叶的社会事象的"整体意义"：

（第十六）日人热爱大自然美

基督教长老 S. A. 巴涅特就贫民问题寄文给《双周日评论》曰：欲于印度救济贫民可谓绝望，支那之贫民亦已陷入猥琐，美国数度尝试救济印支不仅缺乏功效，反而在救济过程中腐败了美国政府之官员，招致贫民怨恨与恶感。而唯于日本，贫民各自抱有希望，品尝社会生活之真味。其道理何在？一为土地分配方法适宜，各自拥有若干土地，分头劳作，以供自身衣食；一为举国热爱山野之美。即众人相伴赏花，盛行为纯粹探寻大自然之美而朝拜圣地，或云游四方。此世界未见有如日人之国民。日本国民既已热爱大自然之美，故居家常熙熙融融，入都城则不受煽动挑拨，浑然融和而自忘贫。云云。③

一味赞美日本的志贺重昂在结尾部分出人意外地引用了以上的文献，可谓千虑一失，但对我们来说却是一大幸事。巴涅特先生一语道

---

① "竿灯祭"，也叫"竹灯节"。日本秋田市 8 月 5 日至 7 日举行的七夕节日活动，也是日本东北地区一个具有代表性的节日。人们在竖起的竹竿上绑数根横杆，上挂数十盏灯笼，擎之在街上游行，状如杂技表演。——译注

② "睡魔祭"，日本青森县津轻地区 8 月 1 日至 7 日举行的七夕节日活动。活动期间人们手持竹木框架的纸糊大灯笼在街上四处游行。最后一天被称作驱逐睡魔放灯祭，人们将灯放到海上或河里。其中以青森市的活动尤为著名。——译注

③ 志贺重昂：《日本风景论》杂感。——原夹注

破：日本人因赏花、赏红叶，极度热爱美丽的风景而放弃了对中央政府的抗议活动，可以横躺在草地上"而自忘贫"。人们益发明白，传统的热爱大自然和民俗活动等等，原本就是统治者为将缺乏权利的人民进一步封闭在窘境中而设计的阴谋。

　　说些题外话。三田博雄①《山的思想史》指出，有关志贺重昂探险和登山的传记中存在错误："志贺在北海道留下足迹的实际范围与传说完全相反，意外地狭窄。即使登山也不过是登过函馆和札幌附近的一两座山。它与《日本风景论》所说的'几乎在整个北海道都留下足迹'相反。……为何会如此夸张？据推测，可以说不仅传记作者有责任，志贺本人也有责任。志贺在《南洋时事》'自跋'中写道：'予曾蛰居虾夷山中，与麋鹿为友，与狐兔作伴，时或蹴毬，时而训马。半生徒费于醉梦之中。此间属意于太平之乐，未发世人厌恶之言语，未写世人憎恶之文字。'蛰居虾夷山中，与麋鹿为友，不就是过着与阿伊努人、鄂伦春人和吉利亚克人②相似的生活吗？我们不得不断定它和'白发三千丈'一样夸张。……这恐怕是享受国库支付的全额学费，生活在学生宿舍，无法随心所欲的人描绘的'醉梦'吧。而且该梦还进一步向远方延伸。"③ 此叙述隐藏着重要线索，可以明确揭示出这个明治时代地理学家和思想家的"思维方式"本质。总之，志贺重昂就是一个具有夸张癖、无可救药的"醉梦"人物。因此这个梦想家所写的《日本风景论》缺乏科学性和客观性，也是再自然不过的事情了。然而在事实上，因为它属于彻头彻尾的文艺或空想式的"醉梦"，所以《日本风景论》受到压倒性的欢迎。此事为我们映射出日本近代的"精神状况"。

4　代为结语

　　分析至此，我们可以得出以下结论：

中世以来（从原封不动模仿、接受中国专制政治的古代律令国家时

---

① 三田博雄（1909—1989），科学史家，毕业于京都帝国大学理学部数学科，历任神户商业大学预科讲师、神户大学文学部教授。著有《数学史的方法论 为数学的哲学而写》《古代数学史》（上卷）等。——译注

② 吉利亚克人（Gilyak），又称尼夫赫人（费亚克人），是西伯利亚东部的一个民族，居住在阿穆尔河下游及其附近地区和附近的萨哈林岛上。据1979年人口普查共有4400人。目前约有4700人。其语言为吉利亚克语，属古西伯利亚语。——译注

③ 三田博雄：《山的思想史》Ⅲ 志贺重昂。——原夹注

代开始）被夸耀为秀美的日本风景（风土景观），和今日（自20世纪50年代经济高速增长之后至今）被严重破坏的日本风景（国土和生活环境）在结构上完全一样。统治者总是随心所欲地使用权力，按自己的心愿驱使人民大众。这种政治形态和生产关系的复制品就是"淀江渡头新绿流"，"鸭川楼台愈愈高，东山岚翠滴"，"苫屋卑贱烟一缕，风吹矶驯松林间"，以及"鲙留渔网上"，"一抹炊烟，鸡声犬声共起"。而今天推土机正在推走山头的绿意，工业地带的烟囱越来越高，汽车川流不息地一面喷出有毒尾气，一面飞驰而过。所谓的日本风景，无论今昔都是"天皇制的风景"和"少数统治者创造的风景"。没有主体性的民众只能听命于统治者，为他们提供劳动力，成为创造自然环境的现场搬运工，以至有了今天。

因此，要创造真正美丽的风土景观，其前提就是要改造现有的社会体制，让民众每天都过上人的生活。只要人剥削人的现象还存在一天，复制人类存在方式的自然风景和环境风土被扭曲和破坏的行为就不会消停一天。而且，大部分的国土（土地）都将落入财界和企业之手。若不将土地返还给民众，那就没有指望建立新的风土科学思想、新的自然观和新的风景论。一文不名的民众除了开展严格的自我教育（文化批判）和激烈的居民活动（地区自治体运动）之外，已经没有任何手段。

三种"日本人的自然观"

或许有人觉得这个题目不可思议，但由于论者缺乏研究社会教育科目赋予的"日本人的自然观"这个课题的能力，所以才改为这个题目。

在此特意冠以"三种"这个表示限定意义的形容词（原文如此——译按），我有自己明确的理由。首先请看资料，即浏览先前发给大家的4张复印件。第一张是自然科学家寺田寅彦①题为《日本人的自

---

① 寺田寅彦（1878—1935），物理学家、随笔家。毕业于东京大学。东京大学教授，在地球物理学等方面卓有成就。曾师从夏目漱石，写出许多具有理性和细腻情感的随笔作品。著有《冬彦集》《薮柑子集》等。——译注

然观》的随笔摘选；第二张是社会学家清水几太郎①同名随笔的摘选；第三张是人文地理学家饭塚浩二同名随笔的摘选；第四张是跨明治、大正、昭和三个时代的新闻工作者兼思想家，也是小说家的长谷川如是闲②的文章。该文不以《日本人的自然观》为题，但可以作为参考文献阅读。总之，接下来要和大家一起阅读讨论的是寺田寅彦、清水几太郎、饭塚浩二这三位学者基于各自课题意识所写的都以《日本人的自然观》为题的随笔。同名文章可能还有许多，今天我还带来另一本同名的单行本，这就是历史学家高濑重雄的著作《日本人的自然观》③。原先我也想将此著作作为考察对象，但因为三篇是短小的随笔，另一本是长篇的单行本，若进行比较恐怕有损公平，所以还是放弃比较此书。

下面打算比较讨论一下代表昭和时代的三位优秀学者的同名但内容却有"三种的'日本人的自然观'"。然而这种打算同时也等于想明确我们在考虑"日本人的自然观"时多少要依据的三个立场（不过不能说成是三种类型等）。即使看起来有些奇怪，但我确信《三种"日本人的自然观"》这个题目并不跑题。

这个开场白看似了不起，但其实我根本没有学力和资格去比较、探讨这"三种'日本人的自然观'"。也许我可以认为，能向大家正确介绍这三篇随笔的概要，就足以充分完成"提出问题"的任务。要知道那几位学者都是大人物。

寺田寅彦的随笔《日本人的自然观》收录于1935年（昭和十年）10月出版的《岩波讲座　东洋思潮》中。发给大家的复印件复制于岩波文库版《寺田寅彦随笔集》第五卷收录的该文章。众所周知，寺田寅彦逝世于1935年12月31日，享年58，可以说这篇散文是他的绝笔之作。寅彦在旧制第五高等学校时期跟随夏目漱石学习英语，1899年

---

①　清水几太郎（1907—1988），社会学家、评论家。毕业于东京大学。学习院大学教授。曾接受马克思主义的影响，第二次世界大战后站在反对美军驻日基地斗争和日美安全保障条约斗争的前列。20世纪70年代思想发生转变，引起社会关注。著有《流言蜚语》等。——译注

②　长谷川如是闲（1875—1969），评论家、新闻记者。毕业于东京法学院（现中央大学）。在大正民主主义思潮高涨时期作为新闻记者大力宣传民主主义思想。后与大山郁夫等创刊《我等》杂志，作为一个自由主义者活跃于新闻出版界。第二次世界大战后继续从事广泛的文艺活动。1948年获日本文化勋章。著有《现代国家批判》《某个心灵的自叙传》。——译注

③　高濑重雄：《日本人的自然观》，河原书店出版社1942年版。——原夹注

考入东京帝国大学物理系，之后寄宿在谷中的某个寺庙中，在那里遇到正冈子规①。处于这种得天独厚的文学环境之中，他作为以《杜鹃》②杂志为核心的散文作者早就备受社会瞩目。另一方面，作为一个专业的物理学家，他还撰写过有关音响学和磁力学的论文。研究生毕业后于翌年1909年到1911年赴德国留学，回国后任东京大学（当时名为东京帝国大学理科大学）物理系教授，隶属于该大学的地震研究所。著有随笔集《薮柑子集》《冬彦集》《万花筒》《蒸发皿》《触媒》《荧光板》《橡之实》等。新潮社版《日本文学大辞典》说：他"在专业的科学考察中吸收所有可得到的资料，从科学的角度写出的随笔始终充满理性，写作技巧紧凑，知识气息浓厚。但读者并不觉得该缜密的推理笔法呆板，相反却很喜欢阅读。这是因为读者可以发现那些表达清新脱俗，富于机智，能给自己带来享受。该随笔能让人陶醉于它的构思、表达过程和出人意料的结论"。战前初中和女子高中的国语教科书必定选录寺田寅彦的随笔，所以我想大家一定会觉得相当亲切。

请阅读寅彦晚年写的最后一篇随笔：

【参考资料1】寺田寅彦的《日本人的自然观》

众所周知，日本的山水美是因为火山众多。如许多人指出的那样，国立公园的风景多半与火山有关。火山常常被比作女神。实际上似乎所有的火山都展现出美丽多变的曲线美。火山不仅姿态优美，而且因为熔岩总是从山间盆地喷出，所以周围的景色具有复杂多样的特色。另外，火山喷出还对威胁植物的土壤退化带来回春的作用。

我们的故乡日本，其脚下的大地扮演着两个角色：一个是充满慈爱养育我们的"母亲大地"，一个是屡屡挥舞刑罚之鞭以收紧我

---

① 正冈子规（1867—1902），俳人、歌人，在报纸《日本》和俳句杂志《杜鹃》上发表众多以写生为基础的新俳句，著《与歌人书》，提倡万叶歌调。成立根岸短歌会，尝试通过"写生文"（客观描述对象的文章）进行文章革新。著有《竹之里歌》《俳谐大要》《仰卧漫路》等。——译注

② 《杜鹃》，俳句杂志，1897年（明治三十年）柳原极堂在正冈子规等人的协助下于松山市创刊。翌年编辑部迁至东京，高滨虚子任总编辑，成为俳句革新运动的据点。提倡客观写作，坚持吟咏花鸟的传统，形成俳坛的主流直至今日。此外该刊还连载夏目漱石等人的作品，为"写生文"的发展做出了贡献。——译注

们动辄流于懈惰之心的"严父大地"。只有在严父的严厉和慈母的慈爱配合得当的国家，人类的最高文明才有可能发展。

　　……

　　总而言之，从气候学、地理学、生物学及其他所有学问来看，日本的自然界在时间和空间上都极其缤纷多彩，具有所有的分化阶段。如此多彩的要素光谱，结合了我们可以想到的各种各样的要素，装扮着我们的国土。而且这种色彩时时刻刻都在变化，使大自然这个舞台不断改变着自己的风貌。

　　无须赘言，这种大自然的多样性和活动性会对在此环境中生活至今的国民带来多大的影响。为适应复杂环境的变化而不断做出有意识或无意识的努力，培养出对环境的精细敏捷的观察力，同时还提升了对不可思议的大自然的深奥和神秘的感觉。越是深知大自然的神秘和威力，人类就越顺从大自然，以大自然为师，不忤逆大自然，将远古至今的大自然体验为我所用，努力适应大自然的环境。如前所述，大自然是慈母也是严父。服从严父的严训与享受慈母的慈爱一样，都是保证我们生活安宁的必要条件。

　　以人类的力量克服大自然，促进了西方的科学发展。为何东方的文化国家日本，其科学的发展没有与西方步调一致呢？这个问题是一个相当复杂的问题。但我们至少可以想象，形成差异的众多因子之一是前述的日本大自然特异性的参与。即在日本，首先是因为大自然慈母的慈爱深沉，居民对慈爱的欲求易被满足，所以可以安心地投身于它的怀抱。另一方面，严父的严酷和恐惧已沁入心脾，深知忤逆其禁令将带来何种不利的结果。最终他们在享受大自然全部恩惠的同时，放弃了悖逆大自然的念头，致力于搜集储备顺应大自然的经验知识至今。这种民族的智慧确实也是一种睿智和学问，但它是一种与分析科学不同类型的学问。

　　……

　　附属于住宅的庭园也属日本特有，人们频频引用这个事例说明日本自然观的特征。西洋人多半乐于将大自然随意嵌入手工制作的模型里，并建造出几何图形的庭院。与此相反，日本人尽量不破坏大自然的山水，而善于将它们引到住宅旁边，使自己投身于大自然之中，享受着融化于大自然的心境。

中国的庭园原本也是模仿大自然的，但胡乱地堆砌许多奇岩怪石，看起来就像是站立着一堆贝壳工艺品的怪物。这在许多具有纯粹日本趣味的日本人眼中，只能是心理变态的人对大自然做出的暴行。

盆栽插花也是如此。对日本人来说，它是庭园的延伸，从某种意义上说还是庭院的压缩。庭园式盆景是名副其实的小型庭园模型。壁龛中挂的山水花鸟挂轴亦复大自然的微缩图景。在西洋，花瓶里插满花卉，阳台排列着一盆盆天竺葵花，饭厅里摆着常绿树，但可以认为它们主要是作为色块使用，或起到天然香水瓶的作用。"枝势"这些词汇恐怕不能翻译成西洋语言。而在日本，不管在多偏僻的小胡同也都能看到盆栽牵牛花什么的。见此我常想，日本人不可能完全变成西洋人，西洋的思想、学说也无法原样在日本的土壤中扎根。

在日本人的娱乐中，所谓的赏花、游山逛水从某种意义上说也是庭园的扩张。他们将大自然收纳进庭园，又将庭园扩展到山野之中。

赏月，祭拜星星，勉强地说也是欲将庭园的大自然扩张到宇宙星空。

日本人口数量最多的职业也与植物栽培有关，这一点就带有庭园的要素。除普通的农耕之外，制茶、制丝、养蚕等行业与矿业、近代制造工业相比，仍然具有庭园属性。只有日本人将与劲风抗争的稻田、沐浴晨露的芋头地纳入大自然的观赏对象。

在所有职业当中，农民对大自然的季节变化最为关心，最惧怕大自然的异常现象。这使他们不断地观察大自然，温顺地服从大自然的命令，以使自己免受大自然的惩罚，享有它的恩惠。

……

结　语

总结说来，日本的自然界在空间和时间上都复杂多样，赐予居民以无限的恩泽，同时又以不可抗拒的威力统治着他们。这使他们学会了可以通过服从大自然来充分享受它的恩泽。这种特别的对待大自然的态度给日本人的物质、精神生活的各个方面都带来特殊的影响。

　　此影响有好有坏。也许我们不得不承认，那就是它不利于自然科学的发展，限制了艺术使命的宽度。但这也是不得已的事情。就像我们无法约束日本的风土和生物界一样，我们也无法改变自然现象。

　　因地理条件，日本得以长时间保持锁国状态，后来能够逐渐与世界接触，其中一个原因就是科技的进步带来了交通工具的逐渐发达。交通工具的发达缩小了地球的距离，给地理关系带来深刻的变化。有时在交通感觉上，某个较远的地方比某个较近的地方更近，即所谓的空间被扭曲了。距离的尺度和时间的尺度也发生了各种变化。人类获得千里眼和顺风耳后，还获得过去梦想的鸟的翅膀。大自然变了，人类也不是过去的人类，日本人的自然观也必然发生相应的变化。新的日本人在适应新的大自然之前，接下来还要经历相当漫长的岁月修炼，积累很多失败和过失的痛苦经验。今天我们正在各个方面玩味着这种体验。

　　话虽如此，但日本人还是日本人，日本的大自然几乎也还是过去的大自然。即使是科学的力量，也不可能改造日本人的人种特质，自由支配日本整体的风土。但错误的是，我们屡屡忘却这个显而易见的道理，认为只要模仿西洋人的衣食住行，继承西洋人的思想，就可以改变日本人的生理学特性，甚至更换日本的气候风土。

　　说些题外话，仅凭皮肤的颜色来区分人种毫无意义。从人和自然融合成一个有机体的观点来看，中国人和日本人绝不是相近的人种。简单地统称为东洋人的这个词汇也相当空泛。在东洋的这个广阔地域当中，日本的风土和国民组成的是一个与周边国家完全不同的"岛国"。

　　认识日本的所有特性，且在活用这种特性的同时适应周边的环境是日本人的使命和存在的理由，也有助于推动世界人类的健康进步。樱花若从世界消失，那么世界还是会冷清的。[1]

　　以上是摘录，原文有 38 页（文库本[2]），但摘录这种工作充满风

---

① 《寺田寅彦随笔集》第五卷，第276—303页，岩波文库。——原夹注
② 文库本，出版物的形式之一。以普及为目的，因尺寸小（105毫米×148毫米）而便于携带阅读的价格低廉的书籍。——译注

险，所以请读者务必阅读全文。因为我们应该先把握文章的整体脉络，之后在该脉络中看出各句、各句节、各单词有哪些意思，起何种作用。然而，原文换算成 400 字的稿纸有 60 页，所以不得已才进行摘录，但我还是十分注意尽量不伤害主题。

寺田寅彦的随笔《日本人的自然观》中有几个小标题，分别是"绪言""日本的大自然""日本人的日常生活""日本人的精神生活"和"结语"。先请读"绪言"："让我写的文章题为《日本人的自然观》，乍一看简单明了，但仔细思考后就觉得它的含义暧昧不清。动笔前有必要预先进行探讨和分析。……它的主要内容是，日本人如何看待他们所生活的环境即'日本的大自然'，并对此做出何种反应，以及这些看法和反应与外国人对各自国家的大自然的看法和反应相比有何特色。这样就可以看出外国人对日本的大自然的看法与日本人有何不同。"① 以此对概念做出界定。关于"日本人的自然观"的含义，寺田说"仔细思考后就觉得它的含义暧昧不清"，这很值得关注。因为毫无疑问，我们日本人在日常生活层面过于频繁地使用"日本人的自然观"这个词汇，但对这个词汇刨根问底，其实它的意思是非常暧昧含糊的，说不定这个概念甚至缺乏一个实体。但即使是毫无根据的"虚假的概念"，若有人每天反复口诵，最终听惯了它的许多人也会将那个"虚假的概念"当作"真实的事情"而深信不疑。弗朗西斯·培根所说的"市场的偶像"即先入为主的偏见就指这个概念。培根将人们把市场不经意创造的，并以纯粹是符号的语言出现的概念，当作是事物的本质而深信不疑的偏见称为"市场的偶像"Idola fori（此外，他将不依赖自身思考而依赖权威和传统产生的偏见称为"剧场的偶像"Idola theatri，将因个人爱好和所接受的教育产生的偏见称为"洞窟的偶像"Idola spec-us，将人类因种族本性不可避免地产生的感觉和感情的作用形成的偏见称为"种族的偶像"Idola tribus）。培根还强调了以下三点：（1）既然人类想获得正确的真理，那就应该运用质疑精神，排除以上偏见。（2）应该通过观察和实验，有计划地搜集整理经验性的事实，发现有规律的法则。（3）应该注意避免使用将已知的旧的真理重新排列出的

---

① 原文无夹注。以下所引皆出自寺田寅彦《日本人的自然观》。下同，不再一一注释。——译注

经院哲学式的三段论法①。这是一种被称为"科学归纳法"的探索真理的方法，近代科学因此新方法获得了长足的进步。寺田寅彦不愧是科学家，在写作此散文时就看出过去频繁使用的"日本人的自然观"这个概念存在着"市场的偶像"。

寅彦继续写道："与此相同，'日本的大自然'这个词汇其实也过于含糊笼统。即使排除北海道和朝鲜、中国台湾，例如将南海道的九州的大自然与东北地区的大自然相提并论，依问题的种类不同，也绝不能认为它是妥当的。……如此想来，这下又觉得'日本人'这个词汇的内容相当空泛而散漫。将九州人和东北人比较，即使我们超越各个不同的人的个性，也会承认各地方特性的支配仍很明显。因此，九州人的自然观和东北人的自然观等也完全有可能独立存在。"正因为如此，所以"日本人的自然观"这个概念，严格地说来的确过于模糊笼统，又"空泛而散漫"。如有人提出"欧洲人的自然观"概念，将意大利人的自然观、荷兰人的自然观、英国人的自然观混为一谈，并得出某种结论，那一定会招致粗暴的讽刺。可为何在日本从古至今都通用"日本人的自然观"这一类粗疏的概念呢？对此多半有人会解释说，这是日本列岛人种单一、语言相同、风俗习惯一致这个罕见的事实所使然。这种说法不错。但它未必满足"必要且充分的条件"。这样说是因为人种（但在人种学上并不存在日本民族）姑且不论，语言、风俗习惯同一这个事实绝非自然形成，而应该认为是政治统治、经济结构等物质因素强制的结果。简单说来，日本列岛居民的历史就是力量悬殊的强大中央集权政府扼杀地方居民不多的自由和个性的历史。尤其是在明治维新之后，中央集权化的进程十分剧烈，无以言表。最终"日本人的自然观"这个概念就演变为一种"教理"，它完全无视各地居民鲜活的感受和感动（其背后还有不平、不满和怨恨）。中央集权政府（或是政府高层身边的人们）如此决定之后，还会灌输给日本人说因为是这样所以必须相信，这才是正确的日本人的生活态度。寺田寅彦身为科学家，故会调动自身敏锐的科学思维，质疑说这太奇怪了，"日本人的自然观"这个概念无论如何无法成立。我们不得不佩服可归入"讨厌政治"的知识分子群体

---

① 三段论法，逻辑学中由大前提（M 是 P）和小前提（S 是 M）引出结论（S 是 P）的推论形式。——译注

的这位科学家和随笔家，因为他一开始就质疑"日本人的自然观"这个提法，而这种提法只能归结于"中央集权式的构想"。

如此质疑之后寅彦说："在此留给我的任务就是考察经抽象概括那些地方特性的'一般日本人'的'抽象日本'的自然观。我深知完成这个任务绝不容易。"对研究此问题的不易感到为难，这为难正出自科学家的良心。最近我读报纸杂志，发现讨论日本人自然观的话题开始流行起来，但作者大多是作家和文科的学者。这也无妨，但如果是科学家，他对这个论题也一定会觉得为难吧。

在表明以上学术为难之后，寅彦说："若要思考日本人的自然观这个问题，那么首先就要思考日本的大自然是怎样的，又具有何种特征。"之后寅彦开始阐释"日本的自然界的各种特异性"和"日本国在地球上的独特位置"这个基础原理。这个章节就是"日本的大自然"。

寅彦说："日本的大自然"的特征"第一是气候"。日本列岛处于温带，因此有季节的周期，而这培养了人类的智慧。第二个"重要的因素是地面起伏不平，水陆交错"。"无疑日本的领土就是大陆边缘的一个被揉碎的碎片。这与日本的地质结构，以及受其控制影响的地形结构之复杂多样和地貌错综复杂、规模狭小密切相关。""造成这种复杂地质地形的远古地质时代的地壳活动，在现代仍有微弱的影响。这就是地震和火山的现象。"寅彦认为，正是远古地质时代的地壳活动才造成了日本的美丽山水，并说"日本的山水美大多有赖于火山"云云。此部分请参阅复印件。

寅彦总结，我们"脚下的大地"即地壳是"大地母亲"的慈爱之源，而有时也扮演"挥舞刑罚之鞭以收紧我们动辄流于懈惰之心的'严父'角色，只有在严父的严厉和慈母的慈爱配合得当的国家，人类的最高文明才有可能发展"。寅彦在此假说：若非火山国，人类的最高文明就不会发展。纵观人类历史，这种立论根据十分令人担忧，但现在我们暂不讨论这个问题。

接下来寅彦说"日本的大自然"的第三个特征是"植物景观的多样性"。就此部分我也配发了复印件，请大家参阅。寅彦进一步说："至少在我看来，相对于天然植物的多样性，日本的农作物也具有多样性，西欧诸国等与之无法比拟。""形成这种植物多样性的气候风土环境的多样性，一定会通过日本人的生理使其心理发生某些类似的多样性。"既然存在植物的多样性，那么日本人的心理就一定会出现类似的多样性，这种推理方法也让人担心是一种"地理环境决定论"。事实上，这个世界没有比日本人更讨厌多样性，更需要在统一性中获得安全感的国民。但现在也暂不讨论寺田学说的正确与否。让我们继续往下看。寅彦说："植物界支配着动物界。最初草籽在不毛之地发芽后就引来了昆虫，昆虫引来了鸟类，鸟粪中又带来了新植物的种子。之后各种各样的兽类开始移居进来，逐渐形成一个'社会'。日本植物界的多样性还表明包藏其中的动物界物种的丰富性。"进而寅彦又说：日本"水生物种类和数量的丰富恐怕不比世界其他任何地方逊色"。并指出鸟类、狩猎对象、鱼类、贝壳类、海草等数量也非常丰富。

　　"日本的大自然"一节的小结就在您手头的复印件中。"总而言之，日本的自然界从气候学、地理学、生物学以及其他所有学问来看，在时间和空间上都具备极其纷繁多样的所有阶段"云云，他所说的开始于此的三个阶段就是如此。寅彦最想主张的论点可以归结于一点，那就是具有如此多样性和活动性的自然环境，不可能不给日本国民带来好的影响。他说："欲适应复杂环境的变化而不断做出的有意识和无意识的努力，导致并养成了对环境的精细、敏捷的观察。同时也助长了对大自然奇异的奥义和神秘的感觉。越是深知大自然的神秘和威力，人类就越顺从大自然。不忤逆大自然而以大自然为师，将自远古时代至今对大自然的体验为我所用，以努力适应自然环境。"换言之，即（复印件第三段后半部分）"在日本，首先是因为大自然慈母的慈爱深沉，居民对慈爱的欲求易被满足，所以可以安心地投身于它的怀抱。另一方面，严父的严酷和恐惧已刻入灵魂，深知忤逆其禁令将带来何种不利结果。最终他们在享受大自然的全部恩惠的同时，放弃了悖逆大自然的念头，致力于搜集储备顺应大自然的经验知识至今。这种民族的智慧确实也是一种睿智和学问，但它是一种与分析科学不同类型的学问"。也就是说，他主张：搜集储备不忤逆而顺应大自然的经验知识这种日本民族的智慧，应该就是可与西欧分析科学相抗衡、匹敌的学问。

　　寅彦的这一主张，到此节的最后一段则发展为对世界上鲜有如日本这般幸运的国家的"日本至上主义"和"爱国心"的颂扬："毫不费力，原样继承西欧科学成果的日本人，如果对日本大自然的特异性有深刻的认识和自觉，并且可以学习适当地利用这些利器，更有利地享用近乎免费的大自然的丰富恩惠，同时努力减轻和避免我国特殊的天地变异的灾难，那么这个世界恐怕将只有我国有这般幸运。然而，现代日本看来只沉迷于享受大自然的恩赐，而完全忘记了如何避免天灾，真令人惋惜。"毋庸置疑，寅彦的"日本至上主义"和"爱国心"完全没有国粹主义的要素和军国主义的倾向。并且我们通过他的其他随笔，还可以清晰地看出，那是一种极其"合理"的爱国主义："面对大自然的强敌，国民平时就需要团结一致，讨论合适的科学对策，这也是我们所期待的符合现代的大和魂的一种进化状态。天灾发生时才急于发挥爱国心固然也行，但20世纪科学文明的国民并非昆虫鸟兽，其爱国心的表露应该有所不同，更为合理。"① 寅彦所说的"这个世界恐怕将只有我国有这般幸运"也许是一种谛观式的表白：如果不这样想的话自己就惨了。但我们对此暂不深入讨论。

然而必须要讨论的是寅彦在此节的最重要的论点："放弃了悖逆大自然的念头，……顺应大自然的经验知识"不外乎就是一种"民族的智慧也确实是一种睿智和学问"。这种想法果真正确吗？在经历了第二次世界大战和经济高速增长的现在的日本，西欧的技术文明低级，而与之相比，日本自古以来的传统智慧却很高级的论调长盛不衰。曾经使"外国人帮佣"② 吃惊的那种"自夸哲学"又复活了。听到那些因引进外国技术文明而大发其财的大企业家等带头发出的这种论调，我们不禁会产生疑问，想问一声这到底是怎么回事。我也曾怀疑和批判过所谓的"顺应自然哲学"，因篇幅就此割爱。但清水几太郎的论文《日本人的自然观》对这种"顺应自然的方法"有明快的分析，希望在下次的讲座中和大家一起阅读。

时间快到了，下面匆忙"总结"一下寺田寅彦的《日本人的自然观》。③

寅彦在下一节的"日本人的日常生活"中，考察了在具有各种特性的大自然怀抱里的日本人是如何顺应环境，采用何种方式生活的。衣食

---

① 寺田寅彦：《天灾和国防》。——原夹注
② "外国人帮佣"，原文就此未有注释。疑为后文所说的于明治维新后来日并长期生活在日本，说尽日本国好话的英国人拉夫卡迪奥·赫恩，即小泉八云。——译注
③ 原文如此。疑为作者在讲座时的口误。——译注

住行中首先是食物，"翻阅《俳谐岁时记》①就能明白，根据季节的不同，食用的蔬菜、鱼类、贝类呈现出周期性的变化，仅此就使得日本人的日常生活多姿多彩"。其次是衣服，"和素食发达的原因相同，麻布、棉布是日本人服装的主要材料，而毛皮和毛织品是进口产品。棉布、麻布很适合日本的气候，这仍然是事实。引入蚕桑之后因其恰好适应日本的风土，所以后来绢布成为出口商品。……虽然衣服的样式在不少地方受到中国的影响，但它仍然受到日本固有的气候风土和为适应该气候风土的生活方式的制约，实现了日本固有的发展和分化。到近代西洋服装得到普及，但固有的和服却未绝迹。西欧的服装产生于冬湿夏干的欧洲天气，而和服则出现于冬干夏湿的日本天气，前者与后者相比，其生理效果是否更优，未经科学研究则无法遽断"。关于住房，寅彦详尽地叙述："日本盛行木构建筑，其首要的原因当然是森林茂盛，易得优质的木材。为应对频繁的地震和台风的来袭，房屋多为平房，最高不超过两层。""拉门又是一个意外巧妙的发明，它像乳白色玻璃灯罩一样，起到不削弱而扩散光线的效果，还起到弱化风力且可适当调节空气流通的效果。""现在的日本建筑为适应日本的气候有了改变，各地的建筑为因应各自的气候特征也发生了些许变化。屋顶的倾斜度和房檐的深度等因南方和北方的不同也显示出各自固有的特征。""在日本，只要在土墙外侧装上护墙板，就可以同时实现防寒防暑和调节湿度的目的。从这点来看，也可以发现日本人在追求适度的妥协。"之后寅彦还讨论了作为居住空间的庭园和庭园的延长、扩张的问题。这部分在复印件里有叙述，敬请参阅。

再下一节是"日本人的精神生活"。寅彦在开篇就说："有人说在单调荒凉的沙漠国家会产生一神教。而在拥有丰富多彩、变幻莫测的大自然的日本当然会产生八百万的神明，为日本人崇拜至今。"进而还论述："从遥远土地移植而来的佛教，能定居、发展、持续至今，必定是因为该教义含有的各种因子适应了日本的风土。想来佛教的基础即无常观与日本人自发形成的自然观有相调和之处，这也是其中一个因子。不

---

① 《俳谐岁时记》，俳谐书籍，共 2 册，曲亭马琴著，刊行于 1803 年（享和三年）。按四季、月份分类解说 2600 余个季题，并附有例句。在卷头和卷尾解释了俳谐的作法及其他。是第一本在江户时代创作的岁时记。除可作俳句写作的入门书外，也有百科辞典的功能。——译注

必引用鸭长明①的《方丈记》，对生活在地震、飓风、洪水灾害频发且完全无法预测的国土的人士而言，大自然的无常已成为远古祖先遗传下来的记忆，浸入于日本人的五脏六腑。"之后寅彦还概述了日本人的自然观，如文学（特别是和歌、俳句）、美术工艺（特别是绘画）和音乐（特别是"三曲"②）。

最后一节是"结语"。这个部分也在复印件上，希望大家浏览一下。寅彦在此还反复阐述："综合以上所说，日本的自然界在空间和时间上都复杂多样，在赐予居民无限恩泽的同时，又以不可违抗的威力支配着他们。其结果是他们学会了通过服从大自然来充分享受其恩泽。这种对大自然的特别的态度给日本人的物质和精神生活都带来特殊的影响。"寅彦还说：由于这个影响，自然科学的发展滞后和艺术的使命狭隘都不可避免，但这些现象"与我们无法制约日本的风土和生物界一样，是一种无法改变的自然现象"。因为科学的进步，大自然多少会有变化，人类也会有所不同，所以"日本人的自然观也必定会发生一些相应的变化"。"话虽如此，但日本人还是日本人，日本的大自然也几乎与过去一样，还是日本的大自然。即使是科学的力量，也不可能改变日本人的人种特质，自由支配日本整体的风土，但我们却频频忘记这个显而易见的道理。有些人认为，只要模仿西方人的衣食住行，继承西方人的思想，就可以改变日本人的解剖学的特异性，甚至改变日本的气候风土是错误的。"这是此节的最后结论。

已经超过限定的时间。今天我介绍了寺田寅彦晚年写的最后一个随笔《日本人的自然观》。参会的听众甚至有99%的人都会在心里想：是的，这位科学家完美地写出了我们的所思所想。我们都接受过战前的教育，在小学和初中都学到相同的东西，所以不需要寺田寅彦特意论证，也知道只要顺从大自然就可以享受大自然的恩泽。这种"自然观"已成为已知的常识。但如前文提到的培根所说的四种偶像学说，正确的学问和科学必须从破除常识、先入为主的观念和偏见开始。为此就必须调

---

① 鸭长明（1155？—1216），镰仓时代初期的歌人、随笔作家，下鸭神社祢宜长继的次子。俗名长明，法名莲胤。师从俊惠学习和歌，成为宫廷"和歌所"职员。50岁出家。著有《方丈记》《无名抄》《发心集》等。——译注

② "三曲"，指三种乐器：日本三弦琴、筝、箫（或胡琴）以及使用这三种乐器的合奏。——译注

动灵活而敏锐的质疑精神。在宗教和工艺美术方面，若相信有权威的伟人言论都正确还可以允许，但在学问和科学方面则必须绝对避免。寺田寅彦说：有些人认为，"只要模仿西方人的衣食住行，继承西方人的思想，就可以改变日本人的解剖学特异性"等是"错误的"，但在第二次世界大战之后出生的男青年和女青年个子都高，骨骼也都有型，再说他们的容貌和肤色不都变美了吗？就这个事例也可以证明，即使是像寅彦这样的科学家也有可能犯错。因此必须破除常识、先入为主的观念和偏见。

在上次的讲座中，我们读解和批判了寺田寅彦晚年的最后一个随笔《日本人的自然观》。超过了预定的时间，主要是因为本人时间掌握得不好，但在另一方面，也由于寺田寅彦所说的"日本人的自然观"在今天仍属于标准的常识，无法轻易否定。鉴于这个实情，我没能威风凛凛地见贼杀贼，见魔杀魔，挥刀一路向前。我无论怎样阐明"顺从大自然"和"顺从权力"是一样的，但大家也只是感到反感，最终无法在二者之间实现对话。如此一来，则相互间都不明白为何要聚集到这里。本人上次和今天要说的就是，为获得真正的真理，就要发挥质疑精神，通过观察、体验和实验，自己总结出归纳性的法则，而不要轻率地依赖权威、常识和感情。对日本自然观也完全如此。也就是说，为获得科学知识我做出了初步的尝试。可以明确地说，有关"日本人的自然观"的正确真相，还未被任何人阐明。

寺田寅彦在自己的《日本人的自然观》结尾有个"补记"，说"希望大家参读和辻哲郎先生《风土的现象》所说的内容，以及哲郎先生最近出版的以此为序言的书籍《风土》中最有独创性的整体自然观。自己所说的内容多受到哲郎先生之前所说的大自然和人类关系的影响"。1935年（昭和十年）出版的和辻哲郎的《风土》给日本的思想界带来了巨大影响，并一直影响到第二次世界大战后的今天。和辻将人类的精神文化类型分为"季风型""沙漠型""牧场型"三种，主张日本的文化因属于"季风型"，所以日本人只能采取"被动和忍耐顺从"的态度。我们依旧不能忽略，寅彦的"顺从大自然"的说法也只是昭和十年前后日本思想界的主流言论之一种。毕竟寺田的学说也是历史的产物。

与寅彦的《日本人的自然观》发表时间几乎相同，1938年（昭和十三年）长谷川如是闲提出了与寅彦完全不同的看法。那些看法写在《日本的性格》（1938 年 12 月出版）"八 日本文化与自然"中，篇幅约有 10 页。此章若以"日本人的自然观"为题则对我的话题有帮助，但很遗憾，它不是这个题目。然而它叙述的内容与我的话题相近，所以还是复印给大家作为参考，敬请参读。

【参考资料 2】长谷川如是闲的"日本文化与自然"

古代日本人毫无顾忌地引进外国文化和外来情趣，但在生活方式上却顽固地维护和创造自身的东西。然而那是站在彻底尊重大自然和现实的原则上的。建筑主要使用原色木料，呈开放式，将庭园和周围的大自然作为建筑构图的一部分。这些态度不外乎是让建筑处于大自然之中，不破坏大自然。

但奇怪的是，实际上这些日本人在理解大自然的方面却很不充分。

古代日本文学和中国、西方文学一样，实际上缺少欣赏大自然的态度。今天文学中在自然描写上杰出的作品也不多。即使是作为国民文学的和歌，自《万叶集》以来在自然描写方面最为不足。日本人只是抒情式地感受大自然。和大和朝廷的贵族憧憬吉野山的风景一样，大自然只作为抒情诗的背景，但不会成为现实方面的欣赏。《万叶集》中有关吉野山的和歌，自始至终都是概念性的空泛记述。

山部赤人著名的富士山和歌也没有任何的自然描写，仅是概念性地描述自古以来谈论的富士山，不过是"继续说，再继续说"而已。"田子浦外抬眼望，富士山头雪纷纷"① 这首"反歌"② 显示出日本人对大自然的朴素态度，其写实性的态度也很有趣。然而这也并非实际见到的现实，而是所谓的"歌人不出门而知天下名胜"的表现。此文学格言也说明日本人对大自然的感受极不充分。

诚然，日本人的造园技术在今日享誉世界，有各种专家前来参观学习，其模仿大自然极为精巧，但仍流于概念的解释。当然与西

---

① 原歌是"田子の浦ゆうち出でて見れば真白にぞ富士の高嶺に雪はふりける"。——译注

② "反（返）歌"，附加在长歌后面的短歌，用于归纳或补充长歌的歌意。有一首或数首。——译注

方的景观花园相比，日本对大自然的把握还算纤细、深沉，表现出一种高级的文化感觉，但它仅将大自然化作一种形式，喜好在局部进行观赏，缺少在整体性方面观赏大自然的大气。也就是说，只流于对细节的观赏，属于盆栽情趣和盆景情趣。在狭小的庭园做出几十个名作，如濑田之桥、唐崎之松等等，也是缺少欣赏大自然景观态度的证据。

因此，日本人的大自然欣赏态度属于不折不扣的"只见树木，不见森林"，对森林的感觉等非常贫乏。不仅贫乏，而且不能从原始人的森林恐怖观念摆脱出来，只对森林的幽邃和深远感到神秘和妖魔的可能出现。神秘也好，妖魔也罢，都能成为诗歌和小说的题材，但日本人甚至不知道在这种意义上美化森林。在日本的和歌、小说和戏剧中完全不见森林。……日本人害怕森林，说明他们在远古时就已经步出狩猎时代而进入农耕时代，显示着日本文明在神话时代就已经具有相当高的水平。从这点考虑，可以认为日本人害怕森林也其来有自，但进入都市时代后，人类又提倡"回归大自然"，进入憧憬森林的时代。那是进入最高文明阶段的人类的森林感觉。

然而日本人即使进入都市时代，其森林感觉也依然无法摆脱过去那种回避森林的感觉。日本人在建筑和制作器具时都只选木材作原料，这种木材情趣也比世界任何地方的人都洗练。但即便如此也无法欣赏木材的故乡森林，所以非常不可思议。

日本人对大自然的感觉难以避免那种不适，所以到达文明最高阶段的日本人的情趣令人哀悯，流于无大自然的状态。缺乏欣赏大自然趣味的人类在文化形态的创造上也难免贫乏，这是基本法则。盖因文化的诸形态简言之就是"大自然"的理想再现。依人类的感觉再生产的"大自然"就是文化的形态。所以今天的日本人缺乏欣赏大自然的能力，就意味着他们不能独创现代的日本文化。①

据长谷川如是闲说，日本人对大自然的理解、感觉、描写、欣赏可以用不充分或贫乏一语概括。而且，如是闲将庭园作为攻击目标："将

① 长谷川如是闲：《日本的性格》，岩波书店1938年版，第161—164页。——原夹注

大自然化作一种形式，喜好在局部进行观赏"，这正是"缺少欣赏大自然景观态度的证据"。日本庭园对寺田寅彦来说，是盛赞的对象，但对如是闲来说，则是贬斥的对象。如是闲的结论是，"日本人对大自然的感觉难以避免那种不适，所以到达文明最高阶段的日本人的情趣令人哀悯，流于无大自然的状态。缺乏欣赏大自然趣味的人类在文化形态的创造上也难免贫乏，这是基本法则"，"所以今天的日本人缺乏欣赏大自然的能力，就意味着他们不能独创现代的日本文化"。这又与寅彦的结论完全相反。我这种黄口孺子，愚昧至极，自然无法判定哪一方正确。只想附带说明一句，如是闲的学养由英国的经验论思维形成，而寅彦的学养则由德国的观念论思维形成，二者的差异的确以此形式表现出来。现在我们只需要知道一个事实，那就是在日本法西斯主义抬头的昭和十年到十三年（1935—1938）这段时间，两位优秀的学者和艺术家几乎同时提出两种完全不同的日本人的自然观（大自然欣赏）。当时这两种主张只有一种传递到大多数民众的耳中，而另一种却最终都不为世人所知。若我们可以运用质疑精神和经验论思维弄清这个原因，那就可以收获更好的果实。

　　让我们看一下演讲题目《三种"日本人的自然观"》中的第二种。请参读第二张复印件。

　　【参考资料3】清水几太郎的《日本人的自然观》

　　原本天灾没有任何意义，它只是大自然给人类世界带来的某种负面结果。天谴的观念给予无意义的事物以意义，将某种负面的结果解释成正面的一些说辞。但说辞并非只有一种。自然现象本身不会自行做出某种解释，而是人类面对沉默的大自然自由地做出解释，所以就会产生多元的解释，不！不如说是混乱的解释。各种各样的人从各种各样的角度解释天灾，思考天谴。这一点与近代西方思想中的人文自然（Human nature）的观念相似。很多思想家在原本毫无意义的人文自然中加入了自己的所思所想，因而有朝向各自所想的方向前进的意思，试图将其作为自身见解的终极根据。与此相同，也有人在物理自然（Physical nature），尤其是在天灾地变中加入了自己的所思所想，因而有朝向各自所想的方向前进的意思。人文自然和物理自然都是自然。既然人类是广阔的大自然的一部

分，那么在任何情况下大自然都显现出基础性的力量。但在人文自
然的观念当中，该基础性的力量体现在人类一方。与此相反，在于
此讨论的物理自然的观念当中，该基础性的力量则独立于人类之
外。如今这种外部力量已经将人类拖入毁灭的深渊，在这被拖入的
经验当中，物理自然的观念自然会凸显出来。

因此，从各自的角度解释天谴是事实，但从这些角度能看到某
种共同性——不同于来自社会状况的共同性——也是事实。一般说
来，对此做出的天谴必定是不自然、反自然和违背自然的天谴。对
第一种人来说，那是腐败的资本主义社会；对第二种人来说，那是
无产阶级文学；对第三种人来说，那是都市；对第四种人来说，那
是化妆；对第五种人来说，那是钢筋混凝土建筑；对第六种人来
说，那是白米……总之，那些都是文化。另一方面，从天谴中深入
学到一些东西的人须尊重的，对第一种人来说就是无差别的死亡和
焦土中的平等；对第二种人来说就是"适度的左倾"和消遣文学；
对第三种人来说就是农村；对第四种人来说就是素颜；对第五种人
来说就是木造建筑；对第六种人来说就是糙米……总之，那些都是
自然。天谴的观念就是这样让自然和文化对立起来。同样是自然，
但如果是人类的自然，那么就可以从中导出文化。但如果那自然是
在对文化产生破坏作用时被发现的物理自然，而且是被这破坏作用
积极肯定的物理自然，那就没有一条道路可以从此通往文化。毋宁
可以这么说，人类的生活越被破坏，越悲惨，人类就越与大自然合
为一体，越顺从大自然。没有一个地方会设立界标。因大自然的破
坏作用而产生的所有的既成事实，事后都被证明是自然的事物，因
而也是理想的事物。

……

众所周知，《方丈记》由两部分构成。第一部分始于"逝水不
绝……"，包含安元三年（1177）的火灾、治承四年（1180）的台
风和迁都、养和年间（1181—1182）的饥荒、元历二年（1185）
的地震等叙述，以"得某场所，采取某举措暂且安身，可让心灵须
臾间安憩"结尾。第二部分始于"我承继祖母家业……"，包含隐
居生活的叙述。"三十多岁方随心所愿，搭一小庵。与过去之房屋
相比，小庵面积仅为其十分之一。仅为栖身而建，故无须搭建奢华

宅第。……人生六十如露将去，值此又有为晚年结庐一事。即造旅人一夜之屋，如老蚕营茧。与中年房屋相比，又不及彼百分之一。……此小庵情状不同于世间一般模样。广仅方丈，高不足七尺。"鸭长明在城市看到的是，人类的愿望和由此愿望创造出来的东西被大自然的暴力所蹂躏的情状。因有此栩栩如生的叙述，故在关东大地震时（1923）很多人都会想起《方丈记》。但在大自然的暴力面前感到绝望的鸭长明，出逃的地方又只能是大自然。面对大自然的暴力，他希望托身于比城市的房屋更无防备、只能依靠所谓的大自然的特别善意才勉强具有意义的简陋小屋。他希望通过进入大自然的深处来安抚因大自然的暴力而感到不安的心灵。然而，在他希望进入大自然的深处的那一瞬间，大自然已转变为不同的景象，变成了与火灾、台风、饥荒、地震毁灭人类的粗暴的大自然完全不同的美丽温和的大自然。这个美丽温和的大自然与佛道修行融为一体，"春看藤花起伏，如紫云映照西方。夏听杜鹃啼啭，如山盟海誓，约定通往黄泉之路。秋日蝉声盈耳，似在悲悯人世。冬天雪景动人，积雪、消雪可喻人间罪障"。"惟此小庵可令人心灵安定，高枕无忧。"

由此可见，欲从粗暴的大自然那里得到救赎，就需要投身于美丽的大自然。人类无力应对粗暴的大自然，而美丽的大自然也并非人类的力量所能创造。大自然就是脱离人为的大自然本身。无论是粗暴还是美丽，原本这些词汇都是无意义的，不过是朴实的人类通过附加于大自然的解释而产生的。人类因将大自然解释为暴力而绝望，因将大自然解释为美丽而得到救赎。日本的大自然具有使这两种解释都成立的客观依据。

……

然而，即使是单纯的情绪，但如果天谴的观念能对传统的自然崇拜做些许的批判，就像伏尔泰等人对天主教的天理思想加以致命性的批判那样，它在日本思想史上也可以成为一个转折点。可是与其相反，如本文所述，天谴观念不如说带有对传统的自然崇拜观重新补充强化的意味。当天灾被解释为天谴时，受到负面评价的一般都是违背自然、人为造成的事物，受到正面评价的则是顺从自然、非人为造成的事物。于是人们期待大自然的暴力结果即破坏，而不期待人力战胜大自然的结果即文化。不管破坏有多么惨烈，但它每前进一步，就都会以大自然的名义得到辩白。这里有无底的沼泽，有不知失败的逻辑。在这沼泽的深处——不！只有在那里才——有蓝天、明月、花笑、鸟鸣可以安慰人类。人类自身就是大自然的一部分，又可以在尽量紧贴大自然的范围内搭建小庵，一方面苦于狂暴的大自然，另一方面又被美丽的大自然所救赎。我认为，文化的最小规定，就是对大自然的暴力的抵抗力。只要缺乏这种抵抗力，它无论多美，都不配拥有文化之名。但在日本，所谓的文化就站立在对人为的文化的根本不信任之上，站立在害怕丧失与大自然的同质性之上。换言之，其前提就是可以随时毫不迟缓地回归大自然的怀抱。雅斯贝斯①并非出色的思想家，但他的《关于悲剧性的事物》（1952）中的某些部分，似乎是在思考我们日本人的自然崇拜而写下的。他区别了"不果敢的意识"（das Bewusstsein der Vergänglichkeit）和"真正的悲剧意识"（das eigentlich tragische Bewusstsein），认为前者是反复和循环的，后者则具有绝对的一次性。关于"不果敢的意识"，雅斯贝斯说："人类认为自己处在大自然之中，并与大自然融为一体。"②

也许大家突然读到"原本天灾没有任何意义，它只是大自然给人类世界带来的某种负面结果"等文字会感到困惑不已，但其实清水几太郎的随笔《日本人的自然观》有个副标题"关东大地震"，探讨的主题也主要是大正十二年（1923）9月1日袭击东京周边的那场大地震，以及知识分子随后提出的几种"大自然的看法"，试图通过分析这几种看法，弄清"日本人的自然观"的本质。此随笔原是昭和三十五年（1960）5月刊行的筑摩书房版《近代日本思想史讲座 3 构想的诸样式》的卷首文章，负责编辑策划此卷的清水在"序言"（与伊

---

①　卡尔·雅斯贝斯（Karl Jaspers，1883—1969），德国哲学家、精神病理学家、存在主义哲学的代表人物之一。认为人的存在陷入"极限状况"，主张通过推测超越者的象征（译解密码）获得救赎。他一生的主要主张就是有关"生存哲学"的一整套思想，著有《现代的精神状况》《理性与存在》《哲学》《尼采》《精神病理学总论》等。——译注

②　清水几太郎：《日本人的自然观》，收录于《近代日本思想史讲座 3 构想的诸样式》，筑摩书房1960年版，第34—62页。——原夹注

藤整①联名）中写道："我们要解决的是思想问题，不！不如说是横亘在思想出发地的各种问题，或是思维尚未从情感、意志中解放出来时的各种问题。事实上，本卷的许多作者已从几个角度对这些问题做了研究。"该文章篇幅有 50 多页（A 判②纸），换算成稿纸约 100 页，分为 10 节，看各节标题就可知大概写了什么："一 新的现实""二　自然的不安与社会的不安""三 天谴的观念""四 天谴的非选择性""五 久米、菊池、芥川""六 天谴的混乱""七 简陋小庵""八 木构建筑""九 粗暴的大自然与美丽的大自然""十 日本的秋天""后记"。复印件的"原本天灾没有任何意义"这两个段落摘自"六 天谴的混乱"开头部分；"众所周知，《方丈记》"这两个段落摘自"九 粗暴的大自然与美丽的大自然"后半部分；"然而，即使是单纯的情绪"摘自"后记"的最后一段，也就是全文的最后部分。请参阅。

　　近代之后东京的街道短时间化为焦土，几十万具烧焦的尸体横陈街头。灾难共有两起，一起是大正十二年（1923）9 月的关东大地震，另一起是昭和二十年（1945）3 月的东京大空袭。这两起悲惨事件的后者显然是"人祸"，但能否断言前者是"天灾"尚未有定论。因为地震（据报道是里氏 7.9 级）在短时间内就结束了，实际的灾害由火灾和流言蜚语（众所周知，当时杀害了许多无辜的朝鲜人和社会主义者）引起。可是当时的人们却把大地震引起的灾害说成是"天灾"，这还不够，还把它解释为"天谴"（或"天罚"），其中甚至有人把它当作"天惠"而不胜感激。地震是自然现象，换言之即"天灾"（灾害因有人类居住才有可能发生，所以应说是社会现象，从这意义上说所有的灾害都是人祸）。如果真是天灾就更不用说了，其中没有任何意义。在开篇部分清水几太郎写道："所有的天灾都是人类和大自然合作的产物，它摧毁了人类任意制造出来的观念和事实。这时大自然独立于人类的愿望——这仅在依存大自然时给予满足——开始活动。天灾一方面对大自然而言是正常的运动，但在另一方面对人类而言是异常的危机。"清水想说的是，"日本人的自然观"的特质，就是给原本没有任何意义的天

　　① 伊藤整（1905—1969），小说家、评论家。日本商科大学肄业，提倡新心理主义文学，喜欢探讨"组织与个人"之类的哲理性问题。著有小说《鸣海仙吉》《火鸟》《泛滥》和评论《小说的方法》《日本文坛史》等。——译注

　　② "A 判"，日本的纸张尺寸，大小为 625 毫米×880 毫米。——译注

灾强行赋予意义。但在此之前他把焦点重新对准关东大地震："第一次
世界大战以民主主义胜利的形式结束后不到 5 年时间，当时俄国革命的
成功和对其干涉的战争尚未结束。通过观察'暴富景气'到经济崩溃的
一系列过程——1920 年第一个'五一国际劳动节'，1921 年
原敬（1856—1921）和安田善次郎（1838—1921）被暗杀，1922 年日
本共产党和日本农民公会建立，裁军进行……谁都能想象出当时的社会
状况。关东大地震就是在此社会背景下发生的，不久还成为这个社会环
境的一部分。人类与自然的关系的大崩塌融入到人类之间的关系的大崩
塌之中。人们在为人类与自然的关系感到慢性不安时，已经在为人类之
间的关系感到急性不安，这二者是交叉的。关东大地震可以理解为自然
世界的不安和人类世界的不安的结合。因此，关东大地震在融入天灾史
这个长期进程的同时，也融入了当时社会动荡这个短期进程之中。"
（二　自然的不安与社会的不安）的确如此，在大正十年代（1911—
1921）的社会条件作用之下"天谴"的观念开始出现。

　　所谓的"天谴"为何？清水说："提出天谴的观念，可以使天灾不
再是无意义的自然现象。它对人类而言是有意义的，而且从积极的方面
来说是一种有意义的事实。天灾是人类的愿望、意图和行动在不觉间自
行招来的事实，亦即人类一方有某种对应物的事实，也是可以了解的事
实。"（三　天谴的观念）自不待言，天谴的观念源自中国古典，但中国
的情况是，天谴必定是对天子的惩戒或刑罚。"与此相反，日本的天谴
对象是广大的国民，天皇被排除在天谴的对象之外，独自承受天谴的国
民却担心它会烦扰宸襟"（三　天谴的观念），因此它远离了中国古典的
原意。生于明治四十年（1907）的清水在大地震时还是旧制初中的学
生，他回忆说自己曾问过在黑板上写下"天谴"两个大字的修身课①教
师："如果是天谴，那么遭天谴的就应该是真正铺张浪费的人。不铺张
浪费的人为何要遭天谴呢？同样在东京，为何仅下町②遭难，而山手③
却几乎不受破坏？这该如何解释呢？"（三　天谴的观念）

---

　　①　修身课，日本旧制中小学道德教育学科的名称，目的是形成以忠孝为中心的国民道德
意识，始于明治五年（1872）。自明治二十三年（1890）开始改为以《教育敕语》为主的内
容。昭和二十年（1945）停止该课程，两年后被废除。——译注
　　②　下町，东京的工商业者居住区。——译注
　　③　山手，东京的高级住宅区。——译注

　　高唱"天谴"的知识分子有生田长江①、内村鉴三、内田鲁庵②、久米正雄③、三上参次④、宫地嘉六⑤、村上浪六⑥等人，他们从各自的角度赋予关东大地震以不同的意义。请阅读复印件第二段"因此，从各自的角度解释天谴"及之后的部分。特别希望大家注意的是"从这些角度能看到某种共同性——不同于来自社会状况的共同性——也是事实"，但"一般说来，对此做出的天谴必定是不自然、反自然、违背自然的天谴"这句话。天谴的观念"使自然和文化对立起来"，并将大自然视为所谓的绝对的存在。因此"人类的生活越被破坏，越悲惨，人类就越与大自然合为一体，越顺从大自然。没有一个地方会设立界标。因大自然的破坏作用而产生的所有的既成事实，事后都被证明是自然的事物，因而也是理想的事物"（三 天谴的观念）。清水插入了一个句子：这样不就封闭了"通往文化的道路"吗？就此我在后文还要叙述。

　　我们日本人似乎被灌输了一种传统的心理：大自然是"绝对的存在"和"善"，而人类（包括所有的人为的事物）是"无常的存在"和"恶"。不可能所有的日本人天生就有这种想法，这只能是一个"学习"的成果。大概鸭长明的《方丈记》等就是为此的合适教材。但现代的我们应该要有适合我们的"读法"。清水正是用一种新的"读法"

---

　　① 生田长江（1882—1936），评论家。毕业于东京大学。明治末期到大正年间作为自由的思想家从事文艺、社会评论及翻译尼采等人著作的活动。著有评论集《最近的小说家》等。——译注

　　② 内田鲁庵（1868—1929），评论家、翻译家、小说家、随笔家，立教大学预科肄业。曾翻译介绍陀思妥耶夫斯基的《罪与罚》。著有社会小说《腊月二十八》《社会众生相》等。评论、随笔的代表作有《文学家的成功之路》《记忆中的人们》等。——译注

　　③ 久米正雄（1891—1952），小说家、剧作家。毕业于东京大学，曾师从夏目漱石。《新思潮》杂志同人。在该杂志上发表小说《牛奶铺的兄弟》等，后转而创作富伤感情调的通俗小说，成为流行作家。作品还有《考生日记》《破船》等。——译注

　　④ 三上参次（1865—1939），历史学家，毕业于东京帝国大学文科大学和文学科研究生院。东京大学教授，致力于史料编纂事业。编有《明治天皇御纪》，著有《江户时代史》等。——译注

　　⑤ 宫地嘉六（1884—1958），小说家。小学未毕业。自少年起就立志于文学，接近社会主义思想。成为《奇迹》杂志的同人之后，发表了许多代表工人阶级利益的小说，如《某工人的手记》等，成为大正时代劳动文学的代表作之一。第二次世界大战后的作品有自传《工人物语》、小说集《老残》等。——译注

　　⑥ 村上浪六（1865—1944），小说家。小学毕业。擅长创作反映侠客的侠义和大丈夫气概的"拨鬓（江户时代流行的男子发型）小说"。著有小说《新月》《井筒女之助》《当世五人男》等。——译注

接近《方丈记》。清水在论文中说："在大自然的暴力面前感到绝望的鸭长明，出逃的地方又只能是大自然。面对大自然的暴力，他希望托身于比城市的房屋更无防备、只能依靠所谓的大自然的特别善意才勉强具有意义的简陋小屋。他希望通过进入大自然的深处来安抚因大自然的暴力而感到不安的心灵。然而，在他希望进入大自然的深处的那一瞬间，大自然已转变为不同的景象，变成了与火灾、台风、饥荒、地震毁灭人类的粗暴的大自然完全不同的美丽温和的大自然。这个美丽温和的大自然与佛道修行融为一体。""欲从粗暴的大自然那里得到救赎，就需要投身于美丽的大自然。""人类因将大自然解释为暴力而绝望，因将大自然解释为美丽而得到救赎。"很明显，传统（也是文学的）且正统的（即佛教的）"日本自然观"就具有这种结构。

顺便要说一下，川端康成①在获得诺贝尔文学奖时发表了纪念演讲《美丽的日本的我》②，说"以研究波提切利而闻名于世、对古今东西美术博学多识的矢代幸雄③博士，将'日本美术的特色'之一用'雪月花时最怀友'这个诗句简洁地表达出来。也就是说，自己在看到白雪和月亮的美景，即四季之美而有所省悟时，自己因那种美而获得幸福时，就会热切地思念知心的朋友，希望他们能够分享这份快乐。换言之，美的感动会强烈诱发对人的思念之情。这个'友'可视为广泛的'人'。另外，以'雪、月、花'表现四季时令变化的美，在日本是有传统的，它包含山川草木、森罗万象、大自然的一切以及人的感情之美"。这就是清水几太郎所说的"将大自然解释为美丽而得到救赎"的日本人传统且正统的"自然观"。不过它一定是教养相当高的贵族知识分子或学识丰富、德高望重的僧侣或舍身探索生活方式的隐者，总之都是知识精英才能达到的心境。因为"美的感动会强烈诱发对人的思念之情"这种极其高尚的精神内容绝不可能平均分给日本的大多数民众。

---

① 川端康成（1899—1972），小说家，毕业于东京大学。与横光利一等创刊《文艺时代》，为新感觉派的代表作家。1968年获诺贝尔文学奖。后自杀。著有小说《伊豆舞女》《雪国》《千羽鹤》《山之音》等。——译注

② 川端康成著，赛登斯泰克译：《美丽的日本的我》，讲谈社现代新书。——原夹注

③ 矢代幸雄（1890—1975），美术史学家。毕业于东京大学。留学意大利时曾师事美国美术史家和鉴赏家伯纳德·贝伦森。用英文发表研究波提切利的著作，获得很高评价。对东方、日本美术史的研究也有业绩。任日本美术研究所所长和大和文华馆馆长。著有《日本美术的特色》等。——译注

我们有必要知道清水几太郎的随笔《日本人的自然观》的最终结论。请看复印件。让我们重新思考一下关东大地震时频繁提到的"天谴"观念。清水说:"天谴观念不如说带有对传统的自然崇拜观重新补充强化的意味。当天灾被解释为天谴时,受到负面评价的一般都是违背自然、人为造成的事物,受到正面评价的则是顺从自然、非人为造成的事物。于是人们期待大自然的暴力结果即破坏,而不期待人力战胜大自然的结果即文化。不管破坏多么惨烈,但它每前进一步,就都会以大自然的名义得到辩白。这里有无底的沼泽,有不知失败的逻辑。"而后他强烈地提出质疑:这样行吗?他说:"我认为,文化的最小规定,就是对大自然的暴力的抵抗力。只要缺乏这种抵抗力,它无论多美,都不配拥有文化之名。但在日本,所谓的文化就站立在对人为的文化的根本不信任之上,站立在害怕丧失与大自然的同质性之上。换言之,其前提就是可以随时毫不迟缓地回归大自然的怀抱。"此论点非常重要。

我们未经深入考虑,就说过去说惯的"服从大自然"或"顺从大自然"这一类的话语,因此会产生一种冷漠的情绪,否定人类为成为人类而浴血奋战的努力。如果人类倾注全部的智慧、善意和体力,那么不管是地质灾害(地震、海啸、山崩、泥石流等),还是气象灾害(风灾、水灾、低温灾害、干旱等),总有一些是可以预防的。毋宁说大自然是借由人类的手才展现出自己生机勃勃、丰富美丽的态貌。破坏绿地、造成大气污染、海洋公害的犯人是没有资格赞颂"大自然美"或高唱"顺从大自然"的。此时难道我们没有必要认真地重新考虑活在当下的日本人的"自然观"吗?此时我们应该开始怀疑传统的"日本自然观",首先要做的就是提高"对人类的信赖感"。

时间快到了。我们得赶紧看看第三种"日本人的自然观"。

请看您手头的复印件。饭塚浩二的随笔《日本人的自然观》收录在昭和四十年(1965)12月出版的文艺春秋新社版的《危机的半个世纪》。它源于对发表在杂志《教育》(1960年5月号)的文章所做的补充。也就是说,它与清水几太郎的《日本人的自然观》几乎同时发表。说到昭和三十五年(1960)5月我们可以想到,该月15日"阻止安保条约国民会议"的10万名成员举行第二次国会请愿示威游行;20日凌晨,自民党主流派强行通过《新安保条约与协定》(之后国会处于停摆状态);同样在20日,"全学连"主流派冲进首相官邸,与警察发生冲突；26 日，"阻止安保条约国民会议"第 16 次统一行动有 17 万人参加示威游行，他们包围国会，使紧张事态一直持续（6 月 15 日，企图冲进国会的"全学连"主流与警察发生冲突，造成东京大学女学生桦美智子死亡。6 月 23 日，日美双方互换《新安保条约》批准书，随后该文件生效。7 月 15 日岸信介①内阁总辞职。7 月 19 日第一届池田勇人②内阁成立。9 月 5 日，自民党提出"经济高速增长、国民所得倍增"等新政策。日本全国迎来一个转换期）。所谓的思想，其越优秀就越必须与历史的现实保持部分的同一性。饭塚浩二生于明治三十九年（1906），是人文地理学家和独特的社会思想家，长期担任东京大学教授一职。

【参考资料 4】饭塚浩二的《日本人的自然观》

我对"日本人的自然观"这个问题的提法持怀疑态度。可以说日本人具有很强的、以某个特定地域的大自然来说明某个地域社会的特色。换言之，即具有将地域社会看作是孤立的生活圈的倾向。封建制度因极力阻止货币经济和商品经济对乡土社会的侵入，将后者阻滞在自然经济的阶段而使其得以存续。明治维新之后的日本一直例外地将乡土社会视为一个生活共同体，认为村规（村内法）高于国法，这种想法长时间不退出历史舞台一定有充分的理由。

众所周知，"征税应不使乡村百姓死，亦不使其生"是德川家康的经济方针，并被长期遵守。社会成员分为士、农、工、商，农民占总人口的九成之多。占据如此高比例的农民只是缴纳年贡的工具，这种时代在日本一直持续到 100 年之前。明治维新废除了世袭身份和等级制度的差别，人们可以自由更换职业和离开乡村，但封建高额地租仍作为佃农负担的年贡继续沉重地压在日本农民的身上。农民若不能摆脱佃农的身份就不会有剩余的积蓄。有人认为，若有 45 亩土地就能悠闲地生活。富裕农家与其引进机械提高劳动生产率，从事资本主义式的农业经营，倒不如买入土地作为寄生地

---

① 岸信介（1896—1987），政治家。毕业于东京大学。首相佐藤荣作之兄。东条内阁的商工相。第二次世界大战后作为甲级战犯被关押。出狱后当选为众议院议员。1957 年（昭和三十二年）任首相。1960 年与美国缔结《日美安保条约》。——译注

② 池田勇人（1899—1965），政治家。毕业于京都大学。由大藏省官僚步入政界。1960—1964 年任首相，3 次组阁。提出"收入倍增计划"和"经济高速增长政策"。——译注

主才是获利致富的捷径。有此想法理所当然。

　　于是日本的产业革命只局限于狭隘的工业革命，农业被近代化的浪潮所抛弃，它和明治维新之前一样，一直依靠家族的无偿劳动，以极小的规模维持着。这种停滞不前的状态并非日本的自然条件所致，也不来自水田农业。战后农地改革后引进机械使农业发生显著进步就证明了这一点。

　　……

　　资本主义之后我们的生活发生极大改变，都市自不待言，即使是住在农村——假设某人一辈子待在农村从未离开——也会以商品、货币为媒介，与世界的某人和某地区发生联系，形成一种无法估量的广泛的交换和流通的关系。社会关系也相应变广和复杂了。我们的经济生活已不单纯受到乡村内在条件的制约。

　　另外，特定地区的大自然和特定地区的集团之间的联系方式也因经济生活的方式不同而有各种不同。韦达·白兰士[1]早就告诉我们："自然资源和能源的新用途与社会发展的诸阶段各自对应。"新的技术发明会使迄今未被认识的自然要素作为重要资源而突然备受关注。近代工业文明的历史可以说就是由这类事件连缀起来的。

　　如此看来，在理解自然和人类的关系时若离开作用于自然环境的主体即人类显然不合情理。而人类如其中的学者、教师等人在接受这个显而易见的道理之前走了许多弯路，在途中浪费了很多时间。

　　无论大洋东西，在封建社会代表生产手段的都是土地，政治权力皆掌握在土地贵族手中。庶民在政治上没有权利，人类作用于自然的能力也很弱小。当时的处事准则是不违背社会环境和自然环境，人们以一种实感接受宿命论的思维方式。作用于自然的人和工作的人（Homo faber）这种人类类型是近代的产物，在积极作用于环境这个方面与中世的巫师（Homo divinans）有所区别。[2]

---

　　① 韦达·白兰士（Paul Vidal de la Blache，1845—1918），法国地理学家，巴黎大学教授。对人文地理学的发展有很大贡献。著有《人文地理学原理》等。——译注
　　② 饭塚浩二：《危机的半个世纪》，文艺春秋新社，第294—297页。——原夹注

饭塚浩二的随笔篇幅短小，不足 B5 判①尺寸书籍的 10 页纸，换算成稿纸仅 20 页左右，分为 5 节，开篇即提出问题："有人问日本人的自然观为何，是否可以回答有一种固定的模式。比如这个就是，与这不同的就不是日本人的。"之后饭塚自答："以被动的方式思考自然和人类的关系就是日本人的自然观的特点。"然而，被动地思考自然和人类的关系并不正确。谓何出此言，饭塚说是因为"既然要讨论作为社会、历史存在的人类，那么就只能从人类'社会'这个角度探讨自然和人类的关系"。看复印件起始的"我对'日本人的自然观'这个问题的提法持怀疑态度"之后的叙述。"以某个特定地域的大自然来说明某个地域社会的特色。换言之，即将地域社会看作是孤立的生活圈的倾向"，其实只不过是封建的遗制（饭塚未使用这个词汇）。这个批评十分尖锐。因为"封建制度因极力阻止货币经济和商品经济对乡土社会的侵入，将后者阻滞在自然经济的阶段而使之得以存续"。这也是一个重要的批评。江户时代的封建统治将身份制度固定下来，把占人口百分之九十的农民捆绑在土地上。农民被逼记住了上层阶级人士高唱的"我骄傲的祖国"之歌。政府用这种"下催眠药"的方式长期实行愚民政策，对那些不知外部世界的井底之蛙灌输：没有一个国家比日本好，你们能住在这里很幸福。即使是在今天，没有外国旅行经验的人还大大咧咧地说：没有比日本更美的国家，世界上日本最好，等等。这就是江户时代封建思维方式的残留。未与外国比较，如何能说日本世界第一？在所谓的"日本人的自然观"深处，有一种日本最美、"我骄傲的祖国"的想法在起作用。但认真思考，这就是封建思想的产物。众所周知，日本近代国家温存了封建遗制，以上说法与此有着深刻的联系。

饭塚随笔的最终结论在第 5 节。请阅读复印件。他说："资本主义之后我们的生活发生了极大改变，都市自不待言，即使是住在农村——假设某人一辈子待在农村从未离开——也会以商品、货币为媒介，与世界的某人和某地区发生联系，形成一种无法估量的广泛交换和流通的关系。社会关系也相应地变广和复杂了。我们的经济生活已不单纯受到乡村内在条件的制约。特定地域的自然和特定的地区集团之间的结合方式

① B5 判，日本的纸张尺寸，182 毫米 × 257 毫米。——译注

也因经济生活样式的不同而有各种不同。""在理解自然和人类的关系时若离开作用于自然环境的主体即人类显然不合情理。"以饭塚浩二为代表的新人文地理学认为，我们不应将自然看作是"宿命"的，而应将它看作是包含人类积极作用于它的历史行为的"整体结构"。

封建时代的农民一边忍受着"不能生亦不能死"的残酷生活，一边不断努力，持续地作用于大自然，让水田、旱地、河川、山涧能美丽一分就美丽一分。农业经济史学家古岛敏雄①《刻在土地中的历史》写道："为了控制狂暴的大自然影响，农民长年投入了大量劳动，其累积的成果就是今天农业用地的态貌。在普通的自然景观中也有这种劳动成果。……因夏季降雨多，气温高，故我国引进了水稻种植。作为知识，这种教育揭示了采用水稻的条件，但从结果上看，它产生了过低评价祖先努力的倾向。""我们除了要认为大规模的水坝和高速公路等是人类劳动的产物之外，还要认为和平的田园风景也是农民真诚接受和利用大自然恩惠的产物。而现在的人们容易忽视寂寂无闻的祖先的努力。有人认为今天所有的耕地都是早年使用至今的土地，这也是其表现之一。"②令人怀念的田园风景有一半以上都是我们的祖先积极地作用于大自然的结果，可谓血汗的结晶。

提到人类积极地作用于大自然，则可能会有人反诘：可以这样戏弄和破坏大自然吗？但凡人类要守护人类的特征，就无法不积极地热爱大自然，所以理所应当地要确立与迄今为止的意义和实际内容完全不同的"热爱大自然"的观念。现在我们完全明白，它与毫不热爱大自然却仅嘴说"顺应大自然"的传统的"日本自然观"毫无关系。

时间到了。

要了解"日本人的自然观"这个问题的性质，并非只要背诵某位伟人所说的话即万事大吉。它是我们大家必须联系自己的"思维方式"和"生活方式"，并加以探索的重要命题。能为大家起到些许引路人的作用，我即感到满足。

---

① 古岛敏雄（1912—1995），农业经济史学家，毕业于东京帝国大学。专攻日本经济史和农业史，构建出上述学科的实证体系。东京大学名誉教授。著有《日本农业技术史》《近世日本农业的发展》《资本主义的发展与地主制》等。——译注

② 古岛敏雄：《刻在土地中的历史》Ⅰ本书的目的。——原夹注

"旧乡土"与"新乡土"

1　从地方居民生活的现实出发

下面我们从浅显的事例入手。

经常旅行的人，例如在乘坐奥羽干线，经过米泽、山形、横手盆地，横穿秋田、能代平原时，就会看到两侧车窗外的景色非常优美，并为此陶醉。厌倦了阅读杂志等的内容——春天可人的万木嫩芽、夏天热烈的绿色火焰、秋天近乎哀婉的斑驳红叶、冬天冠雪的山谷身影——而为四季美景所吸引的乘客，应该都体验过将脸贴在车窗玻璃上，数小时地观看窗外景色的经历。那真让我们充分领略了绝佳的旅行气氛。但在另一方面，特快列车每隔一小时就要经过一个地方城市，离东京越远，那些街景就变得越发寒碜。当我们意识到这一点时，心情就会突然阴郁下来。

我不想说有些地方城市因为高楼林立，所以街景漂亮整齐这一类的话。相反，我不希望东北地区和奥羽的街道耸立着钢筋混凝土的建筑物。我在上面说过"寒碜"，意思是希望看到低矮的沿街建筑能具有美丽丰富的风景，但现在却毫无这种感觉。新庄这座城市可谓奥羽干线两侧地方城市中最标致的城市，但现在车站附近却冒出两三栋高大的建筑（是,仅两三栋而已!），其上方的银行广告牌高耸入云（就是这种感觉!），俯瞰着四周木构房屋的瓦片涟漪。

除山形市，大凡山形县、秋田县的地方城市都很少高层建筑，这给旅行者留下异样的感觉。可一旦进入奥羽干线的支线，到达温泉胜地，就会经常看到高层建筑。

这到底是怎么回事？

作为一介旅行者，未详细调查地方的经济文化状况，就不懂装懂，滥施评论，只能说是一种愚蠢行为。但知悉情况的不妙，谈些印象式的感想，就可以说奥羽干线两侧的地方居民依旧生活在贫困状态之中（当然在如今的日本已不存在绝对的贫困）。与东海道和山阳道地方城市的繁荣景象相比，我只能这么说。

同样是地方居民，但大城市周边的地方居民和非大城市周边的地方居民条件完全不同。就拿居民运动和地方文化运动来说，工业城市周边和农村地区的情况也不能相提并论。即使集中了中央政府机关和大企业的东京都的人士，恬不知耻地前去指导地方居民也不会有什么成果。地方居民要解决的各种问题，必须由生活在各个地方的居民自己去发现，并自己找出解决它的头绪。

前文提及奥羽干线两侧地方城市的开发严重落后。另外，至少从表面看，那里呈现出迟滞、贫困的景象，无法与东海道和山阳道农村地区的富裕匹敌。如果新庄、横手、秋田的市民缺乏主体性，不崛起抗争，发出"我们可以再这样生活下去吗"的声音，如果庄内平原和能代平原的农民也缺乏主体性，不向中央政府极力争辩"抛弃我们，日本算什么经济大国？"那么就无法解释和解决以上问题。

这里只选择奥羽干线两侧地区的事例。它也可以适用于乍一看貌似美满的其他地区的居民生活。不论是米价问题，还是环境污染问题，抑或是地方自治体的财政窘迫问题，只要人民缺乏主体性，就不可能解决这些问题。日本的地方居民长期以来是否已经习惯了不自己解决自己的问题，而仅在仰中央权力之鼻息？因此他们内心虽有很多不满，但总是期待中央部门官员能同情自己。这种期待他人解决问题的习性有几分是他们自己养成的。

然而这种时代已经结束。中央政府若置地方贫困状态而不顾，那么人民就会采取极端手段，要求公平分配财富。只有这样中央政府才会醒悟，认识到无视地方，任意垄断财富的行为是错误的，转而采取体恤地方人民的态度，着手解决堆积如山的问题，最终在全日本恢复民主政治。

请大家注意，日本这个国家变化的钥匙之一如今掌握在地方居民手中。只有抓住一切机会，顽强地进行斗争，不放弃地方，日本国的所有人民才能幸福。如果一部分地方的居民遭受不公的待遇，那就证明看似幸福的大部分地区的居民多少也在遭受不公的待遇。欧洲能够形成高度文明和高涨的尊重人性的思潮，是因为近代市民社会不断挑战近代国家。我们日本人没有那种经历，现在正是地方居民必须振作起来的时候。

2　为了我们自身的"新乡土"运动

虽说必须振作起来，但并不意味着要像欧洲市民那样拿起枪和其他武器。和平的手段我们要多少有多少。

当前，要是所有的居民都参加"建设新乡土"的运动该多好啊。据说以西德工业地带大批住宅区为核心的"新家乡"（Neue Heimat）运动已经展开。再向德国学习确实有点心理障碍，但若是好的尝试，那就不必在意什么面子问题，尽管模仿就好。什么都模仿，不觉间就可以改良、开发出比外国优秀数倍的产品，这不正是日本人被赋予的唯一的最大能力？

我们不了解西德"新家乡"运动的实况和理念。大概他们也正在暗中摸索，且反复探索尝试。但可以想象的是，因为它是在西德发起的市民运动，所以充其量只会停留在高举"整治环境""提高地域文化"等标语牌的程度。西德实施小选举区制，1966年联邦议会496个议席中在野党（如果将左翼各党派视为在野党）的议席为零，再现了恐怖政治（如此称呼是因为在纳粹争霸的1933年，国会647个议席中在野党的议席为零）的局面。如果"新家乡"运动从正面挑战国家权力，那么该运动的推动者就会被警察冷淡地带走。由此可以想象"新家乡"运动与反体制性思维还有较远的距离。但我们也有些担心，它还是不要与那可憎的战前国粹主义运动逆向前进为好。

在此需要添加图表，因为刚才我提到西德联邦共和国议会的议席数量。我们曾毫不怀疑地相信，西德在野党已经取得了极为接近的议席数量，所以可以实现理想的"保革伯仲"①和"中道政治②的平衡"，但这并非正确的观察。准确地说，西德共产党和社会党及其他左翼政党现在从事的是一种非法活动，说是执政党与在野党争斗，但它们也只是排除了左翼政党的选举战。我们在西德诗人恩岑斯贝尔格③的《最糟糕的德国》④中可以见到以下图表：

---

① "保革伯仲"，指保守和革新力量接近，不分伯仲。——译注
② "中道政治"，指中庸政治，以不偏向于"左、右"或保守、革新任何一方为宗旨的政治。——译注
③ 恩岑斯贝尔格（Hans Magnus Enzensberger, 1929—　），德国诗人、评论家。主编季刊杂志《时刻表》，尖锐地批判既成秩序，挖掘现代社会的病根。著有诗集《狼的辩护》和评论集《政治与犯罪》《意识产业论》等。——译注
④ 恩岑斯贝尔格：《最糟糕的德国》，晶文选书。——原夹注

德国议会中的左翼各党派

（议席分布		左翼各党派		其他各党派）
帝国议会	1912 年	110	对	287
	1919 年	187		236
	1924 年	162		310
	1930 年	220		357
	1932 年	221		363
	1933 年	0		647
联邦议会	1949 年	146		266
	1953 年	151		336
	1957 年	169		328
	1966 年	0		496

当然，有人认为西德的政治形态转为美国式了，所以这样很好；也有人认为这种状况比苏联一党专政好出许多。但在我们看来，这份图表制作于纳粹德国实施高压政治和发动侵略战争之后，所以难免会从西德的这个现状中闻到火药味。在此政治状况下"新家乡"运动也会让人感到危险。

倘若如此，那么我们当然可以提出疑问：不模仿那种危险的"新家乡"运动不行吗？但西德的国民也不是傻瓜，现在该国知识分子有很多人无法肯定政治现状。或许他们是将此运动作为某个突破口而推进的。但无论如何，在得到确切的报告和分析之前，我们必须有节制地评论西德发生的"新家乡"运动。

我期待着一种全体居民都能参加的"建设新乡土"的运动。它与今天西德提倡的"新家乡"运动不同，也与战前日本，特别是教育学和民俗学领域提倡的"乡土教育"运动相异，而是一种名实相副的"崭新的"乡土理解。我相信，通过这种理解，不仅地方市民，而且日本全体国民都能获得机会收回自身的"生存权利"和"自由"。乡土必须是"自由"的堡垒。

请思考其理由。

首先有必要重新思考"乡土"的概念。我手边的三野与吉监修、工藤畅须编撰的《人文地理辞典》（东京堂刊）是这样记述的：

きょうど（乡土，Native country［历史·政治词汇］）指自己出生的地方。乡土一般指自己出生的村、镇、市。离开自己出生的都道府县，移居到其他地方时，自己出生的都道府县就成为乡土；离开自己的国家到国外时，自己的国家就是乡土。

然而，就拿一个村子来说，在临近周边其他村镇的地方，因为每天都能看到其他村镇，所以乡土感会很浓烈。而在自己的村子很少能看到远方的村镇时，则会感到乡土感淡薄。因此有人认为，乡土概念不应受到行政区划限制。

大体上这就是常识或共识中的"乡土"的概念。但若仅限于某人出生地的意思，那么"乡土色彩""乡土艺术"等词汇的复合概念就根本不能成立。因此在国语辞典等中除了"出生地"之外，一般还有"地方""乡村"等的释义。的确，"乡土色彩浓烈"与"地方色彩浓烈"的意思相同，"乡土艺术"也和"地方艺术"大致同义。我们顺便还要确认一下《岩波德日辞典》中的"乡土"的意思：

Heimat［háimaːt］*f*.，-en，（mhd. *Heimōt* 'Dorf-gut'，z. Heim）乡里，故乡；出生地；出生的家庭，娘家；（植·动）原产地；（法）本国，籍贯地。

其中也可以见到"Heimat-bewegung *f*. 热爱乡土运动（针对法国的统治，发生在阿尔萨斯—洛林地区）""Heimat-kunde *f*. 乡土志""Heimat-kunst *f*. 乡土艺术（描绘乡土的文学）"，故可以认为它与日本的"乡土"概念大致相同。

总之，"乡土"和"Heimat"就是"出生的故乡"和"地方"的意思组合，带有不同的人各自相异的微妙感觉，是一个极其具象又极具人情味的概念。

然而根据前述《人文地理辞典》中因"每天都能看到"和"很少能看到"的差异而产生的乡土感浓烈与淡薄的解释，我们就可以推论出不能将乡土仅局限于"出生的故乡"。"第二故乡"这个词汇证明，只要本人产生了这类情感，那么在出生地之外的地方也完全可以找到"Heimat"的感觉。不过这个话题扩展开去将没完没了，故在此大体做出规定，能便于推进叙述就好（当然如有必要，我们将在后文进行修正）。

战前日本"乡土教育"运动的理论根据是以德国观念论哲学为基础的文化教育学家的"乡土理论"。在此无暇一一介绍，但我们现在的"乡土"概念确实还有它的影响因子，下面要举一个事例。斯普朗格①（此学者在第二次世界大战后还处于西德学界的领导岗位上）在题为《乡土科的陶冶价值》（ *Der Bildungswert der Heimarkuade* ）的演讲（1923）中如是说：

> 从居住在一部分土地的人类集团体验的整体意义来考察该地时，我们称之为乡土（Heimat）。也就是说，乡土是土地与已体验或将体验的整体的结合。进一步说，乡土是精神的根源感情（Geistige Wurzelgefühl）。因此不能将乡土视为单纯的自然。乡土是被体验同化了的自然，因而也是精神化的自然。概括说来，乡土不外乎是被人格全面影响的自然。

斯普朗格认为，不能仅仅因为是出生地就称之为乡土，人类只有在乡土中生活才能将出生地称为乡土，因此人类即使远离出生地也能拥有乡土。并非空间即土地的环境形成了乡土，亦非只要有共同的价值感情就能形成乡土，在我们的精神体验和自然的关系之上形成的空间才是乡土。斯普朗格扬弃并发展了他过去提倡的过于德国式（的确如此，赞美本国是后进国德国的拿手好戏）的乡土理论。

斯普朗格的这个乡土理论说明，乡土是人类在自身精神体验中创造出来的概念。它在一定程度上超越了拉采尔的《政治地理学》（1897）的地理决定论，但因为未经过严密的科学程序就提出"精神的根源感情"这种观念，所以缺乏学术的严谨性。然而正是这一点反

---

① 爱德华·斯普朗格（Eduard Spranger, 1882—1963），德国哲学家、心理学家、教育学家，吸收威廉·狄尔泰流派的观点，提出以了解心理学和文化哲学为基础的文化教育学。著有《文化和教育》《生活的方式》等。——译注

倒使德国的知识分子心旌摇曳，不久还开拓了通往法西斯主义的道路。

战前日本的"乡土教育"理论以斯普朗格的概念为基础，在20世纪30年代孤立于国际的状况下与极端民族主义和爱国主义结合，以至当时说到乡土教育，即仅指游逛地方村落的古城、古神社寺庙、风景名胜和背诵传说与英雄故事。今日50岁以上人群大脑中的"乡土"概念大多是以这种形式被灌输的。

一言以蔽之，"乡土"就是"古代优异的故乡"这个概念。用德语说，就是"Alte Heimat"。

不巧的是，在日本（也可以说在亚洲），一提到"乡土"就只意味着"古代优异的故乡"。过去人们认为，一直维持古代的状态才是"乡土"之所以为"乡土"的理由。而今人多半不加批判地继承这种想法。

我想认真地反问一句，对每个人的乡土而言，是否真有一个"古代优异"的时代？对日本列岛的居民而言，是否真有一种可供赞颂为"乡土"（Alte Heimat）的现实？如果有的话，那仅不过是一小撮统治者（"大名"、大地主等）的自画自赞。对占压倒性多数的农民大众而言，可以说完全不曾经历过"古代优异的"时代等。从古代专制时代到近代封建时代，不，到明治近代国家，甚至到昭和时代和战前，地方居民都始终不曾享受过与"古代优异"名实相副的生活状态。

显然，怀念"古代优异的故乡"只不过是一个幻想。可是追逐幻想的人却何其多也！

3　明治、大正、昭和的战前时代，"乡土"一直承受着苦难

这20年左右经济发展的速度非常惊人，所以遇到某些令人感慨的事情，中老年人大多会不假思索地嘟囔道"啊！还是以前好啊"，并沉浸在怀旧的情绪之中。然而，他们认为战前的日本社会更好只不过是一种幻想而已。认为我们现在的社会不好，是因为每一个人都会用自己怀揣的一把"尺子"进行衡量判断，但如果用客观的衡器来称，那么仅就日本的社会现象来看，就不存在任何一个战前比现在好的事物。什么战前的地方农村生活更悠闲，什么战前的地方自治制度在行政和财政上都更充裕，什么战前的地方居民更有人情味，等等，我认为说这些话的

老人（的确如此，通晓战前事物的人现在应算是老人）大都缺乏理性看待事物的能力。无论何种事物，现代都比战前进步发达，后者与前者根本无法比较。

因与主题密切相关，故在此概括介绍与战前地方自治状况有关的知识。日本近代地方自治制度形成于明治宪法制定、公布的明治二十二年（1889）前后，并且是与明治宪法配对、"上方赐予"的制度。众所周知，明治藩阀政府在向鼓吹自由民权的政治势力让步，制定宪法并创建国会时，为了维护自己的官僚统治体制，巧妙地在各重要领域耍尽手段。其最大的手段就是《教育敕语》。它在精神伦理层面束缚人民，在"朕惟"这个敕语中强调"尔等臣民克忠克孝"的臣民道德要远远优先于宪法条文规定的国民权利，并带有不可侵犯的重要性。如此一来，首先宪法和国会在理念上被抽去神髓；其次在现实的行政层面上采用虚假的地方自治制度和地方分权主义，但在关键的地方仍由中央官僚控制。

关于日本地方自治制度制定时的特征，长滨政寿①《地方自治》（岩波全书版）有清晰的批评：

> 地方自治制度被理解为"与准备创建国会最有关系"的制度，但这并不意味着与国会创建有同样的政治上的进步。不如说地方自治制度只不过是官僚政府在"准备创建国会"时因需要而制定的。也就是说，地方自治制度是官僚政府为了应付创建国会而采取的对抗手段。创建国会必然会在与之相同的政治方向上采用地方分权式的新型地方行政制度。为与其对抗，官僚权力反过来就要利用地方自治，这就是明治地方自治制度形成的理由。其本质是，在地方死守在中央所丧失的那一点官僚权力。②

正因为如此，所以我们在市町村制所附的理由书开篇可以看到："本市町村制之旨趣在于实施自治与分权的原则"，其结果是，此自治

---

① 长滨政寿（1911—1971），政治学家。毕业于京都帝国大学。京都帝国大学教授。致力于日本行政学的理论体系化。著有《行政学序说》《地方自治》等。——译注

② 长滨政寿：《地方自治》第一章 日本的地方自治 第一节 旧宪法与地方自治，岩波全书版。——原夹注

乃"地方人民之义务","乃国民为国尽力之本分,与服丁壮兵役原则一致且更进一步之原则",将如此荒唐的空头支票和冒牌货同时抛撒在地方居民的头上。再次借长滨该书的话说就是,"因此日本的近代地方自治制度,来自经由官僚国家之手、为了官僚国家自上而下颁发的恩典性制度"①。

近代日本的地方自治制度和《帝国宪法》与帝国议会一样,都以德国普鲁士制度为模板,但二者相比,日本的制度压制地方人民(乡土民众)比德国的更彻底。

既然是明治、大正、昭和战前时代的地方自治现状,那就无法发现"古代优异"等要素。而真实的状况只不过是,苦于压制和不公平待遇的地方人民,在中央集权国家权力颁布厚颜无耻的文教政策,强制要求自己热爱乡土而奏功的情况下,只能日益紧紧拥抱贫困的乡土,让天皇制与资本主义体制稳如泰山。

唯其如此,在战后昭和二十二年(1947)5月3日,与新宪法实施的同一天现行的地方自治法也开始实行,这是一个180度的大转变。新宪法的基本性质即盎格鲁-撒克逊近代民主制的政治原理,消除了旧宪法的德国普鲁士的政治原理。同样,新时代的地方自治法也在期待培育英美,特别是美国近代民主主义政治的生命母体(托克维尔②在《论美国的民主制》(De la Démocratie en Amérique, 1888)中说的"地方团体之于自由,犹如小学之于学问"的话就很著名),此即地方自治。这个地方自治若可全速运转,那么因明治以来绝对主义统治而窒息的地方团体自主性的解放则一定可以实现。的确,地方自治法的出现使我国地方团体在制度上可以从以往的集权官僚制度的束缚中解放出来,获得跃入分权的地方自治世界的机会。但以昭和二十四年(1949)的"肖普建议"③为契机,我国地方团体面临着地方分权和中央集权调整的新课

① 长滨政寿:《地方自治》第一章 日本的地方自治 第一节 旧宪法与地方自治,岩波全书版。——原夹注

② 阿历克西·德·托克维尔(Alexis Charles Henri Clérel de Tocqueville, 1805—1859),法国历史学家、政治家。根据其旅美经验所著的《论美国的民主制》被视为论述大众社会的古典名著。——译注

③ "肖普建议",指美国经济学家肖普(C. S. Shaoup)为团长的税制调查团于1949—1950年就日本税制改革提出的建议。其主要内容是彻底实施直接税,将地方税视为独立税,充实地方财政等,为日后的日本税务体系奠定了基础。——译注

题，甚至在法学家之间还出现了地方权力是固有（独立）还是传入（受托）的意见分歧，其间又掺入了现实的经济复兴问题，最终由上级指派或决定的官治方式再次得势。另外，它又与世界的倾向——经济高速发展导致资本的集中、超越了单纯的"指示"，具有可称之为"计划"性质的社会中央集权现象的出现、地方分权与中央集权有机结合产生的市民社会基础的动摇等的日益凸显不无关系。由此战后日本的地方自治现状是必须回到原来的出发点，之后再重新开始。然而要回到原来的出发点，我们就必须回到在所有层次、所有岗位、所有场所若无自由和独立，人即非人的这种民主主义的出发点。让我们阅读一下辻清明①就当前地方自治所做的研究："新制定的地方自治法所面临的更为困难的任务是，在克服因近代的分离而产生的旧式官僚中央集权的同时，还必须满足新的社会中央集权的要求。如果地方自治法不能解决此矛盾，那么它将流于单纯的近代地方自治的'蓝图'。若能成功地解决此矛盾，那就必须承认，它因为具有与新的中央集权有机结合的社会条件而使自身发生了变化。地方自治法正是背负着同时解决这两个艰难课题的命运而诞生的。"②

　　一如辻清明巧妙说破的那样，地方自治法抱有不可克服的"矛盾"，在克服旧的官僚中央集权的同时，还要满足新的社会中央集权的要求。如果它不能自行解决这个"矛盾"，那就没有存在的理由。地方居民所背负的"矛盾"也与此相同。只要地方居民希望成为真正的人，就必须自我变革，主动背负起这个"矛盾"，并解决它。地方居民若可以进行变革，那么日本国整体也会变好。

　　但在如此重要的地方居民当中却很少有人洞悉此问题的重要性。这又有何原因？

　　很久以前，NHK 电视走红栏目之一名曰《故乡歌祭》，时长有 1 小时。一位走红的主持人从东京带去两三位谣曲歌手（其中一名歌手被选

---

　　① 辻清明（1913—1991），政治学家。毕业于东京大学。历任东京大学教授、国际基督教大学教授、日本总务厅顾问与临时行政调查会委员，提倡拥护新宪法和议会民主主义，并在研究日本官僚制方面留下业绩。日本"文化功勋获得者"、学士院会员。著有《日本官僚制的研究》。——译注

　　② 辻清明：《新版 日本官僚制的研究》前篇 三 地方自治的近代形态与日本形态。——原夹注

大概与他的出生地有关），并让人现场录制了节目。在唱完热门谣曲之后，主持人让地方城市民谣爱好者协会和乡土艺术保护协会的会员站到舞台上，全程投以聚光灯。最后主持人总结："故乡的歌谣真好啊！"笔者极少看电视，但也看过三四次这个节目，所以这个节目应该播放了相当长的时间。谈一下我看节目时的坦率印象：帅气的流行谣曲歌手在获得满堂彩退到后台之后，舞台上陆续出现了许多乡土民谣的演出者（仿佛故意征集一些老爷爷、老奶奶似的），总有一种未开蒙社会的部落民被邀请参加博览会特别演出的感觉。乍一看绝非文明的景象，但也没有办法。那些身穿寒碜衣服和携带疑似咒具的响器——显然是贫困和被压制的产物——的乡土代表，一边发出不堪入耳的尖利声音，一边做出不堪入目的低俗（有时极其猥琐的）动作，在舞台上跳来跳去。看到这种景象，笔者不禁咋舌："啊，决不能这样！"

然而主持人和演出者以及全场观众都满脸喜悦、如痴如醉。通过显像管观看的全国电视观众也同样大感满足。据说保住了走红栏目的冠军宝座。不出所料，这位主持人不久就变为自民党选出的候选人，并在参议院全国选区获得几百万张选票后当选。

笔者在此无意对走红主持人进行个人攻击，也无意对 NHK 编导的走红栏目吹毛求疵，只想揭穿此《故乡歌祭》完美呈现的中央集权势力对地方居民的统治手段和文化政策的本质。也就是说，它一方面提供了中央集权大一统主义的象征即流行谣曲（其中也有改编自乡土民谣的流行谣曲，其强行篡改的目的就是方便流行歌手歌唱。它还导致了该乡土居民抛弃原有的"正调"，而模仿显像管中唱法的情况发生），另一方面却不禁绝贫困和不公平的象征即乡土民谣。若此则这辆车的两个轮子将持续全速运转，乡土居民就绝不会停下脚步，自己提问自己："停一下吧！这很奇怪。"在此栏目大受欢迎期间官僚国家权力也一定可以放下心来，但嗣后主持人议员外放到民间电视台重新主持同类节目，该栏目收视率却跌至 10% 以下，中途被迫取消。就在这时，出现了所谓的"保革伯仲"的居民变革意识。

我们必须擦亮眼睛，通过地方居民（乡土居民）的生活习俗和艺术，明辨其中显现的中央集权各种制度和官僚统治的所作所为及其暴力。

地方居民即指一拨总被国家（中央权力）置若罔闻的人群，也是一拨被中央权力巧妙利用的人群。

常常有人说地方居民习性的坏话，批评他们"集团地盘意识强""爱拖他人的后腿""嫉妒心强"等。但我们无法说只有地方居民才有守护集团"地盘"的特点，相反中央官员则更多见。在生物进化过程中可以见到以下事实：不仅是低等动物，就连高等动物也（不，或许应该说越是高等动物越）会守护自己的"地盘"。很自然，单独生活的动物有必要确保一定面积范围内的食物而守护"地盘"，但即使如此，其生活也不会与其他个体无关，而一定会通过守护自己的"地盘"和活动圈和他者形成一种社会关系。据说日本猴和狒狒都是几百只形成一个群体。一般来说，猴类中的群体之间有明确的"地盘"关系。反过来说，就是社会关系分别存在于群内和群外。如此一来，集团的"地盘"意识就似乎是灵长类之所以为灵长类的重要表征。据生物学家说，与猴类有亲缘关系的人类为何要转为单独生活的理由尚无法说清。果真如此，那么将人类（而且是日本列岛居民的）地方居民特性归咎于"地盘"意识就极不正确。

希望我们都要看清，说地方居民坏话是中央权力机构的"创作"，而将地方居民当猴要的则是中央机关大员。

4　"新家乡"运动必然与国家对立

根据之前的观察，现在问题的所在日益明确。日本的地方自治从明治时代以来，一直受到中央集权官僚专制权力的压制，其结果必然导致地方团体自主性的缺乏和地方居民自治特征的弱化。很显然，幕藩体制时代的地方居民被迫接受严苛的物质生活，但这种情况到明治时代即近代依然没有改变，甚至反而增加了不自由和贫困，所以以自由民权运动为核心的武力反抗相继发生，但藩阀政府采用巧妙的计策，强制推行"宪法、国会、地方自治制度"三位一体的官僚统治，其影响持续至今。

第二次世界大战之后，《日本国宪法》订立了第八章即"地方自治"此章，明确规定取代绝对主义中央集权官僚政治的民主主义政治的基础，在于尊重地方分权主义和人民自治主义，这一点非常符合逻辑。过去一直对中央权力机构言听计从的地方居民若有意追求自治主义，那就有可能熟悉并发展民主政治。然而从经济复苏到资本主义重组，再到高度资本主义体制的确立，日本实现了三级跳似的飞跃发展，垄断（寡头垄断）也迅速组成。在此期间，中央集权官僚制度再次出现，与地方分权主义与人民自治主义对立，强制集中权力。也就是说，民主主义的基础现已受到威胁。

文首例举的奥羽干线两侧地域社会的贫困，只不过是根据完全不顾该地居民的愿望和努力，直接或间接服务于垄断资本的经济团体领袖、高级官僚、保守党政治家心中的设计图而决定的。它和生活在资本主义官僚体制内部的劳动大众接受新的资本主义统治、压榨并驯服的形式恰好一致。

如果就此继续默默忍受和顺从，那么地方居民最终连基本的"人类权利"都将被剥夺。环境污染问题就是该象征。因为在地方居民无从知晓的地方正在上演杀人剧目。

不管愿意与否，地方居民都要维护自己的基本人权，保护自己的生活环境不受破坏。若为此发起居民运动，那么此运动的矛头必将指向与垄断资本相勾结的官僚制国家。"新家乡"运动的斗争对象当然是中央集权。这与国家曾经提倡的"乡土"（Alte Heimat）运动显然不同。

结论极其简单：

无论是扎根于地方社会生活，还是如浮萍般在中央都市圈生活，近代市（居）民若需要"乡土"或"故乡"（Heimat），就要向中央集权和官僚统治发出"不!"的声音，此外别无他策。有必要通过此运动知道：国民（市民）在本质上是与国家对立的。

垄断资本主义官僚体制的固着，使当今乡土（Heimat）成为完全没有实际形态的概念，成为没有实质内容支撑的空洞的表象。如果地方居民在为甲子园①高中棒球赛呐喊助威，成为乡土出生的大相扑选手的粉丝时才具有"连带感"，那就证明我们必须重塑乡土的概念。抛弃以往的乡土概念，探索新的乡土概念［这才是"新家乡"（Neue Heimat）的基本指导原理］的时机已经到来。丧失实际形态的乡土居民，只有在与国家（中央集权官僚制度）形成对峙关系时才能成功实现"创造乡土的人群"这一表象。他们是地方居民，但若支持中央权力，则地方居民（乡土居民）将不成为地方居民。

---

① 甲子园，位于兵库县西宫市，在该园球场举办的日本全国高中棒球比赛非常著名。——译注

以上是"新乡土"运动的基本原理。地方居民的"人性恢复"论将成为这个运动的导火索。

或许这听起来有些激进，但国民（市民）在本质上与国家对立这个想法，对近代欧洲人而言只不过是一个初步的常识。在 16 世纪之前，拥有各自自治权的大大小小的"自由城市"在反复分立、相互抗争而筋疲力尽之后，以马基雅弗利①为代表的民族国家论登上历史舞台，开始摸索通往绝对主义国家的道路。在马基雅弗利看来，国家（Lo stato）就是统治者，其宫廷、官僚人员能够自由操作权力手段的总体。而这些都与居民（国民）处于对立关系。通晓逻辑学的欧洲人敏锐地知道，从出发点看，国家位于作为市民的人群之外。因此他们在被迫选择天然对立的"市民利益"和"国家利益"时会毫不犹豫地选择"市民利益"，并在受到阻碍时甚至不惜拿起武器。地方分权的扩大，不外乎就是阻止国家权力向被强制的"非人性"方向沦落的具体而有效的对抗手段。

遗憾的是，正如麦克阿瑟②元帅所说，日本人对政治的通晓程度只相当于在"12 岁"时就停止生长的"娃娃脸大人"。但这无须失望。只要我们能够通过地方居民运动，积极推进"自我教育"就好。不，我们只有通过居民运动，才能成为真正的"大人"。能形成民主主义人类的"教育场所"目前只有居民运动。

培养还是孩子的我们，造就（Growing up）世界通用的"成人"的环境，才与"乡土"这个名称名实相副。这才是"新乡土"的最根本的意义。

与国家对立并非都要依靠枪和武器。欧洲历史的经验教训告诉我们，没有这种意识和具体的手段，我们市民就会软弱无力，而只有依

---

① 尼可罗·马基雅弗利（Niccolò Machiavelli，1469—1527），意大利政治思想家、历史学家、剧作家。在中世纪后期政治思想家中，他第一个明显摆脱了神学和伦理学的束缚，为政治学和法学开辟了走向独立学科的道路。他主张国家至上，将国家权力作为法的基础。代表作《君主论》主要论述为君之道、君主应具备哪些条件和本领、应该如何夺取和巩固政权等。他是名副其实的近代政治思想的主要奠基人之一。著有《罗马史论》《论战争艺术》《佛罗伦萨史》等。——译注

② 道格拉斯·麦克阿瑟（Douglas MacArthur，1880—1964），美国陆军上将。第二次世界大战中任美国远东陆军司令、西南太平洋方面盟军总司令。后作为盟军最高司令官实施对日占领政策。1951 年在朝鲜战争中主张强硬政策，与杜鲁门总统对立而被免职。——译注

靠自己的力量才能排除人变为非人的危险。国家和市民的关系本质上就是"你死我活"的关系。若到今天还不能从此经验教训中学到些什么,那么日本人永远就只能停留在"12岁"。但无论如何,我们正在通过"乡土"运动,逐步掌握此经验教训,而且已然面对用此经验教训夺回"人性"的时代。帕彭海姆[1]以宗教学家、哲学家和教育研究学者的身份,提出了克服现代社会显见的非人性化即异化现象的对策:"我们对以下各种对策表示敬意:从真正忧虑事态的态度出发,探讨异化问题中各种特殊现象的救治对策,或着手宗教复兴,或从哲学再出发,或改善教育方法,或更积极地参与地域社会提出的社会、政治工作。但我们不能忘记在叙述这些对策时多次遇到的事实,即这些对策并未触及社会中的人类异化的基础。这些对策沉迷于克服异化的某个特殊方面,并成为欲战胜异化的力量的俘虏。"[2] 这是一种极其严厉且带根本性的批判。确实"并未触及……异化的基础"的议论不能解决问题,但即使大力振作地方自治的精神,倘若无法改变社会结构和生产关系,其效果也不会明显。然而,在政治文化方面已经高涨的地方分权力量,与帕彭海姆列举的四个对策中的"宗教复兴"和"从哲学再出发"截然不同,至少是具体和物质的,所以空转的概率较低。另一个对策即"改善教育方法"也比宗教、哲学的抽象、观念空转的概率要低。不过帕彭海姆的警告还是切中了我们的要害。的确我们需要看清敌人的真面目。

5 补充说明——战前的"乡土教育"为何失败

因为已经提示了结论,所以下面做个补充说明。

前文写到,战前日本的"乡土教育"随中央权力的笛子起舞。而且地方居民(乡土居民)还稀里糊涂(情绪性)地加入舞蹈队伍。

文部省自昭和四年到六年(1929—1931)着手调查"乡土教育"

---

① 弗里茨·帕彭海姆(Fritz Pappenheim,1902—1964),美国社会学家、哲学家。生于德国。吸收马克思和特尼斯的社会结构论,从近代资本主义社会结构中寻求人类异化的根源。著有《现代人的异化》等。——译注

② 帕彭海姆著,粟田贤三译:《现代人的异化》第五章 回顾与展望 异化可以吗?——原夹注

（明治末年牧口常三郎①出版了《乡土科研究》，昭和初期小田内通敏②、尾高丰作③等人推行"乡土科学"运动。另一方面，大正初期柳田国男④、高木敏雄⑤创刊民俗学杂志《乡土研究》，民间层面已做出相当大的成绩），继而开辟途径，给予乡土教育研究设施以基金资助，进而在师范学校地理科目中加入"地方研究"。那段时间日本社会的经济状况正被空前恐怖的风暴蹂躏得一塌糊涂。特别是在农村，以米价、茧价为主的农产品价格全面暴跌，陷入了无法形容的困难境地。此时农林省开始展开"山村渔村经济更生运动"。与此相呼应，文部省提出"乡土教育振兴政策"。这个"乡土教育振兴政策"经过前述三个准备阶段后，从 1932 年开始在各地举办以地方研究方法论为主的讲习会。其主要目标是，尽可能地让地方居民在观念上（因此难得地引用了精彩的斯普朗格理论等）知道乡土，培养"乡土爱"。当然国家权力的真正目的是，不让挣扎于穷困状态的农民发现农村寄生地主制中存在的矛盾，不让他们产生社会意识。总之，永远蒙蔽他们的真实之眼。因为国家权力最怕农民大众为夺回乡土而团结和崛起。

当然，官僚国家在自己策划的"乡土教育"中强调的是"共同体感情"和作为"情操式主观生活基础"的乡土爱与祖国爱。也就是说，它们规定对"古代优异的故乡"（Alte Heimat）感情崇拜是最受期待的

---

① 牧口常三郎（1871—1944），教育家、宗教家。毕业于北海道普通师范学校。创价学会的创立者和首任会长。1928 年皈依日莲正宗，根据该教义从事教育活动。1930 年设立创价教育学会，提倡"创价教育"，与户田城圣一道创建创价学会的前身创价教育学会。1943 年因否定国家神道和违反治安维持法被逮捕，死在巢鸭拘留所。著有《人生地理学》《乡土研究》《创价教育学体系》等。——译注

② 小田内通敏（1875—1954），地理学家，毕业于东京高等师范学校地理历史专修科，执教于早稻田大学等。1926 年创刊《人文地理》。战后任国立音乐大学教授。著有《乡土地理研究》《日本乡土学》等。——译注

③ 尾高丰作（1894—1944），实业家、教育家。毕业于东京高等商业学校（今一桥大学）。1930 年与小田内通敏等人创建乡土教育联盟，1933 年创建日本儿童社会学会。著有《学校教育与乡土教育》等。——译注

④ 柳田国男（1875—1962），民俗学家。毕业于东京大学。曾任贵族院书记官、《朝日新闻》评论委员。创建民间传说研究会和民俗学研究所，为日本民俗学的建立和研究者的培养奉献了大半生的精力。1951 年获日本文化勋章。著有《雪国之春》《远野物语》等。——译注

⑤ 高木敏雄（1876—1922），神话研究学者，日本近代神话学创建者之一。毕业于东京大学德国文学科。执教于东京高等师范学校、大阪外国语学校等。作为文部省在外研究员赴德国前病殁。曾协助柳田国男编辑《乡土研究》（1913—1914），对日本民俗学的发展做出了贡献。同时对神话学也有很大贡献。著有《比较神话学》等。——译注

实践形态。

一如前述，在牧口常三郎的《乡土科研究》中和尾高丰作等人的"乡土科学"运动阶段，"乡土教育"的设想是一种极具科学性的尝试，具有弥补中央权力为充分表达国家目的而强推"灌输教育"的功能缺陷，具有与当时的新教育思潮即"劳作教育""合科教育"相通的效果，所以照此推行下去，一定会有一个美好的教育未来。这种"乡土主义"的教育方法很早就由夸美纽斯①和裴斯泰洛齐②提出。国家官僚对此十分不快。因此他们以经济不景气和文化思潮（小林秀雄③提出"故乡丧失论"）为借口，设法将与乡土相关的"科学"偷换为乡土的"情绪"。偷换作业大功告成。

现在看来，中央国家官僚的手法实在过于残忍，但轻易上当受骗的地方大众（乡土居民）也有弱点。弱点何在？其一在于缺乏理性（因为愚民政策实施得很彻底），没能看清谁是自己真正的敌人。其二在于缺乏团结（因为存在一种民俗伦理，它相信只有不违背村规民约才符合大公无私的原则），忘记结成的受苦同志之间的"横向连带感"。其他还有一些弱点。因此对中央国家权力而言，实现其地方政策犹如"拧婴儿的手"那般容易。现在地方居民更屈服于中央集权官僚制度的统治。明确地说，地方居民到现在还只被视为"东西"，而不被视为"人"。

只要实施正确的民主主义政治，就一定会在历史的各个瞬间，于社会的结构和市民的规范之间形成一致与和谐。然而，在现代日本社会的结构与我们市民的人性发展之间显然存在裂缝。要想多少弥补此裂缝，就必须发起"新家乡"运动，理性分析战前"乡土教育"运动的失败原因，以此作为"教训"，燃烧起这次必须胜利的地方居民的主体创造力。

---

① 扬·阿姆斯·夸美纽斯（Johann Amos Comenius，1592—1670），捷克波西米亚教育思想家、西方近代教育理论的奠基者。是公共教育最早的拥护者、伟大的民主主义教育家和西方近代教育理论的奠基者。著有《教学宏论》等。——译注

② 约翰·亨里希·裴斯泰洛齐（Johan Heinrich Pestalozzi，1746—1827），瑞士著名的民主主义教育家，提出"教育心理学化"理论。著有《林哈德与葛笃德》等。——译注

③ 小林秀雄（1902—1983），文艺评论家。毕业于东京大学。参加创办《文学界》杂志，在日本开拓出近代评论，将评论确立为独立的文学形式。1967 年获日本文化勋章。著有《私小说论》《无常之事》《莫扎特》和《本居宣长》等。——译注

"海洋思维" 的形成——牧口常三郎的少年时代

少年牧口从大海看到了什么?

池田喻①《牧口常三郎》开篇引用了牧口《人生地理学》中的一些话:"构成沙滩的细沙,伴随着暴风四处飞舞。由细沙堆积形成的小丘到处移动,因而妨碍植物生长。除几种抗风能力强大的松柏类物种外,几乎大部分的有用植物都难以生长。不少地方风沙使田地荒芜无法耕种,危害生产,掩埋房屋,常常恶作剧似的使居民陷入窘困。"牧口的出生地新潟县刈羽郡荒滨村是"直接受日本海恶浪侵袭的沙岸地带,一年中有半年时间每天狂风呼啸、沙尘蔽日的荒凉地带。因此农田很少,大多数村民不是前往北海道打工,就是驾船打鱼为生,留在村里的人就结渔网"。另外,明治四年(1871)左右,在信浓川分水工程做工的7万农民向柏崎县政府告状,申诉劳动强度过大,过后7人被判死刑。就此池田谈了自己的意见:"少年牧口的人生就像当时的时代和自然状况一样,非常凄凉。"

熊谷一乘②《牧口常三郎——人与思想》开篇也同样引用了《人生地理学》中的一些话:"海洋又更奇绝,给予吾等以极大影响。其表现在洋面浩瀚无边,力道澎湃无量。人类为此巨大的力量与威力感到无限恐惧。然而此种恐惧迟早都将离去,让人感化于海洋之宏大与雄壮。无论如何,吾等接触造化之神髓,只能表现出无限之崇敬。"熊谷还阐述了自身意见:"在写'海洋'这一章时,似乎牧口的耳边回响着日本海的怒涛声,眼中清晰地出现欲击碎礁石的狂浪。他注视着大海,感到其中蕴含着充盈广大宇宙的神秘力量,一定会想起幼年时怀有的虔诚心情。……牧口从青年时代到离世前一直都保持着浓厚的宗教情感,也因宗教信仰受到统治者的镇压,死于狱中。可以说贯穿他一生的高贵的宗

---

① 池田喻(1923—1975),评论家。毕业于广岛文理科大学。在担任高中教导主任和杂志编辑等之后,进入创作活动,著述颇丰,有《吉田松阴》《松下村塾——创造日本近代的教育》等。——译注

② 熊谷一乘(1932—　),教育学家、评论家。东京大学研究生院人文科学研究科硕士课程结业,历任创价大学文学系副教授,新潟大学教育系教授,创价大学教育系教授、名誉教授,桐生大学教授。著有《昭和时代的教育 其病理与诊断》《儿童的发展与社会 教育社会学的基础》等。——译注

教素养是大海培育的。还可以说他严谨、耿直、不屈服于权力、充满信念的高尚纯洁的人格，也是日本海的怒涛狂浪带来的。"

池田说：牧口在少年时因生活在贫困荒凉的海岸地带，并在那个黑暗的时代与双亲分离，故"一有空就抱着书看"，变成一个"孤独、爱思索的孩子"。并说在距离牧口的居所50—60里的地方有个港口城镇叫寺泊町，牧口曾在那里远眺过位于海平线上的佐渡岛等。总之，他很幸运地生活在拥有日莲教遗迹的环境中，因此得出结论："出生在这种地方，受此文化养育的牧口逐渐对'地理学'，特别是对人生与地理的关系产生浓厚兴趣并不令人奇怪。"① 而熊谷一乘则提出了一个前提命题："他重视经验与实证，尊重理性思维。但在另一方面，他从青年时期开始就拥有浓厚的宗教情感，在比较了基督教、禅宗等宗教之后加入了日莲正宗，并创立了创价教育学会，也就是创价学会的前身。……牧口的宗教情感与大海有很深的联系。"② 熊谷将《人生地理学》的那部分内容作为自己的佐证材料。

我认为哪种说法都没有问题。牧口常三郎这位伟人的塑像若不以荒滨村为起点就无法塑造出来。而假设牧口出生在明治初年的长州（今山口县一带。幕末反对幕府的藩国之一。——译按），那么在我们的眼前就会呈现出一个完全不同的人物形象。为理解牧口常三郎，首先就需要关注他与荒滨村的关系，这种理解方式非常合乎道理。但此时若像池田那样推理，说这位贫困、阴郁、有思索癖的少年因为住所附近有日莲教遗迹，所以对地理学产生了兴趣，那么就等于什么都没有说明。而像熊谷那样推理，说牧口成为日莲正宗的信徒可以归因于其少年时代的宗教情感，那么就如"预定和谐说"③ 那样，它不但不能充分说明所有问题，反而会让我们忽视人类原本背负的矛盾和自由不羁的心性。我要感谢池田和熊谷的著作给予我很多启发，但我也清楚地感到，在探讨这个重大问题时我们之间的"探究立场"各自相异。

---

① 池田喻：《牧口常三郎》第一章 出发 一 不成熟的发现。——原夹注
② 熊谷一乘：《牧口常三郎——人与思想》1 怒涛的生涯 苦斗的启程。——原夹注
③ （哲）"预定和谐说"（harmonie préétablie），戈特弗里德·威廉·莱布尼茨（Gottfried Wilhelm Leibniz）提出的学说：之所以那些形成了相互无缘、各自独立的世界的各个单子（特别是心身二者）又会显现出似乎具有交互作用关系的状态，是因为神事先规定了各单子间会出现和谐。——译注

这实属无奈。我们无须引用胡塞尔的话语作为例证。所谓的学问和研究，并不像一些学者和研究者坚信的那样具有"客观性"。考察对象被赋予的重要性只不过是研究者坚信那个问题很重要的那种重要性而已。研究者总有一个立场，那个立场决定了要提出何种问题，不提出何种问题，以此决定那个问题被赋予的重要性。笔者也认为少年牧口看着日本海的波涛成长起来的人生故事很重要，但不认为那是"居住在此地的庶民的命运"（池田如是说），也不认为那是"高贵的宗教信仰的基础"。即不以这种形式提出该问题的重要性。

那么若有人问：对你而言，赋予此问题的重要性到底是什么？我会回答：望着日本海生活的少年牧口很早就萌发了"海洋思维"，因此很早就开始立志成为"开明人士"。当然，少年牧口离开荒滨村时仅满 14 岁，所以不能推断说在那时他已有了明确的自我意识。但仅就没有明确的意识这点来说，无论是平民的自觉，还是宗教情感，应该说都是相同的。

《人生地理学》第十章 海洋 的主题为何？

海洋到底有多恐怖？

说到海洋，人们马上就会浮想起惊涛骇浪的情景，为其永远无限的神秘感觉而颤抖。但这是否过于文学化？何况再谈到住在海边的民众，仅此就认为他们是过着贫困、凄凉生活的人群也过于文学化，丝毫不能正确看待现实的事物。我在旧制高中读书时也读过皮埃尔·洛蒂的《冰岛渔夫》和约翰·辛格①的《骑马下海的人》等，了解到在寒风凛冽的小岛的渔夫们明知出海有生命危险，但还是怀揣着"阴郁的意志"向死亡之海划去，这让我难受了好一阵子。因此我不会不想到大海的恐怖。但当我们遥想没有任何资源的古希腊人是如何创建出那种高度的文明时，就不难猜测出海洋对人类文明史的馈赠有多大。中世末期威尼斯如何繁荣，近代初期荷兰如何发达。海洋的意象与其说是让人畏惧的惊涛骇浪，不如说是以合理主义和追富精神开创新社会的、意志坚强的人

---

① 约翰·米林顿·辛格（John Millington Synge，1871—1909），爱尔兰剧作家。曾参加过爱尔兰民族戏剧运动。在自己的语言中掺入方言和俗语，富有诗意地描写了农民和渔民的生活。著有剧本《骑马下海的人》《西方世界的花花公子》等。——译注

们身后的交通媒介，这难道不更有现实性吗？

重要的是牧口常三郎本人是如何看待海洋的。

《人生地理学》第一篇第十章 海洋 分为十节："一 现在的海洋""二 海洋与未开化民族""三 开化民族与海洋""四 海国与岛国""五 海流与人生""六 海洋与气候""七 海洋与卫生""八 海洋与产业""九 海浪、潮汐与人生""十 海洋与情感"。下面我们必须"结构性把握"牧口在哪些方面着重叙述海洋，他基于何种思考架构出那些内容，以及各事项间具有何种共时关系。跳过这种把握，仅摘取研究者所需的部分，"部分借用"牧口对海洋的说法并无太大的意义，有时甚至会歪曲意思。因此我们首先要谦虚地对待原著，从了解原著最想说什么开始。

从第十章 海洋 的前三节可以看出牧口海洋观的本质要素：

一　现在的海洋

如上所述，文明的力量缩短了世界的距离，减少了物体移动的时间，因而消除了国家之间的屏障，使今日之全球变为一个巨大的市场。在此时势下某国与世界各国的对立仅限于政治的自主和独立方面，而在经济方面则都位于这个大市场的各个角落，并相互合作。由此可以承担各自的职能，促使整体的生活进步，让自己成为出售该分工产品的店铺。该经济学家使用"通商团体"这一术语取代"国家"此语，表示的也是这个意思。在这方面，现在世界分为"文明国家"与"未开化国家"。二者的区别只是前者出售下游产品，后者出售上游产品的原材料和粗加工商品；前者是行商，后者是坐商。由此看来，我们大日本帝国在这经济大市场内只开了一家位于太平洋大街，地理位置是北纬30度至45度之间、东经125度至145度之间，面积为377972.28平方公里，凹凸不平、场所细长的简陋商店。而且这家商店还只是一家有人端坐在铺面火盆旁边，悠闲地抽着烟等待客人，拥有4000个掌柜，挂着樱花图案布帘的生丝茶叶杂货店。确实，海洋是这个市场的便利通道，唯一的公共道路。世界大市场因这条道路的开通而生。……

二　海洋与未开化民族

海洋作为人类的通道有几处障碍物。最严重的是浩瀚的海面和狂风巨浪。这正是在欧洲人瓦斯科·达伽马（Vasco da Gama）和哥伦布等冒险家发现新大陆和美国"黑船"到来启发日本之前长达数千年的时间，日本人一直蛰居日本群岛的原因，也是免受大陆骚扰的原因。这对未开化民族来说无疑是一种隔绝。这个障碍物剥夺了他们的胆量，使他们恐惧，让他们绝望。因此这个巨大的自然力量作为一种魔力，不能不让那些民众感到畏缩和嫌弃。在偶然出现稀世豪杰启蒙民众之前，海洋一直都是交通的障碍物。若能躲避其中的一些障碍物，那么地球上就没有比海面更平坦的道路。若能再排除未来不良的气象影响，那么就没有比这更方便的道路。

……

海洋可谓有利于强国，有害于弱国乎？不！海洋长久以来一直威吓着未开化民族，成为分隔国家的屏障。要让那些民族有自己的发展，现在就要撤除屏障，同时补偿大自然过去强加于人类的不利条件，将最大的好处给予他们的子孙。但那些人并未跟随时势的发展，而长时间习惯于海洋带来的不便，享受着一种侥幸。于是因恐惧这至便的天赐之物，给自己带来灾难。总而言之，开化的民族习惯于并懂得利用海洋，而未开化的民族则恐惧和回避海洋，有人因之愈发膨胀，有人因之更加畏缩。这是二者国力兴衰消长之原因所在。

三　开化民族与海洋

海洋是现在唯一的公共道路。如观察所示，海洋对未开化民族形成的障碍已被开化民族一扫而光。从另一方面来看，几乎所有的陆地已被人类占领、分割，如今除大陆内部的不毛之地之外已无再开发的余地，只留下浩渺苍茫的公共海洋，可供人类自由竞跑。因此在陆地做髀肉之叹的欧美文明强国公民，竞相奔向这一宏大的竞争舞台，扩张自己的势力，以此宣泄他们的活力。由此世界财富已然集中在海岸一带，未来还会进一步转移到海上。也就是说，能否在海上制霸，关乎当今世界一个国家是否可与列国对峙和国家的盛衰安危。欧美列国正热衷于开拓大海岂是偶然？①

———————————

① 据《牧口常三郎全集》第三卷本。——原夹注

引文失之过长，还乞见谅。但我还是希望读者至少要知晓这些内容。牧口在第十章的开篇就做出"现在的海洋"这种现实性的立论。希望读者特别关注的是，《人生地理学》这本书的重要特征，就是全书不断地提出现实的问题。牧口为说明"地与人的关系"（地理与人生的关系）却从不使用抽象的概念。这是因为他希望用一种无法回避的态度直面社会现实，并以此为素材进行思考后用文字记录下来，再通过这种行为亲自克服那种无法回避的状态。实际上，在撰写此书时牧口是一位不折不扣的"失业者"，不可能耽于悠闲的文字游戏。更准确地说，《人生地理学》中的每个标题都是牧口和他身边的现实状况的产物。从这个意义上说，《人生地理学》就是"年轻的牧口常三郎"的自传"小说"。"现在的海洋"说：如今的世界已变为一个大市场，国家也只是在这个大市场中做买卖的店铺，而把那些店铺连接在一起的极其便利的通道就是海洋。牧口断言，大日本帝国也不过是这个大市场一角的"简陋的商店"，顶多是个"挂着印有樱花图案布帘的生丝茶叶杂货店"。在这个时期（盛行对俄强硬论，全国都刮起民族主义的风暴！）能如此大胆地做此断言，是因为年轻的牧口已看清"文明的力量"正在将"海洋"作为"唯一的公共道路"并形成一个"世界大市场"，而这又是历史的必然趋势。换种看法也可以认为，这是牧口对日本的国粹主义和黩武的民族主义表示抗议的思想结晶。

"开化人"与"海洋思维"

第二节论及"未开化民族与海洋"。它说的是，作为人类通道的海洋曾有几个障碍，但至今仍对此自然力量感到"畏缩和嫌弃"的只有未开化民族，而开化的民族已开始充分利用大海。现在有人认为"海洋可谓有利于强国，有害于弱国"，但未开化民族"并未跟随时势的发展"（请注意此想法！），"长时间习惯于海洋带来的不便，享受着一种侥幸"，而这无异于自己勒自己的脖子。未摘录的牧口话语还有："分散在东洋和南洋的大小各国近来多半已经灭亡，其主要的原因是不进行海洋通航。不仅如此，如今中国、韩国和泰国等还勉强拥有独立的名义，但国家已处于崩溃的边缘。其祸根不能不说就是海洋。"这是对19世纪末到20世纪初亚洲国际环境激变的最恰当说明。最终牧口总结："习惯于并懂得利用海洋"的开化民族"因之愈发膨胀"，相反，"恐惧和回避海洋"的未开化民族"因之更加畏缩",二者之间产生了巨大的差距。这一切都因不同的民族对海洋的态度不同而造成。

第三节"开化人与海洋"我仅摘录了开篇部分,但仅读那些很可能有人会误认为牧口对欧洲帝国主义持肯定态度。仅阅读十来行的引文当然会产生误解,但要准确地理解文意,就不能摘录其中的一部分文字,而首先要从抓住"整体",辨明著者(作者)最想说明什么开始。因无篇幅照录第三节的全文(2500字左右),故请读者相信笔者,牧口此节的中心意思集中在"如今列国对海洋的关注几乎完全聚集在太平洋上"这句话中。读世界史年表会发现,欧洲最落后的国家德意志帝国也在1899年6月占领马里亚纳群岛。也就是说,牧口的论点可以归结为,世界整体的潮流正在汇聚于太平洋,在此历史发展时期如果还沉醉于自夸日本是世界最好的国家,那将带来严重的后果。面对这个世界,我们必须开阔自己的视野,日本人首先要为自己成为"开化民族"而努力。他丝毫没有提到,到那时我们也要使用武力成为帝国主义国家等。牧口在第一节说过,即使日本耍威风说自己是大日本帝国,但在世界大市场中也"不过是挂着印有樱花图案布帘的生丝茶叶杂货店","简陋"得很。他清楚地知道日本有几斤几两,又怎么会不自量力地鼓吹对外发动侵略战争?事实上,不自量力谋划帝国主义战争的是日本资本主义体制的领导层,他们一直停留在不成熟的阶段,只在欲念上想象自己已膨胀为一个成人。牧口讨厌耀武扬威,期盼日本和平发展,希望每个国民首先必须在精神上真正"开化"起来。其证据在前引部分已有充分展现,合并阅读第四章"海国与岛国"则更能明确发现这一点。

牧口通过比较岛国风气与海国风气,暗中批判故态依然的日本心性:"岛国人民表现出'岛国根性'是因为被广阔无垠的海洋隔离。这种隔离的环境限制了他们的思想与才能的发挥。也就是说,他们苟且偷安,喜欢为小事争吵,其视野不出于岛国之外。因此他们对外国人一方面自负尊大,另一方面又狐疑恐惧。他们特有的爱国心是消极而带有明显的防御性质的。海国人民并不如此。与岛国人民只将视野逡巡于陆地或领海相反,海国人民已将视野扩大到其所属的整个大洋。不仅如此,他们还进一步将它扩张到与该大洋相连的其他大洋。他们的目标是用实力控制该大洋的大部分洋面,至少要掌握该大洋的制海权。""仔细对比二者,多有相反的性质。具体观之,现在的英国与明治维新时代前后的日本明显不同。不知现在的日本到底如何。"牧口的言论相当大胆，但在他写该文的小房间外面，一定充斥着对俄强硬派的激烈骂声和非战论者的软弱呼声。在此前的 1902 年（明治三十五年）日英签订了同盟条约，主战派的气焰益发高涨，但牧口却从完全不同的角度看清了日英同盟的存在理由。他对之前的文字总结如下："历史上不乏陆地国家人民因某种机会进化成海洋国家人民的事例。尤其是四面环海的岛国人民最容易得到这种机会。过去的英国和现在的英国就明显展示了这种关系。"也就是说，牧口认为学习英国的"海洋思维"，掌握英国人那种经验科学的合理主义，才是我们日本人成为真正的"开化人"的捷径。

牧口认为，"开化"才是日本人最紧迫的课题。通读《人生地理学》全书可以明显感到，此"开化"一词宛如雄浑有力的交响乐中美妙的主旋律的不断往复，仅看目录就可以知道这一点：第三章 岛屿 的最后一节是"五 开化时代的岛屿"；第六章 山岳与溪谷 的最后一节是"九 开化人眼中的山"；第八章 河流 最后一节的前一节是"十 开化人眼中的河"；前述第十章中间部分是"三 开化人与海洋"。尤为重要的是，在涉及山河时牧口确信不疑地提出："压迫人类的山的力量和其他自然力一样，与人类智慧进步的程度成反比，其力量对开化人来说不断减弱。""河对人类的恩泽与相伴而来的灾害的关系，在人类离开水就无法存活的期间内不可能斩断。然而很明显的事实是，其利与害之一部分对开化人而言，有逐渐减小的倾向。河害应花费诸多人力治理，这一点我们已经讨论过。"牧口还断言，自然人即未开化人一旦进步为开化人，那么就可以不受自然环境的支配。这显然否定和挑战了拉采尔的地理学（"环境决定论"的地理学）。众所周知，拉采尔的"环境决定论"被韦达·白兰士的"环境可能论"超越，从范式交替的观点来看，韦达·白兰士的功绩更大。但牧口不会法语，故很难想象他可以直接从韦达·白兰士的著作中受益，只能认为是牧口自己获得那种思想的（非常遗憾，如果说至少以作业假说的形式提出此命题，那么所有的功绩都将归于我们的牧口）。牧口用"开化""开化人""开化时代"这些关键概念，最终完成了一件惊天动地的伟业，而且那时他才 32 岁。

少年牧口又从大海看到了什么？

牧口是一个具有"海洋思维"的人，在期盼他所热爱的日本民众的精神"开化"时还做出一项学问上的惊天伟业,这是毋庸置疑的。

那么,能建立如此伟业有何原因?第一个原因是,牧口是一位认真生活的人即思想家,他将自身主体的思考过程与社会客体的发展过程完美地统一在一起,即使之整体化(一如前述,他的著作总是着眼于当时的社会现实,并以其为素材而写出的),这是非常难能可贵的。第二个原因还可以分为两点:(1)他受到内村鉴三(牧口的著作大量吸收了《地人论》的思想精髓,令人颇感意外)和志贺重昂等的地理学先行研究的启发;(2)他近距离地接触到幸德秋水①(牧口曾经从幸德的《社会主义神髓》第一章 绪论的开篇"不要对我说克伦威尔②,不要对我说华盛顿③,也不要对我说罗伯斯庇尔④。若问我谁是古今最伟大的革命家,则我将推举詹姆斯·瓦特⑤其人。他一旦开动其卓越的大脑,捕捉造化的奥秘,将之展示在人类面前,世界各国的物质生活状态就为之骤然一变。呜呼!产业革命之贡献实在伟大!"这些话中学到了"整体性认知"的方法)等社会主义者的言论和实践活动。第三个原因就是在北海道师范学校任教导主任时研究过教学法;在北海道居住期间耳闻目睹了当地的开发工作;再往前推就是在新潟县刈羽郡荒滨村的少年时代生活经验等。

我很遗憾无法在此对它一一详述,但之前讨论的对象即"海洋思

---

① 幸德秋水(1871—1911),明治时代的社会主义者、无政府主义者。曾任日本《万朝报》记者,后组建平民社,创办《平民新闻》。被认定为"大逆事件"(暗杀明治天皇)的主谋而被处死。著有《二十世纪之怪物帝国主义》《社会主义神髓》等。——译注

② 奥利弗·克伦威尔(Oliver Cromwell,1599—1658),英国政治家、军事家、宗教领袖、资产阶级新贵族集团代表人物。曾逼迫英国君主退位,解散国会,并改变英国为资产阶级共和国——英吉利共和国,出任护国公,成为英国事实上的国家元首。1642年英国内战开始,他站在议会革命阵营方面,由自己组织的"铁骑军"屡建战功,1644年在马斯顿荒原之战中大败王党的军队。1649年1月30日他在人民的压力下,以议会和军队的名义处死国王查理一世。——译注

③ 乔治·华盛顿(George Washington,1732—1799),美国政治家。在美国独立战争中任殖民地军总司令,战绩卓著,使美国获得独立,成为国民英雄。1789年当选为第一任总统,奠定了美国的基础。1979年引退。被称为美国国父。——译注

④ 马克西米连·佛朗索瓦·马里·伊西多·德·罗伯斯庇尔(Maximilien François Marie Isidore de Robespierre,1758—1794),法国政治家。法国大革命时领导雅各宾派,推动处死国王和驱除吉伦特派的活动,实行恐怖政治,进行各种民主改革,后在"热月政变"中被处死。——译注

⑤ 詹姆斯·瓦特(James Watt,1736—1819),英国工程师、发明家。1769年发明真正意义上的蒸汽机。为工业革命时期具有代表性的工程师。——译注

维"，实际上就是荒滨村少年牧口常三郎通过身边的社会文化状况体验的物质条件（左右人际关系和生产关系的现实条件）的产物。以下简述我的考察报告：

我们知道，牧口与双亲分离后成为牧口善太夫的养子。1877年（明治十年）常三郎6岁。牧口善太夫与大船主牧口家族不同，称不上富裕，但总算经营着一家小规模的漕运公司。所谓漕运，正如它的词义是指船舶运输。通常人文地理学的术语称之为"回船"，它指在海岸航路运送客货的行业，也指船只。起源于镰仓时代，进入近代后发展迅速，大量运送"回米"①及各藩国的物资。

近世日本全国极尽繁荣的港口有10个，其中半数集中在日本海沿岸，此历史事实不可轻视。从北陆、奥羽地区等向大阪漕运大米的船只叫"北前船"，据说该船进港后大阪市就立刻充满了活力。牧野隆信②《北前船——日本海运史的一个断面》内容意味深长，故有必要简略介绍一下。隆信说："北前船指北陆地区的船只，是一种从大阪出发经由下关往返于松前的一般贸易船只，船型有单帆的日本船和汽船之前的西洋帆船。"③我们关心的是，北前船的航行给北国人民带来了多少财富。一般认为，"北前船第一年的利润就可以偿还购货的资金，之后的利润可全部用于积蓄"。隆信调查了加贺市及其他地区的史料（保存在过去的船主家的商业交易、造船、遇难和船具类的记录），仔细研究了宫本家族和四方家族的文书，从那些资料中提取出一些共同的特性。他认为"经营额的增加……有涨有落。随着年代的推移，经营商品的种类也增多了，利润也增加了。明治二年、三年（1867—1869）政府发布了奖励建造西洋帆船和蒸汽船的布告，北前船逐渐引进西洋船的结构，速度也提高了，故增加了往返次数。也就是说，运输能力的增强大幅提高

---

① "回米"，漕米。指在江户时代幕府、各藩将储备的贡米运往江户、大阪。亦指运送的贡米。——译注

② 牧野隆信（1917—2006），毕业于石川县师范学校，曾担任石川县立各高中教导主任、校长等。还创建了"江沼地方史研究会"，并从1955年开始着手研究"北前船"，获得很大的反响，成为日本海文化论的先驱人物。著有《北前船》《北前船的时代——近世以后的日本海海运史》等。——译注

③ 牧野隆信：《北前船——日本海运史的一个断面》第二章 北前船的意义。——原夹注

了北前船的收益"①。史料说，一次航海的收入有 1500 多日元，扣除税金、工资、伙食费等经营费用会剩余 1000 多日元。偿还买船成本后纯利润有 250 日元。这是大体的盈利标准。

没有证据表明荒滨村的船主收益与此相同，但在明治初年，250 日元可以说是一笔巨款。即使只有加贺的一半，也可算是一本万利。作为嫡系家庭的牧口家至少有此收益。可以想象，像牧口善太夫那样的小规模漕运公司老板也应该衣食无忧。如此想来民众形象的悲壮感就消失了，讨论的趣味也明显欠缺，但作为事实，这才是正确的。

与牧口善太夫的收入如何相比，重要的是少年常三郎每次在迎送出入小港的"回船"时，都能清楚地看到社会的演变过程、经济结构、包括金钱在内的诸价值的变化性质。总之，看清了"人生"和"地理"。于是牧口的"海洋思维"很早就觉醒了，醒悟到"开化"的重要性。打磨此"海洋思维"则是他在 14 岁时到北海道之后的事情。

《怪谈》（全译）解说——小泉八云的日本观

1　首先得理解他是"时代之子"

拉夫卡迪奥·赫恩（赫恩将自己的名字 Hearn 读作 Herun，他让人制作的日文印章也刻作"へるん""辺るん""辺留武"）即小泉八云②，于 1890 年（明治二十三年）4 月 4 日抵达横滨，之后移居松江、熊本、神户、东京，娶日本女性为妻，后来自己也入籍日本，过着与日本人几乎一样的生活，1904 年（明治三十七年）9 月 27 日在东京郊外的西大久保去世。在日本的 14 年 5 个月期间，他在波士顿、纽约、伦敦、东京出版了 12 本有关日本的英文著作（其中 3 本在其去世后出版）。

---

① 牧野隆信：《北前船——日本海运史的一个断面》第五章 北前船的经营。——原夹注
② 小泉八云，即拉夫卡迪奥·赫恩（1850—1904），随笔作家、小说家、英国文学研究家。英国人，出生于希腊。1890 年到日本，与小泉节子结婚。他热爱日本，并向世界介绍日本。曾在东京大学等处任英国文学教师。著有随笔《陌生日本之一瞥》和小说《怪谈》等。——译注

称拉夫卡迪奥·赫恩为头号"亲日外国人"无人会有异议。事实上，在西欧文明各国尚不熟知远东小国日本的 19 世纪末期，赫恩出版的一连串研究日本的著作起到了无可估量的作用，也取得了实际的效果。从西欧方面来看，几乎无人能比赫恩更完美地扮演了"理解东西方的桥梁"角色，这绝非过高评价。另一方面，赫恩在观察日本的记录中指出了一些连日本人自己都未意识到的优点和长处（但却完全缺乏盾之两面应有的缺点和短处的揭示。从现在的视点来看，留下许多消极的问题），因此日本人在需要了解自己时就必须阅读赫恩的著作。由于弄清文化特征不能脱离比较研究，故日本人需要倾听外国人的评论。但赫恩涉嫌对日本人和日本文化的评价过于良好，而日本人从一开始也期待得到良好评价，并以此为目的来阅读赫恩的著作，这就形成了一种特殊的"接受关系"。至少在赫恩尚未能充分扮演"理解东西方的桥梁"这个角色之前，日本国内问题的讨论就结束了。结论是：日本优待赫恩的目的，只不过是把他当作向西欧宣传大日本帝国如何优秀的新闻发言人，而在国内则把他当作有助于维护旧的统治体制、使传统意识形态绝对化和神圣化的奇特的一个外国人来欢迎而已。在日本被称为"亲日人士""亲日外国人"的外国人大都受到如此待遇。

但时至今日，这种对待方式就极为不妥。赫恩作为一位文学家，一位文明批评家，不！作为一个活生生的个体已经足够伟大。而我们则必须拥有一个全新而正确的赫恩观。为此必须先拥有全新而正确地理解赫恩的条件。

据我所知，就如何理解赫恩，中野好夫①《小泉八云———一种尝试的论述》② 中的说法最为准确而贴切。中野冷静地指出，在赫恩小泉八云第一次来到日本的 1890 年日本召开了第一届帝国议会会议。在经济方面，日本在尚未废除治外法权的殖民地环境中稳步移植了近代资本主义制度。但与此同时，明治维新以来的进步趋势也因保守的国粹主义逆

---

① 中野好夫（1903—1985），评论家、英国文学研究家。毕业于东京大学。东京大学教授。除翻译莎士比亚和乔纳森·斯威夫特的作品之外，还著有传记文学《阿拉伯的劳伦斯》。第二次世界大战后站在市民的立场参加过和平问题的讨论。另著有《伊丽莎白王朝戏剧讲义》《莎士比亚的妙处》《芦花德富健次郎》等。——译注

② 中野好夫：《小泉八云———一种尝试的论述》，《展望》1964 年第 9 期，后被要书房《文学试论集 二》收录。——原夹注

袭而受阻。他还敏锐地指出，在八云去世的 1904 年日俄战争爆发，日本陆海军的奇袭奏效。不用说整个日本，甚至全世界都为此消息沸腾。中野提到："说起来在他居住日本的期间，日本是世界上最好的孩子。……在上述新旧势力相争的时代，而且在日本是世界上最好的孩子这个时代，他居住在并书写日本的这个事实，是我们在重新理解八云时不可忽视的条件。"中野试图通过这些说明，唤起之前对赫恩赞美日本的一般性通说评价的反省。"这个意义被日本人歪曲并流传至今。他们往往将八云的日本评论视为可以脱离所有的时间和空间诸条件的、绝对自由的世界的一个绝对普遍的真理。因此日本人先是误导了自己，进而还严重伤害了八云。要重新理解八云，就必须重新审视这个前提条件。"中野的提法非常正确。

然而，中野好夫在日本败于第二次世界大战的翌年提出的这个正确言论，在经过 30 年后的今天却很少有人听过。虽说现在已无人重复战前赫恩研究家（准确地说是赫恩继承者）崇拜皇室、忠君爱国、礼赞封建遗制的愚蠢行为，但在进入 20 世纪 60 年代之后"复古热潮"开始在日本蔓延，进一步在 70 年代"超自然力思潮"又极尽猖獗，作为复古（再发现日本）和超自然力（念力）的担保人赫恩小泉八云又被拉了出来。赫恩再次成为日本美礼赞论的有力靠山，成为认可妖精、灵魂、不合理现象的有力证据。最终日本人又为了自己的利益再次利用甚至恶用了赫恩。这种行为决不能被允许。

我认为重新正确理解赫恩的基本条件，必须是中野好夫指出的在"新旧势力相争的时代，而且在日本是世界上最好的孩子这个时代，他居住在并书写日本的这个事实"。所谓的"新旧势力相争的时代"，是指明治二十年（1887）抬头的平民主义、国民主义和日本主义，与明治初年的启蒙思想、明治十年代（1877—1887）的自由民权运动和围绕它们的欧化主义思潮相对抗，并合合分分，进行奇妙的合流，但该潮流却不得不流向《帝国宪法》和《教育敕语》，最终被两次战争裹挟，形成了强有力的日本民族主义这种明治后半期的社会文化政治经济动向。赫恩正是在这个时期来到这个相争时代的后进国日本，居住在并书写着日本。另外，"日本是世界上最好的孩子"，是指远东的小国日本奋力反击欧洲强国贪婪的殖民政策，赢得世界上有良心的知识分子的同情一事。就像阿纳托尔·法朗士①的小说《在白石上》（1950）所写的那样："俄国人现在在日本海和满洲（中国东北地区——引注）的咽喉地带付出了代价，这不仅来自他们在东方的贪婪与残暴的政策，也来自整个欧洲的殖民政策。他们所追求的不仅是他们所犯的罪恶，而且是所有军事、商业基督教国家的罪恶。尽管如此，我也不打算说世界上有正义等，但我却看见了天理在奇怪地循环着。强权到现在还是人类行为的唯一裁判者，但强权有时却有意外的急速改变。这其中不会不潜藏着某种法则，但强权的作用会带来意味深长的断绝。日本人渡过鸭绿江，在满洲精确地打击俄国人。他们的海军一举歼灭了欧洲的一国军舰。不久我们将看到威胁我们的危险。如有危险，那又是谁制造的？不是日本人来找俄国人，也不是黄种人来找白种人。我们现在正嚷嚷着黄祸什么的。可亚洲人却认为白祸由来已久。"② 在这种对欧洲帝国主义自我批判、自我反省的呼声高涨之时，赫恩作为先进的欧洲（或先进国美国）人来到日本，居住在并书写着日本。

因此，为了正确地理解赫恩，首先就必须看清他是一个百分之百的"时代之子"，而且必须看清赫恩本人也深受时代制约，并且看清赫恩描述的日本（当然包括日本人的生活方式、生活态度和日本的自然风景）也深受时代的制约。

2　赫恩来到日本之前

赫恩在给张伯伦③的信中写道："此国正在遭遇道德崩塌的侵袭。渔夫吵架，农夫争斗，政治家相互杀戮，学生战斗，犯罪一直在增加。再过一代人日本可能就不再是世界上最好的国家。"（1893 年 7 月 16

---

① 阿纳托尔·法朗士（Anatole France，1844—1924），法国小说家、评论家。其作品讽刺而幽默，对人性持怀疑主义态度。后来他致力于和平运动，获 1921 年诺贝尔文学奖。著有小说《波纳尔的罪行》《戴依思》《诸神渴了》等和四卷本文学评论集《文学生活》。——译注

② 饭塚浩二译：《东洋的视角与西洋的视角》第一部 白祸与黄祸。——原夹注。此夹注可能有误，因为原著上文说过："就像阿纳托尔·法朗士的小说《在白石上》（1950）所写的那样。"——译注

③ 巴泽尔·贺尔·张伯伦（Basil Hall Chamberlain，1850—1935），英国语言学家、日本学者。1873—1911 年在东京大学和海军兵学校讲授语言学，对确立日语语法做出了巨大贡献。在研究阿依努语和琉球语方面也留下了诸多业绩。著有《英译·古事记》《日本口语文法》等。——译注

日）他感叹"日本幻灭",是他到日本整三年居住在熊本的时候。而之前住在松江的赫恩,对日本的所有事物都很喜欢,同样是在给张伯伦的信中这样说过:"在此国度生活,摆脱了过去难以忍受的外界压力,有一种进入稀薄但又极度氧化之空间的某个中性存在圈内的感觉。"(1891 年夏)也就是说,赫恩在松江呼吸的日本的空气,是一种"摆脱了……外界压力",宛在"某个中性存在圈内"的空气。换言之,即近乎可谓"现世乌托邦"的、虽不华美但足以休养身心的世外桃源的空气。他原以为日本全国都是世外桃源,但到熊本后却发现这里完全不同,因此赫恩立刻有一种"幻灭"的感觉。

在赫恩赴日动机中有一种超越单纯观察者,也超越单纯环游世界者的、可谓宿命的沉重目的和意识。

赫恩从父亲那继承了爱尔兰血统,从母亲那继承了希腊血统,就算会说英语,但从一开始就命中注定要拥有一般英国市民所少有的复杂的精神生活。因无篇幅详述,下面仅记述要点。爱尔兰人在大英帝国当中属于"受歧视的人种"和"被压制的集团",希腊人在近代欧洲世界(虽然在公元前拥有那般辉煌的文明!)同样也属于"受歧视的民族"。我们不能忽视背负着这两种基本属性(但其自身没有任何责任)的不幸父母生下赫恩这一事实。世人常说爱尔兰人(多为凯尔特各民族组成)想象力丰富,拥有产生于独特民间宗教的世界观等。但爱尔兰人从 12 世纪到 17 世纪间被英格兰征服,领土被占领,过着蝼蚁般的悲惨佃农生活,因此会遵循民族信仰,梦想并欣求进入虚构的乌托邦。爱尔兰人发起反抗运动理所应当。叶芝①、辛格、格雷戈瑞夫人②发起了"爱尔兰国民剧场运动"等,其构想也并非止于单纯的"文艺复兴"。另一方面,18 世纪之后的希腊为摆脱土耳其数百年的统治开展了独立运动,其间既有成功,也有失败。赫恩的父亲查尔斯·布什·赫恩在爱尔兰人当中家境较好(但未必是精英阶层),是二等军医官,母亲是希

---

① 威廉·巴特勒·叶芝(William Butler Yeats, 1865—1939),爱尔兰诗人、剧作家、散文家,著名的神秘主义者。20 世纪著名诗人之一。对爱尔兰的文艺复兴运动起到推进作用。获 1923 年诺贝尔文学奖。著有诗集《莪辛漫游记》《钟楼》《盘旋的楼梯》等,诗剧《鹰泉》和沉思录散文《幻境》等。——译注

② 伊莎贝拉·奥古斯塔·格雷戈瑞夫人(Isabella Augusta Gregory, 1852—1932),爱尔兰女剧作家。与叶芝等人一道收集、介绍凯尔特的传说,鼓吹爱尔兰精神,主导爱尔兰复兴运动,为爱尔兰戏剧界做出贡献。代表作有《道听途说》《月亮上升》等。——译注

腊人，即"当地人的妻子"。不难想象，小赫恩在英国伍绍学院和法国神学院学习时被称为"独眼外国人"心中有多么凄凉。赫恩年少时生活的欧洲世界是一个充满歧视和偏见的文化圈。

1869 年，19 岁的赫恩为追求自由漂洋过海来到美国，那时南北战争刚结束。刚到美国赫恩尝尽了贫困和艰辛，后来才能得到认可，于 1874 年成为《辛辛那提询问报》和《辛辛那提商报》的记者，生活才算安定下来。可是到 1877 年，他突然无法抑制内心燃起的"对南方的憧憬"，又奔向南部的新奥尔良，在那里再次遭遇贫困，但在1878 年成为当地小报《消息报》的记者，1881 年任南部最大报纸《时代民主党人报》的文艺栏目编辑主任，同时致力于创作和翻译活动。到 1887 年 6 月为止，赫恩一直过着可谓幸福的美国生活。不能否认，他也遇上了时代与时代思潮交汇的机遇。据库蒂①总结："从1870 年或其前后到 19 世纪末这段时间，占统治地位的思想，主张在运用科学的集团组织内部发挥个人主义。科学的进步超越了超自然主义，且进化思想影响了当时流行的功利主义思想并吸引了人们对它的关注，但同时也受到后者的影响。与此同时，过去一直以普及知识为目的的民主主义运动也持续着。另外，这个时代的集团组织性质表现在将新的工作重点放在知性生活的多样化和有等级的专业化方面。"②将这些话放在心上，就很容易想象，在辛辛那提和新奥尔良工作时的赫恩可以充分发挥他的新闻记者天分。事实也是如此。若继续从事记者工作，赫恩不久一定有机会进入一流"文人"的行列。同样，赫恩不管是作为翻译家，还是报告文学作者，抑或是作为小说作家，也都能保证一定成功。

可是他体内又开始躁动并难以抑制。好不容易得到自由，社会地位也很稳定，但他却毅然决然地放弃了大报社文艺栏目编辑主任一职。赫恩传记的作者认为，这或应归因于他的"流浪癖"个人性情，或应归因于对浪漫主义"原始生活憧憬"的思潮。可能两者的说法都对。加

---

① 梅勒·尤金·库蒂（Merle Eugene Curti, 1897—1996），美国著名历史学家，曾执教于哥伦比亚大学和威斯康星大学。是社会历史学和知性历史学的创始人。著有《美国的悖论：思想和行动的矛盾》等。——译注

② 梅勒·尤金·库蒂著，龙口直太郎、鹤见和子、鹈饲信成译：《美国社会文化史》上卷 序言。——原夹注

上他还有一种本质性的冲动，即趋同于爱尔兰人的"彼岸探索"，这样可以更贴切地说明赫恩的行为。他不断地左右摇摆，预感到乌托邦就存在于他可能到达的地方。

　　总之，37岁的赫恩于1887年7月到西印度群岛马提尼克岛旅游，中途返回纽约，10月再次赴该岛长期居住，翌年5月回到纽约。之后蛰居在费城的眼科医生古尔德家的一个房间里，准备出版《中国鬼故事》和《尤玛》，并撰写游记《在法属西印度的两年中》。"像棕榈一样笔直且温和、高挑的这些肤色黝黑的男男女女，态度优雅，举止优美，走路时肩膀平稳，让我刻骨铭心。""热带森林煽动起的恐惧念头，比北国树木葱郁的无人地带引起的神秘而又恐怖的感觉确实大了许多。其色彩之鲜艳让人觉得超越了大自然，叶状体创造出苍茫的大海，偶有的间隙显示出深不可测的悠长意味，并呈现出绛紫色般的黝黑。有千万种不可思议的声音汇成了一种无穷的嘈杂声。这一切都会让人想到，这里有一种可让人恐惧的创造力量。"① "在殖民地衰弱时期之前，有色人种的姑娘不像现在的姑娘这样。即使是在完全没有教育的时代，她的身上也有一种特别的魅力——她有一种孩童般的魅力，无论脾性多么暴躁也能获得人们的同情，没有人不被这种天真所吸引。她像幼儿一样柔顺，也像幼儿一样容易对事物产生好奇心，也同样容易伤心。从外观看，其缺点一如上述，其优点也无法装饰。她爱我，但或许会很好地照顾她母亲和弟弟。与此约定相交换，无论是谁都会乐于赞美她的青春、美丽和爱抚。她有着惊人的接受能力，对任何细小的事物都很开心；她会情绪突变，或显示出一种可爱的虚荣心，或冒出一种可爱的傻气，转笑为哭，就像那里的热情气候，突然下起雨又突然出太阳。这一切碰触到男人的心扉，就会吸引它，战胜它，压倒它。"② 当我们接触到赫恩的这种笔触，就会想起高更《诺亚，诺亚》中描绘的塔希提岛的热带大自然和女人。有记录表明：高更于1891年到塔希提岛，在4年前即1887年曾居住在马提尼克岛。"1887年，高更不满于印象派的画风，巴黎的生活也很困苦，故想去海外。为了得到资金，他与画家查尔

---

① 拉夫卡迪奥·赫恩著，大谷正信译：《在法属西印度的两年中》热带之旅。——原夹注

② 同上书，有色人种的女孩。——原夹注

斯·拉瓦勒①一起来到巴拿马，成为挖运河的工人。他们在巴拿马从早上 5 点半一直干到傍晚 6 点，晚上还深受毒蚊的侵害，很多同伴死亡。因此高更与拉瓦勒返回祖国，途中停留在马提尼克岛。这时拉瓦勒发病，高烧不退试图自杀。二人身无分文回到巴黎，高更与过去的同事、优秀画家舒弗内科②住在一起，并使用其画室。那时他还受教于制陶师查普列特③。"④ 看到这些记载，我们可以认为赫恩和高更有可能在马提尼克岛的椰树下擦肩而过。就算没有擦肩而过，但二人在"反感西欧文明"这一点上完全一致。在憎恶基督教，投入异教即大自然的世界这一点上也完全一致。

1890 年赫恩 40 岁，成为《哈珀斯月刊》的特派通信员，决定前往日本。这时他已经积累了很多有关日本的预备知识，并具有明确的目的和意识——去未受西欧近代文明侵蚀的未知社会，踏上未受基督教欺瞒的自然的国土。他知道日本正是能实现该目的和意识的国度。

这并非随意猜测。在尚未决定去日本前，《哈珀斯月刊》美术编辑巴顿问他到日本后能写哪些报道，并要求他提交计划。对此赫恩立即回信提出计划（1889 年 11 月 29 日给巴顿的信）。在信的开篇他说："在未踏上日本国土前无法提出明确的计划，但会尝试先写出标题，它们可能成为该书的一部分。我相信，很多内容是此前与日本有关的大众书籍中所没有的。"该计划书内容如下：

> 第一印象、气候与风景、日本的与大自然有关的诗歌的因素……外国人眼中的都市生活……新文明……娱乐……艺伎及其职业……新的教育制度——孩子的生活——孩子的游戏等……家庭生活与一般家庭的宗教……公共祭祀活动——寺院仪式与参拜者的修行……珍奇的传说与民间信仰……日本女性的生活……传统的民间歌谣与歌曲……日本艺术界的大家——现在仍存在或仅存在记忆

---

① 查尔斯·拉瓦勒（Charles Laval, 1861—1894），法国综合主义画家，是保罗·高更和文森特·威廉·梵高的朋友。——译注

② 埃米尔·舒弗内科（Emile Schuffenecker, 1851—1934），法国后印象派艺术家、画家、艺术教师、艺术收藏家。——译注

③ 欧内斯特·查普列特（Ernest Chaplet, 1835—1909），法国新艺术运动陶瓷设计家。——译注

④ 保罗·高更著，前川坚市译：《此前此后——高更回忆录》卷末 年谱。——原夹注

中，但对今天仍有影响力。日本的大自然与人生的代表及其力
量……稀有的语言——日常生活中的奇异的语言习俗……社会组
织——政治与军事的状态……作为移居地的日本，外国人的地位，
等等。

仅看这些内容，我们就会惊叹赫恩日后研究日本（解释日本）的框
架已经形成。他在未到达日本之前就大致了解了日本。而且更重要的
是，赫恩一开始就是为了寻求没有西欧近代文明和基督教痕迹的未知世
界而前往日本的。

3　赫恩日本观（解释日本）的特殊性

赫恩是为了寻找未受西欧近代文明影响和与基督教隔绝的国度来到
日本的。爱尔兰民间信仰说过，朝"西方"走就一定能找到乌托邦。
赫恩一定是为此乘船前往日本的。

果真如此，那么赫恩的日本观从一开始就具有相当强的主观倾向。
中野好夫在前述论文中还写道："我们当然不能从背负着这种宿命的八
云那里期待得到公平的印象和判断。我们不能忘记，他的危险来自这种
偏见的不可思议的甜美诱惑，同时他的日本观的长处又只能是偏见带来
的。"进一步中野还说："确实，他的日本观始终充满着对日本的理解
和赞赏。而且他绝不是随日本政府和其他官办民办宣传机构起舞的御用
宣传家。甚至可以说，国家通过帝国大学对这位日本粉丝的行为还有值
得批判之处，几乎连正常的报酬也不给。而这一点正是他的长处。他的
日本观虽有偏见和谬误，但无论如何那只是他个人的观点而已。"这种
提法非常正确。

的确，赫恩的日本观（解释日本）无疑是他自身的看法，断无为政
府宣传的打算。然而我们在今天仔细研究他说的话，就会感到赫恩也上
当受骗了，将假象坚信为真相（不！是被骗相信的）。这大概是因为赫
恩周边都是一批天真无知的日本平民，他们会对赫恩说出一些轻信政府
的话，这些话被天真但不无知的赫恩"囫囵吞枣"地转换为文章。大
多数日本平民在第二次世界大战结束前完全不知道日本的真实情况，所
以赫恩周边的人并非故意向赫恩撒谎。赫恩也未必书写谎言。正因为他
是通过自己所爱的日本平民之"眼"来观察日本的，所以他在描绘自

己所爱的日本时就缺乏整体性的把握。张伯伦在《日本事物志》（第六版）中写道："赫恩对很多细节都看得非常透彻，但缺乏理解整体的能力。这在他的标题、他的眼力都可看出来。单眼失明的赫恩有个癖好，就是用手触摸、寻找并从近处细致周密地端详身边的东西，如壁纸、书脊、古董和其他的装饰品。他可以将那些细节写成准确的产品目录，但最终没能看清地平线和天上的星星等。"① 这个评价可以敷衍引申为：从他的才能的本质来看，"赫恩擅长对细节的描写，但不适合做抽象化、一般化的立论"②。另一方面，我们也不能忽视赫恩没能看清他所爱的大多数日本民众不知虚伪而轻信政府说辞的事实，而这又是明治二十年代（1886—1896）之后"日本意识形态"极为阴险的行为，以及赫恩没能看清那意识形态的虚伪反倒被其愚弄的令人痛心的学习态度。

　　实际上，赫恩高度赞美的日本平民，特别是农民没有得到多少作为人的待遇。大内力③《日本资本主义的农业问题》明快揭示了这种观察结果："可以说日本的小农社会是日本帝国主义的支柱。还可以说在国内市场极端狭小——这也是小农制度的结果——的日本，资本主义若缺少这个基础就无法形成和发展。因此维护、温存半耕种半兼业农户是日本资本主义的绝对要件。明治以来的所有农业政策都坚持小农制度的原因就在于此。""可爱的传统农本主义者不管在主观上有多么人道，有时甚至很浪漫，但也无法改变他们是日本资本主义代言人的性质。"④农民贫困且温顺，重视祭祀祖先，遵守传统的民间习俗。将农民固定在这种状态，对明治政府而言是最好不过的事情，它只不过是该统治阶层事先布下的一个圈套而已。和日本的农民大众无法看出这是一个圈套相同，赫恩最终也没能看穿这个阴谋。其推崇的斯宾塞⑤哲学则进一步混

---

①　张伯伦著，平川祐弘译：《日本事物志》之一节《小泉八云心中之眼》，收录于《新潮》1976 年 5 月刊。——原夹注
②　同上。
③　大内力（1918—2009），经济学家。毕业于东京大学。历任东京大学和信州大学教授。专攻马克思经济学理论和经济政策，并依据宇野弘藏的理论，发表了许多有关日本农业问题的著述。著有《日本资本主义的农业问题》等。——译注
④　大内力：《日本资本主义的农业问题》第三章 分析。——原夹注
⑤　赫伯特·斯宾塞（Herbert Spence，1820—1903），英国哲学家、社会学家、"社会达尔文主义之父"，他试图将适者生存的进化理论应用到社会学，尤其是教育及阶级斗争方面。著有《社会静力学》《社会静态论》《人口理论》《心理学原理》《教育论》《人对国家》等。——译注

淆了赫恩的现实认识。这就是赫恩的悲剧所在。

与他相比，同为"御用外国人"①的张伯伦则理性得多。张伯伦在小册子《武士道——新宗教的发明》（1911 年出版，后收录于 1939 年出版的《日本事物志》[第六版]）中举出以下重要事实并指出，大多数日本民众都忠君爱国，崇拜皇室，仿佛那是一种国民道德或传统宗教，但那只是伊藤博文②等人在 1888 年（明治二十一年）"虚构"出的一种新宗教而已。若有理性，人们只能得出这种观察结论，但赫恩却认为这一切都是乌托邦居民说的，所以忠君爱国、崇拜皇室都是一种极不可思议的宗教道德，并为此钦佩不已。而且他还人云亦云，在其去世后出版的《日本——一种尝试性的解释》中对此做出理论说明。

我们顺便还有必要了解一下另一位"御用外国人"的日本观。威廉·埃利奥特·格里菲斯③说过："日本人在近代完成了不同寻常的伟业，但尚未脱离知性或伦理的幼稚状态，几乎没有形成与自我意见和情感不同的科学的历史观。'受过教育的'日本著名政治家能说会道，但就连他们对《皇纪二千五百年的历史》此书所谈的意见也毫无价值。和那些对在犹太人和基督教徒世界里长期占有统治地位的初期以色列史的传统看法一样，他们未将自己的叙事基础置于事实和同时代的记录之上。"④ 格里菲斯从罗格斯学院毕业后，于翌年即 1870 年（明治三年）受邀赴福井藩，到藩校明新馆教书。1872 年开始受雇于明治新政府，到南校（东京大学前身）教授物理、化学。1874 年（明治七年）回国，进入纽约市某神学院学习，毕业后在美国东部各地当牧师，同时撰写了许多有关日本和东亚的著作。1874 年那年，赫恩在度过 5 年的穷困生活后终于进入《辛辛那提询问报》，迈出了作为新闻记者的第一步。格

---

① "御用外国人"，指明治时代日本政府或民间雇用的外国人。对引进西欧的政治制度、产业、教育等以及奠定日本近代化的基础做出贡献。——译注

② 伊藤博文（1841—1909），政治家、元老、公爵。维新后成为政府最高领导人，制定《大日本帝国宪法》。历任首相，枢密院、贵族院议长（皆为首任）。创设政党政友会。曾 4 次组阁，发动甲午战争。后任"韩国统监"。1909 年在中国哈尔滨被朝鲜志士安重根刺杀。——译注

③ 威廉·埃利奥特·格里菲斯（William Elliot Griffis，1843—1928），美国科学家、教育家。1870 年（明治三年）赴日，在福井县藩校教授物理、化学和冶金等。后转到大学南校即今天的东京大学任教。回国后著有《天皇的帝国》等书，向国际介绍日本。——译注

④ 威廉·埃利奥特·格里菲斯著，龟井俊介译：《天皇——日本内在的力量》第四章 万世一系。——原夹注

里菲斯生于 1843 年，比赫恩年长 7 岁，在旅居日本期间与藩主频繁互动，还多次谒见明治天皇睦仁。据说此后很长一段时间他对这些经历都感到非常自豪。在这点上他属于赫恩的"前辈"。他出版了《天皇的帝国》（1876）、《日本的宗教》（1895）等著作，其中的日本论都贯彻了合理主义精神。特别是他的《处于发展中的日本国民》（1907）和《天皇——制度与人》（1915）显然都以赫恩为论敌。赫恩一开始就把日本和日本人视为"奇异的东西"（Strangeness），而格里菲斯却站在理性的角度，说并非如此，日本和日本人在"人的本性"（Human nature）上与西欧社会或近代人不存在任何差异。在赫恩看来，"神道教的祖先崇拜"是如此不可思议，又如此符合斯宾塞的社会进化论。对此格里菲斯却做出极为冷静、理性的观察："神道教是一个同义词的反复，也是一个混合词。神道原本没有秘法、教义和伦理规则。它只是一种礼仪、忠诚和来到统治者面前显示出符合臣服者身份的态度，以及在上层人士面前叩头的奴仆的态度。"①

　　显而易见，赫恩的日本观（解释日本）从一开始就充满着强烈的主观性，而且还只是论述速成宗教的作品而已。而这些速成宗教却是从明治时代中期到第二次世界大战战败这 50 年间官方灌输给日本人民大众的东西。

　　虽说从一开始赫恩的日本观就充满着强烈的主观性，但他在刚到日本之初却不至于情人眼里出西施。或许还因为有冷静的张伯伦的忠告，故在赫恩当时的作品中仍可见到富有生气的科学观察。他就日本的第一篇印象记《日本一瞥记》有以下记述：

　　　　我要求 3、4、5 年级的学生每周写一篇题目简单的英语作文。题目虽由我定，但原则上大多是关于日本的。对日本学生而言英语是很难的，但我辅导的几位学生的思想表现力却令人惊讶。他们的作文不因表现出个人的性格，而因表现出国民的情感，换言之即某种综合的情感给我带来别样的趣味。看日本学生的英语作文，最让我感到不可思议的是其中完全没有个人的特色。甚至 20 篇英语作

① 威廉·埃利奥特·格里菲斯著，龟井俊介译：《天皇——日本内在的力量》第五章 天皇主义与神道。——原夹注

文的笔迹也十分相似。可以说几乎没有例外，无人能打破这一通则。此时我的书桌上有班长写的优秀作品，我只修改了两三处惯用句的错误：

月亮

月亮于忧伤之人显得忧郁，于快乐之人显得亮丽。月亮使旅人思念家乡，勾起他之怀乡之病。因此被逆臣北条流放至隐岐之后醍醐帝，于海边仰望月光，咏叹"月甚薄情"。

美妙之夜晚晴空万里。仰望月亮时月之身影勾起吾等难以言说之思绪。

人心总似月光，清澈宁静。

歌人屡屡将月亮比作日本之镜。月满时确似其形。

……

完全不了解日本教育方法的人士读到上文，可能会觉得此文在思维方式和想象力上多少有些创造性，其实并非如此。我在相同题目的 30 篇作文中发现了完全相同的思想和比喻。同样题目的作文有几十篇，但在思想和情感上有很多相似之处。不过也不能说没有趣味，但多数日本学生在想象力方面不太有独创性。他们的想象力从几百年前开始就被固定下来，其原因一半来自中国，一半在日本。他们从儿时开始，就被灌输用日本画家的笔法观看"大自然"，感受"大自然"。那些日本绘画高手仅用寥寥数笔就可以在纸上画出清晨微凉的感觉、暑天的感觉和秋天日暮的感觉等。他们任何一个孩子，无一例外地从孩童时期就被告知，请牢记在本国古代文学中见到的最美的思绪和比喻。

通过布置给松江中学学生做的英语作文，赫恩已敏锐地看出日本人的思想和情感是整齐划一的，而且"日本自然观"只不过是通过教育制造出来的"传统思想的正确记忆和巧妙的排列"而已。但随着赫恩步入晚年，他明显丧失了客观性和科学性，就像俗话所说的"劝人者反被人劝"那样。赫恩的悲剧同时也是日本近代的悲剧。

如此一来当然会产生疑问：是否赫恩有关日本的著作就没有任何价

值？回答是并非没有价值。首先，赫恩的著作给了我们线索，借此可以了解灌输给明治时代平民的皇国意识形态对各种人的生活的渗透程度。其次，它给了我们真凭实据，借此可以重新研究被塞进或混进骗人的国民道德和传统宗教中的"古代优秀的日本"。最后，它给了我们头绪——这应是赫恩著作的最大功绩，借此可以让我们在努力挽回人性时使用"神话思维"来展示原始创造力，而这人性险些被欧洲近代技术文明完全扼杀。赫恩的著作虽很主观，但因为作者努力寻找过自己的人生，比民众更热爱他们的生活细节并沉溺其中，所以蕴含着走向未来的价值。

4　应如何阅读赫恩的《怪谈》

《怪谈》的真正价值只有通过我们今后正确的评价方法和正确的再生产方式才能被挖掘出来，并在今后的某日得到确定。

当然，文学作品从自己开始独立行走的那一个瞬间就完全托付于读者的自由阅读。我们无法说《怪谈》不能当作夏夜的清凉剂来阅读，也无法规定它不能作为再发现日本的根本史料。话虽如此，但在科学思维普及、民众生活因科学技术得到极大满足的今天，一定没有人会真的相信有妖怪、幽灵之类的说法。此书的副标题是《关于灵异事件的故事与研究》（*Stories and Studies of Strange Things*），但在作为现代人的我们的眼中，其中没有一个灵异事件，大多数的故事都可以得到合理说明。无法合理说明的故事都是胡言乱语，只能付之一笑。

但要说赫恩决不相信妖怪、幽灵也不正确。赫恩确实对妖怪、幽灵表示同情。说不定他入籍日本，就是考虑到万一此世真有他界，他就可以通过佛教得到救赎。根据荣格精神分析学我们可以验证，赫恩所见的几种意象和象征包含着与现代人不同的宇宙认识。但因为受到斯宾塞的影响，赫恩的"他界意识"绝不是在否定合理性和科学。不如说赫恩的伟大之处，就在于他很早就看出现代宗教学、人类学和神话学最近才注意到的欧洲中心主义合理性的界限。在赫恩看来，忽视人类精神内部的深不可测的"不可思议"，就不能形成真正的合理性和科学。他看出如果脱离生动的人类行为和感受，就不能掌握真正的科学真理。至少可以推测在结果上是这样的。

在此需要做一些解释。我在旧制研究生院学习时，曾涉猎英国民族学（宗教人类学）的书籍。某天我读了詹姆斯·乔治·弗雷泽①的《王权的巫术起源》（1905），发现该第三章中间部分有他对"接触巫术"（Contagious magic）的解释，还看到他列举的日本例证："在日本，如果某户人家在夜间遭劫，强盗的脚印在早上还可以看见，……"在无句号的不同寻常的故事叙述的长句告一段落之处，有个很小的脚注符号。看脚注发现是："引自拉夫卡迪奥·赫恩：《日本一瞥记》（伦敦，1894）第二卷，第604页。"不用说这就是《日本一瞥记》第二卷"第二十三章 从伯耆到隐岐"的长篇游记的一个片段。用日语说就是："在一家人熟睡时强盗进入屋内。第二天一早人们找到那个盗贼的足迹，对其逐个用灸，那么那盗贼的脚部就会疼痛，无法跑远，容易被警察抓到。人们正是这么希望或相信它的效用。"② 弗雷泽是一位广泛收集文献的大学者，甚至有人嘲讽他是坐在扶手椅上的民族学家，因此他读过赫恩的著作理所当然。但那时我却非常惊讶。这种惊讶非同一般，因为在该书卷末，出版商麦克米伦出版公司的广告页《致力于人类学》记载着赫恩的《日本：一个尝试性的解释》这一书名，它堂堂正正地与克劳利③的《神秘玫瑰》、拉采尔的《人类的历史》、维斯特马克④的《人类婚姻史》等人类学古典名著比肩。当我看到这广告页时瞠目结舌。现在回想起来，在19世纪末到20世纪初的英国人眼中，赫恩作为"人类学家"已获得很高评价。用现代语言说明，就是将他视为只身远赴发展中国家

---

① 詹姆斯·乔治·弗雷泽（James George Frazer，1854—1941），英国人类学家、民俗学家。曾任利物浦大学和剑桥大学教授。早年以研究古代文化史为主，因受泰勒《原始文化》一书的影响而转向人类学和民俗学研究，尤其重视从民俗学角度搜集、整理涉及各地土著民族和远古原始民族的宗教资料，以对法术、禁忌、图腾等原始宗教现象的研究而享誉宗教学术界。受英国唯理论和进化论的影响，他在学术上持宗教进化观，但认为人类在形成宗教之前曾处于一种"法术"阶段，人类的理智即经历了从法术到宗教、由宗教到科学的发展。他指出这种法术揭示了一种原始理性，是原始社会流行的"准科学"，此后法术活动在其认识自然的发展过程中或因求诸超自然的神秘力量而走向宗教，或因依靠人的经验观察而走向科学。著有《金枝，对法术与宗教的研究》（13卷）、《对永生的信仰与对死者的崇拜》等。——译注

② 大谷正信译：《小泉八云全集》第三卷，第一书房。——原夹注

③ 恩斯特·克劳利（Ernest Crawley），生平事迹不详，奥地利裔美国艺术史家、心理学家。——译注

④ 爱德华·亚历山大·维斯特马克（Edvard Alexander Westermarck，1862—1939），芬兰社会学家、人类学家。在其著作《人类婚姻史》中提出"维斯特马克效应"，被认为是"第一位达尔文式社会学家"以及"第一位社会生物学家"。由于他对英国社会学的创建做出重要贡献，故他与伦纳德·特里劳尼·霍布豪斯一道成为伦敦大学第一任社会学教授。——译注

（即 19 世纪末的日本）进行细尽周密田野调查的人类学家。再说赫恩收集编撰新奥尔良黑人谚语的成果《克里奥尔谚语》（1885）很早就在伦敦学界获得很高评价。

其实赫恩远远走在当时的英国人类学的前面。因为赫恩一开始就抛弃了白人优越的人种偏见（实际上民族学正是这种观念的集大成者），探索包括自己在内的人类的"生活方式"。赫恩的伟大就在这里。

刚才我说过为恢复被现代技术文明剥夺的人性，我们有必要恢复"神话思维"，也指出赫恩的著作给予我们理解这种主张的头绪。说到神话、巫术、礼仪等，我们往往误认为它是科学技术发达程度低的时代的产物，而过去很长时间也通行这种谬说，直到最近列维－斯特劳斯①等的划时代论著出现才突然改变了我们的想法。列维－斯特劳斯主张："神话和仪式并非人们常说的人类背离现实的'虚构功能'的产物。它们的主要价值就在于将过去（大概现在仍然如此）适合用于发现某种类型的各种观察与思考的方式保存至今。所谓的某种类型的发现，即指通过感性词语对感性世界进行思辨性的组织和活用做出的大自然的发现。这种具体的科学成果，从本质上说，不得不被限制在与精密科学即自然科学带来的成果不同的水平上。但具体的科学与近代科学一样也是科学，其成果的真实性丝毫未减。在比精密科学即自然科学早一万年前确立的那种成果，依然形成我们现在的文明的基础。"② 进一步他还认为，神话思维是一种知性形式的修补术，而科学是在区别偶然和必然的基础之上形成的，并且与科学所要求的性质、体验、事件之外的东西无关。在明确了二者的区别之后他主张："神话思维是一个能工巧匠，它能把事件，更准确地说是把事件的碎片拼合在一起再建构起一个新的结构，而科学只有在其建立之后才能'前进'，它使用自己不断建构的结构即假说和理论，以事件的形式创造其方法和结果。但不要错误地认为，神话与科学是人智发展的两个阶段或两种现象，因为这两种方法都是有效的。人们正在努力使物理学和化学重新成为定性的科学，也就是

① 列维－斯特劳斯（Claude Levi-Strauss，1908—2009），法国作家、哲学家、人类学家、结构主义人类学创始人和法兰西科学院院士。引用索绪尔和雅柯布逊等结构主义语言学的各种概念和分析手法来阐明家族亲属、神话等，确立了结构主义人类学。著有《忧郁的热带》《野性的思维》等。——译注
② 列维－斯特劳斯著，大桥保夫译：《野性的思维》第一章 具体的科学。——原夹注

说，使它们也能阐述第二种性质。这些被阐明的第二种性质下一步将成为阐述的手段。这一切若能完成，现在在原地踏步等待的生物学也可能解释生命。另一方面，神话思维也不仅被禁锢在事件和经验当中，它不断地排列这些事件和经验，试图为此找到一种意义，而且还是一个解放者。因为科学在面对无意义的东西时首先会因绝望而做出妥协，而神话思维则会发出抗议之声。"① 只引用这些内容不能说明何为神话思维，但可以让我们理解列维－斯特劳斯的想法，即除科学之外，若没有神话思维就无法形成人的一种状态。近代技术文明带来的公害和环境污染问题的根本原因就是，包括科学家在内的所有近代产业人士都只热衷于追求资本主义的利润。科学家十分清楚，破坏大自然的生态系统会带来不可挽回的灾难，而且"科学首先会因绝望而做出妥协"。如果此时包括科学家在内的所有产业人士、政治家、知识分子都具有健全的"神话思维"会怎么样？那时必定"神话思维则会发出抗议之声"。

赫恩因具有神话学和宗教民族学的素养以及对西欧近代文明根本缺陷的深刻洞察力，故可以充分运用自己的"神话思维"写下作品。他并非出自简单的怪异趣味，而是为了探究人如何活得像人这个根本命题而写妖怪和精灵的故事的。人类远比妖怪和精灵值得尊敬。请看该书收录的《青柳的故事》。

赫恩从众多树精故事（日本有"良弁杉由来""三十三间堂栋木由来"等许多有名的传说。弗雷泽《金枝篇》收集分类的神话类型及属于该类型的民间故事在全世界范围内都有分布）中特意选取这个"柳精故事"进行改编。在此动机中可以发现他的人生体验或世界认识的因素。赫恩并非仅因相信自己的民族学素养（在当时的学术阶段它只能进行分类和图式化）而对收集到的民间故事进行再生产。当时作为一个民族学家，他无论是否有兴趣和觉得有魅力，但只要收集一部分未开化民族的传说并将它们翻译成本国语言就算完成了任务。可赫恩却是为了加深自己的世界认识，扩展自己的人生智慧，总之，是为了选择与作者主体（改编者主体）紧密关联的主题而改编作品的。这正可视为"神话思维"的发现。

可以做此推断的证据就在下面。下文是赫恩夫人小泉节子《回忆

---

① 列维－斯特劳斯著，大桥保夫译：《野性的思维》第一章 具体的科学。——原夹注

录》的一部分：

> 有一次他像平时一样到瘤寺散步。我也一起去了。赫恩突然惊讶地说："啊啊！"我以为发生了什么事，吓了一跳。这时他紧盯着三棵被砍倒在地的高大杉树。"为什么要砍这些树？""这间寺庙现在很穷困，大概是需要钱吧。""为什么不跟我说？给它点钱并非难事。比起砍树我会高兴得多。这些树多少年一直长在山里，从很小的芽胚开始长起。"他非常失望地说道："我现在有些讨厌那个和尚了。和尚没钱很可怜。但孩子他妈，这些树也很可怜。"说完他像发生了什么大事一样，垂头丧气地穿过寺门回家了。之后他坐在书房的椅子上很是失望，说："我看到那个情形很是心痛。今天很无趣。你去拜托寺院不要再砍树了。"从那以后他就不太去那寺院了。没过多久，老和尚去了其他寺院，来了位年轻的和尚，之后不断砍树。再往后我们搬家了。之后树没了，墓被移走了，盖了出租房什么的，现在已面目全非了。赫恩所说的静谧世界终究被破坏了。那三棵杉树的倒下就是开端。
>
> 赫恩很早以前就说想住在冷清乡下的、小房子大庭院有很多树的建筑里。因为瘤寺变成这个样子，所以我们到处寻找房子。西大久保有间房子要出售。那房子完全属于日本风格，周围没有西洋风格的建筑。①

这些话多么令赫恩声誉大增。看到自己钟爱的杉树被砍，他慨叹：为何砍前不跟自己商量。钱之类的事情总能解决。杉树多可怜啊！"他像发生了什么大事一样，垂头丧气地穿过寺门回家了。"这语调使人想到节子夫人似乎没能理解赫恩的伤心之处，但接下来所说的"坐在书房的椅子上很是失望"，可以让人感到赫恩的恐惧心理。此时的赫恩全身心都大失所望，它已超越了滑稽可笑，让人心惊胆战。赫恩将整个世界当作自身世界的一部分来看待。

据赫恩传记作者说，赫恩因居所附近瘤寺的杉树被砍，故决定在西大久保买房搬家。也就是说，他自主选择了自己的行动。但在我看来，

---

① 小泉节子：《回忆录》，收录于《小泉八云全集》另册，第一书房。——原夹注

他在下决心搬家的同时，还打算对仅因经济目的砍倒三棵瘤寺老杉树这件事对决，自主选择了创作《青柳的故事》。正如列维－斯特劳斯所说的那样，"对无意义的东西""神话思维则会发出抗议之声"。

（从这个意义上说，《青柳的故事》对赫恩而言可谓是"自传作品"或"私小说"，进一步还可以说它具有一种与"现实小说"相通的因素。赫恩绝非单凭兴趣爱好而关注妖怪和精灵。只要细心阅读《怪谈》收录的其他短篇，例如《有力气的傻瓜》《向日葵》《蓬莱》等就可以轻松地发现这一点。）

无意义地砍伐树木，在今天的我们四周几乎是一件稀松平常的事情，而且我们现在已经习以为常，没有任何感觉。对破坏自然环境的行为我们完全近乎无感，这着实令人感到不安和恐惧。这时若阅读赫恩《青柳的故事》结尾部分，深入到作者的内心，了解他为何、以何种想法写此故事，那么就能立即回到我们所讨论的"生存方式"这一问题上。此作品所蕴含的追溯根源的力量，正是它不逊色于任何古典作品的明证。古典被不断重读，被赋予新生。《怪谈》也将不断展现自己的新面孔。

《怪谈》还可以有其他多种多样的读法。

其实森亮①的优秀论文《拉夫卡迪奥·赫恩的改编文学》②就评论过《青柳的故事》，认为赫恩的改编技巧特色就在于写实主义手法。森亮在前言写道："接下来要研究以下三点：赫恩在改编文学作品时，（A）做了哪些准备？（B）下过什么功夫使其成为优秀短篇小说？（C）他的改编具有何种文体特征？"接着森亮回答：在"（A）改编的准备"中可见"1. 文字加工"，"2. 改变了内容"；在"（B）为成为短篇小说下功夫"中可见"1. 为达到单一的效果，在结构方面下了功夫"，"2. 在开头和导入部分下了功夫"，"3. 在末章和结尾部分下了功夫"，"4. 在摸索写实主义方面下了功夫"。森亮的研究报告公允且简洁明快，大可令人信服。其中值得关注的是，森亮指出：赫恩在将古典改

---

① 森亮（1911—1994），文学研究家、比较文学家、诗人。毕业于东京大学。历任岛根大学、御茶水女子大学、梅花女子大学教授。著有《正是梦》《小泉八云的文学》等，被称为"小泉八云研究第一人"。还有译著《小泉八云作品集》等。——译注

② 森亮：《拉夫卡迪奥·赫恩的改编文学》，载《比较文学研究》第十五期，1969年4月出版。后收录于《现代的精神91 小泉八云》。——原夹注

编为《青柳的故事》时运用了写实主义的笔法。下面让我们阅读森亮的文字，以了解赫恩的英文作品和赫恩采用的日语原作出典。

4. 写实主义——realistic 的笔法

也就是为使故事内容富于怪异趣味，最终能实现写实主义的只有该精神和手法，这样才能有效利用超自然性的趣味。《怪谈》中《青柳的故事》，说的是一个叫友忠的年轻武士娶柳精为妻的故事。原作和改作分别都简叙了一个悲剧：

从此夫妇许下誓言偕老同穴。欲共度岁月时妻子说，我没想到会与你结为夫妇，而且对你的爱永远不变，但不可思议的是，我的生命将在今晚结束。她泪如雨下，说我们是前世因缘，故等我死后要好好供奉，……（《玉帘》）

For five happy years, after that wedding, Tomotada and Aoyagi dwelt together. But one morning Aoyagi, while talking with her husband about some household matter, suddenly uttered a great cry of pain, and then became very white and still. After a few moment she said, in a feeble voice："Parden me for thus rudely crying out—but the pain was so sudden！… My dear husband, our union must have been brought about through some Karma relation in a former state of existence; and that happy relation. I think, will bring us again together in more than one life to come. But for this present existence of ours, the relation is now ended；We are about to be separated. Repeat for me, I beseech you, the *Nembutsu* prayer, because I am dying." （结婚后友忠夫妇恩爱地生活了5个年头。然而在一天早晨，青柳正在和友忠谈论家事，却突然发出痛苦的声音，脸色发青，全身僵硬。不久她用虚弱的声音说道："请原谅，我突然哭了起来，但太痛了。我亲爱的丈夫，你和我之所以成为夫妻是前世姻缘，也是一种快乐的姻缘。我想如今这段缘分已经结束，我再也无法和你在一起了。我们很快就要分开了。拜托你多为我念经。我就要死了。"）

改作的描写真实得多，并给出了"5个年头"这一准确数字，说一天早晨（原作是晚上），珍爱的妻子突然——这个突然的写法很到位——死去。这是因为那时她故乡的柳树被砍倒了。不管何人以何种理由砍树，那作业也应该在白天进行。将砍树与那瞬间她的性命相关的赫恩的解释是故事的核心，且有说服力。只要默认这种超自然性，近代人就能坦率地接受它而很少会有抗拒心理。这是原作缺少的写实主义精神在起作用。

森亮肯定了《青柳的故事》所具有的写实主义技巧效果，并总结说："可以认为，赫恩的改作是一篇短篇小说，追求一种美的形式，它成功地准确再现了原作蕴含的人性秘密。如果说赫恩的梦想是追求美的最高价值，那么实现这个梦想的就是他的改编文学作品。这绝非言过其实。"

确实赫恩有"唯美主义"的一面，所以少不了用此衡量一切。但他认为因此可以把握一切那就大错特错了。我想再次说明，正因为在赫恩内心深处起作用的"神话思维""发出抗议之声"，所以他才得以同时实现了写实主义和美。正如列维－斯特劳斯指出的那样，"神话思维"与胡说八道完全不同，只是"通过感性词语对感性世界进行思辨性的组织和活用做出的大自然的发现"。我认为《青柳的故事》作为人类遗产今后将发出更耀眼的光芒，其根据就在这里。但我未必固执己见。

我们应该以自己的头脑，以新的解读方式来阅读《怪谈》。只有通过不断积累众多的新的解读方式，之后重新进行结构上的整体把握，才能实现真正的正确解读。那时获得的整体性才能真正百分之百地属于人类。

［附记］本译著（1）译出了原著的全部序言。（2）一字不落地译出原著下方的脚注。（3）忠实复原了故事中所引用的和歌、俳谐句节之间或词与词之间分隔的写法。（4）附有赫恩对那些和歌、俳谐的解释译文。过去的译著无视这些内容，或是因为有人断定日本读者不需要它们。而我认为正是这些地方隐含着赫恩（解释日本）的秘密，所以他才如实地译出这些内容。因此他幸运地获得了我国第一本全译的荣誉。

蚕神①与马的意象
——年轻的尼古拉·亚历山大罗维奇·涅夫斯基②关于奥羽地区民间宗教的研究

马年来临。我完全不相信天干地支和流年吉凶等说法，故根本不在乎是猫年还是龟年，但说到马年来临，我还是会把这种平时几乎想不到的端庄的哺乳类奇蹄目动物作为思考对象。

写这篇文章时我想起了加藤九祚③的名著《天蛇——尼古拉·亚历山大罗维奇·涅夫斯基的一生》（河出书房新社出版）。该独特传记于去年获得第三届大佛次郎奖。它原是冈正雄④编《月亮与不死》（平凡社东洋文库）卷末的一篇解说文章《涅夫斯基小传》。后来加藤不断搜集新材料加以补充，最终完成了今天我们看到的这本传记。作者的辛劳得到了回报。

涅夫斯基如天才出世，洞察了沉淀在日本民间传说深处的事物，并在前人从未涉及的西夏语研究方面做出了重大贡献，但却偏偏在 40 多岁时以"颠覆国家罪"的罪名入狱，在第二次世界大战结束那年的 2 月死于狱中。知道此事我再次对斯大林主义的反人性愤怒不已。当然这是一种莫须有的不实之罪，所以在战后 12 年的 1957 年涅夫斯基得以"恢复名誉"，并在 1962 年获得苏联最高级别的国家奖"列宁奖"，这至少算是不幸中之万幸。不如说是望外之喜吧。在今天，涅夫斯基仍然是苏

---

① 蚕神，日本东北、关东、中部地区广泛信仰的家神，被尊为养蚕和家庭的守护神。日本东北地区的神体是在约一尺长的木棍或竹竿上雕出男女头像的一对偶像。多用桑木，由各家主妇或盲人女巫祭祀。——译注

② 尼古拉·亚历山大罗维奇·涅夫斯基（Nikolai Aleksandrovich Nevskii，1892—1945），苏联东方学者，曾留学日本，与柳田国男等人交往，在日本东北地区和冲绳岛进行民俗调查。回国后遭"肃反"清洗，死于流放地。著有《月与不死》《西夏文献学》等。——译注

③ 加藤九祚（1922—2016），人类学家、民族学家。毕业于上智大学文学系德语科，一生研究亚洲文化史。历任创价大学、国立民族学博物馆名誉教授。著有《西伯利亚的历史》《丝绸之路的十字路口 中亚的古与今》等。——译注

④ 冈正雄（1898—1982），民族学家。毕业于东京大学社会学科，历任文部省民族研究所研究员，东京外国语大学亚非语言文化研究所所长等。提出古代日本文化是由 5 个不同种族的文化复合形成的学说，并认为大和王朝是大陆骑马民族南下的产物，因此成为日本民族文化形成论的先驱者和领导人。著有《异人及其他——日本民族文化的源流与日本国家的形成》等。——译注

联（不，全世界）的东方学泰斗。

众所周知，涅夫斯基在逗留日本的初期调查了东北地区的蚕神，并不断提出和修正假说。这里需要叙述的是与蚕神有关的马和涅夫斯基关于那种马的阐释。

1920 年（大正九年）3 月 19 日他在给神山胜三郎①的信中写道：

> 在东北地区，有人折回桑枝（两支，各一尺至一尺五六寸长）并雕上一对男女或马、鸡、狐之头像，为其穿上各种色彩之衣裳（有的地方盖在头上），如此做出之神明称作蚕神（因地方不同而有不同的名字。如：Okunaisama、Okuonaisama、Oshimesama、Itakabotoke、Oshinasama、Ohirasama、Shira——白山化身、神明样等）。在岩手县，它是当地世家祭祀之神明，因酷爱作祟，故不可轻易示于他人。祭日（正月十五、十六日）必请盲人女巫上门祭祀。据说盲人女巫皆拥有蚕神御神体。"②

涅夫斯基在同年 4 月 1 日给中山太郎③的信中写道：

> 我想 Shira 这个神名是从 Shiru（知晓）这个词汇演变而来。神明的名字叫 Shira，所以祀奉神明者——即女巫——也称作 Shira。它最终变成女巫的一种俗名（请参照白神筋、白比丘尼、白拍子、白太夫等）（其中的"白"字都读作 Shira——引注）。如您所知，各色人种和民族的巫祝的俗名（以萨满［Shaman］为首）都起源于"知晓"此词。日本的圣人（Hijiri）等词也有相同的意思。也许在远古，女巫只叫 Shira。
>
> 从民众的角度来说，女巫是 Shira，即无所不知的人（Monoshiri）；从女巫的角度来说，则可谓蚕神（Oshira）就是告示（Shiraseru）众人的神（也许各地的臀［Shiri］神、知［Shiri］神过去都是女巫

---

① 神山胜三郎，何人不详。——译注

② 加藤九祚：《天蛇——尼古拉·亚历山大罗维奇·涅夫斯基的一生》，河出书房新社，第 109 页。——原夹注

③ 中山太郎（1876—1947），民俗学者。毕业于东京专门学校。擅于使用多种历史文献，做出众多业绩。著有《日本盲人史》《日本女巫史》等。——译注

［Shira］神）。过去的女巫在神明降临时会唤来各种神明，但能附体的只有世世代代保持密切关系的最重要的神明。或许女巫就称那位神明为"知神"（Shiragami）。能唤来各路神明，想来也拜上述因缘颇深的蚕神（Oshirasama）所赐。因此神明降临时，女巫会一边用上述神体拨动琴弦，一边高唱神名唤来它们。也就是说，上述的神是各路神明的使者。必须从这方面来研究神明的使者。我查过蚕神上各种动物的头像有狐、鸡、马等，大都是附体的魂灵。我没有资料可以证明马是附体之物，但把马当作神（或在路边摆个 Y 形石马来供养）来祭祀的习惯与西伯利亚萨满教有很深的关系。也许在过去的日本，马与巫术有关。可以认为，上述动物也可能是各地女巫的保护神。狩猎集团在外出狩猎时会将女巫带上，以征求她们的守护神蚕神的意见。狩猎和巫术有极为密切的关系。①

　　进一步涅夫斯基在同年 7 月 12 日给佐佐木喜善②的信中还介绍了东津轻郡奥内村流传的民间传说。涅夫斯基对日文精通之至，这也让我非常吃惊。

　　　　古时候某地有一座很大的农民的房子，住着他的独女和一匹叫做千段栗毛的马。那女儿 16 岁时和马产生了一种特殊关系。父亲知道后非常恼火，夜里秘密地把马牵到山上烧死了。女儿发现马不见了便到处寻找，但不知道它在哪里。不久她走到马被烧死的地方，那里突然升起一团云朵，环绕着女儿，把她带到天上。之后女儿和马在天国结为夫妇。不久，女儿为了对父母报恩，从天上扔下几只虫子。因人间从未见过这种虫子，故附近村民争先恐后来参观，每天人山人海。且说那父母不知给虫子吃什么食物好，正在头

---

　　①　加藤九祚：《天蛇——尼古拉·亚历山大罗维奇·涅夫斯基的一生》，河出书房新社，第 112 页。——原夹注
　　②　佐佐木喜善（1886—1933），民俗研究家。早稻田大学中途退学。在游学东京时遇上柳田国男，后者将佐佐木提供的故乡岩手县远野地区的传说、故事的资料整理成著名的《远野故事》一书。之后佐佐木回乡，致力于民间传说的收集和整理，著有《江刺郡传说》《听耳故事》等。——译注

疼时有一天来了一位拄着拐杖的老人。因虫子跑到老人那儿黏附在拐杖上，故有人问那拐杖是什么木头做的，老人回答是桑木。由于听老人说那是吃桑树的虫子，故后来人们就用桑叶喂养它。有人说这是上天赐予的虫子，故称天虫。这就是今天的蚕的来由。为了不忘此事，人们用桑树做了两个神体，作为蚕神祭祀。①

第三封信记载的民间传说，前半部分是马与人的异类通婚的故事，后半部分是养蚕起源的传说。前者大概相当古老，后者则为新出，二者的结合多少有些牵强。对此涅夫斯基未发表任何个人见解，所以我们只能尝试将这个奥羽地区的民间传说，置于涅夫斯基通过第一封信和第二封信推进自身思考的研究过程延长线上，并诚惶诚恐地推测涅夫斯基或是这样思考的。

另一方面，加藤《天蛇》所说的"女儿和马产生了'特殊关系'这个故事与西伯利亚狩猎民族自古广泛流传的动物和人类的婚姻传说是相同的。其中既有人类的女性和动物的雄性结婚的情况，也有动物的雌性和人类的男性结婚的情况。女性通过爱的魅力控制对方，而对方则将丰厚的猎物作为爱情的代价给予人类。'猎物与性的交易、死与生、爱与杀生在旧石器时代的艺术中相互缠绕，不可分离。'②……在奥内村的传说中，蚕替代了动物作为爱情的代价。这显然是蚕出现后发生的变化。也就是说，这是在过去狩猎民族的传说基础上添加了农耕蚕桑民族的文化要素而形成的"③。进一步加藤提及蚕神的神体："在西伯利亚旧石器时代晚期著名的马尔塔和布列契遗址发现了女神像等，而在中亚、西亚古代农耕民族的居住地遗址也发现了许多女神像。但欧亚大陆北部与此不同，有敲大鼓、举行神灵附体仪式的萨满教传统。女巫是否不属于萨满教传统？这二者与时代结合的产物是否就是蚕神？由此看来，这与涅夫斯基的见解非常接近。"④ 加藤的意见

---

① 加藤九祚：《天蛇——尼古拉·亚历山大罗维奇·涅夫斯基的一生》，河出书房新社，第115页。——原夹注

② A. 奥克拉德尼科夫：《黄金的驯鹿》。——原夹注

③ 加藤九祚：《天蛇——尼古拉·亚历山大罗维奇·涅夫斯基的一生》，河出书房新社，第115页。——原夹注

④ 同上书，第116页。——原夹注

值得倾听。

现代比较宗教学和比较神话学的研究报告证实，加藤所说的人与马的异类婚姻传说起源于西伯利亚大致正确。但我认为，以女巫为代表的奥羽地区巫术习俗的地域过于狭隘，无法进入萨满教的范畴。退一百步说，我们即使认可它属于"萨满教传统"，但也无法解决接下来的难题。

所谓的难题是指，马被引进日本，从九州经近畿、关东传到整个东北地区的时间，最早也只能追溯到七八世纪。我们要面对的简单的事实是，作为宗教意识形态的马与萨满教的组合，在远超想象的远古时代就经由西伯利亚、库页岛传入奥羽地区（其痕迹可见于龟冈遗迹），但非常重要的马这个实物的传入却必须等到律令时代。忽略这个简单的事实，那么所有的讨论都不过是空发议论。日本的野生马或许出现在洪积世①末期，但进入冲积世②后突然消失。再次出现是在绳纹时代中期之后靠近中国大陆和朝鲜半岛的地域。在日本列岛四处可见马儿驰骋则必须等到古坟时代③。

我在很早前就发表研究报告④，根据《古事记》中与马有关的记载，研究大陆文化从 3 世纪末开始就"与马一道"进入日本列岛的过程。第一个记载见于《古事记》上卷"须佐之男命大闹天宫"条。内容是：天照大御神在织布现场看织女织造神衣时，须佐之男命在织房屋顶开个洞，将天斑马倒剥皮后扔进织房里，一个织女受惊吓后不慎被梭子击中阴部，以致死去。"天斑马"在《日本书纪》中写作"斑驹"，意思是毛皮有斑纹的马。活剥马皮即"生剥、倒剥"马皮，属于重罪，在《大祓祝词》中被定为"天罪"。由此可见，马在宗教上被视为宝物。

第二个记载见于崇神天皇"大毗古命与唱歌之少女"条，即所谓的派遣四道将军的记述。该逸闻说：大毗古命在去高志国路过位于山城和

---

① 洪积世，又称更新世。新生代第四纪前半期，即完新世以前的时代，时间在 300 万年前至 1 万年前。有冰川，出现人和猛犸象。其气候变化和地壳变动对现在的自然环境形成具有影响。——译注

② 冲积世，又称全新世。新生代第四纪后期，从 1 万年前至现代。相当于更新世最后的间冰期。是更新世初期出现的人类发展至新人的时代。——译注

③ 古坟时代，约在 3 世纪末至 7 世纪这段时间。——译注

④ 该报告收录于《日本人与植物、动物》，雪华社。——原夹注

大和之间的山代币罗坡时，听到一位少女在唱警世歌（类似于后世的讽刺诗），于是"掉转马头"问那少女，但少女逃走。原文"返马"（"掉转马头"）这个措辞，毫不掩饰并准确象征了武力征服者的从容态度。

第三个记载见于中卷的"息长带比卖征韩"条。说是日本军队排开船队进攻新罗国。新罗国国王降服奏请"从今以后听从天皇命令，愿做御马甘"，因此定新罗国为"御马甘"，百济国为"渡屯家"（渡海后的屯仓）。"御马甘"在《日本书纪》中写作"饲马部"，是指饲养、管理朝廷用马的部民。依据不同的解释，有人认为以神功皇后所代表的日本古代社会统治者是因为想要朝鲜半岛的马匹才发动那场侵略战争的。即使不做这样的解释，新罗曾是优良马匹供给地这一点也基本上确凿无疑。神功皇后此人是否存在颇有疑问，所以应将这个记载视为有关引进马匹和饲养技术的起源神话传说。

第四个记载见于中卷应神天皇"须须许理"条。"在此期间设定了海部、山部、山守部和伊势部，又修造了剑池，而且有新罗人渡海而来。于是由建内宿祢命率领工人筑堤造池，修建起百济池。百济国国主照古王贡上牡马一匹，牝马一匹，由阿知吉师跟随献上。"之后还出现了和迩吉师献上《论语》十卷、《千字文》一卷的记述。这个与马相关的记载见于《日本书纪》"应神天皇十五年八月"条："百济王遣阿直岐贡良马二匹，即养于轻坂上厩。因以阿直岐令掌饲，故号其养马之处曰厩坂也。""国文学"家一般对此解释为进行马匹改良。但加茂仪一①《家畜文化史》（法政大学出版社出版）认为："《日本书纪》和《古事记》所说的应神天皇十五年百济王遣阿直岐向大和朝廷进贡的两匹良马，是汉代引进中国，后又被引入朝鲜的欧洲野马系中的马匹，与日本原有的体型较小的木曾马相比性能优良，故特地称之为'良马'。"埋葬在古坟中的之前的活马（多在关东地区），随着时代变迁逐渐变成大型马，证明了骑马的人数急剧发展。马具和马饰品的出土亦为其旁证。

---

① 加茂仪一（1899—1977），科学史学家、技术文化史学家。毕业于东京商科大学（现一桥大学），历任东京工业大学教授、小樽商业大学校长等职。著有《家畜文化史》《达·芬奇传》等。——译注

第五个记载见于下卷"安康天皇记""斩杀市边之忍齿王"条。故事说大长谷王（雄略天皇）策马接近专心骑马的忍齿王，突然用箭将忍齿王射下马来，杀了这位竞争对手。这是伏笔，用以说明意祁命（仁贤天皇）和袁祁命（显宗天皇）后来被召回即位的缘由。据《日本书纪》记载，大长谷王因其兄安康天皇决定将皇位传给忍齿王而怀恨在心，于冬十月派使者将忍齿王诱骗至狩猎场，佯呼"有野猪"后射杀了该政敌。因此忍齿王的两个孩子意祁命和袁祁命出逃匿身。《日本书纪》和《古事记》都记载雄略天皇用武力镇压所有的反对派并夺取帝位的过程。《古事记》描写："（雄略天皇）倏忽之间与忍齿王策马并行，拔箭将其射落，并刀砍其身，装之于马槽后埋入地下，与地齐平。"也就是说，雄略天皇将毙命的竞争对手尸体砍碎，装入马槽里，埋后不堆土。这种描写让人想起骑马民族伟大君王（Great King）的威容，令人印象深刻。而败者忍齿王的两个遗孤逃到管理针间国屯仓的志自牟家，沦落为养马人以图安全，这一点也令人印象深刻。5世纪末期马已完全成为"权力的象征"。

实际上，天照大神和神武天皇悠然骑在马上君临天下的情景难以入画。很显然，自应神到雄略的"倭国五王"或在"五王"之后不长的时代出现了马与权力的结合关系。而只有在大和朝廷开拓关东以北地区殖民地后，马才作为"王权的象征"辉耀在关东和东北地区狩猎民众和农耕民众的头上。古代开拓东北地区的民众被迫单方面地承担绝非属于自己的、价高而珍贵的马的饲养工作。

既然如此，那么该如何回答上文的难题？

长久以来，以半狩猎半农耕方式维持生命的东北地区民众，因穷困而寄情于各种宗教也实属无奈。在残留于东北地区的各种民间宗教当中或许混入了西伯利亚传入的萨满教祭祀和咒术，其间有或然性。但我读过民族学报告，当读到西伯利亚的萨满教教徒曾将马的阳具模型作为祭祀工具，以体验飞翔空中的幻觉这一句时就感到疑窦丛生：那时不知马为何物的古代东北地区民众缘何可以寄情于天空？况且到律令时代之后，马开始在东北地区的林野奔跑时，那贵重的马只能是统治者的占有物。连绵不绝的东北地区民众宗教行为（Comportement）中的马或马形的神体，最终也只能是缺乏实体的"幻影"。即使效仿荣格和伊里亚德①的说辞，将这些马的意象作为原始时代狩猎、游牧民族的"记忆"来赞美，但那所谓的"神话记忆"在时间、空间上也都过于遥远。

为何年轻的涅夫斯基要将蚕神和马的隙缝间可以看清的东西归结为"幻影"？要说认识宗教的行为终究只能以追踪"幻影"而告终，那么我们都可以闭嘴。为何如涅夫斯基般的灵活头脑，却没能注意到我前面指出的"单纯的事实"（指马传入东北地区是在律令制建立之后这个单纯的事实）？想到这位天才和这位天才身边的社会文化状况，我再次觉得心痛不已。

"修行"——一个过于日本化的词汇

带有阴森凄惨的意象

日语的"修行"一词总带有一种阴森凄惨的意象，并缠绕着一种艰辛、暗淡、不知何时终结、阴郁的被压迫感。可日本人却似乎非常喜欢"修行"这个词汇，说"好怀念我的修行时光"，"人的一生就是修行的持续"，"无论多么艰难，若当作修行来接受的话就一定能够克服"，等等。的确，对60岁以上的高龄日本人来说，青春时代就是修行时光的同义词，将在漫长的人生旅途中遇到的每个困难都当作修行来接受，而且通过那种接受，好不容易才熬过穷困的生活都是事实。于是老人就像口头禅似的大言不惭地说："现在的年轻人不知道修行是什么，所以不行。"那口吻就像是体验或未体验过修行的艰辛，人会产生优劣差异似的。他们热衷于谈论自己吃过的苦，说"你们年轻人修行得还不够。我们那个时代……"。当他们看到年轻听众腻烦的表情时居然无比满足，就像是找到年轻人修行不足的证据似的。越是境遇不顺的人越是怀念所谓的"修行之苦"，所以我想反问一声：大叔们都是被虐狂吗？这个阴郁惨淡的"修行"意象与同样阴郁惨淡的七五调演歌的花腔半斤八两，都站在日式事物的顶端。

然而，迄今为止却鲜有人提及这个日式"修行"。对日本人的心性

---

① 米尔恰·伊里亚德（Mircea Eliade，1907—1986），罗马尼亚作家、宗教史学家。任芝加哥大学教授。曾留学印度，学习印度哲学。创作许多以祖国和印度神话为题材的幻想小说，并在拥有丰富资料的基础上进行宗教现象学的研究。著有《永远回归的神话》《萨满教》等。——译注

做出科学分析的最好的三部著作是饭塚浩二的《日本的精神风土》（1953）、南博①的《日本人的心理》（1953）、户顷重基②的《日本的道德病理》，很遗憾它们都未提及"修行"。想来在50年代到60年代之前，尽管文教政策日益反动，但毫无顾忌地赞美、提倡日式"修行"的条件尚未成熟。即使是饭塚、南博、户顷也一定不会料到日式"修行"将复活。但从60年代初开始日本经济持续高速增长，资本主义政府朝着强化"管理社会体制"的方向发展，为培养勤勤恳恳和绝对服从的"新的经济动物"，日式"修行"作为一种手段开始复活。企业家对年轻职员的第一个要求就是"毅力"，并做出区分：超过自己随意决定的生产定额即"有毅力"，未达到的即"无毅力"。可怜的受伤的年轻野兽即使一开始就知道难以完成定额，但若不在选拔赛中胜出就等于落伍，所以也只能集中全力重复"滚翻接球"。与此相对，老年企业家则隔着玻璃窗俯视这近乎疯狂的流血竞技，忘记了这些都是自身荒谬的命令造成的惨案，当说完"趁年轻什么都要修行。这对将来很有好处。日本优秀的国民性就是以此证实的"之后，还等着中年干部和职工随声附和。也就是说，我们可以认为"修行"一词的复活完美地反映了时代和社会状况。

诚然，我们也不能忽视战后30年间以艰辛和严酷的"修行"为主题的大众文学不断面世（不用说没有任何反省）这一事实。此即所谓的"艺道"。其大致的"格式"就是：三味线师父，日本舞蹈师父，有时还有造形艺术的能工巧匠登场，无休止地折磨自己的弟子或门生，但在尝尽困苦辛酸的弟子因"受够了"而要跳入绝望深渊的瞬间又将其救出，使其成为自己的后继者。在主要剧情上将男女间的恋爱和在故乡等待的母亲组合起来，就能创造出无数的故事。我记得在焦土瓦砾上赶建出的临时板房电影院的广告牌上曾看到"艺道一代女""全身心学习三味线"之类的文字。战后生存在穷困社会中的平民可以在"艺道"

---

① 南博（1914—2001），社会心理学家。毕业于京都大学哲学科，曾留学于美国康奈尔大学研究生院。一桥大学名誉教授。1950年创建日本社会心理学研究所。著有《社会心理学入门》《日本人的心理学》等。——译注

② 户顷重基（1911—1977），日本思想史家、伦理学家。毕业于立正大学文学部宗教学科和东北帝国大学法文学部哲学科，获文学博士学位。金泽大学法文学部教授。专攻以日莲宗为核心的镰仓佛教。著有《日莲思想与镰仓佛教》《近代日本的宗教与民族主义》《佛教与社会的对话——佛教社会学入门》等。——译注

"修行"等意象中发现自我激励的榜样。不久经济顺利复苏，"色道修行"等读物受到追捧，市民的对话中还出现了"饮酒修行"之类的短语。刚觉得时代已相当稳定了，接着"剑道修行"又大受欢迎，不久还出现了《必杀修行》等极端钝感的剑客小说。不觉间学校也开始决定将剑道定为正式的授课科目。

由此看来，在妖冶、妩媚的"艺道"及"艺道"修行的延长线上连接着"杀手之道"及该道的"修行"。乍一看，"色道修行"等短语像是太平盛世的产物，但性愉悦的前方就是死亡之国，因而它非常危险。遗憾的是，如此"反人性"的自我训练方法在日本社会传统的反逻辑（非理性）思维方式中却连续受到欢迎，有的人甚至未注意到那是野蛮的重生……

词源上"起源于佛教"

我们所见所闻的"修行"属于日式事物（日本人特有的事物），但词源上"起源于佛教"。事实上，密教、禅宗等的修行法（训练方法）在很久以前就从内部发挥着补充、完善压制日本人的专制统治机构的作用，并最终形成一种意识形态。这个过程就是日式"修行"的全部历史，而且该历史在 20 世纪 70 年代还在持续。因为只要持续，就不知道它何时结束，所以我称之为全部历史。如前所述，现在"修行"受到赞扬和提倡，并被作为一种巧妙手段将"管理"延伸到高度分工的劳动体制的所有角落。因为该真相一直未被识破，所以眼下看不出它有消亡的迹象。

让我们先查看一下"修行"的语义。

《广辞苑》（第二版）解释："Shu-gyo【修行】（也读 Shugyo）1.（佛）（1）修习佛的教诲并执行；（2）持戒；（3）托钵巡游。2. 磨炼精神，修习、钻研学问技艺等。又，为此巡游各地。'武者修行'/武士游学练武。Shugyoi【修行位】1.（佛）菩萨修行过程中'十住'阶段的'第三住'阶段的'修行住'。2. 次于'三纲'的僧职，负责检查修行中的僧侣懈怠、过失等行为，并向僧纲①汇报的人。Shugyo-ja

---

① "僧纲"，日本统辖全国僧尼的僧人官职。古代有"僧正""僧都""律师"3 种僧官。最早在 624 年（推古三十二年）由百济僧人观勒任"僧正"官职，后来又增加了"法印""法眼""法桥"3 种僧位。"僧纲"还是僧人官职和僧位的总称。——译注

【修行者】1. 修行佛道者；为修行佛道而托钵巡游各地的僧人。2. 磨炼武艺的人。"相邻词条可见"Shu-gyo【修业】学习、掌握技艺。也读作 Shugyo"。

"修行"和"修业"发音相同，但语义完全不同。在对照比较二者时人们会注意到"修行"一词具有多重的象征意义。至于佛教专业术语"修行位"，它总让人感到阴险，将"修行"一词的意象推向人们难以接近的远方。日本古代文学作品中频繁出现的"修行者"一词虽然没有难以接近的感觉，但《源氏物语》等作品的词例确实含有对超越常人的施灵者的敬畏之感。假设现实社会的维度可以分为"圣"和"俗"，那么"修行者"就属于"圣"的维度。总之，语义上的"修行"可以视为有些人为摆脱"人的状态"并获得"圣的状态"的手段。

那么，这显然"起源于佛教"的"修行"观念是如何渗透到日本民众的精神生活之中，并被吸收和再生产的？欲阐明此过程需要写一本书，不用说我力不能及。但依拙见其中有两大途径：其一是密教系统的途径，即它以"修验道"①等粗鄙的修行为原型，与残存于民间信仰的入会仪式进行奇妙的融合。到中世时期，认为在人生的某个阶段必须"修行"的观念在很大范围内扎下根来（见谣曲《谷行》）；其二是通过禅宗系统的途径，即它从中国传入之后立即被新兴武士阶级接纳，其神秘的修行法被专门作为一种达到世俗目标的训练方法，较容易扎根于民众生活。在近代初期极力反抗政府的一向宗（净土真宗）和法华宗（日莲宗）受到镇压期间，奉行顺应体制的禅宗势力得到极大的发展，甚至扮演了幕藩体制的户籍管理的角色，因此禅堂的修行方法被尊为平民生活的典范乃大势所趋。比起禅的优越性，其功用性（使用价值）更受到幕藩体制为政者的高度评价。进入近代之后，禅仍被尊为所有的日式事物的指导原理，为肯定社会矛盾到赞颂侵略战争都提供了理论依据。事实上，现代社会统治阶级中很多人都有参禅的经历。

---

① "修验道"，在高山中修行，以体验、领会咒力为目的的日本宗教之一，由密教和日本固有的山岳信仰、神道等结合而成。创始人为山岳修行者。有天台宗系统的本山派（"天台山伏"）、真言宗系统的当山派（"真言山伏"）等宗派。又称"修验宗"。——译注

　　铃木大拙①的《禅与日本文化》②是禅研究的现代代表著作之一，其中有以下论述："严格说来，禅没有自己的哲学。禅注重直觉体验，而这种体验的理性内涵可以由任何思想体系提供，并不限于佛教哲学。……禅师面对某种理论，若认为它好，则未必按照传统的解释方法，而是自寻方便，建构出自身的哲学结构。禅徒时而是儒教徒，时而是道教徒，时而甚至是神道家。禅的体验有时还可以用西方哲学说明。"③ 如其所说，若"禅没有自己的哲学"，那么禅究竟为何物？只要"自寻方便"就可以"建构出自身的哲学结构"的禅，至少不是一种思想，这是明白无误的。但若不是一种思想禅又是什么？可以将其视为一种随机应变地出入于所有思想的技术吗？

　　从近世一直延续至现代，禅宗的"修行"都成为日本人特有的自我训练方法的内容和基础理论。对此鲁思·本尼迪克特④女士有以下观察报告："日本人将'镇静、遇事沉着'与应付考试、讲演、政治生涯都联系起来。在他们看来，培养专注于一点的态度对从事任何行业都会带来无可争辩的好处。""日本人有神秘的修行法，却没有神秘主义。这并不是说他们不会入定，他们有时也会进入忘我的境地。但他们将这种入定状态视为培养专注于一点的态度的训练方法，而不将它称作超凡入神。其他国家的神秘主义者说入定时五官停止活动，但禅宗的信徒却不这样说，他们说入定会使'六官'（第六感觉——译按）达到异常敏锐的状态。第'六官'位于心中，通过训练可以使第'六官'支配平常的五官。不过，味觉、触觉、视觉、嗅觉和听觉在入定时要分别接受特殊的训练。禅宗修行者的一项练习是要听到无声的足音，并能准确地跟踪

---

　　① 铃木大拙（1870—1966），佛学家、思想家。曾在东京帝国大学文科大学进修。历任学习院大学、大谷大学教授。曾在圆觉寺参禅，作为禅的研究者闻名遐迩，也给欧美国家以很大影响。获日本文化勋章。著有英文著作 30 余册，如《禅思想史研究》等。另有日文著作 120 余册，如《禅宗研究》等。——译注

　　② 铃木大拙：《禅与日本文化》（*Zen Buddhism and its Influence on Japanese Culture*），原文用英语撰写，由北川桃雄译成日语，岩波书店 1938 年出版。——原夹注

　　③ 同上书，第五章 禅与儒教。——原夹注

　　④ 鲁思·本尼迪克特（Ruth Benedict, 1887—1948），美国人类学家。主张文化相对论，在研究文化和个性方面卓有成就，其分析日本文化的著作《菊与刀》引起人们的极大关注。——译注

该足迹；或者在'三昧境'①中仍能辨别食物诱人的香味。"② 本尼迪克特女士比我们这些粗心大意的日本人更准确地看清了日式"修行"的真相。

确如本尼迪克特女士所洞察的那样，在日本人当中，无论是青年还是老人，无论是知识分子还是体力劳动者，抑或是办事员和运动选手，都认为自己除了拥有特定的技能之外，还必须掌握一种与此完全不同的精神能力（它大多被称为"关注于一点"或"无我的境地"）。少男少女则被灌输和接受训练，在参加小测时能否取得好成绩决定于是否能够"关注于一点"和进入"无我的境地"。要说何时、由何人、在何处、如何教授，那么最早的培训师就是父母。第一次坐在书桌前的幼儿心神不定，完全不想识字，也不想数数，只是心不在焉地关注窗外的动静。这作为最初的学习态度是正常的，但妈妈无法保持沉默，必定会狠狠地训斥："请集中精力。"那口吻就像是在说，只要将精神集中到一点上，那么任何事情都会渗入大脑。到学校后也一样，也有教师认为"关注于一点"是无所不能的。学生注意力老不集中，那么教师本应意识到自己的授课方式有很大缺陷，但该教师却立刻说教："你们要集中注意力。"日本的孩子即使在今天仍接受着除学习能力之外，还要集中精力的训练。他们成人之后还要继续接受廉价的哲学摆布，在职场上，在运动比赛中，能否发挥自身的专业技术能力均决定于能否"关注于一点"和进入"无我的境地"。当然不是所有人都可以"关注于一点"和进入"无我的境地"，因此最终专业技术能力半途而废，游手好闲地过一天算一天。

发现有前途的年轻职员陷入进退两难的窘境，若认为如此不妥，就应该劝说："是男人就要毫不怯懦，全力以赴地完成这项难以完成的工作。"这才是有能力的管理者要做的工作。从那以后，不得不将精力集中在某件事上的年轻职员就会变成蒙上眼睛的马，不顾前后左右地狂奔，为了公司利益沉迷于唯一的直线运动。运动员就会对教练唯命是从，重复"滚翻接球"等任何的训练。

过去禅宗"修行"规划的自我训练方法正是如此。任由瀑布的水流冲

---

① "三昧境"，埋头于某项事物，达至去离杂念而忘我的境地。——译注
② 鲁思·本尼迪克特著，长谷川松治译：《菊与刀》第十一章 自我修炼。——原夹注

击和火星的灼烧等"修验道"的"修行"目的，也是训练自己不被其他事物分心。日本人长期思考"修行"，并在现实中接受"修行"的特殊自我训练的方法取得了相应的些微效果，但能认为它完美无缺吗？

"封闭的"精神训练

从"修行"的词义可以得知，它的概念和内容含有起源于宗教（佛教）的因素，且带有"磨炼精神"的功能。简单地"学习钻研学问技艺等"绝不能称之为"修行"，如"物理学修行""铸造修行"等熟语连意思都无法成立，但注重精神训练，如歌道修行、"能乐"修行等词组的意思却可以成立。因此与精神构成对立概念的肉体色道修行等词组严格说来意思也不能成立。但若选择为"磨炼精神"而"巡游各地"这种粗疏的逆行手段，那么该意思勉强可以成立。然而，既然说它是"修行"，那就只能解释为它是直接"磨炼精神"的必要方法。

从文化理论来说，将精神和物质分离的做法本身只不过是统治者的认识原理，这种二分法的目的只是将过去的不公正加以合理化，在此不深入讨论。另外，在语义的范围内我也想提出几个疑问，但在此也不深入探讨。在这有限的篇幅中我仅想思考所谓的"关注于一点"的精神训练，是否能称之为正确的"精神运动"。

一般说来，日本人在思考精神功能时忘记了它是一个充满人性矛盾的复合体。人的精神功能虽为复合体，但它必定拥有明确的"关联性"并会构成一个"整体"。若丧失关联性，人将不再是人，而只是一个机械装置。我们知道某人并爱上那人的行为（总之，教育或训练都以此为限），只可能存在于那人与我们自身有关的过程之中，其真相是二者最终都拥有作为人类存在的关系。有时我们会因对方的愚蠢和任性而感到厌烦，但那恰恰证明人类并非"物体"。

然而日式"修行"所追求的"关注于一点"的精神训练，就是命令人们要切断所有的"关联性"，即所谓的"消除杂念"，"回到哇的一声出生的婴儿状态"，"一切归无！"在"修行"的过程中，指导者（教师）负有全部权力以测定精神，代替本人（学生）感知、记录和判断学生的精神。他们在知识、技术能力（属于物质性秩序）的学习方面不能给学生以任何帮助，而没有"关系"的先生（教师）在某一天却突然命令学生"关注于一点"。这个"关注于一点"的命令，根本不关心被命令者的工作内容是艺术，还是政治，抑或是杀人。不，对同一个人，也不管他是希望赚钱，还是策划压制人民的法案，抑或是阴谋陷害友人，只是一味地唆使他们"干吧，排除杂念。一切归无"，如此一来，它只能是一个使智者更智慧、愚者更愚蠢、狂人更疯狂的"瞬间全能"的机械装置而已。在此机械装置面前，温柔体贴、愚蠢糊涂、焦急烦躁、腼腆羞涩、无精打采等人类的评价标准将不再通用。而且，此机械装置的评价标准没有界限，无论对象是何人均要求全力运转。这就是日式"修行"的机制。

尤其是从事艺术和坚持体育锻炼的学生，事到如今只知道唯一的运动方向，无论做何事都以"关注于一点"为目标，仅在一条直线上奔跑。因此在他身上发生的大大小小的人类事件都被还原成这条直线上的事件。当遇到父母去世、恋人背叛、疾病侵袭、收入断绝等特别与人性有关的事件时，他就会将自己排除在本来可能产生的各种运动多样性之外，只是将这种单一的机械运动不断地向前推进。他还会告诫自己，屈服于这种不幸，说明自我"修行"还不够，而必须继续拼命努力将人类"物体化"。学生已经丧失了将一种现象看作"整体"中的"一部分"这种"关联性把握"的能力，认为不存在与眼前单一直线运动无直接关联的其他事物。因此会发生诸如相扑运动员退役后无法返回健全的市民生活这类情况。日本社会总是宽容对待"糊涂演员"这种传统"修行"方法培养出的畸形人，但这是否真的对他们好？

日式"修行"的精神训练产生的难道不是可怕的"意识物象化"的事态？谁最欢迎这种事态，其答案不言自明。

发现武藏野

武藏野的序曲

武藏野是指位居多摩川以东、荒川以西、荒川支流入间川以南，呈近似矩形，从海拔180米的青梅市起整体向东倾斜至海、东西35公里、南北30公里的洪积台地。在台地多处涌泉附近和涌泉东流造成的侵蚀谷地中发现了多处绳纹时代中期的遗迹，因此那里必定是适宜原始村落聚居的好地方。但缺水的台地地面长时间是森林或荒野被人弃之不理，到近世中期好容易才有人开始开垦荒地。武藏野的历史与畿内等地相比，明显带有后进性，发展步伐迟缓，以致游经此地的王朝女文学家惊讶于这里没有任何文化气息。但幸亏如此，武藏野日后才有了自然与人文微妙交错产生的景观美。虽说这里不存在一处符合朝廷口味的名胜古迹，神社寺庙、耕地、禽兽、植物、气象等所有的一切都很平庸，但该平庸之中却洋溢着美，这就是武藏野最大的魅力所在。

创造出"武藏野之美"的是近世以后的民众，但感受到该美的魅力的却是现代的民众。只有永远面向未来、选择新的生活方式的人们才能创造出"武藏野之美"，并会努力把握和再创造其中显现的美。

国木田独步①的"发现武藏野"

"武藏野之美"的最早发现者是国木田独步。

国木田独步是"武藏野之美"最早发现者的意义已然成为常识，但它却未被正确理解。一般人都简单地认为，独步发现的是栎树、柞树等杂树林之美。确实，最早发现栎树、柞树等杂木林之美的是独步，而且此发现的功绩不可磨灭。说这些当然毫无问题，但我们无法断言是独步用某种特殊的艺术感觉和分光器装置（总之依靠个人的才能）提取了杂木林之美。准确地说，似乎应该是独步为了发现栎树、柞树等杂木林之美，用自己的方式敏锐感受了栎树、柞树的人文地理学条件和武藏野的历史条件，以及这些条件交织在一起带来的"关系"的问题。尽管"敏锐"这个说法有些夸张，但至少可以说是独步用自身的方式隐约感受到了那些条件和问题，所以才成为武藏野之美的最早发现者。

阅读收录在柳田国男《豆叶与太阳》②中的文章《武藏野往昔》，可以看到他在开篇写的一句话："据我所知，近年来所谓的武藏野情趣应以故人国木田独步君为鼻祖。"之后柳田国男严厉批评道："国木

---

① 国木田独步（1871—1908），诗人、小说家。本名哲夫。东京专门学校（今早稻田大学）肄业。日本自然主义文学的先驱作家。著有《武藏野》《牛肉和马铃薯》《命运论者》等。——译注

② 柳田国男：《豆叶与太阳》，创元社，1941 年 1 月。后收录于筑摩书房版《定本 柳田国男集》第二卷。——原夹注

田君经常说从此间涩谷的宇田川走出 1000 多米，就能看到《古今集》《太平记》所说的武藏野，而且似乎他自己也是那么想的。但从今天的眼光来看，他仍带有享保、元文时期江户人传统的武藏野观。""国木田君所爱的村界的栎树林等其实也是近世的人栽种的，不存在武藏野的残影。"柳田国男对独步的批评无疑是一种尖锐的批判，但独步的武藏野观真的没能摆脱传统自然观的框架吗？对此我无法轻易赞同。

以下让我们核对一下独步的短篇小说《武藏野》。

《武藏野》原题是《今天的武藏野》，在收录进明治三十四年（1901）3 月出版的最早的作品集《武藏野》时改为现名。由九章（或九节）构成，第（一）至第（五）节刊载于《国民之友》明治三十一年（1898）1 月号，第（六）至第（九）节刊载于 2 月号。写作时间均为明治三十一年（1898）1 月。

第（一）节以"我曾在文政年间出版的地图集里看到如此记载：'武藏野遗迹于今只能在入间郡约略见之'"开篇，之后进入与序论相符的叙述。在结尾处独步说："现在要略微解开头绪，描述自秋至冬这一时期我的所见所感，以满足我的一小部分宿愿。首先，我给那疑问的答案是：武藏野之美今不劣于昔。设若我能亲见古代的武藏野，则它的美丽一定超乎我的想象。而现在我所见的武藏野也如此之美，以致我感动得非要写下自己的夸张答案不可。我说过武藏野美，但与其说美，不如说是诗趣更为恰当。"无法否认在某种程度上，"如今的武藏野"这种想法，是以传统的武藏野观为前提的。

然而进入第（二）之后叙述为之一变。作者展示了其日记的摘选："我手头材料不足，故拿自己的日记作依据。自明治二十九年初秋至翌年的初春，我住在涩谷村一间小茅舍里。"也就是说，日记始于"九月七日。昨今两日南风劲吹。云层忽开忽闭，细雨时降时止，日光偶尔透过云隙，倏忽间树影闪闪发光"，终于翌年"三月二十一日。夜十一时，屋外风声忽近忽远。早春袭来，寒冬敛迹"。根据独步自己的解释，他无非是想展示武藏野"变化的概略和景色的要素"。

第（三）是作品《武藏野》最重要的章节，也是最脍炙人口的部分：

昔日的武藏野是一片漫无边际的茅草原，景色优美无比，一直受到人们的赞颂。而今天的武藏野则是一片森林。可以说森林就是今天武藏野的特色。这些树林主要是栎树类，到冬天叶子悉数脱落，但到春天又萌发出青翠欲滴的嫩芽。这种变化在秩父岭以东百多里的范围内完全一样。春夏秋冬有霞有雨，有月有日，有雾有雪，时而绿荫，时而红叶，呈现出各种景色。其变幻之妙，实非西部或东北地区的人们可以理解。日本人过去似乎不太懂得栎树类落叶林的美丽。在日本文学艺术中只认可松林为林木，亦未见"栎林深处听秋雨"这一类的和歌。我出生在西部地区，少年时来东京求学，至今已快有十年，但能理解这种落叶林的美还是最近的事情，而且还接受了以下文章的启发。

独步以此引出二叶亭四迷①翻译的屠格涅夫②短篇小说《幽会》的开篇一段：

秋天九月中旬，我有时整天都坐在白桦林中。今晨下起小雨，林间又常常射下温暖的阳光。这是个阴晴不定的天气。天空有时弥漫着轻柔的白云，有时有几处地方瞬间开朗，在拨开的云头后面露出青天来，明亮而可爱，好像一只只美丽的眼睛。我坐着向周围眺望倾听。树叶在头上沙沙作响。仅由这响声也可以知道现在是什么季节。这不是春天愉快而欢乐的喧闹声，也不是夏天柔和的私语声和绵长的絮聒声，更不是晚秋羞怯而冷淡的喋喋声，而是一种不易听清的沉沉欲睡的细语声……

承接屠格涅夫的文章独步写道：

---

① 二叶亭四迷（1864—1909），小说家、俄国文学翻译家。东京外国语学校肄业。日本近代现实主义小说的开拓者，提倡言文一致的文体。著有小说《浮云》《面影》《平凡》，翻译小说《幽会》《邂逅》等。——译注
② 屠格涅夫（1818—1883），俄国小说家。以诗人的感性捕捉当时的社会问题，创作了大量的长篇小说。著有《猎人日记》《初恋》《前夜》《父与子》《处女地》等。——译注

我之所以能够懂得这种落叶林的妙趣，多半是受惠于这篇绝妙的叙景笔法。虽然那是俄国的景色，而且是桦树，而武藏野却是栎树，在植物学上完全不同，但在落叶林的趣味描写上二者是相同的。我常常想：如果武藏野的森林不是栎树而是松树或什么树，那么色彩就不会有这种变化，因而显得非常平凡，也就不足珍贵了吧。正因为是栎树，所以叶子才会发黄；正因为叶子会发黄，所以才会落叶。秋雨霏霏，疾风飒飒。一阵狂风掠过，小丘上千万片树叶迎空飞舞，犹如一群群小鸟向远方飞去。等到树叶落尽，绵亘百多里的森林一下子都变得光秃秃的。冬天的苍空高高地罩在地面，武藏野堕入一片沉寂。空气更清爽了，来自远方的声音清晰可闻。

……

鸟儿的振翅声和鸣转声、风的私语声和呼啸、咆哮声、群集在草丛下面和树林深处的秋虫唧唧声、满载或空载的货车绕过树林，走下山坡或穿过山路时的声音、马蹄踢飞落叶的声音——这可能是骑兵演习中的侦察兵，再不然就是外国人夫妇乘马出游发出的声音、正在高声谈论的村民走过这里又渐渐远去的嘶哑语声、孑然一身急步前行的女人的脚步声、远处传来的炮声、附近林子里突然响起的枪声。有一次我携犬来到附近的树林里，坐在树墩子上读书，突然树林深处传来了某种物体掉下来的声音。躺在脚边的狗也竖起耳朵紧盯着那边。但就这么一声。大概是栗子掉落的声音。武藏野也有很多栗树。至于绵绵的秋雨声，没有比这更寂寞的了。山村秋雨，在我国的和歌中也成为歌题。在广阔无边的荒野上，秋雨悄悄地飘过森林、树丛，飘过田野，又飘过树林，声音是那么低幽，又是那么昂扬。这种温柔和令人怀念的声音，其实就是武藏野秋雨的特色吧。我曾在北海道的树林深处遇到过秋雨，那是在人烟绝迹的大森林里，该意趣当更为深沉，但没有武藏野秋雨那种宛如低声私语而令人不胜缅怀的情趣。

独步的这个"武藏野写生"的确可以视为二叶亭翻译的《幽会》的翻版。独步坦诚地表白，是屠格涅夫给予他理解武藏野之美的契机。这种坦诚的表白从根本上说就像是在宣称，他是通过接触俄国近代文学才获得理解近代"自然观"和"人类观"的契机。这对被和歌等固化的日本传统"自然观",尤其是对日本传统"人类观"提出了一个反论,而这一点正是该短篇小说《武藏野》的决定性功绩所在。前引柳田国男的文章未必正确。为何他能断定这种自然观"带有江户人传统的武藏野观"?

无疑独步的短篇小说《武藏野》的出现,使日本民众第一次(将独步比作第一号"击球手"也许并不正确,但从其影响力之大来看,独步仍然值得称为第一人)意识到,除了传统的自然观外,还可能存在另一种"自然观"。日本民众知道栎树、柞树等杂木林和"杂乱交错"的原野、纵横相连的小路等景观也有资格获得美名,是在明治三十一年(1898)之后。若站在现代的视角,像独步一样在武藏野散步,环眺那里的风景,侧耳倾听声响,就意味着日本民众的思维、情感产生了"美"的变革,同时也意味着"自然观"的变革,从根源上说,甚至意味着人类观的变革。民众在读《武藏野》之前和之后"事物观"出现了很大差异。民众如何理解并再生产这种差异的问题,需要在另一个范畴中讨论。

请继续阅读独步的小说。在第(三)的第一段中,独步抗辩说:"在日本文学艺术中只认可松林为林木。"并在引用屠格涅夫文字的段落中还追问:"如果武藏野的森林不是栎树而是松树或什么树,那么色彩就不会有这种变化,因而显得非常平凡,也就不足珍贵了吧?"在这不长的文脉关系中给人留下相当执拗的感觉。为何独步如此仇视松林?

这有缘由。

独步在写《武藏野》时,志贺重昂的《日本风景论》(1904 年 10月出版)成为畅销书之一,受到全日本男女青年的欢迎。此书自认为在地理学上证明了"日本风景冠绝于世之原因",并得益于在甲午战争爆发时出版,这对作者素来持有的国粹思想(志贺是标榜日本主义的文化团体政教社的创建人之一)的普及起到了决定性的作用。与"爱乡心"同义的爱国心(Patriotism)是伴随欧洲近代国家兴起而被制造出来的新观念,这对需要装备外来思想(进口意识形态)的明治藩阀政府来说,完全可以称之为意外的幸运。除了可称为趣味的对象而无任何作用的各地名胜古迹,如今借助志贺的美文成为引燃爱国心的导火线,对此中央集权统治者面露微笑也不无道理。在接近《日本风景论》开篇的部分,志贺赞美松柏科植物是"烈风孤凌,扶持自守,节操隽迈,超越平庸植物之上"。它"偶被斧斩伐，却毫不留恋，昂然倒下，非其他花木所能企及，真正足以成为日本人性情之标准之一"。结论是"日本应谓'松国'，而非'樱国'"。日本人越是酷爱松树，就越能永久地忍受贫困，即使被拉上战场，也会毫不留恋地昂然倒下。在统治者看来，这种诚为有用的"自然观"的定型化纯属一种喜出望外的结局。说它是一种结局，是因为有人相信（准确地说是被灌输）这种自然观自《怀风藻》《万叶集》以来长期植根于日本人的传统性情之中。

然而与此正面对立，国木田独步明确指出："我常常想，如果武藏野的森林不是栎树而是松树或什么树，那么色彩就不会有这种变化，因而显得非常平凡，也就不足珍贵了吧。"也就是说，他明确说明"在日本文学艺术中只认可松林为林木"的传统自然观是无法评价武藏野落叶林之美的。独步不可能不受到传统自然观的影响，但他在沉迷于华兹华斯①的自然抒情诗，并且在北海道歌志内附近（空知川岸边）有了深刻的生存体验，"感到人只是一个'生存'物，将自己托付于自然的呼吸之中"后，显然已不会满足日本文学传统中的自然观等。

当然我们无法认为国木田独步在撰写短篇小说《武藏野》时已经弄明白了社会科学（或自然科学）的问题，但他很早就信仰基督教，梦想成为政治家进行社会改革，从心底欣赏欧美的思想家和作家，因此不可能囫囵吞枣地接受志贺重昂提倡的明显带有民族主义的"日本松国"理论。

更何况在不幸的恋情破灭之后，独步很自然地将探索的对象置于自己的内心层面。《武藏野》分载于《国民之友》明治三十一年（1898）1、2月号。在撰写这个短篇小说之前，即在明治三十年（1897）秋天到冬天，独步与后来成为其妻的榎本治子开始了新的恋爱。可以认为，这是性格过于认真的独步在展示人类存在极限或所有生命活力的人生高潮时期。对独步而言，《武藏野》是他最早的口语体作品，自然他要全力以赴。当时独步也正处于逐步发现崭新的自我的过程之中。只有逐步发现"新人"的独步，才有可能发现武藏野的树林、原野、道路创造

---

① 威廉·华兹华斯（William Wordsworth，1770—1850），英国浪漫主义诗人，曾被誉为桂冠诗人，其诗歌理论动摇了英国古典主义诗学的统治，有力推动了英国诗歌的革新和浪漫主义运动的发展，是文艺复兴运动以来最重要的英语诗人之一。他的诗歌多为在与自然的共感下写出的优美的抒情诗，以及沉思冥想的诗篇。著有歌集《丁登寺》《不朽颂》及自传体诗《序曲》等。——译注

出的"崭新的美"。

著名的抒情诗《自由存于山林》发表于《国民之友》明治三十年2月号，并被收录在宫崎湖处子①所编的联合诗集《抒情诗》（明治三十年4月号，民友社）中。当时独步明确说明："即便从外形看像是散文，但冥冥之中必有音节，有音调，有咏叹，故自然成诗，而且有平板的七五调难以企及的遒劲感。我有此确信，写出此《自由存于山林》。"（《独步吟》序）由此可见，即使独步在意识上讨厌七五调，但还是努力发现崭新的自我，发现"崭新的美"。因此我们不得不说，过去文学史家将《自由存于山林》这首诗的主题解释为从厌恶的都市回归自然和美丽的田园是极其错误的。其主题绝非开时代倒车。

《武藏野》的主题当然是朝前看的。也许我们应该认为，是武藏野为独步追求"崭新的美"提供了场所和机会。

探索武藏野的历史

那么，从本质上说武藏野之美为何？武藏野又为何物？

对此问题我只能回答：在现阶段，武藏野之美仍不固定，而武藏野本身在历史上（即因人类的作用）就是一个不断创新的自然环境。

我们在重新确认武藏野的意象时采用了调查古代文学作品、描摹近世造形艺术的《秋草图》等方法，但总觉得很空泛，没能捕捉到任何类似于实体的东西。

武藏的词源其实也不明确。有学者说，它源于朝鲜语"Moshi"（白麻）一词；有学者说，它是阿依努语"Mun"（草）和"Chashi"（城寨）的合成词；还有人说"Sashi"是古日语"旱田"（秩父、西多摩地区方言在不久前仍这么说）的读音和"Mumasashi"（马城）省略后略读为"Masashi"。任何说法都似乎言之凿凿，但任何说法又都似乎夸大了武藏野特色的某个部分，均缺乏真实性。

虽然希望渺茫，但知道一些描写、表现武藏野的歌例，特别是在与植物有关的内容方面也并非徒劳无益。

---

① 宫崎湖处子（1864—1922），诗人、小说家。毕业于东京专门学校（今早稻田大学）。作品多具有田园情趣，在当时作为一位抒情诗人广受注目。后致力于基督教的传教活动。著有小说《回乡》和诗集《湖处子诗集》等。——译注

多麻河岸晒布忙，何似此女爱意多。①（《万叶集》卷第十四，3373）佚名

恋时挥袖匿深情，武藏野花不出色。②（《万叶集》卷第十四，3376）佚名
本歌曰：
不恋我妹无修饰，武藏野花不出色。③（《万叶集》卷第十四，3376）佚名

武藏野草复西东，我愿随君总依从。④（《万叶集》卷第十四，3377）佚名

行入间道大家原，葛藤勿断我良缘。⑤（《万叶集》卷第十四，3378）佚名

鸟飞宇奈比乡里，似吾欲早到汝前。⑥（《万叶集》卷第十四，3381）佚名

放马山野不可追，多摩岭上步行来。⑦（《万叶集》卷第二十，4417）宇迟部黑女

我家山旁椿似汝，手触之前落为尘。⑧（《万叶集》卷第二十，4418）物部广足

---

① 原歌是"多麻河に曝す手作さらさらに何ぞこの児のここだ愛しき"。——译注
② 原歌是"恋しけば袖も振らむを武蔵野のうけらが花の色に出なゆめ"。——译注
③ 原歌是"如何にして戀ひばか、妹に武藏野の术が花の、色に出ずあらむ"。——译注
④ 原歌是"武藏野の草は諸向かもくも君がまにまに吾は寄りにしを"。——译注
⑤ 原歌是"入間道の大家が原のいはま蔓引かばぬるぬる吾にな絶えそね"。——译注
⑥ 原歌是"夏麻引く宇奈比を指して飛ぶ鳥の到らむとぞよ吾が下延へし"。——译注
⑦ 原歌是"赤駒を山野に放し捕りかにて多摩の横山歩りゅか遣らむ"。——译注
⑧ 原歌是"わが門の片山椿まこと汝が手触れなな地に落ちもかも"。——译注

前 5 首是"东歌"，后 2 首是"防人歌"，7 首都反映出律令国家建设时期朝气蓬勃的活力。它们以高丽人和新罗人的集体迁入开发等事实为背景，足以让人想象古代武藏野的繁荣开发景象。有些植物虽仅用于"枕词"或"序词"，但也充满生机，足以让我们具体了解当时的民众生活。实际上，大规模建造"国分寺"①，实施"条里制"②，开设国有牧场，武藏野出现的一些产业、交通、习俗多半反映出奈良中央政府的意图。可想而知，"东国"经营的成败，关系到律令国家整体的命运，故势必政府要着力开发。

在此须做一些解释，单纯地将《万叶集》卷第十四的"东歌"和卷第二十的"防人歌"视为武藏野当地人的作品未必正确。现代人都坚信不疑，《万叶集》是构成古代律令国家的顶点即天皇到底层人民共同创作的"国民民歌集"，但很早就有人认为这种理解不正确。大正年间武田祐吉③《上古文学的研究》就"东歌"说过："原住民在家乡吟咏和歌时很少有必要咏地名。很多地方在和歌中咏地名带有强调此地的意思。咏地名的和歌多为旅行者所作，而原住民咏地名的和歌仅限于有必要与其他地方做比较的场合。""在《万叶集》中，序歌会出现地名，但似乎作者多半与该地有某种关系。这些地名多为著名的地方，或大多冠以'国名'、大地方名以表明其所在。还有一些是作者未到过那个地方，仅听闻其名，故冠以'国名'、大地方名，大多含有在某'国'的意思"④，论证了"东歌"是"国府官人的风流"之作或"赴东国的京官所作"，是"虽在西地却吟咏东国地名的案机之作"。武田还论证了"防人歌"的"东国国风在那个时代尚未统一为短歌形式。卷第二十的'防人歌'是赋予新兵的作文答案，无关国风"⑤。武田祐吉的学说以大正民主主义时期

---

① "国分寺"，日本奈良时代为祈求和平在各诸侯国内建立的寺院。——译注
② "条里制"，日本古代土地区划制度。将土地以道路或沟渠区划成一町（60 步）的方格，称为坪，6 町（约 654 米）见方的区划称为一里，东西相接的里的区划称为条。有利于完整实施"班田收授"制。——译注
③ 武田祐吉（1886—1958），日本国文学家。毕业于国学院大学国文科。文学博士。历任该大学教授、文学部部长。研究《万叶集》的权威。著有《上古文学的研究》《万叶集全注释》等。——译注
④ 武田祐吉：《上古文学的研究》第四篇 关于《万叶集》选编的研究 三 怀疑"东歌"。——原夹注
⑤ 同上。——原夹注

文化思潮为背景，推动了合理主义的研究，但后来被昭和时代法西斯主义反动旋涡所淹没，至今仍未有机会复出，但在我等眼中却是一种不同寻常的卓见。前引武藏野"东歌"5首和"防人歌"2首大概也不是居住在武藏野的底层民众的作品，而是武田所说的"国府官人"或"赴东国的京官"或"新兵的作文答案"收集者自己创作的短歌或增删过的作品。但对中央政府官僚知识分子而言，"东国经营"（当然没有证据表明武藏野的开发为第一要务）无疑是其最关心的要事之一，因此他们势必热衷于将此作为主题，而不管是在案机吟咏，还是在旅途吟咏（抑或是对壮丁的作文进行增删）。因此我们可以将"东歌"和"防人歌"作为史料，借以想象古代武藏野繁荣的开发景象和推测中央政府的热情所在。

　　然而到平安时代中期，武藏野开发虽然还在积极推进，但与中央政府的直接联系骤然转弱。从社会经济史看，在从班田制向庄园制转换的过程中出现了"武士团"①，武藏国中也出现了武藏武士。但中央贵族对此不可抗拒的历史潮流故意闭眼不看，认为武藏野只不过是人迹罕至、荒草茂密、山野连绵、无任何文化气息的乡下而已，吟咏和歌时也仅将武藏野作为一种比喻，敷衍了事，如"紫草一茎出，世间众草繁"②（《古今和歌集》卷第十七，杂歌上，867）。《伊势物语》等和歌故事中的描写也完全相同。不言自明，平安贵族不想观看真实的武藏野，因此无法捕捉到它的本质。

　　令人惊讶的是，菅原孝标女③13岁时随父从任职地上总（旧国名。今千叶县中央部——译按）赴京，在从此时开始撰写的自传小说《更级日记》中也完全没能理解武藏野的本质。《更级日记》是她在丈夫死后年过50岁时所写的追忆日记，其中所见的少女观察经历，渗透着朦胧的泪水，故自然无法理解武藏野的本质。更准确地说，平安王朝知识分子在认识大自然时都使用了相同的滤光镜。

---

　　①　"武士团"，以同族武士的结合为核心的军事集团。日本古代末期以庄园为基础，以当地贵族为骨干，形成了"大武士团"。初期以血缘关系为基础，南北朝以后变为地缘关系的结合。——译注

　　②　原歌是"紫のひともとゆゑにむさし野の草はみながらあはれとぞ見る"。——译注

　　③　菅原孝标女（1008—?），平安时代中期的女流文学家。侍奉于祐子内亲王，与橘俊通婚。除著有《更级日记》外，也被认为是《夜不成寐》《滨松中纳言物语》的作者。——译注

　　　　今入武藏国，未见风景佳处，海滨沙子不白，黝黑如泥。闻原
　　野生长紫草，如今惟见芦荻高大茂盛，乘马行进其中不见弓之弦
　　端。拨开芦苇，可见竹芝寺，远处有房屋走廊础石等。①

　　这是王朝知识分子对武藏野的典型看法。"惟见芦荻高大茂盛"这
种"自然观"到标榜精致的《新古今和歌集》时代以后，则变为"草
原升月影"或"芒穗挂白云"的咏叹，形成了武藏野必有圆月和随风
摇曳的芒草作为景观点缀的套路。近代初期完成的独特的《武藏野图屏
风》是对该王朝文化的思慕和继承的产物，但那也只不过是缺乏实质的
虚构之美。

　　在王朝美学任意将武藏野的风景吟咏为"空无一物之秋天"（这里
模仿吉田拓郎②的歌词"襟裳的春天是空无一物之春天"，将其改说为
"秋天"）时，以武藏野各地为根据地的武士则立足于农业生产的发展
和马匹的改良，正在做扎实的准备以登上历史舞台。从现存的武藏野武
士的居所遗址、神社寺庙和坟墓推测，当时已不是"未见风景佳处"
的状态。探访板碑③（青石塔婆）则更会想到当时的实际情景。

　　进入中世后丘陵上建起了土垒的寨墙，迎请了神社，镌刻了板碑，
武藏野的景观发生了很大变化。在这个时代，不论是关苍术的白色头状
花，还是芒草的紫褐色花穗，都因观者的"看法"不同而显现出与过去
明显不同的"崭新的美"。在从中世到近世的"转换期"，武藏野的几个
村落完全可以在水源充足的低地种植水稻，还可以在砍去建材和薪材后
的山上种植红松和杂木。在武藏野这个乍一看似乎没有变化的自然环境
中，一群"崭新的人"那时已站在日本最主动的位置上，并且还跃居于
日本历史的舞台之上。使社会整体发生重大转变的主角就是这些"崭新
的人"。

　　设若这些"崭新的人"未出现在日本历史的舞台之上，那么人们脑

---

　　①　菅原孝标女：《更级日记》3 竹芝寺。——原夹注
　　②　吉田拓郎（1946—　），著名歌手、作词家、作曲家，毕业于广岛商业大学（今广岛
修道大学），被称为日本民谣之父，创作有《结婚吧》《旅馆》《襟裳岬》等歌曲。1950 年与
井上阳水、泉谷茂、小室等一道创建唱片公司——"四种生活的唱片"，1952 年任社长。——
译注
　　③　板碑，即板石塔婆，石造舍利塔的一种。在板状的石块上方刻上梵文，下方刻上建碑
的年月日和供奉者的姓名。镰仓、室町时代日本关东地区建得较多。——译注

海中描绘的武藏野形象将永远停留在过去。《日本传说丛书 北武藏卷》的作者藤泽卫彦①说过："武藏野之名更美妙、更优雅、更响彻如今人心还有一个原因，那就是会联想到住在武藏野附近的武士兴起的事迹。这在日本国家政治史上具有一种特殊的色彩。这些武士的事迹在我国文学史上也绽放出一朵花。看到那反映'前九年之役'②和'后三年之役'③两次战役和'保元④、平治⑤之乱'等军事小说中的坂东骑士的骁勇善战形象，谁都会联想到武藏野。""另外，从历史事实来看，住在武藏野附近的所谓'武藏七党'⑥及其他武士中也有许多人在保元、平治或宇治濑田⑦等的会战中，在首都的舞台上发挥了名角的作用。承久年间的武家政治基础就是因为挑选出了这类英气勃勃的新兴武士才得以稳固。北条泰时⑧这个做事谨慎的男子后来大力奖励开垦武藏野。此开垦在我国群雄割据时代，在后北条氏管辖之下也如火如荼地开展。"⑨

---

①　藤泽卫彦（1885—1967），民俗学家、儿童文艺研究家。毕业于明治大学文科。创建日本传说学会，刊行《日本传说丛书》和《日本歌谣丛书》等。还设立日本童话学会、童话作家协会、日本风俗史研究会。任明治大学教授时讲授风俗史学、传说学。著有《日本传说研究》《日本传承民俗童话全集》《日本民族传说全集》《图说日本民族学全集》等。——译注

②　"前九年之役"，指平安时代末期源赖义、源义家父子讨伐陆奥豪族安倍赖时及其子贞任、宗任等的战役。自1051至1062年，历时12年。与"后三年之役"一道成为源氏在东国积聚势力的契机。——译注

③　"后三年之役"，指平安时代末期的永保三年至宽治元年（1083—1087）间发生在奥州豪族清原氏家族内部的战乱。因"陆奥守"源义家的介入，清原武衡、清原家衡受攻击而灭亡。——译注

④　"保元之乱"，指保元六年（1156）因天皇家族和"摄关"家族内部的对立而引发的动乱。崇德上皇和藤原赖长率源为义、源为赖、平忠正等为一派，后白河天皇和藤原忠通率平清盛、源义朝等为一派，双方发生冲突。以天皇一派取胜告终。武士势力由此进入政界。——译注

⑤　"平治之乱"，指平治元年（1159）十二月由藤原信赖和源义朝发起的内乱。因遭平清盛的反击而溃败。平氏政权由此达到全盛期。——译注

⑥　"武藏七党"，从平安时代末期至镰仓时代由居住在武藏国的土豪组织起的同族集团。一般指"丹、私市、儿玉、猪股、西、横山、村山"这7个氏族。——译注

⑦　"宇治濑田会战"也叫"宇治川之战"，指平安时代末期寿永三年（1184）源义仲和源义经之间的战役，也是源平会战的战役之一。最终源义仲军战败，义仲本人在逃往北陆的途中在近江国粟津（滋贺县大津市）战死。——译注

⑧　北条泰时（1183—1242），镰仓幕府第三代"执权"（辅佐将军的执政官），北条义时之子。在"承久之乱"中击败以后鸟羽上皇为首的朝廷势力。后任"执权"，设立"评定众"制度，制定《御成败式目》（日本历史上第一部武家法规），在多方面发挥出政治才能。——译注

⑨　藤泽卫彦：《日本传说丛书 北武藏卷》（一）武藏野的传说。——原夹注

这群"崭新的人"不单是因为拳头大，而且是因为以各种生产关系为媒介，积极作用于大自然（武藏野这个自然环境）并得到经济回报才改变历史的。"空无一物的"武藏野不但是当时的居民只要想开发就能变成"什么都有的"生活空间，而且具有封建统治者要建设城市时则可在任何时候都作为其经济腹地的条件。庆长八年（1603）江户幕府建立在武藏野东端乃势所必然。

进入近世后社会状态大体稳定下来。享保年间（1716—1736）"武藏野新田"开垦事业再一次从根本上形成并推进这种大自然与人的关系。在元禄时期（1688—1704）之前，过去认为无法开垦的中部以西的荒芜台地被全面开发，幕府在砂川、小川、三富等新垦田村落施行"细长形"土地的分配轮作制度，对移居新田的百姓实施保有土地的"平等主义"。即出现了所谓的新垦田村落，武藏野台地有了以下景观："从村落的分布地域看，自然形成的村落主要分布在东部的低洼地和西部的台地周边及丘陵的山麓等。与之相对，新垦田村落大部分都分布在台地，形成了鲜明的对比。从村落的平面状态看二者也大异其趣。自然形成的村落多呈现不规则状态，在台地东部大体形成散形村落，西部形成块状村落。与之相对，新垦田村落大部分呈现规则有序的条状村落。"① 当它们成为浑然一体的有机体时，幕末的江户文人四处观看武藏野，故作精通地规定出"武藏野趣味"。

另一方面，玉川水渠②的竣工（1653）使武藏野的农业逐渐发展起来，武藏野成为向江户提供蔬菜、谷类、豆类的重要近郊农业地区。白萝卜、胡萝卜、牛蒡、芋头、土当归的田地成为武藏野的新景观，村落、农家自然创造出一种新的风情。

在防御台风或秋风的榉树丛下，房顶倾斜、铺着厚茅草的农民屋舍沿着小路呈带状排列，其景象过于粗野，缺乏对传统之美的考量，但却自然给人以活生生的人群在努力生活的印象。在隔开菜地的茶树桩篱笆上盛开的红花石蒜等充满着人的气息。说到"人的气息"，人们就会想

---

① 矢岛仁吉：《武藏野的村落》第七章 新垦田村落在武藏野台地的选址条件。——原夹注

② 玉川水渠，贯穿东京都的水渠。江户时代初期幕府为将多摩川水用于饮用和农业而修筑，于承应三年（1654）完成。自东京都西部的羽村至四谷大木户，全长约50千米。——译注

到武藏野固有的"海市蜃楼"传说等，但它既非空中现象，也非自然现象，而只是给生活在新村落的人们的生命源头赋予劳苦形象的民间故事。涓涓的溪流声，远方杂木林的树影和日晖，若无人参与都不可能存在。

武藏野的历史就此展开。

国木田独步也描写了明治三十年（1896）左右的武藏野景观。他在《武藏野》第（四）中再次引用了屠格涅夫的文字，之后写道：

> 武藏野绝没有童山，但它也像大海的波浪那样有高低起伏。从外表看像是一片平原，但说它是有着低洼、浅小山谷的台地更为合适，这种山谷的底部一般都是水田，旱田则主要在台地上。台地又区划为林地和旱地，旱地即原野。树林没有一处宽达十几、几十里，不，恐怕连几里也没有。同时也没有一望十几、几十里的连绵不断的旱田。大致的情形是，在一片树林的周围都是旱田，在一顷旱田的三面又都是树林，而农舍就散落在其间，进一步将它们分割开来。也就是说，原野、树林杂乱交错，刚觉得走进树林，但很快就发现来到原野，这为武藏野赋予一种特色。这里有大自然，有生活。它不同于北海道那种天然的原始大森林和大原野，而有自己的独特趣味。

独步所说的"这里有大自然，有生活"的农业景致到昭和十年代（1925—1935），一如田村刚①《武藏野的风景》所说，从"杂乱"变为"赏心悦目"的近乎园艺农场的景象："武藏野的旱田正在开展集约化农业生产，仿佛一个园艺农场。四季都有不同的作物，在任何时候观看都有收获。作物都受到很好的管护，令人赏心悦目。似乎在这里也可以发现武藏野风景的特异性。"② 由此可见，武藏野的风景并不是自然景观，而只能说是人文景观了。

---

① 田村刚（1890—1979），造园学家。毕业于东京帝国大学。1920 年进入内务省，在国立公园行政管理方面发挥了领导作用，被称为"国立公园之父"。曾任日本自然保护协会首任代理事长。设计的作品有千鸟渊战亡者墓园等。著有《国土计划与国民锻炼地域》等。——译注

② 田村刚：《武藏野的风景》。收录于田村刚、本田正次编《武藏野》。——原夹注

武藏野的"辩证法"

归根结底，武藏野产生的自然美是人类能动地作用于大自然，最终使之进入与人类的合作关系的结果，它为我们展示了一种揭橥大自然的"崭新的美"。武藏野的大自然也是崭新的，创造武藏野大自然的人也总是崭新的。自然与人类一道日新月异，就是有生命的武藏野的"辩证法"性质。

三多摩在明治时期成为自由民权运动的群众据点也并非无缘无故。色川大吉①《新编明治精神史》认为：根据该状况，可以调查"与主人公的行动（可能）路线多少有所交叉的那个时代、那个地区的社会运动和政治运动，探索该时代的历史特质和众人生存方式的共同基础。拿北村透谷②来说，有一种方法可以说明三多摩（以此可广泛推及当时的神奈川县）自由民权运动的全貌，并从该民权运动的具体研究中发现它与透谷有很大关系的盖然性。而且可以通过寻求相关文书接近透谷的心理。……即使这么做有迂回曲折之嫌，但既然通过透谷进行研究的史料有限，既然是一种全面说清问题的'历史研究'，那么这种做法就必须尝试"③。这种做法推进了"发掘"三多摩地区人们的工作，非常正确。因为它很好地把握了武藏野的"辩证法"。

因此人们在武藏野的杂树林、水源地和丘陵散步时，已脱离了"兴趣""散心"这些最初的目的，而带有超越该目的的沉重意义。他们不得不思考的主题就是自然和人类的关系、地理和人类的关系、历史和人类的关系、人和人的关系等等。武藏野就是让人不得不通过大自然来思考人类自身的场所和地方。而且与京都、奈良一带不同，武藏野是人类、大自然、历史都不断急剧变化的场所和地方。至少我们可以说从明

---

① 色川大吉（1925— ），史学家。毕业于东京大学。东京经济大学教授。以 20 世纪 60 年代"安保斗争"的体验为契机，开始从"底层的视角"研究民众思想史。1964 年以三多摩自由民权运动为对象写出《明治精神史》。作为一名"行动派"的学者曾经横穿欧亚大陆和调查丝绸之路而闻名日本。著有《某人的昭和史——自我历史的尝试》《近代国家的出发》等。——译注

② 北村透谷（1868—1894），评论家、诗人。东京专门学校（今早稻田大学）肄业。与岛崎藤村等创办《文学界》。浪漫主义文学思想的代表。著有诗剧《蓬莱曲》和评论《厌世诗人与女性》等。——译注

③ 色川大吉：《新编明治精神史》第一部 民众的精神动态 3 汲取自由民权运动地下水的民众。——原夹注

治时代到第二次世界大战战败为止是这样的。

不！从第二次世界大战战败至今更可以这么说。这个时期是所谓"城市化"的浪潮以压倒性气势席卷日本全国的时期。从某种意义上可以说，日本全国都在急步匆匆，模仿武藏野的进程。而且，全国规模推进的土地开发在许多场合都露骨地显示出"机械的臭味"和"资本的臭味"。与此相对，作为原型的武藏野土地开发总是伴随并无法摆脱"人类的气息"。以人类为主操纵机械和运用资本的感觉，与在开发地方时以机械和资本优先的感觉截然不同。说是因为人的数量相应增多也可以，但我们不能忽视正是这种"人类的气息"才是创造出武藏野自然景观的整体要素。

战后敏锐剔掘出武藏野根本特征的作品有大冈升平[①]的《武藏野夫人》。大冈通过在菲律宾战场的经历，获得了新的而且是根源性的"自然观"，所以同样以武藏野为舞台写小说，他也能看出与其他作家眼中的武藏野不同的东西。在《武藏野夫人》第一章"'山坳'的人们"开篇部分大冈写道："在古代，武藏野覆盖着一片郁郁葱葱的原始森林。后来它又成为广漠的荒野，干渴的旅客常常倒毙路旁。那时这山坡一带还有充盈的泉水，所以总有人居住。长作的祖先最初来这里定居就因为这里有水。这里被称为'山坳的获野'大概也是这个缘故。不过现在掘井技术提高了，到处都有水井，泉水就不大受重视了，所以现在长作家建房子的那块日照很好的高地就被人认为是'山坳'。"大冈具有人文地理学的慧眼，通过第二主人公复员军人阿勉的崭新"自然观"，科学而准确地描写出武藏野的景观："他认为，比起对比斜坡的栗树林和杂树林的明暗感受到的美，那条显示着行人为节省体力而留下的足迹并勾画出斜坡底处自然形态的小路更能给人以美的享受。"[②]"'山坳'的洼地是鸟儿和蝴蝶的通道，同时也是人们来往的路径。农民修成的这条老路有一侧是被削去表土后裸露的红土，沿着宫地家的宅地向野川流域延伸。阿勉快步向下方走去，耳边不时传来成群的长尾乌鸦在杉树枝上骚

---

① 大冈升平（1909—1988），小说家。毕业于京都大学。多通过描写战争体验来表现清晰的人生认识，并且作品中有细腻的心理分析。1974 年《中原中也》获第 27 届野间文艺奖。另著有《莱特战记》《野火》《武藏野夫人》等。——译注

② 大冈升平：《武藏野夫人》第四章 恋注。——原夹注

动的声音。"① 在接近末章时大冈写道："我几度登上狭山都没能看到广阔的武藏野台地，那里也只是一种幻觉吗？在我出生之前很早便已形成的古代多摩川三角洲与我有某种关系。人们所说的武藏野树林也是世世代代的农民为防止风沙而栽种的。工厂、学校和机场，还有大片的东京市民的住宅，这就是今天的武藏野。……阿勉一边破除自己的地理学知识的迷幻，一边不知不觉地从死亡的幻影中解脱出来。如果我要生存下去，那么一切都必须从这个新的起点开始。"② 大冈发现了在关系上支撑"生存的意志"与"新的起点"的现代的武藏野。大冈升平的《武藏野夫人》一方面完美刻画了古罗马式的恋爱心理，另一方面还完整理解了赋予历史创造者即人类的武藏野的"辩证法"。从这点来说它与杰作名实相副。

最早发现"武藏野之美"的国木田独步在《武藏野》前半部分③末章第（五）中自我设问："哪里有树林和原野如此交织，而生活与大自然又如此密切的地方？"之后在它后半部分④末章第（九）开篇部分回答了此问题：

未必要谈道玄坂⑤，也未必要谈白金街⑥，就说东京街道尽头的某处。它或接连甲州街道，或通向青梅道、中原道和世田谷街道，突入郊外的林地田圃，说不上是街道还是驿站，都会在一种生活和一种大自然的结合中呈现出一种独特的景致。我每当描写这些地方就会诗兴大发。很奇妙吧。为何这种地方会引发我们的感触？我可以用一句话来回答这个问题。因为这种郊区的景致可以让人想到它是社会的一个缩影。换言之，因为那些屋檐下都可能隐藏着两三个小故事，其中有令人悲切的故事，也有令人捧腹的故事。正是这些故事，可以使乡下人和城里人都受到感动。如果要进一步说出它的特点，那就是大都会生活的余波和农村生活的余波在此交汇，

---

① 大冈升平：《武藏野夫人》第十一章 照相机中的实情。——原夹注
② 同上书，第十三章 秋。——原夹注
③ 《武藏野》前半部分发表于《国民之友》明治三十一年（1898）1月号。——原夹注
④ 《武藏野》后半部分发表于上刊同年2月号。——原夹注
⑤ 道玄坂，东京都涩谷区西南部、JR涩谷站西侧的坡道及其周边的地名。——译注
⑥ 白金街，东京都港区西南部的街区。——译注

徐缓地形成漩涡。

这就是短篇小说《武藏野》的主题性结论。独步总结说：换言之，"在一种生活和一种大自然的结合中呈现出一种独特的景致"才是武藏野之美或诗趣，自己被其吸引。

从叙述的结构来看，独步在第（七）中先说明："和我一起在小金井堤岸散步的朋友，现在已到地方当法官了。他在读过我的前一期文章后写信给我。为方便起见，我觉得有必要在此引用。"之后独步引用了那友人的信函内容。在第（八）中独步叙述："我对上述意见毫无异议，尤其是非常同意将东京郊区作为题材这个意见。我过去也有这种想法。将东京郊区作为'武藏野'的一部分听起来也许有些可笑，但实际上并不奇怪。正如在描绘大海时将浪花冲刷的海滩也描绘进去。"之后是第（九）。因理解方式的不同，此部分对独步的武藏野观而言，或许可以看作是一点补充或补遗。但借用独步的比喻来说，描绘浪花冲刷的海滩才是描写大海最栩栩如生的部分。至少可以说短篇小说《武藏野》的主题到第（九）的叙述时突然有了大变化。我想尽情欣赏这音乐尾章奏响的"忽快"（Stretta）音符。

可以说武藏野之美总是与都会和时代一道不断生成并发展的。国木田独步绝非希望武藏野成为可以怀念江户和江户时代以前人们创造传统美的地方。通读国木田独步的全部文学作品可以更容易理解这一点。然而柳田国男以及一些评论家层出不穷，将独步的《武藏野》称为一种"趣味判断"和"江户文人的传统"，仅给予很低的评价。明治时代以来的《武藏野》评价史，准确地说应该是一个壮烈的《武藏野》误解史。

本节的结论如下：

国木田独步发现的"武藏野之美"，并不单纯是武藏野的杂树林植物生态之美，而是武藏野的森林、原野、道路的创造者（建设者）即人类的内心不断燃烧的生命源泉之美。因为国木田独步总想更新，故才能发现武藏野的真正之美。

风景——历史人物的作品

从《日本风景论》到"重新发现日本"

我们被灌输至今：日本人因受惠于自然风光，具有从心底热爱大自然的国民性，并与大自然互慈互爱，故很早就形成了独特的精神文化，而且今后这种文化也不会发生变化。所谓的昭和十年代（1925—1935）出生以及更年长的人们大部分现在仍这么认为。然而在另一方面我们也被告知，像日本列岛这样随着高度工业化而出现的自然破坏惨案的事例在世界上极为罕见。现在小学生们进行的牵牛花实验等也可以证明这一点。

这很可笑。本应是世界上最热爱大自然的日本列岛居民现在在世界上最伤害大自然，这太不合情理了。谚语说"爱之深责之切"，但过度热爱大自然会加深破坏大自然的程度等的说明则无法成立。更何况，公然折磨情人致死是一种可以获得快感的变态嗜好等的说明连意思都不通。而且，破坏大自然和污染环境现在已是不争的事实，因此不管愿意与否，如今必须厘清日本人是热爱大自然的国民这一通说。

那么，日本人具有热爱大自然的国民性这个教义完全是虚幻之说吗？回答是认为国民性是超越历史的客观存在这仲想法本身就是一个很大的错误，而认为日本人热爱大自然或不热爱大自然的看法也绝非正确。因为不热爱大自然，人就不成其为人。问题就出在将热爱大自然的人的自然行为故意定性为日本人的特性这种思维方式。

最早提倡这种教义的是志贺重昂的《日本风景论》（1894年出版），其绪论说："感情脆弱乃人之常情。孰不谓本国美？此乃一种观念也。然日人谓日本江山之美丽，何止惟出于本国之可爱乎？而绝对缘于日本江山之美丽。外邦之客，皆以日本为此世界之极乐天堂而低徊无措。"之后是芳贺矢一的《国民性十论》（1906年出版），其中写道：日本"气候温和，山川秀丽，四季花红叶绿风景极美，国民沉浸于当下生活极其自然。作为客观存在横陈于我等面前之四周风光皆在欢笑，故我国民无一人不为之破颜。反之亦然。热爱现世、享受人生之国民，亦极自然地热爱天地山川，憧憬大自然"①。第三位"击球手"是和辻哲郎的《风土》（1934 年出版），其中写道："丰沛的水气在给予人类食物的同时，也会以暴风、洪水的形式威胁人类。这种季风型风土给我们的生存方式带来被动性和服从性这双重性格，在这之上还要加上热带性和寒带性、季节性和突发性这些特殊的双重性格。……日本人独特的生存方式可以归纳为以下两点：一是流露出的丰富情感在变化中悄然持续，而在持续的过程中每个变化的瞬间又含有突发性；二是这种活跃的情感在反抗中易沉溺于气馁，在突发的激昂之后又静藏着一种骤起的谛观。这就是所谓的深沉的激情、好战的恬淡。"② 三人三样，虽有细微的差别，但他们的深层教义并无不同：日本人热爱大自然是因为大自然具有绝对之美；日本的风光如此美丽，日本人无法不爱它；日本人不能违背日本季风型风土带来的国民性。

他们最为一致的就是将所谓的热爱、顺从大自然的日本人特性，与忠君爱国、崇拜祖先、爱好艺术、淡泊清洁、温和宽容等德目置于同等的位置（而《国民性十论》则以"一 忠君爱国""二 崇拜祖先、重视家声""三 讲现实、重实际""四 爱草木、喜自然"的顺序排列）。乍一看这种逻辑似乎无关紧要，但它却显露了重要的社会观和人类观。因为它提示并规定了国家主义社会共有的概念框架，即日本人越热爱大自然，就越笃信忠孝至诚。不热爱大自然则艺术无望，人格低劣。不管对准大自然的镜片倒映出什么都无所谓，只要高唱"啊！日本的大自然风光真美"，那就是优秀的日本人，也可以证明自己是顺从现有社会体制的。总之，日本人热爱大自然的说教发挥了某一种意识形态的威力。

20 世纪 70 年代前后出现了"重新发现日本"的标语，日本全国出现了观光热潮，但既然它是服务于第三产业资本的，那就意味着极其危险的思想潮流复辟。因为在面对风景，相互交换"重新发现日本"这个暗语的过程中，人们会陷入风景之外的所有的日本传统都好这种逻辑当中。

现实问题是，大多数日本人的自然观、风景观等都丝毫未超越甲午

---

① 芳贺矢一：《国民性十论》四、爱草木，喜大自然。——原夹注
② 和辻哲郎：《风土》第三章 季风型风土的特殊形态。——原夹注

战争期间鼓吹的《日本风景论》、日俄战争后扎根的《国民性十论》和昭和时代法西斯主义兴起时提出的《风土》论。在发生如此众多的环境破坏等公害问题时却无人反驳这些与其说是无用不如说是极其有害的教义，这难道不可悲吗？

不如站在"世界风景论"的角度思考大自然

我们在此无法讨论日本的自然景观、气候地形是否真的完美。因为各人都有自己的不同见解，所以不可能仓促得出一种结论。

与此相反，我倒希望以日本人看到某个国家的风景时得到的印象为材料，通过他们对自然景观和人文景观的接受方式（看法）得到一个评价标准。在研判这个评价标准不太出格后再以此确认日本风景的优劣。

令人意外的是有许多相关材料。以下要介绍的是最为明快的材料即堀田善卫①的《看到美景之人》（1969 年出版）。它是一部在旅途中接触异国之美的美术追忆著作，其卷首有如下文字：

西班牙的城市景观很严酷。从竖立着红褐色或白色石头的山丘和半沙漠或充满小鹅卵石、沙子的附近地域走过，就会感觉任何城市都只从周边地区掠夺物资，而从不给它们任何东西。拿豪华壮丽的大教堂和宫殿来说，前者有拥有刚毅态貌的哥特式建筑（哪座教堂都一样）的布尔戈斯②，后者除马德里外，还有埃斯科里亚尔③。埃斯科里亚尔宫殿原本是修道院，但与周边的大自然做对比，就很难避免产生它是通过掠夺压榨其他地区而建成的印象。加的斯④等

① 堀田善卫（1918—1998），小说家。毕业于庆应大学法语学部。第二次世界大战结束后曾被中国国民党宣传部征用。回国后以自己的法国文学知识和中国经历等国际视野描写现代日本知识分子。1952 年以《广场的孤独》《汉奸》等作品获第 26 届芥川奖。另著有《来自海啸底下》《齿轮》等。——译注
② 布尔戈斯（Burgos），西班牙北部的城市，曾是卡斯蒂利亚莱昂王国的首都，周边是农产品的集散地。——译注
③ 埃斯科里亚尔（Elescorial），位于西班牙首都马德里西北部的宫殿和修道院的复合体建筑物。由腓力二世在 1563—1584 年间建造。——译注
④ 加的斯（Cádiz），西班牙南部加的斯省省府，大西洋沿岸的海港城市。公元前 10 世纪左右由腓尼基人开发。西班牙最古老的城市。为前往加那利群岛的客运站。——译注

古老港口城市可以追溯到腓尼基①时代，仅看那萧条的港口，也能历历在目地看到其掠夺压榨的对象是美洲、非洲和东方国家。至于首都马德里，那可是遍布西班牙全境的蜘蛛网的中央，其中蛰居着露出残忍牙齿的蜘蛛。西班牙的城市不给周边地区任何东西。……

与其他国家相比，西班牙至今也未完全改变城市几乎不给周边地区任何东西，而只顾搜刮它们的性质。它能给予的东西就是遥远的古代创造的东西，说这种性质是西班牙此国的主要性质并不为过。②

让堀田在面对景观时错愕但还算冷静的印象是，西班牙的所有城市都是向周边地区尽其所能地"掠夺压榨""而建成的"。他说过，城市只顾搜刮而从不返还任何东西就是西班牙这个国家的主要性质。

这是个了不起的发现。作为欧洲最早的绝对主义国家并以强大的权势为傲的西班牙帝国，在欧洲各地都有土地，在海外也拥有大片的殖民地，以此称霸世界。简单地说，此大帝国就是一个只考虑"掠夺压榨"全世界财富的残忍且没有人道的人类集团。具有这种"掠夺压榨"思想和行为的人在建造城市时会怎样？那肯定是不管周边是杂草丛生的旷野，还是山丘，抑或是海岸线，凡是他们认为值钱的东西都一点不剩地搬走。于是旷野上只剩下无价值的杂草，山丘上和海边光留下无用的石块和有缺口的贝壳与沙砾。彻头彻尾的强盗哲学创造出西班牙的城市，也创造出西班牙的自然景观。无论下雨还是晴天，西班牙帝国统治者的哲学都不可能发生变化。

以此说来，为摆脱西班牙统治而发起独立战争的荷兰人的商业主义合理哲学和新教思想，当然会用自己的双手创造出与西班牙不同的城市景观和自然景观。英国和法国的绝对主义创造出的城市和农村景观与西

---

① 腓尼基（Phoenicia），古代在地中海发展起来的经商和航海民族及其国家。公元前15世纪以乌加里特、俾布鲁斯等为中心繁荣起来，前12世纪中心地移至提罗斯、西顿，垄断了地中海贸易，腓尼基文字也随同其文化传入西方。前8世纪被亚述西利亚（亚述）所灭。——译注

② 堀田善卫：《看到美景之人》1 爱尔汗布拉宫。——原夹注。爱尔汗布拉宫，摩尔民族王宫。西班牙格拉纳达的古伊斯兰王国宫殿。于13世纪开始修建，14世纪末完成。建筑、装饰都达到伊斯兰艺术的高峰。——译注

班牙和荷兰的大异其趣也理所当然。在新大陆独行的美国和落后于近代化的德国（普鲁士）建有自己特色的城市、农村更是理所当然。在意大利的丘陵地带种植葡萄、橄榄、桑树等小灌木植物①则是在 18 世纪后期才开始的，是一件在商业上有预见性且可盈利的事业。无论是城市景观，还是农业景观（含植物景观）都不是大自然的所作所为，而来自人类的所作所为。根据人类拥有的哲学（生活原理）不同，城市可以呈现出任何一种样态，农村也可以带有任何一种的外表特征。即使是小岛，它是成为孤岛，还是成为重要的泊地也由岛民拥有的思想和意志决定。

堀田善卫从西班牙的城市景观看到了一味"掠夺压榨"的绝对主义统治者的看法，它显示出这种看法正是西班牙的"风景作者"。一般来说，风景可以分解为自然要素和人为要素，最终无法分解的自然事象仅限于极小的一部分。喜马拉雅山脉和阿尔卑斯山脉等一定海拔高度以上的人迹未至地区显然属于自然环境，但只要有登山道的地方就属于人类环境了。可以仰望富士山的某处山顶的一棵松树也属于人类世界，因此包含这棵松树在内的"富岳百景"早属于人类的创造。遍布在日本的山岳和原野的植物几乎都是人类种植的。如果有原始森林即自然森林则非常珍贵，必定会被作为自然保护区加以保护。总之，日本的景观可以说几乎都是人类的作品。

如果这种说法显得粗疏，那我们可以换种说法，即风景和人类成为一体，在结构上创造出一个整体。欣赏二见浦②夫妇岩美景的人也一定会叩拜从用稻草绳连接在一起的两块岩石下方升起的太阳。对不叩拜太阳也不信神的人来说，二见浦的风景谈不上美丽。即使认为美丽，该美丽的种类也与过去人们所想的不同。人类发生了变化，他们所感觉美丽的风景种类也会发生变化，这是理所当然的。因此，如果感觉美丽的风景上百年、上千年都没有变化，那就意味着人类的思维和感觉方式上百年、上千年都没有变化。正因为风景和人类已连为一体，那么讨论风景最终就等于讨论人类的生存方式。

---

① 原文如此。——译注

② 二见浦，是日本的一个景区，位于三重县二见町濒临伊势湾的海岸边，自古即为旅游胜地。现在是伊势志摩国立公园的一部分。——译注

进一步在未来和未知的维度上寻求"人类创造的风景"

如果说风景与人类的问题无法脱离，那么风景（和对风景的看法）不仅已经形成并存在于人的眼前，而且还会在未来或未知的维度上继续被创造出来。因为人类不会光满足于大自然单方面赐予的东西。

在近世和近代，人类的"欲望"不断地改变地理景观。有人掠夺金银、香料、陶器，移植食品、奢侈品、流行物的风尚，甚或改换宗教、语言、生活习俗等，改变了人类的居住空间。欧洲的农业、园艺栽培的进步等只能视为人类"欲望"的集大成。然而今日人类的"欲望"开始产生变化。过去的人类都只追求物质的丰裕和政治的胜利，以此全面肯定人的生存价值，但现在已不是那样的时代，新人类不再对中世教会那种将重要的"欲望"与前往天堂的门票交换，使人固定在既有秩序中的奸计言听计从，而必须用自己的双手摸索，满足个人的"欲望"。在这个时代，他们借助自己的想象力和各种科学的成果，总之希望用自己的双手做自己想做的事，来证明新人类的存在。用图式的方法来说，即在文艺复兴时期一直延续到近代的自内而外的思维之上，再一次加入自外而内的思维（说"再一次"是因为东方宗教和希腊哲学曾有过这种结合），就一定会出现"综合的人"。这种新时代已经到来。

那么，风景和人类一体的结构应是怎样的结构？因为人类会发生变化，所以风景（包括风景观）也必然发生变化。另一方面，高度工业社会带来的自然破坏仍在进行之中，现实是不可能使其停步的。即使我们未有委托，现代产业资本也会每天都在改变风景。我们刚看到长满松树的山头被削去，在某天又会见到苇塘的下方建起了大型港口。对此我们无能为力，也没有阻止的手段。有人可能反问：人是会变的，当然风景也会改变。从你上面的论调来看，破坏大自然也没有什么不好。对此我们在现实上无法提出有效的回答。改造日本列岛的哲学，显然是上述西班牙风景的"掠夺压榨"哲学的复制品。

作为暂时的回答，我们有必要让周围的人明白，新人类正在抓住一切机会，讲述自己在月球、火星表面软着陆的梦想，或正在遥想唐末宋初的庶民逸士进入的水墨画世界。与这广漠的宇宙相比，近 5 个世纪以来不断攫取的近代人类的"欲望"等过于渺小。不言自明，新的艺术创造与新人类的诞生和确立有关，与新风景的建设也有直接关联作用。

首先人类必须改变。从幕府末期到明治近代期间，日本人提倡"东洋道德、西洋艺术（技术）"和"和魂洋才"，他们很难赞同人类可以改变的这种看法。总之，既然东洋专制的基本结构尚未打破，那么光是想到包括人类在内的所有事物都会发生变化就会被视为罪人，因而人们只能坚信自然和风景都是永久不变的。在这种状况下当然科学不会进步。不！甚至是去除了东洋学问的范式、具有科学思维的科学家在接触到自然观时，也会立刻成为固定观念的俘虏，发出令人吃惊的保守、闭塞的言论。就连寺田寅彦这么优秀的科学家在他的《日本的自然观》中都有以下的叙述：

> 因地理条件而长久处于锁国状态的日本，能逐渐与世界其他国家接触，其原因之一就是科技的进步带来的交通工具的逐步发达。交通工具的发达实际上缩短了地球的距离，给地理关系带来了深刻的变化。有时在感觉上某个较远的地方比某个较近的地方更近，即所谓的空间被扭曲了，距离的尺度和时间的尺度也产生了各种冲突。人类有了千里眼和顺风耳，还得到了曾经梦想的鸟类翅膀。大自然变了，人类也不是以前的人类，日本人的自然观也必定会发生相应的变化。新的日本人在顺应新的大自然之前，今后还要相当长岁月的修炼，也必须经历许多失败和过失的痛苦经验。如今日我们正在四处体验这种经验。
>
> 话虽如此，但日本人仍是日本人，日本的大自然也几乎还是过去的大自然，即使是科学的力量也不能改变日本人这一人种的特征，自由支配日本整体的风土。即使如此，我们也屡屡忘记了这个显而易见的道理。认为只要模仿西洋人的衣食住行，继承西洋人的思想，日本人的解剖学特征就会为之一变，甚至日本的气候风土也会因此更替，这是错误的。①

寺田的这个看法曾经是不可撼动的常识，文中所说的"新的日本人

---

① 《寺田寅彦随笔集》第五卷。——原夹注

在顺应新的大自然之前，今后还要相当长的岁月修炼"等论点在今天仍非常通行。但寺田最想强调的论点即"认为只要模仿西洋人的衣食住行，继承西洋人的思想，日本人的解剖学特征就会为之一变，甚至日本的气候风土也会因此更替，这是错误的"却值得商榷。我们暂不质疑他的问题提出方式即"何谓日本人的提问方式"的特异性，仅就其"解剖学特征"而言，它显然就局限于先入之见。战后日本少男少女的身材变高了，脸型变美了。毫无疑问，它们与寺田写此文章的 1930 年前后的日本人的体形根本无法比较。显然这位博学的科学家犯了错误。阅读斯坦贝克①的随想录，我们知道北加利福尼亚的日本垦荒农民第三代的皮肤、脸型，甚至精神都完全变成了白人。寺田说"甚至日本的气候风土也会因此更替，这是错误的"，但现代人类对"气候风土"的姿势和态度已发生了改变，因此"气候风土"具有的意思也与之前的完全不同。现代日本人完全改变了过去只是忍受、顺从严寒酷暑的生存态度。

　　人类是会变化的。如果人类向好的方向改变，那么地理的风景也必然变好。根据人的思维和生存方式，日本的景致今后可能变得更加美好。那一天必将来到，不必失望。

"热爱大自然"与"热爱自然观"之间

　　日本人自我夸耀是世界上最热爱大自然的民族，但在事实上却在这个世界最惨烈地重创大自然。这非常难以理解。而在另一方面，我们时常会听到有人辩解，说直面自然破坏、环境污染等公害问题的不仅是日本列岛的居民，先进工业国家的人们同样应对公害负责，现在这种程度的公害应该相互忍耐一下。而正是做此辩解的人，同时还在反复高唱传统的公理，说日本人在世界上最知道大自然的优美，拥有一颗不同寻常之"心"。听后的日本人大多数也都一脸同意地附和这种说法。这也非常难以理解。

　　为什么会出现这种难以理解的事情，而且大多数日本人对这种不可理解的事情都未注意呢？大企业造成的自然破坏、环境污染的罪状不言

---

　　①　约翰·斯坦贝克（John Steinbeck，1902—1968），美国小说家。用带有抒情性的笔调描写贫民的生活。获 1962 年诺贝尔文学奖。著有《人与鼠》《愤怒的葡萄》和《伊甸园以东》等。——译注

自明，但日本人在个人层面也时常伤害大自然。说什么我最喜欢花草了，但却咔嚓一声将公园、路旁的花朵折下，最终扔进垃圾箱，而且并不认为自己做了什么特别坏的事情。也就是这种植物爱好者常年还在口袋里装着笔记本，绞尽脑汁地创作俳句与和歌，沉浸在自我满足之中，说自己会作俳句与和歌，所以就是继承了与山川草木共生的日本"传统自然观"的知识分子之一。然而现实的问题却是，人们至今未听说包括这些俳人、歌人在内的日本"传统自然观"的信奉者积极参与过反对自然破坏和环境污染的运动。

与其说人们对此难以理解，感到蹊跷，不如说其中隐藏着重大的虚伪。

日本人被赋予了具有酷爱大自然的国民性的"传统公理"，与日本人最残酷地对待大自然的"现实确凿性"之间存在着二律背反①。何以解决这个问题？我以自己的方式做了各种观察和思考，如今隐约找到了一条线索。将此线索以"疑问"的方式提出，那就是日本人难道不是从一开始就未曾拥有热爱大自然的精神态度，而是一直热爱着某种自然观，并将重视、沿袭、再生产那种自然观的思维方式即生活态度与热爱大自然混为一谈？进一步提问，那就是这个"热爱大自然"与"热爱自然观"的混同符合维持现有体制的目的，但它在"自上而下的教育"体制中被积极放大的部分难道不多吗？通过提出这种疑问，就可以得到能在关系方面证明所谓的日本人观念上的大自然爱和今天日本列岛内外产生的现实上的自然破坏之间背反的线索。

自然观的问题极其重大且深远，以我等之力无法讲清这个问题。

但仅就日本的传统自然观似乎可以做以下表述："梅花香""山水清""青松白沙海岸美""木棉之手感"等等，都提取自"部分的自然"，并被人放大，夸张地自吹自擂。这种极其狭隘肤浅的自然观，从严格的科学意义上说是无法进入自然观的概念即范畴的。许多人不过是在未弄清"何谓自然"的情况下就形成了以盲目的天文、地理、植物、动物的总称指称"自然"的思维习惯（它始于古代律令时代）。在这个"习惯系统"中，过去大多数的日本人仅在极其偶然而且是任意强调"部分的自然"美（有时

———————————

① 二律背反，逻辑学上指两个相互矛盾的命题具有同等合理性，彼此不能并存。——译注

是美的恐惧）时，才认识到自己眼前存在的"自然"。这种"自然观"如何能称为真正意义的自然观？我认为应该存疑。

不过认真观察它背后隐藏的东西，就会发现日本传统的"自然观"也（不！也许应该改说为正因为有这种"自然观"，才更）具有一种作为自然观的特殊体系。那么这所谓的"背后隐藏的东西"又是什么？"作为一种自然观的特殊体系"又是什么？

详细说明置后，现在仅写下我的答案：所谓的日本自然观"背后隐藏的东西"，是指在日本列岛改头换面、长久持续的专制政治统治的存在方式及其模式；所谓的"作为一种自然观的特殊体系"，是指中国律令的世界观、国土观、农业观的体系。因为二者不可分离，所以我将它们归拢在一起，以说明在 8 世纪日本列岛确立律令国家体制以来，作为在内部支撑东洋专制统治的意识形态的自然观体系长期（到现在仍然）处于范式的地位。一言以蔽之，日本自然观就是律令政治统治的遗产。

然而，我们现代日本人都认为自己在律令制要素等方面已干净利落地告别了奈良时代或平安"国风黑暗"时代，而且至少是这么希望的。但作为现实问题，我们无法否认在整个平安时代，"太政官"① 这个国家机关扮演着官僚贵族阶层城堡的角色；在整个中世、近世时代，我们也只有以古代律令国家为前提才能理解以幕府权力为媒介形成封建制（封建土地所有）的特殊过程。石母田正② 说过："尽管这样，律令制被过低评价的原因之一，就在于它并非日本民族的自主产物，而是舶来制度这一特征。确实，律令制国家是日本古代生产关系的总和，是其经济关系的集中表现，但在其形成的过程当中，我们也无法忽视国际的契机所起到的强有力作用。"③ 接着石母田提问，即使可以说没有东亚的国际关系就无法建成日本律令国家，但是否也可以将律令国家统治看作是能够随时从日本历史中剥离出去的"一种舶来的'虚构'物"或

---

① "太政官"，日本律令时代的最高行政机关。于其中设置"太政大臣""左、右大臣""大纳言"，统辖"八省"及以下机构。——译注

② 石母田正（1912—1986），历史学家。毕业于东京帝国大学国史学科，曾供职于富山房出版社、日本出版协会、朝日新闻社等，后任法政大学法学部教授和名誉教授。以唯物史观和实证的方法研究日本古代和中世史，在战后日本史学界做出划时代的贡献。著有《中世的世界形成》《历史和民族的发现》等。——译注

③ 石母田正：《日本的古代国家》第四章 古代国家与生产关系。——原夹注

"历史偶然诸原因带来的一时的产物"？他自问自答："然而过去有人认为，它并非普通的外国文明，而是不折不扣的中国法典和制度的'引进'和'继承'，所以在任何时候都是可以剥离并且是必须排除的虚构和模拟的制度。在排除它后就可以找到'日本和民族的'事物。这种思维方式与对中国文明特定的价值评价有关。可以说它一方面与日本'国学'的传统，另一方面还与以'脱亚论'为特征的明治时代民族主义相勾连。但我们有必要再次思考，与天智天皇①相比，在'国学家'推崇的'国粹式'天武天皇②的意识当中也有许多国际契机，他的思想和政策中汇集了许多日本和中国、朝鲜各王朝的历史和经验。"③ 石母田的这个评论非常重要。本居宣长④排斥、拒绝"汉心"，大肆赞颂"大和心"的纯粹性，其中也有与维护幕藩体制的御用学即朱子学（广义上说是近代儒教）意识形态对抗的城市居民阶级高昂意识的一面。而明治时代以后蔑视中国的风潮底部则存在着尽快追赶上欧洲近代国家的焦躁情绪和使邻近各国成为殖民地的经济野心。总之，"国学"和明治时代民族主义都因过度忠实于自己高喊的口号，对中国思想和文化制度抱有过度的敌意和蔑视的情感，缺乏正确的客观认识。这种先入之见不知不觉渗入日本近代知识分子的思维之中，以至于他们认为古代律令制与现在的自己毫无关系（至少他们是这么想的）的倾向占据优势。我们必须虚心地承认，律令制要素在中世、近世、近代直至现代都顽强地持续发挥作用。

　　无须赘述，律令国家是指用律（刑法）和令（规诫人民的法）武

---

① 天智天皇（626—671），日本第 38 代天皇（661—671 年在位）。大化元年（645）推翻藤原镰足等人及苏我氏族，断然实行"大化改新"。即位后迁都近江大津宫，制定"庚午年籍"（户籍）和《近江令》。——译注

② 天武天皇（？—686），日本第 40 代天皇（673—686 年在位）。舒明天皇第三皇子，天智天皇之弟。在"壬申之乱"中获胜，于飞鸟净御原宫即位。制定"八色之姓"、《飞鸟净御原令》等，建成以天皇为核心的律令体制。——译注

③ 石母田正：《日本的古代国家》第四章 古代国家和生产关系。——原夹注

④ 本居宣长（1730—1801），江户时代中期的学者。在行医的同时致力于研究《古事记》《源氏物语》等古典文学及汉字音和日语语法等，功绩卓著。他还抵制儒教，巩固了日本"国学"思想的基础。日本"国学"四大人物之一。著有《古事记传》《源氏物语玉小栉》《词玉绪》《玉胜词》等。——译注

装起来的中央集权古代国家。天武天皇在"壬申之乱"①获胜并掌权后，以中国的律令为样板构建了以天皇为顶点的中央集权官僚国家，开始编纂成文法的《净御原令》。该成文法于681年编纂，8年后实施，成为文武天皇②在大宝元年（701）制定的《大宝律令》③的基础。律令政治体制结束了之前各地豪族随心所欲地统治族人和"部民"④的历史，使那些豪族成为新的官僚贵族，形成了一个以天皇为核心的权力整合体，是天皇、贵族共同彻底统治人民的机构，它确立了专制王权和建立了中央集权官僚体制。统治阶级不久即能讴歌"皇民吾生有验在"，但忍受支配和掠夺的人民（有良贱身份差别）则被户籍束缚在土地上，半死不活，长久地（不，可谓永远地）过着贫困悲惨的生活。我们不能忽视作为上层建筑的律令国家就是建立在这种社会经济各关系和生产关系之上的，并且作为一种社会意识，催生了《万叶集》等的"自然吟咏"。

石母田正在其另一部杰作《日本古代国家论》第二编中写道："这种自然观并非'记纪'、万叶时代的日本人的自然观，亦即并非在人类与自然的对立中根据人类的立场解释自然的、以人类为中心的自然观，而是人类与自然无媒介地合为一体、相互融合的自然观（它以更洗练的形式成为后世的日本意识的重要一面）。在此自然观的基础上，共同体不能脱离作为生产条件的土地，反而成为'土地的附属物'即大自然的一部分，每个人都作为这种家族和村落共同体的偶然要素或'自然成员'。这种生产和生活方式的存在显而易见，但我们很难认为这种自然观可以作为日本的自然观，非历史地、宿命地固定下来。"⑤这又是一

---

① "壬申之乱"，指壬申年的天武元年（672）天智天皇之子大友皇子与天皇之弟大海人皇子之间的战乱。大友皇子战败自杀，大海人皇子即位，成为天武天皇。——译注

② 文武天皇（683—707），第42代天皇（697—707年在位），母为元明天皇，父为圣武天皇，在位期间制定了《大宝律令》。——译注

③ 《大宝律令》，大宝元年（701）制定的法典，由藤原不比等等人编纂。分律六卷，令十一卷。在大宝二年（702）至天平宝字元年（757）实施《养老律令》期间成为国政的根本。——译注

④ "部民"，大化改新之前以各种职业技能为朝廷或豪族服务的民众，也是由农民、渔民和有特殊技能的人组成的地区性集团，分别冠以豪族名或职业技能名。属于朝廷的有"子代、名代、品部"，属于豪族的有"部曲"。——译注

⑤ 石母田正：《日本古代国家论》第二编Ⅱ日本神话与历史2作为"英雄神"的大国主命。——原夹注

个重要的批评。举出律令国家体制诞生的历史产物《万叶集》和"记纪"歌谣，说这才代表日本人自古以来就培育守护至今的"自然观"，这种论点至少存在两个谬误。其一，从当时的人口推算，能悠闲吟咏大自然的高级官僚只占千分之一左右，剩余的千分之九百九十九的农民大众也就是"土地附属物"即"大自然的一部分"。因此，将"记纪"、《万叶集》的大自然吟咏视为日本人整体的"大自然感受方式"是错误的。其二，少数文化精英追求的是不逊于先进大国唐朝的文化学习态度和心得，因此在诗歌中吟咏大自然时会努力显示出时髦的异国情调，故而在律令时代日本知识分子的大自然吟咏中探寻日本人独有的"自然观"是错误的。其中的道理显而易见。

不仅如此。当我们在确认古代到中世（或许一直到近世、近代和现代）日本艺术家集团的存在形式，分析那些艺术家集团的所见所感及如何用语言形式或动作表现他们的感受和见闻时，还会接触到一些令人意外的事实（说是意外，但也只是将近代艺术家的意象对准他们时才有的感受。若冷静地考察在仅有少数统治者受益的专制律令国家艺术家受到的何种待遇，则会变为可以理解的事实）。换言之，这个事实就是艺术家集团只有通过依附统治者（甚至成为其私有物）方能糊口。与此相对，统治者则要求他们创造出赞颂自己权力伟大和光荣的艺术。无论是吟咏男女的恋情，还是描绘山川草木，抑或是用动作表现祭礼的内容，它们都仅重复一个主题——对权力的炫耀（反过来则是誓言服从）。

拿群众性娱乐（技艺）来说，我们也无法仅将其视为农耕生活的四季循环——播种、生长、收获、储藏等与祭祀活动相关的产物。一般说来，它起源于模仿族长的祭神仪式和飨宴，但若将其置于技艺的产生与阶级社会的形成（也可以说是统治的产生）不可分离这种社会发展史观之外，那么它就明显缺乏现实性。林屋辰三郎[1]《中世技艺史的研究——继承古代与创造》说："可以认为，古代技艺源于飨宴具有必然性，同时由此在技艺表现上也会产生可称之为'事由'和'上奏'的性

---

[1] 林屋辰三郎（1914—1998），历史学家、文化史学家。毕业于京都大学。参与创建日本史研究会。历任立命馆大学、京都大学人文科学研究所教授、该研究所所长、京都国立博物馆馆长等。运用实证的方法并通过部落史、地方史、女性史的视点研究中世技艺史。著有《封建社会成立史》等。——译注

质，而且技艺后来还成为从属于氏族或国家的人们或集团的中坚力量。这种性质甚至给予中世艺术以影响。"① 这个重要评论令人醒悟。无论是歌舞，还是音乐，抑或是相扑大会，从古代传承下来的技艺都象征着"对首长的服从"（从反面说是"国家权力的夸耀"），并且是"隶属宫廷的精神"（从别的角度看是"从属于宗教权威的姿态"）的形象化表现。建筑、工艺、雕刻、屏风画等造型艺术也必然如此。

　　以上的说明已很充分。所谓的日本传统自然观"背后的东西"就是指东亚古代世界普遍存在的律令专制统治的政治形态。换言之，日本自然观的发展进程就是将以中国为盟主的东亚册封体制共有的"一种自然观的特别体系"全面引进、植根于日本列岛，并在其再生产的过程中附加若干"变形"和"融合"的要素，使其乍一见可显示"独立发展"外形的过程。总之，日本自然观只发挥着维护少数人统治的专制政治的意识形态作用，其目的是保持现有体制的平安稳定。因此日本律令统治者倾心于梅花开放、柳树发芽、燕子飞来、昆虫鸣叫等，据此发出指令，驱使农民大众干活。而农民毕竟是农民，早已被束缚在土地上，农作物收成不好就要被惩罚，故不得不关心大自然的运行状况。在中国，除了四季运行正常，天体现象也是为政者关心的事情，某颗星的出现或消失甚至会引起王朝的更替。而在日本，由于统治者在很早时就防范易姓革命等，所以天文学只起到宫廷内部计时器的作用。虽然有人提出要把握自然体系等的夸张的宗教、政治口号，但充其量仅把花鸟风月作为主题。

　　我们顺便要了解一下中国天文学的本质。薮内清②《中国的天文历法》做如下概括："一言以蔽之，中国的文明处于政治支配之下。天文学也绝非例外。汉武帝时董仲舒提倡天人感应说，确立了按天的意志实施政治的政治理念。独尊儒术使政治理念与儒教紧密结合。与对天的强烈信仰结合，天体现象就被视为上天告示统治者的征兆。与此同时，统治者的行为也会反过来影响天体现象。天与人之间的密切关系就此形

---

① 林屋辰三郎：《中世技艺史的研究——继承古代与创造》第一章 古代技艺的形成与特质。——原夹注

② 薮内清（1906—2000），天文学家、中国科学史学家。毕业于京都大学。京都大学人文科学研究所教授。创立了中国科学技术史研究的基础。获美国科学史学会授予的科学史学家最高荣誉奖——萨顿奖，并因此当选为日本学士院会员。1990 年被中国科学院自然科学史研究所授予名誉教授的称号。著有《隋唐历法史的研究》《中国的科学文明》等。——译注

成。天有自身的法则，它能以具体的历法形式为人掌握，但天又以自身的意志展开行动。此意志是超越人类理解的异常的自然现象，其一部分表现为天体现象。必须知道，对中国人而言，人的智慧无法探知所有的自然现象，在他们的思想深处根深蒂固地存在着一种不可知论。"① 知道这点就能明了日本的自然观虽以中国的自然观为基础，但也根据日本律令统治者的需要进行适当的"改变"或"删减"。

以上仅就天文历法稍微观察了日本律令统治者根据自己的需要进行"改变"或"删减"的轨迹。下面介绍的是中山茂②《日本的天文学》的部分记述："模仿中国建立的吸收新知识的组织就是'阴阳寮'③。不过认真观察《养老律令》④ 中出现的这个组织，就会发现它与朝鲜王朝的情况不同，在机构名称、细微的组织结构方面与所模仿的中国的机构大异其趣。那些改变似乎是古代日本人有意识做出的。""在中国和朝鲜，于天文、历法、漏刻和这些方术的学问方面，已经有了近似于近代天文学的科学分类，它们都属太史局管理，而纯粹的占卜则由太卜署这个不同的机构管理。与此相反，日本的'阴阳寮'则将太史局和太卜署的职能合为一体。也就是说，日本未将科学的部分和占卜的部分分离。加之'阴阳寮'这个机构名称中国没有，是建立官僚制时日本人想出来的名称。从此名称可以明显看出占卜优先的方针。""日本虽然建立了律令制，模仿中国的中央集权官僚制度，但这个制度无法对抗社会内部矛盾的威胁。对战战兢兢于权力的内部斗争、天灾、灾荒、疫病、饥馑等的天子而言，天文才是他关心的问题。受中国的影响，最早拥有观天之眼的是天子。"⑤ 也就是说，日本只进行保证天子统治安全的天文观测，行使对天子有利的"占卜优先"的天文学。"这些占卜的起源姑且不论，它与天文现象不直接关联，全凭人工计算。它不是一个像天文学

---

① 薮内清：《中国的天文历法》绪论 中国天文历法的发展。——原夹注
② 中山茂（1928—2014），科学史学家。毕业于东京大学理学部天文学科，曾留学哈佛大学研究生院。回国后历任东京大学教养学部讲师和副教授、神奈川大学教授和名誉教授、日本国际科学史学会副会长。在科技史研究领域著述和译著颇多，尤以翻译库恩的《科学革命的结构》，将其"范式论"介绍到日本而广为人知。——译注
③ "阴阳寮"，律令制中属于中务省，掌管天文、历数、报时、卜筮等的官署。——译注
④ 《养老律令》，日本古代法典。分律十卷，令十卷。由藤原不比等等人自养老二年（718）起编纂，对《大宝律令》做部分修正，于天平宝蒂元年（757）开始实施。——译注
⑤ 中山茂：《日本的天文学》第一章 都城的天文博士与"阴阳寮"组织。——原夹注

家那样只在天地异变时做出解释的被动行为，而是在需要做出政治决定时，在任何时候都由人手做出的占卜行为，可以发挥积极的作用，所以普遍被视为珍宝。"① 我们不能忽视，日本在进入王朝时代之后宫廷贵族很重视阴阳道，各地阴阳师也在积极活动的事实，其实也与政治统治形态密切相关。

即使是本草学之类的学问，也很难说日本继承了中国的自主发展的博物学，而总是受到统治者政治判断的左右，仅对他们需要的实用学问做出反应。

因为天文历法、本草学这种客观性的学问都是如此，所以日本人的总体"思维方式"不可避免地会与政治统治的具体现实紧密相连。日本人的思维仅关注特殊的"事"而忽视普遍的"理"，其理由之一就是过度操心人际关系（直截了当地说就是身份等级秩序）。中村元②《东方民族的思维方式3》认为，这一点在日语的表现形式中就可以看出："日语对疑问句的答句有时与西方语言相反。日本人对'你不去吗?'这个问句的回答是：'是的，我不去。'（这和梵语的回答 Evam、tathā［'是这样的'或'是的'］完全相同）。而英语对 Don't you go 的回答则是：'No. I don't.'（'不，我不。'）西方其他国家语言也是如此。日本和印度的回答，是针对提问者的思考和意向内容做出肯定或否定的表示，而西方则是针对语言素材包含的客观事实做出肯定或否定的表示。也就是说，日本人是针对客观事实具体成为某个主体的意识内容要素这个整体结构的诺否回答。简言之，不是回答事实，而是回答提问者。"③敬语体系的发达、过分礼貌的应对方式等都出自依对方而定的思维方式。也就是站在主从关系、身份关系、共同体人伦关系的角度看待所有事物的意思。即所有思维的框架都由大人物和权威者的意向而定，所有的思维发展都要仰仗大人物和权威者的鼻息而定的意思。

---

① 中山茂：《日本的天文学》第一章 都城的天文博士与"阴阳寮"组织。——原夹注

② 中村元（1912—1999），哲学家、古代印度哲学、佛教思想史学家。毕业于东京帝国大学文学部印度哲学梵文学科和该大学研究生院。文学博士。历任东京大学文学部副教授、教授、名誉教授。日本学士院会员。著作论文目录高达82页，内容涉及印度哲学、佛教学、比较思想、世界思想史以及全部思想，声名远播全世界。要特别提及的是他根据印度和欧洲各国古代语法，归纳出《东方民族的思维方式》一书。1974年获紫绶褒章。——译注

③ 中村元：《东方民族的思维方法3》第四篇 日本人的思维方法 第三节 重视人伦的倾向。——原夹注

如此看来，所谓的"日本自然观""背后隐藏的东西"为何，已明白得不能再明白了。

那么这会导致何种情况发生？

至少可以明确的是，传统的"日本自然观"一开始就只是不热爱大自然而只热爱少数统治者的"行为体系"。大自然具有的性质为何无关紧要，因为它要根据统治者的想法被赋予意义，所以只要顺从统治者的想法就好。大人物认为大自然美丽就很美丽，认为不美丽就不美丽。这种"自然观"才是"日本自然观"的真面目。

本与大自然没有关系的以帝王和少数统治者为核心的"自然观"由中国引进，并在日本列岛长久扎下根来，证明了传统日本社会固有的政治机制所在。有人将物理方面无任何意义的天文、岁时、动物、植物组合后捏造出一些意义和观念，但即使是那些意义和观念，在传统社会也可能成为完美构成社会事实的诸要素，而且这些诸要素也可能发挥压制被统治阶级的政治策略作用。通过使人关注年年出现的自然现象，参加《岁时记》式的庆典活动，就可以灌输现有社会秩序本身就是"自然的一部分"，让人产生人力无法改变现有社会体制的观念，这就是"日本自然观"的机制作用。政治学家福田欢一①《近代的政治思想》说过："说某种秩序就是自然时，这个自然的词汇意思就相当复杂了。过去有句名言是'义乃君臣，情兼父子'，这君臣关系在中国和日本都被比作天地的关系。在中国，皇帝是天子，意思是接受天命的统治者，与天这个自然相对应；而在日本，不称皇帝，而故意说是天皇。从这种想法来强调的就是所谓的大义名分，说是君臣之别早已规定，以臣子的身份是不能成为君王的。'天覆盖，地平展'等说的就是这个意思。因为是过去的事情，所以天在上、地在下是不可动摇的自然，人类无法推翻。万人接受了这个不可动摇的自然，则'万世一系'也有可能。但这种天，中国所说的天的观念，当然不可能是我们今天知道的天文学知识中的天的意思。前者并非无情的自然，而是所谓的'天地有情'的天。天发怒就会降下惩罚，当时必须是这种天。……也就是说，在这种情况下，自

① 福田欢一（1923—2007），政治学家。毕业于东京大学。明治学院大学教授、校长。通过分析托马斯·霍布斯和卢梭，探索近代政治思想的根本原理，积极论述民主主义的可能性。兼任日本政治学会理事长。著有《近代政治原理形成史序说》等。——译注

然世界、围绕人的自然世界和人的社会关系往往融为一个自然，其间实际上没有区别，也不被意识到有区别。这时人就淹没在被完全赋形的秩序之中。"① 福田没有直接涉及"日本自然观"，而是分析欧洲近代思想："政治思想的变革，当然是在近代自然科学带来的世界巨变的背景下进行的，特别是自然科学创造的认识自然的新看法，有助于古老社会认识的解体，同时还有利于人类从古老的自然观念中解放出来，获得自由，促进社会的重组。这种新看法具有支撑新的自然认识、自然科学的自觉化和方法化，贯彻新的世界观的意义。"② 毫无疑问，只要不从古老的自然观念——它不过是以现有秩序的单纯再生产为目的的政治策略——中将自己解放出来，那么真正的新科学和自由的人类社会就无法到来。

因此，信奉传统的"日本自然观"，就等于选择统治者本位的极端自私的"热爱特定的自然观"的精神态度，放弃在科学、社会方面都正确的"热爱大自然"的精神态度。正如过去几乎所有的日本人那样，现代日本人仍不能区别"热爱特定的自然观"和唯一正确的"热爱大自然"。因为不能区别，所以才会一面伤害大自然，一面若无其事地构思赞美大自然的和歌和俳句。不用说，这毫无道理。

那么，真正的"热爱大自然"又指什么？

现在的中、小学生都知道植物与人的关系是"相互依存"的。人自身无法制造三大营养素的碳水化合物、脂肪和蛋白质（还有生理作用不可或缺的物质维生素），因此要吃含有这些营养成分的植物和动物来维持生命。就像人以牛、猪、羊、鸡为食物一样，一般的动物也必须吃植物或吃以植物为食物的其他动物才能生存。然而植物被称为自养生物，绿色植物吸收无机物，通过光合作用（碳酸同化）产生碳水化合物，再通过氮素同化产生蛋白质和核酸等有机化合物。总之，人（当然包括全部动物）摄入了植物转化的碳水化合物和其他有机化合物，不仅合成了自身物质的有机化合物，还把植物转化的碳水化合物作为自身生活的能源。人和动物看似只是单方面地利用植物，但植物也必须从空气中吸收光合作用的材料二氧化碳（碳酸气），这二氧化碳就是通过人和动物的呼吸或有机物质的燃烧等产生的。一个人一昼夜大约消耗 480 克的氧

---

① 福田欢一：《近代的政治思想》序说 主题的意味与论法的构成。——原夹注
② 同上。——原夹注

气，呼出大约 750 克的二氧化碳。大城市空气污染的原因就在于汽车和工厂喷出了有毒气体。那么是否可以尽量储存二氧化碳？也不行。因气流原因，城市产生的二氧化碳被吹到森林、草原和农地，被那里的绿色植物吸收。处理一个人呼出的二氧化碳需要 30—100 平方米的森林。总之，植物与人因有大气这个宏大的媒介而维持着"相互依存"的关系。植物在叶片中将二氧化碳和水合成为淀粉，人在体内将那淀粉分解为二氧化碳和水，通过这种完全相反的活动，不断创造出地球的历史，所以植物和人应该是密不可分的"朋友关系"。

除了不伤害、不背叛这位"朋友"之外，我们还有其他"热爱大自然"的方法吗？这位"朋友"若陷入不幸，还有我们的幸福吗？我们为什么不思考一下植物的幸福就关系着人的幸福呢？

在此倾听一下生态学家的建议并非多余。沼田真①《自然保护与生态学》说："日本著名的朱鹮和其他相当多的动物、植物都濒临灭绝的危机。为了'不让那些物种灭亡'，我们就需要'维护包括那鸟的生活场所在内的环境'。光指定什么鸟，光说不能用枪打并不能真正地保护。也就是说，必须采用适合那个地区、面积的保护技术。"②的确如此，为了使动物和植物不灭绝，首先就必须创造与其相适应的环境。人类若不做努力，只是说什么爱动物、爱植物等，那么那些重要的动物和植物最终也只会走向灭亡，因此说这话的人就是双重犯罪。使本应是"朋友"的植物和动物陷于不幸，却满口谎言地说"我们非常热爱你们这些自然物"，因此这种双重罪责很重。

我们必须尽早摈弃"传统的自然观"，加紧树立科学且以尊重人类为理念的"新的自然观"。这种无条件的命题在河道工程专家的文章中也可以清楚地看到。高桥裕③在《国土的变化与水灾》一书中写道：现

---

①　沼田真（1917—2001），植物生态学家。毕业于东京大学。历任千叶大学和淑德大学教授、千叶县中央博物馆馆长、日本生态学会会长、日本植物学会会长、日本自然保护协会理事长等。专门研究植物群落结构和迁移，也参加国际生物学事业计划。著有《生态学方法论》等。——译注

②　沼田真：《自然保护与生态学》Ⅰ 总论。——原夹注

③　高桥裕（1927— ），土木工程学家。毕业于东京大学。任东京大学、芝浦工业大学教授。专攻河川工学，提倡重视流域自然环境与人类共存的治水理念，开拓了包括治水、疏导和河流环境保护在内的日本"河流工学"领域，获得"资源、能源、社会基础奖"。著有《都市与水》《河川工学》等。——译注

在已经进入必须认真质问"何谓自然"的时代。"如自然灾害一词所说的那样，之前自然力攻击人类的就是自然灾害。然而在开发程度极高的今天，因开发的方式不同，人类受到水灾的影响很大。接下来，人类以暴力攻击大自然的结果就会以水灾的形式表现出来。人类为水灾准备了舞台，加上暴雨这个自然力后就会发生水灾。在这个背景下，我们就必须追问：对我们而言，大自然到底是什么？……今后灾害和公害的消长，特别是对国土变化带来影响的水灾的变化，最终将取决于对人类在自然界中的作用的洞察，以及如何把握作为人类生存条件的大自然与人类的平衡。光拿各个时期对人类有利的部分的大自然，比如绿色世界、树木和水说事，也是无意义或有害的吧。"① 从环境论的角度来看，对人类而言大自然具有何种意义的本质研究，应通过自然科学和社会科学的合作加以进行。不仅如此，还必须创造出新的科学方法。因此高桥附言："从科学的方法论角度来看，现在的学科分类，或许是根据该学科出现时的社会状况权宜做出的，因此无法保证能完全解决今后的所有难题。总之，要解答大自然与人类造成的千变万化的环境之间的动态相互关系，就必须根据新的构想，在资料的收集、整理和组织方法等方面建立方法论。在所做的每个过程当中，当然可以充分运用过去确立的科学方法，但仅此是很难自动找到解决问题的方法的。"② 归根结底，"新的自然观"只有在全新构想的指引下，通过思考大自然、人类、社会的整体应有的状态才可能获得。

显然日本的"传统自然观"，既有助于且还被用于将人们的思维束缚在忽视整体的方向上，以及将问题总固定在琐碎局部的方向上。因此很多日本人在伤害大自然的同时，还深信自己是"爱大自然"的化身；在被人伤害的同时，还认为自己是"义理""人情"的化身，沉浸在自我陶醉和自我美化当中。"传统自然观"对日本民众而言，只能是自己蒙蔽自己的理性、作践人性而背负的刑具。

从根本上说，最深刻地爱人的人，才最深刻地"热爱大自然"。

接下来有必要提出被认为是离奇或固执的（我认为有时是为反对而反对的）新自然观。我们是否应该尝试运用一下人类被赋予的理性和想

---

① 高桥裕:《国土的变化与水灾》Ⅳ 如何应对未来的水灾。——原夹注
② 同上。——原夹注

象力，找到一种新的"自然观"。在尝试的过程中，我们或许可以重新认识日本自然观的部分正确之处，而最理想的态度则是能以坦诚的心情来重新认识。如果不是这样，从一开始就不想运用理性和想象力，只认为过去都是这么规定的，所以全部沿用即可，并以这种"囚徒"的精神态度深信日本的传统自然观为真理，那么就会像"兔道"一样遭受致命的危险。木田实①《潜藏在日本文化深处的东西》记录了自己在山村生活的所见所闻，说兔子会因选择自己认定的或祖先决定的那唯一一条安全的道路而丧命。"兔子和人一样，在山野行走时有自己的通道，因为怕被天上的鹰鹫，地上的狗和人等敌人袭击。或许它是为了防身和安全觉得走这条路最好，又或许它认为那条路自己的祖先曾经走过，留下的气味可以让自己安心。之所以这么说，是因为在去年抓到兔子的那条路上等待，今年某只被狗追赶的兔子还会经过那里。又或许兔子天生就会选择同一条路。此问题类似于传说和制度，都可以有传播说和自生说这两种相反的假定，但无论如何，兔子是因为只走自己或祖先决定的，并且相信它是安全的道路才丢掉性命的。这是一种命运。"② 这个问题绝非与己无关，就像祖先和前辈所说的这才是日本人固有的自然观那样，有人在"相信它是安全的道路"上往返时最终都非常有可能丢掉自己的性命。总之一次也行，我们有必要摆脱所谓的"日本自然观"，为使自己成为真正的人，提出应选择何种"自然观"的问题。而且这种提问方式可以有多种。为了解决地球资源的问题、自然生态系统的问题、人口问题，等等，我们就必须运用人类的所有理性、想象力和善意，建立正确的"自然观"。

　　不管人们喜欢与否，我们都将迎来降下传统的"日本自然观"旗帜，挂起新的"世界自然观"或"人类自然观"旗帜的那一天。我们该如何接受"日本自然观"的解体和再创造呢？这必须是生活在20世纪最后25年的日本人被赋予的课题。

---

　　① 木田实（1895—1975），本名山田吉彦，社会学家、小说家。庆应义塾大学理财科肄业。和林达夫一道翻译出列维–斯特劳斯的《原始思维》和让–昂利·法布尔的《昆虫记》，并以讽刺的手法写出许多反映第二次世界大战后日本社会和文化的小说，以此探索日本文化的原型。著有《疯人村落周游纪行》等。——译注
　　② 木田实：《潜藏在日本文化深处的观念》部落。——原夹注

刊载作者文章之各刊物名称及
刊载时间（下卷）

本书在编辑过程中改为上、下两册，因此本应在原来一册书的卷末刊出的"刊载作者文章之各刊物名称及刊载时间"也不得不分为两部分出版。而且在改为两册时每卷都必须有独立的形态，所以我匆忙将舍弃的旧稿、已写成但未出版的校正稿等收集起来，对本书做出补充等，以至于编在这里的"各刊物名称及刊载时间"让人感觉颇为不畅。又如读者所见，下卷中包含一些性质略（不能说完全）有差异，但可以被重组到同一文脉中的论文，也有将已发表的论文改写后几乎不辨原貌的论文。若读者能接受我的良苦用心，实属莫大荣幸。

第三章　日本自然观的形成与巩固

对"转换期"的展望——以花道前史为视角	《季刊池》1976 年夏季号
日本自然观在中世的发展	《了解日本事典》，社会思想社，1971 年 10 月
中世美学中的"自然美学"	《花的思想史》，晓星社，1977 年 6 月
"下克上"时代的到来——"合理的"大自然的发现	将《儿童心理》1978 年 3 月号收录的文章与学文社出版的《日本教育史》（近期出版）刊载的文章合并为一篇的论文
"下克上"的艺术——花道的自立	《图说插花大系》第六卷月报，角川书店出版，1972 年 2 月

| 《本朝文粹》的残照——花与水的组合 | 《花道龙生》，1974年1月号—2月号 |
| 茶道的美学与花道的美学 | 《生活的新百科》第十二卷，晓教育图书出版，1972年9月 |

第四章　日本自然观的发展事例

一　松	《不同的花材 插花艺术全集》第一卷，主妇之友社，1973年1月
二　梅	《不同的花材 插花艺术全集》第二卷，主妇之友社，1973年11月
三　茶花	《不同的花材 插花艺术全集》第三卷，主妇之友社，1973年10月
四　樱	《不同的花材 插花艺术全集》第四卷，主妇之友社，1974年3月
五　桃	《不同的花材 插花艺术全集》第五卷，主妇之友社，1974年2月
六　木瓜	《不同的花材 插花艺术全集》第五卷，主妇之友社，1974年2月
七　竹	《不同的花材 插花艺术全集》第六卷，主妇之友社，1974年4月
八　藤	《不同的花材 插花艺术全集》第六卷，主妇之友社，1974年4月
九　菖蒲	《不同的花材 插花艺术全集》第七卷，主妇之友社，1974年5月
十　棣棠	《不同的花材 插花艺术全集》第八卷，主妇之友社，1974年6月
十一　萱草	《不同的花材 插花艺术全集》第八卷，主妇之友社，1974年6月
十二　莲	《不同的花材 插花艺术全集》第九卷，主妇之友社，1974年7月
十三　菊	《不同的花材 插花艺术全集》第十卷，主妇

第五章　寻访"花传书"——天文和庆长时期"花传书"的研究

第六章 日本的风土——过去和现在

参考文献

(各著者姓名按日语五十音图顺序编出)

相田二郎：《中世的关卡》，亩傍书店 1943 年版。

相田二郎：《日本古文之书》（上、下），岩波书店 1949—1954 年版。

会田雄次：《日本人的意识结构》，讲谈社 1970 年版。

青木虹二：《农民暴动的年序研究》，新生社 1966 年版。

青木虹二：《明治时代农民骚乱的年序研究》，新生社 1967 年版。

赤木志津子：《平安贵族的生活与文化》，讲谈社 1964 年版。

赤松俊秀：《古代中世社会经济史研究》，平乐寺书店 1971 年版。

秋本吉郎：《风土记的研究》，密涅瓦书房 1963 年版。

秋山虔：《源氏物语的世界》，东京大学出版会 1964 年版。

秋山虔：《王朝女性文学的形成》，墟书房 1967 年版。

秋山虔：《源氏物语》，岩波书店 1968 年版。

秋山虔：《王朝女性文学的世界》，东京大学出版会 1972 年版。

秋山谦藏：《日中交流史研究》，岩波书店 1939 年版。

秋山光和：《平安时代世俗画的研究》，吉川弘文馆 1965 年版。

秋山光和：《王朝绘画的诞生》，中央公论社 1968 年版。

朝尾直弘：《近代封建社会的基础结构》，御茶水书房 1967 年版。

麻生义辉：《近世日本哲学史》，近藤书店 1942 年版。

阿德尔著，渡边健、高辻知义译：《音乐社会学概论》，音乐之友社
　1970 年版。

阿德尔著，斋藤正二译：《有关艺术的 101 章》，平凡社 1962 年版。

阿德尔著，竹内丰治、山村直资、板仓敏之译：《三棱镜——文化批判
　与社会》，法政大学出版局 1971 年版。

阿德尔著，三光长治、市村仁译：《社会学——社会学的辩证法》，伊

莎拉书房 1970 年版。

阿德尔著，大久保健治译：《批判的代表集》（Ⅰ、Ⅱ），法政大学出版
　　局 1971 年版。

阿部猛：《日本庄园形成史的研究》，雄山阁 1960 年版。

阿部猛：《律令国家解体过程的研究》，新生社 1966 年版。

阿部猛：《中世日本庄园史的研究》，新生社 1966 年版。

阿部武彦：《氏姓》，至文堂 1960 年版。

阿部吉雄：《日本朱子学与朝鲜》，东京大学出版会 1965 年版。

纲野善彦：《中世庄园的态貌》，塙书房 1966 年版。

荒川秀俊：《日本的气候》，平凡社 1948 年版。

荒木良雄：《中世国文学》，生活社 1944 年版。

安良城盛昭：《幕藩体制社会的形成与结构》，御茶水书房 1959 年版。

有贺喜左卫门：《日本家族制度与租佃制度》，河出书房 1943 年版。

有贺喜左卫门：《村落生活》，国立书院 1948 年版。

有贺喜左卫门：《日本婚姻史论》，日光书院 1948 年版。

安藤圆秀：《农学起源》，东京大学出版会 1964 年版。

安藤精一：《近世农村商业的研究》，吉川弘文馆 1958 年版。

安藤精一：《江户时代的农民》，至文堂 1959 年版。

安藤广太郎：《古代稻作史杂考》，地球出版 1951 年版。

安藤广太郎：《日本古代稻作史研究》，农林协会 1959 年版。

饭岛忠夫：《中国古代史论》，东洋文库 1925 年版。

饭田桃：《现代日本的源流思想》，七曜社 1963 年版。

饭塚浩二：《地理学批判》，帝国书院 1947 年版。

饭塚浩二：《比较文化论》，白日书院 1948 年版。

饭塚浩二：《世界历史中的东洋社会》，每日新闻社 1948 年版。

饭塚浩二：《日本的军队》，东大合作社出版部 1950 年版。

饭塚浩二：《日本的精神风土》，岩波书店 1952 年版。

饭塚浩二：《亚洲中的日本》，中央公论社 1960 年版。

饭塚浩二：《东洋史与西洋史之间》，岩波书店 1962 年版。

饭塚浩二：《东洋的视角与西洋的视角》，岩波书店 1964 年版。

饭塚浩二：《充满危机的半个世纪》，文艺春秋社 1965 年版。

饭塚浩二：《地理学与历史》，古今书院 1966 年版。

饭沼二郎：《地主王政的结构——比较史的研究》，未来社 1964 年版。

饭沼二郎：《风土与历史》，岩波书店 1970 年版。

家永三郎：《日本思想史的否定逻辑的发展》，弘文堂 1940 年版。

家永三郎：《上古佛教思想史研究》，亩傍书店 1942 年版。

家永三郎：《上古日本绘画年表》，座右宝刊行会 1942 年版。

家永三郎：《上古日本绘画全史》，高桐书院 1946 年版。

家永三郎：《日本思想史的宗教自然观的展开》，创元社 1944 年版。

家永三郎：《日本道德思想史》，岩波书店 1954 年版。

家永三郎：《日本近代史学》，日本评论社 1957 年版。

家永三郎：《日本文化史》，岩波书店 1959 年版。

家永三郎：《津田左右吉的思想史的研究》，岩波书店 1972 年版。

铸方贞亮：《日本古代家畜史》，河出书房 1945 年版。

铸方贞亮：《日本古代桑作史》，大八洲出版 1948 年版。

铸方贞亮：《农具的历史》，至文堂 1965 年版。

铸方贞亮：《日本古代谷物史的研究》，吉川弘文馆 1977 年版。

池内宏：《“满洲”、朝鲜史研究 上古第二册》，吉川弘文馆 1961 年版。

池内宏：《日本上古史的一项研究——日本朝鲜的交流与〈日本书纪〉》，中央公论美术出版 1970 年版。

池口小太郎：《日本的地域结构》，东洋经济新报社 1967 年版。

池田龟鉴：《平安时代的生活与文学》，角川书店 1964 年版。

池田龟鉴：《平安时代的文学与生活》，至文堂 1976 年版。

池田利夫：《日中比较文学的基础研究——翻译故事及其典故》，笠间书院 1974 年版。

石井进：《日本中世国家史的研究》，岩波书店 1970 年版。

生松敬三：《对日本文化的一种观点——思想史的考察》，未来社 1975 年版。

石井孝：《明治维新的国际环境》，吉川弘文馆 1957 年版。

石井良助：《日本法制史概述》，创文社 1948 年版。

石井良助：《天皇》，弘文堂 1950 年版。

石井良助：《大化改新与镰仓幕府的建立》，创文社 1958 年版。

石尾芳久：《日本古代的天皇制与“太政官”制度》，有斐阁 1962 年版。

石川谦：《日本平民教育史》，刀江书院 1929 年版。

石川谦：《我国儿童观的发展》，振铃社 1949 年版。

石川林四郎：《英国文学中出现的花的研究》，研究社 1924 年版。

石田一良：《净土教美术》，平乐堂书店 1956 年版。

石田英一郎：《"河童"驹引考》，东京大学出版会 1966 年版。

石田英一郎：《东西抄——日本、西洋、人类》，筑摩书房 1967 年版。

石田英一郎：《日本文化论》，筑摩书房 1969 年版。

石田雄：《明治政治思想史研究》，未来社 1954 年版。

石田雄：《日本的政治文化》，东京大学出版会 1970 年版。

石田雄：《日本近代思想史上的法律与政治》，岩波书店 1976 年版。

石田茂作：《正仓院伎乐面具的研究》，美术出版社 1955 年版。

石田茂作：《东大寺与国分寺》，至文堂 1959 年版。

石田茂作：《佛教美术的基础》，东京美术 1967 年版。

石田茂作：《法隆寺杂记本》，学生社 1969 年版。

石田龙次郎编：《自然与人生》，每日新闻社 1952 年版。

石田龙次郎：《虚象的日本——外国教科书的日本理解》，日本评论新
  社 1963 年版。

石原道博：《倭寇》，吉川弘文馆 1963 年版。

石原道博：《文禄、庆长之役》，塙书房 1964 年版。

石村贞吉：《源氏物语的典故研究》，风间书房 1964 年版。

石母田正：《中世世界的形成》，伊藤书店 1964 年版。

石母田正：《古代末期政治史序文》，未来社 1956 年版。

石母田正：《平家物语》，岩波书店 1957 年版。

石母田正：《日本的古代国家》，岩波书店 1971 年版。

石母田正：《日本古代国家论》（第一、二部），岩波书店 1973 年版。

石母田正：《战后历史学的思想》，法政大学出版局 1977 年版。

井尻正二：《科学论》，理论社 1954 年版。

井尻正二：《化石》，岩波书店 1968 年版。

井尻正二、凑正雄：《地球的历史》（改定版），岩波书店 1965 年版。

板坂元：《日本人的逻辑构造》，讲谈社 1971 年版。

板野长七：《中国古代人类观的展开》，岩波书店 1972 年版。

市井三郎：《何谓历史的进步？》，岩波书店 1971 年版。

出隆:《面向变革的哲学》,彰考书院 1949 年版。

伊东多三郎:《日本封建制度史》,吉川弘文馆 1951 年版。

伊东多三郎:《幕藩体制》,弘文堂 1956 年版。

伊东多三郎编:《国民生活史研究》(1),吉川弘文馆 1959 年版。

伊藤郑尔:《日本中世住宅史研究》,东京大学出版会 1958 年版。

稻垣忠彦:《明治教育理论史研究》,评论社 1966 年版。

稻富荣次郎:《日本人与日本文化》,理想社 1963 年版。

井上薰:《奈良佛教史的研究》,吉川弘文馆 1970 年版。

井上清:《日本女性史》(上、下),三一书房 1962 年版。

井上清:《天皇制》,东京大学出版会 1953 年版。

井上清:《现代日本女性史》,三一书房 1962 年版。

井上清:《对日本近代史的看法》,田畑书店 1973 年版。

井上锐夫:《一向宗暴动的研究》,吉川弘文馆 1968 年版。

井上秀雄:《古代朝鲜》,日本广播出版协会 1972 年版。

井上光贞:《日本古代史的诸问题》,思索社 1949 年版。

井上光贞:《日本净土教形成史的研究》,山川出版社 1956 年版。

井上光贞:《日本古代国家的研究》,岩波书店 1965 年版。

井上光贞:《日本古代国家与佛教》,岩波书店 1971 年版。

猪雄兼繁:《古代服饰》,至文堂 1962 年版。

今井林太郎:《论日本庄园制》,三笠书房 1939 年版。

今枝爱真:《中世禅宗史的研究》,东京大学出版会 1970 年版。

今西锦司:《生物世界》,弘文堂 1941 年版。

今西锦司:《人类之前的社会》,岩波书店 1951 年版。

今西锦司:《人类社会的形成》,日本广播出版协会 1966 年版。

今宫新:《均田收授制的研究》,龙吟社 1944 年版。

入谷敏男:《面向环境心理学的道路》,日本广播出版协会 1974 年版。

色川大吉:《新编明治时代精神史》,中央公论社 1973 年版。

色川大吉:《某人的昭和史———一种个人历史阐述的尝试》,中央公论
  社 1975 年版。

岩生成一:《"朱印船"贸易史的研究》,弘文堂 1958 年版。

岩生成一:《南洋日本街镇的研究》,岩波书店 1961 年版。

岩佐亮二:《盆栽文化史》,八坂书房 1976 年版。

岩田庆治：《日本文化的故乡》，角川书店 1966 年版。

岩田庆治：《草木鱼虫的人类学》，淡交社 1973 年版。

岩间一雄：《中国政治思想史研究》，未来社 1968 年版。

维特福格尔著，川西正鉴译：《地理学批判》，有恒社 1933 年版。

上田笃：《日本人与住宅》，岩波书店 1974 年版。

上田正昭：《日本古代国家形成史的研究》，青木书店 1956 年版。

上田正昭：《归化人》，中央公论社 1965 年版。

上田正昭：《日本古代国家论说》，塙书房 1968 年版。

上田正昭：《日本神话》，岩波书店 1970 年版。

上野照夫：《印度的美术》，中央公论美术出版 1964 年版。

上野益三：《日本博物学史》，平凡社 1973 年版。

上原敬二：《树木大图说》（共四卷），有明书房 1961 年版。

上原专禄：《立足于历史意识的教育》，国土社 1958 年版。

上山春平：《日本的土著思想》，弘文堂 1965 年版。

上山春平：《明治维新的分析观角》，讲谈社 1968 年版。

上山春平编：《阔叶树林文化》，中央公论社 1969 年版。

宇野圆空：《马来西亚的稻米礼仪》，东洋文库 1941 年版。

梅棹忠夫：《文明的生态史观》，中央公论社 1967 年版。

梅溪升：《雇佣的外国人》，日本经济新闻社 1965 年版。

梅根悟：《世界教育史》，新评论社 1967 年版。

梅原猛：《美与宗教的发现——创造的日本文化论》，筑摩书房 1967
　　年版。

梅原猛：《地狱的思想》，中央公论社 1967 年版。

梅原猛：《被隐藏的十字架——法隆寺论》，新潮社 1972 年版。

梅原猛：《黄泉之王——我的个人见解与高松冢》，新潮社 1973 年版。

梅原猛：《彷徨歌集——山部赤人的世界》，集英社 1974 年版。

梅本克己：《过渡期的意识》，现代思潮社 1959 年版。

梅本克己：《现代思想入门——何谓现代?》，三一书房 1963 年版。

梅本克己：《唯物史观与现代》，岩波书店 1967 年版。

江头恒治：《日本庄园经济史论》（改订版），近江经济史研究会 1955
　　年版。

江上波夫：《骑马民族国家》，中央公论社 1967 年版。

海老泽有道：《"南蛮"学统的研究》，创文社 1958 年版。

海老泽有道：《日本基督教徒史》，堉书房 1966 年版。

榎一雄：《邪马台国》，至文堂 1955 年版。

伊丽亚迪著，堀一郎译：《大地、农耕、女性——比较宗教类型论》，
　　未来社 1968 年版。

伊丽亚迪著，前田耕作译：《意象与象征》，绢书房 1970 年版。

伊丽亚迪著，斋藤正二译：《从萨尔莫克西到成吉思汗》（1），绢书房
　　1977 年版。

远藤元男：《日本中世都市论》，白杨社 1940 年版。

远藤元男：《日本匠人史的研究》，雄山阁 1961 年版。

伊丽亚迪著，植村元觉译：《日本村落社会——须惠村》，关书院 1955
　　年版。

大石慎三郎：《封建土地所有制的解体》，御茶水书房 1958 年版。

大石慎三郎：《享保改革的经济政策》，御茶水书房 1961 年版。

大内力：《日本农业的逻辑》，日本评论社 1949 年版。

大内力：《农业问题》，岩波书店 1951 年版。

大内力：《农业史》，东洋经济新闻社 1960 年版。

大内力：《日本农民阶层的分化》，东京大学出版会 1969 年版。

大冈升平：《历史小说的问题》，文艺春秋社 1974 年版。

大冈信：《纪贯之》，筑摩书房 1971 年版。

大久保利谦：《日本的大学》，创元社 1943 年版。

大久保利谦：《明六社考》，立体社 1976 年版。

小野泽精一、福永光司、山井湧编：《"气"的思想——中国自然观与
　　人生观的发展》，东京大学出版会 1978 年版。

大岛延次郎：《日本交通史论丛》，法政大学出版局 1969 年版。

大田尧：《教育的探索》，东京大学出版会 1973 年版。

太田秀通：《共同体与英雄时代的理论》，山川出版社 1959 年版。

太田博太郎：《图说日本住宅史》，彰国社 1948 年版。

太田博太郎：《"书院"式建筑》，东京大学出版会 1966 年版。

太田博太郎：《日本的建筑——历史与传统》，筑摩书房 1968 年版。

太田青丘：《日本歌学与中国诗学》，弘文堂 1958 年版。

太田善麿：《古代日本文学思潮论》（Ⅰ、Ⅱ），樱枫社 1963 年版。

太田亮：《上古社会组织的研究》（全订版），邦光书房 1955 年版。

大竹秀男：《封建社会的农民家族》，创文社 1962 年版。

大塚德郎：《平安初期政治史研究》，吉川弘文馆 1969 年版。

大塚久雄：《近代化的人类基础》，白日书院 1948 年版。

大塚久雄：《共同体的基础理论》，岩波书店 1950 年版。

大西克礼：《万叶集的自然感情》，岩波书店 1943 年版。

大野晋：《日语的起源》，岩波书店 1957 年版。

大野晋：《日语的年轮》，新潮社 1966 年版。

大野晋：《追溯日语》，岩波书店 1974 年版。

大场磐雄：《神道考古学》，苇牙书房 1943 年版。

大林太良：《日本神话的起源》，角川书店 1961 年版。

大山乔平：《庄园社会的基础结构》，岩波书店 1970 年版。

大森志郎：《〈魏国志·倭人传〉的研究》，庆文堂 1955 年版。

大森志郎：《日本文化史论考》，创文社 1975 年版。

冈不萌：《万叶集草木考》（一、二、三、四），建设社 1932 年版。

冈正雄、石田英一郎、江上波夫等：《日本民族的起源》，平凡社 1958
　年版。

冈崎文夫：《魏晋南北朝通史》，弘文堂 1932 年版。

冈崎文夫、池田静夫：《江南文化开发史——其地理的基础研究》，弘
　文堂 1940 年版。

冈崎义惠：《日本艺术思潮》（一、二），岩波书店 1948 年版。

尾形裕康：《我国千字文教育史的研究》，校仓书房 1966 年版。

冈田精司：《古代王权的祭祀与神话》，塙书房 1970 年版。

冈田正之：《近江、奈良朝的汉字》，东洋文库 1929 年版。

冈田正之：《日本汉文学史》（补订本），吉川弘文馆 1954 年版。

冈本太郎：《日本的传统》，光文社 1956 年版。

冈本太郎：《日本的再发现——艺术风土记》，新潮社 1958 年版。

冈本太郎：《被遗忘的日本——冲绳文化论》，新潮社 1961 年版。

冈本太郎：《我的现代艺术》，新潮社 1963 年版。

冈本太郎：《神秘日本》，中央公论社 1964 年版。

冈本太郎：《冈本太郎之眼》，朝日新闻社 1966 年版。

冈本太郎：《美的咒力》，新潮社 1971 年版。

冈本良知：《十六世纪日欧交流史的研究》，弘文堂 1942 年版。

荻美津夫：《日本古代音乐史论》，吉川弘文馆 1977 年版。

奥平英雄：《画卷》，美术出版社 1957 年版。

奥野高广：《战国诸侯》，塙书房 1960 年版。

小泽正夫：《古今集的世界》，塙书房 1961 年版。

小泽正夫：《古代歌学的形成》，塙书房 1963 年版。

小田切秀雄：《〈万叶集〉的传统》，光书房 1941 年版。

小野晃嗣：《日本产业发展史的研究》，至文堂 1941 年版。

小野武夫：《日本农业起源论》，日本评论社 1940 年版。

小野武夫：《日本庄园制史论》，有斐阁 1943 年版。

小叶田淳：《中世日中交易史的研究》，刀江书院 1941 年版。

小叶田淳：《日本货币流通史》（改订版），刀江书院 1943 年版。

小叶田淳：《日本的货币》，至文堂 1958 年版。

小尾郊二：《中国文学中的大自然与自然观——以中世文学为主》，岩
　波书店 1962 年版。

折口信夫：《古代研究 国文学篇》，大冈山书店 1929 年版。

折口信夫：《古代研究 民俗学篇》（一、二），大冈山书店 1930 年版。

折口信夫：《日本文学的产生 绪论》，斋藤书店 1948 年版。

折口信夫：《日本文学启蒙》，朝日新闻社 1950 年版。

海后宗臣：《日本教育简史》，日本广播协会 1941 年版。

海后宗臣：《历史教育的历史》，东京大学出版会 1969 年版。

贝塚茂树：《中国古代史学的发展》，弘文堂 1946 年版。

贝塚茂树：《诸神的诞生——中国史 I》，筑摩书房 1963 年版。

贝塚茂树：《中国的历史》（上、中、下），岩波书店 1964—1970 年版。

贝塚爽平：《东京的自然史》，纪伊国屋书店 1964 年版。

贝塚爽平：《日本的地形——物质与由来》，岩波书店 1977 年版。

柿村重松：《上古日本汉文学史》，日本书院 1947 年版。

柿村重松：《本朝文粹注解》（共二卷），富山房 1968 年版。

郭沫若著，野原四郎、佐藤敏武、上原淳道译：《中国古代思想家》
　（上、下），岩波书店 1953—1957 年版。

笕泰彦：《中世武家家训的研究》，风间书房 1967 年版。

景山春树：《神道的美术》，塙书房 1965 年版。

笠原一男：《日本的农民战争》，国土社 1949 年版。

笠原一男：《一向宗暴动》，至文社 1956 年版。

笠原一男：《亲鸾与"东国"农民》，山川出版社 1957 年版。

笠原一男：《真宗的异端谱系》，东京大学出版会 1962 年版。

笠原一男：《一向宗暴动的研究》，山川出版社 1962 年版。

风卷景次郎：《日本文学史的周边》，塙书房 1953 年版。

风卷景次郎：《〈新古今和歌集〉时代》，塙书房 1953 年版。

风卷景次郎：《中古的文学》，收录于《每日图书馆·日本文学的历史》，每日新闻社 1955 年版。

加田哲二：《明治维新之后的社会经济思想概论》，日本评论社 1934 年版。

卡西勒著，宫城音弥译：《人类》，岩波书店 1953 年版。

卡西勒著，宫田光雄译：《国家的神话》，创文社 1960 年版。

卡西勒著，中野好之译：《启蒙主义的哲学》，纪伊国屋书店 1962 年版。

卡普著，柴田德卫、铃木正俊译：《环境破坏与社会的费用》，岩波书店 1975 年版。

加藤九祚：《天蛇——尼古拉·涅夫斯基的一生》，河出书房新社 1967 年版。

加藤繁：《中国经济史考证》（上、下），东洋文库 1953 年版。

加藤周一：《美丽的日本》，角川书店 1951 年版。

加藤周一：《杂种文化》，讲谈社 1956 年版。

加藤周一：《不为人所知的日本》，社会思想社 1957 年版。

加藤周一：《日本的内与外》，文艺春秋社 1969 年版。

加藤周一：《日本文学史概论》（上），筑摩书房 1975 年版。

加藤周一：《当下之中的历史》，新潮社 1976 年版。

加藤常贤：《中国原始观念的发展》，青龙社 1951 年版。

加藤常贤：《汉字的起源》，角川书店 1970 年版。

门胁祯二：《古代国家与天皇》，创园社 1957 年版。

门胁祯二：《神武天皇》，三一书房 1957 年版。

门胁祯二：《日本古代共同体的研究》，东京大学出版会 1960 年版。

门胁祯二：《"大化改新"论》，德间书店 1969 年版。

金井圆：《藩政》，至文堂 1962 年版。

金井紫云：《东洋花鸟图考》，大雅堂 1943 年版。

金井紫云、内田清之助：《鸟》，三省堂 1937 年版。

金子彦二郎：《平安朝文学与白氏文集》（第一册），讲谈社 1948 年版。

金子光晴：《绝望的精神史——所体验（明治维新百年）的悲惨与残酷》，光文社 1965 年版。

狩野直喜：《两汉学术考》，筑摩书房 1964 年版。

狩野直喜：《中国文学史》，美铃书房 1970 年版。

鹿野政直：《资本主义形成期的秩序意识》，筑摩书房 1969 年版。

神岛二郎：《近代日本的精神构造》，岩波书店 1961 年版。

神岛二郎：《日本人的构想》，讲谈社 1975 年版。

龟井节夫：《日本有象的时期》，岩波书店 1967 年版。

龟田隆之：《壬申之乱》，至文堂 1960 年版。

加茂仪一：《家畜文化史》，法政大学出版局 1973 年版。

唐木顺三：《中世的文学》，筑摩书房 1966 年版。

唐木顺三：《日本人心中的历史》（上、下），筑摩书房 1973 年版。

唐泽富太郎：《教科书的历史》，创文社 1957 年版。

唐泽富太郎：《明日的日本人——被期待的人物形象》，日本经济新闻社 1965 年版。

唐泽富太郎：《日本人的简历表》，读卖新闻社 1967 年版。

唐泽富太郎：《教育博物馆》（全四卷），晓星社 1977 年版。

川上多助：《日本古代社会史的研究》，河出书房 1949 年版。

川喜多二郎：《日本文化探索》，讲谈社 1973 年版。

川口久雄：《平安朝日本汉文学史的研究》，明治书院 1961 年版。

川口久雄：《西域之虎——平安朝比较文学论集》，吉川弘文馆 1947 年版。

河崎一郎著，木村让治译：《素颜的日本》，二见书房 1969 年版。

川崎庸之：《"记纪"、万叶的世界》，御茶水书房 1952 年版。

川岛武宜：《日本社会的家族构成》，日本评论社 1950 年版。

川岛武宜：《作为意识形态的家族制度》，岩波书店 1957 年版。

川岛武宜：《日本人的法律意识》，岩波书店 1967 年版。

川濑一马：《日本书志学的研究》，讲谈社 1943 年版。

川濑一马：《足利学校的研究》，讲谈社 1948 年版。

川添登：《都市与文明》（改订版），雪华社 1970 年版。

河音能平：《中世封建制度建立史论》，东京大学出版会 1971 年版。

河鳍实英：《典章制度》（改订版），墒书房 1960 年版。

川端康成著，赛登史帝克（Edward G. Seidensticker）译：《我的美丽的日本》，讲谈社 1969 年版。

康查诺买著，西川和子译：《佛国与神国》，创世纪出版 1976 年版。

岸俊男：《日本古代政治史研究》，墒书房 1966 年版。

岸俊男：《日本古代户籍册的研究》，墒书房 1973 年版。

岸田国士：《何谓日本人?》，角川书店 1952 年版。

岸边成雄：《唐代音乐历史的研究》（上、下），东京大学出版会 1960 年版。

喜田贞吉：《帝都》，日本学术普及会 1939 年版。

木田实：《癫狂部落周游记行》，吾妻书房 1949 年版。

木田实：《隐藏在日本文化深处的东西》，讲谈社 1956 年版。

木田实：《部落的幸福论》，讲谈社 1958 年版。

木田实：《日本部落》，岩波书店 1967 年版。

木田实：《日本癫狂列岛》，平凡社 1973 年版。

北岛正元：《江户时代》，岩波书店 1958 年版。

北岛正元：《江户幕府的权力结构》，岩波书店 1964 年版。

北村四郎：《菊》，平凡社 1948 年版。

北山茂夫：《奈良朝的政治与民众》，高桐书院 1948 年版。

北山茂夫：《〈万叶集〉的时代》，东京大学出版会 1953 年版。

北山茂夫：《〈万叶集〉的时代》，岩波书店 1954 年版。

北山茂夫：《日本古代政治史的研究》，岩波书店 1959 年版。

北山茂夫：《〈万叶集〉的创造精神》，青木书店 1960 年版。

北山茂夫：《王朝政治史论》，岩波书店 1970 年版。

北山茂夫：《藤原道长》，岩波书店 1970 年版。

木村康一、木岛正夫、丹信实编：《日汉药名汇》，广川书店 1946 年版。

城户浩太郎：《社会意识的结构》，新曜社 1970 年版。

城户幡太郎：《古代日本人的世界观——日本的语言与神话》，岩波书店 1930 年版。

城户幡太郎：《国语表记学》，贤文馆 1935 年版。

木下谦次郎：《美味求真》，新光社 1927 年版。

木下谦次郎：《续美味求真与再续美味求真》，中央公论社 1937—1940
　年版。

木宫泰彦：《日中文化交流史》，富山房 1955 年版。

木村础：《日本封建社会研究史》，文雅堂 1956 年版。

木村阳二郎：《日本自然志的形成》，中央公论社 1974 年版。

古斯多夫著，久米博译：《神话与形而上学》，绢书房 1971 年版。

京极纯一：《政治意识的分析》，东京大学出版会 1968 年版。

金达寿：《朝鲜》，岩波书店 1958 年版。

金田一春彦：《日语》，岩波书店 1957 年版。

九鬼周造：《"粹"的结构》，岩波书店 1930 年版。

日下八光：《装饰古坟》，朝日新闻社 1967 年版。

工藤敬一：《九州庄园的研究》，塙书房 1969 年版。

久野收：《和平的逻辑与战争的逻辑》，岩波书店 1972 年版。

久野收、鹤见俊辅：《现代日本的思想》，岩波书店 1956 年版。

久野收、鹤见俊辅、藤田省三：《战后日本的思想》，中央公论社 1959
　年版。

窪德忠：《庚申信仰的研究——日中宗教文化交流史》，日本学术振兴
　会 1961 年版。

栗原朋信：《秦汉史的研究》，吉川弘文馆 1962 年版。

格里菲斯著，龟井俊介译：《天皇——日本的内核力量》，研究社 1972
　年版。

格鲁著，石田欣一译：《在日本的 10 年》（上、下），每日新闻社 1948
　年版。

黑田俊雄：《庄园制社会》，日本评论社 1967 年版。

黑田俊雄：《日本中世封建制度论》，东京大学出版会 1974 年版。

桑田忠亲：《世阿弥与利休——能乐与茶道》，至文堂 1956 年版。

库恩著，中山茂译：《科学革命的结构》，筱竹书房 1975 年版。

盖恩著，井本威夫译：《日本日记》，筑摩书房 1952 年版。

凯丽：《日本开眼》，法政大学出版局 1952 年版。

小泉丹：《日本科学史私考》（初辑），岩波书店 1943 年版。

小泉文夫：《日本传统音乐的研究》（1），音乐之友社 1960 年版。

小泉文夫：《音乐根源里的东西》，青土社 1977 年版。

小出博：《日本的河川——自然史与社会史》，东京大学出版会 1970
　年版。

幸田成友：《日欧交流史》，岩波书店 1942 年版。

幸田露伴：《道教思想》，角川书店 1957 年版。

小岛宪之：《上古日本文学和中国文学》（上、中、下），塙书房 1962—
　1965 年版。

小岛宪之：《"国风"黑暗时代的文学》（上、中），塙书房 1968—1972
　年版。

小岛宪之：《〈古今和歌集〉之前》，塙书房 1977 年版。

小岛佑马：《古代中国研究》，弘文堂 1943 年版。

小清水卓二：《〈万叶集〉植物和古人的科学性》，大阪时事新报社 1948
　年版。

古代学协会编：《"摄关"时代史的研究》，吉川弘文馆 1965 年版。

古代学协会编：《延喜、天历时代的研究》，吉川弘文馆 1969 年版。

儿玉幸多：《近世农村社会的研究》，吉川弘文馆 1953 年版。

儿玉幸多：《近世农民生活史》，吉川弘文馆 1957 年版。

儿玉幸多：《近世驿站制度的研究》，吉川弘文馆 1960 年版。

小林太市郎：《日本绘画史论》，全国书房 1946 年版。

小林行雄：《日本考古学概说》，创元社 1951 年版。

小林行雄：《古坟时代的研究》，青木书店 1961 年版。

小林行雄：《古代的技术》，塙书房 1962 年版。

小林行雄：《古镜——探寻其奥秘与起源》，学生社 1965 年版。

小林行雄编：《日本文化的起源 第一卷 考古学》，平凡社 1966 年版。

驹井和爱：《登吕的遗迹》，至文堂 1955 年版。

小松茂美：《假名——其形成与变迁》，岩波书店 1968 年版。

小室直树：《危机的结构——日本社会崩溃的模型》，钻石社 1967 年版。

小柳司气太：《东洋思想的研究》，关书院 1934 年版。

小山富士夫：《日本的陶器》，中央公论美术出版 1962 年版。

今和次郎：《女性服装史》，相模书房 1967 年版。

近藤洋逸：《几何学思想史》，伊藤书店 1948 年版。

近藤洋逸：《笛卡尔的自然形像》，岩波书店 1959 年版。

西乡信纲：《作为贵族文学的〈万叶集〉》，丹波书林 1946 年版。

西乡信纲：《"国学"的批判》，未来社 1948 年版。

西乡信纲：《诗的产生》，未来社 1960 年版。

西乡信纲：《〈古事记〉的世界》，岩波书店 1967 年版。

西乡信纲：《〈万叶集〉私记》，未来社 1970 年版。

斎藤清卫：《南北朝时代文学新史》，春阳堂 1933 年版。

斎藤正二：《"大和魂"的文化史》，讲谈社 1972 年版。

斎藤正二：《日本人和植物与动物》，雪华社 1975 年版。

斎藤正二：《花的思想史》，晓星社 1977 年版。

斎藤忠：《上古大陆文化的影响》，大八洲出版 1947 年版。

斎藤茂吉：《〈万叶集〉秀歌》（上、下），岩波书店 1938 年版。

佐伯有清：《〈新撰姓氏录〉的研究·研究篇》，吉川弘文馆 1963 年版。

佐伯有清：《日本古代的政治和社会》，吉川弘文馆 1970 年版。

三枝博音：《技术的哲学》，岩波书店 1951 年版。

三枝博音：《日本的唯物论者》，英宝社 1956 年版。

酒井欣：《日本游戏史》，建设社 1933 年版。

坂口安吾：《我的日本文化观》，文体社 1943 年版。

坂本赏三：《日本王朝国家体制论》，东京大学出版会 1972 年版。

坂本太郎：《大化改新的研究》，至文堂 1938 年版。

坂本太郎：《菅原道真》，吉川弘文馆 1962 年版。

坂本太郎：《日本古代史的基础研究 上 文献篇、下 制度篇》，东京大学
　出版会 1964 年版。

坂本太郎：《六国史》，吉川弘文馆 1970 年版。

相良亨：《近世日本儒教运动的谱系》，理想社 1955 年版。

相良亨：《近世儒教思想》，墙书房 1966 年版。

櫻井庄太郎：《日本儿童生活史》，日光书院 1948 年版。

櫻井庄太郎：《日本封建社会意识论》，日光书院 1949 年版。

櫻井德太郎：《日本民间信仰论》，雄山阁 1958 年版。

櫻井德太郎：《讲经集团形成过程的研究》，吉川弘文馆 1962 年版。

櫻井德太郎：《民间信仰》，墙书房 1966 年版。

櫻井德太郎：《神佛交流史研究》，吉川弘文馆 1968 年版。

樱井德太郎：《日本的萨满教》（上、下），吉川弘文馆 1970—1972
　　年版。

樱井秀：《时代与风俗》，宝文馆 1931 年版。

樱井好朗：《中世日本人的思维与表达》，未来社 1970 年版。

佐佐木银弥：《中世的商业》，至文堂 1961 年版。

佐佐木银弥：《庄园的商业》，吉川弘文馆 1964 年版。

佐佐木银弥：《中世商品流通史的研究》，法政大学出版局 1972 年版。

佐佐木润之助：《幕藩权力的基础结构》，御茶水书房 1965 年版。

佐竹昭广：《"下克上"的文学》，筑摩书房 1967 年版。

佐藤谦三：《王朝文学前后》，角川书店 1969 年版。

佐藤谦三：《平安时代文学的研究》，角川书店 1970 年版。

佐藤进一：《镰仓幕府诉讼制度的研究》，目黑书房 1946 年版。

佐藤进一：《镰仓幕府保卫制度的研究》，要书房 1948 年版。

佐藤昌介：《西方学史研究序说》，岩波书店 1964 年版。

佐藤忠男：《赤裸的日本人——同情弱者的民族心理》，光文社 1958
　　年版。

鲭田丰之：《重新审视日本》，讲谈社 1964 年版。

鲭田丰之：《肉食的思想》，中央公论社 1966 年版。

佐和隆研：《日本密教》，日本广播出版协会 1966 年版。

佐和隆研：《空海的轨迹》，每日新闻社 1973 年版。

萨特著，加藤周一、白井健三郎译：《情境 Ⅱ 何谓文学》，人文书院
　　1952 年版。

萨特著，松浪信三郎译：《存在与虚无 Ⅰ、Ⅱ、Ⅲ 一种现象学存在论
　　的尝试》，人文书院 1956—1960 年版。

萨特著，平井启之译：《方法的问题——辩证法的理性批判序说》，人
　　文书院 1962 年版。

泽口悟：《日本漆工的研究》，美术出版社 1966 年版。

桑塞姆著，福井利吉郎译：《日本文化史》（上、中、下），创元社
　　1951—1952 年版。

盐泽君夫：《古代专制国家的结构》，御茶水书房 1958 年版。

志贺重昂：《日本风景论》，政教社 1894 年版。

重泽俊郎：《周汉思想研究》，弘文堂 1943 年版。

重森三玲：《日本的庭园》，富书店 1948 年版。

重森三玲：《茶室与庭院》，社会思想社 1962 年版。

四手井纲英：《日本的森林》，中央公论社 1974 年版。

司马辽太郎、唐纳德·金：《日本人和日本文化》，中央公论社 1972
　年版。

柴田武：《日本的方言》，岩波书店 1958 年版。

柴田实：《中世平民信仰的研究》，角川书店 1966 年版。

芝原拓目：《明治维新的权力基础》，御茶水书房 1965 年版。

岛田虔次：《朱子学与阳明学》，岩波书店 1967 年版。

清水几太郎：《日本文化形态论》，汽笛社 1936 年版。

清水几太郎：《流言蜚语》，岩波书店 1947 年版。

清水几太郎：《爱国心》，岩波书店 1950 年版。

清水几太郎：《社会学讲义》，岩波书店 1950 年版。

清水几太郎：《日式事物》，潮出版社 1968 年版。

清水盛光、会田雄次编：《封建国家的权力结构》，创文社 1967 年版。

清水三男：《上古的土地关系》，伊藤书店 1943 年版。

清水三男：《中世庄园的基础结构》，高桐书院 1949 年版。

清水好子：《源氏物语论》，墙书房 1966 年版。

清水好子：《紫式部》，岩波书店 1973 年版。

下出积与：《神仙思想》，吉川弘文馆 1968 年版。

下出积与：《日本古代的神祇和道教》，吉川弘文馆 1972 年版。

下村寅太郎：《科学史的哲学》，弘文堂 1941 年版。

朱谦之著，中村嗣次译：《中国音乐史》，人文阁 1940 年版。

施密特著，元滨清海译：《马克思的自然概念》，法政大学出版局 1972
　年版。

庄司吉之助：《明治维新的经济结构》，御茶水书房 1954 年版。

白井光太郎：《植物传来考》，冈书院 1929 年版。

白井光太郎：《植物和名考》，内田老鹤园 1933 年版。

白井光太郎：《日本博物学年表》（增补版），大冈山书店 1934 年版。

白川静：《金文的世界》，平凡社 1971 年版。

白川静：《甲骨文的世界》，平凡社 1972 年版。

白鸟库吉：《西域史研究》（上），岩波书店 1941 年版。

末松保和：《任那兴亡史》，吉川弘文馆 1949 年版。

杉浦明平：《文艺复兴文学的研究》，未来社 1955 年版。

杉浦明平：《战国乱世的文学》，岩波书店 1965 年版。

杉本勋：《近代实学史的研究》，吉川弘文馆 1962 年版。

杉山博：《庄园解体过程的研究》，东京大学出版会 1959 年版。

铃木虎雄：《中国文学研究》，弘文堂 1925 年版。

铃木敬三：《初期画卷风俗史的研究》，吉川弘文馆 1960 年版。

铃木修次：《汉魏诗的研究》，大修馆书店 1967 年版。

铃木尚：《骨骼》，学生社 1960 年版。

铃木尚：《日本人的骨骼》，岩波书店 1963 年版。

铃木尚：《从猿化石到日本人》，岩波书店 1971 年版。

铃木大拙著，北川桃雄译：《禅与日本文化》，岩波书店 1940 年版。

铃木良一：《日本中世的农业问题》，高桐书院 1948 年版。

铃木良一：《"下克上"的社会》，三一书房 1949 年版。

铃木良一：《应仁之乱》，岩波书店 1973 年版。

新城新藏：《东洋天文学史研究》，弘文堂 1928 年版。

新城常三：《战国时代的交通》，亩傍书房 1943 年版。

周藤吉之：《唐宋社会经济史研究》，东京大学出版会 1965 年版。

濑川清子：《围绕男青年和姑娘的民俗》，未来社 1972 年版。

关晃：《归化人》，至文堂 1956 年版。

关根真隆：《奈良朝饮食生活的研究》，吉川弘文馆 1969 年版。

关野贞：《日本的建筑与艺术》（上卷），岩波书店 1940 年版。

关山直太郎：《近世日本的人口结构》，吉川弘文馆 1958 年版。

世良正利：《日本人的人格》，纪伊国屋书店 1963 年版。

芹泽长介：《石器时代的日本》，筑地书馆 1960 年版。

索绪尔著，小林英夫译：《一般语言学讲义》，岩波书店 1972 年版。

索绪尔著，山内贵美夫译：《语言学概论》，劲草书房 1971 年版。

曾我部静雄：《日中律令论》，吉川弘文馆 1963 年版。

曾我部静雄：《以律令为核心的日本关系史的研究》，吉川弘文馆 1968
   年版。

曾我部静雄：《中国律令史的研究》，吉川弘文馆 1971 年版。

祖父江孝男：《县民性——文化人类学的考察》，中央公论社 1971 年版。

大后美保：《日本的季节——植物编、动物编》，实业日本社1958年版。

陶特著，筱田英雄译：《日本美的再发现》（增补改译版），岩波书店
　1962年版。

多贺秋五郎：《唐代教育史的研究》，不昧堂书店1953年版。

高尾一彦：《近世的平民文化》，岩波书店1968年版。

高木敏雄：《比较神话学》，宝文馆1940年版。

高木敏雄：《日本神话传说的研究》，荻原星文馆1943年版。

高木正孝：《日本人》，河出书房1955年版。

高崎正秀：《六歌仙前后》，青磁社1944年版。

高濑重雄：《日本人的自然观》，河原书店1942年版。

高濑重雄：《古代山岳信仰史的考察》，角川书店1969年版。

高野辰之：《日本歌谣史》，春秋社1926年版。

高桥俊乘：《日本教育文化史》，同文书院1933年版。

高桥俊乘：《近世学校教育的源流》，永泽金港堂1943年版。

高桥崇：《律令官员俸禄制的研究》，吉川弘文馆1970年版。

高桥裕：《国土的变化与水灾》，岩波书店1971年版。

高群逸枝：《入赘婚的研究》（一、二），理论社1966年版。

泷川政次郎：《日本奴隶经济史》，清水书房1930年版。

泷川政次郎：《律令的研究》，刀江书院1931年版。

泷川政次郎：《律令时代的农民生活》，刀江书院1944年版。

泷川政次郎：《万叶律令考》，东京堂1974年版。

竹内利美：《中世末期村落的形成与发展》，伊藤书店1944年版。

竹内好：《日本意识形态》（新编），筑摩书房1966年版。

竹内好：《为了解中国》，劲草书房1976年版。

竹内芳郎：《国家与文明——历史的整体化理论序说》，岩波书店1975
　年版。

竹内理三：《寺领庄园的研究》，亩傍书房1942年版。

竹内理三：《律令制与贵族政权》（Ⅰ、Ⅱ），御茶水书房1957年版。

武田勘治：《近世学习方法的研究》，讲谈社1969年版。

武田清子编：《思想史的方法与对象》，创文社1961年版。

武田恒夫：《桃山时代的花鸟与风俗》，日本广播出版协会1974年版。

武田祐吉：《上古"国文学"的研究》，博文馆1921年版。

武谷三男：《辩证法的各种问题》（正篇、续篇），理论社 1954 年版。

武谷三男：《物理学入门》（上），岩波书店 1952 年版。

竹山道雄：《日本文化的传统和变迁》，新潮社 1959 年版。

田崎仁义：《中国古代经济思想及制度》，内外出版 1924 年版。

田崎仁义：《王道天下之研究》，内外出版 1926 年版。

田所义行：《从儒家思想看〈古事记〉的研究》，樱枫社 1966 年版。

田中彰：《明治维新史的研究》，青木书店 1963 年版。

田中彰：《幕末的藩政改革》，塙书房 1965 年版。

田中启尔：《东京都新志》，日本书院 1949 年版。

田中健夫：《中世海外交流史的研究》，东京大学出版会 1959 年版。

田中健夫：《倭寇与贡舶贸易》，至文堂 1961 年版。

田中健夫：《中世对外关系史》，东京大学出版会 1975 年版。

谷信一：《近世日本绘画史论》，道统社 1941 年版。

谷川道雄：《隋唐帝国形成史论》，筑摩书房 1971 年版。

谷川彻三：《日本人的心》，岩波书店 1938 年版。

玉井是博：《中国社会经济史研究》，岩波书店 1942 年版。

玉上琢弥：《物语文学》，塙书房 1960 年版。

玉野井芳郎：《经济与生态学》，筱竹书房 1978 年版。

田村刚、本田正次：《武藏野》，科学主义工业社 1941 年版。

田原嗣郎：《德川思想史研究》，未来社 1967 年版。

张伯伦著，高梨健吉译：《日本事物志》（1、2），平凡社 1969 年版。

柴尔德著，祢津正志译：《文明的起源》（上、下）（改订版），岩波书店 1951 年版。

柴尔德著，今来陆郎、武藤洁译：《历史的曙光》，岩波书店 1958 年版。

乔姆斯基著，川本茂雄译：《语言与心理》，河出书房新社 1976 年版。

塚田松雄：《花粉说——人类与植物的历史》，岩波书店 1974 年版。

塚本洋太郎：《花的美术与历史》，河出书房新社 1975 年版。

筑岛谦三：《拉夫卡迪奥·赫恩的日本观》，劲草书房 1964 年版。

筑山治三郎：《唐代政治制度的研究》，创元社 1967 年版。

筑土铃宽：《复古与叙事诗》，青磁社 1942 年版。

筑土铃宽：《中世技艺的研究》，有精堂出版 1966 年版。

筑波常治：《日本农业技术史》，地人书馆 1955 年版。

筑波常治：《米食和肉食的思想》，日本放送出版协会 1969 年版。

辻善之助：《日本佛教史》（全十卷），岩波书店 1954—1955 年版。

辻善之助：《日本文化与佛教》，春秋社 1951 年版。

辻达也：《享保时代改革的研究》，创文社 1963 年版。

辻哲夫：《日本的科学思想》，中央公论社 1973 年版。

辻村太郎：《景观地理学讲话》，地人书馆 1973 年版。

津田左右吉：《文学中反映的日本国民思想的研究 第一卷 贵族文学的
　　时代》，岩波书店 1916 年版。

津田左右吉：《〈古事记〉与〈日本书纪〉的新研究》，岩波书店 1919
　　年版。

津田左右吉：《道家的思想及其发展》，东洋文库 1927 年版。

津田左右吉：《日本上古史研究》，岩波书店 1930 年版。

津田左右吉：《儒教的实践道德》，岩波书店 1938 年版。

津田左右吉：《中国思想与日本》，岩波书店 1938 年版。

津田左右吉：《日本人的思想态度》，中央公论社 1948 年版。

津田秀夫：《封建经济政策的发展与市场结构》，御茶水书房 1961
　　年版。

土田杏村：《国文学的哲学研究》（一、二、三），第一书房 1927 年版。

土屋乔雄：《近世日本封建社会的史学分析》，御茶水书房 1949 年版。

土屋忠雄：《明治时代前期教育政策史的研究》，讲谈社 1958 年版。

土屋文明：《大伴旅人与山上忆良》，创元社 1942 年版。

角田文卫：《律令国家的发展》，塙书房 1965 年版。

角田文卫：《紫式部及其时代》，角川书店 1966 年版。

角田文卫：《王朝的影像——平安时代史的研究》，东京堂 1970 年版。

角田文卫：《日本的后宫》，学灯社 1973 年版。

都留重人编：《现代资本主义与公害》，岩波书店 1968 年版。

鹤见和子：《好奇心与日本人》，讲谈社 1972 年版。

鹤见俊辅：《大众艺术》，河出书房 1967 年版。

鹤见俊辅：《界限艺术论》，劲草书房 1967 年版。

鹤见俊辅：《日常思想的可能性》，筑摩书房 1967 年版。

鹤见俊辅：《鹤见俊辅著作集 3 思想 Ⅱ》，筑摩书房 1975 年版。

寺田和夫：《何谓人种》，岩波书店 1967 年版。

寺田和夫：《日本的人类学》，思索社 1975 年版。

寺田寅彦：《寺田寅彦随笔集》（第五卷），岩波书店 1948 年版。

多尔著，青井和夫、塚本哲人译：《都市的日本人》，岩波书店 1962
　年版。

多尔著，松居弘道译：《江户时代的教育》，岩波书店 1970 年版。

土居健郎：《日本人的心理结构》，弘文堂 1971 年版。

土居次义：《近世绘画聚考》，艺草堂 1948 年版。

土居次义：《隔扇画》，至文堂 1966 年版。

土居光知：《古代传说与文学》，岩波书店 1960 年版。

土居光知：《文学的传统与交流》，岩波书店 1964 年版。

土居光知：《神话传说的研究》，岩波书店 1973 年版。

陶希圣著，荒尾久译：《中国社会史讲话》，学艺社 1935 年版。

藤间生大：《日本古代国家》，伊藤书店 1946 年版。

藤间生大：《日本民族的形成》，岩波书店 1951 年版。

藤间生大：《日本与武尊》，角川书店 1958 年版。

藤间生大：《东亚世界的形成》，春秋社 1966 年版。

藤间生大：《被掩埋的金印》（第二版），岩波书店 1970 年版。

德田净：《〈万叶集〉编撰时代的研究》，目黑书店 1937 年版。

德田进：《孝子故事的研究》（中世篇），井上书店 1963 年版。

德田御稔：《两种遗传学》，理论社 1952 年版。

德田御稔：《改写进化论》，岩波书店 1957 年版。

德田御稔：《进化学入门》，纪伊国屋书店 1963 年版。

户顷重基：《社会学伦理学》，理想社 1953 年版。

户顷重基：《日本伦理的病理》，三一书房 1960 年版。

户坂润：《科学方法论》，岩波书店 1929 年版。

户坂润：《意识形态概论》，理想社 1932 年版。

户坂润：《技术的哲学》，时潮社 1933 年版。

户坂润：《日本意识形态论》（增补版），白杨社 1936 年版。

土桥宽：《古代歌谣与礼仪的研究》，岩波书店 1965 年版。

土桥宽：《古代歌谣论》，三一书房 1960 年版。

外山英策：《〈源氏物语〉的自然描写与庭园》，丁字屋书店 1943 年版。

丰田武：《日本商人史》（中世篇），东京堂 1950 年版。

丰田武：《中世日本商业史的研究》（增订版），岩波书店 1952 年版。

丰田武：《日本的封建都市》，岩波书店 1952 年版。

丰田武：《堺——商人的抬头与都市的自由》，至文堂 1957 年版。

丰田武：《武士团与村落》，吉川弘文馆 1963 年版。

虎尾俊哉：《班田收授法的研究》，吉川弘文馆 1961 年版。

鸟居龙藏：《武藏野及其在有史以前》，矶部甲阳堂 1925 年版。

特雷西著，平松幹夫译：《卷轴》，文艺春秋新社 1952 年版。

直木孝次郎：《日本古代国家的结构》，青木书店 1958 年版。

直木孝次郎：《壬申之乱》，塙书房 1961 年版。

直木孝次郎：《日本古代的氏族与天皇》，塙书房 1965 年版。

直木孝次郎：《日本古代兵制史的研究》，吉川弘文馆 1968 年版。

直木孝次郎：《奈良时代的诸问题》，塙书房 1973 年版。

直良信夫：《日本哺乳动物史》，甲鸟书林 1943 年版。

直良信夫：《日本旧石器时代的研究》，宁乐书房 1954 年版。

直良信夫：《日本古代农业发展史》，四方书房 1956 年版。

直良信夫：《日本产动物杂话》，有峰书店 1975 年版。

中井信彦：《幕藩社会与商品流通》，塙书房 1961 年版。

中井信彦：《转换期幕藩制的研究》，塙书房 1971 年版。

中井猛之进：《东亚植物》，岩波书店 1935 年版。

永井威三郎：《大米的历史》，至文堂 1959 年版。

永井道雄：《日本的大学》，中央公论社 1965 年版。

永井道雄：《近代化与教育》，东京大学出版会 1969 年版。

永井阳之助：《政治意识的研究》，岩波书店 1971 年版。

永井义宪：《日本佛教文学》，塙书房 1963 年版。

中江丑吉：《中国古代政治思想》，岩波书店 1950 年版。

中尾佐助：《栽培植物与农耕的起源》，岩波书店 1966 年版。

中尾佐助：《亚洲文化探检》，讲谈社 1968 年版。

永岛福太郎：《中世的民众与文化》，创元社 1956 年版。

永积安明：《封建制度下的文学》，丹波书林 1946 年版。

中田薰：《法制史论集》（一、二、三、四），岩波书店 1938—1939 年版。

中田薰：《古代日韩交流史断片考》，创文社 1956 年版。

永田广志：《日本哲学思想史》，富士出版社 1952 年版。

中西进：《〈万叶集〉的比较文学研究》，樱枫社 1963 年版。

长沼贤海：《日本宗教史的研究》，教育研究会 1928 年版。

中根千枝：《纵向社会的人际关系——单一社会的理论》，讲谈社 1967 年版。

中根千枝：《适应的条件——日本连续性的思考》，讲谈社 1972 年版。

中野尊正、小林国夫：《日本的大自然》，岩波书店 1959 年版。

中野美代子：《中国人的思维模式》，讲谈社 1975 年版。

中野好夫：《文学试论集》（二），要书房 1947 年版。

永原庆二：《日本封建社会论》，东京大学出版会 1955 年版。

永原庆二：《日本封建制度形成过程的研究》，岩波书店 1961 年版。

永原庆二：《大名领国制》，日本评论社 1967 年版。

永原庆二：《日本的中世社会》，岩波书店 1968 年版。

永原庆二：《日本中世社会结构的研究》，岩波书店 1973 年版。

中部良子：《近世都市的形成与结构》，新生社 1967 年版。

中村荣孝：《日朝关系史的研究》（上、中、下），吉川弘文馆 1970 年版。

中村吉治：《近世初期农政史研究》，岩波书店 1938 年版。

中村吉治：《战国时代史论》，春秋社 1945 年版。

中村吉治：《中世的农民起义》，中央公论社 1948 年版。

中村吉治：《日本的村落共同体》，日本评论新社 1957 年版。

中村吉治：《德政与农民起义》，至文堂 1959 年版。

中村纯：《花粉分析》，古今书院 1967 年版。

中村直胜：《庄园的研究》，星野书店 1939 年版。

中村直胜：《日本新文化史 7 吉野时代》，内外书籍 1942 年版。

中村直胜：《日本幻想艺术史》，学生社 1970 年版。

中村元：《东洋人的思维方式》（1、2、3、4），春秋社 1962 年版。

中村光夫：《日本的近代小说》，岩波书店 1954 年版。

中村雄二郎：《日本文化的焦点与盲点——对话与散文》，河出书房 1964 年版。

中村雄二郎：《日本的思想界——战前、战中、战后》，劲草书房 1967

年版。

中村幸彦:《近世小说史的研究》，樱枫社 1961 年版。

中山茂:《日本的天文学》，岩波书店 1972 年版。

中山太郎:《日本巫女史》，大冈山书店 1930 年版。

中山太郎:《日本盲人史》，成光馆 1934 年版。

奈良本辰也:《近世封建社会史论》，高桐书院 1948 年版。

南条范夫:《暴力的日本史》，光文社 1970 年版。

仁井田陞:《唐令拾遗》，岩波书店 1933 年版。

仁井田陞:《中国法制史》，岩波书店 1952 年版。

仁井田陞:《中国的农村家族》，东京大学出版会 1952 年版。

仁井田陞:《中国社会的法律与伦理》，岩波书店 1954 年版。

仁井田陞:《中国法制史的研究——法律与习俗·法律与道德》，岩波
书店 1964 年版。

新妻利久:《大和邪马台国》，新月社 1967 年版。

新野直吉:《古代东北地区的开拓》，塙书房 1969 年版。

西晋一郎:《东洋伦理》，岩波书店 1934 年版。

西冈虎之助:《民众生活史研究》，福村书店 1948 年版。

西冈虎之助:《日本文学中生活史的研究》，东京大学出版会 1954
年版。

西冈虎之助:《日本女性史考》，新评论社 1956 年版。

西冈虎之助:《庄园史的研究》（共三卷），岩波书店 1956 年版。

西川一草亭:《日本的花道》，河原书店 1941 年版。

西岛定生:《中国古代帝国的形成与结构》，东京大学出版会 1961
年版。

西岛定生:《中国经济史研究》，东京大学出版会 1966 年版。

西岛定生:《6—8 世纪的东亚》，收录于《岩波讲座 日本历史 2 古代
2》，岩波书店 1962 年版。

西田几多郎:《日本文化的问题》，岩波书店 1940 年版。

西田直二郎:《日本文化史序说》，改造社 1932 年版。

西田长男:《日本宗教思想史的研究》，理想社 1956 年版。

西田长男:《日本古代典籍史的研究》，理想社 1956 年版。

西田长男:《古代文学的周边》，樱枫社 1964 年版。

西田长男：《神社的历史研究》，墑书房 1966 年版。

西田诚：《陆上植物的起源与进化》，岩波书店 1977 年版。

西崛一三：《日本的花道》，河原书店 1967 年版。

西村真次：《日本文化史点描》，东京堂 1937 年版。

西村真次：《〈万叶集〉的文化史研究》，东京堂 1938 年版。

西村真次：《〈万叶集〉传说歌谣的研究》，第一书房 1943 年版。

西山松之助：《宗家的研究》，校仓书房 1959 年版。

西山松之助：《花——迈向美的行动与日本文化》，日本放送出版协会
　　1969 年版。

尼达姆著，桥本敬造译：《文明的滴定——科学技术与中国社会》，法
　　政大学出版局 1974 年版。

尼达姆著，山田庆儿译：《东方与西方的学者与工匠——中国科学技术
　　史讲演集》（上），河出书房新社 1974 年版。

尼达姆著，东畑精一、薮内清监修：《中国的科学与文明》（共十一
　　卷），思索社 1974 年至 1987 年现在继续刊行中。

日本学士院编：《明治维新前的日本土木工程史》，日本学术振兴会
　　1956 年版。

日本学士院编：《明治维新前的日本矿业技术发展史》，日本学术振兴
　　会 1958 年版。

日本学士院编：《明治维新前的日本生物学史 第一卷》，日本学术振兴
　　会 1960 年版。

日本人类学会编：《日本民族》，岩波书店 1952 年版。

沼田真：《植物的生命》，岩波书店 1972 年版。

沼田真：《自然保护与生态学》，共立出版 1972 年版。

祢津正志：《日本现代史》（一至七卷），三一书房 1966—1970 年版。

野田寿雄：《近世文学的背景》，墑书房 1964 年版。

野间清六：《日本之面貌》，创元社 1953 年版。

野间清六：《飞鸟、白凤、天平时代的美术》，至文堂 1966 年版。

野间宏：《亲鸾》，岩波书店 1973 年版。

诺曼著，大窪愿二译：《日本近代国家的形成》，岩波书店 1953 年版。

野村忠夫：《律令官制的研究》，吉川弘文馆 1967 年版。

野村忠夫：《律令政治的诸态貌》，墑书房 1968 年版。

野村忠夫：《官制论》，雄山阁出版 1975 年版。

野吕荣太郎：《日本资本主义发展史》，岩波书店 1954 年版。

豪泽著，高桥义孝译：《艺术与文学的社会史》（Ⅰ、Ⅱ、Ⅲ），平凡社
　　1958 年版。

芳贺幸四郎：《东山文化的研究》，河出书房 1945 年版。

芳贺幸四郎：《近世文化的形成与传统》，河出书房 1948 年版。

芳贺矢一：《国民性十论》，富山房 1907 年版。

荻谷朴：《平安朝文学的历史考察》，白帝社 1969 年版。

荻原龙夫：《中世祭祀组织的研究》，吉川弘文馆 1962 年版。

白南云：《经济学全集 61 卷 朝鲜社会经济史》，改造社 1933 年版。

巴格比著，山本新、堤彪译：《文化与历史——文明的比较研究序说》，
　　创文社 1976 年版。

桥川文三：《近代日本政治思想的各种形态》，未来社 1968 年版。

桥本不美男：《王朝和歌史的研究》，笠间书院 1972 年版。

桥本增吉：《从东洋史看日本的上古史——邪马台国论考》，大冈山书
　　店 1932 年版。

桥本万平：《日本的时间制度》，墙书房 1966 年版。

桥本义彦：《平安贵族社会的研究》，吉川弘文馆 1976 年版。

长谷川如是闲：《日本的性格》，岩波书店 1938 年版。

长谷川如是闲：《日本教育的传统》，玉川学园出版部 1943 年版。

长谷川如是闲：《封建文化与近代文化》，弘文堂 1949 年版。

长谷川如是闲：《日常性中的日本》，中央大学出版部 1969 年版。

长谷部言人：《日本人的祖先》，岩波书店 1953 年版。

旗田巍：《朝鲜史》，岩波书店 1951 年版。

旗田巍：《元寇》，中央公论社 1965 年版。

服部宇之吉：《中国研究》，明治出版社 1916 年版。

服部之总：《明治维新史 附 绝对主义论》，上野书店 1929 年版。

服部之总：《亲鸾笔记》，国土社 1948 年版。

服部之总：《近代日本的形成》，日本评论社 1949 年版。

服部敏良：《奈良时代医学的研究》，东京堂 1945 年版。

服部敏良：《平安时代医学的研究》，桑名文星堂 1955 年版。

服部敏良：《镰仓时代医学史的研究》，吉川弘文馆 1964 年版。

服部敏良：《室町安土桃山时代医学史的研究》，吉川弘文馆 1971
　　年版。

羽鸟卓也：《近世日本社会史研究》，未来社 1954 年版。

花田清辉：《大众的能量》，讲谈社 1958 年版。

花田清辉：《日本的"文艺复兴人"》，朝日新闻社 1974 年版。

花房英树：《〈白氏文集〉的批判研究》，汇文堂书店 1960 年版。

羽仁五郎：《历史学批判序说》，铁塔书院 1932 年版。

羽仁五郎：《米凯尔·安吉罗》，岩波书店 1939 年版。

羽仁五郎：《日本人民的历史》，岩波书店 1950 年版。

羽仁五郎：《都市》，岩波书店 1949 年版。

羽仁五郎：《明治维新史研究》，岩波书店 1956 年版。

羽仁五郎：《羽仁五郎历史论著作集》（一、二、三、四），青木书店
　　1967 年版。

羽原又吉：《日本古代渔业经济史》，改造社 1949 年版。

羽原又吉：《日本渔业经济史》（上、中、下），岩波书店 1949 年版。

林谦三：《正仓院乐器的研究》，风间书房 1964 年版。

林谦三：《东亚乐器考》，河合乐谱 1973 年版。

林古蹊：《〈万叶集〉外来文学考》，丙午出版社 1932 年版。

林达夫：《林达夫著作集》（共六卷），平凡社 1970—1971 年版。

林友春编：《近代中国教育史研究》，国土社 1958 年版。

林英夫：《绝望的近代民众形象》，柏书房 1976 年版。

林基：《农民暴动的传统》，新评论社 1955 年版。

林陆朗：《上古政治社会的研究》，吉川弘文馆 1969 年版。

林玲子：《江户批发商公会的研究》，御茶水书房 1967 年版。

林屋辰三郎：《中世文化的基调》，东京大学出版会 1953 年版。

林屋辰三郎：《歌舞伎之前》，岩波书店 1954 年版。

林屋辰三郎：《古代国家的解体》，东京大学出版会 1955 年版。

林屋辰三郎：《中世技艺史的研究》，岩波书店 1960 年版。

林屋辰三郎：《古典文化的创造》，东京大学出版会 1964 年版。

林屋辰三郎：《城市民众》，中央公论社 1964 年版。

林屋辰三郎：《宽永年间的锁国》，文英堂 1969 年版。

林屋辰三郎：《日本的古代文化》，岩波书店 1971 年版。

林屋辰三郎：《近世传统文化论》，创元社 1974 年版。

林屋辰三郎：《日本文化的东与西》，讲谈社 1974 年版。

速水侑：《平安贵族社会与佛教》，吉川弘文馆 1975 年版。

原胜郎：《日本中世史的研究》，同文馆 1929 年版。

原岛礼二：《日本古代社会的基础结构》，未来社 1968 年版。

原岛礼二：《"倭五王"及其前后》，墙书房 1970 年版。

原田大六：《日本古坟文化》，东京大学出版会 1954 年版。

原田大六：《关于邪马台国的论争》，三一书房 1972 年版。

原田大六：《发掘〈万叶集〉》，朝日新闻社 1973 年版。

原田敏明：《日本宗教交流史论》，中央公论社 1949 年版。

原田敏明：《日本古代宗教》（增补改订版），中央公论社 1970 年版。

原田敏明：《日本古代思想》，中央公论社 1972 年版。

原田伴彦：《日本封建都市研究》，东京大学出版会 1957 年版。

原田伴彦：《日本封建制度下的都市与社会》，三一书房 1960 年版。

原田伴彦：《日本的"町人道"》，讲谈社 1968 年版。

原田伴彦：《中世都市的研究》，三一书房 1972 年版。

春山武松：《日本上古绘画史》，朝日新闻社 1949 年版。

春山武松：《平安朝绘画史》，朝日新闻社 1950 年版。

春山行夫：《花的文化史》（一、二），中央公论社 1954—1956 年版。

范文澜著，贝塚茂树、陈显明译：《中国通史》（第一编上），岩波书店
　1958 年版。

赫恩著，斋藤正二译：《怪谈》（全译），讲谈社 1976 年版。

比尔德著，加藤静江译：《日本女性史》，河出书房 1953 年版。

日浦勇：《自然观察入门》，中央公论社 1975 年版。

樋口清之：《日本原始文化》，弘文堂 1955 年版。

樋口清之：《日本人的智慧结构》，讲谈社 1972 年版。

樋口隆康：《日本人从哪里来？》，讲谈社 1971 年版。

久木幸男：《"大学寮"与古代儒教——日本古代教育史研究》，同声出
　版会 1968 年版。

久松真一：《禅与美术》，墨美社 1958 年版。

久松潜一：《日本歌论史的研究》，风间书房 1963 年版。

日高敏隆：《关于人类的寓言》，风涛社 1972 年版。

尾藤正英：《日本封建思想史研究》，青木书店 1961 年版。

平井圣：《日本住宅的历史》，日本放送出版协会 1974 年版。

平野仁启：《古代日本人的精神结构》，未来社 1966 年版。

平山清次：《历法及时法》（增补版），恒星社 1938 年版。

广末保：《元禄年间的文学研究》，东京大学出版会 1955 年版。

广末保：《芭蕉与西鹤》，未来社 1963 年版。

广濑秀雄：《日本人的天文观》，日本放送出版协会 1972 年版。

广津和郎：《关于自由与责任的考察》，中央公论社 1958 年版。

深津正：《植物和名词源新考》，八坂书房 1976 年版。

福井康顺：《道教的基础研究》，理想社 1958 年版。

福田欢一：《近代的政治思想》，岩波书店 1971 年版。

福田欢一：《近代政治原理形成史序说》，岩波书店 1971 年版。

福武直：《日本农村的社会性质》，东京大学出版会 1949 年版。

福柯著，中村雄二郎译：《知识考古学》，河出书房新社 1970 年版。

藤直干：《中世武家社会的结构》，目黑书店 1944 年版。

藤直干编：《古代社会与宗教》，若竹书房 1951 年版。

藤冈作太郎：《"国文学"全史》（平安朝篇），东京开成馆 1905 年版。

藤冈谦二郎：《地理与古代文化》，大八洲出版 1947 年版。

藤冈谦二郎：《都市与道路的历史地理学研究》，大明堂 1960 年版。

藤冈谦二郎：《日本历史地理序说》，墻书房 1962 年版。

藤冈谦二郎：《历史景观之美》，河原书店 1965 年版。

富士川游：《日本医学史》，真理社 1947 年版。

藤木邦彦：《平安时代的贵族生活》，至文堂 1966 年版。

藤木久志：《战国社会史论》，东京大学出版会 1974 年版。

藤泽卫彦：《日本传说丛书》（北武藏卷），和平出版社 1917 年版。

藤泽卫彦：《日本传说研究》（一至八卷），三笠书房 1935 年版。

藤岛亥治郎：《日本的建筑》，至文堂 1958 年版。

藤田五郎：《近世农政史论》，御茶水书房 1950 年版。

藤田五郎：《封建社会的发展过程》，有斐阁 1952 年版。

藤田五郎：《近世经济史的研究》，御茶水书房 1953 年版。

藤田省三：《天皇制国家的统治原理》，未来社 1966 年版。

藤田德太郎：《古代歌谣的研究》，金星堂 1934 年版。

藤田德太郎：《平安时代的国民文学》，日本放送出版协会 1939 年版。

伏见猛弥：《综合日本教育史》，明治图书 1951 年版。

藤森荣一：《铜铎》，学生社 1964 年版。

布施弥平治：《律令与儒教》，宗文馆书店 1964 年版。

布施弥平治：《"明法道"的研究》，新生社 1966 年版。

弗雷著，海老根宏译：《现代文化的 100 年》，音羽书房 1971 年版。

古泽未知男：《从汉诗文引用观察〈万叶集〉的研究》，南云堂樱枫社
　　1964 年版。

古岛敏雄：《日本封建农业史》，四海书房 1941 年版。

古岛敏雄：《近世日本农业的结构》，日本评论社 1943 年版。

古岛敏雄：《日本农业技术史》（上、下），时潮社 1949 年版。

古岛敏雄：《江户时代的商品流通与交通》，御茶水书房 1951 年版。

古岛敏雄：《山村的结构》，御茶水书房 1952 年版。

古岛敏雄：《刻在土地上的历史》，岩波书店 1967 年版。

古田良一：《日本海运史概说》，同文书院 1955 年版。

古田良一：《海运的历史》，至文堂 1961 年版。

弗罗伊斯著，柳谷武夫译：《日本史》（共四卷），平凡社 1964 年版。

贝克著，阪本宁男、福田一郎译：《植物与文明》，东京大学出版会
　　1975 年版。

本尼迪克特著，长谷川松治译：《菊与刀》（上、下），社会思想社 1951
　　年版。

本尼迪克特著，米山俊直译：《文化模式》，社会思想社 1973 年版。

别技笃彦：《人与地域》，古今书院 1965 年版。

贝拉著，堀一郎、池田昭译：《日本近代化的宗教伦理》，未来社 1962
　　年版。

皮尔森著，远藤弘译：《文化的动态——从巫术、实体、操作主义中解
　　放出来》，纪伊国屋书店 1977 年版。

茅盾著，加藤平八译：《东洋的现实主义》，新读书社 1959 年版。

宝月圭吾：《中世灌溉史的研究》，亩傍书房 1943 年版。

宝月圭吾：《中世度量衡制史的研究》，吉川弘文馆 1961 年版。

朴庆植、姜在彦：《朝鲜的历史》，三一书房 1957 年版。

星野芳郎、鹤见俊辅：《日本人的生存方式》，讲谈社 1966 年版。

穗积陈重：《敬避实名风俗研究》，刀江书院 1926 年版。

洞富雄：《种子岛的火枪》，雄山阁 1958 年版。

堀一郎：《民间信仰》，岩波书店 1951 年版。

堀一郎：《我国民间信仰史的研究》（一、二），创元社 1953 年版。

堀一郎：《日本的萨满教》，讲谈社 1971 年版。

堀江英一：《明治维新的社会结构》，有斐阁 1954 年版。

堀田善卫：《在印度的所思所想》，岩波书店 1957 年版。

堀田善卫：《看到美丽风景的人》，新潮社 1969 年版。

堀内守：《教育思想的历史》，日本放送出版协会 1975 年版。

堀内守：《站在文明十字路口的教育》，黎明书房 1978 年版。

本多显彰：《〈叹异抄〉入门》，光文社 1964 年版。

本多显彰：《〈徒然草〉入门》，光文社 1967 年版。

本田正次、林弥荣：《日本的樱花》，诚文堂新光社 1974 年版。

前川文夫：《探索植物的进化》，岩波书店 1969 年版。

前川文夫：《日本人与植物》，岩波书店 1973 年版。

前田曙山：《趣味的野草》，博文馆 1918 年版。

前野直彬：《风月无尽——中国的古典与自然》，东京大学出版会 1972
年版。

牧口常三郎：《人生地理学》，富山房 1903 年版。

牧口常三郎：《教育统合中心的乡土科研究》，以文馆 1912 年版。

牧口常三郎：《地理教育方法与内容的研究》，目黑书店 1916 年版。

牧野信之助：《武家社会的研究》，刀江书院 1943 年版。

牧野富太郎：《随笔草木志》，南光社 1936 年版。

牧野富太郎：《植物记》，樱井书店 1943 年版。

益田胜美：《火山列岛的思想》，筑摩书房 1968 年版。

松冈静雄：《日本固有民族信仰》，刀江书院 1941 年版。

松田修：《〈万叶集〉植物新考》（增订版），社会思想社 1970 年版。

松田修：《古典的花》，蜗牛社 1976 年版。

松田毅一：《近世初期与日本相关的“南蛮”史料的研究》，风间书房
1967 年版。

松田修：《刺青、性、死——逆光的日本美》，平凡社 1972 年版。

松田寿男：《东西方文化的交流》，至文堂 1962 年版。

松田权六：《漆之故事》，岩波书店 1964 年版。

松田武夫：《关于〈古今集〉结构的研究》，风间书房 1965 年版。

松田武夫：《平安朝的和歌》，有精堂出版 1968 年版。

松村武雄：《日本神话的研究》（一、二、三、四），培风馆 1954—1958 年版。

松本三之介：《"国学"政治思想的研究》，有斐阁 1957 年版。

松本三之介：《近代日本的政治与人》，创文社 1966 年版。

松本新八郎：《中世社会的研究》，东京大学出版会 1956 年版。

松本清张：《古代史疑》，中央公论社 1968 年版。

松本丰寿：《"城下町"的历史地理学研究》（增订版），吉川弘文馆 1967 年版。

松本信广：《日本神话的研究》，镰仓书房 1946 年版。

松山宏：《日本中世都市的研究》，大学堂书店 1973 年版。

松好贞夫：《新田的研究》，有斐阁 1936 年版。

丸山二郎：《〈日本书纪〉的研究》，吉川弘文馆 1955 年版。

丸山真男：《日本政治思想史研究》，东京大学出版会 1952 年版。

丸山真男：《日本的思想》，岩波书店 1961 年版。

丸山真男：《现代政治的思想与行为》（增补版），未来社 1964 年版。

丸山真男：《历史意识的"古层"》（《日本的思想 6 历史思想集》解说），筑摩书房 1972 年版。

丸山真男：《战中与战后之间》，筱竹书房 1977 年版。

曼海姆著，福武直译：《变革期的人与社会》，筱竹书房 1953 年版。

三浦周行：《法制史的研究》，岩波书店 1919 年版。

三上参次：《江户时代史》（上、下），富山房 1935 年版。

三上次男：《陶瓷之道》，岩波书店 1969 年版。

三笠宫崇仁编：《日本的曙光——关于建国与纪元》，光文社 1959 年版。

三木清：《想象力的逻辑》，岩波书店 1946 年版。

三品彰英：《新罗"花郎"的研究》，三省堂 1933 年版。

三品彰英：《建国神话论考》，目黑书店 1937 年版。

三品彰英：《日朝神话传说的研究》，柳原书店 1943 年版。

水尾比吕志：《东洋的美学》，美术出版社 1963 年版。

水尾比吕志：《日本宗教造型论》，美术出版社 1966 年版。

水尾比吕志：《日本美术史——用与美的造型》，筑摩书房 1970 年版。

水上一久：《中世的庄园与社会》，吉川弘文馆 1969 年版。

水上静夫：《中国古代的植物学研究》，角川书店 1977 年版。

水野祐：《日本古代王朝史序说》（增订版），小宫山书店 1954 年版。

三田博雄：《山的思想史》，岩波书店 1973 年版。

凑正雄、井尻正二：《日本列岛》（第二版），岩波书店 1966 年版。

南和男：《江户的社会结构》，塙书房 1969 年版。

南博：《日本人的心理》，岩波书店 1953 年版。

源了圆：《义理与人情》，中央公论社 1969 年版。

峰岸义秋：《和歌比赛的研究》，三省堂 1954 年版。

宫川透：《日本近代思想的结构》，东京大学出版会 1956 年版。

宫城音弥：《日本人的性格》，朝日新闻社 1969 年版。

宫城音弥：《日本人的生存价值》，朝日新闻社 1971 年版。

宫家准：《"修验道"礼仪的研究》，春秋社 1970 年版。

宫家准：《日本宗教的结构》，庆应通信 1974 年版。

宫崎市定：《科举》，秋田屋 1946 年版。

宫崎市定：《"九品官法"的研究——科举前史》，同朋社 1956 年版。

宫崎市定：《亚洲史论考》（上、中、下），朝日新闻社 1976 年版。

宫泽文吾：《花木园艺》，养贤堂 1940 年版。

宫本又次：《日本商业史概说》，世界思想社 1954 年版。

宫肋昭：《植物与人类——生物社会的平衡》，日本放送出版协会 1970 年版。

三好学：《人生植物学》，大仓书店 1918 年版。

三好学：《樱》，富山房 1938 年版。

穆卡若夫斯基著，平井正、千野荣一译：《结构主义美学》，绢书房 1975 年版。

村井康彦：《古代国家解体过程的研究》，岩波书店 1965 年版。

村井康彦：《平安贵族的世界》，德间书店 1968 年版。

村井康彦：《日本文化小史——知识分子的登场》，德间书店 1969 年版。

村尾次郎：《律令制的基调》，塙书房 1960 年版。

村尾次郎：《律令财政史的研究》，吉川弘文馆 1961 年版。

村尾次郎：《奈良时代的文化》，至文堂 1962 年版。

村冈典嗣：《本居宣长》，岩波书店 1928 年版。

村冈典嗣：《日本思想史研究》，岩波书店 1930 年版。

村上重良：《近代民众宗教史的研究》，法藏馆 1963 年版。

村上重良：《国家神道》，岩波书店 1970 年版。

村田正志：《南北朝论》，至文堂 1959 年版。

村山修一：《神佛融合与日本文化》，弘文馆 1940 年版。

村山修一：《日本都市生活的源流》，关书院 1955 年版。

村山修一：《平安京》，至文堂 1957 年版。

目崎德卫：《平安文化史论》，樱枫社 1968 年版。

望月胜海：《日本地学史》，平凡社 1948 年版。

望月信成：《日本的水墨画》，河原书店 1967 年版。

桃裕行：《上古学制的研究》，目黑书店 1947 年版。

森蕴：《日本的庭园》，吉川弘文馆 1964 年版。

森克己：《日宋贸易的研究》，国立书院 1948 年版。

森克己：《日宋文化交流的诸问题》，刀江书院 1949 年版。

森克己：《遣唐史》，至文堂 1956 年版。

森亮编：《现代的精神与小泉八云》，至文堂 1975 年版。

森末义彰：《中世的神社寺庙与艺术》，亩傍书房 1941 年版。

守田公夫：《日本的染织》，创元社 1956 年版。

森山重雄：《封建庶民文学的研究》，三一书房 1960 年版。

八木哲治：《近世的商品流通》，塙书房 1962 年版。

八木充：《律令国家形成史的研究》，塙书房 1968 年版。

八木泽元：《〈游仙窟〉全讲》，明治书院 1967 年版。

矢代幸雄：《日本美术的特质》，岩波书店 1943 年版。

矢代幸雄：《水墨画》，岩波书店 1969 年版。

矢岛仁吉：《武藏野的村落》，古今书院 1954 年版。

八杉龙一：《进化论绪论》，岩波书店 1965 年版。

安田德太郎：《人类的历史 2 日本人的起源》，光文社 1960 年版。

安田元久：《初期封建制的构建》，国土社 1950 年版。

安田元久：《日本庄园史概说》，吉川弘文馆 1957 年版。

安田元久：《"地头"与"地头"领主制的研究》，山川出版社 1961
年版。

安本美典：《卑弥呼之谜》，讲谈社 1972 年版。

弥永贞三：《奈良时代的贵族与农民》，至文堂 1956 年版。

柳宗悦：《日本的平民艺术》，宝文馆 1960 年版。

柳田国男：《明治、大正时代史 世相篇》，朝日新闻社 1931 年版。

柳田国男：《日本的祭祀活动》，弘文堂 1942 年版。

柳田国男：《时代与农政》，实业日本社 1948 年版。

柳田国男：《海上的道路》，筑摩书房 1962 年版。

箭内健次：《长崎》，志文堂 1959 年版。

薮内清：《中国的天文历法》，平凡社 1969 年版。

薮内清：《中国的科学文明》，岩波书店 1970 年版。

薮内清：《中国文明的形成》，岩波书店 1974 年版。

薮内清：《中国的数学》，岩波书店 1974 年版。

山内清男：《日本先史时代概说》，先史考学会 1964 年版。

山尾幸久：《〈魏志·倭人传〉》，讲谈社 1972 年版。

山岸德平：《日本汉文学研究》，有精堂出版 1972 年版。

山岸德平编：《日本汉文学史论考》，岩波书店 1974 年版。

山口昌男：《人类学思考》，绢书房 1971 年版。

山口昌男：《历史、节日祭日与神话》，中央公论社 1974 年版。

山口昌男：《文化与两义性》，岩波书店 1975 年版。

山下武：《江户时代庶民教化政策的研究》，校仓书房 1969 年版。

山下正男：《动物与西欧思想》，中央公论社 1974 年版。

山下正男：《植物与哲学》，中央公论社 1977 年版。

山住正己：《教科书》，岩波书店 1970 年版。

山田坂仁：《思想与实践》，北隆馆 1948 年版。

山田宗睦：《日本思想的原型》，三一书房 1961 年版。

山田宗睦：《道的思想史》（上、下），讲谈社 1975 年版。

山田宗睦：《"日本"的再发现》，三一书房 1975 年版。

山田宗睦：《隐藏的日本人》，三一书房 1976 年版。

山田宗睦：《花的文化史》，读卖新闻社 1977 年版。

山田孝雄：《〈源氏物语〉的音乐》，宝文馆 1933 年版。

山田孝雄：《国语中的汉语研究》，宝文馆 1941 年版。

山田孝雄：《樱史》，樱书房 1941 年版。

山中裕：《历史物语的形成序说》，东京大学出版会1962年版。

山中裕：《平安时代的女流作家》，至文堂1962年版。

山中裕：《平安朝的年中节庆活动》，塙书房1972年版。

山中裕：《平安朝文学的历史研究》，吉川弘文馆1974年版。

山根银二：《音乐的历史》，岩波书店1957年版。

山根有三：《宗达》，日本经济新闻社1962年版。

山本健吉：《古典与现代文学》，讲谈社1955年版。

山本信良、今野敏彦：《近代教育的天皇制意识形态——明治时期学校活动的考察》，新泉社1973年版。

山胁悌二郎：《近世日中贸易史的研究》，吉川弘文馆1960年版。

八幡一郎：《日本史的黎明》，有斐社1953年版。

汤浅泰雄：《诸神的诞生——日本神话的思想史研究》，以文堂1972年版。

汤川制：《花道史》，至文堂1947年版。

约克斯库尔著，日高敏隆、野田保之译：《从生物看人类》，思索社1973年版。

横井清：《中世民众的生活文化》，东京大学出版会1975年版。

横田健一：《白凤、天平时代的世界》，创元社1973年版。

吉川幸次郎：《汉武帝》，岩波书店1949年版。

吉泽义则：《大和魂与万叶歌人》，平凡社1939年版。

吉泽义则：《"知性"的平安妇人——从〈源氏物语〉观察》，一正堂书店1951年版。

吉田晶：《日本古代国家形成史论》，东京大学出版会1973年版。

吉田东伍：《日本历史地理的研究》，富山房1923年版。

吉田光邦：《日本科学史》，朝仓书店1955年版。

吉田光邦：《日本技术史研究》，学艺出版社1961年版。

吉田光邦：《陶瓷——技术、生活与美学》，日本放送出版协会1966年版。

吉田光邦：《日本美的探索——隐藏在其后之事物》，日本放送出版协会1967年版。

吉田光邦：《中国科学技术史论集》，日本放送出版协会1972年版。

吉野裕：《"防人歌"的基础结构》，御茶水书房1956年版。

吉村茂树：《关于"国司"制度瓦解的研究》，东京大学出版会 1957年版。

吉本隆明：《艺术的抵抗与挫折》，未来社 1959 年版。

吉本隆明：《共同幻想论》，河出书房新社 1968 年版。

吉永义信：《日本的庭园》，至文堂 1958 年版。

赖肖尔著，铃木重吉译：《日本——过去与现在》，时事通信社 1967年版。

赖肖尔著，林伸郎译：《赖肖尔看日本——日美关系的历史与展望》，德间书店 1967 年版。

赖肖尔著，西山千译：《地球社会的教育——世界市民意识的创造》，同声出版会 1974 年版。

罗素著，东宫隆译：《权力——其历史与心理》，筱竹书房 1951 年版。

罗素著，堀秀彦译：《科学震撼了社会》，角川书店 1956 年版。

朗格著，矢野万里、池上保太、贵志谦三、近藤洋逸译：《符号的哲学》，岩波书店 1960 年版。

兰波著，金子光晴、斎藤正二、中村德泰译：《兰波全集》（共一册），雪华社 1970 年版。

利光三津夫：《律令与令制的研究》，明治书院 1959 年版。

利光三津夫：《律的研究》，明治书院 1961 年版。

李维著，真田但马译：《中国诗史》，大东出版社 1943 年版。

刘麟生著，鱼返善雄译：《中国文学入门》，东京大学出版会 1951年版。

列维－斯特劳斯著，荒川、生松、川田、佐佐木、田岛译：《结构人类学》，筱竹书房 1972 年版。

列维－斯特劳斯著，大桥保夫译：《原始思维》，筱竹书房 1976 年版。

列维－斯特劳斯著，山口昌男、渡边守章译：《假面之道》，新潮社1977 年版。

列斐伏尔著，广田昌美译：《语言与社会》，绢书房 1971 年版。

路维著，古贺英三郎译：《国家的起源》，法政大学出版局 1973 年版。

洛蒂著，村上菊一郎、吉永清译：《秋天的日本》，青瓷社 1942 年版。

和歌森太郎：《"修验道"史研究》，河出书房 1943 年版。

和歌森太郎：《中世共同体的研究》，弘文堂 1950 年版。

和歌森太郎：《历史研究与民俗学》，弘文堂 1969 年版。

和歌森太郎：《天皇制的历史心理》，弘文堂 1973 年版。

和歌森太郎：《花与日本人》，草月出版 1975 年版。

肋田修：《近世封建社会的经济结构》，御茶水书房 1963 年版。

肋田晴子：《日本中世商业发展史的研究》，御茶水书房 1969 年版。

和岛芳男：《中世的儒学》，吉川弘文馆 1966 年版。

和田清：《中国史概说》（上、下），岩波书店 1951 年版。

渡边澄夫：《畿内庄园的基础结构》，吉川弘文馆 1956 年版。

渡边敏夫：《日本的历法》，雄山阁 1976 年版。

渡边久雄：《被遗忘的日本史——在历史与地理之间》，创元社 1970
年版。

渡边正雄：《日本人与近代科学》，岩波书店 1976 年版。

渡边义通：《日本古代社会》，三笠书房 1947 年版。

渡边义通：《古代社会的结构》，伊藤书店 1948 年版。

和辻哲郎：《作为人学的伦理学》，岩波书店 1934 年版。

和辻哲郎：《风土——人类学的考察》，岩波书店 1935 年版。

和辻哲郎：《日本精神史研究》（正篇与续篇），岩波书店 1940 年版。

和辻哲郎：《伦理学》（上、中），岩波书店 1937—1942 年版。

和辻哲郎：《古寺巡礼》（改订版），岩波书店 1947 年版。

和辻哲郎：《日本古代文化》，岩波书店 1950 年版。

和辻哲郎：《锁国》，筑摩书房 1950 年版。

和辻哲郎：《被掩埋的日本》，新潮社 1951 年版。

和辻哲郎：《日本伦理思想史》，岩波书店 1952 年版。

瓦隆著，泷泽武久译：《认识过程的心理学》，大月书店 1962 年版。

后　记

　　本书收录了73篇文章，它们是从过去发表的旧文中选取与"日本自然观"研究有关的文章，并使其符合一本单行本著作的体例进行分章，经改题、订正事项、增补字句后编成的，汇集了论文、随笔和记录。在撰写以上各篇文章时，我丝毫未想过如此的拙文日后有机会结集出版。又或是因为当时信马由缰，或因为考虑到杂志读者的知识水平，所以现在要构成这么一个有机体时，就会发现各文章的长短、难易、疏密等存在显著的差异，也欠缺文体的统一和叙述形式的规整划一。但若想让旧文保持一定的和谐、统一和规整划一，就等于要重新构思写作，因此这次只能大体保持当时发表的状态，仅对部分细节做出修改和增笔。

　　尽管如此，本人也未能预想到本书最后会成为上、下两卷，共1200多页的大部头作品。最初我受到八坂书房诚挚的邀约时，还轻松地认为汇集全部旧文应该能达到一册书的分量，但着手汇集后材料络绎不绝地出现，最终有了这么多的文章。这还是删除了重复的与动物、天文和岁时有关的20多篇文章，计有200余页内容的结果。我自己都惊讶自己怎么能在不知不觉间写下这么多的作品。这一切都要感谢各杂志社、各报社编辑的邀约、鼓励和给予的机会。不论何种作者，都会因编辑的帮助或不帮助造成写作方向的极大偏差。这并非在评论世上常有的形而下的结果。

　　这本《日本自然观的研究》是我尽全力完成的研究成果。我在很大程度上自恃可以经得起科学的批判。但说真的，我并非一开始就按照顺序进行调查研究。具体来说，是花道龙生杂志社（主编菹岛庸二）要求我以"探索古典作品中的'花道'"为题写作，花三年时间连载。我在调查《古事记》《日本书纪》及其他古典作品中"花道"形成过程的线索时，最终看清了"日本自然观"的真相。重读这 31 篇的连载内容可以发现，最初的 10 篇内容多半是对日本民俗学的"公理"的囫囵吞枣，但从之后的笔致可以窥见，我试图痛苦地挣脱该"公理"的束缚。我一方面推行科学的归纳法，另一方面还推行马克思主义的整体把握方法（我反对教条主义的马克思主义，但认为萨特式的马克思主义或列维－斯特劳斯式的马克思主义今后将可能成为认识世界的有效原理），认识到过去有关"日本自然观"的定论全部都是虚伪的。总之，若无《花道龙生》杂志的连载，我一定不可能与"日本自然观"进行全面的战斗。我的调查报告后来与编辑部所期待的方向不断偏离，或许对他们来说是一件很为难的事情。但从我的角度来说，现在只有对编辑部给我的难得机会不断表示感谢。那些调查报告大致构成了本书的第二章。构成本书第四章的文章是在主妇之友社出版的《不同的花材　插花艺术全集》（共十二卷）中连载的文章，我得到了对不同的花材进行新的科学研究的机会。这又是一篇篇打破过去定论和通说的调查报告。在全集陆续出版过程中编辑部不断鼓励我："与其遵守错误的定论，不如倾听正确的科学报告。这对未来的花艺作家该多么有益。"我至今无法忘怀它给了我多少勇气。构成本书第五章的文章是草月杂志社（主编海藤日出男）委托我为连载 3 年而写的"花传书"研究报告，在此汇集成一个章节。收到该杂志社太田越知明先生的写作邀请时，我因无学养和准备曾一度踌躇不决，但下决心着手写作之后，过去未察觉和未知的事物逐渐变得清晰起来，让我多少能取得一些超越旧的定论的研究成果。现在回想起来还觉得必须感谢。其他编辑的大名恕不一一列举，在此一并感谢各出版机构的编辑，是他们让我写出构成绪论、第一章、第三章、第六章的各篇文章。本人铭记不忘，若本书有些许"存在理由"，那绝非我的个人功绩，而是与各编辑合作的成果。

　　说到铭记不忘，我还必须再次感谢在学问和人生上受到几位难得的前辈和友人的鼓励和支持。我在年逾五十的今天对此更有深刻的感触。

　　《日本自然观的研究》这本书是八坂安守先生作为朋友，而并非作为出版商执意帮我出版的。对这本大部头又具有战斗性（对持有偏见和先入之见的人来说，本书有许多触犯其神经的内容）而绝对无法畅销的书籍，八坂先生却说："我想出版，出也没关系吧。"我知道话说到这个份儿上是最好不过的了，但对目前这本书的评价和销售情况等，我完全没有自信。

八坂安守先生其实是一位优秀的植物文化史专家。说到植物学专家，不用说当指各大学研究机构的许多专家，但仅就植物文化史（包括植物学相关书志）而言，八坂先生是日本屈指可数的智囊人物。我常年受教于八坂先生。几年前我和八坂先生一道做了一次欧洲植物园探访旅行，有"弥次喜多道中"① 的感觉。其间无论是去法兰克福，还是去莱顿，无论是在巴黎，还是在伦敦，我都一直扮演着聆听讲授的角色，同行 1 个月中二人从未争吵。也许会被其他人嘲笑，但理由是我始终是一个"顺从的学生"。因此当收到八坂先生的邀约，说是否将过去发表的植物文化文章整理成一本书时，老实说我汗颜不已。当然我一直拒绝，但八坂先生却非常宽容和诚恳，最终我抱着研究生向指导教师提交报告时的心情，开始复印过去的作品。不管评价和销售情况好坏，现在我只有祈祷书写内容没有大的错误（因为细节的错误对能力欠佳的我而言是不可避免的，我对这点早就心知肚明）。

所谓的"日本自然观"的科学研究是一个重大课题，它必须在今后某个时候由某个人来继承。此课题迄今几乎未有人涉及，实在令人不可思议，但仔细想来也并非不可思议。正因为此课题长期置于科学研究的范围之外（不如说是过去的文化领导人竭力将此课题从科学研究的范围之内排挤出去），才使得所谓的"日本自然观"的本质一直不很显见。不用说我的探索工作并不完美，它只不过是第一次向矿脉凿下的小丁字镐的一凿而已。我希望它能被后来的优秀研究者批判、否定和超越，其最终目的就是科学地阐明过去和现在都用于将我们日本列岛居民长期束缚在贫困和社会矛盾中的"日本自然观"的本质，正确看清现实。为发挥日本人的特性和能力，为人类幸福做出贡献，就必须确立能与世界人民共享的普遍的自然观，而不是仅适用于日本人的特殊自然观。人类具有的理性要求我们这么做。本书就是遵从理性的命令写出的报告书。

然而，人类的理性认识——可以改说成正确的科学认识——并不要求唯一的一种答案。至少我们可以说，并不是仅有西欧合理主义的答案

---

① "弥次喜多道中"的"弥次喜多"，是指十返舍一九著的《东海道中膝栗毛》中出现的弥次郎兵卫和喜多八这两个人物。"弥次喜多道中"则指男士间轻松愉快的二人旅行。——译注

是万能的。换言之，我们也不能说西欧的合理主义都是错误的。最近日本舆论界指称西欧合理主义是公害的罪犯或"赎罪的山羊"，其评价非常恶劣。但罪不在合理主义，不如说罪在滥用合理主义的现代人。我之所以说不能认为仅有西欧合理主义的答案是万能的，就是因为它一直是引导人类社会发展的"必要条件"，但绝不可能成为"充分的条件"。为环境污染和生态破坏等擦屁股的也是西欧的科学技术，无论怎样祈祷和高唱精神主义，空气、大海和大地都不会清洁一点。但另一方面，让西欧合理主义按如今的状态一路狂飙下去则损失很大，容易带来风险。人类的理性可以帮助我们清楚地认识到这一点。现在我们要帮助回答西欧合理主义交出的不充分的答卷。如果我们努力变得更加理性，努力解决事物具有的"两义性"问题和"象征体系"的问题，以及其他更广泛的"感性"和"神话思维"的问题，那么就能够得到新的正确的答案。对自然观的探索也应站在各种理性的立场来进行（但不言自明，各种理性的立场也需要科学的方法，这必须是一种长期贯彻的思维）。但愿本书能被视为站在这各种理性立场之一的立场而写的报告书。

今后我将继续进行自己的探索。第二章和第三章的"日本自然观的形成与巩固"的续篇即近世篇、近代篇的阐述和第四章"日本自然观的发展事例"中的动物篇、天文岁时篇的阐述都尚未完成。因缺乏能力和时间，我担心自己能否完成这些工作，但只有完成这些工作才能使《日本自然观的研究》形成体系大致完整的作品。我正在激励自己尽情挑战，继上卷、下卷后能出版续卷。

最后要特别感谢在编辑和制作本书过程中给予大力协助的八坂书房的森弦一先生。写作中改变了计划，一册书变为两册，给森先生添了许多麻烦。我再次感谢有幸遇到这么好的编辑。

斋藤正二

1978 年 5 月 1 日